Alien Life
外星生命

《宇宙朝圣》第三卷
"Cosmic Pilgrimage" Volume Three

2021年7月第一版　July 2021 First Edition

谢选骏全集第163卷
Complete Works of Xie Xuanjun Volume 163

内容简介

能够抵达地球的外星人,比地球人类更善良还是更凶残?

Synopsis

Aliens who can reach the earth are kinder or more cruel than human beings on earth?

目 录

上部
外星人

目录
导论1、"解剖外星人"体现了人类自己的罪恶
导论2、不爱邻居何能接触交结智慧生命
导论3、黑森林理论做贼心虚
导论4、莫斯科本来就是外星人建立的动物巢穴
导论5、欧洲人为何害怕外星生命
导论6、人类的邪恶没有止境
导论7、外星人是殖民者后代的梦魇
导论8、外星人有其自己的道德

001、外星人
002、外星人UFO之谜：类地行星可能存在智慧生命
003、银河系或存在超百万种外星智慧文明？外星人终有一天会造访地球！
004、有必要担心外星人入侵吗？
005、2020年外星人十大发现：比邻星外星人向人类打电话？
006、2020年外星人十大发现：外星人向人类打电话？
007、Exotica：谁需要外星人狩猎指南？
008、K2-18b系外行星上有生命？
009、八千年前的太空人

010、巴格達電池——"外星生物"留下來的文明？
011、「4光年外」傳來神秘信號！科學家驚：不是人類發射的
012、北京天文館館長：外星人从未现身地球人已暴露
013、比人类发达的外星文明，可能已经在地球附近丢下了某种东西
014、藏不住了？以色列专家突然公开：外星人真实存在且与美国签订协议
015、超级黑洞改写地球生命演化史
016、船帆座寻找外星文明的结果
017、俄发现非地球文明遗迹 三亿年前外星人曾到访地球
018、哈佛教授语出惊人，人类找不到外星人，就是因为人类愚蠢
019、海伦·沙曼："外星人是存在的，而且可能就在地球上"
020、浩瀚宇宙中究竟有没有外星人存在？看到答案后我彻底的惊呆了！
021、加拿大天眼不断接到疑似外星信号！要不要回应？
022、揭秘前苏联克格勃超自然现象研究档案文件震惊世界
023、金星测出磷化氢 NASA：尋找外星生命最重大發展
024、科学家：外星人是不存在的，你们不要再找了
025、科学家：银河系中或隐藏着大量外星人，多半藏身于冰下黑暗海洋
026、科学家编制天体目录：寻找外星人最可能的藏身之所
027、科学家曾构想用"极端"的方法，来寻找宇宙中恒星附近的外星生命
028、科学家对发现外星生命的信心大增
029、科学家发现最高能量光子，打破以往理论认知，智慧生命文明超想象
030、科学家们认为，研究生物必须"元素"将是寻找外星生命的突破口

031、科学家推测外星生命可能在以下7大星球中诞生

032、科学家已找到121颗超级地球，这里是否生存着外星生命仍是个谜

033、来自外星人的电话？——科学家希望能再现来自潜在宜居行星的信号

034、联合国任命首位空间大使 负责接待外星人

035、茫茫宇宙还有其它高级文明吗？科学家如何解释外星人存在的概率

036、没有氧气的系外行星生命能否存活？

037、美国51区工程师临死前大爆料：18名外星人在51区工作 年龄230岁

038、美哈佛權威天文學家：外星文明2017年來過太陽系

039、美军士兵披露绝密任务：与外星人对话

040、盘点外星人或存在的6种迹象 太阳系周围有水世界

041、前苏联解体与外星文明"天狼星人"有关？

042、如果人類發現一個初級的外星文明，人類會怎樣做？

043、如果外星人发动入侵地球的战争人类会怎样？人类只能被外星人吊打

044、谁能介绍下猎户座外星？

045、首位外星人预言：人类命运已注定！究竟是危言耸听，还是确有其事

046、随着探索宇宙步伐逐渐加快，人类该不该去接触地外生命

047、土卫六"冰山"气候宜人 适合外星人"生活"

048、外星人，是一种更加高级的人类？

049、外星人来了？美多架F-22战机执行机密飞行任务

050、外星人骗局可能是末世的一部分吗？

051、外星人视角的地球：报告！发现地球！原来地球长这样！

052、外星人在看你？ 29适居行星可观察地球

053、外星文明已暴露？50個星系中發現紅外能量溢出

054、我们要改变搜寻外星人的方式，从宇宙学角度定义生命！

055、新研究顯示宇宙中最少有上兆個外星文明

056、研究人员发现了地球最早的生命证据

057、疑似二级文明星球出现？1500年前他们就开始建戴森球了

058、以色列太空局前高官：美国和外星人签了协议，特朗普差点说漏嘴

059、英国女性说自己被外星人绑架50多次：他们的飞船像个回旋镖！

060、宇宙深處同一位置頻繁往地球發射訊號，不排除為外星文明的行動

061、宇宙中的一颗星球，要孕育出高级智慧生命有多难？

062、陨石中发现蛋白质，暗示地外生命存在？

063、找不到外星人有答案了 研究称银河系存在着大量死亡外星生命

064、真有外星人？金字塔型UFO閃爍畫面瘋傳 美國防部證實了

065、至今没发现外星文明，或许太阳系处于银河系比较偏远贫瘠之地？

066、中国「天眼」向全球开放，科学家能找到外星文明吗？

附录《果壳中的宇宙》
前言1、人类只能理解自己脑子以内的东西
前言2、人类只能看见自己眼睛以内的东西
第一章 相对论简史
第二章　时间的形态
第三章　果壳中的宇宙
第四章　预言未来

第五章 护卫过去
第六章 我们的未来？《星际航行》可以吗？
第七章 膜的新奇世界后记、人们用地球经验想象外星

下部
UFO幽浮

目录

导论1、UFO是政治骗子的筹码
导论2、十二营多天使并非大话
导论3、耶稣所说的天国是完全可能的
导论4、宇航员的眼神
导论5、总加速师的全球化
导论6、银河年决定了板块运动和地理气候

067、20世纪最经典的不明飞行物事件很有可能是骗局
068、28日夜陕西突现UFO 圆形光柱在空中移动10分钟
069、UFO？NASA证实：不明物体接近奋进号
070、UFO被击落在伊拉克？俄报称飞碟曾介入海湾战争
071、UFO出现片刻后消失，天空中留下神秘文字，是"神仙显灵"了吗
072、UFO猛撞太空站！NASA拍到"神秘光球"飙速飞过
073、UFO现身新疆 天文学家称其由智慧生命控制
074、UFO向偏僻小村发起袭击 印度特工展开调查
075、UFO再度"飞临"中国？七省市称见到不明飞行物
076、UFO造访广州？目击者称像风火轮在云层中盘旋
077、北京飞过不明飞行物 天文馆长称极为罕见
078、北京一老人拍下UFO 专家基本认定是真的

079、北京一名大学生旅游途中拍下不明飞行物
080、不明飞行物
081、不明飞行物————幽浮
082、不明飞行物袭击村民？UFO印度杀7人成疑案
083、不明飞行物造访武汉 持续10分钟速度比战斗机快
084、當真 川普與美議員聽UFO機密簡報
085、费城实验——真的经历了超时空传送吗？
086、凤凰山UFO事件
087、高老汉拍下的真是UFO UFO录像可以重复检验
088、古今中外滿滿的外星人證據一次看個夠
089、广州惊现不明飞行物 天文专家认为不是外星人
090、過去談幽浮被當瘋子？ 如今成美「國安隱憂」
091、海上惊见UFO 4诡谲光点盘旋10秒突消失
092、湖南山区发现UFO 数万山民鸣炮放铳驱"灾星"
093、金字塔形狀UFO只是开始，美国海军还有9个UFO视频待公布！
094、克格勃UFO档案曝光 曾与天狼星系外星人合作
095、克格勃档案解密 击落UFO俄士兵瞬间石化
096、雷達大升級 美F-18見幽浮頻現
097、卢比奥称UFO带来威胁 吁国防部认真对待
098、罗马尼亚上空现UFO神秘光圈 酷似外星人入侵
099、每年7个：来自太阳系外的"不明飞行物"正在频繁穿越太阳系
100、美UFO祕密小組驚爆 發現墜落飛行物非地球製造
101、美国公布"UFO报告"，NASA局长"汗毛都立起来了"
102、美国新墨西哥州现不明飞行物 该州曾发生"UFO坠毁"事件
103、美即將揭UFO秘密證據 神奇科技太震撼
104、美军机师亲述：在这个州目击UFO已经习以为常
105、美前國安高官：幽浮耍透美F-18戰機

106、美前总统卡特称见过UFO "解密计划"泄露天机
107、美情报局解密200多万份UFO文件，揭开"天外来客"的神秘面纱
108、美一电视台称找到证据将揭罗斯韦尔UFO事件真相
109、孟照国事件
110、时隔多年，"中国UFO三大悬案"如何从科学上解释？
111、青海山洞发现大量铁管，距今有2300万年，难道是外星人的信号塔
112、全球第7根金属柱出现，难道外星人要来地球？科学分析神秘的现象
113、社会各界热评UFO事件 民众科技兴趣空前提高
114、神秘发光体变幻姿态掠过陕川 大半个中国看到UFO
115、时隔多年，"中国UFO三大悬案"如何从科学上解释？
116、史海钩沉：英国空军追杀飞碟 美军方高度重视
117、外星人降临地球？ 新疆伊宁市观测到飞行UFO
118、外星人是个骗局？ 美专家示范造假UFO图片
119、唯一承认的不明飞行物事件：UFO跑得非常快！
120、五角大楼前官员：UFO属实 有三种起源理论
121、星际天体奥陌陌或是UFO探测器
122、意大利考古学家：文艺复兴时期画家作品上有UFO
123、英公开30年UFO档案：飞碟着陆走出人形生物
124、英国UFO目击档案曝光 美军士兵曾近距离接触UFO
125、美軍認了 5年砸近33亿秘密搜寻幽浮
126、真的有幽浮？美国防部首度坦承1年花7亿元"研究UFO"
127、正式公布UFO影片 五角大廈想說啥
128、正视外星人！通报幽浮 美明訂规则
129、中国古代有据可查的UFO目击事件？你看过吗？
130、中国击落ufo外星人震惊世界，美国傻眼要与中国合作
131、中国最著名UFO事件：女外星人怀了27岁黑龙江小伙的

孩子？

132、最不能错过的宇宙终极探索《UFO幽浮关键报告》！解密终极档案！

延伸思考

133、2024年人类再登月球？NASA确定三家合作科技公司

134、北磁极为什么懂得走路？科学家找出答案了

135、导航不再靠卫星 量子罗盘引领二次技术革命

136、科学家计划在太空建新国家Asgardia

137、美国探测器在升空36年后飞离太阳系

138、南太平洋海底"公墓"：空间站和卫星在此长眠

139、瑞士科学家推算太阳系第九行星可能状态

140、双中子星合并 人类首次观测到爱因斯坦提出过的引力波

141、太空垃圾：俄罗斯，美国，中国和印度谁更该对此负责？

142、太空垃圾泛滥成灾 盘点几种潜在清理方案

143、太空旅行：布兰森、马斯克、贝索斯 谁将搭乘自家火箭进太空

144、天宫一号不日重归地球 残骸落葬何方仍属未知

145、宇宙奥秘：中英科学家观测到超级黑洞的"心跳"

146、中国北斗全球化与"太空丝绸之路"的疑虑

147、中国的"墨子"卫星赋予间谍卫星新含意

148、中国卫星技术猛进 发射"慧眼"意味着什么？

149、章鱼：地球上的异形大脑

150、章鱼可能不是地球生物而来自外星？科学家发现它的机制很奇特

附录
UFO档案
后记、幽浮学不懂天使的存在

外星生命
Alien Life

《宇宙朝圣》第三卷
"Cosmic Pilgrimage" Volume Three

上部外星人

导论1、"解剖外星人"体现了人类自己的罪恶

网文《1995年美国纪录片"解剖外星人",究竟是谁在说谎?》2020-07-27报道：

1995年8月28日,许多西方电视台在晚上的黄金时间,播出了一部讲述"解剖外星人"的纪录片,纪录片的发行人是美国美林集团总裁雷·桑德利。

影片播放前,各电视台主持人纷纷打出广告,宣称这是一部解剖外星人的纪实片,是外星人到过地球的最有力的证据,是即将震撼人类6000年文明的最新发现。

该片讲述的是1947年发生在美国新墨西哥州罗斯威尔镇附近的一起飞碟事件,影片展示了一批目击者的证词以及新墨西哥州政府的官方声明。

1947年7月4日傍晚,罗斯威尔镇的农场上空雷电交加,狂风大作。风雨之后,天空中突然飞来一个发出耀眼白光的扁平型飞行物。

当天,德克萨斯州理工大学的考古学教授荷顿博士,正带着几名学生在罗斯威尔做野外地质勘察,他们目睹了这一幕,并且亲眼看见不明飞行物在空中爆炸和坠落的整个过程。

第二天一早，荷顿一行便赶到了坠落地点。在一片废墟之中，他们发现了外星人的尸体，他们的身材不高，大约在1.2米左右。荷顿立即向当地政府报告，随后警察奉命前来封锁了现场。

7月6日，也就是事发两天后，一支由美国政府临时组建的9人特别调查小组到达罗斯威尔。调查小组中唯一的女性成员说，我们到时，至少有两名外星人还活着。

"其中一个小个子长得像猴子，酷似一位未老先衰的侏儒，全身淡绿色，我和他还一起拍了照，不料几个小时后他突然死去了。"

画面中，9人小组另一位成员阿瑟博士，接着说到："另一名活着的外星人则肥头大耳，鼻子大得出奇，鼻子顶部呈平面三角形，眼小，临死前流出了两滴小小的眼泪。"

其中两名医生对一名女性外星人尸体做了解剖，用刀切开右腿，居然没有肌肉，切开腹腔，也没有发现内脏，锯开头骨，脑子里竟是透明状胶体。

纪录片发行人桑德利声称，此片是一名82岁的美军摄影师用16米胶片拍摄的，他以10万美元的高价买下，再卖给了电视台。

影片盒上贴有军方最高保密级别AAA的封条，并有柯达公司对胶卷使用年代的鉴定信，片尾还有杜鲁门总统出现在解剖现场的画面，以证明它的真实性。

这部纪录片播出后，西方世界为之震惊，大量报刊以"20世纪最惊人发现"、"人类第一部外星人纪录片"等标题争先报道。当时，我国也有一些报刊作了转载，影响也不小。

但是很快，便有许多专家对影片提出了质疑。德国宇宙空间研究专家威廉指出，外星人如果真能来地球，其文明水平一定比我们高，但影片中出现的却是病态和营养不良的"地球人"。

莫斯科大学教授、外星文明学专家彼得洛夫提醒人们，5名外星人居然个体差异如此巨大，仿佛不是来自一个星球，值得怀疑。

加拿大资深新闻记者保罗也质疑，影片中的证人绝大多数已去世，个别仍活着的人也早已患了严重的老年痴呆症，在40年代有声电影已经普及，而影片却采用无声片，说话全部用字幕打出，显然便于制作者任意编造。

位于密苏里州的杜鲁门资料馆的工作人员也站出来证实，1947年6月至10月杜鲁门根本没到过新墨西哥州。柯达公司也发出声明，没开过鉴定信，美国军方也从未有AAA这种保密级别。

大多数观众也相信影片是伪造的，许多离奇的镜头可以用电脑技术和电影特技制作出来。更有人一针见血地指出，桑德利就是一个商人，为追求金钱什么事都能做出来。

然而值得深思的是，早在该影片播出一年前，1994年美国空军曾发表一份报告，报告首次证实1947年罗斯威尔事件的真实性，但却说，那次事件所谓的"飞碟"碎片，是美军监视苏联核试验探测器的。这份报告一出，令许多人怀疑"外星人"事件被美军故意掩盖了，桑德利在说谎，但军方似乎也没有说真话。

自古以来，对外太空的探索，以及对外星人的争论，一直是热门话题，一部分人希望早日发现外太空生命，一部分人又害怕外星人侵略。那么，到底有没有外星人呢？可以说这个问题迄今为止还没有答案，只有科学猜想，目前公认的有三种。

1、外星人居住的星球离地球太遥远，需要几百年，甚至上千年的时间才能来一次，所以我们几代人可能都遇不到。2、外星人存在于高维空间里，超出了人类的感知范围，我们发现不了。3、外星人根本不存在，因为宇宙中找不出第二个像地球一样可以孕育生命的星球。你害怕外星人吗？上面的猜想你更愿意相信一种？

谢选骏指出：人类自己邪恶，所有才会臆想出邪恶的外星人来恐吓自己——这实际上是一种"罪恶的投影"。这种邪恶也是由欧洲殖民者的血腥历史所玷污并且浸透了的。

网文《解剖外星人》报道：

美国新墨西哥州罗斯威尔传闻于一九四七年有飞碟坠毁，发现了天外来客。到一九九五年更有一段解剖外星人的片段播出，片长九十一分钟，片名叫《解剖外星人》轰动全球，后来才被揭发是个惊世骗局。最近，有份拍摄片段的汉弗莱斯公开承认自己是其中一名骗子，那外星人尸体的模型就是由他一手包办。

基本信息

美国新墨西哥州罗斯威尔传闻于一九四七年有飞碟坠毁，发现了天外来客。到一九九五年更有一段解剖外星人的片段播出，片长九十一分钟，片名叫《解剖外星人》轰动全球，后来才被揭发是个惊世骗局。最近，有份拍摄片段的汉弗莱斯公开承认自己是其中一名骗子，那外星人尸体的模型就是由他一手包办。

剧情简介：披露当年罗斯维尔录像伪造事件。

美国新墨西哥州罗斯威尔（Roswell）传闻于一九四七年有飞碟坠毁，发现了天外来客。到一九九五年更有一段解剖外星人的片段播出，片长九十一分钟，片名叫《解剖外星人》（Alien Autopsy）轰动全球，后来才被揭发是个惊世骗局。最近，有份拍摄片段的汉弗莱斯（John Humphreys）公开承认自己是其中一名骗子，那外星人尸体的模型就是由他一手包办。

雕塑师自爆惊世骗局

汉弗莱斯是一名雕塑师，也为电影制造特别效果。他说，当年花了四周，用乳胶和黏土制成外星人的尸体模型，又跑到肉市场买羊脑袋、鸡肠、猪蹄关节等，塞进模型，当作外星人的内脏和器官。外星人模型似模似样，加上是黑白片，片段几可乱真。汉弗莱斯又指，他和电影发行商圣蒂利（Ray Santilli）及另外三人，于九五年在伦敦一间屋内开始拍摄，他还在片中客串当解剖外星人的首席外科医生。

解剖外星人剧情介绍

汉弗莱斯承认有份欺骗世界，更坦言：「曾在事件中扮演重要角色，我有一种非常奇怪的感觉。」恶作剧水落石出，但罗斯威尔这个城镇今天依然靠这次外星人事件闻名于世。

1947年7月，最新电影新片美国新墨西哥州罗斯维尔飞碟坠毁一事，缄默四十八年之后，1995年8月首次揭密。一部记录当年飞碟坠毁后，对外星人尸体进行解剖的录影带，分别在英国、法国、意大利、美国、德国、瑞典、挪威、丹麦、芬兰、西班牙、阿根廷、巴西、澳大利亚、日本及香港等近二十个国家和地区首次公开播放，引起世人极大轰动。

解剖事件/"罗斯维尔事件"始末

1947年7月4日晚11:30左右，罗斯维尔上空风雨交加，突然出现一片刺眼的亮光，有个不明物体从天空呼啸而过。

虽只是一瞬间，却被地面的许多人察觉：牧民威廉.伍迪和他的父亲；修道院晚祷的修女（有当时的日记为证）；一群在当地考古的专家；军方三个地面雷达站的屏幕上也都闪现出了跳跃的奇怪的光点。

军方当时只得知不明物体落于罗斯维尔北方，确切地点尚不清楚。次日凌晨，便开始了大规模的搜索，并对附近地区严加封锁。

然而最先到达现场的却是那支由德州理工大学荷顿博士率领的考古队。在现场，荷顿博士便叫一个学生打电话告知郡长和警方。很快军方人员到达了现场。并要考古队员发誓保密。尽管如此，随后新闻媒介仍是发出了有飞碟坠毁的报导。

军方采取了严厉措施，要新闻媒介改变已发出的消息，告诉人们：不是什么飞碟坠毁，只不过是一只探空汽球坠落。考古队员事后也被集中侦讯，并对其他的一些目击者进行了威胁。

据一位考古专家描述当时的状况：那个坠毁物象是"一架没有机翼的飞机"，有一个"胖胖的机身"。

目击者雷格斯戴尔在40年后访谈时说：在那个物体旁边"有尸体之类的东西躺在那里，看起来有点象生物的尸体，不很长，顶多只有四、五英尺"。

飞行器斜插在崖底的山沟里，前端几乎撞烂了，露出的部份与地面成30-40度角。现场到处是残骸碎片。

获得军方充分授命的九人小组展开调查。当他们开始见到那个奇怪的飞行器和象侏儒般的类人生物尸体后，都十分惊讶，以至感到可怕。虽然在雷达屏幕上知道坠落了不明物体，但谁也没有足够的心理准备，会见到这样的怪物。

这些身长约五英尺，头和眼睛都很大的类人生物尸体，有三具摔在飞行器之外，两具仍在飞行器之内，尸体有部分已被烧焦。

九人小组中的麦垦兹中校说："我们派遣了一个特别小组把尸体放进尸袋。他们穿上了防护衣，戴上了手套。"以防有什么放射污染。接着把尸体放入箱子，搬上旧式救护车。尸体先被运到安德鲁军用机场。一切都是在极度秘密的气氛中进行的。

在失事现场清理干净，尸体和飞碟都被运走后，一切趋于平静。此后几十年中，不断有人提出质疑，并有诸多密闻传出，亦说有亦说无。但官方始终缄默不语，守口如瓶。

四十八年后的今天，据称由一名曾是参与外星人尸体解剖工作的现年已82岁的美军摄影师，当年以16毫米柯达黑白胶片拍摄的90分钟的现场记录片，被英国影片发行人雷.桑蒂利以十万美元购下，并将之翻制成录像带，卖给各国各地电视台。

至此，《罗斯维尔飞碟坠毁事件》终得以曝光，公诸于世。

原是骗局

英特技师事隔11年终于承认是始作俑者

11年前，一部关于1947年美国军方解剖罗斯维尔"外星人"尸体的黑白纪录片在全球播出后，引起巨大轰动。但没多久专家就证明这部黑白纪录片纯粹是一个骗局，但恶作剧的始作俑者却始终是个谜团。直到11年后的今天，英国著名电视特技师约翰·哈姆菲雷斯才首次向媒体承认，"解剖外星人"影片正是他和另外几名同谋炮制的。

英作家花10年揪出嫌疑犯

1995年8月，一部记录1947年7月美国新墨西哥州罗斯维尔飞碟坠毁事件后、美国军方科学家对外星人尸体进行解剖的黑白纪录片，分别在英国、法国、意大利、美国、德国等44个国家的电视台首次公开播出，这部现在被证明是一场骗局的纪录片，当时曾引起了全世界的轰动。

据这部"解剖外星人"黑白纪录片的伦敦发行人雷·桑蒂利宣称，他是花了10万美元，从一名82岁的美军退休摄影师那儿独家购买到这部长达90分钟的黑白纪录片、并翻制成录像带卖给各国电视台的。

英国作家和UFO研究者菲利浦·曼特尔经过10年研究，认为英国电视台特技师、英国电视圈名人约翰·哈姆菲雷斯正是炮制"解剖外星人"骗局的主要嫌疑人之一，不过他的怀疑却遭到了约翰本人的矢口否认。

用羊脑鸡肠造出"外星人"

然而日前，约翰突然向媒体公开承认了英国作家曼特尔的怀疑——他正是"解剖外星人"黑白胶片的伪造者之一！约翰透露，这部伪造的黑白纪录片是1995年在北伦敦卡姆登地区的一座公寓中拍摄的。

约翰披露,他在"解剖外星人"黑白影片中扮演了一个主要外科大夫,而躺在桌面上的"外星人"其实是一个塞满羊脑、鸡肠和从史密斯菲尔德肉类交易市场购来的肘关节的橡胶模型。约翰称,这个"外星人模型"是他整整花了4周时间,用粘土和橡胶制成的。

"解剖外星人"胶片的确存在

早就对约翰产生怀疑的英国作家曼特尔对约翰主动承认真相感到非常欣慰,曼特尔说:"我没想到他会过这么长时间才主动坦承真相,但这一骗局的内幕最后终于彻底曝光,历史之谜得以解开,我仍然为此感到很高兴。"

然而,当年"解剖外星人"纪录片的发行者桑蒂利却仍然辩护称,他的确曾从美军退休摄影师手中购买了一份真实的"解剖外星人"原始胶片,只不过该胶片本来在一个密封罐头中藏匿了48年,当它突然暴露于空气中后,发生了严重的损坏。桑蒂利坚称他们是根据"原始胶片"重新复制创造了"外星人解剖"事件的。桑蒂利说:"我们告诉约翰外星人的精确模样,而他真是一个纯粹的天才,他制造的外星人模型的确可以以假乱真。"

两位美国人公开拍摄秘密/解剖外星人是大骗局

一段大概只有30分钟长的解剖外星人片段,曾经令全球掀起一股外星人热潮,但时至今日,两名男子终于公开承认,这出所谓的外星人片段,原来是他们炮制出来的惊世大骗局。

来自美国米尔顿的影视制人彼特曼和瓦特斯表示,他们在5年前拍摄这出影片,假装是在1947年罗斯韦尔不明飞行物体坠毁后,在一个帐篷内为外星人尸体解剖。

两人指出拍摄地点其实是英国贝德福德郡一个谷仓,片中的外星人是瓦特斯的十二岁儿子所假扮的,外星人的头是由一个戴假发的假人头改装而发,内脏则是鸡内脏,而负责解剖的所谓军医,也只是当地一名屠夫而已。

在完成拍摄后,两人把片段剪辑整理,加入了黑白和杂纹效果,令片段犹如数十年前拍成的,更配备保安密码,令片段更疑幻疑真。

当时,他们卖出片子,遵照协议,不得公开拍摄秘密。

谢选骏指出："解剖外星人"的戏中戏，里里外外都充分体现了人类自己的罪恶——如此堕落的人类没有灭亡，在我看来完全是仰仗了上帝的恩典，虽然许多人对此全不领情甚至无耻地加以否认。这些人的末日即将临头了。

导论2、不爱邻居何能接触交结智慧生命

网文《地外生命（存在地球以外的生命体）》
2020-12-07报道：

地外生命即地球外存在的生命体。现代科学研究表明，地球在宇宙中并不是唯一的。像地球一样的行星有许许多多，几乎遍布宇宙。因此，地外生命存在的可能性，正在被越来越多的人们所接受。人们认为地外生命存在的原因有三：一是宇宙中适于生命生存的区域数量很大；二是在地球和太阳系中找到的元素，如C、H、O、N等构成生命的基本元素同样遍布宇宙；三是有机化合反应在许多环境条件下都能进行。科学家们在暗黑星际云中发现了普通有机分子，更加支持了地外生命存在的学说。

岩质天体大气中的PH3是目前认可的一种生物标志物（biosignature），按我们目前的认知，地球大气中的微量PH3全部都和人类活动或者微生物活动有关。这意味着我们在内太阳系地球以外的岩质行星上确认发现了一种新的生物标志物。

定义

除地球外存在的生命体存在原因区域数量大，元素相同，化合反应研究途径将实验仪器送入其它行星等。

在太空首发现

天文学家最近发现核糖核酸（RNA）的一种基本成分漂浮在银河系一大片恒星形成区域的炙热而紧密的核中。这些分子有可能在行星上形成与生命有关的物质，也就意味着宇宙中的许多角落其实已经撒满了生命进化的种子。

关于存在的两个最大问题——我们是孤独的吗？我们为什么出现在

地球上?——至今依然没有答案。各种线索纷至沓来,然而却总让人有隔靴搔痒的感觉。在过去的10年里,天文学家在陨星、甚至在太空中发现了有机分子。但是在围绕新恒星运转的尘埃和气体云中并没有找到这些物质,而那里正是可能产生行星的地方。

地外生命

如今,一项新的发现让天文学家看到了更多的希望。利用法国的IRAN射电蝶形卫星天线阵列,由欧洲天文学家组成的一个研究小组在距离地球约26000光年的名为G31.41+0.31的恒星形成区域中发现了乙二醇醛——一种构成核糖的单糖,而核糖恰好是RNA的组成部分。这些乙二醇醛位于由尘埃和气体形成的凝结盘的内核中。研究人员认为,新发现的糖分子显然是由一氧化碳分子和尘埃微粒之间的简单反应形成的。

这一发现对于解释有关存在的两个问题具有重要意义。首先,G31.41+0.31远离银河系的辐射中心,因此一旦任何生物学过程在这里起步,它们便有可能继续发展下去。其次,参与该项研究的英国伦敦大学学院的天体物理学家Serena Viti表示,G31.41+0.31云团中丰富的乙二醇醛意味着这种分子"普遍存在于形成恒星的区域"。这也就暗示着无论恒星和行星在哪里形成,有机分子的基本成分便也会在那里聚集。

或许如此,但德国波恩市马普学会射电天文学研究所的射电天文学家Karl Menten认为,我们还要走很长的路才能够发现生命的形成过程。他解释或,以人类生活的地球为例,"我们并不清楚到底有多少复杂的星际分子在地球最初形成的动荡过程中幸存下来"。

马里兰州格林贝尔特市美国宇航局(NASA)戈达德空间飞行中心天体生物学家Michael Mumma表示,这些构成生命的基本物质可能是在行星形成之后才到达那里的。例如,乙二醇醛所处的恒星形成区域最终有可能会变成彗星。Mumma指出,如果真是这样,这些彗星或许能够将糖分子送到年轻的行星上。

研究途经

截止2013年,限于科学水平的发展,科学家们对地外生命的研究途径尚比较有限。其中之一是将实验仪器送入其它行星,但这种方法有局限,无法大量开展。还有一种想法是,假设宇宙中存在具备相同或超过我们这样水平的智能生物,通过电波与其联系。可是由于可能的文明距离我们至少也有几十光年,若能收到回复,也已是百年以后,这是很不现实的。因此,我们不能单纯通过通讯手段,而应借助于实验手段。我们虽没有一个切实的实验方法说明生命是物质演化的必然结果,但如果物理和化学规律是宇宙中的规律,而且我们在实验中精确回溯了生命在地球上存在的途径,就可以使人更有理由相信宇宙中也存在生命。

化学特性

多年来,科学家推测地外生命存在的可能性,并进行了搜索,但仍没有探测到地外生命的存在。科学家假定,地外生命的化学特性必须具备:1、适合于化学反应的介质;2、原子物质在宇宙中普遍存在并有不稳定结构。地外生物学或地外生命的研究,就是在银河系的行星及卫星中调查生命存在的可能性。长期以来人们想象火星为有生命的行星,但经过几次人类探测器登陆火星,这个想象被打破了。从20世纪60年代初,天文学家就尽力向被假定技术先进的文明世界发射探索信号。如波多黎各的阿雷西博天文台的305米的阿瑞斯波射电望远镜,功率大到可使距离1000光年的远处接收到发射信号。同样,哈勃望远镜可以观测到太阳系外的恒星及行星的电磁谱线。通过光谱分析,天文学家可以测定大气分子的温度、类型和丰度,并可依据地球上所知推测某些天体上生命所必需的元素。最广泛的正在进行的计划是美国地外智能的探索(SETI),它集中接收并分析来自宇宙空间的信号。

地外生命

按照人类已掌握的知识来认识地外生命,是一种科学的探索。我们不能抛开知识体系去任意想象。比如,我们不能说有一种生物可以在太阳上生活。现有的知识告诉我们:生命不可能在恒星上形成,但生命的诞生、存在和发展又绝对离不开由恒星的光和热所提供的能源。因此,生命出现的第一个条件必然是在恒星周围要有行星存在。通常认为恒星是由气体尘埃云坍缩而形成的。如果密度很低的原始星云在自身引力作用下收缩,逐渐变为一个自转着的扁平圆盘,那么中央主要部分因密度增大、温度升高发生热核反应而形成恒星,周围的薄盘就有可能形成行星系统。

生命进化

生命的进化是一个极其缓慢的过程，其进程之慢完全可以同恒星演化的时间尺度相比。一种称为蓝－绿藻类的比较高级的单细胞生物早在35亿年前就已经出现了，人类这种智慧生命是在太阳形成后经过45至50亿年漫长时间出现的。因此，年轻的恒星，即使它周围存在行星，也不可能存在较高级的生命形式。另外，大质量恒星的发光发热寿命只有几百万年，对于生命进化所需要的时间来说也是远远不够的。只有类似太阳或更小一些的恒星才是合适的候选者。在我们的银河系中符合这一条件的恒星约有1000亿颗。

并非所有恒星在形成时都会伴随有一个行星系统。在银河系内，双星约占恒星总数的一半。

有一种观点认为，对于双星系统来说，即使已有行星形成，那也要不了多久，这些行星不是落到其中一颗恒星上，就是会被抛入星际空间而远离双星系统。于是，只有单星才是可能的第二轮候选者。如果乐观地假定所有单星都拥有数量不等的行星，那么，银河系内大约可以有400亿颗带有行星的恒星。

生命不可能在任何一颗恒星上诞生，却会诞生在环境适宜的行星上，而且行星离开恒星的距离必须恰到好处。同时特别假定液态水的存在是生命存在的前提，那么，这两个条件是十分苛刻的。如果地球离开太阳的距离比现在靠近百分之五，生命就不可能存在；再远百分之一，地球会彻底冻结。恒星周围具有能维持生命所必需的气象条件的行星是极为罕见的。计算表明，能满足这一条件的第三轮候选者充其量也只有100万颗恒星。

100万虽然还是一个不小的数目，但只有能同他们进行某种形式的接触才能最后证实外地生命的存在。目前地球上最强有力的联系手段当推无线电通讯。毫无疑问，不要说几十亿年前的蓝藻，就是人类本身，在100多年前也还没有能力发播无线电讯号。如果再次乐观地假定，有高度文明的外星人在和平繁荣的环境中生活了100万年，科学技术十分发达，财力充足，有能力不停止地向空间发送强大的无线电讯号。那么，进化成智慧生命需要40亿年，100万年只占其中的万分之二点五。因此，100万个第三轮候选者中能做到这一点的就只有250颗了。250颗恒星平均分布在银河系中的话，离我们最近的也有4600光年。截止2013年，就地球上的技术水平,根本无法与之联系。唯一的可能是他们比我们先进,我们来接收他们的讯号。

我们人类生活在自以为宽广的地球上,而地球在太阳系中犹如沧海一粟。如果将太阳系大小比做万步,人类努力探索太空至今,也还只走出一步而已。而太阳系于银河系来说,则更为微乎其微。银河系浩瀚10万光年,而宇宙又包含了无数个银河系,我们可以观测到120亿光年的距离,而120亿光年以外是怎么样呢,我们还无法知道。

但是我们相信,在宇宙中生命甚至智慧生命绝不只是地球独有的现象,虽然是罕见的,我们并不孤单。从哲学意义上说,宇宙的无限注定了天体数量的无限,从而也可以注定存在生命的天体数量同样无限。问题只有一个,就是无法发现。

地外智慧生命

美国国家航空航天局日前宣称,地外生命探索工程已取得巨大进展,在目前发现的2000多颗类地行星中,一些行星存在生命痕迹,这意味着人类有望在今后20年内发现地外生命,在30年内或找到地外智慧生命(俗称"外星人")。

寻找地外智慧生命,其实早已脱离了科幻小说的范畴,成为一项严肃的科学探索。早在1960年,美国天文学家弗兰克·德雷克在美国西弗吉尼亚的国家射电天文台,就开始了人类历史上第一次有目的、有组织地在银河系里寻找地外智慧生命的"奥兹玛计划"。从那时起,各种监测地外智慧生命信号的计划便从未停止过。

除了采取"被动监测"的方式寻找地外智慧生命外,科学家还尝试主动联系它们。要进行这一活动,首先遇到的无疑是"语言"的问题。科学家们一直猜测,数学语言可能是每个文明的共同语言。美国天文学家、科普作家卡尔·萨根在他的专著《宇宙联系》中表示,宇宙中的技术文明无论差异多大,都有一种共同的语言——数学语言。中国数学家、语言学家周海中也指出,数学语言具有科学性、准确性、简洁性、抽象性和普适性等特点,是宇宙交际的理想工具。因此,数学语言就成了人类与地外智慧生命联系的首选媒介。美国加州"地外文明搜索研究所"的科学家们正计划将维基百科的全部内容编译成数学语言信息,通过射电望远镜发送至

20光年以外的太空，并希望地外智慧生命能接收到这些信息，借此了解地球文明。此外，科学家们还尝试用图像、音乐、发送实物等方式，尝试与地外智慧生命取得联系。

英国物理学家史蒂芬·霍金对地外智慧生命的存在也深信不疑。但他警告，人类主动与它们联系或许会招来灾祸。尽管如此，不少科学家还是乐观自信、积极主动地寻找地外智慧生命，如美国天文学家赛斯·肖斯塔克最近就表示，我们应争取主动与它们建立友好关系，同时加快寻找它们的步伐，寻找的过程比获得的结果更有意义。

寻找地外智慧生命是人类探索未知世界的过程，也是人类认知宇宙和生命的过程。如果找到地外智慧生命，那将是科学史上最重大的发现之一。不过，人类是否已经做好准备，接受来自宇宙另一端的"邻居"？这其实也是一个需要人类思考的问题。

谢选骏指出：现在的人类道德堕落，天天干着损人利己的勾当。这样的东西如果接触了宇宙之间高级智慧生命，怎能不引来消毒式的杀身之祸呢？贪婪的英国人最了解这一点了，所以他们警告人类不要轻易接触外星生命，因为他们做贼心虚了。

导论3、黑森林理论做贼心虚

《旅行者1号或为人类引来祸端！如果后悔，现在能将它销毁吗？》（2020-03-20 量子科学论）报道：

我觉得现在有部分科学家应该已经有些后悔了，并不是说旅行者号探测器的科学任务有啥问题，它们设计的目的就是为了探测外太阳系的行星，而且旅行者号任务非常成功，为我们发回了大量的外太阳系行星及其卫星的重要信息。但是旅行者号探测器在发射之初，科学家就已经考虑到探测器最终会和人类失去联系，并且会驶进深邃的星际空间。所以，科学家也为其赋予了一项特殊的任务。现在看来当时有些考虑欠妥，所以现在才会有人心生疑虑，害怕以后旅行者一号给人类惹来祸端。

那么人们在担心什么？我们现在能将旅行者一号追回或者摧毁吗？

外星生命

旅行者号是美国宇航局于1977年发射的无人深空探测器,分为一号和二号探测器,它们主要的目标是对外太阳系的气态行星:木星、土星、海王星、天王星及其卫星进行近距离的飞掠探测。这刚好赶上了176年才会出现的一次行星特殊的几何排列,也就是说旅行者号探测器只需要很少的燃料来修正航线,然后通过各大行星完美的引力加速就可以在很短的时间内完成以上的科学任务。

我们知道,探测器虽说已经飞离了地球的引力场,但依然还处在太阳系内会受到太阳引力的拖拽,而且在飞行的途中还有受到太阳系内尘埃气态的阻挡,造成速度衰减,通常来说,如果要适用探测器自身的动力进行加速来克服以上的阻力,需要消耗大量的能量,这会造成探测器携带的放射性同位素温差发电机的寿命大幅缩减。因此利用行星引力加速,可以在短短12年的时间完成造访外太阳系行星的任务,而不是一般的30年。在1979年1月旅行者1号就接近了木星,并开始对其进行拍摄,随后旅行者2号也达到木星,两颗探测器对木星的卫星进行了大量的探测,并且首次发现了木卫一上的火山活动。

随后两颗探测器在木星引力的加速下朝着土星的方向前进,于1980年11月飞掠土星,发回了数万张彩色照片。在此期间由于发现了土卫六拥有浓密的大气层,喷气推进实验的研究人员让旅行者一号进一步接近土卫六对其进行研究,由于受到土卫六引力的影响使得旅行者一号探测器偏离了航向,最终去往天王星和海王星的任务只能交给2号探测器。至此两颗探测器分手,驶向了不同的方向。

在对土星系统完成探测以后,旅行者一号就完成了它的行星探测之旅,开始驶向太阳系边缘。在2011年,旅行者1号探测器达到了日球层顶,并对那里的太阳风粒子进行探测,到2012年,已经证据表明,旅行者1号已经进入了太阳系于星际空间的过渡区,但远没有逃离太阳。

目前旅行者1号距离太阳211亿公里,但它有没有飞出太阳系目前还没有一个准确的说法,因为我们现在还无法准确的探测到太阳系的实际大小,如果按太阳的引力作用范围来说,它远没有逃离太阳系。科学家预测旅行者1号的核动力电池可以坚持到2025年,在这之后将永远于地球失去联系。目前探测器的估计速度为5.5万公里/小时,发送的信息20小时才能达到地球。按理说探测器目前已经完成了所有的科学认为,进入星际空间也没有什么,无非就是给宇宙增加一粒尘埃。

但是,旅行者一号还肩负着另一项特殊的任务,因为它身上携带了一张铜质镀金唱片,内藏一颗金刚石留声针,即使在过上数十亿年的时间,这个唱片依然能够完美的工作。上面携带有人类55种语言的问候语和歌曲,还有数百部人类的影响。更重要的是,上面携带了太阳系的结构、位置以及人类身体构造、科技信息,为太空中的外星生命诉说着人类的故事。

这一点引出了很多人的担忧,5年后,这颗探测器将永远与人类失去联系,它未来的去向我们无从得知,或进入其他恒星系,或坠入其他天体,或者外星人捕获。最后一点最为让人担忧,因为在浩瀚的宇宙中,很可能会存在比我们人类先进得多的文明。我们这样去暴露自己的位置和信息,无疑是在别人面前班门弄斧,很可能会给人类引来祸端。

不管是黑暗森林理论,还是霍金的警告,都让我们不要试图去联系外星人,但我们不仅在主动联系寻找,还给人家送上了一份见面礼。我们对其他生命以礼相待,但换回来的很可能是一场灾难。这就是有些科学家对未来人类的担忧,这颗"炸弹"啥时候会爆炸,让人类引火上身并不清楚。也就在不远的未来。

目前旅行者1号的位置和航行速度,我们人类的任何飞行器都追不上,而且当时设计时也没有考虑在完成科学探测以后,要将其销毁。所以它会一直驶向未知的宇宙。不过我们不用担心,因为它以目前的速度想要飞到离我们最近的比邻星至少还得4万年的时间。目前我们已经确定在40光年内,只存在大约不到1000颗恒星,它们上面没有智慧生命,不然我们已经接收到了它们发出的无线电信号。因此,心放肚子里,就算旅行者一号会惹来祸端,那也是很遥远以后的事了。

谢选骏指出:不论这个"黑森林理论"是否有理,它都是一种做贼心虚的表现。我猜想它的作者,要么是一个西方殖民者,要么是一个共产党员——前者是因为殖民历史的血腥卑鄙而担心轮回报应;后者是因为心中无神而肆意妄为,还宣称要战胜自然。这些害虫的以己度人,也就是难免的了。

导论4、莫斯科本来就是外星人建立的动物巢穴

外星人选错了着陆点——《莫斯科陷落》
2017-01-25

最近战斗民族俄罗斯逐渐开始在电影这个领域加大了投资,这情况也是情理之中,毕竟随着几部热卖电影的火热,电影业再度兴起。

前一阵一部号称战斗民族版的"复联"——《守护者联盟》横空出世。从宣传片来看无论特技、演员、动作戏完全不逊色于现在主流的各类超级英雄作品。可见战斗民族的电影技术也是接轨世界的。

比起2月23日要上映的《守护者联盟》,另外一部战斗民族的电影要来得更早一些。1月26日《莫斯科陷落》就掀起2017的第一股俄罗斯风。

这一阵不知道怎么搞的,全世界都在搞"陷落",什么《奥林匹斯陷落》、《伦敦陷落》,总之大城市大地方,没拍过"陷落"就觉得少点什么。

这个《莫斯科陷落》与其他的"陷落"一样都是和地震塌方没啥大关系,讲述的也是一次危机。

故事的开端就是一台类似外星飞船的不明飞行物降落莫斯科。在飞船中走出来几个身形诡异的外星人,这里不得不说,片子中的外星人造型是非常少见的炫酷形象,比起大部分丑陋的外星人形象不知道要强多少倍。

这群外星人明显并非善类,这也正常,如果外星人都是善类那故事题材就要从激烈的动作片变成了文艺的外交片了。到这为止电影整体风格还有些类似《独立日》,但正当你这么觉得的时候,出现了这部电影最与众不同的情节——战斗民族选择了与外星人肉搏。

没错,你没看错,就是肉搏。宣传片中先是主角单人上前肉搏,之后出现主角慷慨激昂的演讲,交替剪切出了地球人被外星人过肩摔的桥段,让我看清了故事的真相。战斗民族面对外星人,就是看淡生死,是不是纯爷们,用拳头来说话。

总之这部徒手打外星人的电影其实还是很值得期待的,男主角的演讲和一群人奋力冲向外星人为了保护自己家园而战的桥段充满了热血。那句"你来自另一个银河系?但我们来自俄罗斯。"着实让人振奋。这部由俄罗

斯艺画影业和中国佳华影业合作的电影，会有很大的几率引进中国，到时候就让我们在IMAX的大屏幕上，看战斗民族如何肉搏战外星人吧。

在笔记本的世界中，也有着一个战斗民族，虽然它被称为外星人，但它的存在却是人类走向电竞的最强助力。

ALIENWARE一直以来都如同战斗民族一般勇往直前，以成为你的最佳电竞伴侣为自己的最高目标。有了它的协助，遇到什么样的敌人都不会令你生惧。

ALIENWARE纯爷们，战出来！电竞之力，所向披靡！

谢选骏指出：外星人选错了着陆点，因为莫斯科本来就是外星人建立的动物巢穴。

导论5、欧洲人为何害怕外星生命

《哈勃望远镜继任者有望发现外星生命 专家忧心》（2021-04-15 香港01）报道：

弦理论家和科学家Michio Kaku认为，詹姆斯·韦伯太空望远镜将在其他行星上找到生命，但他们都认为与任何外星人接触并不是一个好主意。

JWST被称作哈勃望远镜的继任

詹姆斯·韦伯太空望远镜（James Webb Space Telescope，缩写JWST），是美国太空总署、欧洲太空总署和加拿大航空航天局联合研发的红外线观测用太空望远镜，它的任务是调查银河系、恒星以及行星系统的起源和进化。JWST被称作哈勃望远镜的继任者，因此它至少要运行5年。

距离地球100万英里左右，詹姆斯韦伯太空望远镜将在一个寒冷的环境工作，该望远镜的主要任务是调查大爆炸理论的残馀红外线证据（宇宙微波背景辐射）。为此它配备高灵敏度红外线传感器、光谱器等。为便于观测，机体要能承受极度低温，也要避开太阳光与地球反射光等等，此望远镜还附带了可折叠遮光板，以屏蔽会成为干扰的光源。韦伯望远镜将必须比以往任何送入轨道太空望远镜更强大，因为它工作在温度只有几个绝对零度以上的环境，在连原子分子都将静止的冻结温度之上。

在一个世纪内有望发现外星生命

纽约市学院的理论物理学教授在接受《卫报》采访时谈到了他的恐惧，他在接受即将出版的《上帝方程式》一书时接受了采访，他说："我相信我们有望在一个世纪内发现外星生命。"科学家 Michio Kaku 则对《卫报》说："很快我们将把韦伯望远镜安装在轨道上，这将会看到成千上万个行星，这就是为什么我认为我们即将接触外星文明的机率已经非常之大了。"

太空上真的有外星人存在？

如何接触它们也是科学家面临到的问题

不过弦理论科学家可并不这么认为，即使我们找到了其他生命形式，我们也应该要知道如何接触到它们，他说："我的一些同事认为，我们若向外星人伸出援手，这绝对是个糟糕的主意。"他对《卫报》说："我们都知道几百年前蒙特祖马在墨西哥遇到科尔特斯时发生了什么，现在就我个人而言，我认为外星人虽然会很友好，但我们不能太轻举妄动，所以我想我们虽然会与外星人联系，但我们绝对会非常小心翼翼。"

网民哀嚎：

foxnews 2021 年 04 月 15 日 13:42

杞人忧天，当代地球上的"土著人"思想，你不寻找他们，他们就不寻找你了吗？与其坐以待毙，不如主动出击嘛。

谢选骏指出：欧洲人为何害怕外星生命？因为他们被自己的祖先在新大陆所干的种族灭绝的亏心事弄得忧心忡忡，夜不能寐——担心缺德的报应终会落到自己及其子孙后代的头上。

导论6、人类的邪恶没有止境

《超级文明干预宇宙进程？科学家发现：已有800多颗恒星神秘消失！》（2021-05-23 星辰大海路上的种花家）报道：

宇宙中恒星的诞生与消失都是一个非常正常的现象，因为恒星也像生命一样有一个生老病死的过程，但一般情况下天文学家总是能找到一个残骸，比如著名的 M1 蟹状星云！

瑞典北欧理论物理研究所的 Beatriz Villarroel 追回溯了过去大型望远镜取得的数据，结果发现大约有 800 多颗恒星神秘消失了，似乎从来都没有出现在宇宙中，因为它们没有留下任何恒星存在过的痕迹！

恒星为什么会消失？

恒星和生命其实没什么两样，两者都有一个诞生过程，也有青年、壮年以及老年期，最后还有一个轰轰烈烈或者默默无闻的死亡过程，残骸中又可能会有新的生命诞生！但两者不一样的是，恒星生命会留下痕迹！

恒星的诞生与死亡

恒星诞生于星云，它可以是宇宙大爆炸产生的"原初"星云，也可以是超新星爆发后的星云，在局部物质引力大于热膨胀压力时，星云的坍缩就会快速发生，这个过程并不长，比如类日恒星大约只需数十万年内，即可产生一颗原恒星！

当内核的温度和压力足以让氢原子核开始聚变时，恒星就开始进入主序星阶段，因为此时内部的辐射压将会与外部引力坍缩抗衡，恒星不再坍缩，而恒星风的产生，也会驱离星云物质，恒星不再成长（除非双恒星合并等事件发生）。

合并中的恒星

主序星阶段的恒星非常稳定，但到内核氢燃料烧完开始燃烧内核壳层（类日恒星的内核为半径为 1/4R），此时壳层氢因为温度和压力大幅上升，燃烧剧烈，会形成红巨星！

壳层氢燃烧

如果恒星足够大，比如 8~10 倍太阳质量以上，那么会诞生变成一颗超新星，它的未来是一颗中子星或者黑洞，当然爆发后也不会消失，中心会留下一颗中子星和黑洞，外部则会留下一大片超新星残骸！

超新星爆发后的残骸中子星

如果恒星质量比较小，那么会诞生白矮星，它的寿命超级久，即使宇宙刚诞生时就产生白矮星，那么到现在还会继续存在，而更小恒星形成的红矮星寿命则能超过千亿年甚至万亿年。

所以正常情况下的恒星消失，大概就这几条路径，怎么都能找到它们的残骸，除了蟹状星云还还有非常漂亮的行星状星云，甚至我们偶尔也能看到超新星爆发的过程，比如猎户座的参宿四就是一颗潜在的超新星！

SN 1987A 爆发后的发展过程

那些消失的恒星哪里去了，真有超级文明在干预宇宙吗？

Villarroel 和她的同事们于 2017 年开始研究这些神秘消失的恒星，他们使用来自欧空局盖亚卫星的数据，它从 2013 年发射以来，目标是取得整个银河约 1% 的恒星星表，另外还有来自加州帕洛莫天文台的 48 英寸塞缪尔·奥斯钦望远镜的 Zwicky 瞬变光变事件监测！

Villarroel 和她的同事使用了上世纪 50 年代美国海军天文台（USNO）和夏威夷泛星望远镜（PAN）的数据，但是反复对比之后，总共有 800 多颗恒星不见了，而调用盖亚卫星的恒星数据口后发现，在这些恒星所在的区域，什么都没有留下，甚至都没有超新星爆发后的任何残骸！

USNO 的勘探板块在太空时代之前就已经存在，其暴露时间足够长，足以将小行星区分为与恒星相对的短径。

原先 Villarroel 和她的同事认为 VASCO 可能是一个选项，因为它的周期可能长达数年，但它不会完全消失，而且从未记录到过这些消失的行星究竟是如何消失的！另一个选项是伽马射线暴或者快速射电暴（快速出现、快速消失），当然这种可能性很低，因为数量高达 800 颗，总不可能运气那么好这些天体都在爆发时被记录。

夏威夷毛伊岛哈雷阿卡拉天文台的 Pan-STARRS 测量望远镜。

而加州帕洛莫天文台的 48 英寸塞缪尔·奥斯钦望远镜的 Zwicky 瞬变光变事件监测仍然在监测此类消失事件，它的超宽视野可以在 3 天内扫描全帕洛莫天文台所在的天区。

真有超级文明在干预恒星的发展？

从理论上来看，熄灭一颗恒星即可让遥远的人类无法发现它存在过的痕迹，当然恒星熄灭后仍然可以在红外波段观测到它的存在，就像白炽灯关掉后，红外夜视仪中很长时间内都可以看到它仍然在发出红外波段的"余光"。

詹姆斯·韦伯望远镜的工作波段就在可见光 + 红外波段

只有一种方式可以直接"熄灭"一颗恒星，那就是超级文明存在的戴森球，这是天文学家戴森想象的一种超级文明利用恒星能量的方式，建成一个包围恒星的球体，以求100%利用恒星的光和热，由于恒星直径动辄都是百万千米，所以这个建筑规模是天文级别的！因此这个戴森球的理论曾被科学家和爱好者们批得狗血淋头，但似乎在这800颗恒星消失的问题上，戴森球理论可以完美的解释这一点，也许宇宙中的超级文明数量和规模远超人类想象。

延伸阅读：正在不断"学习"的宇宙？

2021年5月20日，LiveScience上有一篇有趣的文章，标题是：Can the universe learn? 宇宙会学习吗？

A team of scientists thinks the answer is "yes." 一组科学家认为答案是"YES"！

有部分科学家提出了"达尔文宇宙"的概念，认为宇宙是一个不断"进化"的系统，因为科学家发现：

某些量子引力理论和量子场理论（称为规范理论）——可以在爱因斯坦的狭义相对论和描述亚原子粒子的量子力学之间架起桥梁的一类理论——可以被映射或翻译成矩阵语言，这种联系表明，在机器学习系统的每个迭代或循环中，其结果可能是宇宙终极的物理定律。

不过参与这项研究的科学家也承认，他们的工作仍然非常初步，并非最终的理论，而是一种以新的角度开始思考问题的方式。

谢选骏指出：人类的能力是有限的，但是人类的邪恶却没有止境——他们竟然想要干预干预宇宙进程？他们幻想,恒星的消失是因为"文明"！

导论7、外星人是殖民者后代的梦魇

《蓝光照亮纽约夜空 难道是外星人来访？》（2018-12-27 世界日报）报道：

据每日新闻(Daily News)报导，大概27日晚10时30分左右，联合爱迪生公司从现场搬走那台烧毁的电压器，约10尺高，2尺宽。Brief introduction: 纽约夜空突现蓝光！

联合爱迪生 (Con Edson) 电力公司在 27 日晚 11 时推文指出,这次意外是"仅是单纯的电力火灾","造成输电量下降",该公司表示,电力系统"十分稳定"。

市警 114 分局推特：变压器爆炸被确定为非可疑设备故障。为保持交通畅通,请民众避开该区域。警方表示爆炸发生引起的大火已完全扑灭,事故中无人员伤亡。白思豪在推特上表示,目前我们所知道的是,蓝光是由变电站的电突波 (electrical surge) 引起的。

大都会运输管理局 (MTA) 表示,停电只影响了地铁 7 号线。市长白思豪发言人菲利普 (Eric Phillips) 在推特上说,这些光线主要源自皇后区设施的"变压器爆炸"。他说,不少地区电力停止供应,包括拉瓜地亚机场在内。

纽约警方表示,这场 27 日晚间在联合爱迪生 (Con Edison) 电力公司设施爆发的火灾已得到控制,没有人员受伤。

皇后区 27 日晚 9 时 20 分左右发生大面积短暂断电,夜空闪过数秒蓝光,恍如白昼,不少民众惊呼"以为来了外星人"。为了防止发生意外,拉瓜地亚机场一度关闭。皇后区木边 (Woodside) 和阿斯托利亚 (Astoria) 等社区的居民表示,一刹那间,他们看到蓝色的炫光照射到空中。民众也惊讶看到天空变得如此明亮,宛如白天。还有人说自己公寓被蓝光淹没了。也有居民表示,家中的电流短暂闪烁,吓到他们以为是停电,但所幸只有短短几秒即马上恢复。

联合爱迪生 (Con Edison) 电力公司证实位于皇后区阿斯托利亚的变压器突发故障,伴有变电箱爆炸,已派专人紧急处理,消防员也迅速赶到清理现场。

纽约市府通报说已控制火势,由于有大量消防人员在皇后区 20 大道夹 31 街一带处理险情,驾车人宜避开这一地区。很多住家都反映家中短暂断电,虽然几秒钟后就恢复,但法拉盛的酒店等出现电梯故障、需要紧急维修。

在法拉盛工作的 David Berrios 表示,发生断电的几秒钟夜空持续闪过蓝光,以为外星人来了。家住阿斯托利亚 21 大道的华裔王安表示,事发时他正在做饭,突然看到窗外出现强光,邻居也都纷纷开门往外跑,他也跟着下楼，不知发生了何事，"以为加油站爆炸了"；到楼外看到大批消防车和救护车经过，经询问也知是发电厂爆炸。

到拉瓜地亚机场乘飞机去西岸度假跨年的陈妍，赶到机场发现整个机场除了应急灯不见任何灯光，"行人灯也不亮，很多人不敢留在候机厅，都跑到户外的公车站台、甚至车道上，特别危险"。

皇后区电压器爆炸，多处停电，法拉盛三福大道的林先生家目前停水。问大楼管理员说不知道何时能修复。有些地区的大楼停电，电梯无法使用。阿斯托利亚的市议员 Costa Constantinides 表示，目前意外没有引发任何伤情，住在附近的民众无需撤离。

谢选骏指出：外星人是殖民者后裔的梦魇——他们担心自己遭到被他们的殖民祖先所突袭致死的印第安人那样的厄运。殖民者的后裔时刻准备着，紧张预防着外星人的入侵，灵魂片刻不得安宁，不相信上帝可以保护自己——由此也许可以解释现代西方世界何以如此盛行"外星人"传说的原因。

导论8、外星人有其自己的道德

网文《假如有外星人，它们可能与人类谈道德吗？》（2020-07-31恋恋娱乐综艺举报）报道：

人类对未知从来充满了好奇心，今天看到小伙伴私信了这个问题。但是这是个只能想象的问题，毕竟外星人存在与否还是个未知数，与未知的生命谈什么都是空谈。那么，假如有外星人的话，人类能与它们谈道德吗？我认为是不能的。为什么这么说呢？我们简单地来探讨一下这个问题。

在开始讨论之前，我们先来看看道德的定义，道德是我们人类行为的准则，正是有了道德的约束，人类才能和平相处，互帮互助，同时正是有了道德，才有了好坏的定义。人类进化的重要标志之一就是出现了文明，而道德正是文明的产物。

基于这个概念，我们首先来看一下，外星人存在的话，究竟是什么状态？

外星人也就是我们对地球以外的类人生命体的总称，它要同时具备人形和生活在地球以外的其他星球或空间两个条件。1957年10月4日，前苏联的第一颗人造卫星升空，揭开了人类航天时代的序章，之后，各国就从未停止过对太空的探索。就目前来看，飞离地球最远的航天器是美国于1972年3月3日发射的"先驱者10号"无人航天飞行器，到现在为止，它依然在离地球约100多亿公里的外太空向地球发射信号。

各种航天器的成功升空，为我们提供了大量的太空的图像，让我们更直观地了解太空的景象以及各个星球的特点。但是，就目前来看，所有的航天器都没有拍到任何关于外星生命的影像。因此，外星人存在与否到现在仍然是个谜。所以说，外星人假如存在的话有两种可能。第一种就是外星人存在于我们已经探测到的星球上，但是它们的科技水平远高于我们，因此能够让我们无法探测到。第二种则是外星人存在于我们目前还到达不了的星球上。

这两种可能性，第一种就比较的可怕了，因为只要是它们存在且存在于我们已经探测过的星球上，就证明它们也一定有到达地球的能力，而且它们的整个科技水平是我们现在无法企及的。在这种情况下，它们是凌驾于我们人类之上的生命。

第二种也有两个情况，第一个就是我们目前到达不了的星球，它们也同样无法从所在星球到达地球。这种情况下，我们对彼此都是未知的，也不存在什么威胁。第二个是我们无法到达它们所在的星球，但是它们能够到达地球。这种情况与上面第一种可能性一样恐怖。

假如外星人存在的话，能与我们人类谈道德吗？

这个问题的答案并没有唯一性。如果是我们上面说到的第一种可能性（外星人存在于我们以探测到的星球，但是我们人类无法探测到它们）和第二种可能性的第二种情况（我们人类无法到达它们的星球，但它们能到达地球）下，外星人比人类要先进太多了，这就好比我们现在看地球上的野生动物一样，只要想随时可能让你消失掉。在这种情况下，是没有什么道德可言的。毕竟它们有着碾压我们的实力，在绝对实力面前，只有弱肉强食，没有道德的概念。

如果说是第二种可能性的第一种情况下（也就是我们各自偏安一隅，

目前谁都没有到达各自星球的能力），人类与外星人没有交集，各自发展，等到有一天，双方都能达到到达对方星球的能力时，或许还可以谈一下道德。

总结

如果外星人真的存在，它们能否与人类谈道德取决于谁更先进，试想一下，如果人类找到了外星人存在的星球且这个星球还适合人类居住，并且人类发现外星人过着与我们原始人类一样的生活，人类会跟外星人谈道德吗？我想答案显然是否定的。所以，外星人的科技等各方面如果凌驾于人类之上，它们来到地球同样也不会跟人谈道德的。你说呢？

谢选骏指出：上文愚昧！不知道"盗亦有道"的道理——外星人不会按照地球人的方式讲道德，但是他们本身怎么可能没有道德呢？道德其实就是社会律，犹如物理本是自然律。没有道德，任何生物都无法生存的。狼不会按照羊群的道德来生存，但它必须遵循狼群的道德，否则会被驱逐出来。即使独狼，也必须遵循生物法则，否则必死无疑。所以我们需要"外星人看地球"，这样才能保证我们可以适应更为广大的宇宙。

上部
外星人

001、外星人

网文《外星人》报道：

外星人（Extraterrestrial Intelligence），又称宇宙人，是人类对地球以外的智慧生命的统称。

它已经成为科学界中最具有投机性的问题之一，也是科幻小说和大众文化的中心主题。

1、生成过程

生物的进化是一种极为缓慢的过程，所经历的时间之长完全可以同太阳的演化过程相比。化石的研究发现，早在35亿年前地球上就已有了一种发育得比较高级的单细胞生物，称为蓝——绿藻类。根据恒星演化理论以及对地球上古老岩石和陨星物质的分析知道，太阳和地球的形成比这种生物的出现还要早10~15亿年。太阳系形成后大约经过50亿年之久地球上才有人类。

设想把每50亿年按简单比例压缩成1"年"。用这样的标度1星期相当于现实生活的1亿年，1秒钟相当于160年。从宇宙大爆炸起到太阳系诞生，已经过去了大约2年时间。地球是在第3年的1月份中形成的。3、4月份出现了蓝——绿藻类这种古老单细胞生物。之后，生命在缓慢而不停顿地进化。9月份地球上出现了第一批有细胞核的大细胞，10月下旬可能已有了多细胞生物。到11月底植物和动物接管了大部分陆地，地球变得活跃起来。12月18日恐龙出现了，这些不可一世的庞然大物仅仅在地球上称霸了一个星期。除夕晚上11时北京人问世了，子夜前10分钟尼安特人出现在除夕的晚会上。现代人只是在新年到来前的5分钟才得以露面，而人类有文字记载的历史则开始于子夜前的30秒钟。近代生活中的重大事件在旧年的最后数秒钟内一个接一个加快出现，子夜来临前的最后一秒钟内地球上的人口便增加了两倍。

由此可见地球诞生后大部分时间一直在抚育着生命，但只有很短一部分时间生命才具有高级生物的形式。

2、诞生条件

在我们看到了智慧生物的诞生要求恒星必须至少能在约50亿年时间内稳定地发出光和热。恒星的寿命与质量大小密切相关。大质量恒星的热核反映只能维持几百万年，这对于生命进化来说是远远不够的。只有类似太阳质量的恒星才是合适的候选者，银河系内这样的恒星约有1000亿颗，除双星外单星大约是400亿颗。单星是否都有行星呢？遗憾的是我们对其他行星系统所知甚少，但是确已通过观测逐步发现一些恒星周围可能有行星存在。考虑到太阳系客观存在，甚至大行星还有自己的卫星系统，比如太阳系中的木星。不妨乐观地假定所有单星都带有行星。有行星不等于有生命，更不等于有高等生物。关键在于行星到母恒星的距离一定恰到好处，远了近了都不行。由于认识水平所限我们只能讨论有同地球类似环境条件的生命形式，特别要假定必须有液态水存在。太阳系有八大行星，但明确处在能有条件形成生物的所谓生态圈内的只有地球。金星和火星位于生态圈边缘，现已探明在它们的表面都没有生物。

对一颗行星来说，能具有生命存在所必须满足的全部条件实在是十分罕见的。太阳系中地球是独一无二的幸运儿。详细计算表明，在上述400亿颗单星中，充其量也只有100万颗的周围有能使生命进化到高级阶段的行星。

另一个限制条件是地外生命应该与地球上生命有类似的化学组成。天文观测表明，除少数例外，整个宇宙中化学元素的分布相当均匀，因而完全有理由相信在遥远行星上也能找到构成全部有机分子所需要的材料。事实上已经在不少地方发现了许多比较复杂的有机分子。因而可以认为，生命在某个地方只要理论上说可以形成，实际上也确实会形成。于是银河系中就会有100万颗行星能有生命诞生，不过每颗行星上的生命应当处于不同的进化阶段。

3、各方态度

外星生命

外星人的报道时常见诸报端,很多人声称见过飞碟,甚至见过外星人,同时他们也拍到了各种各样的有关飞碟的照片。这一切到底是真是假,外星人真的存在么?

据自称见过外星人的人们描述,他们所见到的外星人大多是一些个子矮小、脑袋圆大、嘴巴窄长如裂缝、身穿紧身衣的类人生物。

另一些人则热心于寻找外星人在古代留下的痕迹。他们认为撒哈拉沙漠壁画上人物的圆形面具、复活节岛和南美的巨石建筑以及金字塔等种种无法解释的史前奇迹都与外星人有关。还有的学者提出人类是外星人的后裔,或人类中一些民族(如玛雅人)是外星人与地球人交配的后裔等种种观点。但这些也只能作为猜测和假说,其中大多数仍缺少足够的证据。

对于外星人的存在情况,科学家们提出了种种可能的设想,这些设想很大胆,看来也很离奇,但是谁又能责怪人类的想象力呢,也许这些幻想有一天会变成可观的存在。如果我们为100万这个大数目感到欢欣鼓舞的话,认为找到外星人不成问题,那就高兴得太早了。对于地外高级生物只有当能同他们建立联系时才有意义。就人类的认识来看,无线电讯号是建立这种联系的唯一可行的途径,因而必须进一步探讨有多少个行星上居住了有能力发送这种讯号的文明生物。如果他们从存在以来一直在发送这种讯号,那就应该有100万个正在进行无线电发播的行星。但事实上不要说藻类,就是人类在100多年前也还没有这种能力。另一方面,技术已遭到破坏,以及本身已遭到毁灭的生命形态也是不会这样做的。请不要忘记,差不多在能发射无线电讯号的同时,人类也研制成了大规模核武器,它们足以把地球上全部生物彻底毁灭掉。外星人会不会为失去理智的战争狂所支配而毁掉自己呢?这种可能性也许不能完全排除。

让我们又一次乐观地认为外星人有能力、有理智解决那些我们所担心的问题,并假定他们在和平繁荣的环境中生活了100万年。由于科学技术极为发达,生活充分富裕,他们必然会想到、也完全有能力耗费巨资来从事有重大意义的开创性研究,其中包括试图同外部世界同类建立联系。他们在100万年内不停顿地向外界发送强有力的无线电讯号。这么一来在上述100万颗行星中,就有一小部分正在发播这种讯号,这部分所占的比例是100万年除以40亿年,即0.025%。这意味着正在发送讯号的只有250颗。

如果它们均匀地分布在银河系中,则相邻两颗之间的距离约为4600光年。人类发出的讯号要经过4600年才能送到离我们最近的外星人那儿。如果他们收到了并随即发出回答,那要收到他们的回音我们还得再耐心地等上9200年!奥兹玛计划的联系对象离开我们只有十几光年,这样做实在没有多大意义。要使计划变得有实际意义,必须监听4600光年范围内每一颗类似太阳的单星是否在发出有含义的讯号。

要是更实际一点是,想想人类有历史记载的只有4000年。如果外星人只是在4000年长的时间内有能力进行无线电发播,那么今天在向外界播发讯号的就只有一颗行星!于是,整个银河系中除地球外充其量也就再有一种文明生物在发送讯号,我们用射电望远镜在银河系内留心倾听这种讯号的种种努力就完全是徒劳无功之举的!

读者也许会为这一结论深感失望。那么实际情况同这里所估计的会有多大差异?上面的讨论中有许多不确定因素。每颗单星周围都有行星吗?生命是否只能在地球这样的环境下诞生?还有,实际上我们并不知道一种智慧生物到底能生存多久,他们能一直生存下去吗?这些问题恐怕在相当长时间内还无法作出明确的回答。然而原始人又何尝想到今天的大型客机、彩色电视、快速电子计算机和登月飞行呢?只要人类能在和平繁荣的环境中一直生活下去,科学的发展会逐步回答这些问题。不过就来看,外星人即使存在,我们也暂时无法同他们进行有效的联系。因而,把不明飞行物同天外来客的宇宙飞船联系在一起恐怕是不可信的。

4、各种解释

有科学家认为:地球上之所以还没有外星人,是因为他们在有可能到达地球之前,就被伽马射线杀死了。

伊利诺伊州费米加速器国家实验室的詹姆斯·安妮斯博士说,外星人尚未到达地球的原因是,只是直到,我们的银河系才为生活于太空中的生命提供了繁荣发展的机会。

安妮斯说,直到几亿年以前,我们的银河系还经常受到伽马射线爆发的辐射:使恒星碰撞和黑洞都释放出大量致命射线。只是到了这些碰撞才变得稀少起来,外星生命才有可能出现,并从自己居住的行星旅行到相当遥远的地方。

安妮斯希望，他在英国《新科学家》周刊上提出的理论，将能够解决有关外星生命是否存在的最著名的争论之一——费米悖论。这个悖论是根据意大利裔物理学家恩里科·费米这位诺贝尔奖获得者的名字命名的。据说费米在50年代提出了这个悖论，其要点是：如果外星人确实存在，他们在什么地方呢？

这个问题之所以具有说服力，是因为它是基于我们银河系的两个事实：一是银河系非常古老，已有约100亿年的年龄；一是银河系的直径只有大约10万光年。所以，即使外星人只能以光速的千分之一在太空旅行，他们也只需1亿年左右的时间就可横穿银河系——这个时间远远短于宇宙的年龄。所以，外星人究竟在哪里呢？

费米显然把这个理由当成了根本不存在外星人的证据。如今安妮斯则声称，他发现费米的这个推论存在一个漏洞：外星人很可能存在，但只是直到伽马射线的爆发周期才越来越长，从而为外星人提供足够的时间间隙作星际旅行。

英国科学家保罗·戴维斯则讨论了"生命种源传播"的假设，即地外智慧生物不一定要用活体来进行星际航行，可以用高智能的机器人携带生命种源（存放在绝对零度环境下）乘搭宇宙飞船进行生命传播殖民，如此一来即可避免星际航行中宇宙伽马射线、接近光速航行所需惊人能量以及生命年龄有限的障碍。只要在航行所需能源充足的情况下，这种"生命种源传播"方式即可得到实现，据此推理得出在宇宙漫长的时间历程里，高智慧生命应该几乎遍布了整个宇宙中适宜生存的行星，并存在着广泛的星际交往，包括地球在内。然而事实上地球并没有接收到外星生命的信息，因此有科学家据此得出结论：外星人之所以迟迟不露面，是因为地外生命并不存在。

可见，对地外生命是否存在一说，至今科学家们依旧未能统一意见或拿出确切的证实或否定证据。不过，外星人研究不再是科幻而是一门前景诱人的交叉学科———天体生物学的重要课题。

5、理论依据

对于外星人的研究，其实也是统计学的一部分，据科学家观测，整个银河系大约有100,000,000,000颗左右的恒星，而整个宇宙大约有100,000,000,000个左右的银河系。我们假设出现生命体的概率是1/1,000,000,000,000,那么依然会有100,000,000行星上会有生命体出现。

许多人认为时空旅行是不可能实现的,毕竟星际之间的距离是以光年计算的。可是他们却忽略了一个问题,那就是19世纪中期,科学家认为55Km/h是人类所能达到的最大极限速度,可是现如今的时代,我们已经远远的把音速抛在了身后,用了区区不到200年的时间。那么为什么不能在这100,000,000颗可能出现生命体的行星上,有某个种族超越了人的智慧,发明并且掌握了星际旅行的方法。(比如说反物质的应用)从而来到地球呢?虽然科学家们一直都在争论黑洞存在与否,毕竟从天文学的角度,黑洞是不可能被常规望远镜观测到的,但是绝大部分天文学家还是相信射电望远镜观测的结果,认为的确有这种连光都可以吸纳的天体存在。

也许我们不曾看到过外星高智能生物,但是单凭眼睛和"古老的"科学技术就武断的以为并不存在外星人,未免有失科学严谨的风范。

6、主要假说

地下文明说

在一些科幻电影里,说的是在地球上是人类进化的天堂,但是在地球内部却存在另一个由进化后的昆虫统治的文明世界,最终地下的昆虫为了地上的生存权与人类开始了战争。据悉,美国的人造卫星"查理7号"到北极圈进行拍摄后,在底片上竟然发现北极地带开了一个孔。这是不是地球内部的入口?另外,地球物理学者一般都认为,地球的重量有6兆吨的上百万倍,假如地球内部是实体,那重量将不止于此,因而引发了"地球空洞说"。一些石油勘探队员都在地下发现过大隧道和体形巨大的地下人。我们可以设想,地球人分为地表人和地内人,地下王国的地底人必定掌握着高于地表人的科学技术,这样,他们——地表人的同星人,乘坐地表人尚不能制造的飞碟邀游空间,就成为顺理成章的事了。

这个理论的荒诞在于地球根本不是空心的。所有有关地球空洞的说法全部都是谣言和假新闻。地球是太阳系中密度最大的星体,如果内部真的有个巨大的空洞,地球的质量决不可能达到这个数字。更何况地球拥有很强的磁场,行星强磁场(恒星磁场产生机理和行星不同)意味着具有一个巨大的铁质核心,这就彻底排除了地心空洞的可能。

杂居说

该观点认为,外星人就在我们中间生活、工作。研究者们用一种令人称奇的新式辐射照相机拍摄的一些照片中,发现有一些人的头周围被一种淡绿色晕圈环绕,可能是由他们大脑发出的射线造成的。然而,当试图查询带晕圈的人时,却发现这些人完全消失了,甚至找不到他们曾经存在的迹象。外星人就藏在我们中间,而我们却不知道他们将要做什么,但没有证据表明外星人会伤害我们。这个理论就如同信徒无法证明神的存在一样,把所有需要证明的部分都推给了不可证明的原因。

人类始祖说

有这么一种观点:人类的祖先就是外星人。大约在几万年以前,一批有着高度智慧和科技知识的外星人来到地球,他们发现地球的环境十分适宜其居住,但是,由于他们没有带充足的设施来应付地球的地心吸引力,所以便改变初衷,决定创造一种新的人种——由外星人跟地球猿人结合而产生的。他们以雌性猿人作为对象,设法使她们受孕,结果便产生了今天的人类。

事实上人类的基因演化是很规律的,并没有大量新型基因在极短时间内(相对于地质时间)爆发性的出现,更重要的是,猿人的存在时间要早的多,数万年前人类早就成型了,如果外星人对此做了什么干涉的话,那应该是在距400万年以上的时代,地质跨度在200万年以上,这个数字又太大了,决不是高科技的结果。

平行世界说

我们所看到的宇宙(即总星系)不可能形成于四维宇宙范围内,也就是说,我们周围的世界不只是在长、宽、高、时间这几维空间中形成的。宇宙可能是由上下毗邻的两个世界构成的,它们之间的联系虽然很小,却几乎是相互透明的,这两个物质世界通常是相互影响很小的"形影"状世界。在这两个叠层式世界形成时,将它们"复合"为一体的相互作用力极大,各种物质高度混杂在一起,进而形成统一的世界。后来,宇宙发生膨胀,这时,物质密度下降,引力衰减,从而形成两个实际上互为独立的世界。换言之,完全可能在同一时空内存在一个与我们毗邻的隐形平行世界,确切地说,它可能同我们的世界相像,也可能同我们的世界截然不同。

可能物理、化学定律相同,但现实条件却不同。这两个世界早在200-150亿年前就"各霸一方"了。因此,飞碟有可能就是从那另一个世界来的。可能是在某种特殊条件下偶然闯入的,更有可能是他们早已经掌握了在两个世界中旅行的知识,并经常来往于两个世界之间,他们的科技水平远远超出我们人类之上。

四维空间说

有些人认为,UFO来自于第四维。那种有如幽灵的飞行器在消失时是一瞬间的事,而且人造卫星电子跟踪系统网络在开机时根本就盯不住,可以认为,UFO的乘员在玩弄时空手法。一种技术上的手段,可以形成某些局部的空间曲度,这种局部的弯曲空间再在与之接触的空间中扩展,完成这一步后,另一空间的人就可到我们这个空间来了。正如各种目击报告中所说的那样,具体有形的生物突然之间便会从一个UFO近旁的地面上出现,而非明显地从一道门里跑出来。对于这些情况,上面的说法不失为一种解释。这两个理论的荒诞在于,已经证明除了2维和三维空间,其他所有的维度都卷曲得厉害。

未来生命说

有些科学家认为,所谓的外星人,即为人类世界的未来人。有数据表明,人类在近百年来进化程度比原始时期更加迅速。我们也不能否认,也许当人类进化到几亿年以后,就成为今天所说的外星人的模样,并且掌握了穿越时空的技术,来到的人类世界。

外星人种并非确定存在的生物种族,只是人类社会中较常听到的几个称呼。

昴宿星人

天狼星人

天琴星人

耶洛因人

爬虫人

灰人

7、科学探索

寻找地外生命

作为探索宇宙奥秘的工作的一个部分,科学家也在积极地探索地球以外的生命,也在积极地搜寻有没有外星人的信息。这种科学的探索早在上个世纪50年代就开始了。

1959年,科可尼和莫里森两人合写了一篇文章,登在英国著名的《自然》杂志上。文章说根据他们的计算,如果宇宙中别的地方有智慧生命,而且它们的科学水平和我们1959年的水平相当。那么,它们应该可以收到地球人发射的无线电信号。同样,如果它们想向我们发射无线电信号,我们也可以收到。尽管距离极其遥远,需要几千、几百年才能交谈一句话,但是毕竟是可以交流的。他们俩还研究了进行星际无线电波交流的最佳波长,这个波长是氢原子的21厘米波长。因为,氢是宇宙中最丰富的元素,而且它的21厘米波长也容易探测到。

这篇文章大大的激发了人们探测地外文明的热情,增强了人们的信心。因为它告诉我们,只要有外星人,只要外星人的科技水平和我们差不多,我们之间就可以互相交流。这篇文章是科学的探测外星人的开始。

人类已经在地球上生活了大约两三百万年。从前,人类以为自己是万物之灵,宇宙间唯一有智慧的生命,甚至认为地球是整个宇宙的中心。后来,随着科学技术的进步,人们的眼界开阔了,才懂得宇宙的广大无边,它远远超越了我们的想象,而地球实在是太小了,当然更不是宇宙的中心。于是人们想象:宇宙这样宽阔,或许其它星球上会生活着一种与人类相似的智慧生物 -- 外星人。这样的想法深深地吸引了一些热衷于寻找外星人的人们。

十六世纪,有人用望远镜观测火星时,发现了许多互相交错的网纹,便以为那是"火星人"开凿的"运河"。1935年,美国一家电台广播说火星人来到了地球,引起了一场虚惊。而英国一位作家创作了一本名为《大战火星人》的科幻小说,其中对火星人作了许多绘声绘色的描述,更引发了一系列有关"火星人"的小说和电影的诞生。

到底有没有火星人?在只有望远镜的时代,它一直是个谜。到了六十年代,探测飞船终于上到了火星,解开了这个一直困扰人们的谜:火星比地球冷得多,表面到处是泥土石块,经常狂风大作,飞沙走石,上面没有任何生物,当然更没有火星人。

这个谜解开以后,天文学家进一步分析认为:在太阳系里,除地球外,其他行星都没有生物生存所必须的环境条件。因此,地球上的人类是太阳系里唯一有智慧的生物,要找外星人,必须到太阳系之外。

1972年,美国发射了"先驱者10号"飞船,它于1987年飞出了太阳系,飞船上的金属片刻画了人类的形象、人类居住的地球以及太阳系的位置。1977年,美国的"旅行者一号"又给外面的世界带去了更丰富的信息,包括一部结实的唱机和一张镀金的唱片,唱片上收录了几十种人类语言和多首音乐作品(其中有中国的古曲)。人们热切地期望外星人会收到它。

1977年9月5日发射的旅行者1号太空探测器,是人类第一次以科学的方法尝试联系他们。虽然科学家鉴于星球间存在着巨大的距离,认为即使有外星人,也不可能飞抵地球,但他们并未否定外太空存在生命的可能。

为了和外星人取得联系,科学家们甚至还制造了庞大复杂的设备,试图向外星发射信息和接收来自外星的信息。但是,经过了许多努力,人们依然没有找到外星人。一些见到外星人的说法也仅仅是传说,难以得到有力的证实。

值得一提的还有飞碟。许多人看到了它。也猜想它就是外星人驾驶的飞船,可这也仅仅是一种猜想而已。

那么,到底有没有外星人呢?科学家分析,宇宙间象地球这样这样的行星肯定还很多,某些与地球环境相似的行星确实很可能有外星人,但是由于我们的航天、通讯技术尚未足够发达,要找到他们我们还必须加倍努力才行。

为了寻找地外生命,1999年5月24日,一个名为"相遇2001"的公司借助克里米亚半岛的乌克兰叶夫帕托里亚直径70米的射电望远镜,朝4颗50—70光年远的类太阳恒星方向发射了一系列射电信号,这是人类25年来第一次有意识的星际广播。

早在1974年11月16日,美国射电天文学家德雷克曾用阿雷西博直径305米的射电望远镜向24000光年以外的球状星团M13发送过信号。可那次信息的长度仅为3分钟,由1679个字节组成,其中包括了地球在太阳系中的位置、人类的外形和DNA资料、5种化学元素的原子构成形式以及一个射电望远镜的图形。

相比之下，此次发送的信号比德雷克的那些内容更为丰富，而且被地外生命接收到的可能性更大。该信号的发送频率为5010千赫兹，比电视广播强10万倍，长度达到40万比特，它包括一系列页面，有地球和人类的详细资料、基本符号、用逻辑描述的数字和几何、原子、行星及DNA等信息，并在三小时内重复发送三遍。

当然，两次信息的发送都使用同一种二进制数学语言，因为只有这种语言，我们才有可能和宇宙中假定存在的地外生命沟通。科学家们相信，任何具有一定数学知识的地外生命都有能力破译这些二进制编码，进而了解其内容。如果他/她/它真能截取并记录下这些信号，那么就会了解地球、太阳系、人体、人类文化和技术水平的大致状况。

另一方面，由于缺乏功能足够强大的计算机，科学家们还建立了SETI@home系统，以便在处理射电望远镜收集到的地外生命信号时，得到全球计算机用户的帮助，防止这些信号溜掉。

除此之外，这个由国际上多家航天业、信息业和生物化学业领域的知名企业联合组成的"相遇2001"公司还肩负着另一项重要任务：在2001年年底发射一艘小型宇宙飞船。这艘飞船将一直在宇宙中漂流，直至有一天被地外生命截获为止。它将载有更多的人类信息，并可以将数以十万计的志愿参加者的照片、手写信息和头发标本送入太空。其中，头发标本经过特殊处理后，可以使其所含的人体DNA信息保存完整。

由中国、澳大利亚、法国、德国、意大利等全球20个国家的科学家们筹划建造的，全世界最大规模的射电望远镜阵列（SKA）已经进入倒计时。据悉，SKA项目由3000台直径大约15米的较小天线组成。按照计划，SKA项目工程将于2016年开工，在2020年底前完成第一阶段施工，全部工程将在2024年完成。SKA投入使用后，其灵敏度将比世界上现存最先进的宇宙探测设备高出50倍，分辨率高出100倍，而其搜寻速度将会高出1万倍。因此将来它可以更好地帮助科学家们对外星人进行监听，人类对于宇宙的探索肯定将会有更多激动人心的发现。

培养专门人才

华盛顿大学1998年9月份宣布，它将启动一项由国家科学基金资助的研究生教育项目，该项目旨在培养研究地外生命的博士研究生，这在宇宙生命学方面尚属首次。

这门专业看起来似乎挺有意思，但真的学起来并不那么轻松。学生们必须先要了解地球上的生命是如何形成的，这就涉及到天文学、大气科学、海洋学以及微生物学。负责此项目的微生物学家简姆斯·斯特雷说："我们想在地球的环境中研究生命，因此必须要研究地球上诸如火山口、海冰和地下玄武岩的形成过程，因为这些都是形成微生物的极好环境，而且很可能与其它星球上的环境相类似。"除此之外，学生们还要研究大量的在地球上了解较少的有机体。

给学生尝尝寻找地外生命的滋味，并非华盛顿大学只此一家，美国航空航天局新成立的宇宙生命学研究所将提供同样的机会。日前，美国航空航天局的科学家们正和来自五所大学的教授们洽谈这项合作项目。

8、接触方式

在UFO研究领域中，关于人们对不明飞行物与人类关系方面，较为公认的描述是四类接触方式：

第一类接触："指目击者看到一定距离内的UFO，但是未发生进一步的接触。"在四类接触中，这类接触的发生率最高。我们常常看到类似的节目和报导，某某某处发现不明飞行物，某某某人目击不明飞行物，某某某人拍照或者摄录下不明飞行物的图片或影片等等。

第二类接触："指UFO对环境产生影响，如使汽车无法发动，在地上留下烧痕或印痕，对植物和人体产生物理生理效应。"1994年贵州省贵阳都溪林场突发的事件就被归纳为这种接触方式。

第三类接触："指UFO附近出现的人型生物，与我们地球人类面对面的接触，包括握手、交谈、性接触及人类被绑架。"这类也是接受质疑最多的一种，毕竟经历这种接触的人凤毛麟角，而他们这类接触过程往往都是通过事后描述记录下来，很难留下什么确实的证据。不过，一般而言，在事后记录时，当事人往往需经过催眠才能再现出与外星生命接触的过程。对于承认催眠科学性的人们而言，这类证据还是可以得到认可的，至少不会被认为是经历者的有意编纂。

第四类接触："指心灵接触。人类并没有直接看到UFO或人型生物，但是它们透过人类的灵媒,传下一些特殊的信息。指目击者看到 UFO 附近出现类似人样的生物,但他们未与目击者发生更进一步的接触。"这里提供的资料,也是一种二手资料的形式,但是比起第三类接触,这种方式似乎更难使人信服。

UFO 可能跟一种自然现象"精灵闪光"有关

以色列特拉维夫大学的地球物理学家科林－普莱斯说:"雷雨天产生的闪电刺激了上空的电场,促使它产生被称作精灵闪光的光亮。我们知道,只有一种特殊类型的闪电才能在高空引发闪光。"研究人员已经在距离地面 35 到 80 英里的高空发现这种闪光,远远超过了闪电经常发生的距地面 7 到 10 英里的高空。虽然以前的研究称,闪光经常会迅速前行或者旋转飞奔,但是闪光也会以快速滚动的电球的形式出现。以色列科学家研究称,部分神秘的 UFO 现象可能跟令人费解的一种自然现象"精灵闪光"有关,这是一种由雷暴在大气高处引发的闪光。

9、典型事件

51 区

51 区是美国政府存放和研究外星人身体和飞机的地方,其中包括坠毁在罗斯韦尔的外星人飞船和外星人的尸体。一些人甚至说,这里是得到正式批准的外星人飞船着陆基地。

大金字塔

科学无法解释埃及"大金字塔"是如何建造的,无法对它们排列和设计得如此完美作出合理解释。有人认为,数千年前外星人一定在建造这些宏伟建筑物方面扮演着一个重要角色。

飞碟坠毁事件

1947 年 7 月 8 日,美国新墨西哥州罗斯维尔的《每日新闻报》刊出一条耸人听闻的消息:"空军在罗斯维尔发现坠落的飞碟。"这条新闻马上被《纽约时报》等各大报刊转载,无线电波载讯传遍世界。这条消息像一枚重磅炸弹,在美国公众中引起轩然大波。人们从四面八方奔向美国南部的新墨西哥州。在距罗斯威尔 20 公里外的一片牧场上,蜂拥而至的人流受到一排排铁棚栏和一队队荷枪实弹的士兵们的阻拦……与罗斯维尔外星飞碟坠毁事件相应的。另外,八日在距满布金属碎片的布莱索农场西边五公里的荒地上,住在梭克罗(Socorro)的一位土木工程师葛拉第(Grady L.)发现一架金属碟形物的残骸,直径约九米;碟形物裂开,有好几个尸体分散在碟形物里面及外面地上。这些尸体体型非常瘦小,身长仅100到130公分,体重只有18公斤,无毛发、大头、大眼、小嘴巴,穿整件的紧身灰色制服。当日军队马上进驻发现残骸的两地,封锁现场。

动物神秘死亡

外星人并没有绑架人类,也没有在人身里植入一些奇怪的东西,更没有在农田里留下麦田怪圈,但外星人却到地球来宰杀家畜。自20世纪70年代以来,数百具动物尸体被发现,而且这些动物死亡事件具有无法解释的特点,比如,体内没有了血,器官被用"精确手术"摘除等。其中最著名的为"屠牛事件"。

FBI 揭秘

2011年4月初,美国联邦调查局(FBI)新近对外公开的一分备忘录,显示美国知名的"1947年飞碟坠毁事件"可能确有其事。这分备忘录指出,外星人曾于1950年前降落美国新墨西哥州的罗斯威尔市。备忘录指出发现三架飞碟,里面各有三具尸体。

这分呈报给当时FBI局长的备忘录,由负责华盛顿办事处的特工霍特尔执笔,写于1950年。备忘录披露于调查局设立的在线公共档案阅览室"数据库"(The Vault),民众可以通过登录相关网址访问搜索。报道称,这分备忘录可能再度引发关于政府掩饰真相的争论。

据悉,霍特尔以"飞碟"为主题,指出空军调查人员告诉他,新墨西哥州罗斯威尔发现"三个所谓的碟形飞行物"。飞碟呈圆形,中间突起,直径约五十呎(约15米),每个飞碟内有三个类似人形的尸体,但高度仅三呎(90厘米),每"人"穿着质地精细、贴身的金属衣。

霍特尔说,有人指出,飞碟会在罗斯威尔坠毁,是因为政府在当地架设了高功率的雷达,干扰了外星人的飞碟。公开的备忘录已将该人士的名字涂去。

报道指出,这分备忘录证明美国政府掩盖飞碟与外星人登陆的事实。1947年,罗斯威尔传出有一架飞碟坠毁时,当局最初承认,其后又改口称坠毁的是一个气象气球。当时的报道说,军方发现飞碟残骸、外星人尸体,并加以解剖。

"数据库"内另一分1947年所写的备忘录称,军方在罗斯威尔附近发现一个应是"飞碟"的物体。飞碟呈六角形,上方以电缆吊着一个气球。这份注明是"急件"的备忘录,指出飞碟形似气象气球。霍特尔在报告中称,空军调查员告诉他,新墨西哥州罗兹威尔市发现了"三个所谓的碟形飞行物"。飞碟呈圆形,中间突起,直径约五十英尺(约15米),每个飞碟内有三个类似人形的尸体,但高度仅三英尺(约合90厘米)。每"人"穿着质地精细、贴身的金属衣。

据称,美国军方发现了外星人尸体并进行了解剖,但美国政府却对该事件进行了掩盖。美国军方发布新闻报道称,一些关于飞碟的谣言声称罗斯维尔空军基地第八空军509轰炸大队的情报人员掌握到足够的飞碟证据。

这份备忘录中标题内容赫然写着:"美空军人员'俘获'了飞碟!仅在24小时之后,美军方改变了这一消息内容,并声称他们首次发现的'飞碟'事实上是碰撞在附近大农场的气象气球。"

令人惊奇的是,当时媒体和公众都毫无置疑地接受这一解释。随着时间的推移,罗斯维尔镇的神秘感已逐渐被人们所淡忘,直到近七十年之后,这份尘封已久的联邦调查局机密备忘录浮出水面才再次引起人们的关注。

10、相关轶闻

外星人绑架事件

数百人声称被外星人绑架,这种事在20世纪80年代出现得最多。他们被强奸,用于实验,植入外来物,身体还遭受其他折磨,最后会被释放但被绑架的记忆会被外星人抹掉,只有通过催眠回溯记起。几位著名的研究人员,其中包括美国哈佛大学的约翰·麦克,不仅支持这些观点,还写书讲述受害人的故事。

外星人植入物体

外星人不仅绑架地球人,还在人的大脑和身体里植入许多种物体(是用一种可以弯曲的银针从被绑者鼻腔桶入直至大脑),这是外星人邪恶试验的一部分。受害者发现他们的身体里多了些不明不白的东西,这才意识到他们被绑架过。其中一个植入物被发现,可是对它们进行科学检测时,却发现这些物体具有无法毁灭的特点,另外在地球上根本找不到这些材料。这些被植入物据说未被取出前还会发射微波。

墨西哥"外星婴儿"事件

墨西哥电视台报导了一起难以置信的事件:一个活生生的"外星婴儿"于 2007 年 5 月在一个农场中的动物陷阱被捕获。德国图片报网站 8 月 24 日刊登了题为《墨西哥之谜:外星婴儿被陷阱捕获》的文章。据环球时报引用这篇文章说,56 岁的墨西哥著名主持人与 UFO 专家 Jaime Maussan 在他的节目中第一次公开了这个生物的照片,他声称很确定,是真的!文章说,Jaime Maussan 偶然间获知了这件在墨西哥偏远地区发生的奇事。但是直到去年年底,农场主人才愿意将这个生物移交当地大学进行科学研究,并且进行 DNA 比较分析和 CT 研究。据称,当时农场的农民发现这个外星婴儿陷在陷阱中,并且发出喊叫。出于恐惧,他们首先试图将其溺死。他们这样尝试了三次才成功。

外星人隐居地球

在 1987 年,到非洲扎伊尔考察的 7 名科学家无意中闯入一个与世隔绝的古老部落,发现部落里的人与普通人长得不大一样。相处了一段时间之后,他们惊奇地了解到这些人对太阳系的知识极为了解。经过进一步接触,部落的人才透露出一个惊人的秘密。据说在 170 多年前,有一艘火星飞船为避难来到此地,与当地的土著人生活在了一起。1977 年,一本畅销书《天狼星之谜》中也曾提到,世代居住在西非的多贡人其实是天狼星人的后裔。他们早在上世纪 40 年代就向世人详细地描述了天狼星的伴星,而这颗星直到 1970 年才完全露出它的真面目。这些报道是真是假还需要进一步确证。但一些古文明中确实存在着令今人都自叹不如的知识与技术,他们的智慧是不是来源于外星人呢?

遭遇失事的外星人来无影去无踪的 UFO 困扰了人类很长时间。可人们发现,功能特异的外星人也会有失事的时候。前苏联科学家杜朗诺克博士曾透露,1987 年 11 月,一支前苏联沙漠考察队在沙漠里发现了一个直径 22.87 米的碟状飞行器。飞碟引擎保持完好,里面有 14 具已经风干成木乃伊的外星人遗体。1947 年 7 月 6 日夜(著名的罗斯威尔事件),美国新墨西哥州小镇罗斯威尔附近风雨大作,电闪雷鸣。第二天天晴后,人们发现了一个圆形的东西躺在草丛里。驻扎在附近的空军迅速赶来,封锁了现场。负责人马赛尔上尉详细地检查了该物体的状况。它直径足有10米,分为内、外两个舱。令他大吃一惊的是,舱内的座椅上竟然有4具类人生物的尸体。它们身高仅有1米左右,皮肤白而细腻,头很大,鼻子很长,嘴很小。手上只有4个指头,指间有蹼相连。它们身穿黑色有金属光泽的外套,但是质地很柔软。这一发现震惊了军方,五角大楼立即下令封锁消息,但消息灵通的记者已经将此新闻发布了出去。许多当地人都证实确实有飞碟在罗斯威尔附近坠毁。

"谷歌月球"疑似外星人的影子

有网友从立体月球地图软件"谷歌月球"收录的一张月球卫星照片里发现疑似人形影像,有人怀疑那可能是外星人的影子。

美国媒体近日报道,一名"YouTube"网站用户从"谷歌月球"收录的美国国家航空航天局数百万张月球卫星照片中挖出这张图片。新闻网站观察家网公布他的发现,说如果不考虑逻辑,那么那个影像可能是外星生命体。

"当然,对那个影子可以有多种解释,"观察家网的汤姆·罗丝说,"但如果这些解释都被排除,仍有一个疑问,就是那东西到底是啥,它似乎从月球表面升起一段距离。"

"超人"降落意大利

1927年九月三十日,在意大利西西里岛的一个小村庄,村民匹诺曹·菲亚特正在家里睡觉,突然间只听一声巨响,一个发着红色光芒的物体落在了他们家的马厩上,在杀死了三匹良种马后留下了一个大坑。他从床上爬了起来,过去一看,只见那根本不是普通的陨石,而是一个有盖的飞船。只见舱门打开了,里面飞出了一个人形生命体,他长得虎背熊腰,身高六英尺左右,全身绿色,身穿一件蓝色紧身衣。他对着匹诺曹点了点头,把飞船扔进了地中海。只见飞船一碰到水就变成了诡异的绿色消散了。那个"超人"对着匹诺曹点了点头,又飞走了。匹诺曹直到他弥留之际才把真相告诉了儿子,从此这个故事才得以流传于世。

丹麦发现奇特形状外星人头骨

2016年7月,俄罗斯"卫星"新闻网消息,丹麦西兰公国岛发现一个具有奇特形状的头骨。研究人员认为其为外星人头骨。这具头骨的眼睛部分比正常人类大出许多。因此研究者们一致认为,这是外星人的头骨。这一头骨的尺寸比人类头骨尺寸大出 1.5 倍。来自哥本哈根大学的一位一直从事考古挖掘的兽医学代表表示:"如果不是因为它的外廓形状和尺寸非常奇异,这一遗骸可能是哺乳动物的遗骸。而现在我们认为这很可能不是地球生物的头骨。"据丹麦学者表示,挖掘到的这一头骨的年龄为 800 年。此前学者曾认为,头骨属于史前时代的生物,但此后推翻了这一说法。

14 世纪曾在西兰公国岛生活着一个秘密的诗人与作家协会,据资料显示,这一协会的成员曾拥有外星人的古老物件。

11、学者观点

哈佛大学天体物理学家推论认为,人类几乎不可能发现外星生命的存在。即使有若干线索,也很难与之建立起联系。按照这一推论,或许根本就没有任何所谓的外星人,人类在浩瀚宇宙中就是地地道道的一枝独秀。

迄今为止,天文学家们已经从遥远的、被称为系外系统(且与太阳系结构类似)的星系中,发现了总数达 500 颗的行星,并且相信这只是数以亿计同类星体中的九牛一毛。基于这种论断,许多学者对地外生命的存在持有积极肯定的乐观态度。史蒂芬·霍金在不久前就曾表示,以数亿个银河系存在为前提,提出宇宙中存在其他生命形式的假设是非常理性的。而伦敦大学的研究者更是精确地推算出,外星人可能栖身于多达 4 万颗的行星之上。

但哈佛大学天体物理学家霍华德·史密斯认为,这些想法过于乐观了。史密斯对于人们从宇宙中寻找"伙伴"的热切希望抱着消极的态度。他表示,尽管有成千上万颗原地行星具有与地球相似的体积,但其自身气候等条件,却极有可能非常不适宜诸如电影形象中的 ET 等生命形式的存在——

首先,部分行星距离围绕运行的恒星要么过近,要么过远,导致其表面温度异常极端而不具备支持生命形成的条件;其次,许多行星的运行轨道非常特殊,造成星体温差变化过大,生命的基本要素——水无法以液体的形式存在。

2010 年 9 月发现的"疑似首颗系外宜居行星"Gliese 581g 曾一度令世人瞩目,但终究只能是"疑似",其存在与否至今众说纷纭,不断有新证指出该星可能根本不存在，更罔论从中发现类似人类的生命。"我们已经验证，大部分类地行星和太阳系外星系都与我们的太阳系大相径庭。对于生命而言，其环境过于恶劣，因而对存在可与之联系的外星智能生物的期望将越来越渺茫。"史密斯说。

在持史密斯这种观点的科学家们看来，即便非要抱着侥幸的心理去联系外星生命，也只能把搜寻领域限定在以地球为中心、半径至多为1250光年的球体范围内，外星人方有可能听到我们的讯息并作出反馈。但是这番对话，"将要跨越几十个世纪的时间"。

俄天文学家预言人类将遭遇外星人

俄罗斯天文学家芬克尔斯坦教授表示："生命的出现是复杂原子发展的必然产物，生命必定存在于其他星球上，人类将在未来20年发现它们。"他是俄罗斯科学院应用天文学研究院院长。当被问及外星人的样子时，芬克尔斯坦表示他们可能和人类相似，两只手两条腿和一个脑袋。他称："或许外星人的肤色不同，但人类也同样有肤色差异。"

12、主要疑问

与外星人联系是否危险？

从最初的《星际迷航》再到《飞向太空》再到最经典的《E.T》，人类对宇宙空间的探索一直没有停止过，人们一直想要在外太空找到一丝生命的迹象，希望与之交流沟通，互惠互利。但是，物理学家霍金却语出惊人称，最好不要主动与外星人联系。

2010年4月26日，英国著名物理学家和数学家斯蒂芬·霍金在一部25日播出的纪录片中说，外星人存在的可能性很大，但人类不应主动寻找他们，应尽一切努力避免与他们接触。

美国探索频道25日开始播出系列纪录片《跟随斯蒂芬·霍金进入宇宙》。霍金在片中向观众介绍他对是否存在外星人等宇宙未解之谜的看法。

英国《星期日泰晤士报》25日援引霍金的话报道，宇宙中存在超过1000亿个星系，每个星系至少包含大量星球。仅仅基于这一数字就几乎可以断定外星生命的存在。

"真正的挑战是弄明白外星人长什么样，"霍金说。在他看来，外星生命极有可能以微生物或初级生物的形式存在，但不能排除存在能威胁人类的智能生物。

"我想他们其中有的已将本星球上的资源消耗殆尽,可能生活在巨大的太空船上,"他说,"这些高级外星人可能成为游牧民族,企图征服并向所有他们可以到达的星球殖民。"

霍金认为,鉴于外星人可能将地球资源洗劫一空然后扬长而去,人类主动寻求与他们接触"有些太冒险"。

"如果外星人拜访我们,我认为结果可能与克里斯托弗·哥伦布当年踏足美洲大陆类似。那对当地印第安人来说不是什么好事。"

美国历史学家尼尔认为:在地球上强大的(即比较发达的)文明总是控制比较弱小的文明,而不取决于政治上的从属关系。他认为当与水平大大地超过我们的地外文明建立联系时,它可能会"压制"我们的文明,直到它被溶化在更高的文明中为止。

然而,中国数学家和语言学家周海中在1999年发表的论文《宇宙语言学》中指出:这类担心是完全没有必要的,因为只要是高级智慧生命,他们的理智在决定着他们必须有分寸地对待一切宇宙智慧生命体,所以外星人与地球人将来是能够和平共处、友好合作和共同发展的。

看来,地球人与外星人联系是否危险的问题还会争论下去。

13、相关作品

书籍作品

就像在此前的若干个世纪一样,在20世纪,人类对"是否存在外星生命"、"我们是否是宇宙中孤独的智慧"这些话题持续热衷着。只不过,关于"外星人"最令人惊奇的发展之一是,他们已经从"科学领域"走进到了"文学艺术领域"。

对于大部分公众来说,外星生命并不是作为一门科学或哲学进入他们的生活,而是通过幻想小说的形式使读者以及影片的观众得到对外星人的感性认识。科学激发了文学的创造力,而文学与电影又激发了大众的想象。在20世纪,外星人的概念成为新兴的科幻小说的主题,这些作品以文学和电影的形成不断发展并在深受人们喜爱的影片中达到了顶峰:《2001太空漫游》(1968)、《第三类接触》(1977)、《E.T.》(1982),以及《独立日》(1996)、《三体》等等。

影视作品

有关外星人的电影自从1945年罗斯韦尔事件以来，UFO和外星人就是长盛不衰的话题。1995年出现了一部画面模糊的黑白影片，是由一个华盛顿老摄影师提供的，宣称是1947年受命前往罗斯韦尔空军基地负责解剖录像的拍摄。这增加了1947年"罗斯韦尔飞碟坠毁事件"的可信度。这部绝密影片由军队拍摄，展示了解剖一个外星人身体的全过程，成为一些"不明飞行物迷"一直以来声称美国政府拥有外星人身体的证据。然而影片引起轰动之后没有多久，就引来了很多质疑，包括：其一、在罗斯威尔就有军方的摄影师，而且是最早可以保守秘密的摄影师，为什么会在华盛顿再叫一个人过来呢，这没有必要。其二、美国当时尸体解剖都是用彩色电影来记录的，而且都有声音，为何这个这么重要的影片却采用了落后的黑白摄录技术，而且没有配音？其三，该黑白影片的摄影师的技术很糟糕，根本达不到军方摄影师的水平；其四，影片中的解剖医生的操作非常不专业，根本就不算是合格的解剖医生，试问军方的解剖医生怎么可能这么业余，尤其是执行如此重要任务的医生？

直到2006年4月，"解剖外星人"影片的真相才水落石出：英国著名电视特技师哈姆菲雷斯首次向媒体承认，"解剖外星人"影片正是他和另外几名同行炮制的，这部轰动一时的黑白纪录片，并非是1947年在美国新墨西哥州罗斯威尔附近的沙漠上拍摄的，而是1995年在北伦敦卡姆登地区的一座公寓中拍摄。尽管影片是假的，但其轰动效应却遍及世界，因此，国内专业的网络炒作机构，襟抱堂网络策划机构曾把该事件称为世纪级别的炒作，它抓住了全世界人类对外星生命的强烈好奇心，并成功运用了过往事件的余热效应，堪称炒作界的经典之作。

人与外星人和平共处的电影：

《疯狂时代》

《第三类接触》

《E.T.》

《飞碟导航员》

《失惊无神火星人》

《星际旅行》系列

《深渊》

《Doctor Who》和它的衍生剧《Torchwood》,

《2001 漫游太空》

人与外星人战争的电影：

《世界之战》

《独立日》

《火星人攻击地球》

《铁血战士》

《异形》系列

《异煞》

《X 档案》

《进化危机》

《第五元素》

《黑衣人》系列

《天兆》

《异形总动员》

《地球停转之日》

《洛杉矶之战》

此外还有《迷失太空》《天煞末日反击战》《九号行星外层空间计划》《V》《人体入侵者》《星球大战》《飞碟征空／孤岛世界》《外太空杀人小丑》《洛杉矶之战》等等。

如果算动画片的话，还有 2009 年的《恐龙危机》

游戏作品

外星第九区 此款游戏改编自科幻电影《第九区》。

002、外星人UFO之谜：类地行星可能存在智慧生命

2013 年 01 月 28 日光明网

外星人（学名为"地外智慧生命"或"地外文明"，英文"Extra-Terrestrial

Intelligence",简称"E.T."),是一个令人好奇、并引发无限想象的热门话题,也是一门前景诱人的交叉学科——天体生物学(astrobiology)的研究课题。关于外星人探究的若干问题一直争论不休,至今仍是未解之谜;而这些未解之谜在某种程度上激发了人们不断探索宇宙奥秘的热情,同时丰富了人类的创造力和想象力。

斯蒂芬 霍金曾多次重申"宇宙中存在外星人"

外星人是否邪恶?

最近几年,英国物理学家、数学家斯蒂芬霍金接受媒体采访时多次重申:宇宙中存在外星人,地球人试图与它们联系是非常危险的;如果外星人决定来造访我们,那么结果可能和当年欧洲人到达美洲一样,美洲原住民并没有得到什么好处。他认为,外星人如果攻击地球人,其主要目的是掠夺地球上的资源。由于斯蒂芬霍金是当今宇宙学权威,其言论引起了人们对外星人是否邪恶这一问题的关注和争论。

一些专家和媒体也持斯蒂芬霍金的观点,热炒"外星人威胁论"。例如英国前国防部"不明飞行物"(UFO)专家尼克波普在今年的伦敦奥运会开幕前曾对媒体表示,外星人可能在伦敦奥运会期间突然出现并进行袭击,像奥运会这样的大规模夏季事件对于它们来说无疑是一个向地球人展示自我的最佳时机。然而,最终伦敦奥运会平安无事地宣告结束。

其实,早在上世纪70年代末,1974年诺贝尔奖得主、英国天文学家马丁赖尔就认为外星人对地球人有潜在的威胁;他曾经写信给国际天文学联合会(IAU),竭力主张地球人不要与外星人联系,以免招致杀身之祸。2011年1月,英国《皇家学会哲学汇刊A辑》出版了主题为"地外宇宙"的特刊,剑桥大学等多所著名学府的专家都纷纷以此为主题撰文,呼吁各国政府应该出台一个行动计划以应对地球人被外星人攻击的问题,联合国和平利用外层空间委员会(COPUOS)应该负责处理这方面的"地外事务"。在特刊中,英国进化生物学家西蒙莫里斯撰文指出:"任何计划与外星人进行联系的人都要做好最坏的打算,地外智慧生命的进化过程可能与达尔文理论本质上是一样的;这就意味着外星人可能很像我们人类。毫不掩盖地说,它们甚至可能也拥有暴力倾向。"另外,2011年诺贝尔奖得主、澳大利亚天文学家布莱恩施密特也有同样的看法。

"外星人威胁论"是当前学界和民间比较流行的一种观点。另外,只有少数科幻作品描写平和的、充满善意的与外星人交流的故事,如科幻电影《E.T.》和《第三类接触》;但是多数科幻作品都充斥着抵抗外星人入侵的口号,如科幻电影《独立日》、《黑衣人3》、《超级战舰》、《洛杉矶之战》、《普罗米修斯》、《外太空杀人小丑》等,外星人在影片中已被妖魔化,其形象丑陋恐怖,其本性邪恶凶残。有趣的是,曾在美国国防部和美国宇航局(NASA)担任顾问工作的两名专家于2007年出版了一本名为《星球防御介绍》的畅销书,专门教导地球人应该如何抵抗来自外星人的可能性袭击。

类地行星可能存在地外智慧生命

然而,也有科学家不同意"外星人威胁论";他们从人类自身对外星人的心理作用,甚至是外星人的智慧与科技来说明外星人对地球人并不构成威胁。卡尔萨根曾说过,"我们如此害怕与外星人接触,大概只不过是我们的落后状态的反映,是我们对自己曾在历史上蹂躏过比我们稍为落后的我们而感到良心不安的一种表现。"周海中曾撰文指出:担心外星人威胁是完全没有必要的,因为只要是高级智慧生命,它们的理智在决定着它们必须有分寸地对待其他智慧生命体;外星人与地球人将来是能够和平共处、友好合作和共同发展的。

2011年5月,美国天文学家大卫莫里森在接受《新科学家》杂志采访时表示:如果一颗距离地球数百或者数千光年的行星发出的无线电信号被我们接收到,这个文明的先进程度一定超过人类;如果一个文明能够存在数十万年,它一定能解决我们面临的一系列问题,所以没有必要侵略地球。他甚至认为外星人是友善的,并风趣地说,"如果外星人来访,我会好好款待它们。"赛思肖斯塔克最近在接受《发现》杂志采访时也表示:如果地球上存在一种它们无法在自己的家园获取的资源,科技发达的外星人可以选择更容易的方式获取或者制造这种资源,而不是千里迢迢来到地球;加上太空旅行需要投入大量人力、物力和财力,所以它们没有必要来地球掠夺资源。因此,他对"外星人威胁论"表示极大的怀疑。

美国天体生物学家、搜寻地外文明研究所前任所长吉尔塔特最近驳斥了外星人邪恶的论调;她表示:"斯蒂芬霍金爵士警告说,外星人具有很强的侵略性,会想尽一切办法征服地球,把人类赖以生存的这个家园变成殖民地。但恕我难以苟同。如果外星人有能力来到地球,就表示它们有非常先进的科技,意味着它们根本不需要奴隶、食物或霸占其他星球。要是外星人果真来到地球,它们的目的可能很简单,只是想进行探索。考虑到宇宙的年龄,我们或许不是最早遇到天外来客的生物。"另外,在2006年诺贝尔奖得主、美国天体物理学家乔治斯穆特眼里,"外星人威胁论"的种种担忧纯属杞人忧天。

前不久,美国科幻作家杰克麦克德维特在接受全国公共广播电台采访时指出:外星人到达地球需要相当长的时间,任何具备这种能力的地外文明都不希望使用武力;与担心外星人威胁相比,我们人类目前还有更多更值得担忧的问题。

003、银河系或存在超百万种外星智慧文明?外星人终有一天会造访地球!

1961年,天文学家和物理学家弗兰克-德雷克在西弗吉尼亚的山上建造了一个不寻常的望远镜,这个奇怪装置是由世界大战剩余的两个雷达设备改造的,但它并不包含传统的光学镜头,而是一个定向无线电天线。

1.7万光年之外……银河系的地外文明有多少?

2021-01-10 成都科技

费米悖论

费米悖论是一个有关外星文明、星际旅行的科学悖论,阐述的是对地外文明存在性的过高估计和缺少相关证据之间的矛盾。这是因为,宇宙的发展有足够的时间让无数其他文明诞生和成长。如果真是这样的话,为什么我们一直没有找到任何地外文明的踪迹。于是,这位科学家——诺贝尔奖获得者、物理学家恩利克·费米在1950年提出了那个著名的问题:"他们都在哪里?"

宇宙中是否存在地外文明一直是一个热门话题,有人对此坚信不疑,也有人对此保持怀疑。最近几十年来人类在太阳系以外发现了数千个系外行星，这一事实表明人类世界绝非例外。尽管如此，在外太空发现智慧生命的可能性其实并不大。不过许多科学家依然认为，我们还没有发现并不意味着不存在。

西班牙和美国媒体不久前的报道称，在一篇发表于《天体物理学杂志》上的论文中，英国诺丁汉大学的天体物理学教授汤姆·韦斯特比和克里斯托弗·孔塞利切估算出了银河系中地外文明的数量：银河系中可能存在至少36个与地球文明类似的、具有无线电交流能力的外星文明。诺丁汉大学研究人员依据地球上生命演化的规律推导出计算地外智慧文明数量的方程式，并计算得出上述结论。

不过，按照研究人员计算，这些文明之间的平均距离达1.7万光年，人类现有技术无法探明它们的存在，也无法与之交流。

人类为何并不孤单？

要从"哥白尼原理"说起

天文学中有个著名的"哥白尼原理"——地球在宇宙中的位置并无任何特殊。有时也表述为，宇宙中任何一个地方的观测者都会看到和我们所见同样的大尺度结构图像，这已经被众多天文观测所证实。更进一步，有人认为生命在宇宙中也并不特殊，即"天体生物学哥白尼原理"。尽管到目前为止人们还没有真正找到系外生命，但众多天文学家都对这一"原理"持肯定态度。因为它正得到越来越多间接观测数据的支持。

通过天文观测人们发现，仅银河系中就有至少两千亿颗恒星，而宇宙中的星系总数则在几千亿颗以上！其中的行星也绝不罕见，从1995年人类发现第一颗系外行星起，到现在短短20多年，就已发现了4100多颗。根据这些数据，人们根据概率论已经可以相当有把握地估算出，银河系内恒星周围的宜居带中存在类地行星的概率约为19%，也就是说像地球这样的行星在银河系中至少有400亿颗。如果人类文明是唯一的，那么文明存在的概率就只有不到400亿分之一，这违背了概率论中的"小概率事件原理"。因此天文学家才能断定，我们银河系中一定还存在其他文明。

当然，这里有一个需要注意的问题，即"天体生物学哥白尼原理"的直接数据来源只有一个，那就是地球。基于单个数据外推风险很大，因此上述结论也并不绝对。虽然目前并不能完全确定需要考虑多少参量，不过从概率上来说,小概率抵不过大基数,天文学家才会有把握地认为它是正确的。

36个类地文明?

有这3个限定条件

诺丁汉大学的研究人员命名计算地外智慧文明数量的方程式为"天体生物学哥白尼原理",为地外智慧文明的存在设定条件,例如银河系恒星形成时间、恒星寿命、恒星金属含量、恒星宜居带是否有类地行星等,引入已知情况计算得出结论。研究报告刊载于2020年6月15日出版的美国《天体物理学杂志》。

根据研究报告作者之一孔塞利切的说法,此项研究估算出银河系中可能存在的智慧文明的数量,但并未具体指出哪些恒星孕育并承载着这些文明。孔塞利切多年来一直致力于研究星系的形成和演化。他表示,在此项研究之前,科学界提出的可能存在的外星文明数量区间非常大,从零到10亿都有可能。此项研究首次做出了一项合理的估算。

孔塞利切说,新方法不同以往之处在于,"对生命如何形成做了非常简单的假设"。

首先,因为地球文明的诞生时间应该在50亿年左右,所以系外文明所在的母恒星年龄必须要大于50亿年。其次,它应该诞生在像地球这么大、位于恒星周围宜居带内的岩质行星上。再次,这个恒星系统要拥有足够的重元素,例如铁、铜等金属元素,否则将无法发展出类地文明。

因此,他们给出了计算银河系中可交流文明数量的方法——$N = N* \cdot fL \cdot fHZ \cdot fm \cdot (L/t')$。其中,$N*$是银河系内恒星的总数;$fL$是年龄在50亿年以上的恒星比例;$fHZ$是拥有合适的行星系统的恒星比例;$fm$是具有足够多金属元素的恒星比例;$L$是可交流文明的平均寿命,即自文明有能力进行无线电通信之日起到它灭亡的平均时间;t'是(智慧)生命演化的平均可用时间。以地球为例,可以估算为从恒星形成之后50亿年起到今天的这段时间的平均值。例如,对一个当前年龄为80亿年的类地行星系统,其生命演化可用时间就是30亿年。

根据最新的观测数据,并将限制条件按照强弱分成12个等级,他们得到了如下结论:银河系中像地球这样的文明有36个。

进化了50亿年的外星人？

仍有很大不确定性

研究人员认为他们给出了银河系中类地文明的数量下限，而且还进一步计算出，距离我们最近的类地文明，应不超过1.7万光年。不过文中给出的公式，让人不禁产生疑问：和德雷克公式相比，这个公式里有些参量可能并不独立。例如银河系里恒星的平均金属丰度和平均年龄，即fL和fm可能就不是独立变量，虽然相关性很小，对结果可能没有影响；同样fHZ也未必和其他参量无关，直接将它们的概率相乘或许并不完全准确，研究人员也并未对此在文中进行进一步的分析。此外，文中显示t′ = 48 ± 5.5亿年，这意味着在银河系中的类地行星上诞生的文明，他们的平均演化时间已有将近50亿年。如果真是如此，那么银河系中将有大量地外文明已经比我们多进化了几十亿年！他们的文明程度将难以想象。

总之，估算有多少外星文明仍然存在很大的不确定性，今后人们必将随着观测数据的增加而给出更精确的估计。

银河系趣"数"到底有多重？

1.5万亿个太阳！

银河系到底有多"重"？一个国际团队报告说，他们利用美国航天局哈勃太空望远镜和欧洲航天局"盖亚"探测器对银河系进行了迄今最精确的"称重"，认为银河系质量大约相当于1.5万亿个太阳质量。

美国太空望远镜科学研究所、欧洲南方天文台等机构研究人员在美国《天体物理学杂志》上报告说，在银河系总质量中，约2000亿颗恒星以及银河系中心一个超大质量的黑洞仅占很小的比例，其余大部分质量来自暗物质，后者是一种看不见的神秘物质，它就像宇宙的"脚手架"，把恒星固定在星系的某个位置。

过去几十年，研究人员已尝试使用多种观测技术为银河系"估重"，认为银河系的质量应该在5000亿到3万亿个太阳质量之间，最新测量结果处于这一范围的中间。宇宙中最轻的星系质量仅相当于10亿个太阳质量，最重的星系质量达到30万亿个太阳质量。因此银河系属于宇宙中比较重的星系，这对于一个明亮的星系来说十分正常。

到底有多宽？

横跨近 200 万光年

最新研究显示，银河系横跨近 200 万光年，是其发光的恒星盘直径的 15 倍还多。据英国科学新闻网站报道，天文学家早就知道，银河系中最明亮的部分——即容纳太阳的、呈煎饼状的恒星盘——横跨大约 12 万光年。在这个恒星盘外还有一个气体盘。一个巨大的暗物质环（可能充满了看不见的粒子）包裹着这两个盘，但由于这个暗环不发光，很难测量其直径。

现在，英国杜伦大学的天体物理学家爱丽丝·迪森及其同事利用附近的星系来确定银河系边缘的位置。研究小组在发表于阿奇夫论文预印本网站的一篇论文中说，银河系确切的直径为 190 万光年，误差在 40 万光年上下。

迪森的团队对银河系等巨型星系的形成过程进行了计算机模拟。科学家们专门找了两个巨型星系并排出现的例子，比如银河系和离我们最近的巨型星系仙女座，因为这样两个星系的引力会互相牵引。模拟结果显示，在一个巨大星系的暗环的边缘之外，邻近小型星系的速度急剧下降。

利用现有的望远镜观测数据，迪森及其同事发现银河系附近的小型星系的速度也出现了类似的下降。科学家说，这种现象发生在距离银河系中心约 95 万光年的地方，这就标出了银河系边缘的位置。

脑洞大开的猜想

外星人或许早来过地球

西班牙《阿贝赛报》称，一些地外文明可能曾在数百万年前造访过地球，只是它们的足迹已经被时间抹去。

报道称，这些结论来自美国国家航空航天局（NASA）、罗切斯特大学、宾夕法尼亚大学、哥伦比亚大学的研究人员组成的一个研究团队。有关这一结论的论文去年发表在《天文学杂志》上。

该论文的第一作者乔纳森·卡罗尔－内伦巴克和他的同事们认为，费米悖论没有考虑到一个非常重要的因素：宇宙中的一切始终都在运动。由于距离十分遥远（即便在我们自己的银河系内也是如此），来自其他星球的旅行者可能会根据天体的自然运动来推进探索星系的计划。换句话说，假想中的智慧和先进文明可能正在从容不迫地等待探索整个星系的时机。

恒星（及围绕其运转的行星）围绕着银河系的中心以不同的速度并沿不同的轨道运行。卡罗尔－内伦巴克指出，外星人可能只是在等待恒星运动为他们提供距离目的地更近的时机，然后通过星际旅行登陆目标星球。此前，许多研究人员都试图解答费米的问题，但他们的解决方案都没有考虑到恒星的持续运动。

因此，该研究指出，如果文明存在于相距非常遥远的恒星系统中，例如像地球一样位于靠近银河系边缘的生命稀少区域，那么"设法缩短星际旅程"是一个好主意。即等到自己星球的运行轨迹距离其他文明足够近的时候，再发射飞船并派遣殖民者。

如果是这样，文明传播到其他星球所需的时间将远比此前研究估计的更长。那么，外星人可能尚未到达我们的星球，也可能在人类发展出文明之前就曾造访过地球。

用激光联系外星人

美国麻省理工学院研究人员曾在美国《天体物理学杂志》上发表论文，提出用激光发射信号，同2万光年内可能存在的外星人取得联系。这个设想类似中国科幻小说《三体》中描述的"红岸工程"。

麻省理工学院詹姆斯·克拉克等人在论文中提到，使用1兆瓦到2兆瓦的高能激光，通过30米到45米口径的望远镜发射向太空，所产生的红外辐射足以在太阳向宇宙散发的辐射中显示出来，被2万光年内可能存在的外星人探测到。

如果有外星天文学家恰好对人类所在方向进行观测，他们可以收到这种激光信号，然后可以利用激光脉冲以类似莫尔斯电码的形式发送信息。

克拉克说，如果与相距不远的系外文明取得联系，比如距地球只有4光年的比邻星相关星系中存在外星人的话，用激光发射的信息只需数年即可到达。这种信息传输的速率可为每秒数百比特。

研究人员认为这种设想在现有技术能力下可实现。比如1兆瓦到2兆瓦的激光强度与美国军方设计用于击毁弹道导弹的高能激光相当；30米口径的光学望远镜也可以实现，欧洲南方天文台等机构正在智利兴建的"极大望远镜"主镜口径达39米。

004、有必要担心外星人入侵吗？

2015 年 4 月 12 日 KILIAN ENG

加利福尼亚山景城——半个多世纪以来，一些天文学家一直在探寻星际中的智慧生命，探寻我们的同伴。他们为此架设朝向天空的大型无线电天线，以期捕获来自科技先进的世界的信号。人们称这一探索计划为"地外文明搜寻计划"（Search for Extraterrestrial Intelligence，简称 SETI）。

不过，现在有一些研究者建议，我们不能只是侧耳倾听，等待外星人的召唤，而要做更多、更积极的努力，主动传递出自己的信息，鼓励可能存在的外星人做出回应。这是个简单的想法，如同向浩瀚的宇宙扔一只瓶子。不过最近，被称作"主动探寻地外文明"的想法引发了诸多讨论，刮起了一场争议的风暴，甚至蔓延到了学术界。

这是为什么呢？为什么向远在万亿英里之外的世界发送信息会骤然成为热点话题？答案很简单，因为现在有一种看法认为，广泛宣示人类的存在可能会对我们的星球造成致命威胁。

原因在于：尽管尚未有人能给出存在地外生命的确凿证据，但过去两年间，天文学家们了解到，我们的银河系遍布着数以百亿的宜居星球。因此，让人相信只有地球产生了智慧生命就等于坚持认为我们生活的世界全然是一块奇迹之地。科学家不喜欢这种假设。

地球以外很可能存在外星人。这种认识引起一些人呼吁发出广播信号，意在引发至少与最近星系的交流。不过，我们对外星人的动机和行为一无所知。因此可以想像，泄露人类的存在可能会激起来自太空的侵略行动。

向地外发送广播信号就像"在丛林中大声叫喊"，如果你不知道周围存在着什么，那么这样做可能很不明智。英国物理学家史蒂芬·霍金(Stephen Hawking) 便暗示过这种危险——他指出，在地球上，如果较落后社会引起了较先进社会的注意，那对前者来说很少是件好事。

过去，我们从来没有这种担心。维多利亚时代的科学家设想过用点亮灯盏和大量燃油的方式与设若存在的火星人取得联系。到了 20 世纪 70 年代，美国国家航空航天局将问候贺卡栓牢在航天器上，并随航天器离开太阳系、在恒星之间的广阔空间漫游。"先驱者"号和"旅行者"号探测器则携带镀金铝板和镀金铜质唱片，承载着人类长什么模样和地球位于何方的信息，还包括一个人类文化的小样本。

上述这些信息的传递速度与火箭相同。不过1974年，波多黎各的阿雷西博天文台(Arecibo)用大型无线电天线发送了一个3分钟的编码图片符号，运行速度已达光速，比之前的信息快2万倍。更近期发送的无线电信息有：美国宇航局向北极星传送的一支甲壳虫乐队的歌，向北斗星座一个行星系发送的一段"立体脆"食品广告，以及通过在克里米亚的一部天线向近地恒星发送的一系列无线电信号。

在大多数人认为外星人不过是好莱坞的噱头的时代，人们很容易对这些怪怪的选择不以为然。但如果真的有可能存在外星生命，我们难道不应当发送比流行音乐和小吃零食更有助益的信息吗？深思熟虑后发送的信息应当能代表全体人类——而不能回避谁可以代表地球这一重要问题。

所以，最近就"主动探寻地外文明"的好处方面，有讨论会开始向社会科学家寻求意见。诸多担忧中有一条，是否要诚实展现人类丑陋的一面。我们需要告诉地外文明我们有战争和不公正现象吗？

就个人而言，我认为这种担忧过虑了。能接收到地球无线电信息的社会必定处在比我们先进至少几世纪的发展水平。他们对人类的不良行为产生的愤怒不会比历史学家发现巴比伦人自相残杀更严重。认为只要对他们掩盖我们不光彩的一面，就可以降低他们加害我们的动机，这种想法似乎太天真。如果确有危险存在，我们不太可能通过文过饰非把这种危险消除。

一种更好的做法，是先认识到离我们最近的地外智慧生命可能至少也隔着几十光年的距离。即使主动SETI的行为引起了一个回应，那也不会是顺畅的聊天。简单的一问一答也要几十年。这意味着，我们要放弃以前那种"问候卡"式的信号发送模式，向外星人发送大数据。

比如，我们可以发送互联网内容。文本、图片、视频和音频汇编的大型数据库可以让聪明的外星人破解更多有关人类社会的信息，甚至思考出一些用手头资料能够解答的问题。采用无线电广播发射机传送网络信息需要几个月时间；而用强激光传送这些数据只需几天，很像用光导纤维传输。

向地外传送信息乃至大量信息，从技术角度来讲是可行的。不过，要不要向地外发送信息还是一个争议极大的问题。谁来做这个决定？我们完全可以让公众参与决策，但这并不能解决安全问题。即便多数人愿意发送信息，那就能消除潜在危险了吗？

由于无法测量这种危险，一些批评者提出，考虑到主动寻找地外文明可能造成的威胁，我们宁可慎重，应当禁止向外太空进行大功率传输。事实上，加州一小部分学者已经就此起草了请愿书，呼吁这么做。

这种做法虽谨慎，却也不是万无一失。技术发达程度足以威胁我们的地外文明必定拥有比我们更大的天线等强大设备，能够接收二战以来人类发送的杂乱的电视信号和无线电信号。我们已经在对着丛林大喊了，只不过音量没有主动发送的信号那么大。但危险生物的耳朵也可能很尖。

此外，如果禁止高功率设备向天空发射信号，我们显然就阻断了未来技术的发展，研制不出在航空飞行及追踪危险小行星领域性能更加优越的雷达。我们真的要就此束缚后世儿孙的发展吗？

是否应当开展主动 SETI 还没有定论。这么做的好处——了解我们在宇宙中的位置——只是一种假设，但其风险也是假设。但就个人而言，我会犹豫是否让一种只有猜想做基础的疑神疑鬼心理束缚住我们的孩子、孩子的孩子的行动。宇宙在召唤，我们应该能做得更好，而不是让未来一代人看到星星就陷入无尽的恐惧战栗中。

赛思·舍斯塔克 (Seth Shostak) 是 SETI 研究中心 (Center for SETI Research) 主任，并主持广播节目《全景科学》("Big Picture Science")。

本文最初发表于 2015 年 3 月 28 日。

005、2020年外星人十大发现：比邻星外星人向人类打电话？

新浪科技 12 月 29 日消息

据国外媒体报道，我们的地球在宇宙中非常渺小，就像太空中一粒小石块。人们一直对地球人类在宇宙中是否是孤独唯一的高等智慧文明存有疑问。尽管这个问题在 2020 年仍没有获得解答，但许多发现似乎增加了外星生物存在的可能性。比如，此前就有科学家在太阳系邻近的比邻星行星中发现了潜在的生命迹象，以下是 2020 年关于外星人的十大惊人发现：

1、外星人从比邻星向地球人类打电话？

之前科学家在宇宙中探测的怪异信号均未证实来自外星人。近期有研究人员称，他们在频率 980 兆赫电磁波谱的无线电部分捕获一束神秘能量，它来自于地球邻近恒星——比邻星，它距离地球大约 4.2 光年，该恒星系统存在一颗气态巨行星和一颗比地球体积大 17% 的岩石行星，岩石行星正好处于恒星系统的宜居带，意味着该行星可能存在液态水。这个无法解释的信号在观测过程中发生了轻微变动，其方式类似于行星运动产生的变化。研究人员对这项发现非常兴奋但保持谨慎态度，解释称当前需要深入分析，揭晓该信号的神秘来源，它可能来自彗星、氢气云或者人类科技，这些来源均可产生类似外星人的信号。在科学家揭晓是否是外星人对地球人类"打电话"之前，可能还需要较长的时间进行验证。

2、外星细菌可能存活在金星大气层。

今年 9 月份，当一则科学重磅新闻揭晓金星大气云层中潜在生命证据时，天体生物学家满怀期待和置疑，该发现指出金星大气存在磷化氢，这是一种罕见、有毒的气体，至少在地球上，它几乎总是与生命有机体有关。金星表面温度极高，大气压力很大，存在着硫酸云，长期以来，科学家并不认为金星是适宜生命存活的首选目标。目前，一支研究小组将夏威夷詹姆斯·克拉克·麦克斯韦望远镜和智利阿塔卡马大毫米/亚毫米阵列望远镜瞄准金星进行观测，在与地球完全相似的温度和压力下，发现金星大气层中存在磷化氢迹象。众所周知，地球细菌会在某些相当恶劣的条件下繁衍生存，这是生物科学很难解释的。该研究小组并未证实金星大气存在微生物细菌的确凿证据，而且科学界人士也不太相信。但如果未发现金星大气潜在的生命迹象，这将意味着探索某些未知天体生命迹象的道路将非常艰辛曲折。

3、Oumuamua 可能仍是外星人的杰作。

两年前，科学家探测到一个雪茄状物体穿过太阳系，它被命名为"Oumuamua"，该物体被多数科学家认为是一颗从其他恒星周围弹射出来的星际彗星,但近距离观察表明,Oumuamua正在加速,似乎有什么物质在推动它前行,科学家仍不确定具体原因。美国哈佛大学天体物理学家阿维·洛布称,该星际访客可能不是一颗彗星,而是一颗受光帆推动的外星探测器。光帆是一种宽而薄的物质,在太阳辐射推动下会加速。其他科学家对洛布的想法提出了置疑,他们认为,氢冰在某些物体上融化过程,类似于火箭发动机或者其他推进方式。今年8月份,洛布再次提出反驳观点,他在一份研究报告中指出,氢冰很容易加热,即使处于星际空间深度低温状态,在Oumuamua进入太阳系之前就可能升华了。看来这场辩论至少还会持续一段时间。

4、美国海军解密UFO视频,但不要相信炒作!

许多人并不关心科学家提出什么模棱两可的证据来证明外星生命的存在,他们坚信地外高等文明到访地球很多次,并认为UFO、外星人与人类曾真实接触过(虽然此前几乎所有UFO和外星人的目击报道都已被揭穿)。今年4月份,美国海军公布了一段飞行员拍摄的视频,显示一架奇怪的无翼飞机以超高音速飞行,它非常像怪异的外星飞行器。记者萨拉·斯科尔斯在她撰写的一本书《他们已经在这里了:UFO文化和我们为什么会看到飞碟?》中指出,尽管存在着许多UFO目击报道,但人们还是应该保持警惕。萨拉在决定调查海军的视频证据后,仍无法确定这是否是外星飞行器。但是她与当代UFO文化领军人物交谈,讨论了存在某些地外生命的最基础必要条件,认为之前许多所谓的UFO目击事件多数是人为炒作。

5、银河系可能充满海洋世界。

海洋世界是指星球表面或者表面之下存在大量水,它们在太阳系中普遍存在。木卫二被认为冰壳之下存在着巨大的海洋,而土卫二则被认为存在间歇泉。事实上,科学家们正在计划于本世纪30年代发射登陆器或者人造卫星,勘测木卫二和土卫二是否潜在着任何生命形式。今年6月份发布的一项研究中,研究人员观察了53颗体积与地球相似的系外行星,分析了它们的大小、密度、轨道、表面温度、质量,以及与恒星的距离等变量。最终科学家得出的结论是,在这53颗行星中,大约四分之一的行星可能具备适合存在海洋世界的条件,从而表明拥有海洋的星球可能在银河系中非常普遍。

6、地球微生物呼吸氢气，或许外星生命也是如此。

大多数地球生物需要氧气才能生存下来，但氧在宇宙中并不常见，氧仅占宇宙普通质量的 0.1%，氢占 92%，氦占 7%，包括木星、土星等气态巨行星，多数都是由这些轻元素构成。今年 5 月，科学家对大肠杆菌（包括人类在内的许多动物肠道中的一种细菌）和普通酵母菌（一种用于烘焙面包和酿造啤酒的真菌）进行实验，观察它们是否能在不同环境中生存下来。目前科学家已证实大肠杆菌和酵母菌在没有氧气的情况下也能存活，如果将它们放在装满纯氢或者纯氦的烧瓶中，它们仍会继续生长，尽管生长速度比平常慢一些。该项发现表明,在宇宙中寻找神秘生命形式的时候，我们应当考虑那些与地球不太相似的星球。

7、生命可以在黑洞周围存活。

当搜寻其他星球上的潜在生命时，许多科学家坚信外星人应当生活在类似地球大小、环绕恒星运行的星球上，但也可能存在奇特的现象，例如：行星环绕黑洞运行，并被黑洞加热。乍一看，这种场景似乎很荒谬，但与流行观点相反，黑洞并不会吸走周围的一切事物。可能存在引力稳定的轨道，来自宇宙背景辐射的光（宇宙背景辐射是一种来自早期宇宙、遍布宇宙空间的物质，温度接近绝对零度），落入黑洞时会被加热。正如今年 3 月份发表的一篇论文所述，该条件可能为某些奇特的生命形式提供温度和能量。

8、1 千多颗星球潜在着外星生命，它们可能正在注视着我们！

当我们搜寻地球之外的神秘生命时，有一点很重要，那就是地球人类可能不是唯一这样做的智慧生命，或许神秘外星人正在窥探注视着我们！今年 10 月份，研究人员提出一份包含 1004 颗邻近恒星的名单，认为这些恒星潜在着宜居带，可以维持生命存在。研究报告作者、康奈尔大学天文学副教授丽莎·卡特尼格称，如果科学家搜寻这些恒星中的行星，或将看到类似地球大气层中的生物圈。利用人类天文学家研究系外行星的凌日计时法，外星观测者可以观测到地球大气中的氧和水，或许能得出结论，认为地球是一个适合有机生命存活的家园。

9、多数外星人可能已死亡。

哪里有生命，哪里就有死亡，虽然我们喜欢想象银河系充满了能够接触人类的高等科技文明，但另一面我们认识到所有文明都有起有落，这意味着很多宇宙文明很久以前就已灭亡。2019年12月，科学家发布一个模型使用数据证实了这些事实，该模型考虑到普遍存在的类太阳恒星和类地行星，结果显示它们频繁地遭受超新星爆炸释放的致命辐射。如果条件适宜，智能生命进化能够实现，但是这些掌握先进科技的地外文明可能存在自我毁灭的趋势，分析表明，银河系生命出现最高概率是55亿年前，在地球形成之前，这表明地球人类文明是银河系的后来者，暗示着在地球人类出现之前可能有存在许多外星文明，并最终走向灭亡。

10、当我们在其他区域寻找地外生命时，应该保持开放思维。

人类大脑存在很多制约条件，我们被认知偏见、视错觉和我们不期望看到事物的非注意盲视所误导。一直困扰外星生物研究的一个问题是，我们能否识别出与地球生命完全不同的地外生命形式？长期以来，专家学者们一直敦促我们期待意想不到的事情，尽量不让传统理论观点影响我们的认知。其他行星的生命可能不会留下与地球生物相同的生物特征，这使得它们很难从我们的有利位置被发现，正如美国麻省理工学院人类学和科学史研究员克莱尔·韦伯称，我们必须训练自己"制造熟悉的陌生事物"，并使用外星人的视角审视自己，不断地重新审视我们自己的假设。这样，我们或许可以通过外星人的视角更好地了解自己，或许还能以他们自己的方式发现地外生物，而不是以我们的方式。（叶倾城）

006、2020年外星人十大发现：外星人向人类打电话？

2020年12月29日 | 新浪科技

人们一直对地球人类在宇宙中是否是孤独唯一的高等智慧文明存有疑问。尽管这个问题在2020年仍没有获得解答，但许多发现似乎增加了外星生物存在的可能性。

我们的地球在宇宙中非常渺小，就像太空中一粒小石块。人们一直对地球人类在宇宙中是否是孤独唯一的高等智慧文明存有疑问。尽管这个问题在 2020 年仍没有获得解答，但许多发现似乎增加了外星生物存在的可能性。比如，此前就有科学家在太阳系邻近的比邻星行星中发现了潜在的生命迹象，以下是 2020 年关于外星人的十大惊人发现：

1、外星人从比邻星向地球人类打电话？

之前科学家在宇宙中探测的怪异信号均未证实来自外星人。近期有研究人员称，他们在频率 980 兆赫电磁波谱的无线电部分捕获一束神秘能量，它来自于地球邻近恒星——比邻星，它距离地球大约 4.2 光年，该恒星系统存在一颗气态巨行星和一颗比地球体积大 17% 的岩石行星，岩石行星正好处于恒星系统的宜居带，意味着该行星可能存在液态水。这个无法解释的信号在观测过程中发生了轻微变动，其方式类似于行星运动产生的变化。研究人员对这项发现非常兴奋但保持谨慎态度，解释称当前需要深入分析，揭晓该信号的神秘来源，它可能来自彗星、氢气云或者人类科技，这些来源均可产生类似外星人的信号。在科学家揭晓是否是外星人对地球人类"打电话"之前，可能还需要较长的时间进行验证。

2、外星细菌可能存活在金星大气层。

今年 9 月份，当一则科学重磅新闻揭晓金星大气云层中潜在生命证据时，天体生物学家满怀期待和置疑，该发现指出金星大气存在磷化氢，这是一种罕见、有毒的气体，至少在地球上，它几乎总是与生命有机体有关。金星表面温度极高，大气压力很大，存在着硫酸云，长期以来，科学家并不认为金星是适宜生命存活的首选目标。目前，一支研究小组将夏威夷詹姆斯·克拉克·麦克斯韦望远镜和智利阿塔卡马大毫米/亚毫米阵列望远镜瞄准金星进行观测，在与地球完全相似的温度和压力下，发现金星大气层中存在磷化氢迹象。众所周知，地球细菌会在某些相当恶劣的条件下繁衍生存，这是生物科学很难解释的。该研究小组并未证实金星大气存在微生物细菌的确凿证据，而且科学界人士也不太相信。但如果未发现金星大气潜在的生命迹象，这将意味着探索某些未知天体生命迹象的道路将非常艰辛曲折。

3、Oumuamua 可能仍是外星人的杰作。

两年前，科学家探测到一个雪茄状物体穿过太阳系，它被命名为"Oumuamua"，该物体被多数科学家认为是一颗从其他恒星周围弹射出来的星际彗星，但近距离观察表明，Oumuamua正在加速，似乎有什么物质在推动它前行，科学家仍不确定具体原因。美国哈佛大学天体物理学家阿维·洛布称，该星际访客可能不是一颗彗星，而是一颗受光帆推动的外星探测器。光帆是一种宽而薄的物质，在太阳辐射推动下会加速。其他科学家对洛布的想法提出了置疑，他们认为，氢冰在某些物体上融化过程，类似于火箭发动机或者其他推进方式。今年8月份，洛布再次提出反驳观点，他在一份研究报告中指出，氢冰很容易加热，即使处于星际空间深度低温状态，在Oumuamua进入太阳系之前就可能升华了。看来这场辩论至少还会持续一段时间。

4、美国海军解密UFO视频，但不要相信炒作！

许多人并不关心科学家提出什么模棱两可的证据来证明外星生命的存在，他们坚信地外高等文明到访地球很多次，并认为UFO、外星人与人类曾真实接触过（虽然此前几乎所有UFO和外星人的目击报道都已被揭穿）。今年4月份，美国海军公布了一段飞行员拍摄的视频，显示一架奇怪的无翼飞机以超高音速飞行，它非常像怪异的外星飞行器。记者萨拉·斯科尔斯在她撰写的一本书《他们已经在这里了：UFO文化和我们为什么会看到飞碟？》中指出，尽管存在着许多UFO目击报道，但人们还是应该保持警惕。萨拉在决定调查海军的视频证据后，仍无法确定这是否是外星飞行器。但是她与当代UFO文化领军人物交谈，讨论了存在某些地外生命的最基础必要条件，认为之前许多所谓的UFO目击事件多数是人为炒作。

5、银河系可能充满海洋世界。

海洋世界是指星球表面或者表面之下存在大量水，它们在太阳系中普遍存在。木卫二被认为冰壳之下存在着巨大的海洋，而土卫二则被认为存在间歇泉。事实上，科学家们正在计划于本世纪30年代发射登陆器或者人造卫星，勘测木卫二和土卫二是否潜在着任何生命形式。今年6月份发布的一项研究中，研究人员观察了53颗体积与地球相似的系外行星，分析了它们的大小、密度、轨道、表面温度、质量，以及与恒星的距离等变量。最终科学家得出的结论是，在这53颗行星中，大约四分之一的行星可能具备适合存在海洋世界的条件，从而表明拥有海洋的星球可能在银河系中非常普遍。

6、地球微生物呼吸氢气，或许外星生命也是如此。

大多数地球生物需要氧气才能生存下来，但氧在宇宙中并不常见，氧仅占宇宙普通质量的0.1%，氢占92%，氦占7%，包括木星、土星等气态巨行星，多数都是由这些轻元素构成。今年5月，科学家对大肠杆菌（包括人类在内的许多动物肠道中的一种细菌）和普通酵母菌（一种用于烘焙面包和酿造啤酒的真菌）进行实验，观察它们是否能在不同环境中生存下来。目前科学家已证实大肠杆菌和酵母菌在没有氧气的情况下也能存活，如果将它们放在装满纯氢或者纯氦的烧瓶中，它们仍会继续生长，尽管生长速度比平常慢一些。该项发现表明，在宇宙中寻找神秘生命形式的时候，我们应当考虑那些与地球不太相似的星球。

7、生命可以在黑洞周围存活。

当搜寻其他星球上的潜在生命时，许多科学家坚信外星人应当生活在类似地球大小、环绕恒星运行的星球上，但也可能存在奇特的现象，例如：行星环绕黑洞运行，并被黑洞加热。乍一看，这种场景似乎很荒谬，但与流行观点相反，黑洞并不会吸走周围的一切事物。可能存在引力稳定的轨道，来自宇宙背景辐射的光（宇宙背景辐射是一种来自早期宇宙、遍布宇宙空间的物质，温度接近绝对零度），落入黑洞时会被加热。正如今年3月份发表的一篇论文所述，该条件可能为某些奇特的生命形式提供温度和能量。

8、1千多颗星球潜在着外星生命，它们可能正在注视着我们！

当我们搜寻地球之外的神秘生命时，有一点很重要，那就是地球人类可能不是唯一这样做的智慧生命，或许神秘外星人正在窥探注视着我们！今年10月份，研究人员提出一份包含1004颗邻近恒星的名单，认为这些恒星潜在着宜居带，可以维持生命存在。研究报告作者、康奈尔大学天文学副教授丽莎·卡特尼格称，如果科学家搜寻这些恒星中的行星，或将看到类似地球大气层中的生物圈。利用人类天文学家研究系外行星的凌日计时法，外星观测者可以观测到地球大气中的氧和水，或许能得出结论，认为地球是一个适合有机生命存活的家园。

9、多数外星人可能已死亡。

外星生命

哪里有生命,哪里就有死亡,虽然我们喜欢想象银河系充满了能够接触人类的高等科技文明,但另一面我们认识到所有文明都有起有落,这意味着很多宇宙文明很久以前就已灭亡。2019 年 12 月,科学家发布一个模型使用数据证实了这些事实,该模型考虑到普遍存在的类太阳恒星和类地行星,结果显示它们频繁地遭受超新星爆炸释放的致命辐射。如果条件适宜,智能生命进化能够实现,但是这些掌握先进科技的地外文明可能存在自我毁灭的趋势,分析表明,银河系生命出现最高概率是 55 亿年前,在地球形成之前,这表明地球人类文明是银河系的后来者,暗示着在地球人类出现之前可能有存在许多外星文明,并最终走向灭亡。

10、当我们在其他区域寻找地外生命时,应该保持开放思维。

人类大脑存在很多制约条件,我们被认知偏见、视错觉和我们不期望看到事物的非注意盲视所误导。一直困扰外星生物研究的一个问题是,我们能否识别出与地球生命完全不同的地外生命形式?长期以来,专家学者们一直敦促我们期待意想不到的事情,尽量不让传统理论观点影响我们的认知。其他行星的生命可能不会留下与地球生物相同的生物特征,这使得它们很难从我们的有利位置被发现,正如美国麻省理工学院人类学和科学史研究员克莱尔·韦伯称,我们必须训练自己"制造熟悉的陌生事物",并使用外星人的视角审视自己,不断地重新审视我们自己的假设。这样,我们或许可以通过外星人的视角更好地了解自己,或许还能以他们自己的方式发现地外生物,而不是以我们的方式.

007、Exotica:谁需要外星人狩猎指南?

科技 2020 年 06 月 30 日 伊利亚 贡恰罗夫

美国搜寻宇宙智慧生命迹象的"突破聆听"项目(Breakthrough Listen)公开发布一份"异常目录"(Exotica Catalog),包含专家预测可能存在智慧生命的天体的完整清单。

中国天文学家通过射电望远镜正式开启地外文明搜索

相关文章发布在加州大学伯克利分校网站上,详见这边(http://seti.

berkeley.edu/exotica/BL_Exotica.pdf）。

在地外文明搜索计划 SETI（Search for Extraterrestrial Intelligence）框架下，企业家尤里·米尔纳于 2016 年启动"突破聆听"项目，旨在通过可能的技术信号搜寻宇宙中智慧生命存在的迹象。这些信号首次被分门别类，列入 Exotica 目录中。这份目录为何对天文学和搜寻地外生命有重要意义？北京师范大学天文系教授张同杰接受卫星通讯社采访时就此进行了解读。

"地外文明的探索是一步步地在向前推进，过去没有目录的时候主要采取两种观测方式：一是随便探测某个方向盲巡；二是针对已经有系外行星的一些恒星进行重点目标观测。但是研究人员发布的 Exotica 目录，将人们通过多年观测研究认为最有可能存在生命的天体分门别类，让其他科研人员在今后的研究过程中便于查阅，能够在前人的基础上少走弯路，使研究更具有针对性和目标性。"

专家认为，Exotica 目录不仅限于 SETI 计划框架之下，任何新的科研项目都可将其用作宇宙指南。不排除中国"天眼"（FAST 射电望远镜）团队也会使用"突破聆听"团队研究成果的可能性。

"我们无疑是希望可以使用 FAST 望远镜来基于 Exotica 目录进行研究观测，包括在与文章作者之一 Vishal Gajjar 博士交流时，对方也表达了这一期望，希望包括 FAST 在内的全世界望远镜都能够对目录内容进行细致的观测。"

Exotica 目录涵盖 700 个不同的研究对象，包括彗星、天象、系外行星等。张同杰认为最令人感兴趣的是系外行星。

"最近的重点研究对象是有系外行星的恒星系统，因为有系外行星才有可能存在智慧生命迹象。所以从逻辑角度来看，这也是非常自然的一个过程。尤其是落在宜居带（又称"适合居住带"）范围内的行星，不同质量的恒星所对应的宜居带也不同。"

"突破聆听"项目专家认为，Exotica 目录有助于天文学家限定地外智慧生命的可能居住范围，排除自然现象其实是人为造成的可能性。这份目录或许对普通人也有用，因为这是基于几十年数据制定的有关宇宙中所有可观测天体的完整报告。

中国FAST射电望远镜于6月初加入SETI计划,9月即将开始搜寻地外生命信号。

008、K2-18b系外行星上有生命？

一个国际研究小组认为,系外行星K2-18b是寻找外星生命的"最有希望的候选人"。为什么呢？因为大气中有水蒸气！

德国之声中文网：在寻找太阳系以外生命的过程中,天文学家可能向前迈出了重要一步。据《自然天文学》杂志发表的一项研究报告称,科学家们首次发现在太阳系外宜居带的一个遥远行星的大气层中有水蒸气。

这个行星便是距离地球110光年的系外行星K2-18b。一个国际研究小组表示,这是使用哈勃太空望远镜成功获得的一大发现。

"令人激动难以置信"

伦敦大学学院研究报告的共同作者奇亚拉斯（Angelos Tsiaras）说："在一个地球以外可能宜居的世界发现水,真是令人难以置信,兴奋异常。""它使我们朝着'地球是否独一无二？'这个问题的答案迈进了一步。

地球的那些"表亲们"

"开普勒452b"

美国宇航局（NASA）在7月23日宣布,发现了"地球2.0"。这颗位于天鹅座、被命名为"开普勒452b"的行星距离地球1400光年。这是它与地球的对比图,其体积是地球的1.6倍。

研究人员奇亚拉斯的同事廷纳蒂（Giovanna Tinetti）表示："我们还不能断定液态水是否在系外行星的表面。但我认为这是非常可能的。"在天体上有一个与地球上的温度非常相似的温度。

K2-18b行星可能由硅酸盐和冰组成,地壳的大部分也是硅酸盐。环绕太阳系外一颗恒星运行K2-18行星早在2015年就被美国开普勒太空望远镜发现。K2-18是狮子座中的一颗红矮星。

009、八千年前的太空人

微光

當 1969 年 7 月 2 日,美國太陽神 11 號太空人阿姆斯壯於世人的注視下,在月球寧靜海踏上第一個腳印,終於完成了千百年來,人類登陸月球的夢想。雖然整個過程透過電視即時傳播而為世人目睹,但我們卻看不到阿姆斯壯臉上所顯露出緊張而興奮的表情,這是因為包括臉部在內的整個太空人,都「包裹」在極其複雜的太空衣內,藉著其中的維生系統與無線電通訊系統,太空人才能得到一個舒適的溫度、溼度與壓力,除了維持呼吸外並與另外一位太空人及 38 萬公里外的地球保持雙向連絡。太空衣上巨大的頭盔及背包上的無線電天線可謂外表最主要的特徵,然而,今天有許多考古學家在世界各地如祕魯、智利、巴西、墨西哥、蘇聯甚至撒哈拉沙漠地區,發現許多極其類似這些頭盔與天線的圖繪,只是這些作品利用儀器分析其年代,大約完成於西元前六千年至八千年前之間,是湊巧嗎?還是遠古時代的人類,曾經目睹到外星來訪地球的「外星人」?

如果在地球遠古時期,真有來自外星文明的太空航具降落於地球,由於當時的人類沒有文字,他們無法正確的記載其經過,因此只能用最直接的圖繪描述下來,以轉告後人他們所遭遇到的『奇特的經歷』。如果真是這樣,那麼不但肯定在我們銀河系內有所謂的「天外天、人外人」,而且也證實他們曾經「拜訪」過我們太陽系第三行星—地球,甚至「觀光」過,只是這些來自高科技的文明,對於當時處於原始時代的人類並不太感興趣,因此當大致瀏覽過後,就離開地球,留下一臉錯愕的人類,與一幅幅記錄和外星文明神奇遭遇的圖繪。由於當時在世界各地不同的地區,不同的時間,都曾發生過類似的遭遇,因此這些不可思議的圖繪還相當多,我們仔細分析所顯示的內容,竟然在其中找到「飛翔在空中的碟形航具」,而且下面還站有「頭盔附天線,奇特武器的外星人」,這些在目前科幻電影中常見的畫面,決不會是遠古時期的原始人憑想像所亂畫出來的,而是與外星高等文明發生「面對面的第三類接觸」,親眼目睹了他們、觀察了他們,並且一描繪了他們,這也宣示了即將邁入二十一世紀的人類,在遠古時期,ET 就光臨過了。

你認為呢?

010、巴格達電池——"外星生物"留下來的文明?

人們永遠對更遙遠的太空,有無限的遐想。

我們的宇宙中,是否存在其他外星文明?我們的文明是否是外星文明"遺留"下來的?外星文明如果存在,那會是友善的,還是有敵意的……這些問題,一直困擾著人類最頂尖的科學家和學者。

也許,下面的故事會告訴我們答案。

1936年伊拉克巴格達附近的Khujut Rabu地區發現了一具石棺,而在石棺里面不但發掘出來大量的珍珠和金銀器,還發現了一些銅管、鐵棒和陶器。

經當時伊拉克博物館館長德國考古學家瓦利哈拉姆-卡維尼格研究發現這些銅管、鐵棒、陶器居然是一套的。

隨后的研究科學家們發現當向陶器內倒入一些酸或堿性水,居然可以發電!這可比1800年物理學家亞歷山德羅-伏特發明的人類史上第一個電池早了整整將近2000年!

巴格達電池——"外星生物"留下來的文明?

這一套東西就是"巴格達電池"。

這個石棺具科學家考察發現屬于公元前248年到公元前226年的"安息古國時期",同時期的中國正處于春秋戰國時期,可見其歷史的悠久。

可是,隨后卡維尼格和巴格達電池卻消失了,原來卡維尼格帶著電池悄悄地返回了德國。隨后卡維尼格又向世界公布了又一個震驚的消息,"根據出土文物中共有可裝配10個電池的材料來分析,這些電池當時是被串聯使用的,串聯這些電池的目的則是通過電解法將金鍍在雕像或裝飾品上。"

還有另一個猜測來自于科羅拉多大學的保羅-凱澤,他猜測這些電池的使用者是古巴比倫的醫生,用來起到局部麻醉的效果,但作為一種"醫療用品"為什么會出現在墓葬中還是沒得到合理的解釋。

無獨有偶，19世紀科學家在金字塔最深處的洞穴中發現了雕刻十分精細的壁畫，而洞穴中卻未曾發現有用火的痕跡。并且在這附近的另外一個洞穴中科學家發現了一幅壁畫，當中居然刻畫著類似電燈的東西……

　　不管是用于電鍍、麻醉還是照明，這對于當時的人類文明都屬于太過先進的技術了。以至于當時和后世還有大量的媒體和科學家堅信這些屬于外星文明。

　　記得從前聽到過一個言論就是，人類永遠沒法證明上帝是否真實存在，反過來說就是人類永遠沒法用科學的手段去證明上帝是虛構的。因為人類沒法探查到整個宇宙，而上帝永遠有可能在更遠處靜靜地看著人類。

　　所以，更何況是外星文明呢？

　　但是，只要人類一直保持著求證的態度，我們終究會找到答案的。

011、「4光年外」傳來神秘信號！科學家驚：不是人類發射的

2020/12/21 三立国際中心

　　澳洲帕克斯（Parkes）天文台先前接收到一段神祕無線電信號，來自距離地球只有4.2光年的半人馬比鄰星（Proxima Centauri）。研究員分析後發現，該信號頻率為980MHz，不是由人類航天器所發射，可能來自太陽系外行星，讓他們相當興奮。

　　綜合《衛報》及《每日郵報》報導，這段訊號是帕克斯天文台於去年4至5月所捕捉到的，經過「突破聽覺計畫」（Breakthrough Listen Project）研究人員的分析，發現它的頻率為980MHz，相當特殊，在過去只檢測到1次，它的信號與人類所發射的不同，加上信號在被觀測到的時候，還發生了類似行星運動的輕微偏移，因此他們認為，這段信號或許是來自太陽系外行星所發送的。

　　其中一名研究員透露，人類過去從來沒有收過來自比鄰星方向的信號，這次發現對科學家而言無疑是一大收穫，「這顯然這是繼1977年接收到「WOW」無線電波以來，又一個讓人興奮的無線電信號。」

據悉,半人馬座比鄰星是一顆紅矮星,溫度較低,至少有2顆行星圍繞它運行,一顆是類木行星「氣態巨行星」(gas giant),另一顆則是類地行星「比鄰星b」(Proxima Centauri b)。研究員說明,由於「比鄰星b」每11天就能繞比鄰星一圈,大氣層受到強烈輻射,不利生物生存,因此上頭應該沒有任何生物存在。他們認為,雖然信號無法證明比鄰星有外星文明,但它或許能作為比鄰星系還存在「第3顆行星」的證據。

012、北京天文馆馆长：外星人从未现身地球人已暴露

2010年04月27日 黄河新闻网

朱进（北京天文馆馆长）

对于人类,UFO和外星人是一个永恒的话题。昨天据《泰晤士报》报道,著名天体物理学家斯蒂芬·霍金警告说,外星人几乎是肯定存在的,但我们人类不要努力去寻找外星人,应该尽量避免与他们接触。否则,有可能给人类带来灾难。

霍金的看法,代表了不少专业人士的观点。外星人的存在性,从纯天文的角度看,确实是极其可能的。当然,我不认为生命可以像文章里说的那样可以在恒星内部存在,这太超乎人类的想象了。比较容易接受的假设,是外星人(地外高等智慧生命)存在于行星之上。仅我们所在的银河系就拥有1千亿颗恒星,按平均每颗恒星有10个行星保守估计,光银河系里的"大个儿的"行星数目就在1万亿！而宇宙中星系的数目很可能也在上千亿甚至上万亿！因此,银河系没有外星人的概率是1万亿分之一,而宇宙不存在外星人的可能性是1亿亿亿分之一！

存在外星人并不等于他们一定来过地球,在这一点上不同的学者彼此之间存在最大的分歧。尽管太阳系其他行星或者这些行星的卫星上不排除存在地外生命的可能性,但一般的共识是,如果存在外星人,他们不太可能会生活在太阳系里面的其他地方,而最可能的应该是在其他恒星的某个行星上。离我们最近的恒星到我们的距离将近40万亿公里,以光速衡量是4光年左右。人类到目前为止到达的最远的地方是据我们约40万公里

的月球（1光秒多一点儿），而人类探测器走的最远的是40年前发射的先驱者一号，不久前抵达冥王星轨道附近，当时不少媒体报道人类探测器已接近太阳系边缘，殊不知，人类探测器走了40年，也才走了太阳系最中心的1千分之一的距离！除了要考虑到宇航员的寿命、飞船的燃料，单就最为基本的通讯问题对于恒星际旅行来说也是一个远没有解决的问题。因此，就目前地球人类的科技水平而言，我们绝对没有能力离开太阳系。

因此，如果我们看到的不明飞行物（UFO）真的是地外高等智慧生命的探测器，那他们的科技水平一定是远远超出了我们的想象。对他们而言，地球上的人类很可能是完全没有兴趣接触的低等生物，而一旦他们真的愿意到地球上来，那他们或者完全可以为所欲为地告诉我们他们的要求，或者如果他们决定要不干涉我们的发展，那他们一定有能力做到使我们完全察觉不到。比卖个破绽掉下来一个装有外星人尸体的飞碟更有可能的，也许是刚刚从我们头顶上空飞过去的那架民航客机才是真正的外星人的飞船！

我个人的看法是，我们没必要把观测到的某个简单现象与外星人联系起来（比如一个飞过去的不知底细的飞机）。而我自己所看到的被媒体和专家们叫做UFO并声称可能与外星人有关的所有事例也多为一厢情愿，它们一类是确实在天上动的如飞机、飞艇、风筝、探照灯、离拍摄者非常近的小虫子、火流星、人造天体再入地球大气层、航天器或者导弹等等，一类是本身在天上不动但是被拍出动静的如行星、亮的恒星、云层之后的月亮甚至是太阳等等，以及一类其实根本就没有在天上被看到而被拍摄或者录下来的太阳在摄像机边框上的反光、闪光灯在玻璃上的反光、亮光源在视场中心对称位置产生的鬼像等等。我相信并且希望，最早的外星人发现的新闻里并不是真的看到他们开着飞碟来造访地球，而是天文学家们用射电望远镜接收到了他们从遥远的绕着其他恒星旋转的行星上面以光速给我们发来的无线电信号。

回到最开始提到的寻找外星人的问题。我们不会凑巧是所有宇宙生命中最为发达的。不但存在外星人，而且一定会存在比我们的科技水平发达的多的多的外星人。按照地球人的价值观和简单分类做一个放大，也许在那些比我们强大的外星人之间，也会存在"好的"或者叫"善良的"外星人和"不好的"或者叫"邪恶的"外星人。尽管我们地球上所有的故事情节的最终结局都是善良战胜邪恶，但毕竟宇宙比地球要大的多(地球的大小用光速来量度的话差不多是1秒钟的20分之一，而我们的宇宙则是一个几百亿光年的范围)，其中的复杂情况必然会远远超出我们的想象。

在过去50年的搜寻中，天文学家们没有发现任何外星人的线索，除了我们的探测能力有限、探测方法可能存在缺陷之外，也有可能是宇宙中外星人的数目也许没有我们想象的那么多，或者像某些学者指出的更为严重的可能，外星人出于某种我们现在还不知道的理由，决定把他们自己隐藏起来不与外界联系。在宇宙中存在比我们先进的多的外星人的假设之下考虑人类自身的长远安全，主动跟我们完全一无所知的外界联系确实有可能带来不可预测和不可控制的风险，不过其实几十年来通过广播和电视信号，人类已经从地球上向四面八方的宇宙空间发射出了我们存在的确凿信息，现在这些信息正在以每秒30万公里的速度扫过银河系中离太阳几十光年范围的恒星和它们的行星系统，继续向更远的宇宙深处传播。我们已经暴露了！完全的隐藏至少需要停止或者是在地球空间内部完全屏蔽掉所有人为的无线电发射，是根本不可能做到的。在这种情况下，我倒是觉得作为一个长久的策略，人类还是应该加强而不是回避对外星人的搜寻，而毫无疑问地，这个领域的相关内容还将和宇宙起源以及黑洞一样，继续成为公众最为关注的与天文有关的话题。

013、比人类发达的外星文明，可能已经在地球附近丢下了某种东西

2021-04-16 星空天文
寻找外星人的遗物。
阿波罗14号在环月轨道上拍摄的地出。NASA
3月18日发表在《天体生物学》杂志上的一篇论文认为，我们应该在地球附近，尤其是月球上寻找外星人。确切地说，是寻找外星人的遗留物。

论文的作者是从事微波科学研究的物理学家James Benford,他认为这样找到外星人的可能性,和在宇宙中搜寻外星文明发出的无线电信号或光信号一样靠谱。

寻找外星文明需要考虑的一个问题,是我们不知道此时此刻是否有与我们发展水平相当的外星文明存在。也许宇宙中出现过这样的文明,但是早已湮灭;也许未来会出现这样的文明,但是现在还没有能力进行星际通信。

论文的作者认为,主动寻找外星人造物是可行的,因为即使制造它们的文明已经不存在,外星人造物依然可以保留很久。

如果一个比我们先进的文明意识到,朝宇宙发射探测器更有效也更划算——那么寻找外星人造物成功的可能性就比较高;如果一个文明像我们一样只能在行星之间飞行,那它们可能只会造信标,而不是发射探测器——这样被动等待和观测的成功率就会比较高。

途经太阳的外星文明可能会向太阳系发射探测器。作者表示,银河系中两颗恒星相距1光年的概率是每百万年一次,而两颗恒星相距10光年的概率是每5000年一次。太阳最后一次与恒星近距离遭遇发生在大约7万年前,当时与它最近的恒星只有0.82光年。

作者建议应当首先在月球表面寻找外星人造物。月球勘察轨道器拍摄了大约200万张月球照片,分辨率高达0.3米。在这些照片里,我们可以清楚地分辨出人类第一位宇航员留在月球上的脚印。但它们之中却只有极少数被仔细检阅过。我们可以使用人工智能,在这些照片中寻找外星人留下的非自然物体。

我们还可以在距离地球较近的其他天体表面寻找外星人造物。比如位于地日拉格朗日点上的天体,以及那些在徘徊在地球附近,与地球共轨环绕太阳运行的小行星表面。

外星人造物不太可能在地球上被发现。Benford认为地球表面过于活跃,而且有人类及生物的活动,外星人造物不太可能保留很久。但月球表面就不一样了,那里几乎亘古不变。

所以我们可以主动出击了,去寻找外星人留下的遗物——它们可能就在离我们不远处。

参考

A Drake Equation for Alien Artifacts

https://doi.org/10.1089/ast.2020.2364

014、藏不住了？以色列专家突然公开：外星人真实存在且与美国签订协议

2020-12-10 Catia 科技迷

对于多数人而言，外星人只是人们茶余饭后谈论的娱乐话题而已，没有人会把外星人当一回事，毕竟人们每天的工作学习压力都已经很大了，哪里还有什么精力去管什么外星人？毕竟发现外星人也不能让自己门门考高分，不上班也能拿工资。

但假如外星人真实存在呢？那么关于外星人的话题就将变得沉重起来，因为整个人类可能都将面临着危机。

自上个世纪末以来，关于外星人的话题就层出不穷，其主要原因就是震惊世界的"罗斯维尔事件"，在那场事件中多数科学家曝光自己亲眼见到了外星生物，但由于美国政府全力压制，许多事情最后不了了之。

而就在近日，以色列前太空安全项目负责人海姆·埃塞德公开表示，外星人真实存在于这个世界上，并且早已来到了我们地球，无疑，现年 87 岁的埃塞德说出以上言论的时候给全世界都丢了一块"核弹"，难道外星人早就看上地球了？

从上个世纪末到本世纪初，埃塞德一直负责以色列的太空安全计划，由于埃塞德在太空学领域极具威望，因此还被他们国家的人称之为"以色列卫星项目研究之父"，在 2011 年，埃塞德退休之后，其相关媒体就报道他一直在家专门研究外星人方面的事情。

埃塞德表示，外星人现在并没有恶意，并且还与美国签订了相关协议，根据犹太媒体的报道称，埃塞德竟然还表示前任美国总统特朗普在一次会议中差点将外星人存在的事实说漏嘴，但由于星际联邦的保密协议存在，外星人要求不要将这些秘密公开，否则会引起全人类的恐慌。

除此之外，埃塞德表示外星人早已来到地球，并且在一直观察着我们，全球各地每年都发生大量的 UFO 目击事件，这些都是来访地球的外星人留下的痕迹，目前的外星人正在等人类进化到一个更加成熟的阶段，然后外星人会来帮助人类真正的了解宇宙，见识到真正的高等级文明科技。

在《耶路撒冷的邮报》中，埃塞德还写了一本书，在书中他表示外星人曾拯救过人类免于可怕的核武器灾难，同时叙述了外星人的飞行器是可能是如何设计出来的。

许多媒体对埃塞德的言论表示质疑，认为他可能是想为自己的新书蹭热度，但作为以色列的太空学专家，本身有名有利为何要做这样的事情？

实际上除了埃塞德以外，许多世界有名的科学家都曾表示过外星文明有可能存在，例如牛顿在老年时期认为科学的尽头就是神学，而"神"就是外星文明，还有英国著名的科学家霍金，其在生前多次表示这个宇宙中一定存在外星文明，只是人类目前的技术达不到那样的接触高度而已

笔者认为，科学是在一定的摸索中前进的，现在我们对于一个事情的看法是受制于我们的知识和文明层次，如果有一天人类的文明层次达到了一个前所未有的高度，我们前往到别的星球去探索考察建交，或许我们自身就是所谓的外星人，你认为呢？

015、超级黑洞改写地球生命演化史

2021 年 04 月 16 日 环球科学

通常来说，太阳是唯一能对地球生命产生影响的光源。但 SgrA* 黑洞或许也在地球生命的演化中发挥了重要的作用。

银河系中心的黑洞射出的紫外线，或许影响了地球生命的演化。

撰文 | 亚伯拉罕·洛布（Abraham Loeb）？

翻译 | 赵剑琳

1939 年，阿尔伯特·爱因斯坦在《数学年鉴》（Annals of Mathematics）上发表了一篇论文，宣称自然界中不存在黑洞。但仅仅 25 年后，马尔滕·施密特（Maarten Schmidt）发现了类星体——一种在遥远宇宙中极为

明亮的光源。上世纪60年代中期,苏联的雅科夫·泽尔多维奇(Yakov Zel'dovich)和美国的埃德温·萨尔皮特(Edwin Salpeter)认为这种神秘的点状光源是正在吸收宿主星系气体的超大质量黑洞。当气体流入黑洞时,它会产生类似水槽排水时的涡流。在环绕着黑洞的最内层稳定圆形轨道(ISCO)上,气体会以接近光速的速度流动,气体之间的湍流粘性会让气体在摩擦中升温。因此,黑洞的吸积盘会逐渐变得明亮,向外辐射接近其静止质量1/10的物质,产生的亮度甚至可能超过其宿主星系中全部恒星的总和。几十年后,天文学家发现几乎所有星系的中心都存在一个超大质量黑洞,它们通常保持着沉寂,只会零星地爆发,每次持续数千万年。

2020年,安德烈亚·盖兹(Andrea Ghez)和赖因哈德·根策尔(Reinhard Genzel)因为证实了银河系中潜伏着一个处于沉寂状态的超大质量黑洞,而获得诺贝尔物理学奖。这个黑洞名为半人马座A*(缩写为SgrA*),质量相当于400万个太阳。它正处在休眠状态,散发出微弱的无线电波,目前的亮度只有它"进食"时期的十亿分之一。

虽然SgrA*目前很黯淡,但我们仍能基于一些线索判断出它一度极其耀眼。这并不令人惊讶,因为当气体云靠近银河系中心或者恒星进入SgrA*的视界(大约等于日地距离)10倍距离以内时,就会因为强大的潮汐力"面条化",形成一条气体喷流,产生如同类星体的光芒。

SgrA*的轨道平面上存在着大量年轻恒星,这是证明SgrA*在最近的"进食"时期曾吸入大量气体云的确凿证据。由于SgrA*附近的恒星年龄还不到银河系年龄的百分之一,基于哥白尼原则(Copernican principle,观测的时刻并不特殊),围绕着SgrA*发生的大型气体云吸积过程必然已经发生过上百次。实际上,科学家已经观察到一对被称为费米气泡(Fermi bubbles)的大型热气团,正沿着银河系中心的旋转轴向外发散。这意味着SgrA*在最近一次气体云吸积过程中,可能促进了它们的扩张。理论计算显示,黑洞吸积过程除了扰乱大量的气体云外,单个恒星也会因为引力逐渐靠近黑洞,以每一万年为周期发生潮汐瓦解事件。当大量残骸被SgrA*吸入时,就会出现明亮的耀斑。

SgrA*爆发形成的耀斑会影响地球上的生命吗?原则上来说,会,因为耀斑会释放具有破坏性的X射线和紫外线。我与我之前的博士后约翰·福布斯（John Forbes）合作，在2018年证明了如果太阳系与银河中心的距离缩小到现在的1/10，SgrA*爆发产生的紫外线就能蒸发掉火星或地球的大气层。即使距离较远，紫外线依然会抑制复杂生命体的生长，就像在你频繁踩踏的草地上，小草难以生长。

以太阳系目前的位置来说，来自SgrA*的紫外线对于地球生命是安全的。不过，近期有研究指出，太阳在诞生初期可能非常靠近银河系中心，在"引力反推"的作用下，它才移动到了现在的位置。

按照这个理论，太阳曾近距离暴露在SgrA*的紫外线下，这可能已经对地球早期的复杂生命造成了伤害。这也能解释为什么在经过20亿年后，地球大气中的氧气浓度才升到如今的水平——或许直到那时，地球离SgrA*才足够远。最近，我正与马纳斯维·林加姆（Manasvi Lingam）合作，探究地球生命与太阳到银河系中心距离变化的潜在联系。

通常来说，太阳是唯一能对地球生命产生影响的光源。但SgrA*黑洞或许也在地球生命的演化中发挥了重要作用。如果SgrA*和地球生命之间的联系得到确认，这个超大质量黑洞很可能为研究者带来另一个诺贝尔奖。

关于作者

亚伯拉罕·洛布是哈佛大学天文学系前主任，哈佛和史密森天体物理中心理论与计算研究所所长。

016、船帆座寻找外星文明的结果

船帆座科学家2020年09月09日

在寻找天空工业信号的项目框架下，澳大利亚射电干涉仪扫描了天空的一部分，这部分包含至少数千万个恒星。目前这是搜寻地外文明计划框架下最大最深的空间调查。

发表在《澳大利亚天文学会会刊》上的报告中研究者们写道，他们还是未能成功找到发来的丝毫信号。

澳大利亚科学和应用研究国家协会和科廷大学国际射电研究中心的

外星生命

科学家们在南半球天空的船帆座地区进行了观察。研究范围涵盖499.6平方公里，包括195个肉眼可见的行星和借助射电望远镜可看到的上千万个恒星星。

天文学家说，他们没有认为没有信号是不好的结果。他们认为，这仅意味着，如果在研究星空的范围内有外地文明，它们不会在我们习惯的FM波段表现出自己的存在。

科学家们计划继续观察。要知道船帆座这仅是银河系的一小部分。据各种估计，银河系包括1000亿至4000亿恒星。

017、俄发现非地球文明遗迹 三亿年前外星人曾到访地球

2013年01月25日 环球网

据"俄罗斯之声"广播电台1月24日消息，俄罗斯远东沿海边疆区发现了非地球文明遗迹。阿尔乔姆市的居民德米特里在煤块里找到一奇特物体。

据报道，德米特里从俄罗斯最大煤矿之一的西伯利亚哈卡斯煤田买来一车煤炭。当他把一桶煤提进家准备烧炉子时发现，一煤块里有个香烟大小的东西。他说："乍一看，我还以为矿工开玩笑，把金属物塞进了煤块，可是仔细一看，金属物和煤是长在一起的。"

德米特里立即和附近达尔涅戈尔斯克市的俄罗斯和世界著名不明飞行物研究专家德武日尔内伊取得了联系。这位专家专门从事搜集外星人访问地球的证据。

科学家发现这是某种机械的变形零件，很像是齿条。他把出土物送到圣彼得堡核研究所，科学家们得出的结论是利用人造合金制成的物体，材料是带3%镁的纯铝。这个齿条所含的碳为40%至70%。在现代条件下，铝是用电热方法得到的，其中绝不可能有碳，这意味着零件和煤一样，在地层下埋了三亿年。在这漫长的时代里碳扩散入铝零件。

这说明，这个零件不可能是人类制造的。因为三亿前地球上不仅没有人，甚至还没有恐龙。

德武日尔内伊按其尺寸复制了齿条，以研究什么地方能使用它。他说："看来它应该和齿轮相配备。最有趣的是，它的齿距很大，在我们的任何地方都不能使用。"德武日尔内伊认为，齿条是外星文明的技术创作产物，可能是时空旅游者的"遗失物"。

018、哈佛教授语出惊人，人类找不到外星人，就是因为人类愚蠢

2021-05-24 权威科技控

导语：每个人都想要知道，人类究竟是不是宇宙当中唯一存在智慧的生命，现在许多人都开始探索起宇宙的奥秘，想要通过科学家的探索，再加上自己找到的一些资料，知道在宇宙当中，究竟有没有其他的一些高等生物的存在。

在宇宙当中究竟存不存在外星人，到现在为止也没有办法真实的进行探索，而且这样的一个说法可谓是众说纷纭，有的人认为人类就是宇宙当中唯一存在高等智慧的生物，还有一些人认为之前的一些壁画都说明了，人类并不是宇宙当中唯一存在高等智慧的生命，虽然现在我们并没有办法直接证明这样的一个说法究竟是不是真的，但是现在在地球上，人类确实是一个高等文明的生物。

外星人存不存在

哈佛大学的亚伯拉罕·勒布教授曾经说过，外星人是真实存在的，而且在宇宙当中比我们发达的文明比比皆是，虽然如此，但是亚伯拉罕教授认为，能够有机会和人类碰面的外星人是有限的。

亚伯拉罕教授长期以来就从事着外星文明的研究工作，而且各种神秘的研究他都参与过，在亚伯拉罕教授曾经收集过的一些神奇的案例当中，都能够惊讶的发现，原来宇宙当中的高等生物是真实存在的，而且有一些事情会让人们知道宇宙当中可能并不是我们想象的这么简单。

亚布拉罕教授走入人们的视线，并且让人们感觉到特别不可思议的事情，就是在2019年的时候，他说进入太阳系的小行星，并不是一个简单

的小行星,而是外来的高等文明在探索地球。

外星人真实存在

亚伯拉罕在一次公开发表言论当中,称可以接触外星人,他最信任的外星人受访者告诉他,并不是不存在外星人,而是外星人在对人类进行研究的过程中,发现人类的智商并不是特别高,而且低到让他们怀疑的程度,人类的无聊让他们觉得像这样的生物找到他们也没什么用处,像这么简单的问题都没有发现,有点怀疑人类是不是高等生物。

亚伯拉罕曾经说过,外星人远离地球最重要的一个原因也并不单单是因为地球人的智商低,还有一个原因就是地球上的氧气太充足,他们不喜欢这样的环境。

有些人会问亚伯拉罕,为什么地球上面出现的各种各样的不明飞行物的样子是不一样的,亚伯拉罕也说过,外星人告诉他的受访者这些不明飞行物来自史前,而且操纵这些史前文明的人,就躲在地球的地底,或者是一些结构复杂的地理环境当中,正在对他们进行操控。

当然有一些人也认为找不到外星人,可以找到一些史前文明的遗民也是不错的,毕竟也经历过高度文明的时代,说不定还能够帮助我们推动科学的进步。

但是亚伯拉罕说,有一些史前文明的事情,现在也无可奉告,因为根据人类现在的文明,没有办法了解,等人类文明可以接受之后,自然就能够浮出水面,想要知道一些史前文明,最重要的就是要人类文明快速发展,在能够接受这样的事情之后,自然就能够了解到一切想要了解的事情,各种现在没法解释的事情都会迎刃而解。

当然有许多人认为亚伯拉罕就是为了能够出名,正因为想要出名,所以才会有一些不实的言论出现,虽然他现在有大量的粉丝,粉丝认为这是外星人研究领域当中的一面旗帜,而且亚伯拉罕也宣布自己拥有许多的案例,而且这些案例也在征得外星受访者的同意,如果他们同意,时机成熟就会出版有关外星文明的专著,就会让质疑他的人闭嘴,虽然这样的一段话说出之后,许多人认为这还是在卖弄玄虚,想要让更多人关注到他的言论,但是至于现在究竟有没有史前文明,究竟会不会有一些史前文明出现,到现在也是不得而知的。

结束语：有许多人都认为亚布拉罕说的话并不可信，可能只是为了能够吸引到更多人的关注，但是也有一些人认为，亚伯拉罕说的一些话可能就是真实存在的，并不是一些噱头罢了，现在我们也没有真实的证据可以证明这样的一些话究竟是真是假，但是我们也可以通过他的一些话语当中了解到一些史前文明的秘密。

019、海伦·沙曼："外星人是存在的，而且可能就在地球上"

2020年1月6日 BBC

第一个上太空的英国人最近表示，外星人是存在的，而且有可能就在地球上。

海伦·沙曼博士（Dr Helen Sharman）近日向《观察者》（Observer）杂志表示，外太空生活肯定存在于宇宙当中的某个地方。

"外星人是存在的，这事没有第二种可能，"她说，在数以十亿计的星体中间，"肯定有着一切种类的生命"。

56岁的沙曼在1991年5月登上苏联太空站，创造了历史。

这名现在在伦敦帝国理工学院（Imperial College）工作的化学专家还表示，外星人可能不像人这样由碳和氮组成，"有可能它们现在就在这里，只是我们看不见它们。"

1991年，沙曼与阿纳托利·阿特塞巴斯基（Anatoly Artsebarsky）和谢尔盖·克里卡列夫（Sergei Krikalev）一同参与太空任务。

在访问中，她还表达了自己的失望。她一直以来都被标签为上太空的第一个英国女性，而不是第一个上太空的英国人。

"否则我们就会假定那是一个男人，这很能说明问题，"她说。

"当蒂姆·皮克（Tim Peake）上太空的时候，一些人就忘记了我。一个男人首先做到，被当成常理，能够打破这个惯例，我为此而激动。"

她说，上太空"教会了我，真正重要的是人，不是物质上的东西"。

她还表示："在那上面，我们有生存所需的一切：适当的温度，有食物和饮料，也很安全。我没有去想我在地球上拥有的东西。"

"当我们从地球某些地方掠过时，我们想的永远是我们所爱的人。"

沙曼在 2018 年的英国新年荣誉榜上被正式认可，并获得圣米迦勒及圣乔治勋章（Order of St Michael and St George）。

020、浩瀚宇宙中究竟有没有外星人存在？看到答案后我彻底的惊呆了！

2015-08-26 梦神计划

我们是整个宇宙中唯一的生命体吗？人类可观测的宇宙，半径长约九百亿光年，其中孕育着至少一千亿个星系，每个星系拥有一千亿至一万亿个恒星，最近我们发现这些行星也十分常见，宇宙中可能存在着数万亿个宜居星球，这意味着生命应该有很多机会进化和生存，不是吗？但他们在哪里呢？宇宙中难道不应该飞船成群才对吗？

即使其他星系中有外星文明存在，我们也永远没法认识它们，寻根究底，所有临近我们银河系的星系，叫做本星系群，它始终位于我们触手难及之处，因为宇宙一直在膨胀之中，即使我们拥有超高速的宇宙飞船，毫不夸张地说，穿越宇宙中最空旷的区域，去到这些地方，也要耗费数十亿年，所以，我们还是专注银河系吧。

银河系是我们的母星系，拥有四千亿颗恒星之多，这么多恒星，差不多是地球沙粒总数的一万倍（？），整个银河系中有大约二百亿颗类太阳恒星，估算表明它们中的五分之一，其宜居带中存在与地球大小相仿的行星，并拥有足够的条件孕育生命，哪怕这些星球中只有千万分之一存在生命，银河系也将拥有一百万个生命星球。银河系的年龄约有一百三十亿年，最初的时候这里的环境并不适合生命，因为爆炸接连不断，但在大约十到二十亿年之后，第一批宜居星球诞生了，地球的年龄只有四十亿年，那历史上生命应该有无数次机会，在其他星球上发展，它们中只要有一个，能发展成具有太空旅行能力的高度文明，我们现在就该察觉到了，这类文明会是怎样的呢？

共有三种类型，一类文明能够获取自身星球上所有的能源，如果你想知道的话，我们目前的卡尔达肖夫指数约为 0.73，数百年后的某一时刻我们就该达到一类文明的标准了；二类文明能利用其母恒星所有的能量，这看起来像科幻小说一样天马行空，但它原则上可行，例如"戴森球"理论，试想一个巨型复合体包裹在太阳的周围；三类文明，能从根本上掌控整个星系和它的能量，如此超前的外星种族，对我们来说是如同神一样的存在，但为何先前说，我们应该能见到这样的外星文明呢，如果我们能建造出，让人类繁衍并生存千年的宇宙飞船，我们就能在二百万年内殖民整个星系，听上去耗时很久，但别忘了，银河系是个庞然大物，如果需要数百万年才能殖民整个星系，那么银河系中，可能就有百万甚至上亿的星球存在生命，有的生命形式，可能拥有比我们悠久得多的历史，那么外星人到底在哪里呢？

这便是"费米悖论"，答案无人知晓，但我们做了些设想，我们来谈谈筛选吧，这里所说的筛选，代表了生命难以逾越的屏障，它们可怕的程度也不尽相同，第一种，我们已经从大筛选中幸存了下来，也许复杂生命的发展之路，比我们想象中要艰难的多，即使是生命诞生的过程，我们也没有完全搞清楚，其需要的条件可能复杂无比，也许在过去，宇宙要比现在凶残的多，直到近期环境才缓和下来，让复杂生命有了生存的空间，这也意味着我们可能是独一无二的，如果不是全宇宙中的第一个文明，至少也是这一行列中的一员；第二种，未来还有大筛选等着我们，这种情况可谓糟糕透顶，也许和我们同级别的生命，在宇宙中到处都有，但发展到某一刻时便毁灭了，这一刻也同样等着我们，举个例子，假设神奇的未来科技确实存在，但在启动的那一刻，它摧毁了整个星球，每个先进文明的遗言将会是，只要我按下这个按钮，这个新装置将解决所有的问题，如果这是真的，我们在人类历程上更接近终点，而非起点，或者另有一个古老的三类文明，正监控着整个宇宙，一旦有文明发达到一定程度，便会在瞬间被毁于一旦，也许有些真相还是别发现比较好，我们无从知晓；最后一种可能，我们是孤单的，就目前而言，我们没有任何证据证明其他生命的存在，丝毫没有，宇宙看上去空旷而死寂，没有生命向我们传递信息，也没有生命回应我们的呼唤，我们可能就是孤苦伶仃地陷在全宇宙的一个渺小潮湿又到处是泥土的星球里。

这个想法是不是吓到你了，如果吓到了，那你的情绪反应是正常的，如果我们让地球上的生命灭绝了，也许宇宙中便再也没有生命存在了，也许生命将永远消失，如果情况变成这样，我们就得去寻找其他行星系，成为第一个三类文明，以维系脆弱的生命之火，薪火相传，直到宇宙寿尽殆尽灰飞湮灭的那一刻，宇宙太美，怎能无人欣赏。

021、加拿大天眼不断接到疑似外星信号！要不要回应？

2021-06-12 温哥华港湾

《每日星闻》最新报道，加拿大一位专家称，加拿大的"天眼"接收到了许多疑似外星无线电信号，以此证明我们在宇宙中可能并不孤单。

据悉，这台加拿大天眼，学名叫做 CHIME 望远镜，就位于加拿大 BC 省的彭蒂克顿郊外，由 4 台百米长的半圆柱形反射面板组成。它的设计任务主要是给 80 亿至 100 亿年前的宇宙黎明"绘图"。

那时候，宇宙中还没有现在这么多星星，星系间充满了中性氢。这台落成只有短短数年的新望远镜尚未把灵敏度调到极限，未来可期。火力全开后，CHIME 没准一天就能探测到几十个快速射电暴。

据悉，在 2018 年至 2019 刚刚落成那两年间，这台"天眼"已经从太空中接收到了 535 次射电脉冲。直到目前，依旧在不断捕捉各种疑似外星信号。

而哈佛大学天文学家阿维·勒布教授说，这个加拿大"天眼"接收到的信号有可能是外星信号，当然也有可能不是这样，而是从军事器械发处来的一些干扰信号。

但更多的专家坚信，这些就是从其他星系传播到地球的外星信号。

真有外星文明？

勒布教授在《美国科学家》杂志上写道："这是一个让我们了解地外生命的机会。就算这些信号里并不是全部都来自外星，但里面至少有一些是来自外星文明。'先进的文明'不会试图跨越宇宙距离（光年）进行交流，因为这需要上百万甚至数十亿年的时间才能得到回应。"

勒布教授还补充道:"强大的无线电波可以用于军事目的,也可以用来推动飞船的'船帆'或者以接近光速的速度发射大量货物等。这听起来像是我们自己文明的不切实际的野心,但是正如我们小时候也不是整条街最聪明的孩子一样,地球文明应该也不是宇宙里最聪明的文明。"

作为吃瓜群众,咱们理解不了那些高深的理论,我们最希望知道的大概就是,如果真如《三体》小说中描述的那样,有类似"三体人"这种先进文明的生物体入侵地球,那我们会有一搏之力吗?或者说,真的有外星文明存在吗?

其实,讲到这里我们需要了解一个名词解释:这快速射电风暴(Fast radio burst),简称 FRB。

一般认为,FRB 是一种高能天体物理现象,射电也被称作无线电,在自然界广泛存在。射电风暴呈现瞬态电波脉冲,仅维持数毫秒的爆发,比如超新星爆发。这些毫秒闪光都在银河系之外,有着非常明亮、未经分析、广泛的频宽。每次爆发的频率成分取决于爆发的量和不同波长的延迟时间。大多数 FRB 都是一次性的信号爆发,且没有明显的起源。

曾捕捉到重复信号

但加拿大这台 2017 年 9 月落成的天眼曾有一个重量级成果:探测到 13 个全新的快速射电暴,其中 1 个为重复信号。

相关论文的两篇论文同时发表在北京时间 1 月 10 日凌晨发表在世界顶级学术期刊、英国《自然》杂志(Nature)上。

一般来说,FRB 的出现,不外乎 5 种可能性:

1、一颗中子星在以极快的速度在旋转;

2、两颗中子星相撞;

3、中子星塌陷;

4、中子星坍缩成黑洞;

5、来自外星文明的信号。

宇宙浩渺,其实出现重复 FRB 信号的几率非常非常低,因为其源头非常巨大,能量异常高,毫无规律可寻,甚至都有科学家认为,宇宙同一源头的自然现象只会发生一次,同一源头多次重复极有可能是人为的,因此捕捉到的可能性极小。

现在，位于BC省的加拿大氢强度测绘实验（CHIME）的射电望远镜，捕捉到了FRB重复信号！真的是重复信号哦！

此外，还特别值得一提的是，加拿大天眼捕捉到的这些快速射电暴，其中至少有7个的频率在400MH附近，刷新了最低记录，以往的FRB多在1400MH左右。

研究低频信号及其传播到地球的方式，天文学家们就有望窥见信号源头所处环境的一隅。比如，信号源是否位于新生的星团之中，被动荡的气体环绕？

且有报告称，根据人类的经验，1400MH往往是地面塔台发出的信号，而低于800MH的，甚至低到400MH，往往就不是地面设备发出的信号，而是飞行器发出的信号！

在2017年的一份研究报告中，哈佛大学的教授就认为这个极有可能是来自宇宙飞行器的信号，"巨大的宇宙飞船这个人为来源必须被验证和考虑进去。"

但中国科学院国家天文台研究员苟利军则这样解读："因为这些爆发持续时标很短，很难进行后续追踪，这也是为什么到目前为止还没有弄清楚其本质的最大障碍，但应该说这与外星信号无关。"

022、揭秘前苏联克格勃超自然现象研究档案文件震惊世界

2021-01-03 彩虹

在上世纪九十年代，一份叫做克格勃超自然现象研究档案的文件震惊了世界。这是前苏联著名情报机构克格勃秘密主持的一项研究，旨在揭秘一些长久以来无法理解的超自然现象。也有人称其目的在于用这些超自然力量对抗以美国为代表的西方国家，甚至是派出的僵尸间谍进行暗杀活动。

克格勃，前苏联国家安全委员会，以行事诡秘和手段高明而著称于世。1991年苏联解体后，改制为俄罗斯联邦安全局，其下属对外情报局与英

国军情六处、美国中央情报局和以色列摩萨德一起并称为世界四大情报组织，在世界上享有盛誉。

这份研究报告涉及意念控制、心灵感应、人体特异功能和外星人以及鬼魂等超自然研究，其内容离奇，研究之另类以及试验设计之大胆，都让观者啧啧称奇。

一、特异功能，人体就像一个尚未被全面开发的巨大宝库，在科技如此发达的今天，仍旧有许许多多的未解之谜等待着我们去探索，科学家或许可以告诉你，人体有多少颗细胞、多少根肋骨，却无法解释为什么许多身患绝症的病人放弃治疗后反而奇迹般的痊愈，无法解释柔弱的母亲为何在目睹孩子遇险时，能够跑得比运动员还快，接住坠楼的孩子，或是单手举起汽车，拉出被卷入车轮下的宝宝。

有些人甚至能够靠意念移动物体，或者与他人建立思维联系。这一切在我们看来都是那样的不可思议，但是对这些人来说却是可以轻易做到。这是人体所拥有的不可思议的能力，我们习惯叫做特异功能，即某些人类拥有的有别于一般人而又无法解释的特殊能力。

以性质来分，特异功能可以划分为两种不同的类型。一种是拥有超越五官感知的超感知觉，包括有心电感应、透视力、预知未来以及回溯过去等这种能力被叫做特异感知。另外一种则是人体发射能量操控外界事物，包括以意念使物体移动，靠念力点火或是用意念攻击等，我们称之为特意制动。

古往今来，有关特异功能的传说更是不在少数。据英国每日电讯报道，印度82岁的苦行僧詹尼70年不吃不喝，他通过练习瑜伽纯粹靠精神力量维持生命。1986年，美国华盛顿曾进行了一场瑜珈修行者飞行大赛，大约二十名瑜珈修行者一比高低，他们漂浮在空中，最低也有60厘米，最高可达1.8米。

克罗地亚一名六岁男孩伊万能够吸附金属制品，每次施展魔力都会令人惊诧不已。这些人拥有的特异功能很快引起了政府和军方的主意。其中前苏联就是最早进行这方面研究的国家之一。

在这份档案中，最著名的一次研究就是被称为莫斯科信号的微波控制研究。据说当时苏联特工用一种微波式武器照射美国大使馆，使馆内工作人员莫名地出现了情绪低落、烦躁、焦虑等情绪,有些甚至离奇患病,不得不回国治疗。

二、外星种族研究在这份档案中,还有一个引人注目的研究课题,就是外星人。1969年,在苏联莫斯科附近森林中,军方发现了一个UFO坠毁残骸,克格勃立刻派出调查组前往调查。在该飞船残骸上,调查小组找到了一具外星生命遗体,他长着大大的眼睛和尖尖的头,和我们今天文学、影视作品中的外星人形象很是相似。

随后克格勃封锁了现场,并将外星人遗体带回进行了解剖,而结果到底如何,至今无人知晓。近年,网络上陆续有人发出相关图片和视频资料,声称是克格勃绝密资料,但其真假也引起了人们的怀疑。因为这些视频的画质非常模糊,整个画面为黑白两色,看不清当时的具体情况。

这些视频迅速在网上窜红,引起了人们对克格勃超自然现象研究的再度关注。其实关于外星生命的研究在苏联由来已久,据一位俄罗斯飞碟专家透露,前苏联早在冷战时期就已掌握了天狼星系行星上存在地外文明的事实,并与其建立了联系。

甚至有人还发出了据说是当时军方高级将领同外星人会面时的照片,至于照片的真假就难以辨别了。随后不断有外星飞船着陆的消息传出。1966年6月,在西伯利亚奥姆斯克州北部,一架直径10米的飞碟坠毁。它喷射着红、黄、白三色火焰,舱门敞开着,浓烟从舱室里滚滚冒出。

1970年,一组来自天狼星系仲湟尔行星的飞碟在雅库特地区曰甘斯克附近的林场坠毁,其残骸被运往莫斯科郊区。飞碟上的侏儒外星人的尸体则被军方秘密带走。1978年,在哈萨克斯坦东部地区军方逮获了一架外形很像歼击机的UFO,其残骸被军用直升机外悬挂装置运走。

这些报道或许不见得全部真实,但却从一个侧面向我们展示了前苏联在外星生命研究上的巨大热情。而这些绝密的研究恐怕要随着历史一起被尘封了。

三、鬼魂是否真的存在?上世纪50、60年代,美苏冷战愈演愈烈,克格勃开始研究利用鬼魂来从事间谍活动,驱使鬼魂来完成普通谍报人员无法完成的任务。

1968年,前苏联首都莫斯科东北外的金环区不断传出多起闹鬼事件。

每当夜幕降临，阴暗的房子中总会传来异常的响动，有时蜡烛会莫名熄灭，有时屋子里的东西会离奇失踪，第二天又莫名地出现在其他地方，搅得人不得安宁。

克格勃很快派出鬼魂研究小组来到，在鬼魂经常出没的地方，架好特殊的鬼魂摄像机，拍摄到了大量的骇人画面。身穿白衣的女鬼从走廊的一端飘到另一端，调皮的鬼魂故意将蜡烛吹灭，或是将书桌内的抽屉抽出，摔在地板上。

震惊之余，他们开始研究如何控制这些鬼魂，希望利用他们为国家工作。变成人所不能完成的任务，他们将手表放在书桌上，对鬼魂发出指令，让鬼魂将手表移到房间内的另一张圆桌子上。但是该项计划进行得异常艰难，几个月后不得不停止了研究，该项目最终以失败告终。

尽管如此，苏联方面还是在物质与能量、灵魂是否存在等方面，还是为科学家提供了珍贵的研究范例。世界之大，无奇不有。虽然我们对这份超自然现象研究档案中的内容真实与否还无法给出确切的结论，但毋庸置疑的是，这个世界大到宇宙、小到人体，依旧还存在着大量的未解之谜，人类科学所探索到的只是冰山一角，而沉埋海底的。

023、金星測出磷化氫 NASA：尋找外星生命最重大發展

2020/09/17

科學家 14 日表示，他們在金星酸性較強的雲層中偵測到磷化氫氣體，代表地球隔壁環境嚴峻的金星可能有微生物。（圖取自 NASA 網頁 nasa.gov）

（中央社華盛頓 14 日綜合外電報導）科學家今天表示，他們在金星酸性較強的雲層中偵測到磷化氫氣體，代表地球隔壁環境嚴峻的金星可能有微生物。NASA 署長說，這項發現是尋找外星生命上「最重大的發展」。

路透社報導，研究人員沒有發現實際的生命形式，但指出在地球上，磷化氫（phosphine）是由在缺氧環境中繁殖的細菌所產生。

國際科學團隊一開始是使用夏威夷的「詹姆士克拉克麥克斯威爾望

遠鏡」(James Clerk Maxwell Telescope)發現金星雲層中有磷化氫，之後以智利的「阿塔卡瑪大型毫米及次毫米波陣列」(Atacama Large Millimeter/Submillimeter Array)無線電波望遠鏡證實。

這篇研究刊登在「自然天文學」(Nature Astronomy)期刊，主要執筆人、威爾斯卡地夫大學(Cardiff University)天文學家葛瑞夫茲(Jane Greaves)說：「說實在的，我非常意外、震驚。」

她還說，這是首度在地球以外的岩石行星發現磷化氫。

美國國家航空暨太空總署(NASA)署長布萊登斯坦(Jim Bridenstine)讚揚這項突破。他在推特表示，這是目前為止尋找外星生命過程中「最重大的發展」，還說「該是時候優先關注金星了」。

外星生命存在與否一直都是科學家想要解答的一大問題。科學家已在太陽系內外的其他星球與衛星使用探測器與望遠鏡尋找「生物特徵」，即有生命存在的間接跡象。

麻省理工學院(MIT)分子天體物理學家索沙－席瓦(Clara Sousa-Silva)說：「就我們現在對金星所知，有磷化氫存在的最合理解釋聽起來可能很不真實，那就是有生命存在。」

研究報告共同作者索沙－席瓦又說：「我應該強調，在為我們的發現提供解釋時，跟平時一樣，有生命應該是最後選項。這點很重要，因為如果這個氣體是磷化氫，如果有生命，這代表我們並不孤單。這也代表生命一定非常常見，我們的星系一定還有其他有生命居住的星球。」

索沙－席瓦說：「如果真的有生命，我只能猜測金星上頭可能有什麼生命存在。沒有生命能在金星表面存活，因為金星完全無法居住，就連與我們截然不同的生物化學也支持這個論點。」

她說：「不過，在很久以前，金星表面可能有生命存在過，就在失控的溫室效應導致金星多數地區完全不適宜居住之前。」(譯者：張曉雯/核稿：盧映孜，刊登在「自然天文學」期刊的研究)

024、科学家：外星人是不存在的，你们不要再找了

2021-04-24 科学界状元

人类发现宇宙这么久肯定会有这样一个设想，那就是在宇宙当中，到底人类是不是唯一一个生命地，人类一直相信在宇宙当中确实是有外星人存在的，但是人类发展这么多年，在外太空探究了这么久，仍然没有发现外星人存在的痕迹，为什么我们找了外星人找了这么久，仍然没有找到相关的信息呢？而且地球上面出现了很多的不明飞行物目击事件，不过科学家都认为这些东西都不足以证明外星人存在，但是科学家又是通过什么方式来解释我们没有找到外星人的这件事情呢。

首先第1个点就是文明发展不对等。地球诞生到现在已经有45亿年的历史了，但是在宇宙当中有很多的行星，他们的诞生年龄已经比地球要早很多，想象一下如果在宇宙当中存在着另外一个星球，这颗星球上面所有的环境都非常适合生物生存，而这颗星球诞生起码有100亿年的时间，那么和地球相比较一下，在那颗星球上面存在的生物，文明程度起码要比地球先进45亿年，所以综合来说在宇宙当中确实可能存在的外星文明，只不过他们的文明比我们实在要超前太多了，所以这种差别特别大的文明相互碰撞的话，肯定会发生特别不好的事情。

而且还有一个原因就是距离，在宇宙当中如果真的有外星人存在的话，那么他们肯定会想要探究地球，只不过因为距离的原因，他们没有办法来地球。试想一下，在宇宙当中实现星际穿越，可不是一件简单的事情，外星人的科技再怎么发达，也不可能达到一秒钟建造出来一个飞船，只要是想实现星际穿越，就必须得建造出来一个宇宙飞船，但是建造宇宙飞船可是有成本的。

首先人力成本就非常庞大了，想要建好一个能够实现星际穿越的飞船，以地球的人力来说就得需要好多人，而时间也是一个问题，地球要是真的能造出来一个宇宙飞船，起码得有好几十年的时间，而且还要保证燃料的供给，这就是一项特别浩大的工程，一般的国家肯定没有这么多钱去做这件事情，哪怕是地球上面所有的国家一起努力，也不见得能支付得起这样一艘宇宙飞船。外星也是如此，外星人要是想实现星际穿越，一定得有特别发达的人力物力财力，要不然早就到地球上面了。

025、科学家：银河系中或隐藏着大量外星人，多半藏身于冰下黑暗海洋

2021-05-09 感心德论娱

关于外星人的存在一直备受大家的争议，毕竟宇宙浩瀚无边，在我们无法探索无法到达的地方，很有可能存在着外星文明，甚至比人类的文明更加的高级，不过也有的人猜测具有智慧的外星人很有可能会被困在地下海洋当中，而且正在冰下的海洋里遨游。

在为数不少的科学家看来，有智慧的外星人其实早就应该露面了，因为银河系已经存在了大概130亿年，而且在这其中有数十亿个特别具有生存环境的星球。

不过也有的科学家则认为，地球很有可能是整个星系当中唯一有生命的星球，或者说是唯一有智慧生命的星球。

但是也有科学家则认为外星人确实存在，而且正在我们无法到达的地方观察着我们。

行星科学家也提出了一种可能性，可能银河系里存在着很多智慧生命，但是他们绝大多数都生活在深深的黑暗的冰下海洋当中和宇宙的其他部分隔绝。

地下海洋很有可能在银河系里是非常常见的，而且我们寻找外星生命或者是适合居住的星球已经被地球所局限，觉得适应我们生存的环境才是一外星文明的生存。

人类的生存需要阳光，空气，淡水，但是其他的外星人可能不需要这三样，而是通过其他的形式生存着，就比方说海洋而且在很多星系下都流动着液态水的海洋，如果说外星人可以在海洋当中生存的话，那么我们也是无法探知的。

而且和地表的水体相比较的话，地下海洋的环境更加的稳定，最关键的是很有可能赐予生命更长的时间来进化出智能和复杂性。

另外地下海洋不受危险和环境的影响，主要是因为上面的冰层或者是其他的东西形成了一个强有力的保护膜。

如果海洋下真的有生命存在的话，现有的技术应该也已经到达了一个非常先进的地步，是人类所无法企及的，甚至我们根本就无法捕捉。

但是有一个因素却一定要考虑，那就是生活在这种环境当中的外星人，到底有没有可能性会试图沟通，而他们生活在深深的水底是否真的知道银河系当中还有数不清的星球，是否需要通过挖洞到达表面之后才能够了解。

也有可能是与世隔绝就像桃花源一样，因为水汽的外星人是无法开发出载人航天技术的，毕竟生命的维持是需要大量的水而承载大量水的飞船确实是非常沉的，很难在水里发射成功。

026、科学家编制天体目录：寻找外星人最可能的藏身之所

2020年06月30日 新浪科技

在近期的一项研究中，一个寻找外星智慧生命迹象的团队编制了一份"新奇目录"，其中列出了所有已知的天体类型，有些天体已经为人所知，有些则仍然保持神秘。

在20世纪60年代发现脉冲星时，有人认为这种周期性发射脉冲讯号的中子星可能是外星人的灯塔。

这份新奇目录是由"突破聆听"（Breakthrough Listen）项目的研究人员整理的。"突破聆听"是一个长达十年的项目，旨在寻找宇宙中智慧生命的迹象。令人难以置信的是，新奇目录列出了700多个不同的目标，从小行星、彗星、行星到脉冲星、星系、星云和星团。根据该团队所发表的论文，编制该目录的主要目的是"扩大搜寻地外文明计划（SETI）的目标多样性"，同时也可用于其他目的。

"在未来，它也可能使学生或公众受益，特别是那些试图获得对天文学有整体了解，或者希望决定如何开展研究的人，"论文第一作者、加州大学伯克利分校的天文学系的布莱恩·莱基说，"目录上的一些天体是我在研究生院或更晚时候，甚至是在编制目录时才知道的。"

莱基是"突破聆听"项目的研究人员，他希望这个目录能激励科学家

探索一些更深奥或更神秘的天文学问题,但最主要目的还是帮助 SETI 研究者和天体生物学家。

此前天文学家尝试过各种天体分类方案,但还没有一次达到这样的规模。莱基及其同事总共发现了 737 个不同的天体,一些天体已经得到了详细的研究,而另一些则迫切需要科学家的关注。在编制目录的过程中,随着目标天体数量的不断增加,莱基开始担心不断膨胀的数字会影响该目录的实用性。

"幸运的是,团队一直非常支持这个项目,即使数字在不断增长,"莱基说,"当你阅读的文献越来越多时,你对所有这些不同的东西就越来越了解,你会发现越来越多的东西凸显出来。所以有时会有一种'再来一个'的感觉。"

莱基将这个过程比作生物学研究。在生物学中,"你会先确定几个大的群体,然后不断获得更详细的信息,直到你发现数百万个物种"。以行星为例,我们已知的行星就有多种类型,包括热木星、迷你海王星、超级地球和次棕矮星等。

令人着迷的是,该目录还包括一些太空中的人造天体,包括旅行者号探测器、新视野号宇宙飞船,以及各种气象卫星,甚至还有伊隆·马斯克的红色特斯拉跑车。或许有一天,我们在补充这个目录时,会加入一些外星人丢到太空里的东西。

"新奇目录"标志着传统外星智慧生命搜寻策略的进一步转变,科学家从寻找"熟悉"的外星人特征(如无线电信号)转向戴森式的搜寻策略。科学家正试图寻找外星人的"技术特征",,也就是外星科技的迹象,如戴森球(恒星周围的太阳能电池板)、外星工业废料、庞大的太空基地、太空灯塔……以及更多我们甚至无法想象的事情。

莱基表示,在编辑新奇目录时的动机之一,便是一些外星智慧生命很可能与我们非常不同,因此,我们总是在错误的地方寻找他们。"几十年来,人们一直在猜想,如果它们实际上是机器,或者不需要水,或者是以硅、等离子体或中子星物质为生命基础,一切又会如何?当然,这些想法都是科幻小说中常见的主题,但也在 SETI 计划中传播开来。令人兴奋的是,我们可以开始回答这个问题了,"他说,"甚至有可能存在这样一种情况:

有些东西虽然不确定它们是否'聪明',但在某种程度上却同样有趣。"

新奇目录应该在这方面有所帮助,因为它能为戴森式思维的外星搜寻者提供感兴趣的潜在目标。更重要的是,该目录也可以发挥相反的作用,为看似人工的天体提供自然的解释。

莱基和同事们将天体划分为四大类:原型、最高级、异常和对照(基本上,无趣的参考点不会产生积极的结果)。

"原型"是那些我们非常熟悉的东西,比如行星、星系、星团、中子星、黑洞等。令人印象深刻的是,每个单独的项目都分配了一个示例原型以供参考。"最高级"类似于一本吉尼斯世界纪录,囊括了一系列具有最极端特征的天体,比如最大的行星、最热的恒星,或者旋转最快的脉冲星等。"异常"顾名思义,是指我们不完全了解的天体,比如由天文学家塔贝萨·博雅吉安发现、亮度出现异常起伏的 Tabby 星(KIC 8462852),以及消失的恒星、快速射电暴和其他无法解释的天文现象。

在目录中列出的各种异常现象中,莱基表示 NGC 247 是他最感兴趣的。这是一个距离地球相对较近的螺旋星系,在其圆盘一侧有一个"空洞",恒星数量少于正常的情况。现在,SETI 计划提出的一个想法是,一些先进的外星人可以在他们的主星系内从一颗恒星跳跃到另一颗恒星,他们还会在每一颗恒星周围建造戴森球,以收集尽可能多的能量。

美国著名理论物理学家弗里曼·戴森提出了一种寻找外星文明的手段,他认为已经发展到非常先进阶段的外星文明能利用的物质可以达到木星质量量级,而所需的能源对应整个恒星的辐射功率。因此,这类文明的能源需求可以通过建造一个庞大的壳层来实现,这就是后来为人熟知的戴森球,可以充分截获并利用母星的辐射能量。如果这种可能性成立,那么隐藏于壳层内的恒星在光学波段就会变得暗淡,但加热时会发出很强的红外辐射。

"这是一个巨大的壳层,或是像蜂巢一样的结构,完全围绕着一颗恒星,将其隐藏在我们的视线之外。因此,如果我们想发现一个正处于建造过程中的星系,或者他们在覆盖整个星系之前停了下来,那就有可能在星系中产生空洞,"莱基说,"这或许并不是 NGC 247 所发生的事情——我们期望阳光会将戴森球加热到发出红外光,而据我所知,我们在这个'洞'

里还看不到这种迹象。"

尽管如此，NGC 247 星系还是很奇怪，而且莱基表示，实际上几乎没有人做过任何工作来解释这个奇怪的洞。有了这个"新奇目录"，SETI 计划的科学家和天体生物学家终于有了一个方便的参考指南，可以交叉检查他们的发现，并有希望激发新的研究路径。或许不久的将来，我们就能知道是否真的存在外星人。（任天）

027、科学家曾构想用"极端"的方法，来寻找宇宙中恒星附近的外星生命

2018-06-26 宇宙小百科

搜寻外星文明一直是人类作为一个重要物种必须做的意义深远的事情之一。但是直到目前为止，我们还尚未发现地球以外存在的任何生命形式。搜寻地外文明计划可能只是硬性推销。即便如此，搜寻外星生命的工作仍在进行当中，科学家正在构想越来越极端的方法，通过调整我们的高科技天文学设备来检测恒星中存在的外星生命。

向外太空发射无线电

我们提出的主要假设是我们假想的外星人邻居的进化方式与我们相似。因为目前为止在宇宙中缺少其他的进化例子，这样的假设应该是一个很好且符合逻辑的起始点——即使这种可能性并不大。事实上，很多科学家高度怀疑其他星系物种会通过"现实的 TV 阶段"进化。我们假定的进化发展阶段之一便是外星人智能生命懂得如何发送无线电波。我们已经向外太空发射无线电波长达 120 年，因此任何位于地球 120 光年范围内的外星人如果窃听了无线电波，都应该监测到我们的存在。自 20 世纪 60 年代，SETI 项目就在搜寻外星人无线电波，但直到最近借助美国宇航局开普勒太空望远镜，科学家才能够对已知包含系外行星的恒星系统——它们很可能存在外星文明——进行直接观测，宇宙里潜在的存在上百万个"可居住的"星球——我们的搜寻工作才刚刚开始。

在监听 SETI 信号的过程中，我们也曾接收到一些虚假的警报。当我

们在搜索特定的窄带无线电信号时（这种信号只能通过某种技术形式产生），来自地球本身的干扰信号可能会出现在 SETI 搜寻范围内。幸运的是，天文学家能够区分外星人信号和地球普通无线电信号的区别。

星际开采——吞噬外星人

目前广泛流传的一种说法是，人类科技正在迅速向星际矿业发展，尽管目前看来大部分关于如何开采和提取太空矿石技术还没有成熟。但这并不意味着人类文明在不久的将来不会达到这一高度。众所周知，浩瀚星际中存在着大量矿石，而且科学家们可以精确的估计各种游星的运行轨迹。如此一来，地球上将会诞生一个新的快速致富的行业——星际矿业。只要我们做到大规模采矿的碎片不被外星人发现，渐渐地我们将掠夺它们的资源。

外星人的垃圾

如果智能外星物种在太阳整个发展历史过程中，曾造访太阳系，那么它很可能会在太阳系内留下某些"纪念品"。

不要忘记还有太阳系之外的适合生命存在的可能性。我们可以直接寻找一颗和太阳具有相似温度、大小、和化学成分的恒星，毕竟这样的恒星提供了整个太阳系的能源，以及形成地球上各种物质的化学元素。所以，为什么不从寻找与太阳相似的恒星开始呢？2012 年，宇宙学家发现了一颗名为 HP 56948 的"克隆"太阳，它距离太阳只有 200 光年远。虽然到目前为止还没有探测到这颗恒星的运行轨迹，但这个发现无疑给了我们更多关于寻找到另一个太阳系，甚至另一个地球的信心。

人造系外行星

借助开普勒太空望远镜的观测优势，人们能够观测到行星过境导致恒星亮度的略微下降，太空望远镜能够分析它记录的"亮度曲线"。尽管行星大部分是圆形的，但倘若亮度曲线显示一个不规则形状从恒星前方过境，那绝对是出人意料。本质上来说不规则的行星形状并不存在，因此倘若开普勒检测到任何非圆形的形状——例如，金字塔形——那么它可能是外星人恶作剧的证据。有趣的是，有一个专业术语专门描述利用这种方式搜索外星人——搜寻外星科技计划（SETT），它与 SETI 的不同在于前者搜寻的是宇宙中智能科技存在的间接证据。

恒星都去哪了

一个星系里的某些恒星的意外消失是否是由外星科技导致的呢？我们不妨大胆猜测一下。1964年，苏联宇宙学家尼古拉·卡尔达舍夫提出了一种关于外星文明已经发达到足以使用一整颗星球能量的假设。在尼古拉理论体系里，他把这种外星文明称为"第二型"。那么外星人是如何做到的呢？答案是通过构造科幻小说里常提及的戴森球包裹住某星球，然后戴森外壳可以不断收集该星球发散出来的能量，以至于外界无法探测到该星球。据目前所知，如果我们观测到星系里的某颗恒星发出来的光信号正在逐渐减弱，那么很有可能外星人正在该星球恒星构建大的戴森壳。

月球上外星人的足迹

尽管主流的SETI搜寻关注于寻找深空无线电信号，但将注意力时不时转移到地球—月球系统也未免不是好事，因为月球似乎是外星人造访地月系统最合适对象。考虑到目前位于月球轨道的月球勘测轨道飞行器曾于1969年发现了地球第一登月人尼尔·阿姆斯特朗在月球表面留下的足迹，因此，从月球表面寻找外星人可能留下的足迹也并非无稽之谈。

靠黑洞驱动的宇宙飞船

如果科技发达到某种程度，外星人将能够制造属于自己的迷你黑洞，从而测量重达百万吨的单一原子的宽度。通过这种小黑洞放入某种假设性的黑洞驱动里，黑洞引擎将产生大量的伽马射线，后者将转化为能量驱动宇宙飞船。根据科学家的推断，这将产生无穷无尽的能量来源。如果我们知道这种人工黑洞放射出来的辐射特性，我们将有可能探测到外星人的踪迹。

平静的宇宙

由于宇宙看起来是如此的安静，有的天文学家过早的宣称地球以外并无其他智能生命存在。从科学的角度，这一结论虽然略显目光短浅但本身并无错误。但是另一种可能性是，如果宇宙如此太平主要是因为外星文明并不想要与我们取得联系呢？如果它们只顾着自己的生存进化而根本无暇顾及我们呢？如果它们非常高效细致以至不会泄露一丁点可能被我们检测到的信号呢？

原文網址：https://kknews.cc/science/avnmnqn.html

028、科学家对发现外星生命的信心大增

2014-11-27 中文科技资讯

科学家探测系外行星的目的只有一个,就是寻找水,到目前为止,只有地球拥有液态水。

据国外媒体报道,过去十多年内,我们陆续发现了许多系外行星,目前已经对2000多颗系外行星进行了探测,未来几十年我们还将发现更多的系外行星,但是我们对类地行星的发现却没有较大的进展,现有的系外行星几乎与地球相去甚远,寻找外星人似乎没有突破性的发现。自从人类第一次抬头仰望夜空,我们都想知道地外是什么样的世界,宇宙中是否只有人类,好莱坞大片让我们认识到地外生命可能是多样化的,有友善、也有邪恶。这并不是导演们的凭空想象,科学家认为外星人应该是存在的。

如果外星人不存在,那么我们宇宙才有问题,百亿光年的宇宙空间仅有人类,这个命题无论如何也无法让科学家信服。19世纪至20世纪初,地外生命是一个非常热门的词汇,因为我们的基础科学开始逐渐起步,大量的科学发现让我们的世界充满了无限幻想,火星就是第一颗进入我们视野的星球。许多研究人员一度猜测火星上存在生命,至少也存在蜿蜒的峡谷、河道等地形地貌,但现有的探测技术告诉我们火星现在没有文明。

事实上火星是一颗与地球非常相似的行星,火星的一天几乎与地球是一样的,自转轴的倾斜角也相似,这意味着火星上也有热带和寒带。由于火星轨道半径较大,因此火星上的一年相当于地球上两年,大约为687天。意大利天文学家乔瓦尼·夏帕瑞丽认为火星上存在运河,后来科学家通过最新的光谱分析认为,火星不是一个宜居的行星,大气中没有水和氧气的痕迹。虽然火星被排除了可能性,太阳系内仍然有可能存在生命的星球,在一些行星的卫星上,我们察觉到冰下海洋的存在,这里有望是一片欣欣向荣的生物圈。

放眼太阳系之外,科学家在20年前发现了飞马座51b行星,让我们对系外行星充满了希望,但这颗行星简直就是地狱,云层温度可达到

1000 摄氏度，轨道半径仅为日地距离的 20 分之一。这个发现改变了我们对系外行星的认识，其实宇宙还有大量这样的行星，只不过我们的技术还没有达到发现类地行星的程度，目前发现的行星主要是大型气态行星。科学家探测系外行星的目的只有一个，就是寻找水和生命，到目前为止，只有地球拥有液态水，但科学家相信，水可以在其他行星上存在，而外星生命也同样存在。（罗辑／编译）

029、科学家发现最高能量光子，打破以往理论认知，智慧生命文明超想象

2021-05-19 铁血观世界

人类的认知是有局限性的，一开始人们眼里只有地球这个概念。随着科学技术的发展，天文学家发现地球外不仅有太阳系，还有更广袤的银河系。再到后来，科技工作者通过性能更先进的仪器，发现宇宙中还存在着比银河系还大的星系。除了发现更多的星系外，科学家还发现人类所处的位置，仅仅是在星系的边缘部分。而在中心位置或者更远的位置，天体活跃度剧烈，不排除有智慧生命存在的可能性。

近期，人类对宇宙又有了新的发现。根据公布的消息，中国科学家在银河系内发展大量超高能宇宙加速器，其中能量最高的为 1.4 拍电子伏特的伽马光子。而在实验室中，以人类目前的科学技术，只能将粒子加速到 0.01 拍电子伏特。这意味着新发现的超高能伽马光子能量是其 140 倍，打破了人们以往的理论认知。更令人们感到惊讶的是，人类所接收到的伽马光子，是天鹅座万年前发出的信息。

有科学家大胆的预测，天鹅座中心可能存在着比人类更高级的智慧生命。如果这些智慧生命对地球人不怀好意，总有一天人类或将被地外智慧生命消灭。科学家的这番话并非危言耸听，因为从目前的科技来看，人类能达到的最高技术是将一两个人送上别的星球。而地球之外的智慧生命，科技程度可能早就超过地球人了。单单从此次科学家所发现的高能量伽马光子来看，地外生命的文明成就远超人类想象。

当然，也有科学家认为，地外高级智慧生命可能并无意攻击地球人。如果将人比作蚂蚁的话，地外生命的参照物就是大象。一头庞大的大象是不会注意到蚂蚁存在的，也不可能蓄意要踩死蚂蚁，大象自有大象的生活方式与圈子。这也很好解释为什么人类迟迟没有发现地外生命，因为这一切都是二维生命的宿命。

如同人的想象力一样，宇宙没有边缘无穷无尽。虽然位于其中的人类非常渺小，看起来微不足道，但从个体生命来看的话，人活着有其自身的意义与价值，不能因为宇宙的庞大而否定个体存在的价值。所以，人还是要脚踏实地，做好每一件小事。至于宇宙中的事，就当是为平淡的生活增加些许调料。

030、科学家们认为，研究生物必须"元素"将是寻找外星生命的突破口

2018-06-28 灵瞳视界

在人类寻找外星生命的历程中，科学家们主要关注的是有水的地方。现在，研究人员认为，研究"生物必需"元素，如磷和钼，可以帮助我们判断一个新世界的所具备的生命潜力。

在地球上，几乎所有水的地方都会有生命，从高出地表的云层到地壳的最深层。因此，在地球以外寻找生命的工作通常集中在"可居住"的世界，其环境温度有利于在其表面容纳液态水。例如，虽然金星表面目前的温度足以融化铅，但2016年的一项研究表明，在7.15亿年前，金星还是可以居住的。科学家们甚至推测，如果金星上曾经存在生命，那么现在，它们仍有可能在金星的云层中存活下来。

当然，我们所知道的生命形式还需要其他成分。例如，在地球上，对于在海洋里的生存能力至关重要的元素可能包括氮和磷。氮是制造蛋白质所必需的，氮和磷都是DNA和RNA的关键成分。研究人员指出，最近的几项研究表明，大约6.35亿至8亿年前，海洋中磷的可利用性增加，甚至可能有助于支持地球上动物的进化。

为了了解这些生物要素在外星生命进化过程中可能扮演的角色,研究人员集中研究了这些生物在冰冻表面下液态海洋的可及性,这很像木星的卫星欧罗巴(Europa)和土星的卫星土卫二(Enceladus)。人们怀疑欧罗巴和土卫二冰层下可能存在液态水中的生命,美国宇航局和欧空局(欧洲航天局)都计划实地访问他们。

在地球上,海洋中磷的主要来源是通过所谓的长石的风化作用,通过轻度的酸性雨水。水热活动又把磷从地球海洋中除去。研究人员说,先前的研究表明,土卫二和木卫二也存在水热活动。

来自木星的辐射不断地浸没欧罗巴的表面,产生一种被称为氧化剂的分子,而欧罗巴的冰表面不断搅动,这些氧化剂可以进入欧罗巴隐藏的海洋,在那里它们可以与硫化物发生反应,使水呈高酸性。因此,欧罗巴可能拥有足够的磷来维持生命。当然,高酸性的海洋也存在扼杀生命的可能机会。

相比之下,先前的研究表明土卫二的地下海洋可能是强烈碱性的。在这项新的研究中,科学家们计算出,如果一个世界的海洋要么是中性的,要么是碱性的,并且具有热液活动,在短短数百万年的时间内,地下海洋中的磷可能会被完全去除。

科学家们还认为,钼、锰和钴等微量金属可能也是生物必需的。钼在几种酶中起着至关重要的作用,特别是在固氮方面。也就是说,分解在大气中成对固定氮原子的强大化学键,并将产生的单个氮原子"固定"成重要的有机分子。此外,钼会影响蛋白质合成以及许多生物体的代谢和生长。

此外,锰在叶绿体光合作用产生氧气的过程中起着重要作用。而钴在新陈代谢中有多种生物学作用,最显著的是,它构成维生素 B12 的一个组成部分。

科学家们表示,宜居带的概念可以追溯到 20 世纪 50 年代,从那时起,人类学到了很多东西,比如地下海洋的存在,所以重要的是,我们要把关于水的可居住性的想法,转移到可能对生命至关重要的特定元素和化学物质上。

远距离观察太阳系以外的外星世界,判断是否含有生物必需元素的一种方法是观察它们的恒星,这些恒星可能会揭示它们的行星和卫星的组成。恒星元素的存在将产生在其星光中可见的独特光谱颜色中,从而为我们提供关于围绕它们运行的任何行星的可居住性的一些信息。

如果一个新世界的生物必需元素水平很低,这可能会限制我们所知道的生命的潜力。未来前往欧罗巴和土卫二的任务,探测到生命的机会微乎其微,但它们是一个很好的机会来创建我们的模型,因此这样的任务是未来的基础。

研究人员称,虽然我们认为的生物必需元素在太空探索中可能比较罕见,但是并不代表外星生命的缺失。我们只解释了我们所知道的生命,我们不知道的生命可能会遵循与地球不同的化学途径,找到他们将是一个比我们所知道的发现生命更令人兴奋的发现!

031、科学家推测外星生命可能在以下7大星球中诞生

2017-06-19 天马行文

葛利斯581d是天秤座中一颗名为葛利斯581恒星轨道上的一颗行星,它也是在太阳系之外发现的为数不多几个与地球大小相当的行星之一。Gliese 581d所处的位置非常有利于液态水的存在,因此有可能存在生命。由于它的表面极可能覆盖着深厚的水体,它也成为首个"海洋行星"最有力的候选者。

土卫四是土星轨道上第二大卫星,它比土卫二和土卫三都远离土星,因此受到的潮汐热作用较小。尽管如此,许多科学家相信它的表面下有一层液态水。由于它的辐射强度低,所以一直被认为是木星系中最适合人类建立未来基地的地方。

土卫三是土星最大的卫星,也是我们太阳系中最大的卫星。它的表面主要由硅酸盐和水冰组成,但是表面以下200千米被认为存在着一个由盐水构成的海洋,这个海洋夹在土卫三的冰层之间。跟土卫二和其它靠近大型的行星的卫星一样,土卫三也受到潮汐热的作用,这使得它表面以下的某一地层保持足够的热量,从而促液态水的形成。

土卫六是土星最大的卫星,有明显的证据表明:它的表面存在着完

整的液态湖泊。尽管湖泊里面的液体不是由水构成(由碳氢化合物组成)，但却是复杂有机化合物产生的理想温床。另外，土卫六厚厚的大气里还包含着氮等构建生命的成分。

科学家们宣称，木星的卫星木卫二冰冻表面下方的海洋或可能解释木卫二赤道混乱的裂缝和山脊。这项发现暗示着木卫二可能比之前预想的更适合外星生命存在。

火星是我们的太阳系中最像地球的一颗行星，无论在过去还是现在，火星存在生命的可能性都非常大，而且证据是非常确凿的。人们普遍认为，生命最重要的必需品——液态水，过去曾经在这颗行星上穿流而过。火星环球观测者最近公布的照片显示，在这颗红色星球严寒的表面上，有液体流动的迹象。

土卫二是土星第六大卫星，它虽然比较小，但却可能孕育着生命。实际上，土卫二是三个外层太阳系星体中观察到有火山喷发的星体之一。更为重要的是，它的喷发物包含大量的水，使得许多专家相信这个卫星冰冷的表面下存在着一个液态的海洋。

032、科学家已找到121颗超级地球，这里是否生存着外星生命仍是个谜

2018-05-31 趣味探索

探索外太空，寻找外星生命既人类的使命所然，也是高智慧物种存在的意义所在。因此地球科学家们已在浩瀚宇宙中寻找外星生命已有数百年历史了。虽在浩瀚宇宙中并未找到期待以久的外星人，但惊喜的是科学家却有了意外的收获，到目前为止已确定了121颗适宜生命居住的星球。我们喜欢把宜居星球称之为超级地球。

自2009年美国宇航局开普勒望远镜升空以来，美国科学家借用拥有高科技的开普勒望远镜的神通确定了数以万计颗行星潜伏在太阳系之外，而且开普勒望远镜的一个重要任务是确定处于恒星系可宜居带的行星，这类行星统统被科学家称为系外行星。当然发现这121颗适宜居住星球也都

是开普勒望远镜的功劳。

　　什么样的星球被定义为生命宜居星球呢？在浩瀚宇宙中，或许所有生命都会以相似的方式诞生和繁衍。科学家以地球生命生存环境来衡量外太空星球的宜居环境，拥有阳光、陆地、大气、液态水和适宜温度成为了生命存在的必要条件。所以只要满足以上必要条件科学家们就认为这是一颗宜居星球。科学家发现太阳系内存在着800多颗已知的行星卫星，但大部分卫星都远离太阳系的可宜居带，处在土星和木星轨道上运行。所以太阳系除了地球外并不存在其它宜居星球。

　　有人问既然确定了121颗宜居星球，为什么科学家却一直没有找到外星人呢？就算是发现一个低级外星生命那也是个天大惊喜。著名的"费米悖论"曾认为：如果人类再过100万年能制造出超级飞船，能以超光速方式穿梭于银河系、仙女系及其它星系。那么只要外星人比人类早进化100万年，现在外星人就能根据已经远离太阳系旅行者1号探测器的指引到达人类地球。然而外星人并没有出现过，这意味着浩瀚宇宙中的高智慧人类很可能是孤独的，并不存在着外星人。

　　我姑宜不去辩论"费米悖论"是对还是错，不过摆在我们面前的事实：经过上百年的探索和研究，至今科学家并未发现任何有关外星人存在的蛛丝马迹。有专家认为当很可能宇宙文明发展到一定程度，终因高科技而让自己覆灭。比如核战争，反物质战争等等。

　　虽科学家已经确定121颗适宜星球，但星球上是否生存着外星生命仍是个谜。不过人类对宇宙探索之路才刚刚开始，太多奥秘需要科学家们更深入地研究。我们不得不佩服宇宙的神奇之处：苍茫宇宙竟演变出我们人类。

033、来自外星人的电话？——科学家希望能再现来自潜在宜居行星的信号

2020年12月31日缩短网址

　　去年12月，澳大利亚帕克斯天文台的科学家探测到潜在宜居行星半

人马座比邻星 b 发出的无线电信号。它被命名为 BLC1，被人们称作可能是外星人的呼叫信号。主动给外星智慧生物发送信息计划（METI）主席道格拉斯·瓦科奇（Douglas Vakoch）在接受俄罗斯卫星通讯社采访时解释说，为什么只有一个信号还不能成为外星人的"铃声"。

瓦科奇解释称："研究人员现在试图确认这是原始信号。主要的挑战在于听到重复的信号。"

在搜寻来自外星智慧生物信号的过程中，仅发现一个信号是不够的，这个信号必须是重复的。

"如果我们不是实时检测到信号，而是仅仅几个月后，那么就很难确定原始信号到底是什么。"他指出："我想宣布他们是外星人，但没有确凿的证据。科学家无法确定是否找到了外星人，直到我们获得独立的确认。因此，如果这个信号不重复，我们就不能相信。"

如果 BLC1 确实是某个先进文明发出的信号，那么人类将有证据证明宇宙充满了外星生命。

"如果离地球最近的恒星系内居住着智慧生物，那么我们可以纯粹从统计学角度得出结论，银河系中到处都有生命存在。"瓦科奇解释道："但是，由于 60 多年来我们从未遇到过来自任何地方的外星人发出的信号，因此距离我们最近的恒星系中存在生命的概率不大。"

即使澳大利亚新南威尔士州的帕克斯射电望远镜多次接收到 BLC1 信号，天文学家也将不得不寻找另一个独立天台，以排除听到的信号不是由地球上的某台计算机发出的可能性。

然而，即使 BLC1 达不到预期，它还是能帮助 METI 团队。因为多亏有它，科研人员才能更好地理解如何正确发送信号，以便接收者毫不怀疑这确实是来自另一个文明的信号。

034、联合国任命首位空间大使 负责接待外星人

2010 年 09 月 28 日 科技日报

联合国任命首位空间大使接待外星人

外星生命

随着空间探索的深入,地外生命存在的可能性大大增加。如果某天外星人来到地球对着吓呆的遭遇者说:"带我去见你们头儿!"别怕,直接带他们去见奥斯曼夫人。据英国每日电讯9月27日(北京时间)报道,联合国日前任命了首位空间大使——马日兰·奥斯曼,她成了官方指定的与外星人联系的地球人。

马日兰·奥斯曼是一位马来西亚天体物理学家,现年58岁,日前入主联合国一个鲜为人知的办公室——联合国外太空事务办公室,负责外太空事务。一旦外星人来造访地球,她将负责代表全人类作出应答协调。下周她将到白金汉郡的英国皇家协会,为这个新角色安排工作细节。

迄今,人类已经发现了上千亿个星系,每个星系又拥有数亿颗恒星及数不清的行星。因此,地外智能生命存在的可能性比人类预想的更大,人类不得不对可能遭遇的命运作多种考虑。此前英国皇家学会院士斯蒂芬·霍金曾发出警告,对于外星闯入者,我们应谨慎对待。外星人可能生存在某个巨大的宇宙飞船上,他们已经用完了自己星球上的所有资源。这就像当年克里斯托夫·哥伦布首次到达美洲对当地的土著并不友好一样,外星人对人类也会不那么友好。

最近,奥斯曼夫人和几位科学家进行了一次会谈。她说:"我们有几个机构一直在寻找来自地球外的讯息,希望有一天人类能接到外星人的讯号。但考虑到所有关于这方面的敏感问题,应该成立一个协调反应机构,来协调这方面的事务,联合国外太空事务办公室正是最合适的。"

设置这样一个办公室来处理人类遭遇外星人的问题,曾在联合国科学顾问委员会内部引起了争论,争论的分歧在于人类该怎么接待外星访客。但最终他们基本达成一致,遵行1967年制定的外层空间条约,由联合国外太空事务办公室负责监督。联合国成员也同意,可以通过给外星人"消毒"的方式,保护地球免受外星物种的污染。

联合国代表团首脑之一、英国航天局太空法规专家理查德·克劳瑟教授说,今后当有人被外星人胁迫"带我去见你们头儿"的时候,奥斯曼夫人绝对是最近的求助人选。

总编辑圈点

读着像一场闹剧。奥斯曼夫人也真敢揽这活儿。一旦接待工作中有个闪失，你负得了责吗？最可乐的是联合国科学顾问委员会争论的结果，竟然是首先要给外星人消毒，也没打听一下人家愿不愿意让你消毒以及"84"还管不管用。未雨绸缪本是件好事，可现今应该考虑的相关问题还远远轮不到任命什么"空间大使"。58岁的人被突击提干，若不是买官卖官的话，就只剩下哗众取宠了。联合国也许还要给新大使发工资，难怪它总是嚷嚷经费不够。

035、茫茫宇宙还有其它高级文明吗？科学家如何解释外星人存在的概率

2018-06-04 学点儿套路

地球上充满了各式各样的生物。千百年来，地球人一直在问自己："世界上有外星人吗？如果有她们在哪里？宇宙中的其他地方是不是也像地球上一样生机勃勃？或者，地球是不是宇宙惟一存在生命的星球？我们究竟何多么特别？"

世界上有外星人吗

在好莱坞拍摄的有关外星人的电影里，外星人和你我一样，也有脸有嘴巴，有鼻子有眼睛。然而，如果真的存在外星人，它们的长相却很可能和地球人大不一样。地球上的很多动物（决不仅仅是人类）之所以都有脸有嘴，有鼻子有眼睛，是因为这些动物最早都起源于同一个祖先。而外星人是在其他星球（而不是地球）上诞生的，所以它们的样子与地球人相似的可能性就很小。

尽管外星人不可能长得跟地球人相像，但是近年来不断取得的新发现却暗示，在其他一些星球上确实有可能存在生物。这是因为科学家一直在发现新的行星，其中一些行星与其母恒星之间的联系很可能同地球与太阳之间的联系很相似。不过，是不是一颗行星只要拥有支持生命存在的条件，其上面就一定会演化出生命来呢？地球人是否终将与和我们一样聪明的外星生命（或者说外星人）相遇呢？有人认为，这一天终将到来。也有人认为，这种可能性很小。

外星人和你我不一样

许多人相信，地球决不可能是宇宙中惟一存在智慧生命的星球，因为宇宙中存在至少上千亿个星系。可能正因为如此，好莱坞才拍摄了那么多有关外星人和星际旅行、星球大战的科幻电影，其中不少影片还大受观众欢迎。在这些影片中，外星人有时对地球人十分友好，有时却非常野蛮。编剧们为外星人设计了各种各样有趣的行为，但他们却常常忽略了一些最基本的生物学原则。比如，在著名的恐怖片《异形》中，一个地球妇女竟然在自己的胸部怀上了一个比自己的心脏还大的外星人，并且这个外星人最终居然还出生了。在生物学家们看来，这简直是荒谬至极。

在另一类典型的有关外星人的恐怖电影里，外星人则被刻画成巨大的昆虫。可是，根据物理学的基本法则，这也是毫无可能的事。这就好比让老鼠长得像大象那么大，如果真是那样的话，老鼠庞大的身躯早就把四肢给压断了。不过，把外星人描写成体形大得如此不合常理的巨型昆虫，最起码还没让外星人长得像地球人。而在其他一些影片里，外星人看上去简直就是在地球上进化出来的，因为它们和地球人一样，也有脸有嘴，有鼻子有眼睛。

没错，包括人在内，地球上几乎所有的脊椎动物都有脸有嘴，有鼻子有眼睛，这是因为所有的脊椎动物最早起源于同一个祖先。但是，外星人不可能也起源于这一个祖先，所以外星人就不可能长得和地球人一样。

虽然我们还根本不清楚外星人的长相，但是却有人声称自己曾经目睹乘坐UFO(不明飞行物，也称飞碟)来到地球的外星人，甚至还有人声称自己曾经遭到外星人的绑架。也有人相信，外星人曾经在地球上待过很长一段时间，但它们和恐龙一样已经在地球上灭绝。但还有人声称，在你我之间现在就存在外星人。不过，这种种耸人听闻、光怪陆离的说法却没有丝毫的证据。心理学家认为，这些惊人说法全是由丧失理智(至少是在说这些话时丧失理智)的人臆想、编造出来的。不过，这是否就表示在地球之外的任何地方都不可能存在任何形式的生命呢？许多科学家相信不会是这样，弗兰克·德雷克就是这些科学家的典型代表。

一连串的奥秘

德雷克说，当他还是一个八岁小孩时就相信存在地外生命。这只是因为那时父亲告诉他天上还有和地球多少有些相似的其他行星。那时，德雷克年幼的心中就想像着外星上也有街道和房屋，也有和地球上的人长得一模一样的人。

现在看来，小德雷克当初的想法真是大错特错了。不过，正是儿时的梦想引发了他后来对射电天文学的浓厚兴趣，这让他开始思考另一个问题：如果在宇宙中的其他地方存在像地球人一样拥有高度智慧的外星人，它们是否也像地球人一样掌握了无线电技术？

自从人类发明无线电波技术之后，就一直在向茫茫太空发射无线电波。德雷克认为，假如外星人也能发射无线电波，地球人就应该能探测到它们。于是，德雷克为美国"寻找外星智慧生命(外星人)研究所"(简称SETI)设计了第一项试验。过去几十年来，SETI的天文学家一直在扫描银河系中的星球，试图找到外星人存在的迹象。换句话说，他们一心要找到能够以无线电波的形式同地球人进行对话的外星人。

在搜寻外星人的工作中，SETI面临着许多巨大的挑战，其中之一就是银河系的巨大规模。银河系中有数千亿乃至上万亿颗星球，它们在一个直径大约为1万光年的巨大螺旋状星云中旋转。在如此巨大的范围内寻找外星人，简直比大海捞针还要难。

在找寻外星人工作的早期，德雷克有一次灵感突现，提出了一个后来变得非常著名的公式。德雷克指出，为了计算银河系中能够被探察到的外星文明的数量"N"，就需要考虑一些不同的因素，比如：拥有行星的恒星数量是多少？生命演变出智慧的概率有多大？一个技术发达的文明可能存在多久？德雷克根据这些因素的估算结果是：仅在银河系中，就存在10000个智慧文明！

当然，德雷克的这一估算结果远远不是一个定论。根据对公式中各个因素的不同估计值，算出的"N"的值竟然从10亿个到1个(就是地球)不等。事实上，长期以来，人们对德雷克公式中许多因子的数值都不知道该怎样估计。也就是说，德雷克公式中的因子本身就是一连串的奥秘，用它们算出的"N"的值自然就无法确定。不过，在过去的几年中，科学家对宇宙起源的了解程度正在迅速加深，德雷克公式中的一些奥秘正在开始得到破解。

"误报"其实无误

以德雷克公式中的一个因子为例：银河系中有多少恒星拥有行星？提出这个问题的理由很简单：如果存在外星人，它们也必然需要坚实的土地来充当家园，所以我们希望能知道银河系中到底有多少行星。

我们都知道，包括地球在内，太阳有9大行星（其中冥王星算不算行星尚有争议）。直到最近，科学家都无法知道太阳系以外是否也存在行星，原因是：在太阳系以外，恒星发出的刺眼光芒几乎会完全淹没其周围的行星，所以在地球上很难探察到太阳系以外是否存在行星。不过，长期以来一直有少数科学家不畏艰难，执着地努力寻找太阳系外的行星。美国科学家保罗·巴特勒和乔夫·马西就是其中的两人。

巴特勒和马西从上个世纪80年代开始搜寻太阳系外的行星。当时的条件极其简陋，马西向有关方面申请的全年预算资金才区区930美元。不过，两人从一开始就对自己的工作充满了热忱和信心。当时，这两名年轻的天文学家依靠的是一项颇具实验性质的技术，就是通过恒星来寻找行星，其原理是：当行星环绕恒星转动时，行星会对恒星施加一定的引力，从而会让恒星摇晃。如果观察到恒星的摇晃，就表明恒星周围有一颗或多颗行星环绕。

当然，由行星引力造成的恒星摇晃程度是非常轻微的，所以巴特勒和马西不能直接观察到这种晃动。因此，他们利用了另一种现象——多普勒效应，其原理是：当一颗恒星向着我们运动时，其发出的光线的光波会被压缩，于是在我们的视线中就偏向蓝色；反之，假如行星朝着远离我们的方向晃动，光波则会被拉长，于是就偏向红色。

不过，即使是通过多普勒效应，能够探察到的也只是那些体积和质量巨大的行星。当时，马西和巴特勒坚信自己用这种办法就一定能发现太阳系以外的行星，并且他们还相信自己一定会最先找到太阳系外的行星。然而，令他们简直意想不到的事情发生了。在他们还未肯定自己已经找到太阳系外的行星之时，一组瑞士天文学家率先宣布自己已经取得了这样的发现。这对马西和巴特勒来说无疑是当头一棒！

可是，当时有许多天文学家对瑞士同行的这一"发现"表示怀疑。瑞士科学家宣布，尽管这颗行星大如木星，却仅需4天时间就能环绕其母恒星——飞马座 51 号星一周。这看上去根本不可能。毕竟，地球要花 365 天才能环绕太阳一周，而木星则要花 12 地球年！

马西和巴特勒因此确信，那些瑞士同行犯了大错！事实上，在过去的 100 年中，几乎每一年都有人宣称自己发现了太阳系外的行星，最终却都被证实为误报。就在马西和巴特勒急于要证实瑞士同行的"发现"也为"误报"之时，他们得到一个使用望远镜的指定时段的机会。于是，他们立即把望远镜对准飞马座 51 号星，希望能迅速获取有关数据来驳倒瑞士人。

在取回数据并进行分析后，马西和巴特勒却惊呆了——瑞士同行的发现是千真万确的！在飞马座 51 号星的周围的确有一颗木星大小的行星在环绕，并且每 4 天就绕完一圈。也就是说，这的确是地球人在太阳系以外发现的第一颗行星，并且它比以往任何理论所概括的行星特征都怪异得多，这正是让马西和巴特勒最震惊的一点。

还有其他"另一个地球"吗

在此之前，马西和巴特勒已经花了多年的时间来寻找太阳系外的行星。在他们看来，能够被发现的那些行星都和木星一般大，并且像木星远离太阳一样地远离其母恒星，在漫长的公转轨道上缓缓地环绕母恒星运行。现在他俩才认识到，原来大行星也可以只花几天时间就环绕母恒星一圈呀！他们由此开始思考：我们究竟在什么地方出错了呢？

有关太阳系外其他一些行星的证据，或许就隐藏在他们早已获得的观测数据中，只不过此前被他们自己给忽略掉了。为了寻找这些证据，他们就需要进行成百上千个小时的电脑运算。然而，他们却只有两台小型电脑。于是，他们想方设法地借用、甚至"盗用"同事的电脑，夜以继日地对八年来取得的大量观测数据进行分析、计算。在环绕飞马座 51 号星的行星被发现一个半月之后，马西和巴特勒根据自己的观测数据宣布，他们在大熊座 47 号星和处女座 70 号星的周围分别发现了一颗大行星。

至此终于证实：太阳系以外果然存在行星！不过，已被发现的这些太阳系外的行星全是"巨无霸"，运行轨道非常靠近其母恒星，并且轨道还常常是高度非正圆形的。正由于距离其炽热的母恒星太近，所以这些行星的表面温度一定很高；再加上公转轨道高度非正圆，所以行星距离其母恒星有时很近，有时很远，行星表面的气候变化一定也很剧烈、很频繁。

这样的行星和地球大相径庭，其表面几乎毫无可能存在生命。不仅如此，就算这样的"巨无霸"附近曾经存在过像地球那样的"小不点儿"行星，后者也早已要么被"巨无霸"的巨大引力所吞噬，要么被甩出了其原先所在的星系。人们自然要问：莫非我们的太阳系真的是那样独一无二？难道宇宙中就没有别的像太阳系这样的恒星—行星系统？

除了轨道圆之外，正因为木星的存在和它所处的位置恰到好处，太阳系就为地球提供了良好的庇护。木星的强大引力将小行星和彗星等"宇宙导弹"甩出轨道，最终将它们赶出了太阳系。如果没有这一保护，这些"宇宙导弹"就会经常性地"轰炸"地球，最终毁灭地球上的一切生命。于是，假如马西和巴特勒要想找到像地球那样的行星，首先就需要找到像木星那样的"生命卫士"。换句话说，他们需要找到像太阳那样的恒星，恒星周围有一颗像木星那样的巨大行星，并且这颗巨大行星与恒星之间的距离就像木星与太阳之间的距离那样合适；最后，也最重要的是，在这样的恒星—行星系统里，还存在一颗像地球一样的"小不点儿"行星。

至此，在经过差不多20年的辛勤探索之后，寻找外星人的努力终于显现出一丝希望。此后，不断有太阳系以外的行星被发现。现在，平均每一两个星期就能新发现一颗太阳系外的行星。迄今为止，总共已经发现了至少700颗这样的行星。目前，马西和巴特勒等人正在追踪至少6个看起来像太阳系这样的恒星—行星系统。一旦这些恒星—行星系统最终被证实的确与太阳系相似，那么就意味着宇宙中还可能有许许多多的"太阳系"，因此宇宙中就可能存在许许多多的其他"地球"，所以存在外星人的希望看起来就真的很大。

在已经发现的太阳系外的恒星里，90%看上去都不具有近距离的巨大行星。科学家推测，这些恒星中至少有一半可能拥有像地球一样的行星，并且这些"地球"与其母恒星之间的距离就像地球与太阳之间的距离那样合适。这真是一件令科学家感慨万千的事。就在20年之前，他们还不敢肯定太阳系之外是否也存在行星；而今天，有人却不无把握地估计，在银河系的好几千亿颗恒星中，大约5%具有像地球一样的岩质行星，外星人可能就存在于这些行星上面。如果这种估计没错，宇宙中就有多达100亿颗类地行星。

"生命配方"是什么

不过，在打点行装、准备出发去探访外星人邻居之前，我们必须考虑这样一个问题：是否仅仅因为一颗行星具备了支持生命存在的基本条件，这颗行星上就一定会演化出生命来宁这也是德雷克公式中的一个关键因子：已经演化出生命的行星数量比率。人们自然要问：就像没有生命的早期地球一样，在一颗原本不存在生命的行星上，生物是怎样突然间生成的呢？生命之火的点燃究竟是偶然事件，还是司空见惯的现象？

就在25年前，许多科学家都还相信这一点：只要时间足够，那些从内在看来根本不可能的生化反应实际上都会发生；换言之，只要时间允许，支持生命存在的行星上就能够演化出生命来。但究竟是否如此呢？多年来，考古学家一直在研究古代化石，希望从中寻找早期生命在地球上的演化过程。

现已发现，在大约6亿年前，地球上所有生物的个头都十分微小，事实上，那时的所有生物都是单细胞生物。正因为如此，对这些生物的研究工作大部分都是借助于显微镜或者是在化学实验室中进行的。让科学家最吃惊的是，无论他们在地球上的何处寻找远古生命的迹象，都总是能够找到。

地球已有大约45亿年的历史。从岩石中获取的证据表明，早在大约38亿年前，地球上就已经出现了生命。直到现在，科学家仍未弄清生命之光最早是怎样在地球上闪现的。不过，既然地球上这么早就已经演化出了生命，那么生命在一个行星上的诞生看来就不是太难。

多数科学家认为，尽管还远远不清楚生命最初的"化学配方"的构成，但是只要存在合适的"生命配方"，生命就能在100万年以内在一个行星上演化出来。但是现在看来，生命在一个行星上从无到有的进程不大可能有这么快。那么，生命在一个行星上的诞生究竟需要什么条件呢？

在地球上，"生命配方"的最主要成分是碳元素。事实上，碳是最"全能"的元素，每个碳原子都能与一个、两个、三个或四个其他原子结合，甚至还能和其他碳原子组成长链或环，如果添加一些其他元素，就能得到蛋白质的主要成分——氨基酸。如果把地球生物的生命看作是一幢大厦，那么蛋白质就是构建这座大厦的砖头。事实上，宇宙中充斥着碳元素，因为它能在星球内部很容易地被"生产"出来。

碳和其他元素能够聚合成为各种各样的化合物,这些化合物能够彼此改变列方的性质。可以说,地球上几乎所有的生命形式部是以碳元素为基础的。

假如碳元素的确助长了生命的诞生,那么宇宙中或许就应该在很多行星上都存在生命,这是因为碳是宇宙中最常见的元素之一。不过,除了碳之外,"生命配方"中还有哪些必不可少的成分呢?在地球上,这些必不可少的条件还包括空气中包含足够的氧、气温不能超过一定的范围,等等。但是,这些条件对地外生命而言是否也同样是必不可少的呢?

液态水恐怕最重要

在过去几年中,科学家发现地球上那些看似"生命禁区"的地方其实有生物存在。无论是在岩层下面,在最干燥、最酷热的沙漠,还是在海底滚烫的热液喷泉口附近,在严寒的南极和格陵兰冰架里,微生物等生命形式都如鱼得水,生活得开开心心、热热闹闹。这似乎暗示即使是在那些对地球生物来说环境条件十分严酷的地外行星上,也可能会存在生命。

然而,假如地外生命真的是那样常见,那么地球人应该早就已经发现了它们的迹象。实际情况却是,科学家至今也未找到地外生命的任何迹象。由此看来,我们是不是忽略了生命所需的其他什么重要成分?

实际上,对生命来说,真正最重要的条件是液态水,至少对地球上的生物来说是这样。在地球之外的太阳系其他行星上,既不缺少能量,也不缺乏碳元素等生命所需的一切元素,可是在这些行星上面至今也未发现有任何生命存在的迹象,或许就是因为在这些行星上都缺乏一种只有在地球上才大量存在的东西——液态水。

液态水之所以如此重要,是因为它是一种理想的溶剂。其他分子能够很容易地在水分子周围移动,并且同另一个分子发生反应,从而最终让"生命配方"幻化为实实在在的生命。多年来,拥有由液态水组成的海洋的地球都被认为是太阳系中的一个"另类",因此在太阳系中生物似乎也就应该是地球的"专利"。不过,科学家还是将探索目标对准了地球的近邻。

近年来,无人探测器对火星的探测结果表明,火星过去曾经是一个水世界。探测器在环绕火星的轨道中拍摄的照片显示,火星表面有现在早已干涸的河床,峡谷中部还有看起来是曾经存在的湖泊的痕迹。在火星的北半球,甚至还有远古海洋的迹象。不久前,美国的两部火星车——"勇气号"和"机遇号"又登陆火星,并且在火星表面进行了巡游、拍照,还探索了火星岩石的化学组成。这两部火星车拍摄的照片显示,火星岩石有明显的沉积层结构特征。化学分析结果表明,这些岩层一定是在有水的环境中沉积起来的。

目前的火星因为太寒冷、太干燥,所以也许很难存在生命。但是,如果过去火星真的存在水,那么当时的火星上也可能存在生物。科学家现在相信,在太阳系中更遥远的地方也可能存在生命,木星的卫星之一欧罗巴就是候选地之一。欧罗巴比月球稍小一点,表面覆盖着冰层,但冰层上有一些裂缝,这或许是由于冰层是漂浮在海面上的。至于导致冰层融化、破裂的原因,则可能是由木星和它的其他卫星的引力产生的内摩擦力。只要在欧罗巴的表面下果真存在由液态水组成的海洋,那么这个巨大的海洋中就有可能存在生命。

现在看来,生命能够得以存在的范围远远比我们以前所想像的要大得多。科学家曾经以为,其他可能存在生命的行星应该都和地球相似,和母恒星既不能靠得太近,也不能离得太远,否则行星表面的温度就会太高或者太低,因此就不可能支持生命的存在。但是,科学家现在意识到,虽然欧罗巴距离太阳比地球距离太阳要远得多,但是它寒冷的表面下却可能存在一个水量为地球海洋的三倍的巨型海洋,并且欧罗巴的海水还可能是温暖的。如果欧罗巴的海洋中真的存在生命,就将暗示这一点:哪怕一颗行星与其母恒星之间的距离并不像地球与太阳之间的距离那么"合适",这颗行星上也照样有可能存在生命。由此看来,存在地外生命的可能性就大大增加了。

外星人也许很难找

尽管地球人至今仍未能在太阳系内的其他地方(更不要说在太阳系以外)发现生命,但是科学家对宇宙中可能普遍存在生命这一点正在变得越来越乐观。不过,假如这种乐观最终被证明不是盲目的,那么人们自然会关心这个问题:地外生命属于哪一种或者哪一些类型呢?

要知道,在地球生命历史的前30亿年中,所谓的地球生命都只不过是细菌之类的微生物。那么，其他星球上的生命是否直到现在也只是一些微生物呢？或者，其他星球上是否也存在像当今地球上这样丰富多彩、大小不一、复杂高等的动植物呢？换句话说，是否真的存在 SETI 所致力于寻找的那一类能够建造城市、使用电脑、发射无线电波的外星人呢？

现在已经知道，从最早的微生物到直立行走的人，是地球上一个漫长的生命进化过程。那么，这是否意味着在其他星球上生命也一定会遵循同样的演化过程呢？德雷克认为应该如此。他相信，随着时间的流逝，其他星球上的生物最终也将至少有一部分会进化成智力高度发达的外星人。德雷克估计，在那些出现了地外生命的地方中，大概有 10% 将会进化出外星人。现在很难判断德雷克的估计究竟是过于乐观还是过于悲观。不过，有一点却是很清楚的——在地球历史上，虽然生命很早就已出现，但是拥有高度智慧的人类和人类所熟悉的动植物却只是在最近才出现的。

具体而言，在微生物出现了长达 30 亿年之后，地球上才有了真正意义上的动物和植物；又过了 5 亿年至 6 亿年，才出现了人类。导致上述转变的主要因素之一是 DNA。DNA 是由分子组成的长链，上面携带着生命的"蓝图"。细胞每一次分解时，其中的 DNA 都会复制自己。不过，复制出来的 DNA 与原来的 DNA 相比，总会有一些偏差。然而，有时正是这种偏差导致了一种动物或植物比其上一代更加成功。也正是由于这些偏差的存在，生命之树也才能够不断地添枝加叶，最终也才有了我们今天所见的如此多样的生物群体。于是，人们又要问：假如其他行星上也存在生命，它们是否也拥有 DNA 呢？

一些科学家认为，虽然 DNA 对地球生物而言是很有用的，但是外星人却并不一定非得有它才行，因为其他一些化合物同样能自我复制。事实上，从微生物进化到复杂的动植物，再到高度智慧的人类，其间必不可少的或许并不一定是 DNA，而是时间。换句话说，地球上之所以最终能进化出高度智慧的人类，全赖那一段漫长而又相对平静的地球历史。

在地球上，在首批动物出现了 5 亿年之后，人类才诞生，这无疑是一个漫长的过程。有人认为，这并不一定意味着在其他星球上要出现高度智慧的外星人也必须经过同样漫长的过程，但肯定也还是需要经过很长的时间，也许几千万年都不够。有多少其他行星能够经历如此漫长的生命进化期呢？谁也说不清。因此有人提出，要想在其他行星上找到像地球人一样聪明的外星人，其实并不容易。

殊途同归不无可能在地球上智慧生命5亿年的进化历程中，动植物曾经也许被打回过原型——单细胞生物。为什么我们敢这么说呢？这是由于地球曾经多次遭受来自流星（也称陨星，包括小行星和彗星等）的大规模撞击。比如，恐龙曾经雄霸地球达1.7亿年之久，它们既有个头，又有体力，看上去谁也不能阻挡它们的步伐。然而，就在大约6500万年前，一颗直径达10000米的巨型小行星撞击了地球。此后,地球上爆发了大范围、长时间的火山喷发，当时地球上多达三分之二的物种因此灭绝，曾经不可一世的恐龙也未能逃过此劫，最终从地球上消失。

那一次大浩劫之后，幸存下来的生物中有一些是小型哺乳动物。随着恐龙退出历史舞台，这些小型动物发展壮大起来。经过漫长的岁月，它们的后代进化成许许多多不同类型的动物，其中就包括灵长类，包括我们人类。可是，假如时光能够倒流，假如当时那颗巨型小行星稍稍偏离轨道，因而没有撞上地球的话，情况又会怎样呢？那些小型哺乳动物恐怕就永远不会有发展壮大的机会，因而也就永远不会有我们人类。也就是说，当今世界的头号主角将依然是恐龙。

从某种意义上讲，人类的存在纯属偶然。正因为如此，一些人认为智能生命的进化在整个宇宙中都是一件很困难的事。例如，人类的大脑就经历了许多个进化阶段：先是小型啮齿类，接着是早期灵长类，后来才从猿类中分化出来。不过，难道智能生命的进化都必须遵循这一条路径吗？外星人是否会有其他的进化路径呢？现在谁也无法对此作出肯定的回答。然而，地球上的动物或许能够在这方面给我们一些启发。

在地球上，有许多动物的大脑体积和动物行为都很引人注目，其中一些动物在进化路径上和人类毫不相干，比如头足类动物，章鱼、鱿鱼、墨鱼都是头足类动物。头足类动物也是软体动物,蛤蚌和牡蛎也是软体动物，不过前者和后两者在外形上并不相似，这是因为它们的进化路径不同。

过去几十年来，一些科学家一直在研究头足类动物的行为，尤其是它们为避免让自己成为掠食者美餐而采取的防御行为。事实上，头足类动物简直就是游弋在海水中的一坨坨美味的蛋白质，它们一旦被掠食者抓住，就很难逃生。因此,它们进化出了一种很初级、却也很有效的防御手段——伪装,从而不让掠食者轻易发现自己。为了逃生,头足类动物常常会改变自己的皮肤模式。为了观察头足类动物如何在天然的栖息环境中运用伪装技巧,科学家在其尾部装上水下照相机。为此,他们首先必须找到可用于实验的头足类动物,而这并不容易,因为章鱼和墨鱼都能够得心应手地让自己彻底隐身在环境背景中。

很多人都以为,变色龙(变色蜥蜴)是自然界中的"变身大王"。实际上,这一称号用在头足类动物身上也许更合适,因为它们变幻皮肤模式(颜色及形状)的花样比变色龙多得多,速度也快得多。不管它们游到哪里,它们都能让自己隐身在周围的环境中。比如,看上去那处海底只有一块岩石,岩石上覆满海藻,除了鱼儿在附近经过,这里再也没有什么别的东西。你再仔细观察那块岩石,才恍然大悟——哇!岩石上不正躺着一条章鱼吗?只不过它的体色和海藻及岩石的颜色完全一样,因此它已经和岩石融为一体,怪不得很难发现它呐!

头足类动物之所以能够让自己的体色乃至身体形状千变万化,全是因为它们无与伦比的皮肤,其中包含着多达2000万个色素细胞。为了控制如此大量的细胞,必须拥有非凡的大脑。同其他动物的大脑相比,头足类动物的大脑显得特别大、特别复杂。在一些科学家看来,头足类动物复杂的大脑和动物行为暗示,要想进化出智能生命,路径不止一条。就连软体动物也能进化出令人如此难以置信的复杂大脑,说明大自然是多么的神奇。对地外生命来说,这意味着什么呢?既然宇宙中的其他地方也不乏生命大厦的"砖瓦",所以,只要有进化的力量长期不懈的推动,就可能出现智慧发达的外星人,而且外星人还可能种类繁多。再难也要找下去。

不过,外星智能生命也并不一定就是地球人能与之对话的生物,因为宇宙空间是如此广漠,要想穿越深空同其他星球上的生物对话,无疑需要极为先进的技术。即便外星生物已经进化得像章鱼或海豚那样聪明,它们也无法建造无线电发射器和宇宙飞船。当古生物学家审视了化石中隐藏的地球生物进化史之后,他们发现能够找到智慧高度发达的外星人的可能性看来不容乐观。在今天的世界上,存在着可能多达3000万个物种。纵观化石记录,过去地球上曾经存在过至少好几亿个物种。然而,其中仅有一个物种——人类发展到了能够创建技术文明的地步。也就是说，进化出智慧发达的生命的可能性只有几亿分之一！如此看来，要想找到智慧发达的外星人，也许真的是难上加难。

不过，SETI并没有放弃希望。日复一日地搜索外星电波，的确很考验搜寻者的耐心，更何况这一搜索一直未能取得成果。在大多数夜晚，SETI总会收到一两个错误的警报。不过，在1997年的一个晚上，他们却收到了一个真实而又强烈的信号。看来，SETI的努力终于有了结果。

当时，一组在美国西弗吉尼亚州运用射电望远镜搜寻外星电波的SETI科学家收到了这个奇特的信号，该信号通过了一系列专门设计的自动测试，测试目的是排除那些明显不属于外星信号的电波。这个奇怪的信号看来是从地球以外的一颗遥远的星球发出的。一旦科学家让信号接收碟偏离对准此星球的方向，信号立即消失；反之，一旦把接收碟对准这颗外星球，信号就立即出现。科学家们反复试验，结果都一样。这让科学家们兴奋不已，因为这个信号看来就是来自深空，来自外星。喜讯迅速传到了位于加利福尼亚州的SETI总部。总部的科学家继续监测此信号。6小时过去了，监测结果仍然一致，此信号继续通过所有的自动测试。看来，它是外星信号这一点已经确定无疑。此时，科学家们的高兴劲儿就别提了。

第二天晚上。科学家们继续测试此信号。一旦它回归，就基本上可以证明它是外星人发出的召唤。为了见证这一历史性的时刻，当晚许多人围在监控电脑四周，SETI总部的所有人都未因下班时间已过而回家，甚至没有任何人像往常一样外出买汉堡包填肚子。

可惜的是，奇迹并未出现。当晚的大多数时间，SETI科学家都用在了利用另一台望远镜(位于佐治亚州)排除干扰信号方面。不巧的是，当晚一架天线又出现了故障。因此，科学家们不得不等待了更长时间来自我发现真相：那个信号实际上是来自一颗位置比较遥远的科研卫星。至此，科学家们提前准备好的庆功酒终于未能打开瓶盖。尽管经历了这一重大挫折，SETI科学家却并未丧失信心。他们仍然确信，宇宙中必定还有其他许多星球上存在智能生命。科学家们说，尽管目前用于搜寻外星信号的设备已经算是很先进，但是同宇宙中的行星数目和外星人可能使用的信号频率相比，现有的搜寻设备无论是从数量上还是从先进程度上来讲都远远不够，从这个意义上说，地球人寻找外星人的工作只能勉强算是刚刚起步，所以至今仍未能发现外星信号就一点都不奇怪。

地球人利用无线电波搜寻外星人的工作已经进行了几十年，但是同宇宙的大约100亿年历史相比简直微不足道。如果外星人存在于银河系的另一侧，那么它们发出的任何信号都需要经过至少几万年时间才能到达地球，而且这就好比是外星人掷出一支飞镖，目标则是无比巨大的时空背景中极其微小的一个点。想想看，命中的可能性会有多么渺小！如此看来，想找到外星人是如此之困难就丝毫也不足为怪。

然而，这是否意味着我们就应该放弃寻找外星人的努力呢？答案当然是否定的。事实上，探索我们自己的家园——地球和探索宇宙中其他地方的工作，一直在带给我们惊喜。就在几百年前，地球人还想当然地以为太阳、地球和地球上的一切是那样的特殊，那样的独一无二。可是现在我们已经知道，宇宙中还有很多像太阳一样的恒星，还有很多像太阳那样的恒星—行星系统。我们也同样知道，构成生命的一切化学元素都是在恒星中制造的，因此它们在宇宙中无处不在。一旦那些化合物被从其他某个地方来的生命之光照亮，谁能知道生命会沿着哪种途径演化？谁能断定我们有朝一日不会遇见外星人？

地球是宇宙中的生命孤岛吗？宇宙中还有没有别的生物？我们仍然不知道答案，但是，或许有一天我们会知道。不管最终答案是什么，有一点都是肯定的——这一答案将重塑地球人对于自己和自己在宇宙中的地位的认识。

036、没有氧气的系外行星生命能否存活？

2020年05月19日 新浪科技

在系外行星上，是否存在着呼吸氦和氢的外星生命？一项关于地球生命的新研究表明，这是可能的。

已知的大多数恒星系统都有巨大的气体行星，它们的大气中充满了氢和氦。

外星生命

在系外行星上，是否存在着呼吸氦和氢的外星生命？一项关于地球生命的新研究表明，这是可能的，这意味着我们在宇宙中寻找生命时，可能需要改变一下思路。我们不仅要关注那些可能充满氧气的行星，也要考虑一些大气组成似乎不适合生命的行星。

毫无疑问，氧气有利于生命的生存，毕竟这是我们在地球上赖以生存的气体。但是氧气在宇宙中并不常见，只占宇宙质量的0.1%。宇宙中更常见的是氢（92%）和氦（7%）。太阳系中体积最大的行星是木星，其大气中基本充满了氢和氦，只有少量其他元素。像地球这样在大气中缺乏氢和氦的岩石行星，只在恒星系统中占很小的一部分。

在宇宙中氢和氦占主导地位的情况下，了解由这些元素组成的大气层是否能支持生命就很有意义。由麻省理工学院行星科学家萨拉·西格尔领导的研究团队试图寻找答案。他们选择了两种可以在无氧条件下生存的地球生物：大肠杆菌（一种存在于包括人类在内的许多动物肠道中的细菌）；还有普通酵母，一种用于烤面包和酿造啤酒的真菌。

研究人员将这两种生物的活培养基放在几个不同的烧瓶里，用其他气体来代替普通空气。一组烧瓶中充满了纯氢气，另一组则充满纯氦气，第三组烧瓶作为对照，装的是正常空气。

每隔几个小时，研究人员就会取出一些大肠杆菌和酵母，以确定它们是否存活。报告称，这两种微生物在不同的气体中都能生存，而在空气中的存活状态最好。考虑到二者都是在地球上演化的，这一点也就不足为奇了。相比正常环境，大肠杆菌在充满空气的烧瓶中的生长速度慢了两倍，而酵母的生长速度也下降了2.5个数量级。

然而，这两种生物都能在纯氢和纯氦环境中存活的事实对天体生物学家带了重要启发，这一发现"为在不同的宜居星球上寻找更广泛的生命栖息地开辟了可能性"。大肠杆菌还会产生一系列代谢废物，或许可以将这些废物——包括氨、甲硫醇和一氧化二氮等——作为可能存在外星生命的生物特征。

那么，问题就变成了这项新研究将如何推进我们对其他行星上生命的探索。在很长一段时间里，天体生物学领域被认为是一个推测性的领域。在这个领域里，科学家们会考虑各种可能性，但没有任何数据来约束他们的想法。毕竟，我们从未观察到其他行星上的生命。直到最近几十年，天文学家才证实太阳系以外存在着围绕其他恒星的行星。

在探索系外行星的早期，天文学家只发现了类似于木星的气态巨行星，它们都非常靠近主恒星，被称为"热木星"。有一段时间，这些热木星似乎是最常见的系外行星类型，但这其实是一种误导。这些气体巨行星的发现，主要是因为它们在轨道运行时，其引力会导致母恒星发生摆动，而天文学家可以观察到这种摆动。在较窄轨道上运行的巨大行星会导致更大的摆动幅度，使它们更容易被探测到。

2009年，当开普勒太空望远镜发射升空时，情况又发生了改变。开普勒太空望远镜使用了一种新的方法来寻找系外行星。简单来说，在观察遥远恒星时，开普勒望远镜会寻找行星从母恒星前面经过时投下的影子。开普勒望远镜于2018年底停止运行，但在近十年的时间里，它发现了2600多颗系外行星。这些行星的特征各不相同，其中也有许多是热木星。

然而，开普勒太空望远镜无法在这些星球上寻找生命。首先，它发现的许多行星都离地球很远，因此很难拍摄到它们的大气层；其次，它没有装载观测这些行星大气层的仪器。现在，第一个问题正在由凌日系外行星勘测卫星（TESS）解决。该卫星于2018年初发射，使用与开普勒望远镜相同的技术来勘测邻近的恒星，寻找类地行星。

观察系外行星的大气需要比开普勒望远镜或TESS更强大的望远镜。天文学家第一次观测到太阳系外行星的大气层是在2001年。研究人员使用哈勃太空望远镜观察了一颗名为HD 20945的恒星。当一颗行星穿过该恒星前方时，哈勃望远镜的仪器观测到了钠释放出的光。天文学家对此解释称，这是悬浮在行星大气中的钠。2008年的另一项研究也揭示这颗行星被氢气所包围。

当然，这也正是麻省理工学院最近这项研究如此有趣的原因。天文学家已经知道，木星的大气主要由氢和氦组成，而他们又观察到一颗围绕着遥远恒星运行的行星周围存在充满氢的大气。研究人员表示，地球上的生命可以存在于纯氢或纯氦的环境中，在这一新发现的基础上，天体生物学家应当对被氢气包裹的行星进行光谱分析，并密切关注具有这种大气层的岩石行星。

对于每一个对外星生命感兴趣的人来说，未来充满了希望。TESS 天文台正忙于寻找邻近的系外行星，而根据美国国家航空航天局（NASA）的计划，备受期待的詹姆斯·韦伯太空望远镜（JWST）将在 2021 年发射。该望远镜旨在取代大获成功的哈勃望远镜。天文学家希望利用 JWST 扫描已知的系外行星，寻找生命的迹象。现在，天体生物学家肯定会把被氢气包围的行星也列入探索名单。（任天）

037、美国51区工程师临死前大爆料：18名外星人在51区工作年龄230岁

旅游大事件 2020-02-26

美国 51 区工程师临死前大爆料：在 51 区早就有 18 个外星人取得美国身份并且帮政府工作

据 ETtoday：外星人永远是人类最好奇的领域范围，美俄模棱两可的回应也更添上一笔神秘色彩。美国最神秘的地方「51 区」自古以来就谣传有着许多不明飞行物、外星人。日前一名高级工程师则透露，其实 51 区早有 18 名外星人「入籍美国」，为美国做事。

根据英国每日邮报报导，2014 年过世的美国航太科学家布希曼 (Boyd Bushman) 是长年驻守在 51 区的工程师，在生前接受媒体采访关于外星人议题的影片，日前被公开。他表示，「在 51 区早就有 18 个外星人取得美国身份，并且帮政府工作。」

布希曼表示，「这些外星人约 130～150 公分，细长的手指和脚上有着蹼。」此外，在访谈中也提到 1995 年在内华达沙漠、拉斯维加斯以北坠毁的 UFO 事件，其实根本不是事实。布希曼甚至首次在镜头前公开外星人和飞碟的照片，以证实自己所言不假。而神秘的 51 区已被改名为「国家机密检测所」(National Classified Test Facility)。

俄罗斯总理梅德韦杰夫接受专访时表示，过去接到总统的核码箱外，里面除了密码还有外星人档案，一份是外星人在地球的讯息、分布状况；另一份则是他们住在哪里、有什么活动，但不能说出身边有多少外星人，

因为会引来恐慌。

相关报道：科学家死前爆料：18 名外星人在 51 区工作 年龄 230 岁！

神秘的地球 uux.cn 报道——据 ETtoday：一名顶尖的航太科学家今年 8 月时辞世。临终前他接受了访问并大爆美国政府机密指出：飞碟是真的，事实上，许多来自外星系的外星人，目前正在为美国政府工作。

《纽约每日新闻》报导，在航太制造巨擘洛克希德马丁 (Lockheed Martin) 任职工程师的布希曼 (Boyd Bushman) 曾获得无数专利。据说着名的刺针飞弹 (Stinger) 也是他发明的。

他在今年 8 月 7 日辞世，享年 78 岁。但他临终前不久接受过一段访问，最近被 PO 上 YouTube，引起很大震撼，点击率超过 110 万次。

布希曼在洛克希德马丁等高科技公司工作逾 40 年，他说自己的主要工作是「把外星科学家的科技转变为美国军事用途」。他自爆曾跟外星人对话，还拿出一些外星人照片以证明他所言不虚。

布希曼说，这些外星人都在美国神秘的 51 区工作。他们是从一个名为 Quintumnia 的星球来的。该行星发展出的飞行技术，让他们相对迅速的在飞行 45 年之后即抵达地球。他们的飞行器是碟形的、直径 38 英尺 (11.8 公尺)，里面有 18 名外星人，其中一些已经 230 岁了，目前仍然在为美国政府工作。

至于外星人外型，布希曼称他们身高约 4.5 至 5 英尺 (约 130–150 公分)，有着细长的手指，脚上长蹼。

据了解，这支影片是由工程师帕特森 (Mark Q.Patterson) 采访获得。不过，目前尚未有相关单位出面说明有关内容的真实性。

「51 区」位于美国内华达州南部林肯郡的格鲁姆湖湖床上，被视为美国国内保密程度最高的一处地区。它是美国政府进行 U-2 侦察机与各种隐形飞机的测试场地。

但一直以来它就充满着神秘色彩。传说中飞碟降落、俘虏外星人、美国政府与外星人秘密签署协议等奇事，都是在这里发生。电影《变形金刚》描述「51 区」是关押外星生物的禁地，更让它声名大噪。

它的存在与否一直引发各方争议。今年 8 月 15 日，外界的部分猜疑得到了证实。美国华盛顿大学国家安全档案馆当天公布了美国中央情报局的解密资料，承认「51区」秘密军事基地确实存在，但没有承认外星人的存在。

038、美哈佛權威天文學家：外星文明2017年來過太陽系

2021/02/07

2017年一個名為「斥候」的不明星際天體快速通過太陽系，美國天文學家羅布主張它屬於外星科技。圖為「斥候」想像圖。（圖取自維基共享資源；作者 ESO/M. Kornmesser, CC BY-SA 4.0）

（中央社華盛頓6日綜合外電報導）發現地外智慧生命無疑會是人類歷史上最具顛覆性的事件，但若是科學界決定集體忽視恐為地外文明已然造訪過的證據，又該如何？

法新社報導,美國頂尖天文學家羅布（Avi Loeb）新書便提出上述假設。2017年一個不明星際天體快速通過太陽系，羅布就主張，這個天體擁有高度不尋常的特徵，最簡單且最佳的解釋，就是它屬於外星科技。

聽起來很瘋狂？羅布表示儘管證據就在眼前，但科學界的同僚卻沉浸在集體思維，不願想想「奧坎剃刀（Occam's razor）原則」—即理論所使用的假設愈少，就愈有可能接近真理。

羅布是哈佛大學任期最久的天文學系主任，公布過數以百計篇開創性論文，也曾與已故物理學家霍金（Stephen Hawking）等巨擘合作，因此羅布的說法很難被直接打槍。

羅布在視訊時告訴法新社：「認為我們獨一無二、特別，且享有尊榮，那就太自大了。正確作法應該要謙虛，坦承我們一點也不特別，外頭還有很多其他文明，我們只需要把他們找出來。」

58歲的羅布在新書「外星人：地球以外智慧生命的第一個跡象」（Extraterrestrial: The First Sign of Intelligent Life Beyond Earth，暫譯）闡述2017年名為「斥候」（Oumuamua，夏威夷語）的天體乃來自外星的論據。

2017年10月，天文學家們觀察到有個物體高速移動，其速度之快，唯一可能就是來自其他星球；這也是首次記錄到的星際闖入者。

「斥候」外觀不像一般岩石，因為通常情況下受太陽引力作用，物體在靠近太陽時會大幅加速被甩出另一側，待越過太陽後速度便會逐漸降低。但「斥候」越過太陽時卻有加速跡象，顯然它除受到太陽引力影響外，還具有某種推力。

這若是釋出氣體和碎屑的彗星倒還不難解釋，但奇怪的是，「斥候」並沒有彗尾等肉眼可見證據。

「斥候」也以奇怪的方式劃過天際，科學家從望遠鏡中觀察到「斥候」忽明忽暗的變化，還被觀察到異常明亮，可能代表它是以光亮的金屬所製。

為對諸多異像提出解釋，天文學家想出一些新奇的理論，比方「斥候」是由氫冰組成，因此不會有可見的彗尾，或是彗尾已分解成塵雲。

羅布說：「這些對斥候獨特特質的解釋法，全涉及一些聞所未聞的說法。既然治絲益棼，何不一開始就考慮它是人造？」

羅布表示，「斥候」短暫逗留太陽系期間，從未被近距離拍攝到，「它是快要離開太陽系時，我們才發現它的存在」。

對「斥候」形狀的觀察有二，一是細長如雪茄，一是扁圓類似鬆餅，卻薄如刀片。羅布在類比後傾向後者，並相信它是被設計成使用恆星輻射作為動力的光帆。

羅布這番「斥候」是外星文明高科技的說法，讓他成為同行間的「異類」。天體物理學家席格爾（Ethan Siegel）撰文時以「曾令人尊敬的科學家」相稱，明顯對羅布不以為然。但羅布認為，學術界向來對質疑正統的人會有「霸凌傳統」，一如當年伽利略提出地球並非宇宙中心時遭到懲罰般，但真理終究還人公道。

他並認為，發現地外智慧生命也能讓人們在面對氣候變遷到核子衝突等各種威脅時，有「同在一條船上的感覺」。

「與其像國與國之間經常彼此對抗，之後也許就會試著合作。」（譯者：李佩珊／核稿：陳亦偉）

039、美军士兵披露绝密任务：与外星人对话

2021-06-11 腾讯

美国空军一名退役士兵透露，他在服役期间参与一个与外星人有关的绝密项目，负责与外星人的通讯联系。据美国"我们是强者"（We Are The Mighty）网站报道，这个名叫谢尔曼（Dan Sherman）的男子于1982年加入美国空军保安部队（Security Forces）。

1984年，谢尔曼于在韩国服役时，他从另一名空军士兵口中得知电子情报（Electronic Intelligence，ELINT）领域，且对其产生浓厚兴趣。1990年，他很幸运地获准参加了有关ELINT的训练，到了1992年，他被派往美国马里兰州的米德堡（Fort Meade），参加国家安全局（National Security Agency）的中级ELINT训练课程。

命运的准备

小灰人据称是美国于1947年首次接触的外星人。自60年代开始，美国政府一直运用一个方法与小灰人进行通讯。在谢尔曼所著《黑暗之上——保护命运项目》（Above Black:Project Preserve Destiny）一书中，他提到他参与了美国空军与小灰人（Grey）即外星人的通讯沟通。

谢尔曼在他还没出生之前，外星人找过他的母亲。她是外星人基因操控的对象，她生的小孩对于小灰人进行通讯、接收和传递讯号的方式，有比较强的接受力。他的母亲本来不应该会有孩子。而当她怀孕时，他原本也不被认为会存活太久。

终其一生，谢尔曼都被人们告知空军生活有多么棒，这使得空军似乎成了他唯一的归宿。诚如他所言，他已经准备好成为美国空军所谓的有直觉力的沟通者（Intuitive Communicator)。美国空军一直在等待谢尔曼。

参与绝密项目 开始和外星人沟通

在进入国家安全局受训之后，谢尔曼被一辆空军的货车载到一个不明地点。有人给了他两颗药丸，并指导他如何用意念移动电子萤幕上的电波。在他熟练之后，他得到"保护命运项目"（Project Preserve Destiny，PPD）赋予他的新指示。

当他在他的第一个PPD基地工作时，他已经不需要服用药丸。他与另一名空军士兵在一辆通讯车里值班。与他进行通讯的第一个小灰人的绰号叫史巴克（Spock）。他会收到对方传送的信息包括识别码、一组5位数代码、以及他相信是经度和纬度座标的一堆数字。

有一天,当他在与史巴克进行通讯时,他因为被某事惊吓而达到一个新的"水平"。史巴克问他是不是故意的,当他否认时,对方结束了这次对话。

他后来尝试了几个月,试图恢复当时的"水平"。他最终如愿以偿,而且问了史巴克一些有关他们的种族以及他们如何沟通的问题。谢尔曼的上司显然无法监控他与小灰人的通讯,所以他可以自由地提问。但在这次通讯之后,史巴克就消失了,而他则被调往一个新的PPD基地。

他在第二个PPD基地的角色与先前的很类似,但他在这里接触的小灰人比较健谈,说话也比较直接。他为对方取了个"骨头"(Bones)的绰号。然而,当他询问"骨头"有关"保护命运项目"的问题时,对方突然终止对话。过没多久,美国空军与小灰人之间的通讯性质就发生了改变。

谢尔曼开始收到他所谓的"绑架资料",包括日期、地理信息、再次绑架的可能性、以及1至100的"痛苦等级"。他记得一些座标,经追查得知它们位于佛罗里达州、纽约上州和威斯康星州等地。

有关对小灰人的一些提问

谢尔曼曾询问小灰人有关年龄、生育子女、穿越时空、有无灵魂等问题,以下是部分问题与答案:

时间——他们不是经由时间旅行,而是环绕时间而且从时间到时间旅行。

灵魂——"任何了解自身存在的实体都有智力,所以肯定有灵魂。"

交配——他们也会交配;排便——他们也会排便,但与人类排便的方式不同。

寿命——他们看待时间的方式与人类不同,但他们活多久时间与人类差不多。

能量——地球上的阳光很特殊,人类有朝一日将会学到在比较小的规模上使用相同的能量。

其他外星人——有很多。造访地球——他们造访地球已经有很长久的时间了,因为以前要造访地球比现在容易。他们曾促成某些人类文明的文化和技术。

在空军服役 12 年多次获奖

由于逐渐与外界隔绝，谢尔曼开始对他的 PPD 任务感到灰心。他最终还是成功取得解职令，从空军退役。在空军服役的 12 年期间，谢尔曼表现良好，曾获得一枚空军嘉奖奖章、三枚空军功绩奖章、以及四次空军杰出单位奖。

040、盘点外星人或存在的6种迹象 太阳系周围有水世界

2015-01-06 北京晨报

据媒体报道，自从人类开始探索太空开始，有不少人相信有外星人的存在，更有甚者，还说见过外星人，和他们交流，或者被他们绑架。虽说有些天方夜谭，但还是激起了不少人的兴趣。

不过，茫茫宇宙中有这么多星球，科学家一直在寻找，也希望找到外星人，探索更多的生命。以下 6 大迹象表明外星人可能存在。

1、太阳系周围有水世界。

众所周知，有水的地方就很有可能存在生命。而液态水在我们太阳系中普遍存在。比如，有证据表明火星下面可能有液态水流动。木卫二（Europa）上有液态海洋，暗示上面可能存在生命。木星的加尼米德(Ganymede) 和卡利斯托 (Callisto) 卫星也同样有液态水。另外，土卫六和土卫二 (Enceladus) 也充满了水。甚至金星的大气中也有一点水。索斯托克表示我们的后院就有其它 7 个星球有水，因此这是令人鼓舞的消息。

2、天上群星灿烂：外星生命可能存在。

专家指出，虽然现在没有直接证据能证明地球外存在生命，但宇宙是众多恒星的家园。过去几十年的研究已经表明大约有一半的恒星有可居住的行星。索斯托克估计仅仅银河系就有 1 万亿行星。他说："其中一些行星正如地球那样正在经历生命的诞生，最终会出现我们所谓的科学生命。"这张由美国宇航局哈勃太空望远镜拍摄的天空图表明我们银河系中的一群年轻的恒星。

3、地球上的生命进化速度很快。

我们的地球已经有大约45亿岁了。其最早的生命证据来自澳大利亚叠层中34亿年的细菌垫中。由于细菌是生物学上的复杂生命，因此科学家认为它们过早地形成了生命并立足于地球。索斯托克表示这表明生命进化在快速进行。当然地球是幸运的，其它星球就没有这么幸运了。

4、极端环境下也有生命存在。

科学家曾经在地球上很多的极端环境下都发现过生命的存在。比如，寒冷黑暗的海洋、滚热的喷液喷射口、冰冷的南极冰下和南美洲炎热的沙漠。索斯托克表示生命能真正适应艰苦的环境，而宇宙大多数可居住区的条件都相当艰苦。比如，火星是一个严酷的地方，在地球矿物中发现的一些微生物或许能在火星上生存。这些极端生命的发现让科学家对寻找外星生命充满信心。

5、有证据表明：外星人曾经来过地球。

有一项调查显示，一半的美国人相信外星人到访过地球，因为许多人目击有飞碟和飞船残骸上了地球。但是有科学家却不相信任何这一类证据。他认为这些都是各国政府的秘密档案，很难相信。然而，这并不影响UFO狂热者的热情。

6、外星人可能也在找我们。

科学家已经向外太空发送了地球生命信号，如果有外星人的话或许能看到地球人，知道宇宙中的其他生命，或许他们也在找我们。虽然我们有探测到国一些神秘信号，但是，真正和外星人接触并没有突破性的进展。不过科学家没有放弃，随着科技的进步，相信我们对探索外星生命会越来越有信心。（来源：科技讯）

041、前苏联解体与外星文明"天狼星人"有关？

2020-11-11 不只娱乐

人类关于宇宙的探索从未停止，这其中就包括对外星人的研究，只是目前我们还没有确切的证据证明外星人的存在。关于外星人的传说一直层出不穷，有关目睹UFO和外星人的报导，多少年来也一直没停过。很多人都觉得官方在 UFO 事件上的报导有所隐藏，没有完全公布出来。

2001 年，俄罗斯飞碟专家卡诺瓦洛夫披露了一项震惊世界的消息：外星人在俄罗斯境内至少建立了 3 处 UFO 基地。这不是从苏联解体后才开始的，而是从前苏联已经开始了。

这 3 处飞碟基地的具体位置是：

1、俄军 73790 部队，驻扎在日库尔（俄联邦国防部所在地）；

2、位于克拉斯诺阿尔梅斯克的科罗廖夫"能源"科学生产联合体；

3、位于奥姆期克东郊的"飞行"科学生产联合体。

据这个前苏联飞碟专家透露，苏联军方、科学院和克格勃早在 55 年前就已掌握了天狼星系中"仲湟尔"行星上存在地外文明的事实，并已与"仲湟尔"外星人取得了联系。外星人为苏联提供科技援助，而苏联则允许外星人在境内建立 UFO 基地以供外星人往返地球。

报导说，诸多事实证明，前苏联的军方、科学院和特工机关，将天狼星系中"仲湟尔"行星上存在地外文明的客观事实隐瞒了长达 55 年之久。其实美国也有这方面的报告，并且也隐瞒着。也许他们出于不同的目的。但有一个问题，俄国没有想到，外星人比现代地球人的技术不知高出多少倍，它们可以超越人类空间时间的速度飞行，想来就来，想走就走，那么苏联想跟它们合作，实际上就是它们驱使的奴隶。

前苏联，即今天的俄罗斯特工机关，以核武器安全防护为幌子，在俄联邦巴什基利亚共和国的乌拉尔山地区同来自天狼星系的"仲湟尔"行星人联合建立起 UFO 地下基地，它位于亚速海拔 921 米高的亚速山附近，在阿萨镇以北 15 千米处。来自"仲湟尔"行星的外星人在这里向俄罗斯特工机关传授加工某些价值连城的特种矿物工艺技术，以便将这些价值昂贵的"精品"出售给西方。

据估计，可能在基洛夫市以北约 45 千米处还有一个外星人基地，那些侏儒外星人允许俄联邦的特工进入他们的地下飞碟制造厂，并向俄罗斯传授这些 21 世纪最先进的工艺技术。

有消息说，在莫斯科郊区曾一度有来自地外文明"仲湟尔"行星的飞行器进行试飞，而且是由俄罗斯实验飞行员驾驶着。军方专门从阿赫杜宾斯克的前苏联空军国家科研所选派一个特别专家组参与此项试飞。据说，前苏联在美国的试飞计划曾遭到 UFO 的拦截。不可一世的前苏联谁的话不听，得乖乖听外星人的。后来由于不知名的原因，苏联与外星文明交恶。而苏联克格勃的"蓝色档案"就是官方的情报档案，其中有苏联对于 UFO 的研究。随着苏联的解体，这份档案曾一度曝光，那么档案中究竟说了些什么？建立起这份档案的克格勃，是 1954 年至 1991 年期间，苏联的情报机构以实力和高明而著称于世。

克格勃蓝色档案经历了 20 年的撰写和研究，囊括了 60 年代中期到 80 年代中期这 20 年间的各项资料。各国政府或是其他什么机构在飞碟领域从事正式研究的资料，都不可能比它更详尽了了。随着前苏联的解体，这份档案被公之于众，一些机密的苏联军方录像和档案数据也遭到了曝光。其中的卡普斯京亚尔巨型飞碟坠毁事件，引起了大家的关注。还引发了对当时一系列事件的纷纷猜测，卡普斯京亚尔是苏联的一处绝密军事基地，它是斯大林亲自下令成立的。是前苏联建成最早，也是规模最大的军事设施。在过去的 60 年间，频频活动，数据中记载，1948 年 6 月 19 日傍晚，卡普斯京亚尔的空中管制员在雷达上发现异常物体。与此同时，在距基地 10 公里的位置，一位执勤的飞行员在正前方发现一个巨大的银色雪茄状飞碟，这位飞行员立即用无线电向基地报告，还说自己的眼睛被强光晃得什么也看不见了。大约三分钟后，就有导弹发射出去了，击落了这个不明物体，人们认为是当时的苏联空军司令，日加列夫下令攻击飞碟的。与很多国家一样，对于传说中的这起飞碟坠毁事件，军方当时没有发表任何观点，苏联高层指挥机构，可能并不明白这个不明飞行物的性质。由于在冷战时期，就倾向于认为它可能是西方敌对势力派来的，加上这是个高度敏感的导弹实验基地，所以就派出空军力量去击落它。

根据数据的显示，当时失明的飞行员试图重新控制自己的飞行，但随即被飞碟的武器击中，他和自己的飞机一起坠毁了。当时苏联曾派出搜索小队，寻找击落的残骸，并秘密运往地下基地日库尔。许多研究人员认为，在日库尔和卡普斯京亚存放着坠毁的飞碟残骸和外星人的尸体，以及飞碟上的其他生物。这些外来飞行器给苏联提供了研究的便利，苏联因此启动了飞碟计划。据说在二战期间，也就是 1948 年飞碟坠毁事件之前，苏联军方就曾命令米格战斗机击落不明飞行物。在冷战的最初阶段，卡普斯京亚尔这个军事实验基地，一直从事大量的秘密工作，主要是先进的武器导弹和火箭的测试工作。还有资料披露，苏联1951年在核武器研发方面，取得重大进展，发射装置的研发速度，则比预期提早了五年。

根据俄罗斯飞碟专家阿法洛夫的报告，这个位于卡普斯金亚尔地下400米的基地，一切都井井有条。看上去就像是地下商场，只不过在商场的一个柜台里，外星技术不断地被分析和复原，在这里他们对外星人的尸体进行解剖，仿制外星设备。巨大的地下停机坪，停着毁坏程度不同的各种飞行器。苏联军方一直在尝试着复制这里的设备，数据中还有许多其他飞碟事件的记录。1968年3月，一架失事飞碟坠落在苏联斯维尔德洛夫斯克丛林地区，就是由克格勃部队负责处置的，档案中还有收坠毁飞碟残骸和解剖外星乘员尸体实况的照片。1970年，一艘来自天狼星系"仲湟尔"行星的飞碟，在雅库特地区日甘斯克附近的林场坠毁，这些残骸被运往莫斯科郊区，飞碟上侏儒外星人的尸体被军用飞机运走。

1978年在哈萨克斯坦斯坦东部地区，军方逮获了一架外形很像歼击机的UFO，它因起火燃烧而坠毁，位于上部的透明圆顶部分已经脱落，该飞碟残骸也被军用直升机用外悬挂装置运走。

由于与苏联关系的恶化，外星人开始寻找别的国家作为其在地球的盟友。美国很有幸进入了他们的视线，并在51区建立了基地。这一举动直接导致美国在接下来的这么多年科技碾压全球其余国家，并长期保持20年的领先。同时也造成了苏联的解体。

042、如果人類發現一個初級的外星文明，人類會怎樣做？

二月 22, 2019 宇宙奧秘

人類是貪婪的，會使用一切辦法把自身利益最大化，就如當初歐洲人發現美洲大陸一樣，如果對方對人類存在價值，那麼對這個低等外星文明來說絕對是災難。在未來，如果人類科技達到了很高的水平，有能力去探訪外星球，並且發現了還處於初級階段的外星文明，那麼有可能出現以下幾種情況。

一、沒利用價值

人類發展成高級文明後，可以任意改造星球，不再依賴於傳統能源，如果外星文明對人類來說沒有利用價值，或者利用價值太低的話，那麼外星文明頂多作為人類的收藏品之一。

二、建立殖民地

對於一個高級文明來說，改造一個星球的成本是很大的，至少時間成本就很高；如果人類發現一個低等的外星文明，那麼該文明所處星球必定是適居星球，對人類來說具有寶貴的空間資源。就如當初歐洲人佔領美洲後建立殖民地，人類也會把這個星球進行改造，使之適合人類居住；至於原有的外星文明，會把它們趕到另外一處，就如小說《三體》中，三體文明把人類趕到澳大利亞一樣。

三、建立生物演化實驗室

人類很想了解自身的起源問題，但是時間是單向的，我們無法回到過去；對於一個處於文明初級階段的外星文明，如果人類暗中觀察，甚至暗中干涉該文明的演化進程，那麼對人類研究自身起源也有很大幫助。那麼外星文明就如人類實驗室裡的小白鼠，或者人類成了外星文明的造物主；在人類起源問題上，一個說法是在數億年前，外星文明把種子留在了地球上，現在人類又要把種子播撒出去。

監視一個外星文明，對人類來說也是有好處了，因為文明在發展過程中，帶有很多不確定性，目前該文明的水平低於人類，說不定哪一天就能超越人類，如果該文明帶有暴力傾向，就有可能反過來威脅到人類文明。就如現在美國打壓其他國家一樣，要保證自身在世界中的領先地位，這個原則對人類文明來說，也是成立的。

如果發現的是一個低等文明那還好，人類可以掌握主動權。

但如果發現的是一個高等文明呢？指望著他們幫我們進行文明進步嗎？

別逗了好嗎？你會同雞鴨魚獸坐在一張桌子上鄭重的交流嗎？你殺雞的時候會問一下雞的意見嗎？

而且如果那個高等文明具有強侵略性呢？到那個時候，我們就是奴隸，還是毫無還手之力的那種。

我們好像最應該做的就是儘可能的避免被外星文明發現吧。而不是主動的把自己暴露出去，然後坐等別人過來殖民壓榨吧。

我們怎麼都沒辦法隱藏的吧，晚上燈火通明，人家是瞎子嗎？

為了掠奪

1、目前為止沒有直接證據表明有地外文明和我們聯繫。

2、通過對外探索促進科學發展。

3、能被我們發現而沒發現我們的文明，科學發展可能不如我們。

在以上3點為真的情況下，我們再來看看哥倫布發現美洲大陸。

15世紀哥倫布發現美洲大陸，16世紀歐洲文藝復興達到巔峰，18世紀中期開始工業革命。對歐洲人來說這一切是偉大的，但是對美洲原住民來說確是災難的。一個是發現者，一個是被發現者，一個是掠奪者，一個是被掠奪者。誰都想當掠奪者這是前提。

美國登月時為什麼要插美國國旗？也許是想宣示主權，也許怕引起公憤，月球理論上是人類共有的，但是當你不能開採和建設的時候還是你的麼？

可以借鑒《三體》中的黑暗森林法則，文明存在科技大爆炸，在你領先的時候你沒有擴張，當對方領先時你還有能力自保麼？《斯巴達300勇士》講了國王帶著300親衛隊抗擊入侵，同時期的漢朝，宮裡的太監也不止300人啊。華夏文明領先世界幾千年，卻在短短百年間喪失主權，閉關鎖國要不得。

如果真有一個比我們更高等的文明，沒發現我們而被我們發現，說明我們並不是他們所需要的，或者說我們對他們並不重要，做好朝貢，換點科技促進發展也好。退一萬步高等文明真要奴役人類，那也只是早一天晚一天的區別。

再有一點，解決內部矛盾最好的辦法就是製造外部矛盾。在一個星球打來打去幾百年了，發現地外文明會讓彼此更加團結。

這種百利一害的買賣為什麼不幹？

因為人類社會中的精英可以向高等文明學習。

一是怕它們先發現我們，二是如果發現了就證明這個宇宙不同的地區都能孕育智能，三是如果我們能交流科技將直接上天，四是使我們對生物或智能的意義有更深的理解。

我們發展太空科技，真的是為了尋找外星文明嗎？

從人類開始邁向太空那一刻起，所有國家的太空計劃，都是為了在地球上取得更大的話語權。

兩彈一星，你不會天真的以為，我們發射東方紅一號衛星是為了尋找外星文明吧！

歸根接地，太空科技是軍事目的，是立足於地球爭霸而展開的。

……

當然，我們不能說，我們發射火箭是為了未來的戰爭。所以我們要想一個高大上的口號：「探索太空文明」。

在不了解宇宙法則的情況下，不能用人類的認知去揣測其他文明。還要看怎麼去定義高等文明，是科技水平還是空間密度。在宗教以及主流學者的觀點來說，高密度文明會通過幫助低密度文明將自己送去下一個更高的密度。

或許，人類勇於探索未知的無畏勇氣才是最可貴的吧。

043、如果外星人发动入侵地球的战争人类会怎样？人类只能被外星人吊打

2019-09-29

有时候我们在看一些科幻电影的时候，有时候会出现外星人和地球上人类发生战争的情节。电影中的情节往往都是人类最终打败外星人，把它们赶出了地球。如果宇宙中真的存在外星人，它们对地球发动了战争，人类会怎样呢？能够打败外星人吗？

我觉得以目前人类的科技来讲很难打败外星人，只能被外星人吊打。因为我们和外星人的实力相差太悬殊了。为什么这么说呢？分析一下我自己的看法。

外星人对地球发动战争，人类能赢吗

首先，我们要弄明白外星人是从哪里来的？目前人类在太阳系以及宇

宙中展开了大规模的地外生命搜寻活动，并且发现不少潜在的宜居星球。不过这些科学家认为可能适合生命生存的星球都是太阳系外行星，距离地球几十光年甚至上百光年的距离。这样遥远的外星世界对于现在的人类来讲，是没有办法到达的。

而在太阳系中的星球，除了地球外，暂时还没有找到有生命存在的星球，更不用说是能够发动星际战争的高等文明了。因此我觉得对地球发动战争的外星人一定是来自外太阳系的某个恒星周围的星球。

星际战争

其次，这些远道而来的外星人绝对是来者不善，科技非常发达的。能够从这么遥远的星球杀奔地球而来，其科技发达程度最起码达到了卡尔达舍夫等级设想的第二等级。而人类目前的等级只有0.7级。人类和外星人科技相差太悬殊，估计我们连外星人的影子都没有看见就被打的找不着北了。

外星人在进攻地球以前，可能会在地球附近的一颗星球上，月球或者火星上建立基地做好进攻地球的准备。即使是外星人在月球上监控地球人的一举一动，人类也是无可奈何的。虽然人类已经实现了登月，但是去一次月球还是很困难的，不是想去就能去的。外星人完全可以在外太空对地球发动攻击，这完全在地球导弹射程之外。"只需我打你的脸，不许你打我的脸！"这仗没法打。

能够入侵地球的外星人都是科技文明远远领先于人类的

因此，我觉得外星人真的对地球发动了战争，以目前人类的科技很难打败外星人的。难怪霍金老生前提醒我们，"不要和外星人联系，小心地球被攻占！"在人类还没有能力飞出太阳系之前，人类最好低调一点，把自己隐藏好不被外星人发现。

044、谁能介绍下猎户座外星？

现在只是接收到疑似外星文明发射的无线电波，实际上目前没有任何证据或能发现有外星人的其他依据。如果说有外星人的存在，那么只有一种可能，就是外星人还在造就着目前的所有的生命，我们在找寻生命起源的原因，其实外星人和生命起源也许就是一回事，搞懂了生命起源也就找到了外星人。

随着科学技术的进步，现在基本可以肯定，如果真有外星文明来到地球，也绝对不会是科幻电影里外星人的模样，也不会和地球人一样。他们估计也不愿意与我们交流，路过而已。所以目前现实生活中，还没有一例能证实外星人的存在，更不要说见过了。

我们现在的文明，很大可能是外星文明造就了我们，所以我们一直传说有天堂，所谓天堂就是外星人开往地球的飞船？或者说是外星人的灵魂城市吧。但估计他们还要赶路？因此又离开了我们。

人类文明的出现是很幸运的，也可以说人类文明让地球伟大。目前，我们很有可能是现存宇宙中活着的唯一文明。

我们的文明很像点燃的一炷香，时间的流逝，活着的亮光就那么一点，很容易熄灭。未来人类文明被毁灭、消失，别的动物统治地球，但出现文明的可能会变小，或很难超过现在的我们。

所以，目前人类文明是脆弱的，很容易就灭绝到头，如宇宙中的尘埃，若干年地球毁灭以后，我们的文明也会消失的无影无踪，没有任何遗留。

如果人类文明进展顺利，不断发展，可能会逃逸太阳系。

文明升级到一定阶段，会让地球分裂、爆炸。

现阶段为地表文明初级，还会有中级、高级。

升级的卵化地球文明后期，无机文明会让地球分裂／爆炸，就像剥开的橘子，如一瓣瓣落叶般驶向太阳，在彗星般的椭圆形轨道上，最大限度的获取太阳能量，在利用太阳变成红巨星、爆炸时的能量，每一瓣合体后如蒲公英，逃逸太阳系。

基本上可以这样说，人类可以让地球变成飞船，逃逸爆炸后的太阳，这样我们的文明残存的时间会长一些。否则，根本跑不远。

猎户座位在天球赤道，地球大部份地区都能看到，具体位于双子座、麒麟座、大犬座、金牛座、天兔座、波江座与小犬座之间，其北部沉浸在银河之中。星座主体由参宿四和参宿七等4颗亮星组成一个大四边形。在四边形中央有3颗排成一直线的亮星，设想为系在猎人腰上的腰带，另外在这3颗星下面,又有3颗小星,它们是挂在腰带上的剑。整个形象就像一个雄赳赳站着的猎人,昂着挺胸,十分壮观,自古以来一直为人们所注目。星座代表猎人,脚边还有两只狗(大犬座及小犬座)。当地球自转时,猎户座追逐著昴宿星团横越天际。猎户座亮星不少,但最著名的特征是猎户配剑上的巨大星云M42,位置在三颗星所排成猎户腰带的南边。

阴谋论:猎户座是数千年来全球古文明所崇拜的对象,最让人感到不可思议的是埃及金字塔、玛雅金字塔等布局全都按照"腰带三星"所布局,我们甚至在外星人接触案和麦田怪圈中接受到来自猎户座外星人留下的讯息!或许人类起源就来自距离地球1500光年的猎户座大星云,电影《普罗米修斯》并不是仅仅是科幻而已!

这是猎户座星云,是天空中最容易辨认的星座之一,其中三颗最亮的恒星:参宿一、参宿二和参宿三组成了一个奇特的布局,我们称之为"腰带三星"。

根据公元前2400年金字塔上的纪录,古埃及法老乌纳斯在他最终前往猎户座之前在位统治了30年。通过吞食众神,吸收他们的灵魂和力量之后,乌纳斯穿过了天空到达猎户座。古埃及人相信法老的灵魂可以在金字塔里得到升华,进而穿越星辰达到永生。有意思的是,金字塔里面的通风井直指天狼星和猎户座。更加不可思议的是,以胡夫金字塔为首的最大的3座金字塔,竟然与"腰带三星"刚好对应,其大小则反映出三颗星的不同光度。这种惊人的巧合恰恰反映了金字塔作为地球和猎户的星系通道。而这种不可思议的建筑构造同样出现在南美洲的玛雅金字塔上。

和吉萨金字塔一样,玛雅人在2世纪前建造的特奥蒂瓦坎金字塔的布局与猎户座三颗主星排列惊人一致。玛雅人认为猎户座是"创造的关键",在公元前3114年,众神从天堂来到地球举行会议,地点就在特奥蒂瓦坎古城。

猎户星人有75%的人型外星人,14%的爬虫类外星人,10%黑皮肤天琴星人及1%白皮肤天琴星人。大部分的银河战争都跟猎户星人有关。

据说地球人及其他人型外星人的起源就是天琴星人。地球上的白种人高大,皮肤,头发,眼睛的颜色都很淡跟天琴星人很像。

当天琴星发生战争时,许多人躲避战争移到昴宿星,毕宿星以及织女星上。约 5 万多年前天琴星又发生战争，当时的领袖及其他 36 万人来地球避难，成为天琴星人最早来到地球的时间点。

以上都是美国官方科学家近日国际星际政治揭秘工程发表会上正式宣布，到 1989 年为止，美国官方正式记录在册并分类的就有 57 种外星人。而现在，有正式目击记载的已经有 200 多种外星人。

（这个尚不能确定，但是金字塔和猎户座的确有着千丝万缕的关系。不过可以确定一点，宇宙那么大，外星文明是肯定有的。你如果感兴趣可以和我私下探讨。）

045、首位外星人预言：人类命运已注定！究竟是危言耸听，还是确有其事

2021-04-27 我们都是科技宅

导语：在之前的时候，每一个人都曾幻想过在宇宙中有其他的生命存在，而且最近一位自称是金星来的人，也是凭借着她的一部书，获得了更多人的关注，许多人都在猜测她有可能是真正的金星来的人，也有可能只是为了博取关注，究竟她的预言是不是真实的，目前也没有结论。

这一位自称金星来的人，称她是出生在金星上面的人，在很小的时候，是来到地球上面生活，最重要的是她来到地球，最重要的就是要收集信息和知识，想要从地球上面搜寻到更多不同的高等生物的生活方式。

这一个金星人名字叫做欧米娜，欧米娜曾说过，在地球之外，金星上面也存在着生命，在金星人民的共同努力之下，达到了一个自给自足的田园生活，而且在这一次的升华当中，金星人经历了 100 万年，正因为有这么长时间的升华，所以说现在的金星人，已经不存在肉体，只存在灵魂，当然金星也保留了一个星光的层面，就是要训练金星人去往地球，而且欧米娜强调，金星人在来到地球之前，必须要经历过肉身训练，在经历肉身训练的时候，是很痛苦的一件事情，因为对于金星人来说，她们根本不需要吃饭睡觉，而且也不需要进行语言交流，所以说在进入肉体之后是需要花费很多的时间来进行锻炼。

虽然现在我们并不知道欧米娜说的是真是假，但是对于欧米娜是如何来到地球上面的，许多人也是表示有些怀疑。在刚开始的时候，欧米娜说她在1955年乘坐宇宙飞船来到地球，首先就是要在西藏的一座寺庙里面学习和适应环境，而且欧米娜还说，经常看到的不明物体，被称之为UFO的不明飞行物，有的是用来运送给他们的货物，有的是用来观察地球，而且在太阳系当中，很多没有探测到的行星上面，也是有各种各样的文明存在，虽然各地政府都知道有外星人的存在，但是到现在也不公开，至于究竟为什么不公开，她也不知道是为什么，而且欧米娜也曾经说过，她在某一世的时候，和一个名叫塞拉的小女孩是姐妹，但是在一次自己犯下错误的时候，导致塞拉失去了生命，所以说这一次她是代替塞拉在地球上面进行生活。

而且欧米娜也曾经说过，在地球上面的4个种族都是来自遥远的太阳系，4个种族的黑人、白人、黄种人和棕色人种，是分别生活在金星，火星，木星和土星上面的人，因为在当时的时候地球上面并不适合他们的生存，所以说他们才会在4个不同的星球上面进行生存，正因为这4个星球不太适合他们生存，所以说才会都来到地球上面进行生活。欧米娜曾经做出过预言，说现在地球上面的人类正在被某些物质控制，虽然人的也正在慢慢地发现这样的一个问题，想要扭转自己的欲望，但是想要达到最高层次的升华，最重要的就是要开始不追求物质，这样才能够获得精神上面的提升。

欧米娜还曾经预言过人类的命运，她说过人类的命运在来到这个世界的时候就已经注定好了，而且宇宙当中的事情是有定数的，没有一件事情是偶然可以出来的，所以说在来到这个世界，最重要的目的就是要体验不同的人生，带来的不一样的结果，从根本意义上来说，世界上并没有贫富之分，也没有美丑之分，所经历的任何事情都是自己的选择。

听完这一个故事之后，相信大多数人都觉得很不可思议，其实上面所描述的这些事物都是一本书名叫做《来自金星的我》当中的一些片段，而且在1991年的时候，这本书就已经发行了，正因为这本书的发行呢，欧米娜受到了更多人的关注，但是在2009年的时候，欧米娜因为中风，身体出现了瘫痪的现象，所以说在之后就很少在公开场合露脸，到现在为止也没有办法查到她现在的状况。

首先可以先来分析欧米娜讲的故事，比如说她曾说过自己是来自金星上面，但是迄今为止并没有发现在地球之外的行星上面有生命的存在，而且有许多人都在想，为什么在来到地球之后要先到西藏当中进行学习，而不是直接到美国，再比如说各种各样的问题，就像是把这一个事情做成了一个漏洞百出的，吸引人关注的一个故事，所以说许多人都在怀疑这个故事到底是真是假。

当然，第二个可能就是欧米娜本来就是一个精神分裂症的患者，可能她在潜意识当中并没有感觉到自己有人格分裂的迹象出现，这样一个个问题，可能就是与她自己的心理有一定的关系，有可能是因为一些刺激作用而导致的人格障碍。

当然在书中也有一些比较好的观点，比如说人不可以被欲望所控制，人的精神层面还是不能被物质束缚，各种各样的做法，最重要的就是要摆脱物质上面的控制，想要进入到更深层次的灵魂，就要避免过度的追求欲望，过度追求反而会毁灭自己。

结束语：虽然现在欧米娜这样的事情，到现在为止也没有一个定论，而且对于这样一个故事来说，我们也可以选择只当作一个科幻故事来听，也可以选择当作人生哲学来听，当然不管是什么样的行为，最重要的就是要让我们享受现在的生活。

046、随着探索宇宙步伐逐渐加快，人类该不该去接触地外生命

2017-10-15 星空天闻

除太阳系外，天文学家还发现上千个行星。它们大小各异，轨道形状和距中心恒星的距离也互相不同。距离我们最近的行星，并不是岩石行星的都还在距我们太阳系数万亿千米之外，如果你想做火箭过去，那你会在旅途中过完自己的一生，之后可能是你曾孙子/曾孙女才可能代表你去看了那颗并不一定适合生命存在的行星。

我们用哈勃去观察目前所知的最大的行星，哈勃可以是我们所拥有的

最棒的天文望远镜了,但是我们在它所拍摄的照片中去寻找行星,依旧是超级模糊。如果我们发现一颗行星和地球大小相似,并且它距恒星中心不远不近刚好合适,液态水可以存在这颗行星表面,它可能是岩石星球,并且由于距离中心恒星适宜地表温度在20°左右,这样的地表环境下它可能是拥有海洋,这样的星球很可能存在和我们一样的高级生命。

天文学家和业余天文爱好者都在利用各种各样的设备,去寻找潜在可以适宜生命存在的行星,他们对各式各样的行星感到惊奇,在寻找过程中也极大增加人类对于宇宙的了解。我们好奇某些地外行星是否存在着生命之源——氨基酸,甚至已经进化到真实的外星文明,人类文明在宇宙中是不是就是孤单的存在,科学家预计在最近二十年就会走到一个节点,我们会发现这种行星。就在大家撸起袖子去观察外界时候,我们中有的人提出另外一个问题,我们这么匆匆忙忙的去找外星生命,这个行为是不是错误的呢?

假设我们运气足够好,就在未来20年发现地外行星存在着和我们相似的生命迹象,我们要不要主动去联系他们,去告诉他们我们的位置坐标呢?二十世纪末的时候,大家都觉得一个主动去告诉他们这些外星文明,并且还要介绍我们人类自己和太阳系,那时候旅行者1号和2号在1977年分别发射升空,它们的主要任务就是带着我们人类文明到太阳系之外。当然顺道观察一下太阳系的一些我们已经知道,但是看的还不是很清楚的行星,这联素偶探测器都携带着一块金唱片。

这个东西可不简单,它上面有着人类对外星人的问候语和介绍我们自己一些情况,包含着大自然和人类文明所产生的图片和声音。他们甚至还觉得外星人不够聪明找不到我们,居然连我们地球的地址和太阳系在银河系的坐标都写在上面,外星人可以借助14颗脉冲星进行准确定位从而找到我们,这些脉冲星简直就是指路灯,它们用准确频率告诉着外星文明,"对,地球人就在这,赶快过来做客啊"。对于这种做法,大家是怎么想的呢?我下一篇文章在详细去分析当时这个行为是对是错,当然也有其他科学家的想法。

047、土卫六"冰山"气候宜人 适合外星人"生活"

2013年01月11日 国际在线

据英国《每日邮报》1月9日报道，美国宇航局研究人员认为，土星卫星土卫六上的碳氢化合物"冰山"上或许存在外星生命。

土卫六是太阳系中除了地球外，唯一表面拥有稳定液态物质的天体。但与地球的水循环体系不同，土卫六上的液体是甲烷和乙烷等碳氢化合物。甲烷与乙烷都是有机分子，科学家认为它们可以作为生命起源的基础。

美国卡西尼号太空船在土卫六北半球发现碳氢化合物组成的海洋，南半球也分布着碳氢化合物湖泊。科学家初步推测认为，土卫六上的湖泊和海洋中应该没有漂浮的冰山，因为固态甲烷密度大于液态甲烷，会沉到"水"底。

但是近日公布的新研究模型显示，在木卫六气温较低的区域，海洋和湖泊中会漂浮着包裹着氮气、多种成分混杂的"冰山"，而且上面可能存在生命。(沈姝华)

048、外星人，是一种更加高级的人类？

2020-12-27 科学视角

地球上面有外星人？他们又是如何的生存方式？对于外星人这个词，我们人类是非常感兴趣的，因为对生命的敬畏，如此庞大的宇宙，地球就犹如尘埃一般，我们的地球实在是渺小的不能再渺小了。然而我们人类为了能够探知其他的星球上面是否有外星生命，就会不断的发射探测卫星到其他的星球，比如我们的太阳系的火星和木星。但是有些人却以此来判定宇宙之中只有地球有人类文明。

因为从他们探测的结果看来，这两个星球上面没有任何的生命存在迹象，这样的说法实在是非常的可笑的，要知道我们的太阳系在庞大的宇宙中，不说宇宙吧，就单单说银河系都是微乎其微。这样的判定实在是非常的草率。虽然很多的人不承认有外星人的存在。但是一些现象又是非常打脸,所以这些人为了维护自己的所谓的利益,一味的维护自己的观点,实在是可笑之极。

宇宙中有外星人是这个说法是非常的肯定的,因为就在几天前,美国的空军就正式承认了UFO的存在,因为他们的空军在空中遭遇到不明飞行物的追随,而且这样的飞行物并非是所谓的自然现象,而是实实在在的物体,它受到控制可以自主的飞行和闪避攻击。另外值得一说的是,我们人类地球上面就有很多的史前文明古迹,这样的古迹就足以证明,曾经的地球上面也有着外星人的活动痕迹,最具有说服力的就是加蓬共和国的核反应堆,这个反应堆的时间可以追溯到20亿年前,而且使用的时间就已经达到了50万年,已经是远远超出人类的文明历史了。

那么既然有外星人,那么现在的地球上面是否有着外星人?这个肯定是有的,我们不能够站在人类的文明基础上去想象外星人的存在,要知道20亿年前它们都能够造出如此精密的核反应堆,这就说明它们的科技水平已经远远的超越人类,当然各个外星人种族之间的科技水平也稍有差别,但是不可否认的是他们的科技水平已经远远的超过我们,我们我们就不妨来发挥想象力,他们是否已经能制造出完美的人皮和人体,在人体下面不过是一些更加先进的芯片控制的机器人?

还有他们的外形和我们人类肯定是不一样的,他们为了掩盖自己的外形肯定是要穿上人皮的,所以他们会在制造出一些让人也无法识别的人皮。但是值得肯定的是他们必定是不愿意和我们人类待在一起的,因为他们的科技发达程度和我们人类的比较,就好像一个教授和一个幼儿园的小朋友在一起说话,小朋友尽说些幼稚没有见解的话,教授肯定是难以接受的。

049、外星人来了?美多架F-22战机执行机密飞行任务

2021-06-15 自由时报

异常出勤?军事媒体《The Drive》指出,3架部署在夏威夷的美国空军F-22战机,当地时间13日突接获联邦航空总署(Federal Aviation

Administration）指令要求起飞值勤，但却罕见为对外公布飞行原因，引发外媒揣测是否是在拦截不明飞行物体（UFO）。

根据《The Drive》报导，当地时间 13 日下午 16 时左右，2 架 F-22 猛禽战斗机（F-22 Raptors）突然从夏威夷珍珠港联合基地（Joint Base Pearl Harbor-Hickam）起飞，第三架 F-22 战斗机则在 1 小时后加入飞行任务，随后还有一架 KC-135 空中加油机起飞，提供 F-22 机群燃料补给，随后当地媒体《Hawaii News Now》也证实了此消息，指"状况解决后"，返回基地。

《Hawaii News Now》也向美国空军求证，军方表示无法提供"F-22 飞行任务的详细资讯"，但仅强调该飞行"不是军演"，而是应联邦航空总署要求所执行的"非惯例性巡逻"任务，军媒《The Drive》也试图向联邦航空总署求证，但该单位仅以："FAA 与军方拥有紧密的合伙关系"此种抽离涉己事件的迂迴态度回应。

《The Drive》指出，联邦航空总署要求空军战机执行飞行任务的状况其实并不少见，而此次进行演习的夏威夷国民兵第 199 战机中队（199th Fighter Squadron），是隶属在希卡姆联合基地（Hickam Air Force Base）的 154 联队，其至少具备 2 架配有武器与机翼油箱的喷射机，随时待命作战。

《The Drive》分析，美国政府针对联邦航空总署要求执行飞行任务，通常都会公开执勤的主要目的，像是民航机出现飞安问题、航机误闯限航区、亦或是拦截中国与俄罗斯进犯领空的轰炸机，但这次空军与航空总署的三缄其口，让人猜测美军是否是在拦截不明飞行物（UFO）。

050、外星人骗局可能是末世的一部分吗？

我们知道末世前后所发生的事件，正如圣经中所描述的那样，将包括一个强大的骗局（马太福音 24:24)。最近，人们对以下理论的兴趣逐渐增加，即这个骗局将包括来自另一个星球的外星人。尽管它听起来奇怪，但是从基督教的角度来看，这个理论有一定的合理性。虽然圣经没有告诉我们外星人是否存在——任何地方都没有提到他们——但是圣经的确告诉我们来自另一个世界的拜访者——属灵世界。

从一开始，人们已经见证和记录了魔鬼（堕落天使）对地球的拜访。我们从夏娃遇到撒但就知道，魔鬼对于操控和改变人类的进程感兴趣。他们想要参与，目标是诱惑人类转离对神的敬拜，而将人类的关注转向他们。

他们与我们互动的另一个显著的实例出现在创世记 6:4 中"神的儿子们"的到来。这段经文指出，这些强大的存在与女子交合，生出一群被称为伟人的超级人类。圣经的记载与其他古代文化中所发现的记载之间有惊人的相似之处。例如，希腊神话中到处记载了泰坦和半人神。古代苏美尔人的著作提到"阿努纳奇"的存在——来自天上与世人同住在地上的神灵。有趣的是注意到苏美尔人的"神"通常以蛇的形式临到他们。

这些记载与古代人类所创造的神奇事物一起看待的话，形成以下理论，即魔鬼，以来自另一个世界的人类的形式，某个时刻来到地上，给人类带来惊人的智慧和知识，而且与人类的女子"通婚"，试图吸引人类远离神。我们从夏娃与蛇的经验看到，恶魔将使用优越的智慧来诱惑人类，而人类很容易就被它诱惑。

末世可能包括一个类似的骗局吗？其中恶魔又冒充外星人？圣经没有直接解决这个问题，但它无疑是合理的，因为有各种各样的原因。首先，圣经告诉我们，在反基督的统治下，世人将团结。为了在世上所有宗教中实现团结，统一者来自外部才会有意义，"无党派"来源——外星来源。很难想象一个宗教成为所有其他宗教的领导，除非新的、神秘的知识是新"宗教"的魅力和力量。这将符合过去的骗局，而且它是一种有效的方法，能够欺骗大部分人。

第二，这个魔鬼的骗局可以给出地球起源相关问题的答案。地球上生命的进化是自发地生成，这一流行的科学理论仍然没有回答生命的开端。即使是"大爆炸"开启宇宙，它也不能解释宇宙大爆炸发生的原因。如果"外星人"即将到来，并且对地球上的生命给出一个外星人的解释，他们的解释将会非常有说服力。

第三，恶魔伪装成外星访客，用神迹奇事能够欺骗很多人。敌基督和假先知将会行神迹："这不法的人来，是照撒但的运动，行各样的异能神迹和一切虚假的奇事"(帖撒罗尼迦后书 2:9;cf. 启示录 13:3)。

考虑到外星人有媒体的关注，魔鬼寄主完成这样一个骗局将是一个简单的事。那么多的电影、书籍和电视节目把外星人的存在当作事实和对外来访客的幻想。越来越多的人相信外星人存在。而且，对于每一个坏外星人的电影，其中，侵略者怀有敌意（例如世界之战），可能有两部"好外星人"的电影，将来自其他星球的访客表现为亲切，甚至是有益的生物（E.T.，地球停转之日，第三类接触，钢铁之躯，等等）。这样的电影会影响公众的意识。这并不是说所有关于外星人的电影都是坏的，但是，根据理论讨论，他们可以帮助塑造公众的舆论，为末世做准备。它可能会为魔鬼全球范围内的骗局开辟道路。

即使魔鬼有这样的计划，我们不应该害怕。我们知道真相，所以我们不害怕谎言。主曾说，他不会离开我们或离弃我们，而且他会保护我们（以赛亚书 41:10; 马太福音 10:31）。魔鬼或天使不是万能的，他们也不是无所不在的。同时，上帝并没有预定我们受刑（帖撒罗尼迦前书 5:9）；当反基督出现以及魔鬼对世人的骗局扎根，我们相信教会已经被提。我们相信主是我们灵魂的救主，救赎者以及保护者（诗篇 9:10;22:5）。真理最终会获胜，我们与约翰一起说，"阿们！主耶稣啊，我愿你来"（启示录 22:20）。

051、外星人视角的地球：报告！发现地球！原来地球长这样！

遨游世界科学 2019-09-08

其实，我们对于太空无止尽的探索，其中的重要目标之一无外乎找到外星人！但是我们不可否认的是或许在遥远的光年距离外，也有某个星球上存在的生命正在寻找同类。

近十年来，我们对系外行星的研究已相当成熟。在这段时间里，我们目前所知的 4000 多颗系外行星中的大多数都被发现了。也正是在这个时候，这个过程开始从发现的过程转变为表征（表面特征）的过程。更重要的是，下一代仪器将进行进一步研究，揭示大量关于系外行星的表面和大气特征。

这不免引出了一个问题：如果一个足够先进的物种在研究我们的星球，他们会看到什么？简单来说，当外星人看到地球时是什么样的？我相信这是一个大多数人都相当感兴趣的问题！

幸运的是已经有科学家帮助我们回答了这个非常令人好奇的问题。据消息称，利用地球的多波长数据，加州理工学院的一组科学家已经绘制出了一幅地图，描绘出遥远的外星观察者眼中的地球。除了解决好奇之痒，这项研究还可以帮助天文学家在未来重建"类地"系外行星的表面特征。对外星人来说，地球是一颗系外行星，这就是他们看到的"生命之星"，也是我们的家园！

这是一项名为"地球是一颗系外行星：一幅二维的外星地图"的研究，描述了该团队的惊人发现。这项研究由范思腾领导，包括来自加州理工学院地质与行星科学部(GPS)和美国宇航局喷气推进实验室的多位研究人员，这张图颠覆了我们对自己的家园完美想象。

寻找系外行星的局限

其实在寻找太阳系外可能适合居住的行星时，科学家们被迫采取间接的方法。考虑到大多数系外行星不能被直接观测到以了解它们的大气成分或表面特征，也就是说，它们不能被直接观测到而直接成像，科学家们观测系外行星时还附加了一个条件，就是必须满足于显示行星有多"像地球"的迹象。

但是这同时反映了天文学家和系外行星研究目前面临的局限，首先，目前的系外行星研究还没有弄清楚对宜居性的最低要求是什么。有一些建议的标准，但我们不确定它们是充分的还是必要的。其次，即使有了这些标准，目前的观测技术也不能很好地确定行星的适居性，特别是在类地系外行星上，因为很难探测和约束它们。

鉴于地球是我们所知的唯一一颗有能力支持生命存在的行星，该研究小组的理论是，对地球的远程观测可以作为遥远文明所观测到的宜居系外行星的参考。因为地球是我们所知道的唯一一颗含有生命的行星，研究遥远的观察者眼中的地球是什么样子，将为我们找到潜在的宜居系外行星指明方向。

由于地球气候最重要的因素之一是水循环，它有三个不同的阶段。这些包括大气中水蒸气的存在，凝结水和冰粒子云的存在，以及表面水的存在。因此，这些迹象的存在可以被认为是适宜居住的潜在迹象，甚至是生命迹象，最关键的是这是可以从远处观察到的生物特征。因此，为了限制系外行星的宜居性，能够识别系外行星的表面特征和云层将是至关重要的。

为了确定地球在遥远的观测者眼中是什么样子，研究小组收集了9740张由美国宇航局深空气候观测站 (DSCOVR) 卫星拍摄的地球图像。这些照片是在2016年和2017年两年的时间里手机，平均每68到110分钟拍摄一次，并成功捕捉到从地球大气层反射回来的多个波长的光。

然后，研究小组们将这些图像组合成一个10点反射光谱，随着时间的推移绘制出来，然后将其整合到地球的圆盘上。这有效地再现了距离光年之外的观察者眼中的地球，当然，时间局限在两年以内。结果研究发现，地球光线曲线的第二个主要成分与被照亮半球的陆地面积密切相关，再结合观察几何，重构地图已经成为了一个线性回归问题。

随后研究小组通过分析得到的曲线，并与原始图像进行比较，发现曲线的哪些参数与陆地和云层覆盖相对应。然后，他们挑选出与陆地面积最密切相关的参数，并将其调整为地球24小时自转，这就产生了一张地球轮廓图，即从光年之外看，地球的光曲线是什么样的。

其中黑线代表地物参数，大致对应各主要大陆的海岸线。绿色，以提供一个粗略的代表非洲（中心），亚洲（右上），北美和南美（左），南极洲（底部）。中间的部分代表地球的海洋，较浅的部分用红色表示，较深的部分用蓝色表示。

当然，重要的是利用这些遥远系外行星的光曲线形成的这些表征，可以让天文学家确定系外行星是否有海洋、云层和冰盖等存在，这些都是"类地"的必要元素，也就是可居住的太阳系外行星的前提条件。

总的来说，这项研究中对光线曲线的分析对于确定系外行星的地质特征和气候系统具有重要意义。研究发现地球光曲线的变化主要是由云层和陆地/海洋控制的，它们对地球上的生命都是至关重要的。因此，具有这种特征的类地系外行星更有可能存在生命。

在有助于解决地表特征和大气条件的研究的帮助下，天文学家可能最终能够确定哪些系外行星适合居住，哪些不适合。如果幸运的话，地球 2.0 的发现将指日可待！

052、外星人在看你？ 29适居行星可观察地球

2021-06-24 自由时报

你常觉得有人在看著你吗？那双眼睛可能比你以为的还远一点。一份新研究指出，在地球人寻找外星人踪迹之际，在地球周围有数百个类似地球的行星，在人类文明化时期位处于观察地球的"最佳位置"，其中数十个是适居行星，或许外星人早就在看著地球人。

英国卫报、美联社报导，美国康乃尔大学卡尔．萨根研究所（Carl Sagan Institute）所长、天文学教授卡特内格（Lisa Kaltenegger）与美国自然史博物馆的天文物理学家法赫提（Jackie Faherty）进行的这项研究，计算出地球附近有1715个恆星系统，在过去5000年期间处于能不受阻挡地观察地球凌日的位置；这些恆星中，46个与地球的距离近到足以使其行星，能够拦截到地球上人类在100年前发出的广播、电视等无线电波清晰讯号，研究人员估计，其中29个行星是适合生命存在的适居行星。

这份研究报告23日在"自然"（Nature）期刊发表。卡特内格说，"当我抬头看天空，它看来更友善一点了，因为或许有人正在对我挥手"，她说，如果这些行星有高等生命存在，或许他们早已根据地球大气层中的氧气，或者人类发出的无线电波，认定那一头有生物存在。

人类寻找潜在适居行星的一个方式，是利用这些地外行星穿过它们环绕的恆星前方，遮挡恆星亮度时观测，研究团队用这种方式反过来找出地球之外的其它恆星系统，哪些能够看到地球。

卡特内格与法赫提的研究团队，利用欧洲太空总署（ESA）的"盖亚"（Gaia）太空望远镜，观察距离地球326光年内的33万1312颗恆星，由于从这些恆星可看到地球凌日的角度非常小，过去5000年只有1715个曾经位于这样的位置，其中313个现在已经看不到地球；另外有319个恆星在未来5000年能够看到地球，当中包括几个科学家已经观察到有类地行

星的恆星系統。

因此，在过去 5000 年到未来 5000 年的期间内，共有 2034 个距离地球 326 光年的恆星系统能看到地球，其中距离最近的是红矮星"沃夫 359"（Wolf 359），在 7.9 光年远处，在地球人的 1970 年代中期起就能看到地球；另一个是红矮星"罗斯 128"（Ross 128），距离约 11 光年，近到足够接收到地球的电波，它有一颗行星是地球的将近 2 倍大，任何适合在这颗行星上存在的生命，在 2000 多年前到 900 年前这段时间，都有机会目睹地球凌日。

未参与这项研究的卡内基科学研究所行星学家鲍斯（Alan Boss）说，这个发现"令人兴奋"，"所以那些打造太空望远镜的智慧文明有可能此刻正看著我们"。至于为何人类没听见他们？因为恆星间的讯息、生命往来耗时许久，而这些智慧文明或许存在得不够久，限制了两个文明彼此交换"电子邮件、影片"的机会。

053、外星文明已暴露？50個星系中發現紅外能量溢出

2015/09/01 話題 CT、Jennifer

美國宇航局首席科學家艾倫·斯托芬前不久指出，NASA 已經掌握了一些地外生命存在的資訊，有證據表明在未來 10 至 20 年內我們將發現首個地外生命。美國宇航局所發現的地外生命被認為是低級生物，比如單細胞微生物等，或者是比較複雜的大型生物，如海生游泳動物。對於智慧生命，NASA 科學家認為太陽系附近可能沒有智慧文明存在，一項來自賓夕法尼亞州立大學的調查結果認為，我們已經發現 50 個星系存在可疑的文明信號，它們在紅外波段有明顯的溢出。

雖然這個發現僅為賓夕法尼亞州立大學一個研究小組的觀測結果，還沒有得到其他機構的確認，但卻是一個非常有想像力的發現，研究人員直接對 10 萬個星系進行紅外分析，將我們所已知的天體紅外輻射篩除，留下可疑的信號源。為什麼說是可疑的，科學家認為一顆恆星的紅外輻射在通常情況下比較穩定，如果外星文明大規模開採恆星能量，就會導致輻射

异常，比如建造戴森球，或者使用更强能量源的装置，可对外辐射出极强的中红外信号。

寻找宇宙中可疑的红外辐射，自然要用申请调用美国宇航局广域红外空间望远镜，利用其在红外波段上极强的灵敏度观测宇宙。

他们的观测结果发现，所研究的10万个星系中几乎没有明显的红外异常，但却有50个有些特点，宾夕法尼亚州立大学教授杰生－赖特称该方法可以寻找宇宙中能够使用星系级能量的外星文明，我们有幸发现了可能与他们有关的踪迹。事实上，科学家一直在监听宇宙中的可疑电波，到目前为止仍然没有结果。

种种迹象表明，宇宙中很可能不只有地球文明，如果百亿光年的可见宇宙仅有地球一家，这个宇宙也难免有些奇怪。

一旦某个文明进化到高级阶段，比如III型以上的文明，需要大规模开发自己的恒星，利用恒星系统的所有资源，甚至可以利用星系内的能量，统治整个星系。如此规模的文明必须使用庞大的能量，而它们的能量辐射就会在红外波段中体现出来，就像我们大规模利用石油一样。

当一个先进的文明开启殖民统治时，它们的踪迹也开始泄露出来，同样作为智慧生物的人类，完全有能力发现某颗恒星的能量被偷取了。这数十个可疑的信号，存在非常高的中红外辐射，这是否是外星文明在启动它们的巨型能量源呢，还需要后续调查得以确认。

从宇宙演化进程上看，许多星系比银河系都更加古老，动辄数十亿年的时间，出现外星文明也十分正常，但我们为什么还没有发现它们呢？

回答这个问题，先介绍一个理论，这就是大筛检程式机制，科学家认为「大筛检程式」机制可制约向星际文明方向发展，如果突破了该机制的约束，任何一个文明的发展几乎不受到制约。这就是说许多文明在发展阶段都灭亡了，能留下来的，一定属于精英中的极品，这也是我们为什么没有发现外星文明的一种可能性解释。

054、我们要改变搜寻外星人的方式，从宇宙学角度定义生命！

外星生命

2021年02月06日思想评论

据国外媒体报道，在金星大气层发现外星生命迹象可能是2020年最重大的天文消息，但没过几天，这则消息就从科学头条新闻中消失了……事实上，此类重磅新闻在历史上并非独一无二，1996年，当时美国总统比尔·克林顿站在白宫南草坪上宣布：科学家发现一块火星陨石上潜在着外星微生物化石！即使人类科学探索历程中出现诸如此类的重大发现，它们的出现也将伴随着诸多争议，很快都以失败告终，因为我们无法从这些发现中证实外星生命存在的确凿证据，目前我们当务之急是需要改变以何种方式搜寻外星生命！

2020年，科学家探索外星生命炒作周期也没有什么不同，研究人员宣称，在金星大气层中发现磷化氢，这可能是潜在外星生命的证据。但不久后部分专家强调，在金星上没有生命的情况下，仍有可能会产生磷化氢，尽管之前研究人员曾努力排除这种可能性，但事实表明磷化氢作为潜在生命的迹象并不充分。

批判者很快指出，金星大气层检测出磷化氢，这一现象本身就证据薄弱，缺乏说服力，并且到目前为止科学界达成的共识是，该项检测结果可能是误报。但即使可以在金星大气层探测到磷化氢的确凿证据，但该争论或者下一轮炒作周期的争论，都不太可能在短期内获得解决，因为我们目前寻找地外生命的方式并不完善。

天体生物学家主要是在地球上寻找生命迹象，或者说是生物特征，一个典型的例子就是在系外行星大气层寻找氧气。地球大气层中的氧气是光合作用的产物，如果地球没有生命，我们的大气就不会出现充足的氧气。同时，对于远程勘测来讲最重要的是，氧气能被探测到。基于以上因素，天体生物学家认为，在类地系外行星大气层中检测到氧气，将是生命存在的确凿证据。然而，在不同条件下模拟系外行星的模型多次表明，在没有生命的行星上，也可能产生氧气。

众所周知，在没有生命存在的情况下，木星和土星大气层也能产生磷化氢，如果该物质也被证实存在于金星大气层，我们无法排除磷化氢是某种未知非生命机制产生的。

金星潜在生命制造磷化氢产生的观点争议,将成为未来几十年天体生物学家面临的危机缩影,这是关于最新发现和持续性争议的一场战争,在另一颗行星上发现生命对于人类来说应该是一个重大事件,但任何宣布的地外生物特征检测消息都不会是一个里程碑,而会带来混乱,因为科学家们不会就某项重大发现达成一致观点。

在地球上,我们不是通过大气层副产物来识别生命特征,事实上,我们目前的生物特征没有一个能揭晓核心问题:我们是如何存活下来的?我们的生物特征并不是生命的决定性标志,因为我们对生命究竟什么,并没有一个连贯清晰的理论认知。

为了避免这场危机,天体生物学家需要正视一个问题(这也是我们一直潜在回避的问题):生命是什么?我们不能通过发现外星生命来直接回答这个问题,因为我们不可能在没有找到答案之前就发现外星生命。我们需要通过理解控制地球生命的抽象原则来回答这个问题,然而,反之我们可以利用对外星生命探索的历程来验证我们的答案。

到目前为止,如果完全忽略这个问题,而使用当前定义来匹配我们对生命的认知,似乎还能获得一些进展。从表面上来看,生命应该很容易定义,但对于任何形式的生命定义,总有一些形式的生命被排除在外,而符合定义标准的非生命体也会排除在外。美国天文学家卡尔·萨根的著名论断表明,采用一个对进食、新陈代谢、排泄、呼吸、运动和对外界刺激有反应能力的定义,看似是简单的标准,但可能会导致任何到访地球的外星人认为汽车是地球主导生命形式。

被民众认可的一个生命定义是——"生命是一个自我维持的化学系统,能够实现达尔文式的进化",它排除了任何不能繁殖的生物,因为它们不能进化,因此,如果人们将该生命定义看得太严格的话,骡子将被排除在外,定义生命的挑战性理论甚至会认为生命是不存在的,或者试图定义生命的观点是没有科学意义的。虽然定义生命的概念并非简单的事情,在生命是什么和不是什么之间存在诸多置疑,但推导出一个解释生命的理论不需要符合我们天真的期望,相反可以扩大我们对宇宙生命的认知理解。

其他学科都牢固建立在这种理论基础上,在天体物理学中,基于解释数学定律和观测模式的预测在指导我们寻找猜想存在但尚未有实质性经验证据的现象方面发挥了重要作用,例如:阿尔伯特·爱因斯坦在1915年发表了广义相对论,为解释引力物理学的新理论奠定了基础,他通过在光和引力的属性之间建立一种违背直觉而又极富洞察力的联系实现了这一点,而这种联系正在重塑我们对空间和时间的概念。在爱因斯坦的理论中有许多新的预测,其中之一是引力波的存在,事隔100年,2015年,科学家宣称发现引力波。这是一个突破性的发现,但它之所以成为可能,是因为爱因斯坦在1个世纪前设计了理论基础。

此外,成功探测地外生命还需要数十年的高灵敏度仪器勘测和精密统计分析,无论我们发现了什么解释生命的理论,都可能有类似违背直觉的观点,并产生关于我们的宇宙如何运行的更具革命性的想法,毕竟生命远比万有引力更加复杂。但现在我们没有相应的理论观点来指引地外生命搜索,如果没有这样的指导性理论,即使是用100年时间,也很难像科学家基于爱因斯坦引力波理论发现引力波的存在,也可能严重低估了我们发现外星生命的距离,当然,前提是外星生命确实存在。

宇宙生命的普遍性理论是什么样的?我们必须解释目前物理学和化学定律无法解释的生命系统特征。也就是说,必须查明宇宙中生命进化历程,该方法的一个方向是朝向复杂化,举例来讲,单纯依靠物理学无法解释生命通过信息处理来构建复杂物体的能力,也就是说,在缺乏如何构建生命的信息或者指令的情况下,统计学范畴的生命形式是不可能产生的。如果我们在火星上找到一个螺丝刀或者其他复杂物质,例如:蛋白质,将暗示着火星潜在着生命形式,因为我们不认为物理定律导致这些物体波动而证实其存在。

这些观点正在被新的未知生物探索方法进行验证,该方法不需要像地球生命一样的化学成分,而是专注于量化带有进化历史特征的分子特性。分子组太过复杂而无法偶然形成,就需要一个物理系统来提供如何组装它们的信息,也就是说,复杂分子是生命系统存在的统计指示器。这将比当前的生物标记更加明确,而我们对某系外行星大气层中的氧气存在的最佳解释是:"如果未发现已知生命,我们还未搞清楚该星球大气层是如何产生氧气的。"

未知生物特征可使我们评估数学范畴上的可能性，即我们所发现的事物是由进化过程选择的活体信息处理系统创造的，从而导致关于生命基础普遍原则的越来越清晰的假设臆测。

虽然以理论为导向的天体生物学研究方法仍处于起步阶段，但它们为我们揭晓这个古老问题提供了希望：我们地球人类在宇宙中独一无二的吗？科学探索和国际社会将如何应对这一问题，除非我们能展开自己的想象力充分捕捉生命的广度和深度，否则我们不会被那些非生物标记发现所打动。

一项证实生命是什么的深层次理论发现，将远比宣布我们发现某种代谢副产物更具意义。外星生命的发现不仅仅是在一个遥远星球发现令人震惊的生命信号，它更是一种洞察人类进化，以及揭晓人类在进化历程中所扮演角色的宇宙故事。就像我们在理解宇宙方面取得的其他重大进展一样，这需要我们深入挖掘，并将人们自身本性理论化。但是探索地外生命需要我们以一种任何科学领域都无法面对的方法去实现，因为这不仅仅是试图理解宇宙，而是理解我们人类在宇宙中的进化历程，只有当我们能够做到这一点，才有希望最终发现地外生命，以及通过这些发现改变我们对地球生命的理解认知。

055、新研究顯示宇宙中最少有上兆個外星文明

08/29/2017 讚新聞 外星文明

外星人獵人要開心了，由於一項嶄新的研究與美國太空總署(NASA)最近的行星發現一致，地球不是唯一存在智慧文明的星球這可能性得到了更多的證據。這項發表在天文生物學期刊(Journal Astrobiology)的新研究提出，在我們的星系擁有先進文明的行星，比我們以前所想的還要多。

這項研究的共同作者天文學家 Adam Frank 說：「我們真的知道天空中的每一顆恆星都至少擁有一顆行星。」

Woodruff Sullivan 和 Adam Frank 看著 NASA 最近發現的潛在可居住世界，然後考慮著複雜的文明是否能夠存在或仍然存在的可能性。

美國羅徹斯特大學 (University of Rochester) 物理學和天文學教授 Frank，在一封電子郵件中告訴赫芬頓郵報 (The Huffington Post)：「我們所展示的是，在任何隨機選取的行星上形成文明的「最低 (floor)」機率。如果我們是宇宙歷史上唯一的文明，那麼我們所計算出來的，是大自然所設定的實際機率。但是，如果實際機率高於那個最底限，那麼文明在以前發生過。」

根據 Frank 表示，在適合居住的距離內，環繞主恆星的行星潛在數量是龐大的。

這燃起了希望。這些行星當中的一顆可能擁有外星生命，而且帶著一點運氣，我們甚至可能會發現其中一顆行星存在先進的外星文明。

Frank 寫道：「即使你是相當悲觀，認為必須尋遍一千億顆 (適居帶) 行星，然後找到一顆有文明發展的行星，那麼，宇宙歷史上仍然有一兆個文明！當我想到這點時，我的腦袋就暈了。就算是一千億分之一的演化機會創造出外來文明，宇宙仍然形成如此多的文明，我們被我們以外的歷史所淹沒。」

德瑞克方程式

處理宇宙可能存在外星生命最著名的方程式之一是德瑞克方程式 (Drake equation)。它是由天文學家 Frank Drake 在 1961 年創造出來的，它估算在宇宙中可能有能力與其他文明聯繫的先進外星文明的行星數量。

然而，Frank 和 Sullivan 修改德瑞克方程式，注入新的數據。由於德瑞克方程分析存在於銀河系的先進文明的可能性，Frank 和 Sullivan 提出的方程式，計算了從頭到尾整個「已知的」宇宙歷史中，我們的星系存在先進外星文明的可能數量。

科學家在試圖提供外星生物世界的數量時，會考慮以下幾點：

N、在可以偵測到電磁輻射的星系裡的文明數量 (number)。
R*恆星適合發展出智慧生命的速度 (rate)，每年以恆星為單位。
f_p、這些恆星的一小部分 (fraction) 帶有行星系統。
n_e、每個太陽系適合生命環境的行星數量。
f_l、一小部分合居行星實際上已出現生命。
f_i、一小部分支持生命的行星出現智慧生命。

fc、一小部分的文明發展出一項科技，釋放出可偵測到他們存在的訊號進入太空。

L、這類文明釋放出可偵測得到的訊號進入太空的持續時間 (length)，以年為單位。

寫在天文生物學 (Astrobiology) 期刊的一項研究中，Frank 和 Sullivan 陳述："系外行星研究的最新進展，在德瑞克方程式中所有的天文物理術語，提供強大的約束。利用這些和修改德瑞克方程式的形式和意圖，我們在一個或多個高科技物種在可觀察的宇宙的任何地點和任何時間進化的機率上設定了一個穩固的下限。"

兩位研究人員寫下有關他們所稱呼：「科技物種的宇宙頻率」。

華盛頓大學天文學系和天文生物學課程的 Sullivan 在一份聲明中說：「宇宙超過 130 億年。意味著即使在我們自己的星系有一千個文明，假如他們存在和我們一樣久，大約一萬年，那麼他們可能都已經滅絕。而其他生物在我們消失很久以後也不會進化。」

Sullivan 說："為了讓我們有很多機會找到另一個'當代'活躍的科技文明，他們的平均壽命必定要維持得比我們現在的壽命還久。"

我們搜索著先進外星文明的痕跡，希望能夠發現我們幾十年來並不孤單。

外星智慧生命搜尋計畫 (SETI) 研究所資深天文學家 Seth Shostak 在一封電子郵件中告訴赫芬頓郵報 (HuffPost)：「宇宙充滿著如此眾多的恆星和行星，讓人不解我們是唯一出現的聰明生物。Frank 和 Sullivan 使用新的研究指出，大約有五分之一的恆星被一顆可能培育出生物的行星環繞。之後，這只是一件事情，算出在可見宇宙中恆星的總數量，並且表示，外面有那麼多空地 (行星)，如果我們是唯一有智慧生命的地方，那麼我們真的贏得所有樂透的首獎。」

然而，Shostak 告訴我們，對於 SETI 尋找來自我們宇宙鄰居的智慧訊號，不用過分的樂觀或悲觀。

Shostak 在赫芬頓郵報採訪中說：「沒有生命在那裡的可能性是非常、非常的小。它有點像一隻螞蟻走出它的蟻窩，看見大量的空地在所有方向延伸，並且判定如果它的家是唯一的螞蟻山丘，那麼它的存在就像是一個奇蹟。」

056、研究人员发现了地球最早的生命证据

2017 年 3 月 1 日 BBC

科学家发现了他们所说的可能是地球上生活过最早有机物的化石。

这些在加拿大岩石上发现的微小的条状，圆块和管状物体的年代可以上溯到 42.8 亿年前。

这段时间是地球形成以后很久，但是比此前一直认为地球上出现最古老生命的证据还要早数十亿年。

研究人员在自然杂志上发表了他们的调查报告。

魁北克岩石上的含有铁成分的微型管状物是古代生命的证据——英国大学学院的马休·多德研究了这些化石，他认为这个发现有助于理解生命起源。

"这个发现回答了人类一直提出的最大的问题，那就是：我们从哪里来以及我们为什么存在？"

而在目前得到承认的地球最古老的生命证据是在澳大利亚西部发现的 34.8 亿年前的岩石。

马休·多德说，这些有机物来自一个遥远的时间，据认为那时候火星表面有液态水，火星还有和地球相似的大气层。

"如果我们在那个时候的地球上发现有生命诞生并且进化，那么火星上有生命开始的可能性也有。"

如果是那样的话，大学学院的帕皮尼奥博士说最近美国宇航局在地球表面的探测器可能是在错误的地方寻找生命迹象。

地球诞生以后"仅仅"几亿年后就出现生命的说法很有意义，因为目前科学家们在辩论地球生命出现是罕见事件还是在条件合适的情况下生物出现是普遍现象。

《科学家在中国陕西发现最早人类祖先化石》

2017 年 1 月 30 日 BBC

外星生命

这是根据化石复原的 Saccorhytus 像，尺寸大约为 1 毫米

由英国、中国和德国科学家组成的一个国际研究小组在《自然》杂志发表研究报告说，他们发现了迄今所知的最古老的人类祖先的痕迹。

科学家说，他们是在中国的陕西省发现这些化石的，化石保存完好。

这些科学家还说，这个微小的海洋动物生活在距今 4.5 亿年前，是已知最早的通过进化途径转变为鱼，再最终进化成人类的生物。

研究小组说，这个被称为 Saccorhytus 的动物是所谓"后口动物"（deuterostomes）这个种类中的最原始的一个成员，而"后口动物"是包括"脊椎动物"（vertebrates）在内的许多物种的共同祖先。

Saccorhytus 的尺寸只有大约 1 毫米，据信生活在海床下的沙粒之间。

Saccorhytus 有一层薄薄的相对柔韧的肌肉和皮肤——科学家没有找到任何这种动物有肛门的证据，这显示他们在消化食物后用同一个出口排泄。

在参加这项研究的英国、中国和德国科学家之中，有英国剑桥大学教授莫里斯（Simon Conway Morris）。

莫里斯教授对 BBC 说，如果用肉眼看这些化石，就是一些黑色的沙粒，但是显微镜观察所显示的细节令人震惊。

他说，"我认为，作为早期的后口动物，这种动物代表着很多物种的原始的开端，其中包括我们自己。"

中国西安西北大学教授舒德干说，"Saccorhytus 为我们了解从鱼最终到人类的进化过程的最初阶段，提供了非常重要的信息。"

在此之前，科学家所发现的"后口动物"最早的生活年代为 5.1 亿到 5.2 亿年前，这时的动物已经开始分化为人类祖先所属的脊椎动物和海星与海胆这类动物。

但是，科学家很难确定上述这些动物的共同祖先是什么样的。

最新研究显示，这个共同祖先的身体是对称的，这也是包括人类在内的许多物种继承下来的共同特征。

科学家说，Saccorhytus 最醒目的特征是它相对于身体的明显很大的大嘴。

科学家认为，这可能是因为它需要吞食食物颗粒或其他生物。

057、疑似二级文明星球出现？1500年前他们就开始建戴森球了

2021-03-18 科学蓝举报

疑似二级文明星球出现？1500年前他们就掌握了戴森球的建造技术

（本文涉及的内容节选自新闻，可搜索知识和信息，以及维基百科。部分内容可能还处于探索和求证阶段。）

2009年NASA发射了开普勒飞船，为人类开启观测这个宇宙历史时刻，在这项任务开始至今，开普勒望远镜已经观测了近10万颗恒星，开普勒观测行星的原理使用的是"行星凌日"这个原理,就是行星绕着恒星旋转，当行星行进到恒星与开普勒之间的轨道时，行星就会遮挡一部分恒星的光，这个现象就是"行星凌日"。这也是NASA发现"超级地球"的原理，在2015年他们在天鹅座发现了超级地球2.0，开普勒452。正当人类兴奋不已不到两个月，开普勒又在天鹅座观测到不可思议的现象——"泰比星异常"。

天鹅座

这个颗异常发光的星球叫KIC 8462852，是一颗F-型主序星，又因为研究它的天文学家塔贝萨·S·博雅吉安的名字命名为Tabby星，或WTF星。这颗恒星位于天鹅座，距离地球约1480光年，质量约太阳的1.43倍，直径约太阳的3.16倍，视星等为11.7，绝对星等为3.08。由于距离遥远，本身还没有太阳亮，所以人类肉眼看不见。

2015年，开普勒已经观测了近6万颗行星的凌日现象，这些行星凌日现象都是非常有规律和正常，直到它们对准了泰比星，它发出的光非常诡异。首先泰比星的变暗周期非常不规律，有时5天，有时候10天，有时候几十天。到了2017年5月塔比星的神秘恒星被观测到亮度比几天前变暗了2.5%。而在开普勒望远镜对它进行观测的四年里，它的亮度曾经下降15%和22%。要知道，即使是"金星凌日"这样的现象，造成恒星亮度变化也只有不足1%。塔比星的信号并不普通，天文爱好者们发现了

这颗恒星的奇特之处,引起了科学家Boyajian重视,她重新分析了开普勒4年中的观测数据,发现一些难以解释的现象!泰比星的亮度有数个非周期性的小骤降,每次降低的强度也不一致,另外还有两个大骤降约每750天发生一次,这和大量小型物体以密集队形围绕该恒星运行的结果高度吻合。一次,它在被观测的第790天时下降了15%,另一次在1520天时下降了22%。

2017年到2018年泰比星日观察变化

让泰比星如此变暗的因素,肯定不是行星,举个例子,木星,是太阳系中最大的行星,如果它运行到泰比星前面,按体积来比较,木星只能遮住泰比星1%的面积,不可思议就是泰比星那次亮度降幅达到20%,也就是说一个相当于木星体积20倍的行星挡在了泰比星前面,但这个是不可能的,因为行星是不可能长那么大。如果木星再大一点,就会自我核心点爆,变成像太阳一样的恒星,发光发热。

科学家们考虑了一切自然因素的可能,包括数据分析软件的数据处理上的误差;恒星内部异变;附近矮星的影响;尘埃团环绕造成的遮挡等,尘埃团来自小行星带的碰撞或者巨大行星冲击造成,也可能是某个行星本身的尘埃盘所造成的。这种情况下天体的红外辐射会大于正常的自身的红外辐射,产生所谓的"红外超",但与观测数据不符。他们还推测可能是某个巨大的彗星所致,不过这个彗星个头要跟这颗恒星差不多一般大,历史上人们从未观测到如此之大的彗星,所以这个解释也非常牵强。所有可能的自然因素最后都被一一推翻了。

这里简单提一下宇宙文明等级说,它是由前苏联科学家尼古拉·卡尔达肖夫提出的,他以能量级把宇宙分成了三个量级。一级文明的标识是它能应用所在星球的所有可用能量;二级文明是利用这个行星所环绕的恒星的所有能量。三级文明,是利用它所处的星系的所有能量。人类现在处于0.78级文明,纽约市立大学物理学家加来道雄预言,人类进入真正的一级文明还要再发展100-200年时间。

戴森球遐想图

"戴森球",是弗里曼·戴森在1960年就提出的一种理论。所谓"戴森球"其实就是直径2亿km不等,用来包裹恒星开采恒星能的人造天体。

戴森认为是文明捕获恒星的能量,并且是文明对于能量巨大需求增长的必然需求。能造出戴森球这样的宇宙文明,意味着他已经达到了我们提到的宇宙二级文明的程度。滨州州立大学首先提出了是戴森球造成了泰比星这个异象,出乎意料的是,直到现在,超过一半的天文学家和科学家认可了说法。

由于距离遥远,本身还没有太阳亮,人类肉眼看不见。特殊仪器观测到的泰比星

如果这个说法正确的话,我们所见到的异象是戴森球正在建造的时候,毕竟我们距离泰比星 1500 光年,说说这个时间,也就是我国处于南北朝时期,还处于冷兵器时代,对方已经掌握和开始建造这个戴森球了。这个差距确实有点大,科学家还推测他们的文明和科技程度应该领先人类 3000 年到 50 万年。

宇宙之大,宇宙诞生了那么久,而地球孕育了生命,再产生了我们人类高智商的生物,相对宇宙中的历史来说可能一粒沙都不及的时间,期待我们的科技发展,去解开更多的谜底。

特别声明:以上内容(如有图片或视频亦包括在内)为自媒体平台"网易号"用户上传并发布,本平台仅提供信息存储服务。

058、以色列太空局前高官:美国和外星人签了协议,特朗普差点说漏嘴

刘程辉 2020-12-09

"美国政府和外星人之间有一个协议,他们和我们签订了合同,在我们这做实验。"上周五(4 日),曾长期担任以色列太空安全项目负责人的海姆·埃希德(Haim Eshed)语出惊人,他表示,人类一直在和来自"银河联邦"(Galactic Federation)的外星人接触,而特朗普不仅知道这一点,此前还"差点"泄露了这一消息。

以色列《耶路撒冷邮报》:以色列前太空安全官员透露了外星人的存在

这些惊人言论是现年 87 岁的埃希德在 4 日接受以色列《新消息报》采访时说的，本周二（8 日），以色列《耶路撒冷邮报》刊发了采访的英文版报道。

根据埃希德的说法，外星人对人类同样感到好奇。他们正在对"宇宙结构"进行研究，并和人类签署了一项合作协议，其中包括在火星上建立一个秘密的地下基地，那里有美国宇航员和外星人的代表。

"美国政府和外星人之间有一个协议，他们和我们签订了合同，在我们这做实验。"埃希德说。但埃希德表示，这些不明飞行物（UFO）要求我们不要公布他们的存在，因为"人类还没有准备好"。

埃希德把他口中的外星人称作"银河联邦"，他补充道，"现在我们已经对太空和宇宙飞船有了了解，而他们（银河联邦）一直在等待人类发展到如今这个阶段。"

埃希德还放了个"大瓜"，说美国总统特朗普早就知道这个事情，还"差点"就说漏嘴，不过他又表示，据说来自"银河联邦"的外星人阻止了特朗普这么做。因为这些外星人担心，这一消息会让人类"大规模歇斯底里"。

《耶路撒冷邮报》报道截图："银河联邦"外星人阻止了特朗普这么做

至于为什么选择现在披露这一消息，埃希德解释说因为现在的学术环境发生了很大变化。"倘若我在五年前就发表这番言论，我可能会被送进医院。"埃希德表示，现在人们关于外星人也有了很多新说法，自己也在学术界获得了尊重，没有什么可以失去的了。

针对埃希德的这一言论，美国国防部在回应《国会山报》时将问题丢给了白宫，而白宫也暂未对此置评。

特朗普以前曾不止一次被问过外星人存不存在。去年，特朗普就海军发现所谓"UFO"的事件做了简短的通报，他表示怀疑："人们说他们看到了不明飞行物。我相信吗？不怎么信。"

在今年 6 月的一档节目里，他儿子小特朗普还问爸爸说："在你卸任前，你会让我们知道世界上到底有外星人吗？因为这是我唯一想知道的事儿。我想知道发生了什么。"

"我不会告诉你我到底知道些什么，但这个事啊，非常有趣。"特朗普说。

当儿子满脸期待地追问"所以你是说你可能会解密这些信息？"特朗普露出了耐人寻味的笑容："嗯，那我得考虑一下。"

埃希德此前长期负责以色列太空安全项目近30年，曾三次获得以色列安全奖。值得注意的是，埃希德发表此番言论之际，一本关于埃希德访谈的新书已与11月出版，该书对埃希德的观点进行了更深入的阐述。

有意思的是，在埃希德透露了"银河联邦"的存在后，真的有一个名叫"银河联邦官员"（Galactic Federation Official）的推特账户现身了。该账户定位为"银河大道42号"，在简介一栏自我介绍说，"我是银河联邦的正式代表，由于我们的存在被泄露，我会亲自筛选那些希望加入我们的人。欢迎你们！"

有了账户还不够，"银河联邦"竟然还有自己的"官网"，并提供了注册账户的功能。不过这个网站除了首页暂未添加其他内容。在首页，"银河联邦"煞有介事地写道："我们的目的很纯粹，那就是最大程度帮助人类挖掘发展潜力，实现自我救赎。"

8日，这名"官员"连发三推向"地球人"打招呼，并在最新一条推文中喊话："银河联邦已经观察你们很久了。尽管人类这一物种尚未得到我们的认可，但由于埃希德泄露了我们的存在，我们已同意承认具有高尚道德水准的个人。"

一个自称"银河联邦官员"的账户发推，呼吁人们加入

该"官员"还与好奇的人类进行了互动，为人类"答疑解惑"。有网民质疑这名"官员"的身份，因为他并没有获得推特认证。"官员"一本正经解释称，自己花了整整3个小时准备材料，才获得了上级批准开通这个账户。尽管来自更高级的文明，但他也有自己的权限。

值得一提的是，今年以来，美国政府已数次就"不明空中现象"采取行动。今年8月，美国国防部宣布成立特别调查组，加强对"不明空中现象"的调查力度。而4个月前，美国正式公布了三段美国海军拍摄到的不明飞行物视频。

今年4月，美国政府公布的其中一段 UFO 视频

这些视频拍摄于2004年至2015年间，最早在2017年底被《纽约时报》

及一家公司泄露。视频中,这些由机载红外传感器捕捉到的不明飞行物,以极高速度"花样机动",并数次摆脱锁定,引起美军人员惊呼。有人认为,这些物体与外星人有关。

不过,这些视频也遭到外界不少质疑,关于外星人是否存在一事,至今仍是个谜。

网民哀嚎:

peterAPP

美国为什么一直喜欢炒作外星人?什么UFO,51区。这要从冷战说起了。美国每年会从数千亿军费中抽出300到500亿用作秘密武器的开发,这地方也就是所谓的51区。如当时开始研发的隐身飞行器,各种制导武器,导弹,激光,粒子武器之类都很前沿。这些武器一测试,没看过的人自然是脑洞大开,媒体,电视,电影外星人话题各种编!美国当局不但不会解释,甚至还加入进来一起玩大忽悠.一是这属于秘密武器,傻瓜才解释。二是可以创造大量经济产益,不要说给出现UFO的当地带来各种旅游收益,就是各种外星人话题的影视在全世界也是大行其道,收割无数金钱与影响力!三是对战略对手,当时的苏联给予震慑,可以忽悠苏联的战略方向,打压了苏联人的信心,同时增强西方世界的信心,特别是增强了美国在全世界的软实力。别人一听到美国,形象都是高大上,美国产的各种商品都是品牌大升,像武器卖给你就算死贵死贵的,你都得掏钱还得弯腰感谢!所以炒作这种话题对美国百利无一害。政府喜欢作,媒体喜欢编,观众也喜欢听。花花桥子人人抬,抬着抬着可连自己都信了!到了现在互联网时代,这种炒作只剩下少量经济冷饭可以收下,更多是忽悠自己人转移视线。至于震慑战略对手,基本不可能了!一是现在人手一台带高清拍摄的手机,拍下的东西一下子就全界都看到了,矇不了人。二是像中国,俄罗斯这种大国也在搞这些新概念武器,大家都知怎么回事!说真的,本人也喜欢外星的影视,也期望人类能真的与地外文明接触。但我也明白,人类区区的几千年,对于46亿年的地球来说,几乎可以忽略不计,对于浩瀚神秘的宇宙来说,更是渺小得连尘埃都不算!人类想与其他外星文明接触,现阶段可能性基本为零!

2020-12-09 添砖加瓦 0319

政体居然是联邦。想象力没有超过认知水平，三流作家都不如。

2020-12-09 冠位复读机

看来银河联邦也不能从新冠病毒手中拯救美国

2020-12-09 pmf1991

以色列转移话题能力一直可以的。

你们说的这个外星人可以复活被你们打死的巴勒斯坦儿童么。

2020-12-09 长风

救赎~

这银河联邦是不是都是亚伯拉罕诸教教徒啊？我倒想看看，亚伯拉罕诸教怎么把整个银河系纳入 bible 的体系。

另外，显然，这些外星人跟中国没关系，然后有着外星人加持的美国的"技术领先"已经被没有外星人份的中国不断拉近距离？这是外星人拉跨还是美国人拉跨啊？

2020-12-09 龙之睛有容乃大，无欲则刚

"我们的目的很纯粹，那就是最大程度帮助人类挖掘发展潜力，实现自我救赎。"——仅仅凭"救赎"这个词，就可以断定，这是一个披着科学外衣的现代神棍在传教！

2020-12-09 时惟令月景淑风和

好莱坞的编剧就是牛。

2020-12-09 Gaofei309

如果告诉中国外星人存在的话，估计中国追赶的目标就不是美国了

2020-12-09

哇哈哈哈哈哈哈哈

和外星人签协议？哪来的法律进行约束，这荒谬言论这专家也说的出来

2020-12-09 灵风

几个菜啊，醉成这样？

059、英国女性说自己被外星人绑架50多次：他们的飞船像

个回旋镖！

2021-05-10 英国那些事儿

话说自古以来，"外星人是否存在"都是一个没人能解答的问题。

尽管有无数的证据如今已经被证明是伪造的，但总有一些人，还是会言辞凿凿地说自己见过飞碟，见过外星人存在。

最近，在英国又出现了一位女性，名叫宝拉·史密斯（Paula Smith），今年50岁。

她也信誓旦旦地表示自己见过外星人。

而且不只是见过，她甚至还被外星人绑架过，50多次！

根据她的说法，她第一次被外星人绑架，还要追溯到1982年，那时候她还是个11岁女孩儿。

宝拉回忆说，

那一天，她走进了一片森林当中，随着林间的小路越来越窄，四周也变得越来越安静、黑暗，最后，她仿佛都能听到自己的心跳声。

随着她逐渐适应了周围黑暗的环境，她突然发现，前面出现了一个形状像回旋镖一类的东西。

宝拉说，"回旋镖"每个臂的末端都有一个灯，一共有三个，一个是蓝色，一个是绿色，还有一个她记不清了。

用更方便理解的话来说，这个外星飞船就像是飞机上的螺旋桨一样，高30英尺（9米左右），宽30英尺，整个飞船呈黑色，边缘还带着蓝色和绿色的光。

它以每小时1英里的速度旋转，但却不会发出一点声音。

当时宝拉试图逃跑，但地面突然软得像是流沙一样，她就这样慢慢沉入了地面……

等宝拉再醒过来的时候，她已经到了飞碟的内部。

飞船里的外星人给她展示了地球上不存在的技术（具体没说），还给她看了一些关于风景的幻灯片：一开始有一条美丽的河，然后河水变成了黑色，后来蓝色的天空也变得血红……

宝拉突然意识到，这原来是一部电影，展现的是地球因为人类的贪婪而被毁灭的故事。

外星人还挺关心人类和地球的关系的？

等宝拉再醒来之后，她回到了家里。

家人告诉她，她已经失踪了4个小时了，但宝拉却丝毫没有印象。

更离奇的是，等她回到家的时候，她发现自己的身上多了几块三角形的瘀伤，手臂上甚至还垂现了手指掐过的痕迹。

宝拉知道，这就是外星人在绑架她的过程中，留下的印记。

而她也凭借着自己的记忆，画下了一张外星人的画像。

下图可能有点惊悚，小伙伴们做好准备。可没想到的是，从那之后，她仿佛被外星人盯上了。

在之后的40年里，她被外星人带走了51次，有时候她只是在家里睡觉，结果就被外星人顺着窗子掳走了。

宝拉说，这么多年以来，外星人从来没在她身上留下什么其它的特别之处，而她也没有把自己遇到过外星人的故事告诉别人，因为就算说了别人也不信。

但她相信，至少有上百万的人会跟她有着同样的经历，同样被外星人绑架过。

好吧，不管怎么说，宝拉也讲述了一个亲身经历的故事。

不知道她和口中外星人的"缘分"，能持续到什么时候。

060、宇宙深處同一位置頻繁往地球發射訊號，不排除為外星文明的行動

天文學家一直為尋找外星文明而奮鬥，我們一直都認為外星文明一定比我們的文明發達，然而我們誰都沒有想過我們的文明有可能是外星文明的奮鬥目標。

這是怎麼回事呢？原來是因為天文學家收到了六個這樣不知道來源的無線電波訊號，雖然每一個訊號的時間很短，因此天文學家認為高階外星生命有可能在嘗試與我們聯絡。

關於這些高階外星生命在嘗試與我們聯絡的話題天文學家作了一篇論反，並且發表在《天體物理學雜誌》上，研究人員表示，我們在這個訊號來源的位置發現了另外六個無線電位號。

雖然天文學家在這個位置發現了很多次來自於外星文明的無線電訊號，但是天文學家一直沒有研究出訊號來源的地方。研究人員表示，這個位置重複出現外星文明的無線電訊號，肯定不是碰巧而已，這說明那裡一定有外星文明的存在。

假設那裡真的存在外星文明，那麼我們應不應該回覆他們呢？著名物理學家斯蒂芬·霍金認為我們不要回覆外星人的訊號。我覺得這個說法很有道理，因為我們一旦回覆了外星文明的訊號，那麼外星人肯定會發現我們的位置。

如果外星文明來到了地球，無外乎有兩種結果，文明交流和戰爭。外星文明的科技肯定要比地球先進，不過外星文明肯定不會願意向我們傳播他們的文明技術。那麼一旦外星文明來到了地球，他們很可能想征服和殖民地球吧。

061、宇宙中的一颗星球，要孕育出高级智慧生命有多难？

2021-05-26 科学视角

目前人类在广袤的宇宙中是非常孤独的，丝毫没有其他高级生命存在的迹象；而天文观测表明，类地行星在宇宙中普遍存在，但是根据人类的进化历史来看，一颗星球要孕育出智慧生命实在太难了。

在时间尺度上，我们宇宙有138亿年的历史，太阳系有45亿年的历史，地球在30亿年前出现了首批原核生物，人类祖先最早可以追溯到500万年前，而人类文明只有短短几千年的时间。

在空间尺度上，我们的可观测宇宙直径有930亿年，这已经是人类遥不可及的距离，然而在可观测宇宙之外，或许还有更广袤的空间，只是宇宙年龄有限，更遥远的光线还没有足够的时间到达地球。

在数量上，我们银河系就有2000亿颗恒星，可观测宇宙有近1万亿个星系，然后绝大部分恒星周围，都存在一颗甚至多颗行星，这样统计下来，宇宙中的天体甚至比地球沙滩上的沙粒还多。

在考虑时间、空间和数量后，我们发现人类实在太渺小了，如果宇宙中只有人类一种高级智慧生命，那么简直就是对空间和时间的极大浪费，相信谁也无法接受。

探寻地外的研究从上世纪就开始了，但是目前为止，人类从未找到地外文明存在的丝毫证据，每次对地外行星的探寻都是失望而归，比如金星、火星、土卫六等等都有人类的探测器造访过，但都没有生命存在的证据，哪怕微生物都没有。

英国巴斯大学的一位天文学教授 Nick Longrich，在美国生命科学网中发表一篇文章，说到一颗星球要孕育智慧生命是非常非常低的小概率事件。

首先这颗行星必须是固态行星，然后处于母恒星的适居地带，并且拥有合适的温度和厚厚的大气层，同时还必须拥有大量液态水；即便这些都具备了，出现了单细胞生物，这些单细胞生物还得花数亿年的时间进化出复杂生物，然后骨骼、智力、性方面的进化，都会影响复杂生物是否能进化出高级智慧，比如恐龙统治了地球2亿多年也没进化出高等智慧，然后智慧文明毁灭也是经常发生的事，原因可能来自于地外小行星撞击、种群竞争、病毒、气候等等各方面的原因。

以上各个环节一环扣一环，随便哪个环节出错都无法进化出高级智慧生命，于是智慧生命出现的概率极低，也许银河系2000亿颗恒星周围，就只有地球上出现了文明，如果光速无法突破，那么人类将孤独一辈子。

062、陨石中发现蛋白质，暗示地外生命存在？

2020年04月14日 新浪科技

日前一支研究小组声称在陨石中发现一种蛋白质，它是地球之外发现的第一种蛋白质，但是它并不能证实外星生命存在的迹象。

科学家在陨石中首次发现蛋白质，这是否暗示着外星球存在神秘生命？

日前一支研究小组声称在陨石中发现一种蛋白质,它是地球之外发现的第一种蛋白质,但是它并不能证实外星生命存在的迹象。

然而,部分研究人员对这项是否具有科研价值表示置疑,我们知道氨基酸是有机化合物,是构成生命的基石,它形成于陨石和其他太空岩石。但是地球之外生物起源前的化学作用范围仍是未知的,而该作用如何转化为生命则更加神秘,其部分原因是地球陨石中寻找有机化合物的过程非常困难。

美国哈佛大学的研究小组分析了1990年在阿尔及利亚发现的一块原始陨石样本,首先,他们使用一系列小型、全面消毒过的钻头(类似于牙科手术钻头),收集陨石内部物质。

研究人员将水和三氯甲烷等液体与粉末混合在一起,之后向混合物释放一束激光,将它们变成气体,这一过程被称为质谱分析,更加便于研究分析。

当他们检测气体时,发现了氨基酸与其他原子的组合,这是首次发现外星蛋白质的证据。如果该项研究经过技术评审,将是一种重要的研究结论,它表明地球或者其他行星表面可能存在某种类型的化学反应,可能促使生命的孕育形成。

如果这种化学反应发生在一颗贫瘠的岩石星球上,将意味着太空更极端环境孕育生命的可能性更大,这项研究表明,该化学反应可以在自然界中发生,而不是仅发生在实验室。

然而,一些研究人员对该项结果表示置疑,他们认为分析结果并不一定意味着研究人员声称存在于陨石中的化合物确实存在,同时,该研究是基于不完全数据推断的。他们发现的这种蛋白质在自然界不太可能形成,其结构毫无意义。

尽管如此,人类可能仍将继续在陨石样本中寻找复杂的有机分子、氨基酸、以及蛋白质,这些工作需要更多的努力和付出,希望最终会获得一些研究成果。

063、找不到外星人有答案了 研究称银河系存在着大量死亡外星生命

2020年12月24日 快科技

虽然至今人类尚未找到外星人，但却不能否认外星文明的存在。据外媒报道，来自美国宇航局喷气推进实验室和加州理工学院的一项新研究显示，银河系可能存在着大量已经死亡的外星文明。

这项发表在预印本网站 arXiv 上的研究，使用了德雷克公式（由美国天文学家 Frank Drake 提出的一条用来推测"可能与我们接触的银河系内外星球高智文明的数量"之公式），确定银河系形成后的80亿年外星智慧生命就可能出现了。

该研究指出，通过分析各种可能导致宜居环境的因素，外星文明有可能在银河系形成80亿年后就出现了，而人类则是在银河系形成135亿年后才出现。

并且外星文明最有可能居住在银河系金属含量丰富的宜居带行星上，距离银河系的中心大约有13000光年。相比之下，地球距离银河系的中心大约有12000光年。

研究人员表示，人类一直热衷于寻找外星文明但毫无所获，这可能是因为这些外星文明已经自我毁灭了。因为上世纪60年代的研究曾指出，科学技术的进步"将不可避免地导致生物的退化和毁灭"。

此外，研究人员也考虑了一些导致外星文明灭亡的可能性，比如辐射伤害、进化停滞和智慧生物自我毁灭（如气候变化、生物技术进步或战争）。

这也意味着，任何外星文明都可能存在着类似的发展模式，即形成生命的阶段，然后经历了一个长期的发展阶段后，最终因各种因素走向了灭亡。

064、真有外星人？金字塔型UFO閃爍畫面瘋傳 美國防部證實了

2021/04/16 東森新聞

真有外星人？

世界上到底世界上到底沒有外星人、UFO（不明飛行物）的存在，一

直都是大家討論的話題，而其真實性也不斷被質疑，近日網路上就瘋傳一段疑似美軍拍攝的 UFO 影像，被大家廣為討論，而美國國防部隨後也證實，這就是真正的 UFO。

近日在網路上瘋傳一段 2019 年時拍攝的 UFO 影片，畫面中可以看到有金字塔型的飛行物一邊閃爍，一邊在雲層中移動並掠過上空，另外還有球型、橡子型的飛行物被拍到，其真實性沒有人能夠確定，不過據《CNN》報導，美國國防部已經證實這段影像確實是軍方人員拍攝，更表示這些照片和影片「是無法解釋的物體」，間接證實就是「不明飛行物（UFO），不過沒有進一步證實其他相關訊息。

五角大廈發言人蘇·高夫向 CNN 發表聲明指出，為了維護運營安全，並避免洩漏可能對潛在對手有用的信息，國防部沒有公開討論他們觀察到的現象，也沒有報告其入侵訓練範圍或指定空域的檢查細節，包括一開始這些入侵的物體被稱為「UAP」，並非「UFO」，而 UAP 一般在美國軍方內部，是用來代替 UFO 一詞，等同於「在各種軍事訓練範圍的空域中目睹或觀察到的，未經官方和軍方授權，不明身分的飛行器或物體的基本描述」。

據了解，2019 年拍到這些飛行物時，美軍還以為是無人機，不過如今已經被列為 UFO 進行調查。而美國國防部起初成立「不明航空現象調查小組（UAPTF）」，專門調查這些不確並是否為 UFO 的現象，不過當初他們研究後仍無法辨識這些飛行物體，更發現他們的表現和無人機完全不同，因為這些飛行物體能做到在強風中保持靜止，早已超過無人機所能做到。

065、至今没发现外星文明，或许太阳系处于银河系比较偏远贫瘠之地？

2018-04-07 易五月

银河系是太阳系所在的恒星系统，它是一个棒旋星系。银河系就像一个银盘，主要由中心致密区银核，中心球形隆起区核球，银盘外围区银晕，以及银晕的外面银冕等部分组成。核球是银河系中恒星数量最高度密集区，中央区域多数为老年恒星，而外围区域多数为新生的年轻的恒星。

目前整个银河系大约有 4000 亿颗恒星,我们的太阳正好位于银河系一个支臂猎户臂上,至银河系中心距离大约有 2.6 万光年,整个银河系直径大约为 10 万光年。

据史蒂芬·霍金观测声称,银河系中心是一个巨大的黑洞,亿万年来银河系正是通过缓慢的吞噬周边的矮星系从而使自己不断的走向壮大。

上图为银河系全景图,已标注了我们太阳所处的位置。正是在这一已知神秘的区域,银河系衍生出了一个神奇的星球,这是一个充满生机盎然的生命星球,银河系正是在这里创造出了一个生命的奇迹,这个星球就是我们人类乃至千万种动植物赖以生存的星球——地球!目前来讲,地球是我们人类已知的在银河系中仅存的一个生命星球!那么地球生命存在于银河系中到底是偶然的还是必然的呢?银河系中会不会有更多的生命星球存在呢?

上世纪 60 年代,著名天文学家法兰克·德雷克为此提出了一条用来推测在银河系内可能与人类接触的外星球文明数量之公式——德雷克方程式。

根据该方程式,德雷克保守估算出银河系中存在的文明大概有 10 万个。而美国天文学家卡尔·萨根则估算出大概有 100 万个。银河系中可能拥有高技术文明的天体是 2484 颗。

虽然貌似拥有如此众多的外星生命星球,但是人类和外星人相遇的概率仍然是很低的。一个原因是时空的阻隔,因为与我们最近的行星离地球就有 500 光年,如果这颗星球有外星人,如果他们拥有光速飞行器,则至少也需要 500 年才能到达地球,何况更远的距离,那就更遥不可及了。

另一个原因就是时间上的差异,各文明出现的时间点不同,有前有后,就像地球上恐龙灭绝后才有人类一样。也许前一个文明消失,接着后一个文明才出现,由于时空交错,从而导致银河系中曾经出现过的文明不能相遇。

也可能像霍金讲的,银河系中心就是一个大黑洞。或许曾经出现过的文明星球有可能都湮灭到了黑洞里消失殆尽了。银河系中随着老恒星的消失殆尽,新的恒星又再次诞生,如此周而复始,新陈代谢,就像人一样,前一秒新生婴儿刚降临,后一秒就有老人去世。最终导致银河系文明间"老死不相往来。"

银河系也是螺旋星系,我们太阳子银河系螺旋臂之一的中间,所以偏远贫瘠倒算不上。

银河系中可能有2000多亿颗恒星,太阳系就是其中之一。而我们的太阳就在银河系的猎户臂内,距离银河约为2.5万光年,而银河系直径可能是十万光年,中星也存在大量的古老的恒星。

就像地球围绕太阳转一样,地球离太阳不太远,也不太近,温度什么都适宜,所以地球上才出现了生命。同样生命也不会再银河系中心附近长存,因为高密度的恒星一旦爆炸,都会波及附近行星,炸掉一颗恒星的臭氧层,从而毁掉一颗行星上的生命。

其实也不像楼主估计的那样,科学家早就用德雷克方程计算过,推测过了银河系可能分布着大量的生命,可能存在几百万的文明。

所以银河系应该很繁荣,但是至今我们都没有发现过任何外星文明,可能的解释有:

三体中的黑暗森林理论,就是如果你被发现就被干掉,所有我们能难看到有其它文明,因为都已经被摧毁了。

还有就是宇宙的大过滤器,就是说所有文明都无法拥有星际航行的技术,在这之前因为各种原因都毁灭了。

除了这些理论外(还有其它理论),我们也可能是由于探测技术不够导致的,因为到现在为止,我们甚至还不能确定太阳系中其它地方是否存在生命。所以我们地球触及的范围实在是太小了。

最后,我们地球和其它恒星相距是真的遥远,每个恒星都是如此,所以就导致看似完全隔离,对于我们来说探测银河系外星文明还是一项非常艰巨的任务。

066、中国「天眼」向全球开放,科学家能找到外星文明吗?

近未来 01-17

外星生命

地球是人类的摇篮，但是人类不能永远生活在摇篮里。——康斯坦丁·齐奥尔科夫斯基（苏联科学家，现代航天学和火箭理论的奠基人，航天之父）

中国贵州，一只硕大无比的「天眼」，正静静躺在黔南布依族苗族自治州的喀斯特洼坑中，好奇地打量着宇宙。

它是个四岁多的娃娃，却有着强大的「躯体」，由主动反射面系统、馈源支撑系统、测量与控制系统、接收机与终端及观测基地等几大部分构成，是一台500米口径球面射电望远镜，面积相当于30个标准的足球场。

它的爸爸是中国天文学家南仁东先生。1994年，南仁东先生提出建设构想。历时22年，「天眼」于2016年9月25日落成启用，是具有我国自主知识产权、世界最大单口径、最灵敏的射电望远镜。

日前，中国向世界宣布，「天眼」将于2021年4月1日正式对全球科学界开放，为人类外空命运共同体提供贡献和发展经验。

这只眼睛能看什么？眼睛，当然是用来看「光」的。

人类之所以能看到东西，是因为电磁波进入了我们的眼睛，而可见光，就是电磁波里很小的一部分波段。

同时，还有很多波段的电磁波仅凭肉眼看不到，这些电磁波携带了大量信息，其中涵盖了大量极其重要的天文研究对象，比如射电星系、类星体、脉冲星和宇宙微波背景辐射等等，这就需要借助「天眼」一类的射电望远镜来接收、分析这些信号。

「天眼」工程总工程师兼首席科学家南仁东介绍，借助「天眼」，人类可以做很多事：

可以将中性氢观测延伸至宇宙边缘，观测暗物质和暗能量，寻找第一代天体

能用一年时间发现约7000颗脉冲星，研究极端状态下的物质结构与物理规律

有希望发现奇异星和夸克星物质

发现中子星——黑洞双星，无需依赖模型精确测定黑洞质量

通过精确测定脉冲星到达时间来检测引力波

作为最大的台站加入国际甚长基线网，为天体超精细结构成像

可能发现高红移的巨脉泽星系，实现银河系外第一个甲醇超脉泽的观测突破

用于搜寻识别可能的星际通讯信号，寻找地外文明

睁眼看宇宙，成果有几何？

在宣布向全球科学家开放前，「天眼」已投入运行几年，成果颇丰。

2017年10月，「天眼」发现2颗新的脉冲星，一个脉冲星距离地球1.6万光年，自转周期为1.83秒，被命名为J1859-01。另一颗距离地球约0.41万光年，自转周期为0.50秒，命名为：J1931-01。

2017年12月，「天眼」再次发现3颗脉冲星。截至目前，「天眼」共发现了超过240颗脉冲星。「天眼」在短短两年内发现脉冲星数量，超过同期欧美多个脉冲星搜索团队发现的数量总和。

2020年，4篇论文同时在著名学术期刊《自然》上发表，发现并论证了一个河内快速射电暴FRB 200428起源于磁星SGR 1935+2154，为「快速射电暴源于磁星」这一理论猜测增添了有力的证据。其中一篇论文正是基于「天眼」的观测成果。

天眼的意义在哪里？

2020年4月，「天眼」观测时间分配委员会开始向国内天文界征集自由申请项目，半年多来接到170余份申请，申请的总时间约5500个小时，实际批准1500个机时，只有30%能得到支持，竞争相当激烈。

2021年1月，中国宣布「天眼」向全球科学家开放后，在科学界引起了热议，许多国家的科研团队和科学家立即发出了申请，但最终中国只能尽量腾出约10%的观测时间用于共享。

由此可见，「天眼」的意义有多么重大。而它之所以含金量如此高，是因为它的观测数据是人类迈入太空更深处的基础。

1. 绘制宇宙精确「地图」

细心的你应该发现了，脉冲星这个关键词出现了很多次。在说它前，我们先来说说航海。

如果你开着一艘船在茫茫大海上航行，没有地图，没有指南针，没有定位系统，能不能到达目的地只能靠运气。

但如果你有一个定位系统，一切都变得格外轻松，你知道航线是怎么

样的，目前自己在哪个位置，接下来要精确地往哪里航行等等。

想象一下，如果你开着一艘恒星级飞船，从太阳系出发，到4光年外的另一颗恒星系去，能靠什么定位？

没有办法精准定位。

太阳不过是宇宙亿万恒星中普通得不能再普通的一颗星星，仅靠太阳定位的后果只有一个，你会永远迷失在宇宙中。

「天眼」重点观测和寻找的脉冲星，就是目前已知最好的宇宙级定位参照物。

正如地球有磁场一样，恒星也有磁场；也正如地球在自转一样，恒星也都在自转着；还跟地球一样，恒星的磁场方向不一定跟自转轴在同一直线上。这样，每当恒星自转一周，它的磁场就会在空间划一个圆，而且可能扫过地球一次……要发出像脉冲星那样的射电信号，需要很强的磁场。而只有体积越小、质量越大的恒星，它的磁场才越强。而中子星正是这样高密度的恒星，只有高速旋转的中子星，才可能扮演脉冲星的角色。

地球自转一周要二十四小时，脉冲星的自转周期却可以小到0.0014秒，于是它的超强磁场发射出周期性脉冲信号，看上去就像高速一闪一闪的灯塔，由于自转周期极其稳定，成为人类测量宇宙时空的超高精准度时钟。

如果飞船进入了宇宙深处，望远镜和卫星不能直接观测时，就可以依靠脉冲星测算位置，探明的脉冲星数量越多，定位将越准确。

这就是「天眼」重大的意义之一，它正在绘制宇宙精确地图，虽然只是一个小小的开始，但影响足够深远。

2.探索宇宙起源

人类自开蒙以来，一直在思考一个问题：我们从哪里来。「天眼」就有助于探索这个问题。

「天眼」可以巡视宇宙中的中性氢。氢聚变产生的能量点亮了恒星，太阳因此发出了光和热，造就了地球这个人类生命的摇篮。

星系中的氢元素除了形成恒星，还有一部分会剩下来，以中性氢原子形式存在，称之为中性氢。

通过对比较原始的星际气体的观测发现，在银河系和许多河外星系中，轻元素氦的同位素氘相对于氢的数量基本上是均匀分布的。这和许多重元素的非均匀分布形成了鲜明的对照。

据科学家推测，宇宙大爆炸后最初几分钟内预期出现的高温高密状态极易导致轻元素的合成，而重元素则是在众多的恒星内核深处合成，直到发生超新星爆发时才大量散布开来的，它们相对于氢的数量不会是均匀分布的。

国家天文台副台长郑晓年指出，研究宇宙中的中性氢可以「研究宇宙大尺度物理学，以探索宇宙起源和演化」。

3. 探索地外文明

小说《三体》中，三体人用二维展开的质子包住地球，伪造了宇宙背景微波辐射的闪烁，以此向人类证明存在地外文明且科技水平远超人类。

「天眼」就能观测到宇宙微波背景辐射，但是宇宙微波背景辐射是宇宙大爆炸的产物，太杂太乱。

根据宇宙大爆炸理论，最初的宇宙非常小，聚集着极高密度的物质和能量，温度非常高。宇宙大爆炸后，即便空间膨胀了非常久，当年的热量也不会完全消散掉，还有残留的热量，均匀地分布在整个宇宙中，就是宇宙微波背景辐射。

「天眼」要做的，就是从海量杂乱的宇宙微波背景辐射中，甄别筛选出暂时不符合科学认知的、奇异的、无规律的、明显加工过的信号，看看这些信号是否由地外文明发出，以此间接推测地外文明的存在。

2019年初，加拿大CHIME望远镜团队宣布第二次发现重复的快速射电暴（FRB）。当时有天文学家指出，虽然暂时无法确认这种现象的成因，但并不能排除这种信号是由地外文明所发出的可能性。

地球很好，为什么还要探索宇宙？

人类如果决定深入宇宙继续进化，这种难度不亚于当年我们的祖先从海洋爬上陆地，一步踏错，可能遭致灭顶之灾。

但如果不踏出这一步，人类将永远失去更进一步的可能，就像我们祖先当年一样。

人类进入文明社会以来，资源矛盾一直是不断催生经济危机和引发战争的根本原因，每次技术爆炸都是在不断释放资源的潜力，不过资源总有开发利用的极限，再加上人类数量、寿命和人均资源消耗仍在不断提升，资源紧张带来的危机只会一次比一次快，一次比一次深。

爱因斯坦曾预言，第四次世界大战的武器将是石头，可见缓解资源矛盾的迫切性和重要性。

目前探明，光是月球一个卫星，都有极为丰富的矿产资源和大量的氦3，通过利用氕和氦3可进行氢聚变，作为核电站的能源。

因此，向宇宙深处进发是人类的必然选择，大量资源正等待人类挖掘，借助「天眼」，我们可以打好前期基础，让后人走得更远。

《搜尋外星文明計劃找到了什麼？》（大紀2019年06月29日）报道：

世界上最大的搜尋外星人訊號的專案「突破聆聽」（Breakthrough Listen）至今已得到逾1拍位元組（petabyte，10的15次方，相當於一百萬GB）的資料，不過該專案才剛剛開始。

「突破聆聽」專案使用無線電和光學技術，在過去三年裡觀測了離銀河系較近的1300多顆恆星，篩選和判斷可能來自外星文明的訊號。

多年從事搜尋地外文明（SETI）工作的資深研究員Jill Tarter告訴美媒Axios：「如果把人類有能力搜尋的太空範圍比作地球上大海的體積，那麼人類自上世紀60年代起至今，不過才搜尋了『一浴缸』這麼點範圍的海水。」

「突破聆聽」專案由以色列–俄羅斯雙國籍富翁Yuri Milner於2015年建立，投資1億美元，打算搜尋100萬顆恆星、100個鄰近星系，尋找任何可能來自外星文明的訊號。這個專案預計需要十年時間。

今年6月18日，該專案公開了其目前為止找到的所有資料，是世界同類資訊釋出中最大量的一批。

無線電方法難度將更大

掃瞄來自太空微弱的無線電訊號本來就很難，需要高敏感度射電望遠鏡。隨著現在大量群陣衛星專案的啟動，這種掃瞄太空搜尋無線電訊號的方式未來難度可能會越來越大。

SETI研究所的Seth Shostak對這種方法不是很樂觀，他告訴Axios：「有可能我們所處的位置根本就收不到任何訊號。可能（外星文明）訊號有很多，但是我們都收不到。」

其它方法

很可能其它搜尋外星文明的方法更容易、更有可能找到外星生命。

上週，美國宇航局（NASA）的好奇號（Curiosity）探測車在火星上找到了甲烷，這很可能是火星上存在微生物的線索。

科學家也希望將來調查有著豐富水資源的衛星，如土衛二（Enceladus）或木衛二（Europa）上存在微生物的可能性。這兩個衛星目前被認為「很可能存在生命」。

NASA 的下一代望遠鏡將有觀測遙遠行星上更多資訊的能力。

「找不到」是受限於人類技術水平

儘管探尋外星生命耗資大、難度高，但是美國以及其它國家仍不斷增加投入。科學家已經意識到，我們找不到外星文明，可能是受限於人類的技術能力。

「突破聆聽」專案的科學家 Danny Price 說：「我一直認為，搜尋地外文明（的成果）是人類文明能力的反映，我們能夠找到的東西受到我們自身技術的限制。」

附录《果壳中的宇宙》

前言1、人类只能理解自己脑子以内的东西

《天文学家发现已知最遥远超大质量黑洞》（2017-12-07 新华网）报道：

美国航天局喷气推进实验室等机构的研究人员6日在英国《自然》杂志发表报告说，观测到了迄今已知最遥远的超大黑洞，其质量约是太阳的8亿倍。

这个国际研究小组利用美国航天局的广域红外线巡天探测卫星（WISE），以及位于智利的麦哲伦望远镜，在遥远的宇宙深处发现了一个类星体，其中心存在一个巨大黑洞，这个黑洞正在吞噬周围的物质。

类星体是天文学家对一类遥远天体的称呼，它们通常包括一个中央黑洞和周围的星云，由于黑洞吞噬周围物质时所释放的大量能量，它们在宇宙中显得非常明亮。

对这个类星体的分析显示，它发出的光经过了超过１３０亿年才抵达地球，这意味着它在宇宙形成初期就已经存在。分析还显示，其中央的黑洞质量约是太阳的８亿倍。这是迄今已知最遥远的超大黑洞。幼年宇宙可以制造如此巨大的黑洞，对现有黑洞形成理论形成了挑战。

天文学家估测，早期宇宙包含２０至１００个这样明亮而遥远的类星体。科学家们期待未来能够有更多类似发现，从而帮助我们更好地理解宇宙的演化。

太空气体极端运动形成巨大黑洞的"种子"

大风或许可以解释黑洞缘何变得如此之大。

黑洞需要很长时间成长，所以人们不会在遥远的地方看到很多与早期宇宙——那时的光线直到现在从未到达地球——相对应的黑洞。较小的黑洞"种子"长成这些巨大的黑洞，需要在大爆炸之后10万年的时间内增加到相当于太阳质量的100亿倍。

但是天文学家们在那里发现了更多的超大质量黑洞，这使得它们不太

可能像大多数现代黑洞一样,通过缓慢吞噬尘埃和气体的方式来生长。

美国得克萨斯州立大学的 Shingo Hirano 和同事利用早期宇宙的模拟,分析了超大质量黑洞的前身是如何诞生的。

Hirano 黑洞的种子开始于一团暗物质的光晕之中,在大爆炸的混沌中留下了超音速的气体流。暗物质的引力俘获了一些流气体,形成了稠密的云。

通常情况下,密集的气体云会分裂并形成许多小恒星,但研究人员发现,流态运动带来的湍流阻止了云的碎片化或崩溃。

不过,最终,气体云变得足够大而坍塌,并迅速形成了相当于太阳质量数千倍的恒星。在大爆炸发生后不到 8 亿年的时间内,恒星变成了相当于太阳质量 20 亿倍的黑洞。

纽约哥伦比亚大学的 Zoltan Haiman 说:"这些巨大黑洞'种子'在很早的时候就形成了,比其他大多数研究中讨论得都早得多。"

这些"种子"形成的时间越早,就越难直接观察到它们,因为人们只能通过非常遥远的距离观察早期的宇宙。对早期宇宙中超大质量黑洞的理论进行彻底测试的唯一方法是使用巨大的望远镜来寻找它们。幸运的是,下一代的太空望远镜也许能够看得到遥远宇宙的足够深度,从而找到"种子"黑洞。

"'种子'黑洞的形成是超大质量黑洞研究中最重要的问题之一。"新泽西州普林斯顿大学的 Jenny Greene 说,"利用即将推出的詹姆斯·韦伯太空望远镜直接验证这些模型将会非常令人兴奋。"

谢选骏指出:人类为自己的理解而兴奋不已,还想理解宇宙的演化?但其实,人们只能理解自己的脑子允许自己理解的东西。

前言2、人类只能看见自己眼睛以内的东西

《天文学家发现一个隐秘的银河系结构,在黑暗的虚空中显现》(2021-04-11 星空天文)报道:

银河系的新疆域。

什么也逃不过人类的眼睛。最近天文学家发现，银河系拥有一个此前从未有人发现过的结构。这个位于猎户座旋臂和英仙座之间的结构内，挤满了大量年轻而短命的炽热蓝星。

这些恒星的质量都在太阳的 3 倍以上，是最稀有的一类。银河系中只有大约 20 万颗这样的恒星。这个数量和整个银河系 4000 亿的恒星总量相比实属凤毛麟角。

大质量蓝星数量是星系活力的标志。它们是重元素的重要冶炼者。在它们短暂的一生中，会有大量的重元素被制造出来，并在死亡的瞬间，通过超新星爆发抛洒到宇宙空间。贫瘠的太空因此变得肥沃，岩石行星乃至生命因此才有机会萌生。

在盖亚探测器海量数据的帮助下，天文学家运用时差法对这些恒星和地球的距离进行了测量。时差法的原理，是利用地球在环绕太阳运行的过程中因其所处位置的不同，而导致远方的恒星在天空中位置出现细微的差异。通过测量这些差异，天文学家可以计算出恒星和地球的距离。

新发现的这些蓝星在原本人们以为空无一物的空间里构成了一道星桥，横亘在旋臂之间，以相同的速度保持着同向运动。

研究人员还发现这些蓝星并不在银盘内，而是稍稍偏离银河系平面，位于银盘的上方。这表明银河系在其历史上经历过某种激烈的演化过程，比如和其他星系发生碰撞或合并。

了解银河系的结构，之所以比了解其他星系还困难，是因为我们身处其中。从地球的角度观察银河系，我们只能看到它的一个侧面。虽然借助新的观测手段，我们可以穿透银河系星际尘埃的遮挡，看到以前看不到的银河系结构。通过对观测到的恒星进行距离测定，我们还可以对银河系的结构作部分还原。但是如何看到银心背后的景象却一直是一个难题。

谢选骏指出：什么也逃不过人类的眼睛？笑话。要是没有望远镜，人能看多远？更何况还有暗能量暗物质。人类不止是只能理解自己脑子以内的东西，而且，人类只能看见自己眼睛以内的东西。

第一章 相对论简史

外星生命

爱因斯坦是如何为20世纪两个基本理论,即相对论和量子论奠基的。

阿尔伯特·爱因斯坦,这是位狭义和广义相对论的发现者,1879年诞生于德国的乌尔姆。次年他的全家即迁往慕尼黑。在那里他的父亲赫曼和叔父各自建立了一个小型的不很成功的电器公司。阿尔伯特并非神童,但是宣称他在学校中成绩劣等似乎又言过其实。1894年他的父亲公司倒闭,全家又迁往意大利的米兰。他的父亲决定让他留在慕尼黑,以便完成中学学业,但是他讨厌其独裁主义,几个月后离开了,前往意大利与家人团聚。后来他在苏黎完成学业。ETH的教授们不喜欢他好辩的性格以及对权威的蔑视,他们中无人愿意雇他为助手,而这恰恰是进入学术生涯的正常途径。两年以后,他终于在伯尔尼的瑞士专利局获得一个低级职位。1905年正是在专利局任上,他写了三篇论文。这三篇论文不仅奠定了他作为世界最主要的科学家之一的地位,而且开启了两项观念革命,这革命改变了我们对时间,空间以及未来本身饿理解。

在19世纪末,科学家们相信他们已经处于完整描述宇宙的前夕。他们好象空间充满了所谓"以太"的连续介质。光线和无线电讯号是在以太中的波动,如同声音为空气中的压力波一样。对于完整理论所需要的一切只不过是要仔细测量已太的弹性性质。事实上,为了进行这种测量,哈佛大学建立了杰佛弗逊实验室。整个建筑物不能用任何铁钉,以免干扰灵敏的磁测量。然而策划者忘记了构筑实验室和哈佛大部分楼房的褐红色砖头砖头含有大量的铁。这座建筑物迄今仍在使用,虽然哈佛仍然不能清楚,不用铁钉的图书馆地板究竟可以支撑多少卷藏书。

到世纪交替之际,开始出现可和穿透一切的以太观的偏差。人们预料光在通过已太时以恒定的速度旅行;但如果你通过已以太顺着光的方向运动,它的速度会显得更快。

然而一系列实验不支持这个观念。阿尔伯特·麦克尔逊和爱德华·莫雷于1887年在俄亥俄的克里夫兰的凯思应用科学学校所进行的实验为其中最为仔细最为精确者。他们对相互垂直的两束光的速度进行比较。随着地球绕轴自转以及公转,仪器以变化的速度和方向通过以太运动。但是麦克尔逊和莫雷的两光束之间没有周日和周年的差别。不管人们在哪个方向上多快运动,光似乎总是以相同的速率相对于他的所在地运动。

爱尔兰的物理学家乔治·费兹杰拉德和荷兰物理学家亨得利克·洛伦兹,在麦克尔逊-莫雷的基础上建议,物体在通过以太运动时会收缩,而且钟表要变慢。这种收缩和钟表变慢使人们测量到相同的光速,而不管他们相对于以太如何运动。然而,爱因斯坦在1905年6月撰写的一篇论文中指出,如果我们不能检测出他是否穿越时空的运动,则以太观念纯熟多余。想反的,他以为科学定律对于所有自由运动的观察者都显得相同的假设为出发点。特别是,不管他们如何快速运动,都应测量到相同的光速。光速和他们运动无关,并且在所有方向上都相同。

这就需要抛弃一个观念,即存在一个所有钟表都测量的成为时间的普适的量。相反的,每个人都有他或者她自己的个人时间。如果两个人处于相对静止状态,则他们的时间就一致,但是一旦他们相互运动则不一致。

这已经被很多实验所证实,其中包括两台以相反方向绕世界飞行的精确的钟表返回后显示时间的微小差异。这似乎暗示,人们若要活的更长久,应该不断地飞向东去,使得地球的旋转叠加上飞机的速度。然而,人们所获得的比一秒还短得多的生命延长,远远不及劣质飞机餐对健康的残害。

爱因斯坦的假定,即自然定律对于所有有自由运动的观察者应该显得相同,是相对论的基础。之所以这么称呼是因为它意味着只有相对运动才是重要的。它的美丽和简单征服了许多科学家,但是仍然有许多人反对。爱因斯坦推翻了19世纪科学家的两个绝对物:以太代表的绝对静止和所有钟表都测量的或普适时间。许多人觉得这是一个另人不安的概念。他们问道,这是否意味着,万物都是相对静止的,甚至不存在绝对的道德标准呢? 这种苦恼持续穿于20世纪20年代和30年代。1921年爱因斯坦获得诺贝尔奖时,其颂词是至关重要的,但是按照他的标准却是相对次要的,也是在1905年做过的研究。它没有提及相对论,因为相对论被认为太过于争论性了。尽管如此,现在科学界已经完全接受了相对论,无数的应用证实了他的预言。

相对论的一个非常重要的推论是质量和能量的关系。爱因斯坦关于光速对于任何人而言都应该显得相同的假设,意味着没有任何运动的比光还快。当人们应能量加速任何物体,无论是粒子或者空间飞船,实际上发生的是，它的质量增加，使得对她进一步加速更困难。要把一个粒子加速到光速要消耗无限大能量，因而是不可能的，正如爱因斯坦的著名公式总结的：$E=mc^2$，质量和能量是等效的。这也许是物理学中的唯一的妇孺皆知的公式。它的一项后果是意识到，如果铀原子核裂变总质量稍小的两个核，就会释放巨大的能量。

1939 年世界大战迫在眉睫，众多意识到这些含义的物理学家都说服爱因斯坦克服其和平主义原则，以他的权威给罗斯福总统写一封信，要求美国开始核研究计划。

这就导致了曼哈顿规划并最终产生了于 1945 年在日本的广岛和长崎爆炸的原子弹。有人将原子弹归咎于爱因斯坦发现了智能关系；但是这和把飞机失实归咎于牛顿发现了引力很类似。爱因斯坦本人没有参与曼哈顿规划，并且为投原子弹而感到震惊。

爱因斯坦 1905 年的开创性论文为他建立了科学声望，但是直到 1909 年他回到苏黎世，这一次是返回苏黎世高工。尽管在欧洲的许多地方，甚至在大学中盛行反犹主义，他现在是学术界的巨星。维也纳和乌特勒希特都邀他任教，但是他选择了柏林的普鲁士科学院的研究员职务，因为这样他可以摆脱教学。1914 年 4 月他迁往柏林，不久他的妻子和两个儿子也来团聚。然而婚姻不谐已有时日，他的家庭不久返回苏黎世。尽管他偶尔去看望他们，他和妻子最终还是离婚了。爱因斯坦后来娶了他住在柏林的表姐爱尔莎。在战争年代里他过着独身生活，避免了家事纠缠，也许是他在这一段期间科学上多产的一个原因。

虽然相对论和制约电磁学的定律配合的天衣无缝，它却不能和牛顿的引力定律想协调。牛顿引力定律说，如果果人们在时间的区域改变物质分布，引力场的改变在宇宙其他任何地方就会瞬间被察觉到。这不仅意味着人们可以发送比光还快的信号；为了知道这里瞬刻的含义，它还需要存在绝对或普适的时间。这正式那种被相对论抛弃了的，并被个人时间所取代的时间。

1907 年当爱因斯坦还在伯尔尼的专利局工作时，他就知道了这个困难，但是直到 1911 年他在布拉格时才开始认真地思考这个问题。他意识到在加速度和引力场之间存在一个紧密的关系。待在一个封闭的盒子里，譬如升降机中的某人不能将盒子静止地处于地球引力场中和盒子在自由空间中被火箭加速这两种情形区别开来。

如果地球是平坦的，人们既可以说服苹果因为引力而落到牛顿头上，也可以等效地说因为牛顿和地球被往上加速。然而，对于球形地球加速度和引力之间的不等效似乎不成立，世界相反两边的人要停留在固定的相互距离上就必须在反方向上被加速。

在爱因斯坦1921年回苏黎世时，他灵感奔涌，意识到如果时空几何是弯曲的，而不是想迄今所假定的那样平坦，则等效成立。他的思想是质量和能量以一种还未被确定的方式将时空弯曲。诸如苹果或者行星的物体在通过时空的企图沿着直线运动，但是因为时空是弯曲的，所以他们的轨道显得被引力场所弯折。

爱因斯坦借助于他的朋友玛索尔·格罗斯曼通晓了弯曲时空和面的理论。在此之前乔治·弗里德里希·黎曼把这种理论发展成一种抽象的数学；黎曼从未想到它和实在世界有何相干。1913年爱因斯坦和格罗斯曼合写了一篇论文，他们在论文中提出了这样的思想，我们认为是引力的只不过是时空为弯曲的这一事实的表现。然而，由于爱因斯坦的一个错误，他们未能找到将时空曲率和处于其中的质量和能量相联系的方程。爱因斯坦在柏林继续研究这个问题。他不受家事的烦扰，而且不受战争影响，终于在1915年11月找到了正确的方程。1915年夏天，当他访问哥廷大学时曾经和数学家大卫·希尔伯特讨论过他的思想，希尔伯特甚至比爱因斯坦还早几天独立找到了同一方程。尽管如此，新理论的成功应归功于爱因斯坦：把引力和时空弯曲联系起来正是爱因斯坦的思想。这个时期的德国作为文明国家是值得赞扬的，甚至在战时科学讨论和交流仍然可以不收干扰的进行。这和20年后的纳粹时期相比真是天壤之别。

弯曲时空的理论被称为广义相对论，以和原先没有引力的理论相区别，后者现在被认为狭义相对论。1919年当英国赴西非的探险队在日食观察到光线通过太阳临近被稍微偏折，广义相对论因而得到辉煌的确认。这正是空间和时间被弯曲的直接证据。它激励了从欧几里得在公元前300年左右写下《几何原本》以来，我们对自身生活其间的宇宙之认识的最大变革。

爱因斯坦的广义相对论把空间和时间从一个事件在其中发生的被动的背景转变成宇宙动力学的主动参与者。这就引发了一个伟大的问题，这个问题在21世纪仍然处于物理学的最前沿。宇宙充满物质，而物质弯曲时空使得物体落到一块。爱因斯坦发现他的方程没有描述一个静态的，也就是在时间中不变的宇宙解。他宁愿不放弃这样一种永恒的宇宙，这正是他和和其他大多数人所深信的，而不惜对该方程进行补缀，添加上称为宇宙常数的一项，使得物体相互离开。宇宙常数在相反的意义上将时空弯曲，使得物体相互离开。宇宙常数的排斥效应可以平衡物质的吸引效应，这样就容许宇宙具有静态解。这是理论物理学的历史中错失的最重大的机会之一。如果爱因斯坦坚持其原先的方程，他就能够语言宇宙要么正在膨胀，要么正在收缩，二者必居之一。直至20世纪20年代在威尔逊山上用100英寸望远镜进行观测，人们才认真接受宇宙随时间变化的可能性。

这些观测揭示了，星系和我们像距越远，则越快速地离开我们而去。宇宙正在膨胀，任何两个星系之间的距离会随时间恒定地增加。这个发现排除了为获得静态宇宙解对宇宙常数的重要。爱因斯坦后来把宇宙常数称为他一生中最大的错误。然而，现在看来这也许根本不是什么错误：将在第三章中描述现代观测暗示，也许确实存在一个小的宇宙常数。

广义相对论彻底地改变了有关宇宙起源和命运的讨论。一个静态的宇宙可以存在无限长时间，或者以它目前的形状在过去的某个瞬间创生。然而，如果现在星系正在相互分开，这表明它们过去曾经更加靠近。大约150亿年以前，所有它们都会相互靠在一起，而且密度非常大。天主教牧师乔治·拉玛特是第一位研究我们今天叫做大爆炸的宇宙起源。他把这种状态称作"太初原子"。

爱因斯坦似乎从未认真地接受过大爆炸。他显然认为，如果人们随着星系的运动在时间上回溯过去，则一个一致膨胀宇宙的简单模型就会失效，因为星系的很小的倾向速度就会使它们相互错开。他认为，宇宙也许早先有过一个收缩相，在一个相当适度的密度下反弹成现在的膨胀。然而，我们现在知道，为了在早期宇宙中核反应能产生在我们周围观察到的轻元素数量，其密度曾经至少达到每立方英寸10吨，而且温度达到100亿度。况且，微波背景的观测显示，密度也许一度达到每立方英寸1×10^{72}吨。

我们现在还知道,爱因斯坦的广义相对论不允许宇宙从一个收缩相反弹到现在的膨胀。正如在第二中将要讨论的,罗杰·彭罗斯和我能够证明,广义相对论预言宇宙大爆炸启始。这样爱因斯坦理论的确隐含着时间有一个开端,虽然他从不喜欢这个思想。

爱因斯坦甚至更不愿意承认广义相对论的预言,即当一个大质量恒星到达其生命的钟点,而且不能产生足够的热去平衡其自身使它收缩的引力时,时间将会到达尽头。爱因斯坦认为,这样的恒星将会在一终态安定下来。但是我们现在知道,对于比太阳质量两倍还大的恒星并不存在终态的结构。这类恒星将会继续收缩直至它们变为黑洞。黑洞是时空中如此弯曲的一个区域,甚至连光线都无法从那里逃出来。

彭罗斯和我证明了,广义相对论语言,无论是该恒星,还是任何不慎落入黑洞的可怜的航天员,其时间在黑洞中都将到达终点。但是无论是时间的开端还是终结都是广义相对论不能被定义之处。这样理论不能语言从大爆炸会出现什么。有些人将此视作上帝具有随心所欲创生宇宙的自由启示,但是其他人觉得宇宙的开端应受在其他时刻成立的同样定律的制约。真如将在第三章中所描述的那样,我们为达到这一目标已经取得一些进展。但是我们尚未完全理解宇宙的起源。

广义相对论在讨论大爆炸处失效的原因是它和量子理论不协调。量子理论是20世纪早期的另一项伟大的观念变革。1900年马克思普朗克在柏林发现,如果光只能以分立的称为量子的波包发射或者吸收,就可以结实来自一个炽热物体的辐射。这是向量子理论进展的第一步。1905年爱因斯坦在专利局撰写的开创性论文中的一篇里指出,普朗克的量子假设可以解释所谓的光电效应。光电效应是讲当光照射到某些金属表面时释放电子的方程式。这是现代光检测器和电视摄像机的基础,也正式因为这个工作,爱因斯坦获得了物理学的诺贝尔奖。

直至20世纪20年代爱因斯坦继续研究量子的思想,但是哥本哈根的威纳·海森堡,剑桥的保罗·狄拉克和苏黎世的厄文·薛定谔的工作使他深为困扰。这些人发展了所谓量子力学的实在的新图象。微笑的离子不再具有确定的位置和速度。相反的,粒子的位置被确定得越准确,其速度则被确定得越不准确,反之亦然。其本定律中的这一随机的不可预见的要素使得爱因斯坦震惊，他从未全盘接受过量子力学。他的著名格言表达了他的感受："上帝不玩骰子"。然而，新的量子定律能够解释整个范围原先的量子定律能够解释整个范围原先未能阐明的现象以及和观测极好地符合，所以其他为数不多的科学家欣然接受他们的有效性。它们是现代化学，分子生物学和电子学发展的基础，也是近50年来使世界发生天翻地覆地变化的技术的基础。

1933年12月获悉纳粹和希特勒即将在德国上台，爱因斯坦离开德国并且四个月后放弃德国国籍。他的最后20年是在新泽西普林斯顿的高等数学研究所度过的。

纳粹在德国发动了反对"犹太人科学"运动，而许多德国科学家是犹太人；这是德国不能制造原子弹的部分原因。爱因斯坦和相对论成为这个运动的主要目标。当他听说出版为《100个反爱因斯坦的作家》的一本书时，回答道："何必要100个人呢？如果我是错了，一个人就足够了。"第二次世界大战之后，他要求盟国政府建立一个世界政府以控制原子弹。1948年他拒绝了担任以色列新国家总统的邀请。他有一回说："政治是为当前，而一个方程却是一种永恒的东西。"广义相对论的爱因斯坦方程是他最好的墓志铭和纪念物。它们将和宇宙同在。

世界在上一世纪的改变超过了以往的任一世纪。其原因并非新的政治后经济的教义，而是由于基础科学的进步导致的巨大发展。还有何人比阿尔伯特·爱因斯坦更能代表这些进步呢？

第二章　时间的形态

爱因斯坦的广义相对论使时间具有形态。这如何与量子理论相互和谐。

时间为何物？它是否像古老的赞歌说的那样，把我们所有的梦想一卷而空的东流逝波？抑或像一直前进，却又回到线上的早先过站。

19世纪作家查里斯·朗母写到："世间万物没有任何东西像时间和空间那么使我困惑。然而没有任何东西比时间和空间更少使我烦恼，因为我从不想起它们。"我们中的大多数人早本部分时间不去考虑时间和空间，不管他们为何物；但是我们所有人有时极想知道时间是什么，它如何开始，并且把我们知道何方。

关于时间或者任何别的概念的任何可靠性的科学理论，依照我的意见，都必须基于最可操作的科学哲学之上：这就是卡尔·波普和其他人提出的实证主义的方法。按照这种思维方式，科学理论是一种数学模型，它能描述和整理我们所进行的观测。一种好的理论可在一些最简单假设的基础上描述大范围的现象，并且做出被验证的预言。如果预言和观测相一致，则该理论在这个检验下存活，尽管它永远不能被证明是正确的。另一方面，如果观测和预言先抵触，人们必须将该理论抛弃或者修正。如果人们如同我们那样采用实证主义立场，他就不能说时间究竟为何物。人们说能做的一切，是将所发现的描述成时间的一种非常好的数学模型并且说明它能预言什么。

艾萨克·牛顿在 1687 年出版的《数学原理》一书中为我们给出时间和空间的第一个数学模型。牛顿担任剑桥的卢卡斯教席。虽然在牛顿那个时代这一教席不用电动驱动。时间和空间在牛顿的模型中是事件发生的背景，但是这种背静不受事件的影响。时间和空间相互分离。时间被认为是一跟单独的线，或者是两端无限延伸的轨道。时间本身被认为是永恒的，这是在它已经并将永远存在的意义上来说的。与此相反，大多数人认为有宇宙是在仅几千年前已多少和现状相同的形态创生的。这使哲学家们忧虑，譬如德国思想家伊曼努尔·康德。如果宇宙的的确确是被创生的，那么为何要在创生之前等待无限久？另一方面，如果宇宙已经存在了很久，为何将要发生的每一件事不早已发生，使得历史早已完结？特别是，威吓宇宙尚未到达热平衡，使得万物都具有相同温度？

康德把这个问题称作"纯粹理性的二律背反"因为它似乎是一个逻辑矛盾；它没有办法解决。但是它只是在牛顿数学模型的矿架里才是矛盾。时间在牛顿模型中是根无限的线，独立于在宇宙发生的东西。然而，正如我们在第一章中看到的，爱因斯坦在 1915 年提出了一种崭新的数学模型：广义相对论。在爱因斯坦论文以后的年代里，我们添加了一些细节，但是爱因斯坦提出的理论仍然是我们时间和空间的基础。本章和下几章将描述,从爱因斯坦革命性论文之后的年代里我们观念发展。这是许许多多人合作成功的故事,而且我为自己的小贡献感到自豪。

广义相对论把时间维和空间的三维合并形成了所谓的时空。该理论将引力效应集体化为,宇宙中物质和能量的分布引起时空弯曲和畸变,使之不平坦的思想。这个时空是弯曲的,它们的轨迹显得被弯曲了。它们的运动犹如受到引力场的影响。作为一个粗糙的比喻,但不要过于的拘泥,想象一张橡皮膜。人们可把一个大球放在膜上,它代表太阳。球的质量把膜压陷下去,使之在太阳邻近弯曲。现在如果人们在膜上滚动小滚珠,它不会直接地穿到对面去,而是围绕着该重物运动,正如行星绕日公转一样。

这个比喻是不完整的,因为在这个比喻中只有时空的两维截面是弯曲的,而时间正如在牛顿理论中那样,没有受到扰动。然而,在与大量实验相符合的相对论中,时间和空间难分难解地相互纠缠。人们不能只使空间弯曲,而让时间安然无恙。这样时间就被赋予了形态。广义相对论使时空和时间弯曲,把它们从被动的事件发生的背景改变成为发生的动力参与者。在牛顿理论中,时间独立于其他万物而存在,人么也许回请问:上帝在创造宇宙之前做什么》正如圣·奥古斯丁说的,人们不可以为此笑柄,就象有人这样说过:"(也)正为那些寻根究底的人们准备地狱。"这是一个人们世代深思的严肃的问题。根据圣·奥古斯丁的说法,在上帝制造天地之前,(也)根本无所作为。事实上,这和现代观念非常接近。

另一方面,在广义相对论中时间和空间的存在不仅不能独立于宇宙,而且不能相互独立。在宇宙中的测量将它们定义,譬如钟表中的石英晶体的振动数或者尺子的长度。以这种方式在宇宙中定义的时间应该有一个最小或者最大值,换言之,即开端或者终结,这是完全可以理解的。询问在开端之前或者终结之后发生什么是没有任何意义的,因为这种时间是不被定义的。

决定广义相对论的数学模型是否预言宇宙以及时间本身应有一个开端或者终结,显然是非常重要的。在包括爱因斯坦在内的理论物理学家中有一种普遍成见,认为时间在两个方向都必须是无限的。否则的话就引起有关宇宙创生的令人不安的问题,这个问题似乎在科学王国之外。人们知道时间具有开端或者终结的爱因斯坦方程的解,但是所有这些解都是非常特殊的，具有大量的对称性。人们以为，在自身引力之下坍缩的实际物体，压力或者斜方向的速度会阻止所有物质一道落向同一点，使那一点的密度变成无穷大。类似的，如果人们在时间的反方向将宇宙膨胀倒溯过去，他会发现宇宙中的全部物质并非从具有无限密度的一点涌现。这样无限密度的点被成为奇点，并且是时间的开端或者终结。

1963年，两位苏联科学家叶弗根尼·利弗席兹和艾萨克·哈拉尼科夫宣称他们证明了，所有奇点的爱因斯坦方程的解都对物质和速度做过特殊的安置。代表宇宙的解具有这种特殊安置的机会实际上为零。几乎所有能代表宇宙的解都是避免无限密度的奇点：在宇宙膨胀时期之前必须预先存在一个收缩相。在收缩相中物质落到一起，但是相互之间不碰撞，在现在的碰撞相中重新分离。如果事实果真如此，则时间就会从无限过去向无限将来永远流逝。

利弗席兹和哈拉尼科夫的论证并没有人信服。相反的，罗杰·彭罗斯和我采用了不同的手段，不像他们那样基于解的细节研究，而是基于时空的全局结构。在广义相对论中，在时空中不仅大质量物体而且能量使它弯曲。能量总是正的，所以它赋予时空的曲率，曲率使光线的轨道对方弯折。

现在考虑我们的过去的光锥。也就是从遥远的星系来在此刻到达我们的光线通过时空的途径。在一张时间向上放画时空往四边画的图上，它是一个光锥，其顶点正式我们的此时此时。随着我们在光锥中从顶点向下走向过去，我们就看到越来越早的星系。因为迄今为止宇宙都在膨胀，而且所有的东西在以前更加靠近得多。当我们更一步忘会看，我们边透过物质密度更高的区域。我们观测到微波辐射的黯然背景，这种辐射是从宇宙在比现在密集得多也热得多的极早的时刻，沿着我们的过去光锥传播到我们的。我们把接受器调节到微波的不同频率，就能测量到这个辐射的谱。这种微辐射不能溶化冻比萨饼，但是该谱和2.7度的物体辐射谱那么一致这一事实告诉我们，这种辐射必须起源于对微波不透明的区域。

这样，我们才能够得出结论，当我们沿着过去的光锥回溯过去，它必须通过一定量的物质。那么多的物质足以弯曲时空，使得我们过去光锥中的光线往相互方向弯折。

当我们往过去回溯，过去光锥的截面会达到最大尺度，然后开始再度缩小。我们的过去是梨子形状的。

当人们沿着我们过去光锥回溯得更远，物质的正的能量密度引起光线朝相互方向更强烈地弯折。光锥的截面在有限的时间内缩小为零尺度。这意味着在我们过去光锥之内的所有物质被捕获在一个边界收缩为零的区域之内。因此，彭罗斯和我能够在广义相对论的数学模型中证明，时间必须有成为大爆炸的开端就不足为奇了。类似的论证显示，当恒星和星系在它们自身的引力下坍缩形成黑洞，时间会有一个终结。我们抛弃了康德的暗含的假设，即时间具有独立于宇宙的意义的假设，因此逃避了他的纯粹性的二率背反。我们真名时间具有开端的论文在1969年赢得引力研究基金会的第二名的论文奖，彭杰和我对分了丰厚的300美元。我认为同一年获奖的其他论文没有什么永远的价值。

我们的研究引起了各式各样的反应。它使得很多物理学家烦恼，但是使信仰创新世纪的宗教领袖们欣喜：此处便是创世纪的科学证明。此时，利弗席兹和哈拉尼科夫就处在尴尬的境地。他们无法和我们证明的数学定理争辩，但是在苏维埃制度下，他们有不能承认自己错了，而西方科学是对的。然而，他们找到一族具有急电的更不一般的解，不像他们原先的解那么特殊，以此挽回颓势。这样他们便可以宣称，奇性以及时间的开端或终结是苏维埃的发现。

大多数物理学家仍然本能地讨厌时间具有开端或终结的观念。因此他们指出，可以预料数学模型不能对奇点附近的时空作出很好的描述。其原因是，描述引力场的广义相对论是一种经典理论，正如在第一章中提到的，它和制约我们已知的所有其他的力的量子理论的不确定性相协调。因为在宇宙的大多数地方和大多数时间里，时空弯曲的尺度非常大，量子效应变得显著的尺度非常小，这种不一致性没有什么关系。但是在一个奇点附近这两种尺度可以相互比较，而量子理论效应就会很重要。这样，彭罗斯和我自己的奇点定理真正确立的是，我们时空的经典区域在过去或许还在将来以量子引力效应显著的区域为边界。为了理解宇宙的起源和命运，我们需要量子引力理论，这将是本书大部分的主题。

具有有限数量粒子系统，譬如原子的量子理论，是1920年海森堡，狄拉克和薛定谔提出的。然而，人们在试图把量子观念推广到麦克斯韦场时遇到的困难。麦克斯韦场是描述电,磁和光。

人们可以把麦克斯韦场认为是由不同波长的波组成的,波长是在两个临近波峰之间的距离。在一个波长中,场就像单摆一样从一个值向另一个值来回摆动。

根据量子理论,一个单摆的基态或者最低能量的态不是只停留在最低能量的点上,而直接向下指。如果那样就具有确定的位置和确定的速度,即零速度。就违背了不确定性原理,这个原理禁止同时精确地测量位置和速度。位置的不确定性乘上动量的不确定性必须大于被称为普朗克常数的一定量。普朗克常数因为经常使用显得太长,所以用一个符号来表示:h。

这样一个单摆的基态,或最低能量的态,正如人们预料的,不具有零能量。相反的,甚至在一个单摆后者任何振动系统的基态之中,必须有一定的称为零点起伏的最小量。这意味着单摆不必须垂直下指,它还有在和垂直成小角度处被发现的概率。类似的,甚至在真空或者最低能的态,在麦克斯韦场中的波长也不严格为零,而具有很小的量。单摆或者波的频率越高,则基态的能量越高。

人们计算了麦克斯韦场和电子场的基态起伏,发现这种起伏使电子的表现质量和电荷都变成无穷大,这根本不是我们所观测到的。然而,在40年代物理学家查里德·费因曼,朱里安·施温格和超永振一郎发展了一种协调的方法,除去或者"减掉"这些无穷大,而且只要处理质量和电荷的有限的观测值。尽管如此,基态起伏仍然产生微小效应,这种效应可以被提出的理论中的杨-米尔斯理论是麦克斯韦理论的一种推广,它描述另外两种成为弱核力和强核力的相互作用。然而,在量子引力论中基态起伏具有严重的多的效应。这里重复一下,每一波长各种基态能量。由于麦克斯韦场具有任意短的波长,所以在时空的任一区域中都具有无限数目的不同波长,并且此具有无限量的基态能。因为能量密度和物质一样是引力之源,这种无限大的能量密度表明,宇宙中存在足够的引力吸引,使时空卷曲成单独的一点,显然这并未发生。

人们也许会说基态起伏没有引力效应,以冀解决似乎在观测和理论之间的冲突,但是这也不可以。人们可以对利用卡米西尔效应是把符合在平板间的波长的数目相对于外面的数目稍微减少一些。这就意味着,在平板之间的基态起伏的能量密度虽然仍为无限大，却比外界的能量密度少了有限量。这种能量密度差产生了将平板拉到一起的力量，这种力已被实验观测到。在广义相对论中，力正和物质一样是引力的源。这样，如果无视这种能量差的引力效应则是不协调的。

解决这个问题的另一种可能的方法，是假定存在诸如爱因斯坦为了得到宇宙的静态模型的宇宙常数。如果该常数具有无限大负值，它就可能精确地对消自由空间中的基态能量的无限正值。但是这个宇宙常数似乎非常特别，并且必须被无限准确地调准。

20世纪70年代人们非常幸运地发现了一种崭新的对称。这种对称机制将从基态起伏引起的无穷大对消了。超对称是我们现代数学模型的一个特征，它可以不同的方式来描述。一种方式是讲，时空除了我们所体验到的维以外还有额外维。这些维被成为格拉斯曼维，因为它们是用所谓的格拉斯曼变量的数而不用通常的实数来度量。通常的数是可以变换的，也就是说你进行乘法时乘数的顺序无关紧要：6乘以4和4乘以6相等。但是格拉斯曼变量是反交换的，x乘以y和-y乘以x相等。

超对称首先用于无论通常数的维还是格拉斯曼维都是平坦而不是弯曲的时空中去消除物质场和杨－米尔斯场的无穷大。但是把它推广到通常数和格拉斯曼维的弯曲的情形是很自然的事。这就导致一些所谓超引力的理论，它们分别具有不同数目的超对称。超对称一个推论是每一种场或粒子应有一个其自旋比它大或小半个的"超伴侣"。

玻色子，也就是其自悬数为整数的场的基态能量只正的。另一方面，费米子，也就是其自旋为半整数的场的基态能量非负值。因为存在相等数目的玻色子和费米子，超引力理论中的最大的无穷大就被抵消了。

或许还遗留下更小的但是仍然无限的量的可能性。无人有足够的耐心，去计算这些理论究竟是否全有限。人们认为这要一名能干的学生花200年才能完成，而且你何以得知他是否在第二也就犯错误了？直到1985年大多数人仍然相信，最超前对称的超引力理论可避免无穷大。

然后时尚突然改变。人们宣称没有理由期望超引力理论可以避免无穷大，而这意味着它们作为理论而言具有的把引力和量子理论合并的方法。它们只有长度。在弦理论中是同名物，是一维的延展的物体。它们只有长度。在弦理论中弦在时空背景中运动。弦上的涟漪被解释为粒子。

如果弦除了他们通常数的维外，还有格拉斯曼维，涟漪就对应于玻色子和费米子。在这种情形下，正的和负的基态能就会准确对消到甚至连更小种类的无穷大都不存在。人们宣布超弦是 TOE，也就是万物的理论。

未来的科学史家将会发现，去描绘理论物理学家中的思潮的起伏是很有趣的事。在好些年里，弦理论甚至高无上，而超引力只能作为在低能下有效的近似理论而受到轻视。限定词"低能"尤其晦气，尽管此处低能是指其能量比在 TNT 爆炸中粒子能量的一百亿亿倍更低的粒子。如果超引力仅仅是低能近似，它就不能被宣称为宇宙的基本理论。相反地，五种可能的超弦理论中的一种被认为是基本理论。但是物种弦理论中的哪一种是我们的宇宙呢？还有，在超出弦被描绘成具有一个时空维和一个时间维的通过平坦时空背景运动的面的近似时，弦理论应如何表述呢？难道弦不使背景时空弯曲吗？

1985 年后，弦理论不是完整的图象这一点逐渐清晰了。一开始，人们意识到，弦只不过是延展成多于一维的物体的广泛族类中的一员。包罗·汤森，他正如我一样是剑桥的应用数学和理论物理系的成员，他关于这些东西做了许多研究，将这些东西命名为"P-膜"。一个 P-膜在 P 个方向上有长度。这样 P=1 就是弦膜，P=2 的膜是面或者薄膜，等等。似乎就是没有理由对 P=1 的的弦的情形比其他可能的 P 值更宠爱。相反地，我们应采用 P-膜的解。十维或者十一维听起来不太像我们体验的时空。人们的观念是，其余的六维或七维被弯卷成这么小，小到我们察觉不到；我们只知悉剩下的四维宏观的几乎平坦的维。

我应该说，对于相信而外的维，我本人一直犹豫不决。但是，对于我这样的一名实证主义者，"额外维的雀存在吗？"的问题是没有意义的。人们最多只能问：具有额外维的数学模型能很好地描述宇宙吗？我们还没有任何不用额外维便无法解释的观测。然而，我们在日内瓦的大型强子碰撞机存在观察到它们的可能性。但是，使包括我在内的许多人信服的，必须认真地接受具有额外维的模型的理由是，在这些模型之间存在一种所谓对偶性的意外的关系之网。这些对偶性显示，所有这些模型在本质上都是等效的；也就是说，它们只不过是同一基本理论的不同方面，这个基础理论被叫做 M- 理论。怀疑这些对偶性之网是我们在正确轨道上的征兆,有点象相信上帝把化石放在岩石中去是为了误导达尔文去提出生命演化的理论。

这些对偶性表明,所有五种超弦理论都描述同样的物理,而且它们在物理上也和超引力等效。人们不能讲超弦比超引力更基本,反之亦然。人们宁愿说,它们是同一基本理论的不同表达,对在不同情形下的计算各有用处。因为弦理论没有任何无穷大,所以用来计算一些高能离子碰撞以及散射事件很方便。然而,在描述非常大量数目的粒子的能量如何弯曲宇宙或者形成束缚态,譬如黑洞时没有多大用处。对于这些情形,人们需要超导力。超引力基本上是爱因斯坦的弯曲的时空的理论加上一些额外种类的物质。这正是我们以下主要使用的图象。

为了描述量子理论如何赋形于时间和空间,引进虚时间的观念是有助益的。虚时间听起来有点科学幻想,但其实很好定义的数学概念:它是用所谓的虚数量度的时间。人们可以将诸如 1,2,-3,5 等等通常的实数相成对于从左至右伸展的一根线上的位置:零在正当中,实正数在右边,而负实数在左边。

叙述对应于一根垂直线上的位置:零又是在中点,正虚数画在上头,而负虚数画在下面。这样虚数可被认为与通常的实数夹直角的新行的数。因为它们是一种数学的构造物,不需要实体的实现;人们不能有虚数个橘子或者虚数的信用卡帐单。

人们也许认为,这意味着虚数只不过是一种数学游戏,也现实世界毫不相干。然而从实证主义哲学观点看,人们不能确定任何为真实。人们所能做的只不过是去找哪种数学模型描述我们生活其中的宇宙。人们发现牵涉到虚时间的一种数学模型不仅预言了我们已经观测到的效应,而且预言了我们尚未能观测到,但是因为其他原因仍然坚信的效应。那么何为实何为虚呢?这个差异是否仅存在于我们的头脑之中呢?

爱因斯坦经典广义相对论把实时间和三维时空合并为四维时空。但是实时间方向和三个空间反向可被识别开来;一位观察者的世界线或历史总是在实时间方向增加,但是它在三维空间的任何方向上可以增加或者减小。换言之,人们可以在空间中而非时间中颠倒方向。

另一方面，因为虚时间和实时间夹一直角，它的行为犹如空间的第四个方向。因此，它比通常的实时间的铁轨具有更丰富多彩的可能性。铁轨只可能有开端或者终结或者围着圆圈。正是在这个虚的意义上，时间具有形态。

为了领略一些可能性，考虑一个虚时间的时空，那是一个像地球表面的球面。假定虚时间的纬度，那么宇宙在虚时间的历史就是南极启始。这样，"在开端之前发生了什么？"的诘问就变得毫无意义，恰如不存在比南极更南的点一样。南极是地球表面上完全规则的点，相同的定律在那里正如在其他点一样成立。这暗示着，宇宙在虚时间中的开端可以是时空规定的点，而且相同的定律在开端处正如在宇宙的其他地方一样成立。

另一种可能的行为是可以把虚时间当作地球上的经度来阐明。所有时间在那里静止，这是在这样的意义上来讲的，即嘘时间或经度的增加，让人们停留在同一点。这和在已经认识到这种实和虚时间的静止意味着时空具有温度，正如我在黑洞情形下所发现的那样。黑洞不仅有温度，它的行为方式似乎还表明它具有称作熵的量，熵是黑洞内部状态的数目的量度，这是具有给定的质量，旋转和电贺的黑洞允许的所有内部状态。作为黑洞外面的观察者只能观测到黑洞的这三种参数。黑洞的熵可由我于1984年发现的一个非常简单的公式给出。它等于黑洞视界的面积：视界面积的每一基本单位都存在关于黑洞内部状态的一比特的信息。这表明在量子引力和热力学之间存在一个深刻的联系。热力学即热的科学。它还暗示，量子引力能展示所谓的全信息性。

有关一个时空区域内的量子态的信息可以某种方式被编码在该区域的少二维的边界上。这就是全信息术把三维的影像携带在二维的表面上的方法。如果把量子引力和全信息原理相合并，这也许意味着我们能跟踪发生于黑洞之内的东西。如果我们能够语言来自黑洞的辐射，这一点册是重要的。如果我们不能做到，我们将不能像原先以为的那样充分地预言将来。这将在第四章中讨论。我们在第七章中将再次讨论全息学。看来我们也许生活在一张3-膜，即一个四维面上。它是五维区域的边界，而其余的维被卷得非常小。膜上的世界的态负载发生在五维区域内一切的密码。

第三章　果壳中的宇宙

宇宙具有多重历史，每一个历史都是由微小的硬果确定的。

哈姆雷特也许想说，虽然我们人类的肉体受到许多限制，但是我们的精神却能自由地探索整个宇宙，甚至勇敢地闯出入连《星际航行》都畏缩不前之处——噩梦不再纠缠的话。

宇宙究竟是无限的，或者仅仅是非常浩渺的呢？它是永恒存在的，或者仅仅是年代久远的呢？我们有限的思维何以理解无限的宇宙？什么仅仅是这种企图是否就已经过于自信？我们是否冒着罗密修斯命运的风险？在经典的神话中，他为了人类的用火从宙斯处盗取火种，因为愚勇而受惩罚，他被连锁在岩石上，让鹰啄食他的肝脏。

尽管这些警戒的传说，我仍然相信，我们能够而且应该试图去理解宇宙。我们在这个方面以有了显著的进展，尤其是在前几年。当然，我们还未得到完整的图象。但以为期不远。

空间的最明显之处是它无限地向外延伸。现代仪器证明了这一点，譬如哈勃望远镜允许我们探测太空深处。我们所看到的是各种形状和尺度的数以亿计的星系。

每个星系包含难以记数的亿万个恒星，尤其许多恒星还被行星所围绕。我们生活在围绕着一个恒星公转的行星之上，而这个恒星位于螺旋形银河系的外臂上。螺旋臂上的尘埃遮住了我们在银河系平面上的宇宙视野，但是我们在该平面的每一边的方向圆锥中的视线都非常清晰，而且我们能够画出遥远星系的位置。我们发现星系大体均匀地分布于整个太空，有一些局部的聚集和空间。星系密度在非常大的距离外显得有些下降，但这也是因为它们如此遥远的暗淡，以至于我们看不见。我们所能说的是，宇宙在空间中永远延伸下去。

尽管宇宙似乎在空间的每一位置上都很相同，它肯定是随时间而变化的。这一点是直到20世纪的早期才被意识到。但此之前，人们认为，宇宙在本质上是时间不变的。它也许存在了无限长的时间，但是这会导致荒谬的结论。如果恒星已经辐射了无限长的时间，那么它们就会把宇宙加热到和它们相同的温度。因为每一道视线都会要么终结于恒星的表面,要么终结于被加热至和恒星一样炽热的尘埃尘云团之上,所以甚至在夜晚,整个天空都会和太阳一样明亮。

我们所有人都进行过夜空是黑的观察,这是非常重要的。它意味着宇宙不能以我们今天看到的状态存在了无限久的时间。过去一定发生过某些事情,使得恒星在有限的过去时刻点亮,这意味着从非常遥远恒星来的光线尚未到达我们这里。这就解释了夜空为何不在每一个方向发光。

如果恒星仅仅是永远地待在那里,为何它们在几十亿年前忽然点亮呢?是什么钟通知它们发亮的瞬间呢?正如我们看到过的,这个问题使那些哲学家,例如伊曼努尔·康德陷入沉思。他们相信,宇宙已经存在了无限久时间。但是对于大多数人而言,它和宇宙在仅仅几千年以前和现在非常相同的初始状态下创生的观念一致。

然而,20世纪20年代韦斯托·史里弗和埃德温·哈勃的观测开始偏离这种观念。1923年哈勃发祥了许多称为星云的黯淡的光斑,实际上是其他星系,正像我们太阳系的但在遥远距离之外的恒星的巨大集团。它们之所以显得这么微笑和黯淡,其距离一定非常遥远,甚至连光线都要花费几百万甚至几十亿年才能到达我们这里。这表明,宇宙的其实不可能发生在区区几千年以前。

但是哈勃发现的第二桩事情甚至更加非凡。天文学家们已经通晓,从分析来自其他星系的光线,可以测量它们是趋近还是远离我们的运动。使他们大为惊奇的是,他们发现,几乎所有的星系都运动离去。此外,它们距我们越远,则离开运动得越快。正是哈勃认识到这个发现的戏剧性含义:在大尺度上,每一个星系都从其余每个星系运动离去。宇宙正在膨胀。

宇宙膨胀的发现是20世纪的伟大的智力革命之一。它完全出乎意外,而且彻底改变了有关宇宙起源的讨论。如果星系正在相互运动离开,则它们在过去必然更加接近。我们从现在的膨胀率,可以估计它们在100至150亿年前必须非常接近。正如在上一章中描述的,罗杰·彭罗斯和我能够证明,爱因斯坦的广义相对论意味着,宇宙和时间本身有过一个可怕的爆炸中的开端。这里提供了夜空威吓黑暗的解释:没有恒星可以发光的比100亿至150亿年,也就是从大爆炸迄今的时间更久。

我们对如下观念熟视无睹，即事件总是由更早的事件引起，后者依序又是由比它还早的事件引起。存在一个向过去延展的因果性之链。但是假定这条链有一个开端。假定存在第一个事件，那么它的肇因又是什么呢？许多科学家不愿意面对这个问题。他们企图逃避它，或者像俄国人那样宣布宇宙没有开端，或者坚持说宇宙的开端不属于科学王国的范畴，而是属于形而上学或宗教。依我看来，这不是任何真正的科学家该采取的立场。如果科学定律在宇宙的开端处失效，它们不也可以在其他时间失败吗？如果定律只能有时成立则不能称之定律。我们也许是超过我们能力之外的任务，但是我们至少应该进行尝试。

彭罗斯和我证明的定理指出，宇宙必须有一开端，这些定理并没有对开端的性质给出很多信息。它们指出，宇宙从一个大爆炸启始的。很显然，人们面临的局面是，宇宙起源的问题属于科学范畴之外。

科学家不应该对这个结论满意。正如在第一章和第二章中指出的，广义相对论在大爆炸邻近失效的原因是，它没有和不正确定性原理相合并。爱因斯坦基于上帝不玩弄骰子的论断反对量子理论中的这个随机元素。然而所有证据表明，上帝完全是一名赌徒。人们可以将宇宙认为市一个庞大的赌场，在每一个场合下骰子都在滚动或者轮子在旋转。因为在你每回投掷骰子或者转动轮子之际都有输钱的风险，你也许会认为开赌场是一种非常冒险的营生。但在非常多次的赌博之后，虽然不能预言任何特定赌博的结束，却能预言得失的平均结果。赌场的经营者保证概率平均的结果对他们有利。这就是为什么赌场的经营者如此庸俗。你赢他们的仅有机会是把你所有的钱压下去掷几回骰子或者转几回赌轮。

宇宙的情景也是一样。当宇宙尺度很大，正如它今天这样时，骰子被投掷的次数极为巨大，其平均结果就会得出某种可遇见的东西。这就是为何对于大系统经典定律有效的原因。但是，当宇宙尺度非常微笑时，正如它在临近大爆炸的时刻，投掷骰子的次数很少，而不确定性原理则非常重要。

因为宇宙不停地滚动骰子，看看下一步还会发生什么，它就不像人们以为的那样仅仅存在一个历史。相反地，宇宙应该拥有所有可能的历史，伯里兹囊括了奥林匹克运动的所有金牌，虽然也许其概率很小。

宇宙具有很重历史懂得思想听起来像是科学幻想，但是它现在被当作科学事实而广被接受。正是理查德·费因曼提出了这个思想，他不仅是一位伟大的物理学家，也是一位有趣的人物。

我们现在所从事的是把爱因斯坦的广义相对论和费因曼的多种历史的思想合并成一个完备的统一理论，该理论将描述在宇宙中发生的一切事物。如果我们知道宇宙的历史是如何开始的话，这个统一理论就使我们能够计算宇宙将如何发展。但是统一理论自身并不告诉我们宇宙如何开始，或者说初始条件是什么。为此，我们需要所谓的"边界条件"，也就是告诉我们在宇宙的前沿，或者在空间和时间的边缘上发生什么的规则。

如果宇宙的前言只不过是在空间和时间的正常点上，我们便可以超越过它并宣布更远的领地为宇宙的一部分。另一方面，如果宇宙的边界是处于一个不整齐的边缘，在那儿空间和时间被挤皱而且密度无限大，要去定义有意义的边界条件则非常困难。

然而，我和一位合作者，詹姆·哈特尔意识到还存在第三种可能性。宇宙在空间和时间中也许没有边界。初看起来，这似乎与彭罗斯和我证明的定理直接接触。该定理看出，宇宙必须有一个开端，即时间的边界。然而，正如在第二章中解释过的，存在另一种时间，称作虚时间，那是和我们感觉到正在流逝的通常的实时间成直角的时间。宇宙在实时间中的历史确定其在虚时间中的历史，反之亦然，但是这两种历史可以非常不同。特别是，宇宙在虚时间中可不必有开端或终结。虚时间正如同空间中的另一个方向那样行为。这样，宇宙在虚时间中的历史可被认为是一张曲面，像一个球面，一个平面或者一个马鞍面，只不过是思维而不是二维的。

如果宇宙的历史像一张马鞍面或一张平面那样伸展出去，人们就遭遇到如何在无穷处选取边界条件的问题。但是，如果宇宙在虚时间中的历史是一张闭合的曲面，正如地球的表面那样，人们便可以在根本上避免边界条件的选取。地球的表面没有边界或边缘。从来未有可靠的报道说人们从那儿失阻落下。

如果正如哈特尔和我设想的那样，宇宙在虚时间中的历史的确是一张闭合的曲面，它对于哲学和我们从何而来的图景边有基本的含义。宇宙就会是完全自足的；它不需要外界的任何东西去卷紧其发条并启动之。想反地，宇宙中的任何东西都由科学定律以及宇宙之中的骰子的滚动所确定。这听起来也许有些狂妄，但是它正是我和许多其他科学家所相信的。

如果即便宇宙的边界条件是它没有边界，它也不仅仅只有一个单独的历史。它将具有多重历史，正如费因曼所建议的那样。对应于每一种可能的闭曲面在虚时间中多存在一个历史，而在虚时间中的每一个历史都确定其在实时间中的历史。这样，我们对于宇宙就有了过量的可能性。是什么东西从所有可能的宇宙中挑选出我们在其中生存的特殊的宇宙呢？我们会注意到的一点是许多可能的宇宙历史不会经过形成星系和恒星的过程序列，而这个序列对于我们自身的发展是至关重要的。而智慧生命在没有星系和恒星的条件下演化似乎是不太可能的。这样，我们作为能够诘问"宇宙为何是这样子？"的问题的生命的存在本身，便是加在我们生活其中的历史的一个限制。它意味着我们的历史是具有星系和恒星的少数历史中的一个。这就是所谓的人择原理的一个例子。人择原理讲，宇宙必须多多少少像我们看到的那样，否则的话，便不会有任何人在此观察它。许多科学家不喜欢人择原理，因为它似乎相当模糊，而且似乎没有多少预言能力。但是可以赋予人择原理以精确的表述，而且看来它在处理宇宙起源之时是关键的。在第二章中描述的 M-理论允许巨大数量的可能的宇宙历史。这些历史中的大多数不适合智慧生命的发展：它们要么是空虚的，要么太短命，要么太过弯曲，或者在其他某方面出差错。而根据查里德·费因曼的多重历史观念，这些不可居住的历史可有相当高的概率。

事实上，可以存在多少不包含智慧生命的历史根本没有什么关系。我们只对智慧生命在其中发展的历史的子集感到兴趣。这种智慧生命可以一点都不像人类。小绿色外星人也可以。事实上，他们也许更优秀。人类的智慧行为的记录并不非常光彩。

作为人择原理威力的一个例子，考虑空间中的方向数目。我们生存在三维空间中，这是一个常识。那也就是说，我们可以用三个数代表空间中的一点的位置，例如纬度，精度和海拔高度。但是为何空间是三维的呢？为什么不像科学幻想中的那样为二维的，或者四维的，或者甚至是其他的维呢？在 M-理论中，空间有九维或者十维，但是人们认为其中六七个或七个方向被卷曲成非常小，只留下三个大的几乎平坦的方向。

为何我们不生活在八维被卷曲得很小只留下二维可让我们察觉到的历史中呢？一只二维动物要消化食物非常困难。如果它有一个穿过自身的肠子，它就把动物分离成两部分，而这可怜的生灵就一分为二了。这样两个个年吨秒年的方向对于任何像智慧生命这样复杂的东西是不够的。另一方面，如果存在四个或者更多个的几乎平坦的方向，那么两个物体之间的万有引力在它们相互靠近时就增加的越快。这就意味着行星们没有围绕其太阳公转的稳定轨道。它们要么会落到太阳中去，要么逃逸到黑暗和寒冷的太空去。

类似的，原子中的电子的轨道也不稳定，因此我们所知的物体边不存在。这样，尽管多重历史的思想允许任何数目的几乎平坦的方向，只有具有三个平坦方向的历史才包括智慧生命。也只有具有三个在这种历史中才会提出这样的诘问："为何空间具有三维？"

宇宙在虚时间中的最简单的历史是一个圆球面，正如地球的表面那样，只是多了两个维。它确定了宇宙在我们所经历的实时间中的历史，在这个历史中宇宙在空间的每一个点上都相同，而在时间中膨胀。它在这些方面和我们生活其间的宇宙很相象。但是其膨胀率非常快速而且踏它不断地越来越快。这种加速膨胀成为暴胀，因为它就像价格以一直上升的速率增长的方式。

一般而言，价格的暴胀被认为是糟糕的事，但是在宇宙的情形下，暴胀是非常有用的。其巨大的膨胀将早期宇宙也存在的坑坑洼洼全部抹平。随着宇宙膨胀，它从引力场借得能量去创造更多的物质。正的物质能量刚好和负的引力能量相互平衡，这样使总能量为零。当宇宙的尺度加倍，物质和引力能都加倍——这样，零的两倍仍为零。如果银行业这么简单该多好！

如果宇宙在虚时间中的历史是完美的圆球面，那么在实时间中的相应的历史就会是继续以暴胀方式永远膨胀的宇宙。当宇宙在暴胀时，物质不会落到一起形成星系和恒星，而且生命，更不用说像我们这样的智慧生命能够发展。这样，尽管多重历史思想允许在嘘时间中完美圆球面的宇宙历史，它们不是对特别有趣。然而，在嘘时间中球面南极处忽略平坦些的历史和我们更加相关。

在这种情形下,在实时间中的相应的历史首先以加速暴胀的方式膨胀。但是这种膨胀接着开始缓慢下来,而且星系能够形成。为了让智慧生命得以发展,南极处变平的程度必须是及其微小的。这将意味着宇宙将首先膨胀一个巨大的倍数。两次世界大战之间德国的通货膨胀创造了记录,价格上升了几十亿倍,但是在宇宙中发生的暴胀至少有一亿亿亿倍。

由于不确定性原理,包含智慧生命的宇宙不仅只有一个历史。相反地,在虚时间中的历史将为一整族稍微变形的球面。每一个对应在实时间中宇宙长时期但非无限久膨胀的历史。然后我们可以问这些允许的历史中的哪一个是最可能的。终于发现最可能的历史不是完全光滑的,而是具有微小的起伏。在最可能历史中的涟漪实在是非常微小的。它和光滑的偏离只有十万分之一的数量级。尽管它们及其微小,我们已经设法观察到它们。这正是从太空不同方向到达我们这儿的微波的细小变化。宇宙背景探险者在1989年发射并且画出了天空的微波图。

不同颜色表示不同温度。但是从红到蓝的整体范围仅仅大约为一度的万分之一。然而,这种早期宇宙中不同区域之间的变化已足以在更密集的区域产生额外的引力吸引,去阻止它们永久膨胀下去,而使它们在自身的引力下重新坍缩,从而形成星系和恒星。这样,至少在原则上,COBE图是宇宙的所有结构的蓝图。

和智慧生命的出现相容的宇宙最可能历史在未来将如何行为呢?依宇宙中的物质的量而定,似乎存在不同的可能性。如果物质密度超过某一临界值。则星系之间的引力吸引就会使它们之间的分离减缓下来,而且最终阻止它们相互飞离。然后它们将开始相互下落,并在一次大挤压中都碰撞到一起。大挤压是在实时间中宇宙历史的终结。

如果宇宙密度低于临界值,则引力太弱,不足以阻止星系永远相互飞离。所有恒星都燃烧殆尽,而宇宙将变得越来越空虚,越来越冷。这样,事情又要完结,但是以一种不那么戏剧性的方式。不管是哪种方式,宇宙将要继续在生存好几亿年。

宇宙中除了物质,还可以包含所谓"真空能量"的东西。这种能量甚至存在于表现空虚的空间之中。按照爱因斯坦著名的方程,这种真空能量具有质量。这意味着它对宇宙膨胀具有引力效应。但是,非常引人注意的是，真空能量的效应和物质效应相反。物质使膨胀率缓慢下来，并最终能使之停止而且反转。另一方面，真空能量使膨胀加速，正如暴胀那样。事实上，真空能量恰恰如在第一章中提到的宇宙常数那样行为。那是爱因斯坦在1917年意识到，他的原先的方程不能允许一个代表静态宇宙的解时，加到方程上去的。在哈勃发现了宇宙膨胀之后，将这一项家到方程上的动机即不复存在，而爱因斯坦将宇宙常数当作一项错误的拒绝。

然而，着也许是根本就不是错误。正如在第二章中描述的，我们现在意识到，量子论意味着时空中充满了量子涨落。在一中超对称的理论中，这些基态起伏的无限大的正的和负的能量被完全对消，甚至连小的有限的真空能量都不遗留下来。仅有的令人惊讶的是，真空能量这么接近于零，这一点在不久前还没有这么显明。这也许是人择原理的另一个例子。具有更大的真空能量的历史不会形成星系，也就不包含能够询问这个问题的生物："威吓真空能量这么低？"

我们从各种观测可以试图确定宇宙中物质和真空的能量。我们可以用一张图来表明此结果，水平方向代表物质的密度而垂直方向表示能量。点线显示智慧生命能够发展的区或边缘。

在这张图上分别标出对应于超星系，物质成团和微波背景的观测区域。幸运的是，这三个区域有一个共同的交集。如果物质密度和真空能量处于这个交集，它意味着宇宙膨胀在长期变缓慢之后已开始重新加速。看来暴胀可能是自然的一个定律。

我们在这一章中已经看到，如何按照浩渺宇宙在虚时间中的历史来解释它的行为。这个虚时间中的历史是细小的略微平坦的球面。它酷似哈姆雷特的果壳，然而这个果壳把在实时间中发生的一切都作为密码储存在它上面。这样哈姆雷特是完全正确的。我们也许是被束缚在果壳之中，而仍然自以为无限空间之王。

第四章　预言未来

黑洞中的信息丧失如何降低我们预言未来的能力。

人类总是想控制未来，或者至少要预言将来发生什么。这就是为何占星术如此流行的原因。占星术宣称地球上的事件和行星划过天穹的运动相关联。如果占星家们胆敢冒险并作出可被检验的确定的预言的话，这便是或者将会是科学上可以检验的假使。然而，他们识相的很，所做的预报都是这么模糊，使得对任何结果都能左右逢源。诸如"个人关系可能紧张"或者"你将有一个高报酬的机会"等等断言永远不会被证伪。

但是科学家不信占星术的真正原因不是因为科学证据或者噶毋宁说缺乏科学证据，而是它和已被实验检验的其他理论不协调。在哥白尼和伽利略发现行星围太阳而非地球公转，而且牛顿发现制约它们运动的定律后，占星术变成极其难以置信。为什么从地球上看到其他行星相对于天空背景的位置和较小行星上的自称为智慧生命的巨分子有任何关联呢？而这正是占星学要让我们相信的。在本书描述的某些理论和迄今经受住检验的理论相协调，所以我们相信它们。

牛顿定律和其他物理理论的成功导致科学宿命论的观念。它是在19世纪初去法国科学家拉普拉斯侯爵首次表述的。拉普拉斯建议，如果我们知道在某一时刻宇宙所有粒子的位置和速度，则物理定律应允许我们预言宇宙在过去或将来任何时刻的状态。

换言之，如果科学宿命论成立，我们在原则上边能够预言将来，而不必借助于占星术。当然在实际上甚至简单得像牛顿引力论那样的东西也会导出对于多于二个粒子的情形都不能得到准确的方程。况且，方程经常具有所谓混沌的性质，这样在某一时刻位置或速度的微小变化会导出在将来完全不同的行为。《侏罗纪公园》的观众都知道，在一处很小的扰动会在另一处引起巨变。一只蝴蝶在东经鼓翼会在纽约中央公园引起巨大雨。麻烦在于，事件的序列是不可重复的。蝴蝶一下回鼓翼时，一大堆其他因素将会不同并且也影响天气。这就是天气预报这么不可靠的原因。

这样，虽然在原则上，量子电动力学定律应该允许我们去计算化学和生物学中的一切，我们在从数学方程预言人类行为方面并没有长足长进。尽管这些显示的困难，大多数科学家仍然自我安慰，认为在原则上，将来是可以预言的。

起初看来，宿命论似乎还受到了不正确定性原理的威胁。不正确定性原理讲，我们不能在同一时刻准确地测量一个粒子的位置和速度。我们把位置测量得越精确，就把速度确定越不准确，反之亦然。而拉普拉斯的科学宿命论坚持，如果我们知道在某一瞬间的粒子位置和速度。但是，如果不确定性原理阻止我们同时准确知悉一个时刻的位置和速度，我们甚至无从开始。无论我们呢有多么好的计算机，如果我们输入糟糕的数据，我们将得到糟糕的语言。

然而，在一种合并了不确定性原理的称作量子力学的新理论中，宿命论以一种修正的方式得到恢复。粗略地讲，人们在量子力学中可以精确地语言在经典的拉普拉斯观点中所期望的一半。一个粒子的量子力学中不具有很好定义的位置和速度，但是它的状态可由所谓的波函数代表。

波函数是在空间的每一点上的一个数，它给出在那个位置上找到该粒子的概率。波函数从一点到另一数在空间的特定点有尖锐的高峰。在这些情形下，粒子在位置上只有小量的不确定性。但是我们在图上还能看到，在这种情形下，波函数在这点邻近变换的很快速，一边上升一边下降。这意味着速度的概率在很大的范围散开，换句话说，就是速度的不确定性越大。另一方面，考虑一列连续的波。现在在位置上存在大的不确定性，但是在速度上存在小的不确定性。这样，由波函数描述的粒子不具有很好定义的位置或速度。它满足不确定性原理。现在我们意识到波函数就是我们能够很好定义的一切。我们甚至不能设想粒子具有上帝知晓的位置和速度，而我们是被蒙蔽了。这种"隐变量"理论预言的结果和观察不相符。甚至上帝也受不确定性原理的限制，而不能知悉位置和速度；也只能知道波函数。

波函数随时间的变化率由所谓的薛定谔方程给出。如果知道某一时刻的波函数，我们就能够利用薛定谔方程去计算在过去或将来任一时刻的波函数。因此，在量子理论中仍存在宿命论，但它是处于一种减缩的形式。取代同时预言位置和速度的能力，我们只能预言波函数。这就允许我们预言位置，或者预言速度，但是二者不能同时准确预言。这样，在量子理论中进行准确预言的能力只是在经典的拉普拉斯世界观中的一半。尽管如此，在这种限制的意义上讲，人们仍然可以宣称存在宿命论。

然而，利用薛定谔方程在时间前进的方向去演化波函数隐含地假定时间在所有地方永远光华地流逝。在牛顿物理学中这肯定是正确的。时间被定义为绝对的,这意味着在宇宙的历史中的每一事件都被一个称作时间的数标志者,而且时间标志的系列从无限的过去圆滑地连续到无限的将来。这也许可以被称作常识时间观,而且这还是大部分人甚至大部分物理学家下意识的时间观。然而,正如我们看到的,绝对时间的概念在 1905 年被狭义相对论所抛弃。在狭义相对论中时间不再是自身独立的量,而只不过是称作时空的四维连续统中的一个方向。在狭义相对论中,不同的观察者以不同的速度在不同的途径穿越时空。每一位观察者沿着他或她遵循的途径具有自己的时间测度,并且不同的观察者在事件之间测量到的时间间隔是不同的。

这样,在狭义相对论中不存在我们可用以给事件加标签的唯一绝对的时间。然而,狭义相对论的时空是平坦的。这意味着在狭义相对论中,由任何自由运动观察者测量的时间在时空中从负无穷至正无穷光滑地流逝。我们可以在薛定谔方程中使用其中的任一时间测度去演化波函数。因此,在狭义相对论中我们仍然拥有宿命论的量子版本。

在广义相对论中情形便不同了。这里时空不是平坦的,而是弯曲的,并且它被其中的物质和能量所变形。时空的曲率在我们的太阳系中是如此之微小,至少在宏观的尺度上,它和我们通常的是观念不冲突。在这种情形下,我们在薛定谔方程中仍然可用这种时间去得到波函数的决定性的演化。然而,我们一旦允许时间弯曲,则另外的可能性就会出现,即时空具有一种不允许对于每一观察者都光滑增长的时间结构,这一点正是我们对于合理的时间测量所期望的性质。例如,假设时空像一个垂直的圆柱面。

圆柱面的垂直往上方向是时间测度,对于每位观察者它从负无穷流逝到正无穷。然而,取而代之我们将时空想象策划能够一把手的圆柱面,这个把手从圆柱面分叉开来又合并回去。那么任何时间测量都在把手和圆柱面接合处有一停滞点:这就是时间停止之点。对于任何观察者而言,时间在这些点不流逝。在这样的时空中,我们不能用薛定谔方程去得到波函数的决定性来演化。谨防虫洞:你永远不知道从它们那儿会冒出什么来。

黑洞是我们认为时间对任何观察者并非总是增加的原因。1783 年人们首次讨论黑洞。一位剑桥的学监,约翰·米歇尔进行了如下的论证。如果有人垂直向上射出一个粒子,譬如炮弹,它的上升并返回落下。然而,如果初始往上的速度超过称作逃逸速度的临界值,引力将永远不够强大到足以停止该粒子,而它将飞离远去。对于地球而言逃逸速度大约为每秒12公里,对于太阳则大约为每秒100公里。这两个速度都比真正的炮弹速度高出许多,但是它们和光速相比就显得很可怜,后者是每秒3000000公里。这样,光可以从地球或者太阳轻轻而易举地逃逸。然而,米歇尔论断,可以存在比太阳更大质量的恒星,其逃逸速度超过光速。因为任何发出的光都被这些恒星的引力拖曳回去,所以我们就不能看到它们。这样,它们就是米歇尔叫做暗星而我们现在叫做黑洞的东西。

米歇尔暗星的思想是基于牛顿物理学。牛顿理论中的时间是绝对的,不管发生任何事件它都正常流逝。这样,在经典的牛顿图象中它们不影响我们预言将来的能力。但是,在广义相对论中情形就非常不同,大质量物体使得时空弯曲。

1916年,即广义相对论被提出之后不久,卡尔·施瓦兹席尔德,找到广义相对论中场方程的代表一个黑洞的解。在很多年里施瓦兹席尔德找到的东西没有得到理解或者重视。爱因斯坦本人从不相信黑洞,而且大多数广义相对论的元老认同他们的态度。我还记得有一次去巴黎作学术报告,那是关于我发现的量子理论意味着黑洞不完全黑的。我的学术报告彻底失败,因为那时候在巴黎几乎无人相信黑洞。法国人还觉得这个名字,如他们翻译的,trou noir 具有可疑的性暗示,应该代之以 astre occlu 或"隐星"。然而,无论是这个还是其他提议的名字都无法像黑洞这个术语那样能抓住公众的想象力。这是美国物理学家约翰·阿契巴尔德·惠勒首先引进的,他激发了这个领域中的大量的现代研究。

1963年类星体的发现引起有关黑洞的理论研究以及检测它们的观察尝试的迸发。这里就是已经呈现的图景。考虑我们所相信的具有20倍太阳质量的恒星历史。这类恒星是由诸如猎户座星云中的那些气体云形成的。当气体云在自身的引力下收缩时,气体被加热上去,并且最终热到足以开始热聚变反应,把氢转化成氦。这个步骤产生的热量制造了压力,使恒星对抗住自身的引力,并且阻止它进一步收缩。一个恒星可以在这种状态停留很长时期,燃烧氢并将光辐射到太空中去。

恒星引力场影响从它发出的光线的途径。人们可以画一张图，往上方向表示时间，水平方向代表离开恒星中心的距离。在这张图上，恒星的表面由两根垂直直线代表，在中心的两边各有一根。时间的单位可选为秒，而距离单位选择光秒——也就是光在一秒种内旅行的距离。当我们使用这些单位时，光速为1，也就是光速为每秒一光秒。这意味着远离恒星极其引力场，图上的光线的轨迹是一根和垂直方向成45°角的直线。然而，邻近恒星处，由恒星质量产生的时空曲率变化了光线的轨迹，使他们和垂直方向夹更小的角。

大质量恒星将比太阳更快速度的多地把它们的氢燃烧成氦。这意味着它们可以在短到几亿年的时间内把氢耗尽。此后，这类恒星面临着危机。它们能把氢燃烧成诸如碳和氧等等更多的元素，但是这些核反应不会释放出大量能量，这样恒星失去支持自身对抗引力的热量和热压力。因此它们开始变得更小。如果它们质量大约比太阳质量的两倍还大，其压力将永远不足以停住收缩。它们将坍缩成零尺度和无限尺度，从而形成所谓的奇点。在这张时间对离开中心距离的图上，随着恒星缩小，从它表面发出的光线轨迹会在起始时间和垂直直线夹越来越小的角度。当恒星达到一定的临界半径，其轨迹就变成图上的垂线，这意味着光线将在离恒星常距离处逗留，永远不能离开。光线的临界轨迹掠过的表面称做事件视界，它把时空中的光线能够逃逸的区域和不能逃逸的区域或隔开。在横行通过其事件视界后，从它表面发射的光线将被时空曲率向里面弯曲。恒星就成为一个米歇尔的暗星，或者用我们现在的话讲，就是黑洞。

如果光线不能从黑洞逃出，你何以检测它呢？其答案是黑洞正如坍缩之前的物体那样，仍然把同样的引力拉力施加在周围的对象上。如果太阳是一个黑洞面且在转变成黑洞之前没有损失任何质量，则行星将仍然像现在这样围绕着它公转。

因此搜索黑洞的一种方式是寻找围绕着似乎是看不见的紧致的大质量物体公转的物体。若干这样的系统已被测到。发生在星系和类星体中心的巨大黑洞也许是最令人印象深刻的。

迄此讨论到的黑洞的性质还未触犯宿命论。一位落进黑洞并撞到奇点上去的的航天员的时间将会结束。然而，在广义相对论中，人们可以在不同的地方随意地以不同的速率来测量时间。因此,人们可以在航天员接近奇点时加快他或她的手表,使之仍然记下无限的时间间隔。在时间距离图上,这个新时间的常数值的表面将会在中心拥有在一起,刚好在奇性出现的点的下头。但是它们在远离黑洞的几乎平坦的时空中和通常的时间测度相一致。

人们可以在薛定谔方程中使用这个时间,如果他知道初始的波函数,便能计算后来的波函数。这样,人们仍然有宿命论。然而,值得注意的是,在后期波函数的一部分处于黑洞之内,它不能被外界的人观察到。这样,一位明知地不落入黑洞的观察者不能往过去方向演化薛定谔方程并且计算出早先时刻的波函数。为了做到这一点,他或她就需要知道黑洞之内的那一部分波函数,这包含有落进黑洞的物体的信息。因为一个给定质量和旋转速度的黑洞可由非常大量的不同的粒子集合形成,所以这可能是非常大量的信息。一个黑洞与坍缩形成它的物体的性质无关。约瀚·惠勒把这个结果称为"黑洞无毛"。对于法国人而言,这正好证实另外他们的猜疑。

当我发现了黑洞不是弯曲黑的时候,和宿命论的冲突就产生了。正如我们在第二章中看到的,量子理论意味着,甚至在所谓的真空中场也不能够精确地为零。如果它们为零,则他们不但有精确的值即位置为零,而且有精确的变化率即速度亦为零。这就违反了不确定性原理。该原理讲,不能同时很好地定义位置和速度。相反地,所有的场必须有一定量的所谓的真空起伏。真空起伏可以几种似乎不用的方式解释,但是这几种方式事实上在数学中是等效的。从实证主义观点,人们可以随意选择任何对该问题最有用的图象。在这种情形下,使用下述的图象来理解真空起伏是非常有助的。在时空的某处同时出现的虚粒子对相互分离,在回到一块而且相互湮灭。"虚的"表明这些粒子不能被直接观测到,但是它们的间接效应能被测量到,而且它们和理论预言相符合的精确度令人印象深刻。

如果黑洞在场的话,则粒子对中的一个成员可以落入黑洞,留下另一个成员自由地逃往无穷远处。从远离黑洞的某人的观点看,逃逸粒子就显得是被黑洞辐射出来。黑洞的谱干刚好是我们从一个热体所预料到的谱,其温度和视界——黑洞的边界上的引力场成正比。换言之,黑洞的无度依赖于它的大小。

一个具有几倍太阳质量的黑洞的温度大约为百万分之一度的绝对温度，而一个更大的黑洞之温度甚至更低。这样，从这类黑洞出来的任何量子辐射完全被湮灭在热大爆炸遗留下的2.7度的辐射，也就是我们在第二章中讨论过的宇宙背景辐射之中。人们也许可能检测到从小很多即热很多的黑洞来的辐射，但是似乎它们在附近也不很多。这是一个遗憾。如果有一个被发现，我就要得到诺贝尔奖。然而，我们拥有这种辐射的间接观测证据，它来自于早期宇宙。正如在第三章中描述的，人们认为宇宙的早期历史经历了一个暴胀时期。宇宙在这一时期以不断增加的速率膨胀。这个时期的膨胀如此之快，以至于有些物体离开我们太远，连它们的光线都从未抵达我们这里；在光线向我们传来时，宇宙已膨胀得太多太快了。这样，在宇宙中存在一个视界，正如黑洞的视界那样，把已光线能抵达我们的区域和不能抵达的区域分离开来。

非常类似的论证表明，如果存在从黑洞视界来的辐射那样，也应该存在从这个视节来的热辐射。我们已经知道如何在热辐射中预期密度起伏的特征谱。在这种情形下，这些密度起伏会随着宇宙而膨胀。当它们的尺度超出事件视节的尺度时，它们就被凝固了，这样它们作为从早期宇宙残留下来的宇宙背景辐射的温度中的小变化，今天可被我们观测到。这些变化的观测和热起伏的预言相互一致的程度令人印象深刻。

尽管黑洞辐射的观测证据有些间接，所有研究过这一问题的人都一致认为，为了和我们其他观测上检验过的理论相一致，它必然发生。这对于宿命论具有重要的含义。从黑洞来的辐射将带走能量，这表明黑洞将失去质量而变得更小。接下去，这意味着它的温度会上升，而且辐射率将增加。黑洞最终将到达零质量。我们不知如何计算在这一点所要发生的，但是仅有的自然而又合理的结果似乎应是黑洞完全消失。那么，波函数在黑洞里的部分以及它挟持的有关落入黑洞物体的信息的下场如何呢？第一种猜想是，当黑洞最后消失时，这一部分波函数，以及它携带的信息将会涌现。然而，携带信息不能不消费，正如人们到电话帐单时意识到的那样。

信息需要能量去负载它，而在黑洞的最后阶段只有很小的能量留下。内部信息逃逸的仅有的似乎可行的方式是，它连续地伴随着辐射出现，而不必等待到最后阶段。然而，根据虚粒子对的一个成员落进，而另一成员逃逸的图象，人们预料逃离粒子也落入粒子不相关，或者前者不携带走有关后者的信息。这样，仅有的答案似乎是，在黑洞内的波函数中的信息丢失了。

这种信息丧失对于宿命论具有重要的意义。让我们从头开始，我们注意到，即便你知道黑洞消失后波函数，你也不只能把薛定谔方程演化回去并计算在黑洞形成之前的波函数，它是什么样子会部分地依赖于在黑洞中丢失的那一点波函数。我们习惯地以为，我们可以准确地知道过去。然而，如果信息在黑洞中丧失，情况就并非如此。任何事情都可能已经发生过。

然而，一般说来，人们诸如占星家和他们的那些咨询者对预言将来比回溯过去更感兴趣。初看起来，似乎落到黑洞中的波函数部分的丧失不应妨碍我们语言黑洞外的波函数。但是，结果是这一丧失的确干扰了这一预言，正如我们在考虑爱因斯坦，玻里斯·帕多尔基和纳珍·罗森在20世纪30年代提出一个理想实验时能够看到的。

想象一个放射形原子衰变并在相反方面发出两个都有相反自旋的粒子。一位只看到其中一个粒子的观察者不能预言该粒子是往右还是往左自旋，但是如果观察者测量到它往右自旋，那么他或她就能确定地子往左自旋，反之亦然。爱因斯坦认为这证明了量子理论是荒谬的：另一个粒子现在也许在星系的另一边，而人们会立即知道它自旋的方向。然而，其他大多数科学家都同意，不是量子理论，而是爱因斯坦弄混淆了。爱因斯坦－帕多尔基－罗森理想实验并不表明人们能比光更快地发送信息。那正是荒谬的部分。人们不能选择其自己的粒子将被测量为向右自旋。

事实上，这个理想实验正好是黑洞辐射所发生的。虚粒子对有一波函数，它预言这两个成员肯定具有相反的自旋。我们想做的是预言飞离粒子的自旋和波函数，如果我们能够观察到落入的粒子，我们变能做到这一点。但是那个粒子现在处于黑洞之内，不能测量得到它的自旋和波函数。正因为这样，人们无法预言逃逸粒子的自旋或波函数。它可具有不同的自旋和不同的波函数，其概率是各式各样的，但是它不能具有唯一的自旋或波函数。这样看来，我们语言将来的能力被进一步削减了。拉普拉斯的经典思想，即人们能同时预言粒子的位置和速度，因为不确定性原理指出人们不能同时准确地测量位置和速度，必须被修正。然而，人们仍然能准确测量波函数并且利用薛定谔方程去预言未来应发生的事。这是人们根据拉朴拉斯思想所能预言的一半。我们能够确定地预言粒子具有相反的自旋。但是如果一个粒子落进黑洞,那么我们就不能对余下的粒子作确定的预言。这意味着在黑洞为不能确定预言任何测量:我们作出确定预言的能力被减低至零。这样,也许就预言将来而言,占星家和科学家定律是半斤八两。

许多物理学家不喜欢这种宿命论的降低,因而建议可以某种方式从黑洞之内将信息取出。多少年来人们相信可以找到保存这信息的某种方法,可惜这仅仅是一种虔诚的希望而已。但是 1996 年安德鲁·斯特罗明格和库姆朗·瓦法获得重大进展。我们采取把黑洞考虑成由许多称为 p- 膜的建筑构件组成的观点。

回想一下,可以把 p- 膜认为是一张三维空间以及我们没注意到的额外七维的运动的薄片。在某些情形下,人们可以证明在 p- 膜上的波的数目和人们预料的黑洞所包含的信息量相同。如果粒子打到 p- 膜上,它们便会在膜上激起额外的波。类似地,如果在 p- 膜上不同方向的波在某点相遇,它们会产生一个如此大的尖峰,使得 p- 膜的一小片破裂开去,而作为粒子离开。这样,p- 膜正如黑洞一样,能吸取和发射粒子。

人们可以将 p- 膜当做有效理论;也就是说,我们不需要相信实际上存在平坦时空中运动的薄片,黑洞可以似乎像它们是由这种薄片组成的那样行为。这正如水,它是由亿亿个具有复杂的相互作用的 H_2O 分子构成。但是光滑的液体是非常好的有效模型。由 p- 膜构成黑洞的数学模型给出的结果和早先描述的虚粒子对图象很相似。这样,从实证主义的观点看,至少对于一定种类的黑洞,它是一个同样好的模型。对于这些种类,p- 膜模型和虚粒子对模型对发射率的预言完全一样。然而,这里存在一个重要差别:在 p- 膜模型中,关于落入黑洞物体的信息将被储存的 p- 膜上的波的波函数中。p- 膜被认为是平坦时空中的薄片。因为这个原因,时间会平滑地向前流逝,光线的轨迹不会被弯折,而且波里的信息不会丧失。相反地,信息最终来自 p- 膜来的鼓舌中从黑洞涌现。这样,根据 p- 膜模型,我们可以利用薛定谔方程去计算将来的波函数。没有任何东西丧失,而时间将光滑地推移。在量子的意义上我们具有完整的宿命论。

那么其中哪种图象是正确的呢?部分波函数是否在黑洞中丢失了,或者正如p-膜模型建议的，所有信息再次跑出来？这是当代理论物理的一个突出的问题。许多人相信，新近的研究表明信息没有丧失。世界是安全和可预言的，而且不会发生任何以外事件。但是这不清楚。如果人们认真地对待爱因斯坦的广义相对论，人们必须允许允许时空自身打结，而信息在折缝中丧失的可能性。当星际航船《探险号》穿越一个虫洞，发生了一些意料之外的事。因为我正搭乘该船，并和牛顿、爱因斯坦和达他玩扑克，所以我知道此事。我大吃一惊。只要看看我的膝盖上出现了什么。

第五章 护卫过去

我的朋友兼合作者帕基·索恩和我打过许多赌。他不是一个人云亦云的物理学家。这种品格使他具有勇气成为实际的可行性来讨论时间旅行的第一位严肃的科学家。

在公开场合思考时间旅行是很微妙的。他要么面临反对把公币浪费在这么荒谬的规划上的浪声，要么被要求把研究归于军事用途。无论如何，怎么保护我们自己受免拥有时间机器的人的攻击呢？他们也许能改变历史并且统治世界。我们之中只有很少的几个人鲁莽地啊、研究这种在物理学圈子里政治上不明智的题目。我们利用技术术语描述时间旅行来做掩饰。

爱因斯坦的广义相对论是所有现代有关时间旅行讨论的基础。正如我们在早先章节中看到的，爱因斯坦方程描述宇宙中的物质和能量如何将空间和时间弯曲和变形，从而使空间和时间变成动力量。在广义相对论中某人尤其腕表测量的私人是总是增加，这正像在牛顿理论或者狭义相对论的平坦时空一样。但是现在有了时空可能弯曲得那么厉害．使你在乘空间飞船出发之前即已返回的可能性。

如果存在虫洞，也就是在第四章中提到的连接空间和时间的不同区域的时空管道，它就成为可能发生此事的一个方式。其意思是，你驾驶你的空间飞船进入虫洞的一个口，而在不同地方和不同时间处的另一个口出来。

虫洞,如果它们存在的话,将会是空间中解决速度极限问题的办法:正如相对论要求的,空间飞船必须以低于光速的速度旅行,这样要穿越星系就需要几万年。但是你可能在一餐饭的工夫通过虫洞到达星系的另一边并且返回。然而,人们能够证明,如果虫洞存在,你还可以利用它们在你发出之前即已返回。这样,你会以能做一些事,譬如首先炸毁发射台上的火箭,以阻止你出发。这是祖父佯谬的变种"如果你回过去在你父亲被怀胎之前将你祖父杀死,将会发生什么?

当然,只有你相信当你回到时间的过去时,你具有自由意志为所欲为,这才成为佯谬。本书不进行自由意志的哲学讨论。取而代之,它只集中讨论物理定律是否允许时空被卷曲得如此之甚,使得诸如空间飞船的宏观物体能回到自己的过去。根据爱因斯坦理论,空间飞船必须以低于光的局部速度旅行并沿着所谓的类时轨迹通过时空。这样,人们可以用技术术语来表述这个问题:时空是否允许封闭的类时曲线——也就是说,它会一次又一次地返回其出发点吗?我将把这类路径称为"时间圆环"。

我们可以试图在三个水平上回答这个问题。首先是爱因斯坦的广义相对论,它假定宇宙具有定义很好的没有任何不确定性的历史。我们对这一经典的理论有相当完整的图象。然而,正如我们已经看到的,因为我们观察到物质遭受不确定性和量子起伏的制约,这个理论不能是完全正确的。

因此我们能够在第二水平,也就是在半经典理论上搜索有关时间旅行的问题。在这个水平上,我们按照量子理论来考虑物质的行为,它具有不确定性和量子起伏,但是时空是很好定义的经典的。这里的图象不甚完整,但是我们至少有了如何进展的一些概念。

最后,存在完整的量子引力论,而不管其最终是什么样子的。在此理论中,不仅物质而且时间和空间自身都是不确定的而且起伏涨落,甚至连如何去提出时间旅行是否可能的问题都不清楚。也许我们充其能量做到的知识询问,在几乎经典的并摆脱了不确定性的时空区域的人们会如何结实他们的测量。他们会认为在强引力和大量子涨落的区域中已经发生了时间旅行吗?

从经典理论开始:狭义相对论不允许时间旅行,早先知道的弯曲的时空也不行。所以当1949年发现歌德尔定理的库尔特·歌德尔发现了一个时空时，爱因斯坦大吃一惊。这个时空是充满了旋转的物质，通过每一点都有时间圆环的宇宙。

歌德尔解需要一个宇宙常数，自然中时候存在宇宙常数仍不清楚，但是接着找到了其他无需宇宙常数的解。特别有趣的一个解是两根宇宙弦相互快速穿越的时空。

宇宙弦不应该和弦理论中的弦相混淆，虽然它们并非完全无关。它们是具有长度并有微小截面的物体。在某些基本粒子的理论中预言它们会发生。一根单独的宇宙弦外面的时空是平坦的。然而，这是切割去了一个楔子的平坦空间，弦处于楔子的锋刃端点。它像是一个圆锥。这代表了宇宙弦存在的时空。

请注意，因为圆锥的表面是你开始使用的同样的平坦纸张，除了尖端外，你仍然可以称它是"平坦的"。围绕有尖顶的一个圆周长更短，换言之，因为失去了块，所以围绕尖顶的圆周比平空间中的同样半径的圆周更短。这个事实证明，圆锥尖顶有曲率。

类似的，在宇宙弦的情形下，从平坦时空取走楔形缩短了围绕弦的圆周，但并不影响时间或者沿弦的距离。这意味着围绕着一跟单独的弦的失控不包含任何时间圆环，所以不可能旅行到过去。然而，如果还存在第二根相对于第一根运动的弦，其时间方向将是第一根弦的时间和空间方向的组合。这表明，从和第一根弦一道运动的人看来，由于第二根弦被切走的楔形缩短了空间距离和时间间隔。如果两根宇宙弦以接近光速作相对运动，则围绕着两跟弦运动的时间可被节省得那么厉害，使得还未出发即已到达。换言之，存在时间圆环使人们可以旅行到过去。

宇宙弦失控包含有正能量密度的物质，这是和我们知道的物理学相一致。然而，这种产生时间圆环的卷曲一直延伸到空间的无穷处，并且回到时间的无限去。这样，这些空间是和在它们中的时间旅行一道被创生的。我们没有理由相信我们自己的宇宙是以这种卷区的方式创生的，况且我们没有来自将来的访客的可靠证据。因此，我假定在遥远的过去，更准确地讲，在我称为S的通过失控的某个面的过去不存在时间圆环。这个问题就变成：某种先进的文明能建造时间机器吗？也就是说，能不能把S未来的时空修正，使时间圆环出现在有限的区域内？我说有限区域是因为不管该文明变得多么先进，它大抵也只能控制宇宙的有限部分。

在科学中，问题的正确表述通常是解决它的钥匙，而这就是一个好例子。为了定义一台有限的时间机器意味着什么，我回到自己早期的某些研究。在存在时间圆环的时空区域是可能进行时间旅行的。时间圆环是以低光速旅行，但由于时空的卷曲仍能回到出发的地方和时间的路径。由于我已假定在遥远的过去没有时间圆环，就必须存在我称作时间旅行的"视界"，这是把时间圆环区域和没有它们的区域分隔开来的边界。

时间旅行视界和黑洞视界很相像。黑洞视界由刚好不落入黑洞的光线形成，而时间旅行视界由与自身相遇的光线的边缘形成。我把以下作为我撑作时间机器的有限生命视界的判据，也就是全部从一个界区域出现的光线成的视界。换言之，它们不是起源于无限处或奇点处，而是起源于包含时间圆环的有限区域，这是我们先进文明正要创造的那一类区域。

我们采用这个定义作为时间机器的基点，有利于使用彭罗斯和我在研究奇点和黑洞时发展的技巧。我甚至不用爱因斯坦方程就能证明，一般来讲，一个有限生成视界包含一个实际上和自身相遇的光线——也就是一根不断地返回到同一点的光线。光线每绕一圈就被蓝移一次，这样就像越变越蓝。光脉冲的峰波越来越拥挤，而光线用来绕一圈的时间间隔越来越短。事实上，以光粒子自身的时间测度来定义，它只有有限的历史，即使它在有限的区域内不断转圈而且不；碰到曲率奇点上去。

这些结果与爱因斯坦方程无关，但是只依赖于在有限区域中时空卷曲产生时间圈环的方式。然而，现在我们可以诘问，先进文明必须使用何种物质去卷曲时空，以建成一台有限尺度的时间机器。它能处处均有正的能量密度，正如我早先描述过的宇宙弦时空中那样吗？宇宙弦时空不满足我的时间圈环在有限区域中出现的要求。然而人们会以为这仅仅是因为宇宙弦是无限长的。他也许会想象用有限长宇宙弦劝环建造一个有限的时间机器，而且处处能量密度为正。使像帕基这样想回到过去的人失望是很遗憾的事，可惜处处能量密度为正的条件下，这是实现不了的。我能证明，你需要负的能量才能建造有限时间机器。

在经典理论中能量密度总是为正，这样在这个水平上有限尺度的时间机器就被排除了。然而，在半经典理论中情形就不同了。在半经典理论中人们认为物质行为受量子理论制约，而时空是很好定义并且是经典的。正如我们已经看到的，量子理论的不确定性原理意味着，场甚至在表现上空虚的空间中也总是上下起伏，并且具有无穷的能量密度。这样，为了得到我们在宇宙中观察到的有限的能量密度，人们必须减去一个无限大的能量。着一减除可以使能量密度至少在局部上为负。甚至在平坦空间中，人们找到能量密度在局部为负的量子态，虽然其中能量是正的。人们也许极想知道，这些负值究竟能否使时空以适当的方式卷曲从而建造有限时间机器。但是它们似乎理当如此。正如我们在第四章中看到的，量子起伏意味着甚至表观上空虚的空间也充满了虚粒子对，它们同时出现，相互分开，然后回到一起并相互湮灭。虚粒子对的一个成员将具有正能量，而另一成员负能量。当一个黑洞存在时，负能量成员能够落进，而正能量成员能逃向无限远，它在那里作为从黑洞携带走正能量的辐射而出现。负能粒子的落进引起黑洞损失质量并慢慢蒸发，其视界的尺度在缩小。

具有正能量密度的通常物质具有吸引引力效应，而且弯曲时空，使光线向相互方向弯折——正如在第二章中橡皮膜上的球总是使小滚珠往她滚去而从不往外滚开一样。

这意味着黑洞视界面积只能随时间增加，而决不缩小。为了使黑洞视界的尺度缩小，视界上的能量密度必须是负的并且在建造时间机器需要的方向上弯曲时空。这样我们可以想象，某一非常先进的文明能将事情安排妥当，使能量密度足够负，从而形成诸如空间非常那样的宏观物体能利用的时间机器。然而，在黑洞视界和时间机器视界之间有一重要差别。前者是由一直不断前进的光线组成，而后者包含有不断转圈的闭合光线。一个沿着这种闭合轨道运动的虚粒子会不断重复地把它基态能量带回到同一点。因此，人们可以预料，在视界——也就是时间机器的边界上的能量密度是无限的。时间机器是人们可以旅行到过去的区域。在一些简单得可做准确计算的背景中的直截明了的计算中，这一点得到了证实。这表明穿过视界进入时间机器的人或者空间探测器会被辐射爆所毁灭。这样，就时间旅行而言未来是黑暗的——或者毋宁说是令人眩目的白？

物体的能量密度依它所处的态而定，所以先进的文明也许可以把不断围绕一个闭合圆环运动的虚粒子"逐出"或取掉，使得时间机器边界上能量密度变成有限的。然而，这样的时间机器是否稳定仍然不清楚：最小的扰动，譬如某人穿过视界进入该时间机器，可能激活了循环的虚粒子并引发闪电。这是一个物理学家应该能自由讨论而不被嘲笑的问题。即使结果是时间旅行不可能，我们也理解了为何如此，而这一点是重要。

为了确定地回答这个问题，我们不仅需要考虑物理场的，而且也要考虑时空本身的量子起伏。人们也许预料到，这些会引起光线的轨迹以及整个时序概念上的朦胧模糊。的确，因为时空的量子起伏意味着视界不是准确定义的，人们可以把来自黑洞的辐射认为是漏洞。因为我们还没有量子引力的完整理论，很难说时空起伏的效应应是怎样的。尽管如此，我们能指望从在第三章中描述的费因曼对历史求和中得到一些提示。

每一个历史都是弯曲时空以及其中的物质场。由于我们打算对所有可能的历史，而不仅是那些满足一些方程的历史求和，这个求和应当包含卷曲到足以旅行到过去的时空在内。这样，问题就变成，为何时间旅行不到处发生呢？其答案是，时间旅行的确发生于微观尺度上，但是我们察觉不到。如果人们将费因曼的历史求和思想应用于一个粒子上，他就必须包含粒子旅行的比光还快甚至向时间过去旅行的历史。尤其是，存在粒子在时间和空间中的一个闭合圈环上不断循环的历史。这就是影片《圣烛节》中的记者必须不断地重复过同一天一样。

人们不能用粒子检测器来直接观测这种处于闭合圆环历史中的粒子。然而，在许多实验中已经测量到他们的间接效应。有一个实验是由在闭合圆环中运动的电子引起的氢离子光谱微小的位移。另一个实验是两片平行金属板之间的很小的力，这是由于可适合于平板之间的闭合圈环历史比适合于外面区域的微少这一事实引起的——卡米西尔效应的另一种等效解释。这样，实验验证了闭合圈环历史的存在。

人们在许会争辩道，由于闭合圈环历史甚至在固定的背景诸如平空间中发生，它们和时空卷曲有何相干。但是近年我们发现物理学中的现象通常具有对偶的同样成立的描述。人们可以等价地说，粒子在给定的背景中沿一个闭合圈环运动，或者粒子固定不动而空间和时间围绕着它起伏。这只不过是你是首先对粒子轨道求和然后再对弯曲时空求和，还是以相反的顺序求和的问题。

因此，量子理论看来允许在微观的尺度上的时间旅行。然而，这对于科学幻想，诸如你回到过去去杀死你外祖父的目的没有多大用处。因此，问题就变成：在对历史求和中的概率能否在具有宏观时间圈环的时空附近取得锋值呢？

人们可以这样研究这个问题，考虑在一系列越来越接近允许时间圈环首的时空背景中的物质场的历史千求和。人们预料，在时间圈环首次出现时会发现某种戏剧性事件，而这正是被我和我的一名学生迈克·卡西迪研究的一个简单例子所证实的。

在我们的一系列研究的背景时空和所谓的爱因斯坦宇宙紧密相关。当爱因斯坦相信宇宙在时间上是静止不变，既不膨胀也不收缩时提出了这种时空。在爱因斯坦宇宙中时间从无限的过去走向无限的将来流逝。然而，空间方向是有限的并且自身闭合，如同地球的表面一样，只是多了一维。人们可以把这时空画成一个圆柱，长轴是时间方向，而截面是三个空间方向。

因为爱因斯坦宇宙不膨胀，所以它不代表我们在其中生活的宇宙。尽管如此，因为它简单，人们可以作对历史的求和，所以在讨论时间旅行时利用它作为背景很方便。暂时忘记一下时间旅行，考虑在爱因斯坦宇宙中围绕某个轴旋转的物质。如果你位于轴上，你可以留在空间中的同一点，正如你站在儿童旋转木马的中心。但是如果你不在轴上，你就以围绕着轴旋转的方式在空间中运动。你离开轴越远，就运动的越快。这样，如果宇宙在空间上是无限的，则离开轴足够的地方必须旋转得比光还快。然而，因为爱因斯坦宇宙在空间撒谎能够是有限的，所以就存在一个旋转的临界速度，低于这个临界速度时宇宙任何部分都旋转得比光慢。

现在考虑对一个旋转的爱因斯坦宇宙中的粒子历史求和。当旋转很慢时，对于给定的能量粒子历史可以采用许多路径。这样对在这样背景中的所有粒子求和就会得到大的幅度。着意味着，在对所有弯曲时空的历史求和中这个背景的概率是高的，也就是说，它是更可能的历史之一。然而，随着爱因斯坦宇宙的旋转速度达到临界值，似的它外缘的运动速度达到光速，在边缘上只存在一个经典允许的粒子路径，也就是以光速运动的路径。这意味着对粒子历史的求和将很小。这样，对所有弯曲的时空历史求和中这些背景的概率很低。也就是说，它们是最不可能的。

旋转的爱因斯坦宇宙和时间旅行以及时间圈环有何相干呢？其答案是，它们和其他允许时间圈环的背景是数学上等价的。这些其他背景是在两个空间方向膨胀的宇宙。该宇宙在第三个空间方向不膨胀，这个方向是周期性的。这也就是说，如果你在这个方向走一定的距离，就会回到出发点。然而，每次你在第三个空间方向走一圈，你在第一和第二方向的速度都被加快上去。

如果加快得很小，就不存在时间圈环。然而，考虑一个加快不断增加的背景的序列。当加速达到某一临界值时时间圈环就要出现。这一临界加快对应于爱因斯坦宇宙的临界旋转速度，这是可以想见的。由于在这些背景中对历史求和计算是数学上等效的，人们可以得出结论，当这些背景达到现实时间圈环需要的圈曲时，它们的概率趋向零。这就支持了我在第二章末提到的所谓的时续防卫猜测：物理定律协同防止宏观物体的时间旅行。

虽然历史求和允许时间圈环，其概率极为微小。基于我早先提及的对偶性论证，我估计帕基·索恩能回到过去并杀死其祖父的概率小于一后面更一万万亿亿亿亿亿亿个领分之一。

那是相当小的概率，但是如果你仔细观察帕基的像，你可以在边缘上看到一点模糊。那对应于某个私生子从未来回来并杀死其祖父，因此他并不真的在那里的微弱可能性。

作为赌徒，帕基和我会认为此而打赌，麻烦在于我们不能互相打赌，因为现在我们两人都站在一边。另一方面，我不愿意和其他任何人打赌。他也许来自未来并且知道时间旅行的可能性。

你也许想知道这一章是否为政府包庇时间旅行的一部分。你也许是对的。

第六章 我们的未来？《星际航行》可以吗？

因为《星际航行》是未来的安全而舒适的幻影，所以广受欢迎。我自

外星生命

己也就算是一名《星际航行》迷,这样便很容易被说服去客串了一集。在那一集中我和牛顿,爱因斯坦以及达他航长玩扑克,我把他们全打败了。可以报警出现,所以我从未收到我赢的钱。

《星际航行》战线了一个在科学,技术和政治组织远比我们先进的社会。在现时和那时之间一定会有巨大的改变以及与之相伴随的紧张和混乱,但是在戏剧中描述的时期,科学,技术和社会组织据说已达到几乎完美的水平。

我想质疑的是这种场景并请问,我们是否会在科学和技术上达到一种最终稳定的状态。从上一次冰河时期迄今的大约一万年左右人类知识和技术上一直在演化着。也出现过一些挫折,例如在罗马帝国崩溃之后的黑暗时代。但是世界人口,作为我们维持生命和养活自己的技术能力的测度一直在稳步上升,除了一些诸如黑死病的小起伏。

在前两个世纪,它的增长变成指数式的,也就是说每年的人口增加同样的百分比。这个增长率现在大约为每年百分之一点九。听起来这似乎不很多,但是它意味着世界人口每40年要加一倍。

电力消耗和科学论文的数目是近代技术发展的另外的测度。它们也是指数增长的,并在短于四十年间加倍。没有任何迹象表明,在最近的将来科学技术的发展会缓慢下来甚至停止——直至《星际航行》时代这肯定不会发生。这个时代被认为在不那么遥远的将来。但是如果人口到2600年将会到达擦肩摩踵的程度,到那时地球会因大量使用电力而发出红热的光芒。

如果你把正在出版的所有新书一本本地堆放,比必须至少以每小时90海里的速度运动才能追赶它的尽头。当然,到了2600年新的艺术和科学著作将以电子形式出版,而不用书报。尽管如此,如果继续这种指数增长,在我的理论物理领域每秒种就有十篇新论文,根本来不及阅读。

很清楚,目前的指数增长不可能无限继续下去。那么将会发生什么呢?一种可能性是我们被某些灾难,譬如核战争毁灭殆尽。有一个黑色幽默讲,我们之所以未被外星人接触,是因为当一种文明达到我们的水平时,就变得不稳定而且毁灭自身。然而,我是一名乐观主义者。我相信,人类达到今天这样的境界,事物变得这么有趣,绝非仅仅为了把自己毁灭。

外星生命

《星际航行》对未来的想象,也就是我们达到先进的但是本质上静态的水平,就我们对制约宇宙的基本定律的知识而言,是可以实现的。正如这个终极理论存在的话,它将要确定《星际航行》式的翘曲飞行能否实现。按照现在的观念,

我们必须以一种缓慢和冗长乏味的方式探索星系,利用运动得比光还慢的空间飞船;但是由于我们尚未拥有完整的统一理论,我们还不能完全排除翘曲飞行。

另一方面,我们已经知道在除了最极端情形外都成立的定律:制约《探险号》全体职员的定律,如果不包括制约空间飞船本身的话。但是我们在利用这些定律上或者利用它们所产生的系统的复杂性上,似乎永远不会达到一种恒定的状态。本章的期于部分正是讨论这种复杂性。

我们迄今为止所有的最复杂系统是我们自身的生命。生命似乎起源于太初海洋之中,太初海洋在40亿年前覆盖着地球。我们不知道这是怎么发生的。也是是原子间的随机碰撞构成了宏观分子,这些宏观分子能复制自己并且将自己聚成更复杂的结构。我们能确切知道的是,到35亿年之前,高度复杂的DVA分子已经出现。

DNA是地球上所有生命的基础。它具有双螺旋结构,犹如螺旋状楼梯,它是在953年于剑桥的卡文迪许实验室由弗朗西斯·克里克和詹姆·化特森发现的。双螺旋的两缕由核酸对连接,正如螺旋楼梯中的踏板。存在四种核酸:胞嘧啶、鸟嘌呤、酪氨酸和腺嘌呤。不同核酸沿着螺旋楼梯发生的顺序携带遗传信息,他使DNA分子在它周围集合有机体并复制自己。当DNA复制自身时,在核酸沿着螺旋的顺序会偶尔出错。在大多数情形下,复制的错误使DNA要么不能要么更少可能去复制自己,这意味着这种遗传误差或者被称作突变的会死去。但是在一些情形下,这误差或者突变将会增加DNA存活和繁殖的机会。遗传密码的这种改变是很有利的。这就是包含在核酸序列中的信息逐渐演化并且变得更复杂的过程。

因为生物演化基本上是在所有遗传可能性空间中的随即漫游,所以它非常缓慢。其复杂性或者被编码于DNA中的信息的比特数粗略地为分子中的核酸数目。在最初的20亿光年左右,其复杂性增加率应该是每百年一个比特信息的数量级。DNA复杂性增加率在最近的几百万年里逐渐地

上升到每年一比特左右。但是后来,大约 6000~8000 年以前,发生了重大的新的进展。我们发现了书写语言。这意味着,信息从这一代向下一代转移,不必等待非常缓和的随即突变和自然选择把它编码到 DNA 的序列的过程。复杂性的量被极大地增加。单独的一本浪漫小说就够储存关于猿和人类 DNA 差别的那么多信息,而 30 卷百科书可以描述人类 DNA 的整个序列。

更重要的是,书中的信息可以快速地更新。现在人类 DNA 由于生物进化引起的更新率超过每秒 100 万比特。当然,大部分信息都是垃圾。但是即使 100 万中只有一比特是有用的,那仍然比生物进化快 10 万倍。

这种通过外部的非生物手段的资讯传递使人类凌驾与世界之上并使人口指数地增长。但是我们现在处于新时代的启始,在这新时代里我们不需等待生物进化的缓慢步骤就能增加我们内部纪录即 DNA 的复杂性。在最近的一千年我们很有可能将其完整重新设计。当然,许多人说人类遗传工程应该被禁止,但是我们能否防止它是很另人可疑的。为了经济的原因将允许植物和动物的遗传工程,而有些人一定会对人类进行尝试。除非我们有一个极权的世界政府,某些人在某处将设计改良人种。

很清楚,创造改良的人种相对于未改良的人种会产生巨大的社会和政治问题。我不想将人类遗传工程当作必须的发展来辩护,我只不过是说,不过我们要不要,它都可能发生。这就是为什么我不相信《星际航行》那样的科学幻想,在那里四百年后的未来人们和我们今天本质上是相同的。我认为人种及其 DNA 将相当快速地增加其复杂性。我们应该认识到这很可能发生,而且考虑如何去应付这种局面。

如果人类要去应付它周围日益复杂的世界和遭遇到诸如太空旅行这样的新挑战的话,它必须改善其精神与体温。如果生物系统想领先电子系统的话,人类也需要增加自己的复杂性。电脑在现时具有速度的优势,但是它们毫无智慧的迹象。这并不奇怪,因为我们现有的电脑比一根蚯蚓的大脑还简单。蚯蚓是一种智力微不足道的物种。

但是,计算机服从所谓的穆尔定律:它是那些显然不能无限继续的指数增长之一。然而,它也许会继续到电脑具有类似于人脑的复杂性为止。某些人说电脑永远不能显示真正的智慧,不管这智慧是何止而言。但是我似乎觉得，如果非常复杂的电子路线也能使电脑以一种智慧的方式行为。而且如果它们是智慧的，它们也应该能设计出甚至具有更大的复杂性和智慧的电脑。

生物和电子复杂性的这种增加会永远继续下去吗？还是存在一个自然的极限？在生物方面，迄今的人类智慧的极限被通过产道的大脑尺度所定。我目睹我三位孩子的出世，知道让头出来是如何困难。但是，我预料在一百年内，我们将能够在人体之外养育婴儿，这样这个极限就被消除了。然而，通过遗传工程增加人脑尺度最终会遭遇到这样的问题，即身体中负责我们精神活动的化学信使运动较慢。这意味着，进一步提高大脑的复杂性将会以速度为代价。我们可能才思敏捷或者非常智慧，但是二者不可能兼。我仍然认为，我们可能比《星际航行》中的大部分人有智慧的多，那不是什么困难的事。

电子线路具有和人脑一样的复杂性对速度的问题。然而，在这种情形下讯号是电子的，而不是化学的，它以光速运动，速度快多了。尽管如此，光速已经是设计更快速电脑的实际极限。人们可以进一步降低线路尺度以改善这种局面，但最终将有一个由物质原子性质设下的极限。我们在遇到这个障碍之前仍有一段路可走。

电子线路在保持速度之际增加其复杂性的另一种方法是去复制人脑。大脑不具备单独的CPU——中央处理器——它顺序处理每一个指令。相反地，人脑有几百万个同时一道工作的处理器。这种大规模平行处理也将是电子智慧的未来。

假定我们在以后的一百年不自身毁灭，我们将很可能首先分散到太阳系的行星去，然后再到邻近的恒星去。但是不会像在《星际航行》或《巴比伦5》中那样，在几乎每一个恒星系统都有接近人类的新种族。我们人种以它目前的形式仅仅存在了从大爆炸以来的一百五十亿年左右中的两百万年。

这样，即使生命在其他恒星系统发展，在其可以认出的人类阶段邂逅它的机会非常迷茫。我们将遭遇到的外星人的生命很可能要么更新为原始的多，要么更为先进的多。如果它更先进，为何不分散到整个星系并且造访地球影片《外星人》不如说更像影片《独立日》。

那么，如何理解我们没有地球外的来客呢？可能是在那里存在有先进有先进的种族，它知悉我们的存在，但是让我们在底水平上自做自爱。然而，如此照应低等的生命形式是另人可疑的：我们中的大多数人忧虑过在脚下踩死了多少昆虫或者蚯蚓吗？更合理的解释应该是，不管是在其他为我们宣称自己是智慧的，尽管如此没有什么根据，我们倾向于把智慧看成进化的不可避免的后果。然而，人们可以对此设疑。不清楚智慧是否具有更多的存活价值。细菌虽然没有智慧，但是存活得很好。如果我们所谓的智慧在一场核战争中毁灭自身的话，细菌仍然存活。但是我们不太可能找到箱我们的生物。

科学的未来不会像在《星际航行》中描绘的那么令人宽慰的图景：一个充满了许多有人类特征的种族的，具有先进的但本质上静止的科学技术的宇宙。相反地，我认为我们将独自地但是快速地发展生物的电子的复杂性。在以后的一百年间这方面的发展不会太多，这就是我们所能可靠预言的一切。但是，如果我们能存活到下一个千年之末，那时侯我们和《星际航行》的差别将会是根本的。

第七章 膜的新奇世界

膜的新奇世界(霍金讲演词)

我想在这次演讲中描述一个激动人心的新机制，它可能改变我们关于宇宙和实在本身的观点。这个观念是说，我们可能生活在一个更大空间的膜或者面上。

膜这个字拼写为 BRANE，是由我的同事保罗·汤森为了表达薄膜在高维的推广而提出的。它和头脑是同一双关语，我怀疑他是故意这么做的。我们自以为生活在三维的空间中，也就是说我们可以用三个数来标明物体在屋子里的位置，它们可以是离开北墙五英尺离开东墙三英尺还比地板高两英尺，或者在大尺度下，它们可以是纬度、经度和海拔。在更大的尺度下，我们可以用三个数来指明星系中恒星的位置，那就是星系纬度、星系经度以及和星系中心的距离。和原来标明位置的三个数一样，我们可以用第四个数来标明时间。这样,我们就可以这样把自己描述成生活在四维时空中,在四维时空中可以用四个数来标明一个事件,其中三个是标明事件的位置,第四个是标明时间。

爱因斯坦意识到时空不是平坦的,时空中的物质和能量把它弯曲甚至翘曲,这真是他的天才之举。根据广义相对论,物体例如行星企图沿着直线穿越时空运动,但是因为时空是弯曲的,所以它们的路径似乎被一个引力场弯折了。这就像你把重物代表一个恒星放在一个橡皮膜上,重物会把橡皮膜压凹下去,而且会在恒星处弯曲。现在如果你在橡皮膜上滚动小滚珠,小滚珠代表行星,它们就围绕着恒星公转。我们已经从 GPS 系统证实了时空是弯曲的,这种导航系统装备在船只、飞机和一些轿车上。它依靠比较从几个卫星来的信号而运行的。如果人们假定时空是平坦的,它将会把位置计算错。

三维空间和一维时间是我们看到的一切。那么我们为什么要相信我们不能想起不能观察到的它的额外维呢?它们仅仅是科学幻想呢,还是能够被看的到的科学后果呢?我们认真地接受额外维的原因是,虽然爱因斯坦广义相对论和我们所作的一切观测相一致,该理论预言了自身的失效。罗杰·彭罗斯和我在讨论广义相对论时预言时空在大爆炸处具有开端,在黑洞处有终结。在这些地方广义相对论失效了。这样人们就不能够预言宇宙如何开端,或者对落进黑洞的某人将会发生什么。

广义相对论在大爆炸或黑洞处失效的原因是没有考虑到物质的小尺度行为。在正常情况下,时空的弯曲是非常微小的,并也是在相对场的尺度上,所以它没有受到短距离起伏的影响。但是在时间的开端和总结,时空就被压缩成单独的一点。为了处理这个,我们想要把非常大尺度的理论即广义相对论和小尺度的理论即量子力学相结合。这就创生了一种 TOE,也就是万物的理论,它可用来描述从开端直到终结的整个宇宙。

我们迄今已经花费了三十年的心血来寻找这个理论,目前为止我们认为已经有了个候选者,称为 M 理论。事实上,M 理论不是一个单独的理论,而是理论的一个网络,所有的理论事物都在物理上等效,这和科学的实证主义哲学相符合。

在这哲学中,理论只不过是一个数学模型,它描述并且整理观测。

(Positivist Philosophy---A theory is just a mathematical model, that describe and codifies the observations) 人们不能询问一个理论是否反映现实,因为我们没有独立于理论的方法来确定什么是实在的。甚至在我们四周,被认为显然是实在的物体,从实证主义的观点看,也不过是在我们头脑中建立的一个模型,用来解释我们视觉和感觉神经的信息。当人们把贝克莱主教的"没有任何东西是实在的"见解告诉约翰逊博士时,既然他用脚尖踢到一个石头并大声吼叫,那么我也就驳斥这种见解。

但是我们也许都和一台巨大的电脑模拟连在一起,当我们发出一个马达信号去把虚拟的脚摆动到一块虚拟的石头上去,它发出一个疼痛的信号。也许我们也就是外星人玩弄的电脑游戏中的一个角色。不再开玩笑了,关键在于我们能有几种不同的对于宇宙的描述,所有的这些理论都预言同样的观察。我们不能讲一种描述比另外一种描述更实在,只不过是对一种特定情形更方便而已。所以 M 理论网络中的所有理论都处于类似地位。没有一种理论可以声称比其余的更实在。

令人印象深刻的是,M 理论网络中的许多理论的时空维数具有比我们经验到的四维更高。这些额外维数是实在的吗?我必须承认我曾经对额外维持迟疑的态度。但是,M 理论网络配合得天衣无缝,并且具有这么多意想不到的对应关系,使我认为如果不去相信它,就如同上帝把化石放进岩石里,误导达尔文去发现进化论一样。

在这些网络的某些理论中,时空具有十维,而在另一些中,具有十一维。这使如下事实的又一个迹象,即时空以及它的维不是绝对的独立于理论的量,而只不过是一个导出概念,它依赖于特殊的数学模型而定。那么对我们而言,时空是显得四维的,而在 M 理论是十维或者十一维的,这是怎么回事呢?为什么我们不能观察到另外的六或七维呢?

这个问题的传统的,也是迄今仍被普遍接受的答案是,额外维全部被卷曲到一个小尺度的空间中,余下四维几乎是平坦的。它就像人的一根头发,如果你从远处看它,它就显得像是一维的线。但是如果你在放大镜下看它,你就看到了它的粗细,头发的确是三维的。在时空的情形下,足够高倍数的放大镜应能揭示出弯卷的额外维数,如果它存在的话。事实上,我们可以利用大型粒子加速器产生的粒子把空间探测到非常短的距离，比如在日内瓦建造的大型强子碰撞机。至少，迄今我们还没有探测到超出四维的额外维的证据。如果这个图象是正确的，那么额外维就会被卷曲到比 1 厘米的一百亿亿分之一还小。

我刚才描述的是处理额外维的传统手段。它意味着我们有较大的机会探测到额外维的仅有之处是宇宙的极早期。然而最近有人提出更激进的设想，额外维中的一维或者二维尺度可以大的多，甚至可以是无限的。因为在粒子加速器中没有看到这些大的额外维，所以必须假定所有的物质粒子被局限在时空的一个膜或面上，而不能自由地通过大的额外维传播。光也必须被限制在膜上，否则的话，我们就已经探测到大的额外维，粒子之间的核力的情形也是如此。

另一方面，引力是所有形式的能量或质量之间的普适的力。它不能被限制于膜上，相反地，它要渗透到整个空间。因为引力不仅能够耗散开，而且能够大量发散到额外维中去，那么它随距离的衰减应该比电力更厉害。电力是被限制在膜上的。然而我们从行星轨道的观测得知，太阳的万有引力拉力，随着行星离开太阳越远越下降，和电力随距离减小的方式相同。

这样，如果我们的确生活在一张膜上，就必须有某种原因说明为何引力不从膜往很远处散开，而是被限制在它附近。一种可能性是额外维在第二张影子膜上终结，第二张膜离我们生活其中的膜不远。我们看不到这张影子膜，因为光只能沿着膜旅行，而不能穿过两膜之间的空间。然而我们可以感觉到影子膜上物体的引力。可能存在影子星系、影子恒星甚至影子人，他们也许正为感受到从我们膜上的物质来的引力而大大惊讶。对我们而言，这类影子物体呈现成暗物质，那是看不见的物质。但是其引力可以被感觉到。

事实上，我们在自身的星系中具有暗物质的证据。我们能看到的物质的总量不足以让引力把正在旋转的星系抓在一起。除非存在某种暗物质，该星系将会飞散开。类似地，我们在星系团中观测到的物质总量也不足以防止它们散开，这样又必须存在暗物质。当然，影子膜并不是暗物质的必要条件。暗物质也许不过是某种很难观测到的物质的形式，例如 wimp（弱相互作用重粒子），或者褐矮星以及低质量恒星，后者从未热到足以使氢燃烧。

因为引力发散到我们的膜和影子膜之间的区域,在我们膜上的两个邻近物体间的万有引力随距离的下降会比电力更厉害,因为后者被局限于膜上。我们可能在实验室中,利用剑桥的卡文迪许爵士发明的仪器测量引力的短距离行为。迄今我们没有看到和电力的任何差异,这意味着膜之间距离不能超过一厘米。按照天文学的标准,这是微小的,但是和其他额外维的上限相比是巨大的。正在进行短距离下引力的新测量,用以检测"膜世界"的概念。

另一种可能性是,额外维不在第二张膜上终结,额外维是无限的,但是正如马鞍面一样被高度弯曲。莉萨朗达尔和拉曼桑德鲁姆指出,这种曲率的作用和第二张膜相当类似。一张膜上的一个物体的引力影响,将不会在额外维中发散到无限去。正如在影子膜模型中,引力场长距离的衰减正好用以解释行星轨道和引力的实验室测量,但是在短距离下引力变化的更快速。然而在朗达尔－桑德鲁姆模型和影子膜模型之中存在一个重大的差别。物体受引力影响而运动,会产生引力波。引力波是以光速通过时空传播的曲率的涟漪。正如光的电磁波,引力波也必须携带能量,这是一个在对双脉冲星观测中被证实的预言。

如果我们的确生活在具有额外维的时空中的一张膜上,膜上的物体运动产生的引力波就会向其它维传播。如果还有第二张影子膜,它们就会反射回来,并且被束缚在两张膜之间。另一方面,如果只有单独的一张膜,而额外维无限的延伸,就像朗达尔－桑德鲁姆模型中那样,引力波会全部逃逸,从我们的膜世界把能量带走。这似乎违背了一个基本物理原则,即能量守恒定律。它是讲总能量维持不变。然而,只是因为我们对所发生事件的观点被限制在膜上,所以就显得定律被违反了。一个能看到额外维的天使就知道能量是常数,只不过更多的能量被发散出去。

只有短的引力波才能从膜逃逸,而仅有大量的短引力波的源似乎来自于黑洞。膜上的黑洞会延伸成在额外维中的黑洞。如果黑洞很小,它就几乎是圆的。也就是说它向额外维延伸的长度就和在膜上的尺度一样。另一方面,膜上的巨大黑洞将会延伸成"黑饼"。它被限制在膜的邻近,它在额外维中的厚度比在膜上的宽度小得多。

若干年以前，我发现了黑洞不是完全黑的：它们会发射出所有种类的粒子和辐射，它们就如热体一样。粒子和象光这样的辐射会沿着膜发射，因为物质和电力被限制在膜上。然而，黑洞也辐射引力波，这些引力波不被限制在膜上，也向额外维中传播。如果黑洞很大，并且是饼状的，引力波就会留在膜的附近，这意味着黑洞以四维时空中所预想的速度损失能量和质量。因此黑洞会缓慢地蒸发，尺度缩小，直至它变得足够小，使它辐射的引力波开始自由地逃逸到额外维中去。对于膜上的某人，黑洞就相当于在发散暗辐射，也就是膜上不能直接观察到的辐射，但是其存在可以从黑洞正在损失质量这一事实推出。这意味着从正在蒸发的黑洞来的最后辐射暴显得比它的实际更不激烈些，这也许是为什么我们还未观测到伽马线暴，后者由正在死亡的黑洞产生。

虽然还存在另一种乏味的解释，就是说不存在许多这样的黑洞，其质量小到不迟于宇宙的现阶段蒸发。这真是遗憾，因为如果发现一个低质量的黑洞，我就会获得诺贝尔奖。

对于膜世界的产生有几种理论。一种版本是称为 Ekpyrotic 宇宙的影子膜模型。Ekpyrotic 这个名字有点绕嘴，但是它是从希腊文来的，意思是运动和变化。在 Ekpyrotic 场景中，人们认为我们的膜以及影子膜存在了无限久。他们是在无限的过去静态中启始的。膜之间一个非常小的力就使他们相互运动，膜就会碰撞，并且相互穿越，产生大量的热和辐射。这一碰撞被认为是大爆炸，也就是宇宙热膨胀相的启始。

关于膜是否能够碰撞以及如此这般行为，存在许多未解决的技术问题。但是，即是膜具有所需要的性质，以我的意见，Ekpyrotic 场景也是不能令人满意的。它要求膜在无限的过去启始时，处于一种以不可思议的精度调准的位形之中。膜的初始条件的任何微小变化，都会使碰撞变得乱糟糟的，产生一个高度无规的膨胀宇宙，一点也不像我们现在观察到的这个几乎光滑的宇宙。如果膜从它们的基态或者最低能态启始，初始条件被精确指定便是很自然的了。但是如果存在最低能态，膜将会停留在那儿，而永不碰撞。但事实上，膜从一个非稳态启始，必须人为地让它处于这种态。这必须是一只相当稳定的手，才能使初始条件那么精确。但是，但是如果一个人能够做到这一点，他能够使膜从任何方式启始。

按照我的意见，膜世界启始的更远为吸引人的解释是，它作为真空中的起伏而自发产生。膜的产生有点像沸腾水中蒸气泡的形成。水液体中包含亿万个 H2O 分子，它们在最靠近的邻居之间耦合，并且挤在一起。当水被加热上去，分子运动得更加快，并且相互弹开。这些碰撞偶然赋予分子如此高的速度，使得它们中的一群能摆脱它们的键，形成热水围绕着的蒸气小泡泡。泡泡将以随机的方式长大或缩小，这时液体中来的更多的分子参与到蒸气中去，或者相反的过程。大多数小蒸气泡将会重新塌缩成液体，但是有一些会长大到一定的临界尺度，超过该临界尺度泡泡几乎肯定会继续成长。我们在水沸腾时观察到的正是这些巨大的膨胀的泡泡。

膜世界的行为很类似。真空中的起伏会使膜世界作为泡泡从无中出现。膜形成泡泡的表面，而内部是高维空间。非常小的泡泡将重新塌缩成无。但是一个由量子起伏成长的泡泡超出一定的临界尺度，很可能继续膨胀。在膜上，也就是在泡泡的表面上的人们（例如我们）会以为宇宙正在膨胀。这就像在气球的表面上画上星系，然而把它吹涨，星系就相互离开，但是没有任何星系被当作膨胀的中心。让我们希望，没有人持宇宙之针将泡泡放气。随着膜膨胀，内部高维空间的体积会增大。最终存在一个极其巨大的泡泡，它被我们生活其中的膜环绕着。膜也就是泡表面上的物质将确定泡泡内部的引力场。

平等地，在内部的引力场也将确定膜上的物质。它就像一张全息图。一张全息图是一个三维物体被编码在一个二维表面上的象。我对全息图的全部知识是，在一张图上是星际航行的一集中的场景，我本人与牛顿和爱因斯坦在一起。（之后是一段黑白短片，在一个飞船船舱内三位巨匠和一位类似于船长的人在打牌，讨论着些事情，由于是英文对白，本人水平有限，未能得其意思。）类似于，我们认为是四维时空的也许只是五维泡泡内部区域所发生的事件的一张全息图。

这样，什么是实在的呢？是泡泡还是膜？根据实证主义哲学，这是没有意义的问题。因为不存在独立于模型的实在性的检验，或者说什么是宇宙的真正维数是没有意义的，四维和五维的描述是等效的。我们生活在三维空间和一维时间的世界中，我们对这一些自以为一清二楚。但是我们也许只不过是闪烁的篝火在我们存在的洞穴的墙上的投影而已。但愿我们遭遇到的任何魔鬼都是影子。

　　膜世界模型是研究的热门课题，它们是高度猜测性的。但是它们提供了可供观测验证的新行为，它们可以解释为什么万有引力为什么这么弱。在基本理论的基础中，引力也许相当的强大但是引力在额外维散开意味着，在我们生活其中的膜上的长距离引力变弱了。如果引力在额外维中更强，那么在高能粒子碰撞时形成小黑洞就容易得多。这也许在日内瓦建造中的LHC也就是大型强子碰撞机上可能实现。一个微小的黑洞不会吃掉地球，不像报纸中绘声绘色的恐怖故事那样。相反地，黑洞将会在"霍金辐射"的"扑"的一声中消失，而我将得到诺贝尔奖。LHC加油！我们可以发现一个膜的新奇世界。

　　必读网（http://www.beduu.com）整理

后记、人们用地球经验想象外星

　　网文《好奇号火星探测器》报道：

　　好奇号火星探测器是美国国家宇航局研制的一台探测火星任务的火星车，于2011年11月发射，2012年8月成功登陆火星表面。它是美国第七个火星着陆探测器，第四台火星车，也是世界上第一辆采用核动力驱动的火星车，其使命是探寻火星上的生命元素。项目总投资26亿美元，是截至2012年最昂贵的火星探测项目。2019年10月，美国航天局表示，"好奇"号火星车在火星盖尔陨石坑内发现了富含矿物盐的沉积物，表明坑内曾有盐水湖，显示出气候波动使火星环境从曾经的温润、潮湿演化为如今冰冻、干燥的气候。

　　探索生命

　　好奇号新发现，真的有外星人？ 2020-12-03 14:40

　　地球之外的其他天体上存在生命吗？ 我们在宇宙中孤独吗？ 自人类开始探索宇宙以来，探索生命的痕迹就是我们孜孜以求的重要目标之一。外星人和外星生物，一直是大量科幻小说的主题。然而，这些幻想在探测器时代来临之后都一一破灭了。

外星生命

好奇号外文名 Curiosity，发射时间 2011 年 11 月 26 日 23:02(GMT+8)，着陆时间 2012 年 8 月 6 日 13:30(GMT+8)，发射地点美国佛罗里达州卡纳维拉尔角，着陆地点火星盖尔陨石坑，隶属机构 NASA，使命是探寻火星上的生命元素，运载器 Atlas-V541 火箭（AV-028），动力是放射性同位素热电池(钚-238)。臂长 2.1m 车轮，直径 0.5 米，高度 2.1m，宽度 2.8m，长度 3.0m（不包括机械臂），充电是多任务热电发生器（MMRTG），发射质量 3893kg。

简介

好奇号（英语：Curiosity）是一辆美国宇航局火星科学实验室辖下的火星探测器，主要任务是探索火星的盖尔撞击坑，为美国宇航局火星科学实验室计划的一部分。

好奇号在 2011 年 11 月 26 日北美东部标准时间 10:02 于卡纳维拉尔角空军基地进入火星科学实验室航天器，并成功在 2012 年 8 月 6 日协调世界时 05:17 于伊奥利亚沼着陆。好奇号经过 56,300 万千米的旅程，着陆时离预定着陆点布莱德柏利降落地只相差 2.4 千米。好奇号的任务包括：探测火星气候及地质，探测盖尔撞击坑内的环境是否曾经能够支持生命，探测火星上的水，及研究日后人类探索的可行性。好奇号的设计将是项目中的火星 2020 探测车任务设计基础。2012 年 12 月，好奇号原本运行 2 年的探测任务被无限期延长。

2014 年 6 月 24 日，好奇号在发现火星上曾经有适合微生物生存的环境之后运行满一个火星年的探测任务。

命名：由儿童和青少年命名火星车是 NASA 的惯例。2008 年 11 月 18 日，一项面向全美五岁至十八岁学生的为火星车命名的比赛开始。2009 年 3 月 23 日至 29 日，普通公众有机会为九个进入决定的名字进行投票，为火星车的最终命名作为参考。2009 年 5 月 27 日，NASA 宣布六年级的华裔女生马天琪（Clara Ma）的"好奇"最终赢得了胜利。

研发背景

自 20 世纪初期开始，人们凭着望远镜中看到的火星影像和头脑中的想象，认为火星上可能存在生命，乃至火星人。但当最早的着陆探测器，美国宇航局发射的海盗 1 号和 2 号在 1976 年触及火星表面的时候，人们大失所望,来自海盗2号的照片显示了一个寒冷、贫瘠、干燥、显然死掉了的行星。然而,也是在同一时期,科学家在地球海洋底部的深海热泉里发现了极端微生物的存在,这证明生命可以适应各种环境。

火星探测器是一种用来探测火星的人造卫星。1962年,前苏联发射的'火星1号'探测器是人类向火星发射的第一个火星探测器,美国发射了水手4号探测器,并成功飞到距离火星1万公里处拍摄了21幅照片。自20世纪60年代以来,美国发射十余次火星探测器,仅6次实现火星着陆。

项目进展

1996年,美国宇航局发射了火星全球勘探者号探测器。这开启了新的探索火星的时期,一系列的轨道器和着陆器被送往火星。探测的结果让科学家了解到,火星其实蕴藏着活力。

2004年登陆火星的勇气号和机遇号火星车已经发现,火星在过去曾经是温暖和湿润的,甚至可能存在过海洋。但是后来它的环境发生了巨大的转变。自那时起,美国宇航局火星探测任务的科学目标就围绕考察火星是否曾经支持生命存在而进行,好奇号火星车亦进一步推进美国宇航局"跟着水走"的战略。

2008年11月18日,一项面向全美五岁至十八岁学生的为火星车命名的比赛开始。

2009年03月23日至29日,普通公众有机会为九个进入决赛的名字进行投票,为火星车的最终名称作为参考。

2009年05月27日,NASA宣布六年级的华裔女生马天琪所起的"好奇"这个名称最终赢得了胜利。

2011年11月26日,"好奇"号火星车于从佛罗里达州卡纳维拉尔角空军基地41号发射台发射升空。美国航天局电视台画面显示,"好奇"号的升空时间为美国东部时间10时02分00秒211毫秒(北京时间23时2分)。

2011年11月26日23时2分,好奇号火星探测器发射成功,顺利进入飞往火星的轨道。

2012年8月6日成功降落在火星表面,展开为期两年的火星探测任务。

2012年9月27日,美国宇航局"好奇"号火星探测器在探索火星地貌时,遇到一块外形奇特金字塔形状的岩石。美国宇航局以去世的一名员工杰克·马蒂耶维奇命名这块岩石。这块金字塔形"杰克·马蒂耶维奇"（Jake Matijevic）岩石将首次测试好奇号最先进的分析仪器。漫游车将首次利用 α 粒子 X-射线光谱仪（APXS）检测该岩石的组成成分。

漫游车将于同一个火星日再次启程，它已经连续形成了 138 英尺（42 米）的距离，是当前（2012 年 9 月 27 日）最长的旅程。7 周前，好奇号着陆火星，开始了长达两年的火星任务，将利用 10 项仪器评估在盖尔环形山精心挑选的研究地区，后者提供的环境条件被认为适合微生物生命存在。

2012 年 8 月 6 日凌晨 1 时 30 分（北京时间 6 日 13 时 30 分），新型火星探测器"好奇"号计划着陆火星表面。作为一个星际间太空飞行器，"好奇"号的能量来自钚，大小只有一辆小型机动车大小它已经从地球出发，旅行了八个半月了。"好奇"号携带的计算机会控制着陆过程，放慢速度，小心登陆火星表面。因为火星和地球之间存在时间差，地球上的科学家将在火星车着陆 14 分钟后才得到反馈。不过，美国宇航局官员表示，此后，还得需要几个小时甚至几天的时间才能确认着陆成功与否。

美国"好奇"号火星探测车 2012 年 8 月 19 日首次使用高能激光枪击打火星岩石，以期分析火星岩石矿物成分。

好奇号火星漫游车利用机械臂末端的钻头钻取了火星表面一块基岩的样品，这是首次通过钻探获取火星岩石样本。NASA 称这是好奇号自 2011 年八月抵达火星以来所取得的最大的具有里程碑意义的成就。着陆后，地面控制人员将指示好奇号利用携带的科学设备分析样品，分析其矿物和化学成分，以确定火星上是否有水，是否有或曾经有适合生命存在的环境。

组成结构

主控电脑

采用 2 台（其中一台为备用）IBM 特制型号的电脑，可以承受 -55 和 70 度气温变化以及 1000 戈瑞的辐射水平。

硬件：IBM PowerPC 750 为基础的 RAD750 处理器（可以提供 400MIPS 运算能力），256KB EEPROM，256MB DRAM，2GB 闪存。

软件：NASA 采用 VxWorks 操作系统。VxWorks 由 Wind River Systems

（已被 Intel 收购）开发，是在大量嵌入式系统中采用的实时操作系统。之前的火星探测器（旅行者、勇气号、机遇号）、火星侦察轨道器都采用 VxWorks。[10]

好奇号与地球的直接数据带宽大约 8Kbit/s 左右，但与火星探测器 2001 火星奥德赛号的最理想传输带宽则能达到 2Mbit/s，而 2001 火星奥德赛号与地球的带宽为 256Kbit/s。当探测器从漫游车上空飞过时，每次能通信八分钟，最多能传输 250Mbit 的数据，而这 250Mbit 数据需要花 20 多分钟才能传输到地球。

寿命："好奇"号的设计寿命是一个火星年，也就是大约 687 个地球日，或者 669 个火星日。

附属设备

减速伞：火星科学实验室的减速伞是飞往火星的最复杂的太空舱。设计必须考虑到它的庞大体积和重量，它是被发往这颗红色行星的最大的火星车，需要降落在火星上的精确位置上。

隔热板："好奇"号的隔热板和圆锥形后壳是有史以来在这方面最大的。它们使该火星车的外壳宽达 15 英尺（4.5 米），比以前的火星车使用的隔热板都大，甚至比把宇航员送往月球的"阿波罗"号飞船使用的隔热板还大。用来保护火星车"机遇"号和"勇气"号的隔热板宽 8.5 英尺（2.6 米），"阿波罗"号使用的隔热板宽不足 13 英尺（4 米）。

它在这颗红色行星上降落过程中，为了把高温挡在外面，这个隔热板是用一种被称作酚碳热烧蚀板（Phenolic Impregnated Carbon Ablator, PICA）的材料制成的。这是火星任务第一次使用这么大的隔热板。酚碳热烧蚀板是由美国宇航局的艾姆斯研究中心发明的，这种材料作为美国宇航局回归地球的太空舱"星尘（Stardust）"号的隔热板，首次飞入太空。科学家利用"星尘"号太空舱收集一颗彗星的粒子并于 2006 年把样本带回地球。

核电池提供稳定动力："好奇"号的动力由一台多任务放射性同位素热电发生器提供，其本质上是一块核电池。因为使用了核动力。该系统主要包括两个组成部分：一个装填钚-238 二氧化物的热源和一组固体热电偶，可以将钚-238 产生的热能转化为电力。这一系统设计使用寿命为 14 年，也高于太阳能电池板。该系统足以为"好奇"号同时运转的诸多仪器提供充足能量。"好奇"号的设计行程将超过 19 公里,并将在火星表面攀登高山。1997 年,由"火星探路者"号携带升空的"旅居者"号火星车着陆。与这位重约 10 公斤的老前辈相比,"好奇"号要先进得多。

天空起重机:美国宇航局专门为"好奇号"火星车设计了一套复杂的着陆程序。该火星车进入这颗红色行星的大气后,将借助一个大降落伞把它的隔热板及后壳扔掉,以减慢下降速度,然后再利用被称作"天空起重机(Sky Crane)"的推进器慢慢下降。这个起重机将利用电缆把该车放在火星表面,然后它会飞走最后坠毁。首次使用一种被称作"天空起重机"的辅助设备助降。由于难度高、风险大,美国航天局称之为"恐怖 7 分钟"。"天空起重机"和"好奇"号组合体在经过大气摩擦减速和降落伞减速后"天空起重机"开启 8 台反冲推进发动机,进入有动力的缓慢下降阶段。当反冲推进发动机将"天空起重机"和"好奇"号组合体的速度降至大约每秒 0.75 米之后,几根缆绳将"好奇"号从"天空起重机"中吊出,悬挂在下方。距离地面一定高度时,缆绳会被自动切断,"天空起重机"随后在距离"好奇"号一定安全距离范围内着陆。"好奇"号于 2011 年 11 月 26 日发射。它将在火星表面着陆探测,以查明火星是否曾经存在适宜生命存在的环境。与到 2011 年仍在火星上探测的"勇气"号和"机遇"号火星车相比,"好奇"号个头要大得多,所携带的探测设备更多、更先进,在火星表面的连续行驶能力更强,它将是下一个 10 年中美国火星探测项目的"开篇之作"。其它设备

桅杆相机:(以下简称 MastCam)是"好奇"号的主要成像工具,负责拍摄火星地貌的高解析度彩色照片和视频,供科学家进行分析。MastCam 由两个照相系统构成,安装在"好奇"号主车身上方的一个桅杆上。在"好奇"号在火星表面行进时,MastCam 能够获得很好的视野。MastCam 拍摄的照片将帮助任务组驱动和操控"好奇"号。

火星手持透镜成像仪:(以下简称 MAHLI)功能相当于一个超级放大镜,允许地球上的科学家更细致地观察火星上的岩石和土壤。这台仪器可以拍摄小到只有 12.5 微米(不及一根人发的直径)的地貌特征彩色照片。MAHLI 安装在"好奇"号的 5 关节 7 英尺(约合 2.1 米)机械臂末端,本身就是一个工程学奇迹。形象地说,这台仪器就是科学家的一个高科技

手持透镜,将对准他们希望对准的任何地方。

火星降落成像仪:(以下简称MARDI)是一台小型摄影机,安装在"好奇"号的主车身上,负责拍摄"好奇"号降落火星地面过程的影像。届时,这辆火星车将借助一个悬浮的火箭动力太空起重机完成降落。MARDI将在"好奇"号距离火星地表1英里(约合1.6公里)或2英里(约合3.2公里)时启动,此时的"好奇"号将丢弃隔热板。在"好奇"号触地前,这台仪器将以每秒5帧的速度拍摄影像。MARDI拍摄的录像将帮助"火星科学实验室"任务组规划"好奇"号的火星之旅,同时为科学家提供登陆地——直径100英里(约合160公里)的盖尔陨坑的地质信息。

火星样本分析仪:(以下简称SAM)是"好奇"号的心脏,重83磅(约合38公斤),占到"好奇"号所携科学仪器总重量的一半左右。SAM由3个独立的仪器构成,分别是质谱仪、气相色谱仪和激光分光计。这些仪器负责搜寻构成生命的要素——碳化合物。此外,它们还将搜寻与地球上的生命有关的其他元素,例如氢、氧和氮。

SAM安装在"好奇"号主车身内。"好奇"号的机械臂通过车外的一个进口将样本送入SAM。所采集的一些样本将来自于岩石内部,利用机械臂末端2英寸(约合5厘米)的钻头钻入岩石提取。这是第一个安装可提取岩石内部样本的工具登陆火星的火星车。

化学与矿物学分析仪"(以下简称CheMin)可用于确定火星上的矿物类型和数量,帮助科学家进一步了解这颗红色星球过去的环境。与SAM一样,"好奇"号的机械臂通过车外的一个进口将样本送入CheMin进行分析。分析时,这台仪器向样本发射X射线,根据X射线的衍射确定矿物的晶体结构。克里斯普在接受太空网采访时表示:"在我们看来,这就像是在变魔术。"X射线衍射是地球上的地质学家使用的一种重要的分析技术,从未在火星上使用过CheMin将帮助"好奇"号进一步了解火星矿物的特征,超过它的前辈"勇气"号和"机遇"号火星车。

化学与摄像机仪器:(以下简称ChemCam)可以向30英尺(约合9米)外的火星岩石发射激光,使其蒸发,而后分析蒸发的岩石成分。借助于这台仪器,"好奇"号可以研究机械臂无法触及的火星岩石。此外,ChemCam同样可以帮助任务组在远处确定是否应该派遣"好奇"号前往一个特定的地带进行探测。ChemCam 由几个不同组件构成激光器安装在"好奇"号桅杆上,旁边是一台摄像机和一架小型望远镜。3 台光谱仪安装在车身上,通过光纤与桅杆上的设备相连,负责分析蒸发的岩石样本中受激电子发出的光线。

阿尔法粒子 X 射线分光计:(以下简称 APXS)安装在"好奇"号机械臂末端,负责测量火星岩石和泥土中不同化学元素的数量。届时,"好奇"号将让 APXS 与样本接触,APXS 通过发射 X 射线和氦核进行分析。这些"弹药"能够将样本中的电子撞出轨道,进而产生 X 射线。根据放射出的 X 射线的特征能量,科学家能够确定元素的类型。"机遇"号和"勇气"号安装了早期版本的 APXS,用于揭示水在影响火星地貌过程中扮演的角色。

中子反照率动态探测器:(以下简称 DAN)安装在"好奇"号主车身背部附近,将帮助火星车寻找火星地下的冰和含水矿物质。这台仪器将向地面发射中子束,而后记录下中子束的反弹速度。氢原子往往延缓中子的速度,如果大量中子速度迟缓,便说明地下可能存在水或者冰。DAN 能够发现地下 6 英尺(约合 2 米)浓度只有 0.1% 的水。

辐射评估探测器:(以下简称 RAD)体积与一个烤面包机相当,在设计上用于帮助准备未来的火星探索任务。这台仪器负责测量和确定火星上所有类型的高能辐射,包括快速移动的质子和伽玛射线。RAD 的观测数据允许科学家确定宇航员暴露在火星环境下时将受到多大剂量的辐射。此外,这一信息也有助于科学家了解辐射环境对火星生命的产生和进化构成多大障碍。

火星车环境监测站:(以下简称 REMS)安装在"好奇"号桅杆中部,是一座火星天气监测站,负责测量大气压、湿度、风速和风向、空气温度、地面温度以及紫外辐射所有这些数据汇聚成每日和每季报告,帮助科学家详细了解火星环境。

火星科学实验室进入、降落与着陆仪:(以下简称 MEDLI)并不是"好奇"号携带的仪器之一。这一装置内置在隔热板中,负责在"好奇"号穿过火星大气层过程中对其进行保护。在"好奇"号穿过火星大气层过程中,MEDLI 也负责测量隔热板经受的温度和压力。这些信息将帮助工程师了解隔热板的状况,同时利用这些数据改进未来的火星探测器。

导航相机：好奇号在桅杆上装有两对导航用的黑白 3D 相机，每个有 45 度的视野。主要用于辅助地面控制人员规划好奇号的行动路线。

化学相机：用高能镭射在远达七米外气化分析目标，通过分析过程中发出的强光，来测定目标物的成分。

避险相机：好奇号在四个角落的较低位置各装有一对避开障碍用的黑白 3D 相机，每个约有 120 度的视野。它们主要用来防止好奇号意外撞上障碍物，并在软件的帮助下，让好奇号能够在一定程度上自主决定行走路线。

机械手臂：好奇号的机械手臂备有钻头，可钻入岩石内部采集样本，并在机身内进行化验，将分析结果及时回传地球上的 NASA。

携带这些"科学武器"的"好奇"号相当于一个标准的野外地质学家，其能力足以令此前的任何火星着陆器相形见绌。以核燃料钚提供动力的"好奇"号在火星表面的连续行驶能力和机动能力都更强。美国航天局火星探测项目主任道格·麦奎斯申认为，"好奇"号是航天局"极为重要的旗舰项目……重要性与哈勃（太空望远镜）相当"。

探索成果

日偏食

好奇号火星车拍到的日偏食 2012 年 9 月，好奇号火星车拍摄了大量火星日偏食的照片。地球上的日食由月球在太阳和地球之间穿过形成，火星上的日食则由火星的两颗卫星所致。照片中，太阳被火卫一遮住，好像被"咬"了一口。

古河床

2012 年 9 月 27 日，美国宇航局的科学家称，他们在"好奇号"传回的火星照片上发现,在盖尔陨石坑（Gale Crater）北部边缘和夏普山（Mount Sharp）之间有许多已经聚合成砾岩的碎石，这些碎石应该是非常湍急的河水流过时带到这里的。根据这些碎石的大小和形状，科学家估算出这条古老火星河流的流速为大约 0.9 米／秒，深度大概相当于人的脚踝到臀部之间的高度。一些碎石已经被磨得十分圆滑，证明它们是经过了漫长的旅程到达这里的。

不明碎片

2012年10月7日，在首次收集火星土壤样本时，好奇号火星车发现地面上存在一个尺寸很小的不明物体，好似银片或者其他某种物品的碎片。10月8日，由于发现地面上的一个明亮物体——可能是从"好奇"号上脱落的碎片——项目组决定不使用机械臂。"好奇"号拍摄了这个物体的照片，以帮助项目组进行鉴别并评估可能对样本收集带来的影响。

证明有水

2013年9月，美国航天局"好奇"号火星车发现，火星表面土壤按重量算约2%是水分，这意味着每立方英尺（不到0.03立方米）的火星土壤能够获得约1升的水。美国伦斯勒理工学院和美国航天局等机构研究人员2013年9月26日在《科学》杂志上报告说，他们利用"好奇"号携带的样本分析仪，将其登陆火星后获得的第一铲细粒土壤加热到835摄氏度的高温，结果分解出水、二氧化碳以及含硫化合物等物质，其中水的质量约占2%。论文第一作者、伦斯勒理工学院的劳里·莱欣说，"现在知道火星上应该有丰富的、可轻易获得的水"，这是"最令人激动的结果之一"。今后如果有人登上火星，只需在火星表面铲起土壤，然后稍稍加热，就可获得水。

神秘亮光

2014年4月，好奇"号探测器从火星上发回的最新照片中出现一抹神秘的亮光，引发外界热议。有人说，亮光看起来很像人造光，不排除这个红色星球上"存在智能生命的可能"。

从照片上看，这是一个很诡异的白色"亮点"。由于在周围暗灰色的背景中显得很突兀，因此有猜测称，这很可能暗示火星上存在地下智能生命形式。

不过，也有分析认为，更大的可能是照片成像过程中出现了小问题，以前有很多类似的"火星生命论"都被证实是错误的。

曾有湖泊

据埃菲社2014年12月8日报道，美国"好奇号"火星探测器最新采集到的数据揭示了火星盖尔陨坑中心位置的夏普山的形成之谜：夏普山极有可能是数百万年前大型河床的沉积物累积、风化形成的，而这对证明火星上曾存在湖泊的假设给出了有力支持。

"好奇号"探测器在夏普山采集到的信息表明，火星曾在较长的时间里存在过比较温暖的气候，平均温度高于零摄氏度，这给湖泊等水循环系统的出现提供了环境。在这段时间内，盖尔陨石坑可能多次变成湖泊又多次蒸发干涸，湖泊中的沉淀物经历不断的风化，层层交替累积形成了夏普山。

美国加州理工学院教授帕萨迪指出，"'好奇号'继续在夏普山150米处低岩层进行采集研究，所取得的数据都在支持这一假设——夏普山是由湖泊沉积物沉淀风化形成的。希望2015年'好奇号'能获得更多的数据来最终证实这一假设。"

2019年10月，美国航天局表示，"好奇"号火星车在火星盖尔陨石坑内发现了富含矿物盐的沉积物，表明坑内曾有盐水湖，显示出气候波动使火星环境从曾经的温润、潮湿演化为如今冰冻、干燥的气候。

美国宇航局"好奇号"最新发现：火星上曾有湖泊。

夏普山位于盖尔陨坑中心位置，高约5000米。

发现有机物

12月18日消息，综合英国《每日邮报》以及美国太空网的有关报道，在过去的几个月里，科学家们已经获得确凿的证据证明火星上曾经存在水。但还有另外一个更大的问题：那里是否存在过，或者至今仍然存在着生命？

科学家们可能即将能够对这个问题给出同样确凿的回答，因为美国宇航局的好奇号火星车近期取得了一些关键性的发现。

好奇号上的一台设备探测到空气重甲烷含量的异常升高，科学家们认为甲烷的形成可能与细菌类生命体的活动有关——如果被证实，那么这将是我们首次探测到另一颗星球上的生命迹象。

好奇号火星车科学组成员，美国密歇根大学的苏希·阿特莱亚(Sushil Atreya)表示："这种现象，即甲烷浓度出现暂时性上升，随后很快再次下降——告诉我们这里存在一个本地来源。有很多种可能性，可能是生物成因的，也可能是非生物成因的，比如水和岩石之间的相互作用。"

重大发现

此前在轨道上运行的探测器也曾经检测到火星大气中存在甲烷信号。

然而所有此前的发现都不能与此次探测到甲烷含量的突然上升相比，加上出现这一现象的位置——盖尔陨坑恰好也是被认为是数十亿年前存在液态水活动的区域。2012年8月，好奇号火星车在这个直径约96英里(约154公里)的陨坑内着陆，此后便一直在开展对周围地区的地质考察。

近日，美国宇航局表示，科学证据显示盖尔陨坑在过去曾经是一个巨大的湖泊，或许这里曾经存在过适合微生物生存的环境条件。

这项最新发现已经在《科学》上刊出，这是好奇号上搭载的可调制激光光谱仪(TLS)的分析结果——这一设备的原理是使用强烈的激光来进行样品化学成分分析。其分析结果显示一个非常低的甲烷含量背景值，而在短短60个火星日内，其含量便飙升了超过10倍。

在连续4次测量中，好奇号发现甲烷含量从0.69 ppbv(十亿分之一体积单位)一路飙升至7.2ppbv。这一测量值飙升发生的区域高程差在655英尺~985英尺之间(200~300米)，并且距离测得低背景值的地点仅有短短的0.62英里(约1公里)。

而当好奇号继续向前行驶大约1公里的路程之后，高的甲烷含量读数便消失了。在这篇最新的文章里，美国宇航局喷气推进实验室的克里斯·韦伯斯特(Chris Webster)博士领衔的一个研究组写道："在60个火星日的时间里高水平的甲烷含量持续存在，以及在47个火星日的时间里出现的突然下跌并不符合混合效应的结果，而更像是存在某个本地的甲烷来源，其一旦消失，空气中的甲烷气体便迅速消散了。"当时的风向显示这个甲烷本地来源应该位于好奇号以北方向。

在地球上，生命是产生甲烷的主要来源，但与此同时也存在多种非生物成因可以形成甲烷气体。好奇号此前探测到火星大气中的低甲烷背景值可以被解释为太阳辐射导致有机物质降解时的产物，这些有机物质可能是由陨石带到火星上来的。

然而甲烷含量如此突兀的飙升需要存在一个本地来源来进行解释，而这不太可能与撞击火星的彗星或陨星有关。

因为如果真有一颗彗星或陨星坠落在附近导致出现了甲烷含量的如此上升，那么这个坠落的岩石直径必须有几米，而它将会在地面上留下一个明显的陨坑，但好奇号在附近并未发现这样的迹象。

与此同时，甲烷气体含量在这样短的时间里出现飙升，无法用冰层中捕获的火山气体释放来进行解释，而用土壤中甲烷气体的释放看来也难以对此现象进行合理解释。

谨慎解释

美国宇航局的科学家们对于给出结论非常谨慎，但表示生命活动造成甲烷气体的产生的确是多种可能性的其中之一。他们在论文中写道："我们在火星上持续超过一个火星年的测量显示，在火星上存在微量的甲烷气体，其产生机制可能有超过一种，或者是多种可能机制共同作用的结果。"

盖尔陨坑靠近火星赤道，这是在大约35亿~38亿年前一颗陨星撞击火星时形成的。在它的中央位置存在一座高山，名为"夏普山"，其高出周围地形超过5500米。这座山的山麓以及盖尔陨坑边缘岩壁似乎显示出流水冲刷侵蚀的痕迹。好奇号做出的另外一项重要成果是发现盖尔陨坑内的细粒土壤中存在水分。平均每立方英尺（约0.028立方米）土星土壤中的水含量约为量两品脱（约合1升）。当然它们并非是自由水，而是以与矿物相结合的形式存在。

与此同时好奇号还在一块被称作"Cumberland"的岩石上的钻孔粉末颗粒物中检测到不同的火星有机物分子，这也是人类首次在火星表面物质中检测到确凿的有机物成分。这些有机物有可能是在火星上形成的，但也有可能是由陨石从其他地方带来的。好奇号项目科学家，美国麻省理工学院的罗杰·萨蒙斯(Roger Summons)表示："首次在一块火星地表岩石中检测到有机碳物质具有重要意义。有机物非常重要，因为它们可以告诉我们有关它们形成与保存条件的信息。"

他说："反过来，这些信息将有助于了解地球–火星之间的差异，并帮助我们判断由盖尔陨坑所代表的沉积岩层是否或多或少是有利于有机物质积累的环境条件。而现在我们所面临的挑战是要去往夏普山的山麓并寻找其他可能含有更多种类有机质的岩石。"

研究人员此次还报道了好奇号在古老湖床的Cumberland岩石中检测到30多亿年前与矿物相结合的水分的结果，这一结果显示古代火星失去了其绝大部分水体并在那之后继续丧失其水分。

12月18日，好奇号已经接近夏普山山麓，而在未来数月内它将开始逐渐爬坡。科学家们非常急切地希望对这座山开展探索，这是因为这里存在大量裸露的沉积岩层，从而让科学家们有机会探查火星的漫长历史。

有关火星上是否存在，或曾经存在过生命，这个问题的答案最终可能将由欧洲空间局(ESA)的 ExoMars 探测器给出解答。这辆重 300 公斤的火星车按计划将在 2019 年着陆火星。

ExoMars 火星车将装备一个 6.5 英尺（约 2 米）长的钻探机，并将装备检测生物标记的设备。不过 ExoMars 火星车的着陆区将不会是盖尔陨坑。由于其着陆精度不如好奇号，因此中央矗立着一座高山的盖尔陨坑被认为是具有高风险的着陆区。

其他进展

而在此之前，12 月 3 日，科学家们宣布，美国宇航局的好奇号火星车在火星表面探测到了复杂的有机化学环境，并探查到长期以来科学家们一直在搜寻的一类有机物可能存在的信号，这种有机物可能对于原始生命的产生有所帮助。

好奇号搭载的"火星样品分析仪"(SAM) 从其检验的火星土壤样品中发现了氯，硫，水以及有机化合物的信号，所谓有机化合物是指含有碳的化合物。然而，科学组还尚无法确定这些化合物是否真的来自火星，还是随着好奇号被从地球带来的污染物。

在此间于旧金山举行的美国地球物理联盟会议期间，美国宇航局戈达德空间飞行中心的 SAM 设备首席科学家保罗·马哈菲 (Paul Mahaffy) 表示："SAM 对于有机物无法给出确切性探测。"

好奇号项目科学家约翰·格洛岑科 (John Grotzinger) 表示："尽管马哈菲的设备检测到了有机物的信号，但首先我们必须确认这些物质是否的确来自火星。"

之所以专门进行这样一次信息发布，是因为上周有一条流言盛行，称美国宇航局的好奇号火星车有了"巨大的"发现。为此，美国宇航局此番专门举行发布会，试图平息这一谣言。

好奇号所进行的观测中还包括高氯酸盐，这是一种由氧气与氯之间相互反应产生的化合物，此前美国宇航局的凤凰号着陆器曾经在火星的北极地区检测到这种化合物的存在。

好奇号的 SAM 设备使用一个微型炉子对火星土壤与尘埃样品进行加热，并对其释放出来的气体进行分析以判断其化学成分。实验中所采用的火星土壤样品则是由好奇号机械臂上的一个勺子设备抓取并送样的。

当好奇号将含有高氯酸盐的样品放在 SAM 炉子中加热时，它会释放出氯化甲烷化合物，这是一种含碳的有机物质。

美国宇航局官员在一份声明中表示：“这里的氯显然是火星本地的，但其中的碳有可能来自地球，由好奇号从地球带到了那里。由于 SAM 设备的检测灵敏度极高，因而被检测出来。”

这项发现是好奇号对其沿途一片风成尘土沙粒覆盖区域进行考察时做出的，这片区域被称作"岩石巢穴"(Rocknest)。这片区域地势平坦，距离好奇号的首个考察目的地——高度约 5000 米的夏普山山麓一片被称作"格列尼格"(Glenelg) 的区域仍然还有数英里的路程。夏普山 (Mount Sharp) 是好奇号火星车的着陆区，巨大的盖尔陨坑中央高高隆起的一座高山。

纳米布沙丘

2016 年 1 月 4 日，NASA 公布火星探测器"好奇号"(Curiosity) 传回的 360 度"纳米布沙丘"(Namib Dune) 照。这也是好奇号自 2012 年 8 月登陆火星以来，人类首度近距离目睹火星风采。

拍摄到高解析度的火星图像。纳米布沙丘是位于"夏普山"(Mount Sharp) 西北方的巴格诺沙丘群 (Bagnold Dunes) 中的沙丘之一，纳米布沙丘位于夏普山底部，过去被科学家誉为"黑暗地区"，但透过高解析度图像让科学家得以了解火星上发生的情况，也成功对沙丘进行第一次近距离调查。

好奇号距离纳米布沙丘底部大约 7 米远，以仰角 28 度拍摄，纳米布沙丘高度约 5 米，可以清楚看到沙粒从迎风面的顶端滑落后所形成的特殊纹理，也可以看出在火星风和小型山崩的影响下，这些沙丘波纹随着时间发生改变。在地球这种情况大多发生在背风坡，因此 NASA 的科学家们判断这些照片应该是位于纳米布沙丘的背风侧。

生命存在证据

2018 年 6 月 7 日，美国航天局研究人员说，"好奇"号火星车在火星岩石和大气中发现新证据，说明这颗红色行星可能曾经存在生命，甚至可能仍存在生命。

岩石层密度

2019年1月31日，美国研究人员在分析美国"好奇"号火星车采集的最新数据后发现，火星上盖尔陨坑的岩石层疏松多孔，密度比原本预计的低。新发现及相关测量技术有助人类进一步了解这颗神秘的红色星球。研究团队成员、亚利桑那州立大学的加布里埃尔介绍说，按照化学和矿物学仪器确定的岩石矿物组成估计，盖尔陨坑组成材质的密度约为每立方米2810千克，而他们借助新方法测算出的密度要低得多，只有每立方米1680千克。研究人员表示，火星岩石层密度较低可能是其多孔结构所致，新发现不仅有助人类进一步了解火星岩石层，所采用的密度测量方法还为人类提供了一种新的技术手段。

机器故障

传感器受损

2012年8月22日，美国宇航局通报"好奇"探测器携带的"气象站"之上的一台风况显示传感器损坏。传感器损坏的原因尚未查明，工程师们估计是"好奇"号着陆过程中火星表面石块飞溅，击中了传感器电路，破坏了布线。"气象站"记录空气和地面温度、空气压力和湿度、风速和方向，这些参数由遍布巡视探测器的传感器提供。

位于小型吊杆正面的风力传感器未受影响，但只剩下一个传感器，这对全面了解火星上的风状况带来了困难，也降低了"好奇"号探测特定方向风速和风向的能力。

钻头消毒不彻底

2012年9月11日，当"好奇"号火星探测器最终展开机械臂钻入火星表面时，美国国家航空航天局（NASA）的科学家希望不要在这个布满尘埃的红色星球发现水，因为"好奇"号的一个钻头未经严格消毒，其表面所携带的细菌可能给火星造成污染。

两台机载计算机故障

美国航天局2013年3月1日表示，由于主计算机出现故障，"好奇"号火星车已进入名为"安全模式"的最小活动状态，其科学工作也已全部暂停。航天局喷气推进实验室"好奇"号项目经理理查德·库克表示，故障出现于2月27日，当天"好奇"号未向地球传回记录的数据，也未按计划进入睡眠状态。地面工程师检查后发现，故障与主计算机闪存崩溃有关。尽管崩溃原因未明，但科学家推测可能由宇宙射线中的高能粒子所致。

计算机删除文件故障致"安全模式"

2013年3月18日，美国"好奇"号火星车项目首席科学家约翰·格罗青格说，由于17日晚第二次遇到计算机故障，"好奇"号再次进入名为"安全模式"的最小活动状态。出现的新故障是由于计算机系统要删除的一个文件与"好奇"号正使用的文件有关联，删除过程中发出错误提示，"好奇"号随即进入"安全模式"。格罗青格说，"这起并非罕见或不同寻常的事件"，仅意味着"好奇"号投入科学工作的时间再次被推迟。若不是出现这次故障，"好奇"号原本将于18日恢复科学工作。目前来看，解决故障可能需要"两个火星日"（一个火星日长为24小时39分钟35秒）。

探索意义

根据奥巴马政府的太空战略，美国将以火星为太空探索的新目的地。美国航天局计划到2030年代中期，将宇航员运送至火星轨道。"好奇"号于2011年发射升空，它将扩大美国宇航局对火星的探索领域，并将有助于天文学家更好地了解这颗红色行星是否存在水。该火星车收集的数据，或许还有助于科学家弄清火星上是否存在生命，以及火星的可居性问题。该火星车还将对这颗红色行星的气候及地质情况进行评估，为人类探索任务做准备。

探索进展

2014年8月6日，是美国宇航局官方研发的最先进的好奇号火星车着陆火星两周年的纪念日。

在它第一年的工作中，好奇号火星车达成了它预定的科学目标，即判定火星过去是否曾经存在适宜微生物生存的环境条件。在一个名为黄刀湾(Yellowknife Bay)的地点，好奇号发现了一些含有粘土矿物的沉积岩层，这表明在数十亿年前这里曾经是一片充满淡水的湖泊。这里曾经拥有生命发展所需的所有必要条件以及微生物所需的能量来源。

新华社华盛顿 10 月 3 日电美国航天局 3 日说,"好奇"号火星车已于本月 1 日开始了第二个为期两年的任务延长期,目前正在火星夏普山上爬坡驶向新目的地。

美国航天局当天发表声明说,"好奇"号火星车的第二个任务延长期今年夏天获得批准,新目的地位于约 2.5 公里的前方,那里有一道山脊,被氧化铁形成的赤铁矿覆盖;再往前走,是暴露在外的富含粘土的基岩。

"我们继续向夏普山上更高、更年轻的(沉积)层进发,""好奇"号项目科学家阿斯温·瓦萨瓦达在声明中说,"即便已经对这座山的附近及其本身探索了 4 年,它仍有可能给我们带来完全出乎意料的惊喜。"

"好奇"号火星车 2012 年 8 月在火星盖尔陨坑着陆,原定任务期为期两年,主要任务是弄清火星历史环境是否曾适合生命存在,结果它在第一年就完成了这个任务。2014 年 9 月,"好奇"号抵达夏普山,这是它在这颗红色星球上的主要任务地点。夏普山是被侵蚀的沉积物多层堆积形成的巨大土堆,高约 5000 米。

上个月,"好奇"号在夏普山一个叫"默里山丘"的地方钻了它在火星钻的第 14 个洞,这里的沉积层厚约 180 米,被称为"默里构造"。

"好奇"号已经探索了"默里构造"的下半部分,发现其主要组成成分是泥岩,是由古代湖泊沉淀物堆积形成,这说明古代火星的湖泊曾存在较长时间。未来一年,"好奇"号将在奔向新目标的途中继续探索"默里构造"的上半部分。

最新信息

近日,美国国家航空航天局(NASA)发布火星最新影像,地貌酷似美国西南部沙漠,与地球景色如出一辙。

根据无人探测器"好奇号"在火星"莫瑞孤峰群(Murray Buttes)拍摄的新影像,除了远方的群山,当地还有丘陵、台地,及岩壁,地貌与美国西南部的沙漠有些相似。

NASA 形容,"好奇号"仿佛进行了一趟"横越美国沙漠的公路之旅"。影像中,火星上有着与地球景观相似的崎岖山壁。

大事记

2011 年 11 月 26 日,美国"好奇"号火星车发射升空。

2012年8月6日，美国"好奇"号火星车在火星盖尔陨石坑中心山脉的山脚下成功着陆，探索这颗红色星球过去及现在是否存在适宜生命存在的环境。这是人类迄今向其他星球"派出"的最精密的移动科学实验室。

2012年8月22日，"好奇"号火星车在首次行驶测试中迈出"第一步"，留下了自己的"足迹"。

2012年8月27日，"好奇"号火星车成功收到来自地球的音频，然后将其传回地球，这是人类首次在地球"上传"并从另一颗行星"下载"音频。

2013年2月9日，美国国家航空航天局确认，"好奇"号火星车在"红色星球"一块岩石上成功打洞，这是"好奇"号团队取得的"里程碑式"进展。奋战"大约7分钟，"好奇"号收获一个1.6厘米宽、6.4厘米深的洞。火星车连夜传回地球的图片显示，那块岩石出现一个较深的洞，旁边有火星车早些时候"试手"时钻的浅洞。"好奇"号收集岩石粉末样本将用自身装备的仪器检测和分析。

2013年3月12日，美国航天局宣布，"好奇"号火星车对火星基岩样品的分析显示，火星古代环境确曾适合生命存在。

2013年6月20日，美国宇航局(NASA)宣布火星车在大气层中发现了甲烷增多现象，并且还首次确认在岩石中发现有机物。

2013年9月19日，美国航天局说，已在火星活动一年有余的"好奇"号探测器，至今没有发现甲烷存在的任何迹象，这说明火星上可能没有甲烷。这一发现再次引起红色星球上是否有生命的疑问。

2013年9月26日，美国航天局"好奇"号火星车发现，火星表面土壤按重量算约2%是水分，这意味着每立方英尺（不到0.03立方米）的火星土壤能够获得约1升的水。

2014年12月9日，"好奇号"火星探测器采集到的数据揭示了火星盖尔陨坑中心位置的夏普山的形成之谜：夏普山极有可能是数百万年前大型河床的沉积物累积、风化形成的，而这对证明火星上曾存在湖泊的假设给出了有力支持。

2015年6月18日，"好奇"号探测器在火星陨石样本中发现大量甲烷，证明了火星上有微生物存在。

2015 年 8 月 5 日,"好奇"号探测器传回 7 月拍摄回的火星表面照片,而照片上出现类似螃蟹的踪迹,在网络上掀起热烈讨论。

2015 年 8 月 6 日,"好奇"号探测器传回的一张照片再度引起 UFO 爱好者热议,因火星影像中似乎出现一名拥有长发与胸部的"外星女性"。根据照片中的影像,这看起来像是一位披着斗篷的女人,而从其胸前的阴影,可推断她拥有一对乳房,而在较明亮的部分,可看见她的两只手臂及长发。

2015 年 11 月发现疑似"巨大啮齿动物"——YouTube 频道 ArtAlienTV 发布了一段关于"好奇号"传回的火星照片的视频,并表示"在火星陨石坑山丘上可能存在一只巨大的老鼠或是其他啮齿动物"。ArtAlienTV 解释说,"虽然这可能是一种错觉,但似乎很像老鼠的耳朵、鼻子和眼睛,形态非常完整,包括我在内的其他人也都认为这极有可能是一只老鼠。"

谢选骏指出:人们只能用地球经验去想象外星,其实,用地球经验是无法想象外星的,所以人们只能把星辰生物化甚至拟人化。

下部
UFO幽浮

导论1、UFO是政治骗子的筹码

《UFO调查报告:外星人秘密大公开!》纽约时报2021-06-04)报道:外星人的秘密就要这样公开了?

一份由美国官方主导的UFO调查报告将于本月底递交国会,吊足了不少人的胃口。

这份报告围绕过去20年来不明飞行物(UFO)的目击事件展开。据数名听过报告的消息人士描述,美国情报部门尚未掌握证据证明这些UFO为外星飞船。但由于调查结果过于模糊,政府也不能排除这种可能性。

不过消息人士称,这份报告至少有一处明确的结论,即这些不明飞行物不属于美国。美官员宣称,其中一些最有可能来自中国和俄罗斯,这将引发一些列潜在的国家安全忧虑。

这份报告由美国情报总监办公室及五角大楼下属的"不明空中现象"工作组共同筹备。去年12月,美国国会通过了一项23亿美元的开支议案,其中就要求五角大楼在6个月内就空中不明现象(UAP)提供详细报告。

在6月3日的报道中,《纽约时报》通过数名高级政府官员提前了解了这份报告的细节。这份报告认定,在过去20年来报告的120多起UFO事件中,许多目击报告都来自美国海军飞行员,其中绝大多数的不明飞行物并非来自美国军队或美国政府的其他先进技术。这一说法可能排除了目击者看到了美国政府秘密项目的可能性。

这些官员们同时表示,这大概是该报告得出的唯一明确结论。虽然非机密版本的报告将于6月25日向国会公布,但预计不会有其他确凿的结论。这份非机密报告将包含一个不向公众公开的机密附件,但这个附件中也不会有证明 UFO 是外星飞船的证据。

报告承认，许多 UFO 异常的机动现象仍然难以解释，这些飞行物的加速度、改变航向和沉入水中的能力依然是个谜。官员们提出了一种可能的解释，即这些飞行物可能是用于气象探测或其他研究项目的气球，但他们也表示这种解释并不是在所有情况下都成立。

上月最新披露的 UFO 视频中，飞行物突然入水消失

总体而言，这份 UFO 调查报告只撇清了美国政府和 UFO 的关系，既没有明确否认它们来自外星，甚至也没有否认来自地球的可能性。比如美国情报官员就臆测，有一些 UFO 可能是美国竞争对手实验的技术，最有可能来自中国和俄罗斯。

一名听取了报告的官员渲染说，美国官员知道这不是美国的技术，但是美国军事和情报界担心，这些现象可能与中国和俄罗斯试验的高超音速技术有关。

美国有线电视新闻网（CNN）援引一名消息人士话说，UFO 可能来自中俄的说法很可能是一个"更为棘手的结论"，这会引发一系列潜在的国家安全担忧。

多名消息人士告诉 CNN，他们不指望美国情报部门披露太多具体的信息，一部分原因是如果这些 UFO 现象真的是美国对手使用的下一代新技术，情报官员肯定不想让对手知道美国了解了什么。

CNN 报道指出，这份报告很大程度上会让 UFO 爱好者和相关专家感到失望，因为这些群体本以为能通过报告看到政府与外星生命接触的证据。

此外，一名参与调查报告的政府官员说，技术情报专家仍需要更多的信息才能得出结论。他表示，其实许多 UFO 目击事件都能解释得通，比如它们其实是无人机或气象气球，而美国政府在数据库中已经剔除了这类能够解释的现象。

虽然这份报告并没有什么爆炸性的发现，更不会证实外星生命的存在，但 CNN 指出，仅仅美国情报部门承认目击事件的真实性就已经代表了美国政界态度的显著转变。

长期以来，美国政府一直不愿披露军队飞行员目击不明飞行物的报告

信息，多名消息人士对 CNN 说，五角大楼一直试图避免将太多资源投入到这个"边缘项目"中。但随着美国议员不断施压，五角大楼和美国情报界正在承认这些事件代表着一种无法解释的潜在安全威胁。

2007 年，五角大楼启动了一项鲜为人知的"先进航空航天威胁识别计划"（Advanced Aerospace Threat Identification Program），这个项目旨在收集和分析美军提供的 UFO 雷达探测数据、视频片段和报告。但在 2012 年，受限于资金不足的难题，该项目被正式关闭。

在项目关闭后的数年内，美国媒体和政府方面已经多次报告目击了不明飞行物。其中影响甚广的一次是在 2017 年底，《纽约时报》披露了一段据称是美国海军追踪到 UFO 的视频，次年 3 月，另外两段类似的视频也被公之于众。

去年 4 月，美方正式公布了 2017 年美媒披露的三段 UFO 视频

去年 4 月 27 日，美国国防部正式公布了这三段视频，五角大楼表示公布这些视频是为了"澄清误解"。

借着一波 UFO 事件舆论高潮，那个在 2012 年被关闭的"先进航空航天威胁识别计划"在去年 8 月得以复活，并且更名为"不明空中现象工作组"（anonymous aerial phenomena Task Force），目的是"深入了解"此类物体的"性质和起源"。

就在最近的 5 月 17 日，一段最新泄露的美国海军视频显示，一个不明飞行物曾在 2019 年 7 月抵近位于加利福尼亚的海军军舰，随后"落入水中"，在社交媒体上再次引发关注。

UFO 话题也曾是美国总统大选期间的一个议题。2016 年民主党总统候选人希拉里承诺，若当选总统将彻查 UFO 的真相，包括向"51 区"（美国内华达州军事基地）派遣一支特别小组。民主党 2020 年初选参选人桑德斯也曾承诺，若当选总统将公开任何关于 UFO 的政府信息。

值得一提的是，在谈及 UFO 的话题时，美国总统们的回答总是显得"耐人寻味"。

在去年 6 月的一档电视节目里，美国前总统特朗普被自己的长子小特朗普问到过 UFO 的问题。小特朗普问父亲，"在你卸任前，你会让我们知道世界上到底有外星人吗？因为这是我唯一想知道的事儿。"

特朗普边笑着便回答说，"我不会告诉你我到底知道些什么……但这个事啊，非常有趣。"

"外星人？这个事啊很有趣，但我不能说"

就在上个月，美国前总统奥巴马也在美国哥伦比亚广播公司（CBS）的节目中聊到了相关话题。奥巴马证实，那些不明飞行物的镜头记录都是真实的，但"无法解释那种现象"。

奥巴马还承认，自己在 2008 年就任总统时就对 UFO 感到好奇，还为此询问过"是否存在秘密的外星人实验室"，但得到了明确否定的回答。他笑称，自己并不想在节目里谈论外星人的问题，因为"有些事情不方便在电视机前前透露"。

谢选骏指出：看来，UFO 是政治骗子的筹码——他们不信上帝却装神弄鬼，模棱两可占据不败之地，在无神论的大流行之中，用此神道设教的把戏，来聚敛人气。

导论2、十二营多天使并非大话

《美国发现 10 个发光不明飞行物，目击者：在空中"跳舞"》（2021-03-26 环球科学）报道：

什么情况？这两天美国才公布了一个消息，那就是将再次公布关于"UFO"的报告，没想到，还没有公布之前，"大规模"的 UFO 又在美国出现了，所以真的是令人惊讶，在公布之前，UFO 也要来看看人类公布的是什么？所以不少人都在热议，这 UFO 报告到底说了什么，为何在公布之前，它又来了！又出现了大规模发光不明飞行物或者说 UFO 的事情。

当然，这次的不明飞行物跟往常也是一样的，依然存在争议性，因为我们还是看不到具体的东西是什么，下面我们就来看看，这次的不明飞行物到底发生在什么地方。

"大规模"发光不明飞行物出现在美国

根据科学报告指出，本次"大规模"UFO 或者不明飞行物出现在美国，是位于密西西比州，并且是一对父子亲眼目睹了这一过程，并且拍下来不明飞行物"飞舞"的过程,从数量上来说,是达到了10个不明飞行物"发光"物体,同时在上空盘旋,所以引发了不少人的热议。我们很少看到这么多不明飞行物同时出现,这个在以前根本看不到。

这10个"发光"不明飞行物是在他家所在的屋顶上空进行盘旋,根据目击者大卫·豪威尔(David Howell)和儿子詹姆斯·豪威尔(James Howell)表示,这些物体就像是在夜空之中"跳舞"一样,并且不可能是飞机,其中有1个"发光"不明飞行物比其他的9个大很多,在照片之中我们也可以清晰看到,所以非常的奇特。

这10个"发光"不明飞行物到底是什么?

当然,美国出现不明飞行物已经不是第一次了,并且在多地都出现过,曾经美国新墨西哥州上空也出现过神秘"圆柱形物体",并且过后经过分析不知道是什么,而这次出现的不明飞行物是位于孟菲斯国际机场附近,虽然有不少人说这次不明飞行物与灯光有关,但是孟菲斯国际机场没有对此作出任何回应,所以是不是真的"灯光引起"的效果,暂时也不明确。

不过很多人看到这个照片的时候,可能会想到,那就是10个"发光"不明飞行物可能是"孔明灯",确实还有那么一回事情,但考虑到在机场附近,这个又不太可能,毕竟机场附近是不允许有影响飞机的事件出现,所以具体是什么,如今也没有办法进行解释。我们也说了,美国是世界上不明飞行物较多的国家之一。

但是每次出现不明飞行物之后,无论是拍摄的视频,还是照片等等,都是模糊的情况,完全是没有办法进行解释的,而如今美国再次出现关于不明飞行物的事件,是否与美国说将再次公布关于不明飞行物报告(UFO报告)有关,这个也不清楚。但是至少对我们来说,如今关于不明飞行物的事件确实难以解释,能够解释的很多人都不相信,这就形成了争议模式。

不明飞行物的三种解释

一般来说,不明飞行物主要就是三种解释,第一、人造物体,第二、自然现象,第三、与地外生命有关。当然这是三种解释之中,最无法令人解释的就是地外生命,如今人类虽然加大对地外生命的探索,但是有没有地外生命的存在都是未知数,所以将不明飞行物联想到地外生命上,这种说法都不太准确,如果地外生命有这么强,那么在地球上可能早就发现了

外星生命

它们的足迹。

而人造物体、自然现象是科学界解释最多的,人造物体就不用说了,非常容易产生这种不明飞行物现象,如今的科技发达了,这些物体在夜空之中表现出这样的模式不是什么奇怪的事情,所以不明飞行物应该大多数都是人造物体。自然现象的产生,需要通过特殊的条件才能够实现,这个相对困难一点,就如我们说的"夜光暖柱",如果不知道的人,也经常将其认为是不明飞行物,不过近些年来,出现之后也解释了。

所以整体上而言,不明飞行物在全球范围之中并不多,大多数都是可以进行解释的,只不过有些特殊的不明飞行物才无法解释,但是归根结底而言,不明飞行物出现在大家的视野之中,都是模糊的"证据",所以不得不让人怀疑"真假"不明飞行物的问题。同时还存在很多造假的视频、照片,那么哪个是真的,哪个是假的,这就完全不好说明了。反正综合情况来说,不明飞行物在未来肯定能够得到科学的正确解释,我们拭目以待吧。

谢选骏指出:你们拭目以待也没有用,因为你们的眼睛完全是瞎的——

Mat 26:52 耶稣对他说,收刀入鞘吧。凡动刀的,必死在刀下。

Mat 26:53 你想我不能求我父,现在为我差遣十二营多天使来吗?

Mat 26:54 若是这样,经上所说,事情必须如此的话,怎么应验呢?

心灵的瞎子怎么可能想到,耶稣所说的十二营多天使并非大话,而是天上的福音。

《美国退役空军中士称曾摸到过 UFO》(2021-06-11 前瞻网)报道:

日前,美国一名退役的空军中士声称,他曾触摸过一个不明飞行物,甚至还摸到了其侧面画出"铭文"。

1980 年 12 月底,著名的伦德沙姆森林事件发生时,詹姆斯·潘尼斯顿中士正驻扎在伍德布里奇皇家空军基地。

这一事件被称为"英国的罗斯威尔",1980 年 12 月下旬,一系列不明飞行物降落在萨福克郡的伦德勒沙姆森林。当时,国防部表示,无论发生什么,都不会对国家安全构成威胁,而且从未进行过全面调查。

持怀疑态度的人常常认为不过是一系列夜间的灯光,甚至是一个火球。

但是，尽管如此，潘尼斯顿中士的描述仍然让人感到惊讶和困惑。他在公民听证会上讲述了自己的经历。公民听证会是一场模拟国会听证会，有40名UFO目击者向5名国会议员和1名参议员作证。

"我站起来，让自己冷静了一下。"潘尼斯顿说，"当我到达时，我看到前面有一个铭文。""这就是我看到的。"他还凭印象画下来了，副本显示了五个可识别的图案，它们与地球上的语言没有任何相似之处。

"摸起来很光滑。"他继续说，"我往下看，没有翅膀，但离地大约两英尺（0.6米）。""我试着在推它，但它丝毫不动。"

"它非常坚固。我不知道，它是不是有放射性，所以摸起来是暖暖的。"

"然后当我绕着它走的时候，我意识到它绝对不是我们拥有的任何东西。而且苏联人肯定没有这种东西。"

这一消息发布之际，正值人们翘首以待的五角大楼关于ufo的报告即将发布之际。

谢选骏指出：从自信满满到疑窦横生，四十年来美军的态度发生了逆转——这是因为他们的技术水平大大提高了，从而认识了以前睁眼瞎时代无法看清的神秘。

导论3、耶稣所说的天国是完全可能的

《美军最新UFO报告出炉》（2021-06-25自由时报》）报道：

美军日前公布一系列不明飞行物（UFO）影片，并于25日公布调查报告，结论是美政府对这些UFO无法给出合理解释，且不排除来自地球之外的可能性。

美军公布不明飞行现象报告，几乎所有案例仍处在未知状态

据报导，美国会在美军回报大量不明飞行物后要求调查并提出报告，五角大厦遂在去年8月成立"不明飞行现象任务小组"（Unidentified Aerial Phenomena Task Force）展开深入研究。

调查单位检视了 2014 年以来美军飞行员所目击的 144 份异象报告，当中只有 1 份能够提出解释，其它则是让专家也理不出头绪，指"我们的资料库中缺乏充足资讯对这些现象提出具体说明。"

报告提出许多可能性，包含是中国、俄罗斯科技，或是冰晶等自然现象影响雷达导致，甚至是美国自家进行的机密计画或技术研究等，也不完全排除是外星科技。唯一能够解释的案例为目标物是一颗大型气球。

报告写道，不明飞行现象显而易见构成了飞行安全问题，或许也对美国国家安全形成挑战，强调任务小组正寻求新式管道或方法蒐集更多资讯、整合报告。

谢选骏指出：上文虽是无神论者的作品，却表明为耶稣圣诞报喜的事情是完全可能的——

Luk 2:8 在伯利恒之野地里有牧羊的人，夜间按着更次看守羊群。

Luk 2:9 有主的使者站在他们旁边，主的荣光四面照着他们。牧羊的人就甚惧怕。

Luk 2:10 那天使对他们说，不要惧怕，我报给你们大喜的信息，是关乎万民的。

Luk 2:11 因今天在大卫的城里，为你们生了救主，就是主基督。

Luk 2:12 你们要看见一个婴孩，包着布，卧在马槽里，那就是记号了。

Luk 2:13 忽然有一大队天兵，同那天使赞美神说，

Luk 2:14 在至高之处荣耀归与神，在地上平安归与他所喜悦的人。（有古卷作喜悦归与人）。

Luk 2:15 众天使离开他们升天去了，牧羊的人彼此说，我们往伯利恒去，看看所成的事，就是主所指示我们的。

《美媒：奥巴马证实美军看到的 UFO 是真实的》（2021-05-19 美国《商业内幕》网站）报道：

美国前总统奥巴马 17 日在接受《詹姆斯·科登深夜秀》节目线上采访时表示，他看了最近在网上疯传的"不明飞行物（UFO）骚扰美军舰艇"视频，并证实美军看到的 UFO 是真实的，还要求军方"必须认真对待"。

就在不久前，一名美国前海军飞行员在接受哥伦比亚广播公司《60 分钟》节目采访时表示，在美国海岸附近训练的飞行员几乎每天都能看到

UFO。奥巴马表示:"我们不知道它们究竟是什么,我们无法解释它们是如何移动的。我们仍在试图弄清楚那是什么。"奥巴马坦承自己在2008年刚上任时就对UFO充满好奇,并被告知美国政府没有秘密外星人实验室。奥巴马开玩笑说:"谈到外星人,有些秘密我不能在直播中告诉你。"

谢选骏指出:黑人总统虽然玩世不恭,却不得不用"外星人"的说法承认了现代科学所无法解释的奇迹的存在——这更加证明了耶稣所说的天国是完全可能的。因为"(Luk 9:56)人子来不是要灭人的性命(性命或作灵魂。下同。),是要救人的性命。"

《美UFO报告即将发布 议员:正发生我们无法驾驭的事》(2021-06-18新闻阅读)报道:

美国军方通常将UFO称为UAP。UAP一词用以指代"未经授权、未识别的飞机或物体被目击与观察到进入或行动于各种军事管控的训练区域"的现象。

据《卫报》6月17日报道,一些美国国会议员对于这份最报告中的内容深感担忧。田纳西州共和党籍联邦众议员伯切特(Tim Burchett)说:"很显然,正在发生一些我们无法驾驭的事情。"

纽约州民主党籍联邦众议员肖恩(Sean Maloney)也对《纽约邮报》表示:"我们认真对待不明空中现象事件,这也是在为美国军人的安全以及美国的国家安全利益问题做保障。所以我们想知道所要对付的究竟是什么。"

此外,美国国防部研究不明飞行物的"先进航空威胁识别计划(AATIP)"前负责人埃利松多(Luis Elizondo)上周向《华盛顿邮报》表示,UAP构成了严重威胁。

"在这个国家曾发生过这样的事件:这些UAP干扰了我们的核力量,使我们的核力量无法起作用。"埃利松多还指出,在其他国家,UAP也会干预核力量,但结果却是使其发挥作用。

据悉,最近美国公布了数十段经官方证实的不明飞行物视频,加之国防部即将发布相关报告,在美国国内引燃了数十年来未有的对于不明飞行物的热情。

长期以来,一些美国国会议员和国防部官员一直对有不明飞行物出现在美军基地上空深表担忧,因为这些飞行物对军用飞机构成了威胁。

然而，关于这些不明飞行物的来源，各方尚未达成共识，一些人认为这些可能是其他国家操纵的无人机，或被用于收集情报，与外星人无关。

谢选骏指出：这些人处心积虑地就是不想承认耶稣所说的天国是完全可能的。等到"（Mat 25:31）当人子在他荣耀里同着众天使降临的时候，要坐在他荣耀的宝座上。"的时候，这些无神的歹徒就要下地狱了。

导论4、宇航员的眼神

《宇航员回忆登月所见 人类下次再上广寒宫或需一载》（BBC 2018年6月9日）报道：

到2018年为止，有12名地球人曾登陆月球，都是美国宇航局宇航员。

月宫寂静清冷，嫦娥寂寞，轻舒广袖，吴刚殷勤送上桂花酒，旁边可能还有一只玉兔。当然那是诗和神话。

中国不久前公布了目标，要在2036年前把宇航员送上月球。自1972年美国阿波罗17号完成人类第六次也是迄今最后一次登月任务返回地球后，再没有地球人去惊扰广寒宫的清冷静寂。

人类下一次再上月球，可能还要十几年。

迄今为止，飞往月球的地球人总共24名，其中12人踏上了月表地面，目前在世的仅余4人。他们是谁？登上月球是什么感觉？他们当时是什么感受？来重温一下。

艾伦·比恩是1969年11月阿波罗12号飞行中登月舱的驾驶员，搜集月球样本是他们的任务之一。

上世纪60年代美苏冷战正酣之际，美国宇航局（NASA）的载人登月"阿波罗计划"完成了11次登月任务，1972年12月的阿波罗17号登月是最后一次。美国政府后来决定终止"阿波罗计划"。

登陆月球的12人：

阿波罗11号：尼尔·阿姆斯特朗（Neil Armstrong）、巴兹·奥尔德林（Buzz Aldrin）

阿波罗12号：皮特·康拉德（Pete Conrad）、艾伦·比恩（Alan

Bean）

阿波罗 14 号：艾伦·谢泼德（Alan Shepard）、艾德加·米切尔（Edgar Mitchell）

阿波罗 15 号：大卫·斯科特（David Scott）、詹姆斯·艾尔文（James Alvin）

阿波罗 16 号：约翰·杨（John Young）、查尔斯·杜克（Charles Duke）

阿波罗 17 号：尤金·塞尔南（Eugene Cernan）、哈里森·施密特（Harrison Schmitt）

这些"30 后"近几年陆续过世。2018 年 5 月，艾伦·比恩在得克萨斯病故，享年 86 岁。此后，就只剩下巴兹·奥尔德林、大卫·斯考特、查尔斯·杜克和哈里森·施密特 4 人。

比恩是难得的宇航员艺术家，阿波罗 12 号宇航员比恩后来成了画家——

艾伦·比恩（Alan Bean，1932 – 2018）

比恩 1963 年加入宇航计划之前是美国海军试飞员，1969 年参加阿波罗 12 号载人登月飞行。他第二次飞上太空是 1973 年，率队进驻美国第一个太空实验室 Skylab。1981 年从 NASA 退役后，比恩成了画家，创作灵感和素材都取自宇宙太空和登月经历。他这么描述当年的感受："跟普通公众相比，我们感觉那更像科幻小说。"

"我们知道那有多困难。很多细节必须精准无误。就好像横穿撒哈拉沙漠，中途停车，在沙漠里露营两三天，然后回到车上准备重新上路，点火发动，电池正常。如果电池坏了，那就全完了。"

查尔斯·杜克是漫步月球的地球人中最年轻的——查尔斯·杜克（Charles Duke，1935 – ）——杜克出生于美国南方北卡罗来纳州，阿姆斯特朗成为登月第一人的阿波罗 11 号载人飞行那次，杜克是地面通讯官。当时数亿电视观众听到的控制台指令就是他的声音，南方口音清晰无误。

1972 年，他自己加入了阿波罗 16 号登月飞行，负责驾驶登月舱。启程前他问自家孩子，要不要跟着上月亮去看看，因为他可以在进行月球表面考察和搜集样本时，把跟妻儿合影的全家福照片留在那里。

他后来在接受不同媒体的采访时谈到登月感受，也曾提到这个插曲，说那张全家福照片掉在月球表面的场景，就是为了让孩子看到他们的一部分确实跟父亲一同去过月亮了。

1999年，他对NASA回忆登月飞行时说，在月球着陆后，他驾驶登月舱在月球表面一片地形坑洼起伏的区域考察，一边拍照一边描述地形地貌。"那辆车真棒。是电动的，4轮驱动，能爬25度的陡坡。"

"放眼望去，目力所及之处尽是月球表面绵延起伏的地势。那景象确实刻骨铭心。那次飞行，我唯一的遗憾有人的照片拍得不够多。"

大卫·斯考特的感慨：只有艺术家或者诗人才有本事如实描述宇宙之瑰丽——大卫·斯考特（David Scott, 1932– ）——6月6日是斯考特的生日。他86年前出生于得克萨斯州，1963年加入宇航局前在美国空军服役。

他三度飞上太空，是阿波罗15号的指挥官，第七位在月球表面漫步的人，第一位在月球表面驾车的人，也是迄今为止最后一位在地球轨道上单独飞行的美国宇航员。

在回忆录《月亮的两面》中有这样一段描述："我记得……冲着漆黑的夜空里地球的方向把手举起来……慢慢抬起手臂，一直到手套里僵硬的拇指竖起来，然后发现只用拇指就可以让我们的星球从画面中完全消失。只不过一个小小的手势，地球就没了。"

人们常问他在月亮上是什么感觉，登月经历又是如何改变了他的人生。他通常会尽可能给人描述月球表面山峦的壮观，层层叠叠的火山岩浆铺陈，还有月岩中闪烁的水晶。他感叹："只有艺术家或者诗人才可能如实描述传达太空的瑰丽真容。"微信启动页面上的蓝色地球，就是1972年12月7日阿波罗17号登月飞行中拍摄的。

哈里森·施密特是迄今为止最后一位踏上月球的地球人，美国宇航局阿波罗计划1972年最后一次登月飞行的宇航员之一。

哈里森·施密特（Harrison Schmitt, 1935 – ）

出生在新墨西哥州的施密特跟其他登月伙伴背景不太一样，大部分宇航员都来自军队，只有他是地质学家和天体地质学家。

他曾给参加野外地质考察的宇航局宇航员们上专业课，1965年加入宇航局，成为科学家宇航员，1972年参加阿波罗17号载人登月飞行，指挥官尤金·塞尔南 2017 年去世。

施密特是当今地球上最后一位登上月球的人。

那次登月飞行途中拍的"蓝色弹珠"（Blue Marble）地球照片，成为地球历史上知名度最高、流传最广的摄影作品之一。当时太空船正运行至距离地球 45000 公里（28000 英里）之处。

2000 年，NASA 请他回忆登月经历和感受，他还记得当时从半空中可以清楚看到月球表面。

"我得以一睹那个峡谷的壮观，"他说。那是一个比科罗拉多大峡谷更深、更宽的月球峡谷，着陆地点宽 4 英里，两边是六、七千英尺的高山，峡谷长约 35 英里。

在月球上最难适应的是头顶漆黑的天空。

"我觉得摄影师在打印太空照片时遇到的最大的问题是设法如实印出那种纯粹绝对的黑。放幻灯片时背景里肯定会有一抹蓝色，而且绝对无法还原我们在月球上亲眼所见的那种色彩对比和反差，因为月球的天空漆黑。"

奥尔德林从月球回来后就希望有朝一日人类能登上火星。奥尔德林是 1969 年 3 月 30 日升天的阿波罗 11 号飞船上的宇航员之一.

埃德文·"巴兹"·奥尔德林（Edwin 'Buzz' Aldrin, 1930 - ）——美国东海岸新泽西州出生的奥尔德林 1963 年加入 NASA，1969 年成为阿波罗 11 号团队成员，跟阿姆斯特朗一起成为第一批登陆月球的地球人。

阿姆斯特朗是踏上月球表面的第一人，奥尔德林晚了几分钟，成为登月第二人。

他们在月球表面逗留了 21 小时 36 分钟。

2013 年 6 月，《纽约时报》发表他的回忆文章，如此开篇："当我抬头望月时，有时觉得自己仿佛置身于时间机器之中。我回到了过去的一个宝贵时刻，那一刻距今快要 45 年了。那时，尼尔·阿姆斯特朗和我站在月球上的一片荒凉却壮观的土地上，那里叫做静海 (Sea of Tranquility)。"

奥尔德林是登月舱驾驶员。他从登月舱里出来时阿姆斯特朗给他拍的那张照片，还有他们在月球步行的照片，已经载入历史。

1998 年，奥尔德林接受 Scholastic 杂志采访时回忆道，月球表面覆盖着一层深灰色的像滑石粉一样的灰尘，散落着碎石和巨砾。

要是放在显微镜下观察，可以看到那是由一些微小的、雾化岩石的固态颗粒组成的，他说。

他用"壮丽的荒凉"来形容人类登月壮举，以及月球上"没有生命的永恒"。

失重状态是太空飞行中最有趣、最享受、最具挑战性、最值得的体验，他说，"可能有点像跳蹦床，但没有那种弹性和不稳的感觉"。

谢选骏指出：我看这些宇航员的眼神，都已经变得和地球上面的人不太一样了。也许是他们的经历改变了他们，也许是他们原来就有这样的气质，所以才被挑选出来，作为宇宙探险的尖兵。现在，随着宇航活动的大众化，全球大众的眼光也都异化了，所以 UFO 事件也就幽浮不穷了。

导论5、总加速师的全球化

《幻想成真？中国拟 2020 年发射"人造月亮"代替路灯》（BBC 2018 年 10 月 20 日）报道：

2018 年中秋节前夕，中国民众在一个月球状的灯笼前拍照。两年后的夜晚，当你在中国成都抬头远眺，可能会看到夜空中悬挂着两个"月亮"。

四川成都近日公布了一项雄心勃勃的计划，在 2020 年将一颗"假月亮"送入太空，用来反射阳光以提供照明服务。预计其光照强度最大将是现在月光的 8 倍。

该消息一公布便引发了中国网友们的高度关注。有网友质疑这是天方夜谭，还有人对潜在的光污染表示担忧。

中国宋代词人苏轼曾感慨"月有阴晴圆缺"，因为月相变化和天气因素，皎洁的明月很多时候都不可见。未来，中国的"人造月亮"是否会改变这一切？

"人造月亮"

中国科技部官方媒体《科技日报》周四（10 月 18 日）报道，成都的一家科研公司计划在 2020 年发射"人造月亮"，用来在夜间提供照明服务。

在首颗"人造月亮"发射后,还有另外两颗"人造月亮"将在2022年前完成发射工作,以实现"对同一地区24小时不间断照射"。

成都计划在2020年发射"人造月亮",未来的天上会有两个"月亮"吗?报道称,"人造月亮"准确来说是一种携带大型空间反射镜的人造空间照明卫星。其覆盖范围将可以达到3600到6400平方公里,光照强度最大将是现在月光的8倍,街道将不再需要路灯。

成都媒体《华西都市报》报道称,该项目是四川成都天府新区的军民融合产业项目,发起者是成都航天科工微电子系统研究院有限公司。

公开资料显示,该公司成立于2017年,出资者包括中国航天三江集团、湖北航天技术研究院总体设计所、北京控制与电子技术研究所等。

《科技日报》则报道称,该计划的系统论证由多个科研机构和企业合作开展,包括成都天府新区系统科学研究会、哈尔滨工业大学、北京理工大学等,但尚不清楚该计划是否得到官方支持。

是否可行?

"人造月亮"计划一经报道便在社交媒体上吸引了很多中国网友的目光,很多网友认为这是"天方夜谭"。

"当年的巴铁(一个宽体高架电车项目)还没实现,现在开始人造月亮了,以后是不是还要恢复'九个太阳'?"一名微博网友说道。很多网友对"人造月亮"可能产生的光污染表示担心。

英国格拉斯哥大学航空系统工程学者马特奥·切里奥蒂(Matteo Ceriotti)向BBC表示,从理论上讲,"人造月亮"项目是可行的。但切里奥蒂解释称,一般来说,如果想让"人造月亮"永远在一个城市上空,反射镜需要被安置到距离地球约36000公里的地球静止轨道上。

"在这样的距离上,需要卫星的指向极其精确,"切里奥蒂说。"如果你想被照亮区域的误差小于10公里,在太空中即使偏了百分之一度,也会让光线指向另一个地方。"

不过,中国版的"人造月亮"似乎采用了不同的方式。《科技日报》报道称,成都的3个"人造月亮"预计部署在500公里以内的低地球轨道上,它们等分360度轨道平面,以交替实现对同一地区的照明。

光污染?

在微博上，也有很多网友对该项目可能产生的光污染表示担心。"开什么玩笑，夜间大型矩阵光污染吗？放眼望去一堆一堆的光束通天到地，开什么国际玩笑？"一名微博网友说道。

如果"人造月亮"光线太强，可能会影响到动物。

还有网友表示，这种技术可以用在应急时，而不是日常生活中。"人如果长时间不在黑夜睡觉，会导致各种疾病。"

哈尔滨工业大学航天学院光学所所长康为民对《华西都市报》说，人造月亮相当于黄昏的亮度，不足以颠倒生物作息。

国际暗天协会公共政策主管约翰·巴伦丁（John Barentine）对《福布斯》（Forbes）说："'人造月亮'将会显著提高受到光污染城市的夜间亮度，给想远离光线的成都市民带来麻烦。"

切里奥蒂对BBC表示，如果"人造月亮"的光线太强，会破坏自然界的夜循环，"这可能会影响到动物"。"但反过来说，如果光线如此微弱，那么它又有什么意义？"切里奥蒂说。

并非首次

用镜子反射阳光的想法并非中国首创，俄罗斯曾在1990年代进行过代号为"旗帜"（Znamya）的实验。

1993年，俄罗斯科学家在一艘前往和平号空间站的补给飞船上释放了一个约20米宽的反射镜，当时的轨道高度位于200到420公里之间。

"旗帜2号"向地球短暂地发射了直径约5公里的光点，这束光以每小时8公里的速度穿过欧洲，该卫星随后在进入大气层时烧毁。

1999年，俄罗斯试图进行一次更大规模的"人造月亮"实验，计划亮度可以达到满月的5-10倍，但实验以失败告终。

谢选骏指出：现在都2021年了——BBC的预言还没有"八字没有一撇"。不过好在这是一个毛泽东神话，否则地球暖化的速度又要加快了——总加速师的全球化。难怪幽浮和共产主义幽灵一起出现，外星人的踪迹伴随着地球暖化的步伐！

导论6、银河年决定了板块运动和地理气候

网文《板块运动、地理、气候如何影响人类历史，地球历史和人类历史的互动有何关系？》（知乎）报道：

题目过于宏大，在此只做侧重气候部分的回答。

举例来说，宏观的星体运动、地质活动、大气活动等，能够对气候造成影响的因素非常多：

太阳辐射有轨道尺度的周期。轨道周期包括40万年和10万年偏心率周期（偏心率e值变动范围为0.00~0.06。当e

达到最大值时，地球获得太阳辐射热量，将比现在多

3%），4万年斜率周期，2.58万年赤道岁差周期（地轴绕黄道轴进动），以及18.6年的章动周期等。此外还有从千年尺度到年际尺度的气候旋回。但目前的研究结果，能够实证的主要是太阳辐射对十年左右气候活动周期的影响，过于长久的轨道周期的影响回溯实现起来很困难。

大气环流方面，受地转偏向力影响，赤道与极地的大气环流被分为6个亚环流圈（南北半球各3个），以及7个分界面（两极、赤道以及南北半球各自亚环流圈间的2个分界面）。在此不做赘述。

火山活动对气候也有重要影响，火山喷发的尘幕会阻碍太阳辐射传到地表，形成的平流层气溶胶会强烈散射和反射太阳辐射，降低地表温度。较近的强火山活动有1600年于埃纳普蒂纳火山爆发、1815年坦博拉火山爆发、1883年喀拉喀托火山爆发等。其中，坦博拉火山爆发直接导致了9.2万人死亡以及1816"无夏之年"，造成了世界范围的农业灾害和饥荒，中国比较著名的事件是嘉庆二十年~二十二年的云南大饥荒；1883年的喀拉喀托火山爆发直接导致3.6万人死亡，且根据近几年的证据，喀拉喀托火山于公元535年有过一次超过1815年坦博拉火山爆发规模的活动，直接导致了536"黑暗之年"及此后长达二十余年的寒冷期。

7.4万年前多巴火山爆发，碎屑流覆盖2万平方公里，空降碎屑覆盖400万平方公里，全世界超过60%生物死亡，人类存活体仅3000~10000人，随即产生6~10年火山冬天和2000年寒冷期。

——百度百科，爆发指数

古气候数据重建，目前可依据的资料包括冰芯、河湖相海相沉积、黄

土沉积、洞穴石笋沉积、树木年轮,以及历史文献等。受限于样本所能代表的地理范围的局限性,推断过程存在的逻辑漏洞,以及对古气候系统的信息不足等因素,在回溯古气候数据时难免会出现不同来源的资料间存在较大差异的情况。在2007年的Nature上就曾上演过关于唐朝是否灭亡于古季风改变的争议:来自德国的G.H.Haug带领的小组根据对雷州半岛湖光岩钻孔岩心的高分辨率研究,认为唐朝中后期由于冬季风变强、夏季风变弱,导致了长期干旱和夏季少雨,进而使谷物欠收、农民起义,最终唐朝灭亡;国家气候中心首席专家张德二随即在Nature发文质疑,根据卷帙浩繁的古文献的统计结果,唐朝中后期的气候类型为寒冬与湿夏,与德国小组的研究结果相反——不过德国小组的研究进一步验证了中国8世纪中期以后气候转冷,还是有积极影响的。

中世纪温暖期是历史上仅次于全新世中期的全球回暖现象。

中世纪温暖期的全球气候活动特征,包括北大西洋涛动(NAO)强,太平洋年代震荡(PDO)弱,厄尔尼诺/拉尼娜-南方涛动(ENSO)呈现拉尼娜状态,南极涛动(AO)中间状态。

在此期间,受气候影响,人类历史发生如下大事件:

1. 维京扩张(公元8~11世纪)

中世纪暖期的北大西洋涛动指数较高,促使亚速尔群岛周围高压区气压上升和冰岛周围低压区的气压下降,继而导致了持续的西风,将大西洋洋面热量持续输入欧洲,使欧洲北部冬季气温上升,夏季多雨,以及欧洲南部干旱。此外,北大西洋暖流也能向北欧地区输送热量,次表层暖流还会在北部海域沉积盐分,形成海洋热力泵,大幅提高海洋温度。

北大西洋上两个大气活动中心(冰岛低压和亚速尔高压)的气压变化为明显负相关;当冰岛低压加深时,亚速尔高压加强,或冰岛低压填塞时,亚速尔高压减弱。G.沃克称这一现象为北大西洋涛动 Northc Atlantic oscillation (NAO)。北大西洋涛动强,表明两个活动中心之间的气压差大,北大西洋中纬度的西风强,为高指数环流。这时墨西哥湾暖流及拉布拉多寒流均增强,西北欧和美国东南部因受强暖洋流影响,出现暖冬;同时为寒流控制的加拿大东岸及格陵兰西岸却非常寒冷。反之北大西洋涛动弱,表明两个活动中心之间的气压差小,北大西洋上西风减弱,为低指数环流。这时西北欧及美国东南部将出现冷冬,而加拿大东岸及格陵兰西岸则相对温暖。

——北大西洋涛动

维京人在大扩张前就有着世代相传的丰富航海经验。斯堪的纳维亚海湾的偏狭、土地贫瘠、高纬度种植期过短与人口压力,促使维京人从6~7世纪就开始在波罗的海东部沿岸劫掠,再到后来跨越北海劫掠大不列颠,沿着维斯图拉河、第聂伯河、伏尔加河到达里海和黑海,沿途设置要塞维持长期劫掠活动,并建立基辅、都柏林等城市。

北欧人主要沿着三条路线,朝不同方向进行扩张活动,挪威人向西,北至冰岛、格陵兰甚至北美大陆,南至不列颠诸群岛;丹麦人也向西,但是沿着即弗里西亚和法国北部,与挪威人争夺不列颠及其周围;瑞典人向东,沿着波罗的海从河流向内陆逼进,掠夺和奴役斯拉夫人和保加尔人,再通过河流进入黑海和里海、威胁拜占庭和高加索地区。无论哪条路线,北欧人在扩张期间受到的抵抗从未间断。到后来,随着商业复兴和庄园制经济的发展、之前被侵略的国家变强,北欧海盗掠夺的成本便因此提高、扩张战争也频频失利。

另一方面,经历了两三个世纪的对外扩张后,在技术条件不足和人口承载量有限的背景下,殖民地区的剩余生存空间几近饱和,很难再容纳更多的移民。很多殖民地区的北欧人因各种原因逐步脱离了母国的控制、走向独立并排斥再移民。造成北欧人海外活动衰落的内在原因,则是北欧地区社会本身的变化和演进,它导致了被哦国内从事海盗掠夺活动的需求降低,促使北欧人通过以扩大农业生产来满足本国的生活需求,北欧人向庄园制靠近、从而安居并逐渐实现了封建化。

这一时期,海盗活动带来的交流活动,使北欧地区在生产生活和社会文化上被反征服。欧洲大陆为北欧带来的,不仅限于基督教文化,而且包括欧洲大陆较为先进的农业生产技术。北欧人可以利用先进的生产技术去开垦更多的荒地,以满足其本身的需要。如果种植和畜牧本身能够满足北欧人的食物供应和其他生活需求,那么为什么必须去从事海盗式的侵略和抢夺呢?

维京人的航线与聚居地的扩张与中世纪暖期的到来有直接关联。气候转暖使北极浮冰范围缩减,使高纬度远洋航海的风险大幅降低。远洋航海让维京人发现了冰岛和格陵兰岛,航线甚至到达了北美沿岸并与当地土著发生冲突,暖化气候使冰岛和格陵兰岛具备了农业种植的条件,使维京人有了新的聚居地。航线扩张和航海发现反过来进一步刺激了维京人的航行活动,9世纪下半页维京人不仅控制了大部分英国地区,还从塞纳河围攻巴黎并占领部分法国西部地区。随着众多聚居地在封建化过程中凝聚力下降以及欧洲各国的军事发展(包括沿岸要塞和以骑士为代表的武装力量),维京人扩张活动到11世纪逐渐结束。

2.玛雅文明衰落(约10~11世纪)

公元前200年至公元800年是玛雅文化的兴盛时期。玛雅人发展了数百座城市,蒂卡尔(又译提卡尔)是其中最大的一个,学者估计在最高峰时,此城有10万—20万居民。已发现的蒂卡尔最早的石碑,建于公元445年,记录的是一位名为"暴风雨的天堂"的国王的登基仪式。国王"暴风雨的天堂"的统治标志着蒂卡尔黄金时代的开始。石碑背面象形文字记录了公元317年到445年之间蒂卡尔王国的历史,其中包括蒂卡尔战胜二十千米外的城市瓦哈克通的故事。这次胜利标志著蒂卡尔王国的崛起,但也是和另外一个城邦,位於今天墨西哥南部的卡拉姆尔之间竞争的开始。当时,几乎所有的小城邦都臣服于这两个较大的王国,最终敌对双方发生激烈战争,并分裂成一些小的诸侯国,玛雅文明也从此逐渐衰落。

公元9世纪开始,古典玛雅文明的城邦突然同时走向衰败,至今仍是未解之谜。到公元10世纪,曾经繁荣的玛雅城市被遗弃在丛林之中。——玛雅文明

中世纪暖期,厄尔尼诺/拉尼娜-南方涛动(ENSO)呈现拉尼娜状态,东南信风将太平洋表层暖流吹向西部,致使东部深层海水上翻,东太平洋赤道区域海面温度下降。

持续的拉尼娜状态让中美洲地区陷入持续干旱,并成为玛雅文明衰落的推手。

结合石笋和象形文字记录使研究人员能够洞悉玛雅的政治活动,发现降雨量较充沛时期出现在早期玛雅文明,当玛雅文明处于没落时期降雨量严重减少,并出现大范围的干旱。较丰富降雨量时期对应于公元300年-600

年间，当时玛雅人口增长，政治中心繁荣昌盛；然而在公元660年–1000年间，气候发生逆转，气候逐渐干旱，降雨量减少，当时引发了政权争斗，伴随着战争频发，社会变得动荡不安，最终导致玛雅政权瓦解；在公元1020年–1100年间，干旱气候进一步严重，带来相应的农业减产、饥荒、死亡、迁徙，玛雅人放弃了繁荣的城邦，走向热带雨林之中寻找食物和避难所，原本宏伟壮观的玛雅宫殿也失去了当年的光彩，成为杂草丛生、野兽出没的一片废墟，很快当时的玛雅文明城邦被热带雨林掩盖起来。最终玛雅文明在饥荒死亡中向北部高地发展，但是残留的玛雅人已无法再现往日的繁荣与辉煌。16世纪欧洲殖民者到达美洲，对落后的玛雅部落进行残忍的杀戮掠夺，最终，曾经繁华宏伟的玛雅古城已成一片杂草废墟，玛雅文明也彻底消亡。

研究报告显示，伯利兹气候干旱最糟糕的时期是玛雅在该地区停止石碑记录重大事件之后的100年–300年之间，玛雅文明进入一个"黑暗时代"。当时干旱气候不仅影响玛雅文明，还对目前的墨西哥南部、危地马拉、萨尔瓦多和洪都拉斯地区产生巨大影响。马克里说："之前科学家曾猜测气候事件导致玛雅出现政治动荡，使社会陷入疾病和战争之中。目前这项研究能够清晰地证明玛雅文明的衰落与气候干旱密切相关，并最终导致玛雅文明的消亡。"

而一些考古学家提出，还需要在距离玛雅中心地带较偏远的地区采集相关数据，来证实气候和玛雅文明衰落的关系。

——玛雅文明为何走向衰落，可能因为严重的干旱气候

3. 十字军东征（1096~1291）

十字军东侵

暖化不仅造福了维京人，也使欧洲北部雨水丰沛气温上升，以往高海拔林地也可以开垦为耕地，作物种植产量也有了明显提升。因此中世纪暖期欧洲农业种植面积大幅扩张，并导致了人口持续急剧增长。在维京人长期军事压力下，欧洲各国也都在积极储备军事力量，暖化气候无疑为这一过程提供了物质保障。当维京人的扩张达到了军事极限，欧洲面临的是过剩的武装力量与赋闲的骑士贵族，再加上足够的农业剩余和人口基础——这构成了组织持续大规模东侵的重要背景条件。

在生灵涂炭的失败的宗教战争背后，也有着促进文明间技术、文化交流的积极作用：

十字军东征实际上打开了对东方贸易的大门，使欧洲的商业、银行和货币经济发生了革命，并促进了城市的发展，造成了有利于产生资本主义萌芽的条件。东征还使东西方文化与交流增多，刺激了西方的文艺复兴，阿拉伯数字、代数、航海罗盘、火药和棉纸，都是在十字军东征时期内传到西欧的。

十字军东征，促进了西方军事学术和军事技术的发展。如西方人开始学会制造燃烧剂、火药和火器；懂得使用指南针；海军也有新的发展，摇桨战船开始为帆船所取代；轻骑兵的地位与作用得到重视等。

尽管十字军东征给东方和西欧各国生灵涂炭，造成了巨大的物质损失，但它们对欧洲文明却有着长远的影响，这种影响不仅仅限于它为欧洲基督教各王国的内战找到了一个出口。十字军东征使得欧洲大陆走上了一条世界主义的道路，使欧洲人认识到更为广阔的外部世界。老兵们看到了他们的乡村里永远也看不到的东西，他们带回来的故事点燃了欧洲创造的火花。

——十字军东征

4. 蒙古西征（1218~1260）

1219~1225年，成吉思汗拉开了蒙古西征的第一幕。他发动第一次蒙古西征，以战争手段严惩杀害蒙古使者和商队的中亚大帝国花剌子模国，此次西征远抵里海与黑海以北、伊拉克、伊朗、印度等地，为日后第二次及第三次的西征定下良好基础。1235~1242年，成吉思汗孙子拔都再次率领西征，远至钦察、俄罗斯、匈牙利、波兰等国家和地区，并且建立了第一个元朝西北宗藩国--钦察汗国。1252~1260年，成吉思汗孙子旭烈兀进行第三次西征，远至叙利亚、埃及、伊拉克等国家或地区，并在波斯地区建立了又一个元朝西北宗藩国–伊利汗国。此三次西征，令成吉思汗及其子孙被人称为世界"征服者"。

——蒙古西征

蒙古西征是东方游牧民族沿着欧亚大陆T字形草原带的一轮成功扩张。蒙古西征是大陆版的维京扩张，草原带就是铁骑巡游的绿色海洋。中世纪气候暖化扩充了草原覆盖面积提升了水草丰茂程度,相当于拓宽了洋面,增加了航道水深,是重要的物质背景。同时,南侵中原获得的攻城术、世界最强耐力马种的蒙古马以及欧洲尚未获得板甲技术,都在技术和战术上为西征成功提供了充分条件。

世界草原分布和畜牧业地区位置

一个世纪来的学术研究主流假说认为,13世纪蒙古高原地区出现了持续的干旱或变冷事件,促使蒙古帝国接连发动大规模西征。但近年来的科考成果不断将古气候情况指向了相反结论:中世纪暖期鄂尔多斯高原和蒙古高原的年降水量高于现代约300ml,伏尔加河下游地区年降水量比现代高约30~80ml,即中国北方逆沙漠化和蒙古高原、中亚暖化湿润、欧洲雪线北移冰川后退,为逐水草而居的游牧民族提供了大规模西征的坚实物质基础,而1250年以后,暖期终结,西征随即停止,蒙古帝国走向衰落。

从蒙古战术上,也可以侧面印证气候的历史条件偏向有利。蒙古军队的主要战术是依靠蒙古马的高超耐力进行迂回和突袭,避免正面接触,依靠不断游走的疲劳战术与引诱追击促使敌方军队脱节,对敌进行重点击破与射杀。这不仅需要规模庞大的马匹配备,也需要有足够广袤且普遍的水草资源供骑兵大范围持续机动。如果气候条件为干旱寒冷,会使蒙古战备积蓄的人力畜力不足,可以解释一次西征,但难以解释持续的西征活动与西征的终结。

5. 大教堂时代与哥特式建筑兴起

中世纪暖期的农业积累让大规模兴建宗教奇观具备了客观的物质基础,十字军东征等一系列宗教动员活动则提供了各国君王兴建宗教奇观的拉拢宗教势力的主观意愿。哥特式建筑发端于11世纪下半期的法国,哥特式教堂在12世纪中期首次出现并快速普及,作为宗教奇观,哥特式教堂注重比例协调与竖向高度,为此徒增了繁复的受力结构——这也是农业剩余增加,农业社会生产力发达的体现。

欧洲主要的宗教奇观建筑大都于中世纪暖期开始兴建,粗略梳理如下:

英国:韦尔斯大教堂(1175~1490),索尔兹伯里主教堂(1220~1258),威斯敏斯特大教堂/西敏寺(始建于960,1045~1065扩建,1220~1517重建),

圣保罗大教堂第三次建设（1087年），林肯大教堂（1072~1092），约克大教堂（1220~1470）。

德国：科隆大教堂（1248~1880），施派尔大教堂（1030～1061）。

奥地利：斯蒂芬大教堂（1147~1948）。

法国：圣德尼修道院教堂（1140年起对旧修道院扩建为大教堂），沙特尔大教堂（1145~1840），巴黎圣母院（1163~1345），斯特拉斯堡大教堂（1176~1439），鲁昂大教堂（12~15世纪），兰斯大教堂（1211~1241第三次修建），亚眠大教堂（1152年始建，1220~1401重建），圣礼拜堂（1243~1248），拉昂大教堂（1160~1225），圣皮埃尔大教堂（1160~1232），

意大利：圣维莱塔教堂（929~1929），比萨大教堂（1063~1350），圣马可大教堂（829始建，1043~1071重建），新圣母玛利亚教堂（1246~1360），圣十字教堂（1294~1442），佛罗伦萨大教堂（1295~1446），锡耶纳大教堂（1136~1382）。

匈牙利：马加什教堂（1255~~1269）。

西班牙：托莱多大教堂（1247~1493），布尔戈斯大教堂（1220~15世纪）。

捷克：圣维特主教座堂（925始建，1060第一次扩建）。

小冰期LIA（约1300~1850/1900A.D.）

小冰期的全球气候活动特征，包括北大西洋涛动（NAO）弱，太平洋年代震荡（PDO）强，厄尔尼诺/拉尼娜－南方涛动（ENSO）呈现拉尼娜状态，南极涛动（AO）弱。（此处感谢奇@Yang Shu同学指正，本人在搬运知识的过程中看走眼了……顺便原答案中小冰期第3小节不再成立，已删去。）

在此期间，受气候影响，人类历史发生如下大事件：

1. 欧洲大饥馑（1315~1322）

13世纪期间，欧洲气候开始出现细微的变化，北极地区气温下降，欧洲北部的局部地区开始遭受寒潮侵袭，但整体来看仍处于暖期，许多英格兰农场甚至可以试种葡萄。到了14世纪初，欧洲气候发生明显的波动和转冷，自然灾害频发，海冰与风暴使冰岛、格陵兰岛与挪威之间的航线中断，北方渔业也受到严重影响。

在14世纪最初的10年中，波罗的海有3年出现海面冻结导致无法航

行，受寒潮影响，波罗的海与英吉利海峡航路中断，泰晤士河结冰。短暂的寒冷期之后是北大西洋涛动指数的短促上升，致使1315年出现了波及欧洲多国的持续数月的暴雨和洪水（中世纪暖期的过度砍伐森林开垦耕地加剧了洪水规模），然后是夏末的异常严寒。欧洲大面积谷物欠收，农田被洪水摧毁，依靠着粮食储蓄，大部分村庄挺过了1315年的灾害，但1316年春季之后雨水的继续泛滥加重了农业困境，牲畜开始大量死亡。到1316年底，大范围饥荒开始显现，成群的乞丐从乡村涌入城市，寒冬使饥荒更为严重，公墓每天都有运不完的尸体。1317年除了英格兰地区谷物收成较好，欧洲大部分地区的农业恶化还在加重，土地流转率迅速上升，无力喂养牲畜的农民只能放任牲畜自行觅食，成千上万的牲畜被饿死冻死，酿成了欧洲牲畜大灭绝。牲畜大量死亡反过来导致粪肥急剧减少，进一步加重了灾害。

恶劣的天气与洪涝灾害直到1323年以后才逐步缓解，农业产量的恢复终止了长达7年的欧洲灾难，饥荒导致的普遍营养不良在一定程度上助长了二十多年后的黑死病肆虐。欧洲稳定的气候不复存在，降水与冷暖反复无常，小冰期到来了。

2. 第二次世界大鼠疫（1346~1351）

长期以来黑死病的致病机理有多种说法，但近年来的考古实证可以确定黑死病实际上就是鼠疫。

人类历史上出现过三次世界范围的大鼠疫。

第一次是蔓延整个地中海世界的查士丁尼瘟疫（541~543），直接消灭了君士坦丁堡40%的居民，终结了东罗马帝国的中兴，在此后持续达半个世纪的肆虐中，夺走了约1/4罗马人口。

第二次就是著名的中世纪黑死病，导致了欧洲近三千万人的死亡，消灭了俄罗斯地区超过1/3的人口，并在此后数个世纪内数次区域性爆发，1470年巴黎的人口比1328年减少了超过2/3。黑死病盛行期间全法人口死亡率不低于42%。在中国地区，黑死病爆发正值元顺帝在位期间，战争与自然灾害频发，包括鼠疫在内的各类灾疫到处蔓延，构成了元末人口减少的重要直接因素。

第三次是1894年从中国内陆，经香港等沿海口岸传播到全世界。

《每日科学》网站8日援引报告撰写人之一、德国约翰内斯·古滕贝格大学人类学家芭芭拉·布拉曼蒂的话报道，新发现的两种菌株表明当年瘟疫"从至少两条渠道传入欧洲"。

第一条渠道是，1347年11月进入法国马赛港的亚洲商船。身上长有跳蚤的老鼠从船里跑到岸上，把病菌由马赛扩散至法国西部和北部，又传到英国。

第二条渠道是，从挪威经由荷兰弗里斯兰省进入荷兰。研究人员在荷兰贝亨奥普佐姆发现一种不同菌株，因而认定荷兰南部黑死病应该是从荷兰北部传入，而不是来自英国或法国。——《解数百年悬疑，黑死病锁定祸首》新华每日电讯/2010年/10月/10日/第003版

黑死病肆虐时期的鸟嘴医生

从鼠疫杆菌的环境适应性特征来看，也能在一定程度上支持气候原因假说，鼠疫杆菌对暖热、干燥的环境非常敏感，温暖气候下鼠疫杆菌体外不宜生存，传染性也会降低。

鼠疫杆菌对外界抵抗力较强，在寒冷、潮湿的条件下不易死亡，在-30℃仍能存活，于5-10℃条件下尚能生存。可耐日光直射1-4小时，在干燥咯痰和蚤粪中存活数周，在冻尸中能存活4-5个月，但对一般消毒剂、杀菌剂的抵抗力不强。对链霉素、卡那霉素及四环素敏感。——鼠疫杆菌

目前的主流观点认为黑死病首先爆发于中亚。中亚地区存在多个鼠疫自然疫源地，西伯利亚到蒙古以及中国东北部也存在连绵的疫源地，具体的疫情酝酿过程难以精确追溯，很多疫源地都可能是黑死病的诞生地。

最被史学研究津津乐道的典故，就是1347年蒙古人用抛石机将感染瘟疫死亡的尸体抛射进黑海港口城市卡法。传统的史学研究成果认为，逃离卡法的热那亚人将病菌向西携带，将黑死病传播至热那亚、威尼斯、君士坦丁堡和西西里岛。进一步详细描绘黑死病传播过程非常艰难，期待学界未来会不断有新成果。

3. 西班牙无敌舰队的覆灭（1588）

关于1588年英西海战及此后无敌舰队覆灭，有非常详实的历史研究文献。虽然无敌舰队覆灭后，西班牙通过大规模造舰，使海上力量有增无

减,英国在此后陆续的海上对抗中仍是败多胜少,但毫无疑问无敌舰队覆灭,是西班牙走向衰落的标志性事件。

无敌舰队远征从一开始就伴随着一系列的不幸。首先是1587年英国对葡萄牙沿岸及西班牙加的斯等地的袭扰活动,破坏了大量战备物资,严重干扰了无敌舰队的集结,西班牙用了半年多的时间才补充了两万多个用于盛装淡水与食物的木桶;此后在1588年初,西班牙海军司令圣克鲁斯侯爵病故,接任无敌舰队司令的是缺乏作战经验的麦迪纳·西多尼亚公爵;过于复杂的战略计划和漫长的信息交换时间,都为整个军事行动增加了不确定性。从战术上来看,转折点是英国的火船偷袭,将无敌舰队赶出加莱锚地,并迫使无敌舰队在混乱中与英国展开海战,在躲避火船过程中,无敌舰队很多舰船放弃了主锚,潮汐流与海风将舰队吹散,但这场战役的结果也没有对无敌舰队伤筋动骨,虽然对士气影响很大,但未形成明显的劣势。在无敌舰队决定深入北海绕道北不列颠和爱尔兰回西班牙之后,才是真正噩梦的开始。

高纬度海域的气候已经与中世纪暖期不可同日而语,浓雾、风暴与低温,让缺乏高纬度航行经验的无敌舰队在海上茫然地飘荡并渐渐分散。掉队的船只有的被吹到了挪威,有的据说甚至被吹到了冰岛,目前可以追溯的在爱尔兰沿海受损的船只只有19艘,最终回到西班牙的只有65艘,而出征前,这是一个规模达到140艘战舰且有62艘超过500吨的超级舰队。摧毁无敌舰队的不是英国人,而是气候。

4. 爱尔兰大饥荒(1845~1850)

爱尔兰历史上最重大的事件,莫过于大饥荒。

爱尔兰大饥荒,俗称马铃薯饥荒,(failure of the potato crop)是一场发生于1845年至1850年间的饥荒。在这5年的时间内,英国统治下的爱尔兰人口锐减了将近四分之一;这个数目除了饿死,病死者,也包括了约一百万因饥荒而移居海外的爱尔兰人。

造成饥荒的主要因素是一种称为晚疫病菌(致病疫霉菌)(Phytophthora infestans)的卵菌(Oomycete)造成马铃薯腐烂继而失收。马铃薯是当时的爱尔兰人的主要粮食来源,这次灾害加上许多社会与经济因素,使得广泛的失收严重地打击了贫苦农民的生计。大饥荒对爱尔兰的社会,文化,人口有深远的影响，许多历史学家把爱尔兰历史分为饥荒前、饥荒后两部分。在爱尔兰发生马铃薯饥荒时期大不列颠仍从美洲进口大量粮产，其中一部分甚至经过爱尔兰的港口转运；但饥饿的爱尔兰人却买不起这些粮食，英国政府提供的协助也十分稀少，最终造成高比例的爱尔兰人饿死。

马铃薯是19世纪爱尔兰人赖以维持生计的唯一农作物，而作为地主的英国人却只关心谷物和牲畜的出口。自然灾害以及政治压迫迫使人们揭竿而起，但最终失败。一百余万爱尔兰人死于饥荒的惨剧激起了爱尔兰人的民族意识，在它的指引下，爱尔兰自由国家于1922年建立。

——爱尔兰大饥荒从气候周期尺度来看，爱尔兰大饥荒早在几个世纪前就已经被埋下了伏笔。

不论北大西洋涛动指数高还是低，对爱尔兰农业都有负面影响。暖期爱尔兰暴雨过多，冷期会造成霜冻，因此爱尔兰的历史长期伴随着饥荒与瘟疫。正是在这样的条件下，能够对抗气候骤变且高产的土豆才从传入之后一步步成为了爱尔兰人的主食。早在1845年爱尔兰大饥荒之前，1740~1741年爱尔兰土豆和谷物就曾因极寒而欠收导致了饥荒，饥馑与相关疾病消灭了爱尔兰10%的人口，被称为"杀戮之年"。1753~1801爱尔兰周期性的粮食短缺的影响主要限于局部地区，且没有造成大规模饥馑。除了1815年坦博拉火山爆发造成的"无夏之年"，让爱尔兰损失了6.5万人，没有其它明显的人口折减。

爱尔兰人为了提高土豆产量而发展了隆土技术（一层层堆叠土壤种植土豆），每公顷产量达到17吨。高产作物的推广迅速拉升了人口，爱尔兰人口从1740年的不到300万增长到1844年大饥荒前夜的800多万，人口的高增长反过来又加剧了对土豆单一作物种植的高度依赖。看似一片祥和的背后，病毒悄然登场。

在马铃薯栽培过程中，出现叶片皱缩卷曲，叶色浓淡不均，茎秆矮小细弱，块茎变形龟裂，产量逐年下降等现象，就表明马铃薯已经发生"退化"。种薯"退化"是病毒的侵染及其在薯块内积累造成的，也是引起产量降低和商品性状变差的主要原因。

作为下代"种子"的薯块由于病毒的不断侵染和积累，又不能自身清除体内的病毒，导致植株病毒病逐年加重，使植株在生产过程中不能充分发挥品种的生产特性，造成严重的减产。只有采用现代生物技术将种薯内的病毒去掉，恢复马铃薯品种本身的生理功能和生产特性，才能防止马铃薯的"退化"，使之达到育种家培育品种本身的商品性状和产量。这就是种薯需要脱毒和采用脱毒种薯能够大幅度提高产量的重要原因。

——脱毒马铃薯

历史文献写道：除了产品和地租，连肥料也输出国外，土地贫瘠了。局部的饥荒常常发生，而1846年的马铃薯病害更引起全面的饥荒，数以百万计的人饿死。马铃薯病害是地力耗竭的结果，是英国统治的产物。——《卡尔·马克思关于爱尔兰问题的报告的记录》《马克思恩格斯全集》第16卷。我们不知道马克思所谓的"地力耗竭"是什么鬼，但说爱尔兰大饥荒是"英国统治的产物"，还是很有道理的，毕竟历史算账没法找气候和病毒说去，而且英国对爱尔兰统治的吃相也确实难看，大饥荒发生后也没什么有力的赈灾救济措施，在人治因素上肯定要为饥荒死亡负主要责任。

但在更长的时间尺度上来看，特殊气候→特殊作物→人口激增→特殊农害→大饥荒，在逻辑上更加明晰，毕竟爱尔兰人口翻倍不是英国统治者的功劳，大饥荒也不能完全溯源到英国暴政。只能说，长期的英国统治管理模式，在这一危机酝酿和爆发的过程中，扮演了重要的推波助澜的角色。

除了中世纪温暖期MWP与小冰期LIA，还有一些气候周期对人类历史施加影响的案例，如4~6世纪北欧气候转为湿冷致使农业欠收与饥荒，促使日耳曼人大迁徙；近年来持续的厄尔尼诺现象让委内瑞拉持续干旱，电力不足、民生凋敝、饥荒蔓延等。此外，1789年的法国大革命，也与气候周期影响农业，造成长期食物短缺有深层次的关系。从更宏大的地质活动周期来看，地壳活动历史直接导致了今天的矿物、化石燃料的成藏分布以及山川河流的走向，而地表活动的人类社会的生产活动历史高度依附于地理资源，有很多深层关联。从当代人类社会能源结构来说，某种意义上人类工业社会甚至可以视为化石燃料埋藏层的寄生结构。

本答案主要侧重于气候对人类历史的影响，但导致历史结果的成因绝不止于气候。希望各位读者能在阅读的过程中偏重思考与借鉴，勿轻言气候决定论。

秦路：万物皆有裂痕，那是光进来的地方——

抛砖引玉，看过一本书《枪炮、病菌与钢铁》，推荐，它能解答其中很多问题。

凭以前书中印象谈几点，欢迎指正：

丰沃土地带来可畜牧的哺乳动物以及可持续种植的农作物。人口随之增多。

粮食生产力的提高，使剩余粮食可提供给非粮食生产者以及统治阶层成为可能。

统治阶层的手腕，可以更好面对自然天灾等，土著从迁移的生活方式转变为定居。

地理上，欧亚大陆处于同一纬度，更适宜人类迁移和扩张。非洲以及美洲在地理上呈纵向扩展，动植物更适合在同一纬度下生存，所以欧亚大陆比非、美洲更适合文明的传播。

早期的原始文明在扩展、冲突、吞并中不断发展壮大。

专业化的人员，例如早期的手工业者以及职业军事人员，是难以在部落和游牧这种社会成员随机分散的结构中产生的。

人口蓬勃发展的文明，固定概率下能出现更多的专业优秀人才。更好的技术被创造以推动更发达的文明、

权利的产生，文明的传播，更良好的生产力。催生了欧亚大陆文明领先其他文明的因素。

实际上，人类的历史也有许多偶然。例如北美洲没有马，缺乏强力的军事基础，难以形成强大的帝国，对疆域有效统治。使文明得不到统一和扩张。另一方面，欧亚文明因为长期接触畜牧，导致许多高致命病菌的诞生，人的抵抗力不断增加。美洲文明的发展迟缓，人免疫力较为低下。当欧洲人对美洲屠杀的时候，也有不少印第安人因为传染病而死。

书中论述比我罗列更为详细。这本书成书较早，驳斥了当时盛极一时的白人人种优秀论，以全新的视角和逻辑论述文明形成的原因。很有可读性。（发布于 2013-01-22）

历史上有一些例子，说明人类被地球活动影响的，比如被火山喷发埋了的庞培古城。

一般来说，板块运动的周期很长，而人类文明的时间较短，所以其影响是间接的。印度次大陆的板块运动造成了青藏高原的隆起，也强烈影响了季风的路径。人类的两大古文明，印度文明和中华文明，就都生存于这两个季风带的降水区。

气候的周期相对较短，因此在人类文明中经常可以看到气候带来的影响。连年低温少雨状态会造成农业欠收。受此影响，草原地区条件变得恶劣，草原民族向农垦区迁徙。这是古代草原民族入侵的一个重要诱因。

地理因素对人类文明的影响比较直接，但人也容易通过迁徙来利用这一因素。早期的人类文明依赖农业，因此早期文明都集中于一些河谷。随着商业的发展，一些交通便利的关隘和河口成为人类聚集区。早期工业集中于各类矿山附近。随着近代海运的繁盛，一些天然良港发展为大都市。

编辑于 2014-09-13

楼上大部分都是《枪炮、病菌与钢铁》的观点，书很不错，不过跟题主问题相比，似乎有点偏。

题主提得是地球历史和人类历史的互动关系，个人对这块有点小兴趣，顺便说上一些：

板块运动决定地理环境，而地理环境又在很大程度上决定大气候，当下的地理环境和气候决定当前文明社会的形态，而版块运动，历史地理环境和气候又决定整个人类史的发展，甚至生物进化史，应该说是人类文明史发展的最大外因。

既然题主只限定人类历史，板块运动大气候对于生物进化的影响就不展开了，从人类史开始：

首先，人这个物种从非洲大草原的普通生物，进化为万物灵长，跟大气候是分不开的。

大约３００万年前，北美版块和南美版块发生碰撞，形成了巴拿马地峡，隔开了大西洋和太平洋，改变了整个大洋环流，进而触发地球进入第四纪冰期，一直至今。第四纪冰期有个特点，就是较长的冰期和间冰期不断循环：冰期较长，到来时会使地球环境寒冷干燥，不适合生存，间冰期较短，到来时北美和西欧的冰盖会消失，气候较温暖湿润，适宜生存。

而伴随着第四纪冰期的开始，人类最早的祖先之一，直立人，出现在东非大草原上，冰期生存环境恶劣，食物稀少，迫使既不能捕食，又不食草的直立人只能进化大脑，学会使用工具，在恶劣的环境中获得一席生存之地；间冰期出现后，北半球冰盖融化，欧洲和亚洲的环境变得可以居住，又给了直立人进行迁移，进入欧洲和亚洲，继续进化的机会。而当冰期再次出现，恶劣的环境再一次淘汰了智力较低的直立人，优胜劣汰，促使人类持续进化。

简而言之，第四纪冰期恶劣的环境反而成就了人类的快速进化，使其在不到３００万年的时间登上万物灵长之位。

在第四纪冰期的正常节奏下，智人已经出现在东非，俨然已成地球之主，但离形成社会，建立文明，还有相当的智力的差距，正在这时，地球又给人类提供了一次残酷的进化契机。７万５千年前，地球已经处在环境恶劣的玉木冰期之中，但印度板块和亚欧版块在苏门答腊岛的正常运动，却促发了人类历史上最大的一次火山爆发——多巴超级火山爆发，给这个冰期雪上加霜，爆发形成的火山灰云几乎覆盖整个地球，使地球气温再降３到５度。

当时智人在这场劫难几乎灭绝，最后只剩大约１０００到１万人，但这次大灾难对于进化选择来说，确是一个极好的瓶颈，大量的劣质基因被淘汰，浴火重生后的智人，在社会交往能力，语言和智商上，基本达到了现代人类的程度。并开始走出非洲，沿着中东，印度，东南亚，一直分布到澳洲。

最后是我们所熟悉的场景，１万２千年前开始，到现在的这个间冰期，北美和西欧的冰盖相继融化，地球其后重新变得怡人，大量的可耕作土地突然出现，人类在新出现的优质环境中驯化了野生植物（例如水稻、小麦）、野生动物（猪、牛、羊、马），掌握了农业和畜牧业的人类从此一发不可收拾，搭上了文明高速发展的快车道，一步一个脚印，直到如今的现代文明。

其实古埃及文明的成型，蛮族入侵欧洲，五胡乱华，蒙古帝国的崛起，无不跟这些因素有关啊，这里先不写了，有人赞再说吧。（发布于 2013-09-18）

谢选骏指出：上述所言，看似新颖，实际狭隘，因为它只是从"板块运动、地理、气候"的层面探讨了地球历史，甚至是仅仅从"枪炮、病菌与钢铁"的层面观察了人类历史——它看到了"在人类历史后面的是地球历史",比"枪炮、病菌与钢铁"高明了一层,但却没有看到,在地球历史后面的是宇宙历史——例如,是"银河年"的大季节,决定了板块运动和宇宙射线,地理和气候的演变、生物的此起彼伏,皆由此来。

067、20世纪最经典的不明飞行物事件很有可能是骗局

2003年07月08日 南方日报
"罗斯威尔文件"全面解密
"最经典UFO事件"竟是骗局
1947年7月发生的"罗斯威尔事件"至今仍被许多UFO迷们津津乐道。数十年来,很多人都坚信,当时的确曾有外星人乘坐的飞船在美国新墨西哥州罗斯威尔空军基地附近坠毁,
只不过美国官方一直矢口否认罢了。
2003年6月,封存了整整56年的"罗斯威尔事件"绝密档案到期解密,人们终于有机会一窥其中真相。然而种种迹象显示,这桩堪称是"20世纪最经典的不明飞行物事件",竟然很可能是个骗局!近日,美国媒体对此中细节进行了详细披露。
事件回放
1947年7月4日夜,在美国新墨西哥州罗斯威尔空军基地附近,发生了一次后来被视作20世纪最为轰动的不明飞行物坠毁事件。当晚,距罗斯威尔西北方120公里的一个农场主人麦克·布莱索听到一声如炸雷般的爆炸巨响,次日他发现散布在农场约400米范围的许多特殊的金属碎片。6日,布莱索将金属碎片交给当地警长,然后向军方报告,并转交给空军基地。7日,他又带着空军基地的杰西·马西尔少校到现场检视。
据当时媒体报道,7月8日,人们又在距满布金属碎片的布莱索农场西边5公里的荒地上,发现一架金属碟形物的残骸,直径约9米;碟形物裂开,有好几具尸体分散在碟形物里面及外面地上。这些尸体体型非常瘦小,身长仅100至130厘米,体重只有18公斤,无毛发、大头、大眼、

小嘴巴，穿整件的紧身灰色制服。同一天，军队进驻发现残骸的两地，封锁现场。

罗斯威尔《每日纪事报》于7月9日以头条新闻刊载，宣称空军军方发现飞碟，坠落罗斯威尔附近的布莱索农场，而且被军方寻获。军方人员表示这个坠落物已被发现，正在接受检查，并将送到俄亥俄州做更进一步的检查。这一则消息引起了很大的轰动，但是，第二天报纸却突然改口，说坠落的只是一个"带着雷达反应器的气象球而已"。美国军方也召开记者招待会说，"根本没有飞碟这回事"，就此推翻以前的说法。当地电台也接到华盛顿的命令，不得再播报和飞碟有关的消息。

由于事出突然，转变太快，使大众怀疑其中是否另有隐情。人们普遍认为，气象球的说法是经过修正后的声明，"罗斯威尔事件"就这样成为一桩悬案。而关于"罗斯威尔事件"的诸多档案后来也被转移到位于华盛顿学院公园一家专门收藏气候控制方面资料的档案馆保存。

档案解密

如果不是美国法律明确规定机密文件保存至一定年限之后必须解密的话，那么这些档案仍将无法昭示天下。2003年6月，时隔56年之后，满满11箱的"罗斯威尔文件"终获解密。

20世纪90年代，随着一批批冷战时期的绝密档案陆续到期，为数众多的"惊人内幕"也陆续浮出水面。从众多解密文件中人们了解到，当年原子能委员会所控制的华盛顿州汉福德原子能研究中心的反应堆曾发生重大泄漏，而当地居民却毫不知情；当时为联邦政府工作的医生曾得到许可在女人、孩子和囚犯身上做残忍的医学试验。

正因为有了这些先例，UFO研究者和众多记者自然会对刚刚解密的"罗斯威尔文件"充满期待，希望这批文件中也包含一些不为人知的独家猛料。记者回顾了近100年来发生的各类军事事件之后发现，任何政府曾参与过的事件都会留下一连串的文件"踪迹"。所以，如果1947年7月在罗斯威尔空军基地真的有什么特别事件发生———比如外星人真的曾经着陆，当时军方官员必然会将证据记录在这些文件中。正是由于存在这种可能性，记者们千里迢迢赶到了马里兰国家档案和记录部一睹"罗斯威尔文件"的真容。

无关飞碟

记者发现,在 11 箱"罗斯威尔文件"中,许多都是从报纸杂志上搜集来的飞碟剪报、旧书、以及政府 UFO 报告,而这些大都是已经在几十年前就公开了的。记者还发现了许多关于 UFO 的老式大尺寸录像带。甚至,记者还找到了那个所谓的"气象球"残片!许多

UFO 迷都声称,这些气象球残片是美国政府在事发后偷偷放在 UFO 坠毁现场的,用来替代飞碟残片。UFO 迷认为,那些飞碟残片后来全都被送去了一个秘密军事基地。

然后,在混乱不堪的 1 号箱子内,记者终于找到了想要找的东西。这份文件看上去并不起眼,上面的标题是《早晨记录,1947 年 7 月》。这实际上是一份逐天记录的日志文件,上面记载着基地每天的活动。记者一行行仔细地检查了《早晨记录》,最后记者们失望地发现———在 1947 年 7 月根本没有发生过任何特别的事情,也没有迹象表明当时出现了紧急情况,记录中只字未提有消防员和急救人员被派往当地,而如果真的发生飞行器坠毁之类事件的话,这些行动都是必不可少的。

许多年来,UFO 的研究者们都声称,那些曾参与飞碟修复工作的人和官员都被"转移"到了其它基地,以便让他们保持沉默。从解密的文件来看,这倒是确有其事,但原因却和飞碟无关。事实是,"罗斯威尔事件"发生的几个月之前,在一次大规模的战后军事机构重组过程中,许多美军飞行员都被有系统地安排到了新成立的美国空军部队中。这些人并非被"转移",仅仅是换了军服而已!就这样,一个悬了 56 年的大秘密终于解开了。

伪造记录

记者离开了国家档案和记录部,但此时记者心中却感觉到更多的困惑,而不是欣喜。带着这种想法,记者决定电话采访弗兰克·考夫曼———"罗斯威尔事件"的核心人物。从一开始,考夫曼的名字就和"罗斯威尔事件"紧紧地联系在一起,事发之后,他曾积极主动地向记者和为"罗斯威尔事件"著书立说者披露了大量独家资料。一直以来,人们都认为考夫曼的可信度极高。因为考夫曼称自己 1947 年 7 月那会儿就在罗斯威尔空军基地当情报官员,而且他手里还有一份官方记录的副本,可以充分证明

他所言非虚。

然而，记者遗憾地得知，考夫曼已经在2001年2月去世。在考夫曼死后，他的妻子将丈夫所保存的文件整理后悉数公开，让UFO研究人员随意阅读。更令记者惊讶的是，专门从事UFO研究的机构"J·阿兰·海内克中心"的科学主管马克·罗得西尔在读了这些文件之后，认为考夫曼撒下了弥天大谎！2002年秋天，罗得西尔在该中心出版的刊物上发表文章称："坦率地说，弗兰克·考夫曼编造了一整套军旅生涯的记录。他之所以称自己在情报部门工作，目的就是为了和他声称的当年曾亲历罗斯威尔事件说法相一致。"

物理学家斯坦顿·弗莱德曼曾写过多部关于罗斯威尔事件的著作，他也表示："我早就对此有所怀疑。考夫曼应该在1945年就退役了，1947年那会儿他是作为文职雇员参与罗斯威尔事件的。"

弗莱德曼说，他的怀疑是在1999年和考夫曼还有几个其他研究者会面时开始的。他说，那次会面时，他要考夫曼谈谈1947年他和罗斯威尔基地的情报官员杰西·马西尔少校还有基地的指挥官威廉·布兰查德上校等人一起工作的情况，可是考夫曼却一个字也说不出。

尽管解密文件表明罗斯威尔当年很可能并无UFO光临，尽管重要证人考夫曼也有撒谎嫌疑，但弗莱德曼认为，现在就为"罗斯威尔事件"盖棺定论为时尚早，关于外星人曾造访地球的有说服力的证据肯定存在，只是这些证据尚未曝光而已，这个故事还有更多秘密有待挖掘，正如老话所说："没有找到证据，并不等于没有证据。"

068、28日夜陕西突现UFO 圆形光柱在空中移动10分钟

2002年8月29日 华商报

28日晚9时20分起，本报新闻热线持续接到上百读者反映，夜空出现不明飞行物。

打进电话的除了西安市民外，陕北、关中的群众也占了很大一部分，定边、洛川、永寿、三原、临潼、蓝田等地都能看到这一不明飞行物。从

读者口中得知，这一不明飞行物呈圆形光柱体，从东北向西南缓缓移动，越来越大，随后黯淡消失。整个过程持续不到 10 分钟。

户县余下镇的张先生说光体出现时他正在户外乘凉，看见正北偏东方向出现硬币大小的移动光点，有一个向下的明亮光柱，"我看了一下表，9 时 07 分，接着亮点向西呈弧形移动，越来越大，发展到两三个月亮那么大，移动到正北时，又向南移动，然后变淡消失了，消失时 9 时 14 分。"

也有读者说不明光体内部有一个格外明亮的"核"，消失之前呈星星状。

据悉，28 日晚 9 时许成都、兰州等地上空也出现不明飞行物。

069、UFO？NASA证实：不明物体接近奋进号

2021-04-24 自由时报

美国太空公司 SpaceX 的太空火箭猎鹰 9 号（Falcon 9）于美东时间上午 5 点 49 分成功搭载著奋进号太空船（Crew Dragon Endeavour）发射，并在 24 日成功对接，4 名太空人已经进入国际太空站；美国太空总署（NASA）证实，过程中有不明物体接近奋进号太空船。

综合外媒报导，美国太空总署在官网释出照片，载人 2 号（Crew-2）乘载的 4 名太空人金布罗（Shane Kimbrough）、麦克阿瑟（Megan McArthur）、法国籍的佩斯凯（Thomas Pesquet）以及日籍的星出彰彦顺利进入国际太空站，与站内的伙伴们共同合影留念，4 人将展开为期 6 个月的任务。

美国太空总署也宣布，载人 1 号（Crew-1）的 4 名太空人霍普金斯（Michael Hopkins）、葛洛佛（Victor Glover）、华克（Shannon Walker），以及日籍太空人野口聪一将在本月 28 日从国际太空站出发，进入 SpaceX "飞龙号"太空船展开返回地球的程序。

美国太空总署（NASA）发言人凯萨琳.汉博蔺顿（Kathryn Hambleton）证实，此次奋进号太空船飞往国际太空站的过程中，太空总署与 SpaceX 收到来自美国太空司令部的消息，称在 UTC 时间 23 日下午

5时43分有不明物体可能接近太空船。

汉博蔺顿说，最终不明物体在距离太空船约45公里处飞越，没有构成威胁，但在当时无法保证有能力进行规避动作的情况下，有通知团队穿上太空服装以防万一，她强调，队员安全是NASA及其合作伙伴的最注重的事项。

070、UFO被击落在伊拉克？俄报称飞碟曾介入海湾战争

2003年02月12日 人民网－江南时报

本报讯 据俄罗斯《真理报》科学探秘版日前报道，自海湾战争以来，有关伊拉克境内曾出现外星飞碟的报道不时见诸报端，最近，俄罗斯不明飞行物研究专家约瑟夫·特内诺认为，飞碟现象频现海湾很可能外星飞碟早就介入过海湾战争。

约瑟夫·特内诺在去年12月16日的《飞碟研究》杂志中称，自海湾战争以来，屡有目击者称有外星飞碟被美军战斗机击落在海湾地区。他称在2002年12月6日晚上，一名男子打通

俄罗斯艺术之钟电台秀节目的现场电话，称他是一名军方人士，几年前他曾目击一架UFO被击落在伊拉克境内。这名男子认为，美国目前正在寻找一切借口入侵伊拉克，其深层目的是害怕伊拉克科学家获知坠毁飞碟发动机的秘密。这名男子称双方科学家都在致力于研究飞碟残骸，以便尽快找出人类有史以来最神秘的飞行动力，而美国担心伊拉克的科学家可能会先行一步。

特内诺还引证一位自称目击飞碟坠毁事件的俄罗斯军官的证言。这名名叫皮特科夫上校的军官称，在第一次海湾战争期间空袭巴格达的沙漠风暴行动中，有一架不明飞行物被美国空军的F-16战斗击落，并掉在沙特阿拉伯境内，获知此事的5个西方国家试图全力封锁住这个消息。当时皮特科夫上校与一个俄罗斯小组正前往沙特首都利雅得，并且正好路过飞碟坠毁地点。在美国、英国、法国等盟军调查人员赶来之前，皮特科夫上校和另外几名俄罗斯同事已事先检查了飞碟坠毁现场。皮特科夫描述道："坠

毁的飞行物呈圆形，直径达15英尺，用一种我从未见过的材料制成。该飞行物有三分之一已被美军导弹撕裂了，一些惊恐的沙特人不允许我们碰任何东西，但是我们还是设法检查了一些机械设备、器具和其他一些令我们极端困惑的东西。让我迷惑的是，在一块控制面板和刻度表上面刻着的，是一种我们从未见过的古怪文字。"

在沙特阿拉伯军事雷达站皮特科夫获悉，当时有四架F-16美军战斗机正飞往巴格达准备空袭行动，一架飞碟突然像幽灵般的在战斗机附近出现。其中一架F-16偏离航线，朝这架飞碟飞来。飞碟迅速向西南方向逃逸而去，然而那架F-16紧追不舍，在距飞碟仅3英里时，飞碟突然朝F-16开火，然而没有击中。美军战斗机紧接着朝前面的飞碟发出一颗导弹。一声巨大的响声后，飞碟坠毁在沙特境内的沙漠中。皮特科夫称，当美军调查人员赶到飞碟坠毁现场时，他和他的小组已经拍摄了几张现场照片。

不过，大多数俄科学家都不赞同特内诺的飞碟光临海湾说，一些俄专家称，在没有第二名目击者作证的情况下，俄军上校皮特科夫的宣称也只是一个无法证实的谣传而已。

071、UFO出现片刻后消失，天空中留下神秘文字，是"神仙显灵"了吗

2021-04-27 我们都是科技宅

在近些年的一些科幻影视作品中，都曾经演过外星文明和不明飞行物的一些桥段，关于不明飞行物的传说有很多，大家都认为它是外星人乘坐的交通工具，那它到底是不是呢？人类史上是否真的曾经出现过？

在几年前，一位西班牙人就讲述了他关于不明飞行物的经历，那是一个晴朗的日子，他跟朋友们相约去登山，在马上登至山顶的时候却走散了，不知什么原因使他迷迷糊糊走到了一处悬崖上并发现了一个橙红色的不明物体在天空中盘旋，短短的几十秒后便消失不见了，只留下一圈神秘的褐色烟雾，这圈烟雾就像是一个巨大的病毒，仿佛要将他吞噬一般，经过很长一段时间才在天空中消失，这件事情让他感到非常的震惊，也隐隐的

有些害怕。

后来在俄罗斯和美国也有类似的事情发生，比如说俄罗斯在八十年代的一个山村农场，劳作的人们正想休息的时候，抬头看到天空中有一个不明飞行物，当人们刚要看清楚是什么的时候？却突然消失了，并在天空中留下了一个巨大的问号，人们也不明所以。

不只是近代，在古代的历史当中也有过类似事情的发生。就拿清朝来说，道光年间在贵州省的某个山崖上莫名其妙的出现了天书，据史书描述，当时的天空就像开了天眼一般，后来人们猜测这是UFO，毕竟它的形状像极了圆圆的眼睛。没多长时间这个天眼便消失了，但是在悬崖上留下了一些奇奇怪怪类似文字的东西。当时并没有人能够认识这是什么，因为它和所有朝代的字体都不一样，但是却很像原始人类的象形文字，由于当时的科学技术并不发达，思想封建的人们认为这是"神仙显灵"，但是从科学的角度来看，事实似乎并不是这样的。

而在西方也有过类似的报道，人们同样也是发现了天空中飞行的不明物体，当它们飞走的时候，同样留下了一串数字，这些数字甚至还能不断的变换，最终也消失不见了。这些现象被科学家统称为"天书"，原因是没有人能够真正认识和读懂这些数字和字体。经过相应的研究与分析，专家一致认为这些不明飞行物很可能来自三个维度的其他维度，所以才有可能在瞬间消失，当不明飞行物飞走的时候，空气中的一些量子发生了改变，就成了人们眼中所看到的景象，但是这也是科学家们的一个猜测而已矣，我们今天的科学技术并不能给出真正的答案。

事实上这种不明飞行物从古至今的出现情况是少之又少的，那么它们到底是什么呢？或者想传达什么信息？我们人类今天对这些还一无所知，假如说这是外星文明对我们人类的一个试探，从古代一直持续到今天，又是为了什么呢？这恰恰是我们人类正在追寻和探索的一个答案。

072、UFO猛撞太空站！NASA拍到"神秘光球"飙速飞过

2021-04-21 ETtoday

英国网友格雷哈姆（Graham）非常热衷研究不明飞行物（UFO），某次观看美国太空总署（NASA）直播时，竟看见一个神祕发光球体高速飞来，直接撞上国际太空站（ISS），还有另一个长条飞行物隐约闪过。他将上述发现製成影片，上传至 YouTube 频道，引爆各方热议与揣测。

《每日星报》报导，太空人3月19日乘坐"联盟号"（Soyuz）执行任务，搬迁太空梭停靠站点。几秒钟后，发光球体突然从远处出现，呼啸经过太空船，猛然击中镜头后方的国际太空站，但立刻往回程方向弹去，飞行到一半却突然改变方向，往左方飘移。

格雷哈姆说，该物体呈现"完美球体形状"，不论位在画面上方或者飞入阴影，竟都维持相同亮度，"这是某种自体发光的表现吗？"他也指出，此物体能够自行改变飞行方向，"可能表明拥有智能控制"功能。

格雷哈姆回忆，当时眼睁睁看著球体撞上，吓得差点跳起来，"我从未见过这种情况，也没想到会发生这种事"。他发现，除了球体以外，画面中央也突然快速闪过另一个长条飞行物，可能在"监视"国际太空站。

许多网友看了都非常震惊，他们指出，在地球上拍摄的神秘光球影片也多不胜数，并且纷纷留言，"那个雪茄形状的东西很可能是一项工艺品"、"任何不走直线的物体绝对都是智能控制的"。但是，也有人认为，所谓的UFO可能只是恰巧飘过的太空垃圾。

073、UFO现身新疆 天文学家称其由智慧生命控制

2002年11月07日 南方都市报

11月1日凌晨2时30分至6时许，一个不明飞行物"悬挂"在新疆伊宁市的东部夜空，4名记者在伊宁市不同方位进行了观测和拍摄。

11月1日凌晨2时30分，一位蒋姓热心读者拨通热线电话："快出来看，东边天上有飞碟！"

据记者观测，在伊宁市正东方仰角约15度的天空中，一颗明亮的米粒般大小的物体在不停地发出黄、蓝、紫等奇异的光芒。凌晨4时10分，不明飞行物突然变大，呈暗红色圆球状，约有当晚月亮的四分之一大，表

面似有细圈同心圆图案，位置略向南移，数秒钟后又缩小成米粒大。凌晨6时05分，不明飞行物再次变大，数十秒钟后消失。

中国科学院南京紫金山天文台研究员王思潮教授在观看了传送的27幅"UFO"图片和文字材料后认为，这一不明飞行物是一个由智慧生命控制的空间飞行器，不可能是自然天象。

王教授在接受电话采访时说，经过仔细观看图片，可以肯定地排除是星体、探空气球、飞机、云彩、导弹发射以及高层建筑警示灯的可能，也不可能是地球同步卫星，因为地球同步卫星在赤道上空，新疆只可能在南部天空发现，不会出现在西北部和东部天空。另外还可以初步判定，这个飞行器一边旋转，一边喷射出细小的颗粒，估计高度在1万米以上。这个空间飞行器可能是"外星人"的吗？得到的回答是"无法判定"。（青年快报记者 赖宇宁 蔡立鹏）

074、UFO向偏僻小村发起袭击 印度特工展开调查

2002年08月21日 南方日报

一个神秘的不明飞行物向沉睡中的村民发起袭击，引起了当地村民巨大的恐慌和骚乱，随即政府派出秘密特工展开调查……这番以往只有在电视剧《X档案》中看到的情节，却正在印度北部尤塔尔—普拉德斯省真实上演！

究竟是"外星人入侵"，还是巴基斯坦研制的"异种昆虫"？还是"群发性歇斯底里"？8月20日《泰晤士报》对此进行了详细披露。

"划脸者"引发极度恐慌

据见过它的人描述，这个UFO(又称不明飞行物)为球状，闪着红光和蓝光，通常它在午夜十分发动袭击，受害者脸上和四肢部分有明显灼烧痕迹，该UFO也因此得名"muhnochwa"，意思是"划脸者"。目前，尤塔尔—普拉德斯省的瓦腊纳西、米尔扎普尔和阿拉哈巴德都已出现过"划脸者"。

脸上贴着白色纱布的尼沙德今年18岁，住在阿拉哈巴德市附近的一个小村。8月3日晚上，他和许多当地人一样正躺在院子里的竹床上乘凉，

突然遭到"划脸者"的袭击,当时脸上就给划了两道长口子!

自从 UFO 袭击事件发生以来 2 周内,该地区已经有数十人受伤,至少 7 起的不名原因死亡事件被怀疑和"划脸者"有关。当地村民对警方怨声载道,指责他们没能提供足够的保护。日前,数百名激动的印度村民涌向当地警察局要求得到保护,混乱中,警方开枪打死了 1 人,打伤 12 人。

外国异种昆虫进攻?

"划脸者"究竟是什么?印度官方对此给出了多种解释,一种说法是外星人入侵,另一种说法则是不明种类的昆虫进攻。

最玄乎的应该要算警方负责调查的德威地将军所提出的解释,他说攻击者是一种"基因经过修改的"昆虫,由某个印度的"敌对组织"在境外制造,并特意释放到印度,以便造成巨大伤害。

这个"敌对组织"是谁?他没有讲明,但很多印度人也都猜得出————"敌对组织"指的就是某个巴基斯坦的间谍机构,只是这种说法并没有多少人认同。

不敢在院子里露宿

在印度,夏天天气炎热,很多人都有在院子里露天睡觉的习惯。但自打"划脸者"神秘现身之后,当地村民就再也不敢在屋外睡觉了,没准这个"划脸者"的下一个袭击目标就是自己呢!更有甚者,在一些村里,全体村民都挤在村长家里过夜,他们认为"团结就是力量",这样安全系数会更高一些。由于对警方失去了信心,村民们还自发组织了"民兵联防队"在夜晚巡逻。

记者来到了名叫山瓦的村庄。据当地人说,遭 UFO 的袭击就是从这个村开始的。在山瓦村记者了解到,"民兵联防队"的小伙子们整夜巡逻,为了壮胆子,同时也为了把 UFO "吓"跑,他们还轮班上阵狂敲大鼓,齐声高呼口号:"提高警惕,慎防袭击!"

很多村民认为,无线电波对 UFO 有相当"吸引力"。于是,村民们拆掉了房顶上的电视天线,藏起了接收卫星电视用的大铁锅,减少一切可能招徕"神秘物体"的因素。甚至还规定村民晚上严禁听收音机。

特工展开秘密调查

据《印度时报》报道,当地情报机构对这件事情相当重视,他们派出特工前去山瓦村调查"外星人入侵"事件的真相,就像热门电视剧《X档案》中的那两位侦探一样。

听完当地众多村民对"划脸者"的描述之后,特工们制作了一个"划脸者"模型,并在模型上安了许多彩色小灯。随后,他们把这个假的"划脸者"挂在柱子顶端,希望能借此"抛砖引玉",把真正的不明飞行物引来。一切安排就绪,特工们开始耐心等待。

过了二天,在深夜1时05分,"异象"终于出现了,一道"像复印机般的"闪光划过漆黑的夜空,并重复了3次!这一切都被摄像机录了下来。特工们也因此相信,当地村民的确经历过一场"极度恐怖"的入侵。

但是,当地医生却对所谓的"划脸者"不以为然,把这种现象解释为"群发性歇斯底里",称许多受伤者都是因为太过恐慌自己弄伤的。(麦吉尔)

075、UFO再度"飞临"中国?七省市称见到不明飞行物

2002年08月30日 南方网

继今年6月30日后,又一次全国范围大面积的UFO目击事件发生在8月28日晚,中间仅隔2个月。研究此类问题的专家、南京天文台王思潮研究员说,这是31年来此类不明飞行物的第16次出现。

8月28日晚,包括陕西的定边、永寿、三原、临潼、蓝田、户县、西安等地的许多读者,同时反映说他们看到了一个"呈圆形光柱体的东西,从东北向西南缓慢移动,越来越大,随后消失。"

昨天,互联网上也有人发表评论说自己看到了这个不明飞行物,范围有:山东梁山、内蒙古乌审旗、江苏徐州、河北枣强、以及成都、兰州、河南等地。时间都是晚上9时10分左右。

此类问题研究专家、南京紫金山天文台研究员王思潮接受了记者的电话采访。他说,根据目击者的描述来看,这和今年6月30日出现的那一次应该是同一类东西,是一种"空间飞行物",飞行高度至少在300公里以上。飞行物本身是看不到的,人们看到的应该是它向外喷射出的一

种物质，目的是改变自身的飞行状态。在喷射初期，物质比较致密，所以反光强，后期逐渐消散，所以呈现出雾状。王研究员说，南京紫金山天文台的一个课题小组一直在跟踪研究这类不明飞行物，它的第一次出现是1971年，到8月29日的这回已经是有记录的第16次，却一次也未得到证实是人类发射的飞行器。他建议掌握有关雷达、激光等探空设备的部门，建立快速反应的探测，尽早揭示出其庐山真面目。

076、UFO造访广州？目击者称像风火轮在云层中盘旋

2003年06月08日 南方都市报

不明飞行物惊现广州上空？

昨晚7点多至10点半记者和多名市民从不同角度看到闪光雾状物在环市路电视塔上空云层中盘旋。

天文爱好者无比关注的"UFO"做客广州？昨天晚上，记者和多名市民在市区内不同角度亲眼见证了不明飞行物在广州夜空中盘旋、飞翔的壮观场面。

目击：像风火轮在云层中盘旋

昨晚7点58分，广州外语外贸大学的杨小姐向记者报料，说她和舍友早些时候从五层的宿舍楼向白云山东南面望去，无意中发现一个泛着荧光的雾状物在云层中不停地移动，有同学说那可能是传说中的"UFO"，激动不已的杨小姐马上拿出一部相机，对着天空连拍了几张照片。8点02分，市民杨先生也打电话告诉记者，在环市路电视塔上空有两个很大的光晕，在夜空中没有规律地流转，后来慢慢变为一个，不少市民都在附近围看着议论不止。

昨晚8点40分，记者迅速赶到环市路电视塔附近。一下的士，抬头向天空搜索一通后，记者的心马上"扑通扑通"加快了跳动，额头上顿时满是冷汗，双眼死死锁定了电视塔上的一片天空————一个椭圆形、如磨盘大小、透射着萤火虫般浅淡的绿光的不明物体正在夜空中穿梭！只见该物体飞行速度极快，一下就能穿透多个云层，据记者的经验判断，它的

速度和飞机相比起码要快上 10 倍。记者看到，该物体就在电视塔上空自由飞翔，飞行的轨道没有规律可言，好像是一个巨大的桌球被击打后在一个大框内乱转个不停。

在白云山旁外语外贸大学内可观测得更为仔细的杨小姐则说，该飞行物临近 8 点被她们发现的时候，像极了一个巨大的风火轮，它的荧光能不停地向地面方向散射，穿过云层时明时暗，强烈时甚至还有些刺眼。到晚上 9 点左右，该物体的亮度开始渐渐暗淡下来，并变小了一点，但仍可非常清楚地看到它穿越大半个夜空的壮观场面。记者仔细观察电视塔周边环境，发现附近一带并无向着天空的比较强烈的光源，基本上可以排除天空中移动的大团光晕是从地面照射上去的。公路附近也有不少市民惊讶地张望天空，他们都对夜空中出现如此奇异的景象感到不可思议。

到昨晚 10 点半，据有关读者反映，不明飞行物在广州上空渐渐消失。

专家：可能是云层反射地面激光

昨晚 9 点 36 分，记者拨通中南管理局区域管制中心电话，获悉该中心迄今还未收到官方发布的 UFO 光顾广州的消息。记者问可否用雷达探视，工作人员表示不可能发现什么不明飞行物。白云机场空管塔台和禁近中心有关工作人员也告诉记者，暂时没有收到有关消息。但他们明确表示，可以确定该不明物体不是飞机，因为环市路一带并非飞行路线，而这些不明物体的出现也不会影响到周边航线上飞机的正常飞行。

到底在广州夜空久久不去的景象是怎么一回事呢？广东天文学会专家李建基在听了记者的描述后，则认为应该不是什么飞船之类的东西。广东省气象台首席预报员林良勋则认为，这种景象跟气象没有关系。他告诉记者，昨晚 7 点 45 分左右，他散步时也看到了天空中有一个亮光样的东西在动，虽然不知道和本报记者看到的是否为同一个东西，但他认为那不是什么不明飞行物，而是由于城市地面的激光照射到空中被云层反射而形成的景象，如果地面的激光在动的话，那么它被反射回来的亮光自然也会有它运动的轨迹。

077、北京飞过不明飞行物 天文馆长称极为罕见

2003年02月27日 北京青年报

事件

昨天清晨7时14分，北京东边上空突然飞下一个亮度极高的黄白色大火球。火球两秒钟内迅速落下，只留下一道白烟在空中久久未能散去。半小时内本报接到8名读者打来热线电话。北京天文馆馆长分析说这很有可能是一颗非常明亮的火流星。

据读者们反映，当时他们的脸都迎着太阳、冲着东方。7时14分，一个极耀眼的黄白色火球从平视60度角西北方向迅速下落，速度仅比流星稍慢，但快于任何飞机。该飞行物两秒钟时间斜着晃过人们的视线，落向北京东南亦庄开发区方向。

李先生说，他感觉火球降落速度非常快，整个过程一点声音都没有。王先生当时正开车向东路过工体北门。据他回忆，这个火球相当大，"直径20厘米左右"。

廖先生当时开车向东刚过西单路口。他觉得火球的亮度特别高，"当时天已渐白，而火球亮度却非常明显，甚至超过旁边的太阳"。

韩先生当时在望京正在追赶614路公共汽车。他一直盯着留下尾烟，直到7时24分笔直的尾烟才逐渐变成反"S"形挂在空中。7时30分左右尾烟散去。

昨天，北京天文馆馆长朱俊先生特地询问了本市和天津的几位目击者，根据目击者描述的情景，朱俊先生基本认定，它极可能是一颗火流星。

朱馆长介绍，火流星是一种很亮的流星，有时白天也显得耀眼，给人感觉甚至比太阳还亮，"在火流星进入大气层之前，它其实是一种小行星，只不过很小而已，进入大气层后，与空气磨擦燃烧，就发出很亮的光"。此外，当它离地面的高度在100公里到50公里之间时，人们能看到它发出的光，而且火流星速度很快，人们能看得到它的时间一般只有两三秒。

火流星还能留下流星余迹，白天看起来就像飞机在"拉烟"，其实那是流星体物质与大气层磨擦的结果，这种余迹，有时能持续十几分钟甚至超过半小时。朱馆长认为，可以基本断定它是一颗特别大的火流星，"还可能会在某个地方留下陨石"。

朱馆长排除了发光体为地面施放物体的可能,"北京和天津的目击者同时都看到不明发光体在东方出现,这说明它应该离目击者距离很远,离地也相当高。距离远,高度高,速度还这么快,人工施放的物体很难做到这一点。"

昨天,当记者就不明发光体请教北京天文台兴隆观测站原站长蓝松竹先生时,他告诉记者,大约一周前,有人曾在北京上空看见过类似的火球。蓝站长认定,两个不明发光体有可能是同一类东西。蓝站长说:"不过也不能排除发光体是卫星或者太空飞行器碎片的可能。"(曾伟 杨晓)

078、北京一老人拍下UFO 专家基本认定是真的

2003年03月09日 北京娱乐信报

昨日,在北京信息工程学院图书馆会议室,74岁的高维宏拍的一段录像使北京UFO研究学会的专家们兴奋不已。今年2月10日至27日,当高维宏用微型摄像机分三次拍摄与北京擦肩而过的不明飞行物(UFO)时,他没想到,自己将在北京UFO的研究史上留下重重一笔。

高维宏:我抖着手拍了50秒

2月10日傍晚,北京回龙观云趣园小区,像往常一样,高维宏牵着爱犬在院内散步。

18时左右,正准备回家的高维宏突然发现西边的空中有两个发光的东西。仔细一看,这两个发光物呈上下排列,后边拖着光尾,并且在移动,一会儿就不见了。没多久,又出现两个发光物,也是上下排列,缓慢移动。一向对不明飞行物非常关注的高维宏心里开始犯嘀咕:这会不会是飞碟?

不久,西边的天空又出现一个浅橙色的椭圆形亮点,后面拖着长长的烟状轨迹,速度比以前的四个更慢了。高维宏赶紧跑到家中,拿起桌子上的摄像机跑出来,对准那橙色物体就拍,直到物体消失在远处的楼房后。

昨日下午,高维宏告诉记者,自己并不是专业的UFO观察员,但平时总喜欢这里拍拍那里照照。问起第一次拍摄UFO的感受,老人激动地说:"我抖着手拍了50秒钟。那个东西肉眼看起来就在10层楼高处,连头带

尾有一尺多长。"

那物体绝对不是气球

高维宏拍摄到不明飞行物的消息传开后，一家电视台派人采访了他。几天后，电视台播出了节目。但是在节目最后，电视台采访了一位天文专家，专家看了拍摄资料后说可能是热气球。

对此说法，高维宏很不服气。他认为，首先，那个物体外观上与热气球不符。热气球不会是椭圆形，而且不会拖着长长的烟状尾巴；其次，那个物体肉眼看起来是缓慢移动，这说明它实际速度很快也很高，而这是热气球达不到的；再次，那个物体是横向匀速移动的，这和热气球的移动特点也不符。

六次和UFO接触

为证实自己拍摄的不是热气球，高维宏此后每天下午遛弯时都背上了摄像机，一连观察天空好多天。功夫不负有心人。2月26日，也是晚6点多，他在西边天空拍到了一团斜着的轮状的东西。

27日晚上6时许，高维宏又在西边天空先后看到两个不明发光物体。第一个出现时，老人马上开始拍摄，但因机子没有亮灯而没有拍到。正在老人懊悔时，又出现了一个，这个好像特别给老人面子，让他一直拍了约有7分钟。这次拍摄到的物体呈碟状一直斜着向西行走，看起来也是发着橙色的光。到2月27日，高维宏老人共看到过不明飞行物6次。除了今年拍摄到的这三次外，1999年，老人还分别在东长安街、建国门等地看到过三次不明发光飞行物。

这么多次和UFO"亲密接触"，高维宏老人更加坚定地认为自己拍摄和看到的很可能是来自地球以外的外星物体。老先生还总结出了UFO出现的规律。他说，前3次看到的不明飞行物都是每次间隔两个星期，今年看到的也是每隔两个星期出现。此外，出现时间都是擦黑时分，飞行方向都是由北往南再往西。

UFO研究学会：基本可确定为UFO

高维宏老人的几次经历和所拍摄资料，对于北京UFO研究学会不啻是一个惊喜。2月22日，研究学会秘书长周小强接到朋友的电话，说有一位老人看见不明飞行物并且已拍摄了下来。尽管类似消息，学会一年能接好多次且大部分都是误会，但周小强还是带着两位同事踏进了高老的家门。当日下午，周小强三人观看了全部录像。凭着多年的经验，周小强敏感地认为，这位老人看到的和以前无数次的"误会"有着很大区别。

昨日下午，在北京UFO研究学会踏入羊年的首次例会上，周小强请来了20多位研究UFO的专家。通过讨论，最后学会认为，高维宏拍摄的物体尤其是2月10日所拍，目前已被排除是飞机、气球、探照灯等其他物体，基本可以确定为不明飞行物，也就是所谓的UFO。

之前发现大都是误会

学会的副理事长胡尔平告诉记者，自从1984年学会成立以来，接到过许多自称发现UFO的人打来电话，但大多是误会。如1999年有人在昌平发现UFO，但调查的结果是飞机机身反光造成的亮点；随后又有人在通州区发现UFO，最后调查认定是探照灯；去年4月，媒体纷纷报道的亚运村出现四个不明发光物，最后判定的结果也是探照灯在云层上产生反射造成。

UFO不等同于飞碟

提起UFO，大部分的人会马上联想到飞碟或是外星人。昨日，北京UFO研究学会专家再三告诉记者这是一种错误的说法。

UFO是英文Unidentified Flying Objects的缩写，意思是"不明飞行物"。我国专家也将其译为"幽浮"，是指一种出现在天空或地面附近会移动的光或物体。指外星人驾驶的"宇宙航行器"，英文为flyingsaucer。飞碟最早于1947年6月24日被美国企业家阿诺德在华盛顿州雷尼尔山上空发现，当时在北方有九个白色碟状的不明飞行物体，连接成锁链状。物体的直径约有20米，飞行时速高达2700公里，速度相当惊人。

此后世界各地不断出现像飞碟一样的飞行物，由于其来路不明或不能用科学的方法来确认的，人们就称为UFO（Unidentified Flying Objects）。因此UFO包括"飞碟"，但"飞碟"并不等同于UFO。

昨天，北京UFO研究学会的专家们认为，高维宏老人拍摄的虽然暂且已被认为是UFO，但最终定性是哪种物体，是不是外星人的飞碟，还有待于进一步的研究。

北京UFO研究学会筹建于1984年，1994年受国家正式承认，成为团体法人。该会是北京市科协的组成部分,在科协的指导下开展工作。

北京 UFO 研究学会现有会员 280 人,有全国政协委员,有数学、物理、气象、生物、考古、宇航、天文等方面的专家,也有发明家、作家、艺术家等。

UFO 的出现特性

目前,世界各地对 UFO 的描述有⊠快速地移动或盘旋⊠移动时悄然无声、飘忽不定或轰鸣异常⊠外形如碟子、雪茄、球形、环形或椭圆形,据目前统计,被目击到的 UFO 的形态,已达 100 多种。

UFO 出现时的主要特性为:

1.UFO 的基本形态为圆盘形、球形、椭圆形和卷叶形。

2. 通常夜间发橘红色光,白昼呈磨光金属的颜色。

3. 平均速度极快,来无影去无踪或突然出现、突然消失。

4. 产生电磁力可以打碎空气,出现时能够无声、无阻碍地移动。

5. 轨道无视物理学力学法则,可以无动力状态停留空中或快速垂直上升而消失。

6. 目击报告数大约是实际发生数的一成。

7. 目击事件三成出现的白天,七成在夜晚,与人类户外活动时间成反比。

8. 目击事件与大气透明度成正比,晴朗天空容易发现。

079、北京一名大学生旅游途中拍下不明飞行物

2003 年 08 月 19 日 北京青年报

陈思是在无意中拍下这幅图的

图中的黑点很像一个带有尾翼的碟形飞行物

UFO 没准儿是飞虫

本报记者报道 8 月 17 日,刚刚从河北丰宁坝上草原旅游回来的大学生陈思,带着他的索尼数码相机匆匆赶到报社,他告诉记者,上午他在坝上返京途中用相机拍下了一个不明飞行物。

记者看到照片中，在重峦叠嶂的画面中，一个呈倒陀螺形的黑色物体静静地悬在天空中，旁边没有任何发光的现象。照片资料清楚地记录着拍摄的时间：17日10点22分AM。

19岁的陈思现在是外经贸大学的学生，17日早上9点，他和同学一行人，在导游的陪同下乘坐大巴返回北京，一路上，大家都在讲述着在丰宁坝上草原看到的美景，大巴顺利地通过坝头收费站后，面前一条蜿蜒狭长的下山盘山路出现在眼前。陈思说，他清楚地记得，大巴刚刚拐过第一个下山弯道时，他觉得眼前闪现出的连绵的群山景色很美，平时特别爱摄影的他，立刻举起手中的数码相机，对准群山按下了快门。拍完后，他立刻从液晶屏上翻看刚刚拍摄过的照片。

没想到，他在相机屏幕上看到了一个呈倒陀螺形的黑色物体悬在空中，开始他下意识地认为是自己的液晶屏上有灰尘，破坏了画面，可连擦了几下，小黑点仍挥之不去。他马上意识到，小黑点是天上的一个不明飞行物。"我当时立刻抬头想再看个究竟，可小黑点已经无影无踪了。小黑点消失的真快，离我看屏幕到抬头只有短短的5秒钟"。陈思发现这个奇怪的飞行物后，立刻让全车的同学和导游帮着一起找，虽然这时汽车已经又向前行驶了十几米。"这个物体当时距离我们的车大概有1000到1500米，因为我的相机当时不能变焦，这么远的距离还能拍出来，说明它的个头一定不小"。

陈思说，当时他以为这个飞行物是他们在坝上草原看到的类似重力滑翔伞的物体，可同行的导游告诉他们，对面的山不仅高，而且底下都是沟壑，滑翔不可能进行。

昨天，记者分别采访了几位专家。北京气象服务台的专家告诉记者，10点左右天空中不会释放探空气球，陈思看到的肯定不会是探空气球，至于是什么现在还不好下结论。

北京天文馆的朱馆长在看了记者传去的照片后推测，因为当时没有人用肉眼直接观测到天空中的物体，都是从相机的照片中看到的，根据物体的形状判断，可能读者在按下快门的一瞬间，一只鸟或是一种昆虫从镜头前或是距离镜头一段距离的地方飞过，它的身影留在了照片上，因为从图片上看好像有挥动翅膀的动作。

还有专家指出,根据影像来看也不能排除是一种飞行器的可能。摄影/陈思

080、不明飞行物

幽浮(不明飞行物中文音译)一般指不明飞行物(不明确的飞行物)

20 世纪 40 年代开始,美国上空发现会发光的椭圆盘飞行器,当时的报纸把它称为"椭圆形的发光体",这是当代对不明飞行物的兴趣的开端,后来人们着眼于世界各地的不明飞行物报告。UFO 一词源于美国空军的"蓝皮书计划",该计划的第一任负责人是爱德华·鲁佩尔特上尉,他正式发明"UFO"一词。

中文名不明飞行物、飞碟;外文名 Unidentified Flying Object,简称 UFO

形状碟形、螺旋形、雪茄形等

所指尚未确认的空中飞行物、飞碟

基本信息

UFO 形状碟形、螺旋形、雪茄形等,所指尚未确认的空中飞行物、飞碟记。载古代以西结书、中国古称星槎。著名事件 1 罗斯威尔事件,凤凰山 UFO 事件著名事件 2 空中怪车,磨山树倒之谜。

UFO 现象大体分为四类:已知现象的误认,未知自然现象,未知自然生物,第四类是指有明显智能飞行能力、而非地球人所制造的飞行器,即外星文明的飞碟(Flying Saucer)。

全世界约有三分之一的国家在开展对不明飞行物的研究、已出版的关于不明飞行物的专著约 350 余种、各种期刊近百种。对不明飞行物已有不少官方和民间研究机构在进行研究。世界上较大的研究机构都拥有一批专家参加这项工作,包括天文学家、植物学家、生物学家、医生和精神病学家、化学家和物理学家,还有航空、土木、电气、机械和冶金等方面的工程师,以及语言学家、历史学家等。在美国,一些理工大学甚至已把不明飞行物问题正式列入博士论文的选题,一些大学和空军院校还开设了不明

飞行物课程。中国也建立了以科技工作者为主体的民间学术研究团体——中国UFO研究会。在台湾和港、澳地区均建有类似的UFO研究组织。中国关于不明飞行物的科普刊物《飞碟探索》于1981年创刊。

UFO可以由很多原因引起,根据不同的原因,所观察到的现象也各种各样,但是人们更多关注的是可能由地外高度文明引发的UFO现象(即飞碟)。

飞碟热首次出现是在1878年1月,美国得克萨斯州的农民J·马丁看到空中有个圆形物体。美国150家报纸登载这则新闻,把这种物体称作"飞碟"。1947年6月,美国爱达荷州的一个企业家K·阿诺德驾驶私人飞机,途经华盛顿的雷尼尔山附近,发现9个圆盘高速掠过空中,跳跃前进。这一事件在美国所有报纸上得到报道,又一次引起了世界性的飞碟热,以后有关发现飞碟的报告纷至沓来,各国政府和民间机构也纷纷组织调查研究。

对于引起UFO现象的原因一般认为有以下几种:

一、对已知现象或物体的误认:被误认为UFO现象的因素或物体有天体:行星、恒星、流星、彗星、陨星等;大气现象:球状闪电、极光、幻日、幻月、爱尔摩火、海市蜃楼、地光、流云;生物:飞鸟、蝴蝶群等;生物学因素:人眼中的残留影像、眼睛的缺陷、对海洋湖泊中飞机倒影的错觉等;光学因素:由照相机的内反射和显影的缺陷所造成的照片假像、窗户和眼镜的反光所引起的重叠影像等;雷达假目标:雷达副波、反常折射、散射、多次折射,如来自电密层或云层的反射或来自高温、高湿度区域的反射等;人造器械:飞机灯光或反射阳光、重返大气层的人造卫星、点火后正在工作的火箭、气球、军事试验飞行器、云层中反射的探照灯光、照明弹、信号弹、信标灯、降落伞、秘密武器等。

二、地外高度文明的产物:有人认为有的UFO是外星球的高度文明生命(外星人)制造的飞行器。

三、地底人的飞行器:居住在地球内部生物的飞行器。

四、心理现象:有人认为UFO可能纯属心理现象,它产生于个人或一群人的大脑。UFO现象常常同人们的精神心理经历交错在一起,在人类大脑未被探知的领域与UFO现象间也许存在着某种联系。

外星生命

许多不明飞行物照片经过专家鉴定为骗局或者误会,但是始终有部分现象根据现有科学知识无法解释。

我们有时候还会听到这样的说法:某某现象科学解释不了,那么就一定是外星人所为。对于这样的说法,我们应该仔细想想:

绝大部分 UFO 的报告都是由没有经验的、未经训练的、没有准备的或异常激动的观察者提供的,信息非常模糊和不准确,因此通常不可能做出准确的判断。既然大部分 UFO 都被确认为捏造的或自然现象,那么少部分因证据不足无法确认的 UFO 也属于捏造的或自然现象的可能性,显然远远高于它们是天外来客的可能性。我们无法做出合理解释的原因是因为没有足够的必要证据,而不是因为外星人在捣鬼。奇怪的是,发现 UFO 的报告极少或几乎从来没有来自天文学家、气象学家或天文、气象爱好者,他们要比一般人花多得多的时间观察天空,应该更有可能发现空中异常才对,这究竟是外星人在有意躲着他们,还是因为他们作为专家,不容易把自然现象当成 UFO。

UFO 最著名的事件罗斯威尔事件。

目击报告案例

20 世纪以前较完整的不明飞行物目击报告有 300 件以上。据状、球状和雪茄状。

20 世纪 40 年代末起,不明飞行物目击事件急剧增多,引起了科学界的争论。持否定态度的科学家认为很多目击报告不可信,不明飞行物并不存在,只不过是人们的幻觉或是目击者对自然现象的一种曲解。肯定者认为不明飞行物是一种真实现象,正在被越来越多的事实所证实。

到 80 年代为止,全世界共有目击报告约 10 万件。

不明飞行物目击事件与目击报告可分为 4 类:白天目击事件;夜晚目击事件;雷达显像;近距离接触和有关物证。部分目击事件还被拍成照片。

人们对 UFO 作出种种解释,其中有:①某种还未被充分认识的自然现象;②对已知物体或现象的误认;③心理现象及弄虚作假;④地外高度文明的产物。美宇航员发现并拍摄到出现在太空中的不明飞行物。经过了解,这名宇航员在执行任务时,发现太空中突然出现几个闪着光的不明物体,且这些不明物体在高速移动,其中一个发光物距离大部队较远,但很快赶上来。经过仔细观察后,这名宇航员确定数量,总共有 7 个这样的不明发光物,但是很快其中两个消失不见。

全世界许多国家开展对 UFO 的研究。关于 UFO 的专著约 350 余种,各种期刊近百种。世界各国有一批专家参加此项工作。中国也建立以科技工作者为主的民间学术研究团体——中国 UFO 研究会。中国关于 UFO 的科普刊物《飞碟探索》于 1981 年创刊。到 80 年代初为止,全世界共有目击报告约 10 万件,每年平均还要增加 3 千余件。

四类接触

专门从事这类研究的人,称自己为不明飞行物学家;他们将人与天外来客的近距离接触分成了四类:

第一类接触,是指近距离目击不明飞行物,但没有留下任何具体的物证。一天下午发生在墨西哥上空的一场惊人邂逅,就属于这一类。

第二类接触,是除目击不明飞行物之外,还有外星人来访的具体有形痕迹。引发诸多争议的麦田怪圈可以被归为这类接触。前不久出现在墨西哥一片草地上的古怪圆形图案,就被认为与不明飞行物有关。

当然,还有著名的第三类接触,这是真正意义上的接触——往往是通过心灵感应,与外星人交谈。

最后的一种是第四类近距离接触,也就是遭遇外星人绑架。

一些事件

揭开 UFO 事件真相:不明飞行物调查记录。

现代人对不明飞行物的关注,是从冷战的头几年开始,逐渐升温的。那个时期的人习惯于抬头看看天空,防备着侦察机和飞来的导弹。真正在全球掀起一股热潮的事件,发生在 1947 年的 6 月。

当时,肯尼思·阿诺德正驾着私人飞机,飞越华盛顿州的喀斯喀特山脉,忽然看见远处闪过蓝白色的亮光。阿诺德向当地报社讲述了这件事,由此掀起飞碟热潮。同一年,后来又发生了一个里程碑式的事件,其影响延续到今天。相信的人满怀敬畏,怀疑的人不胜其烦,这就是罗斯威尔事件。

在新墨西哥州的罗斯韦尔郊外,一座美国陆军机场附近的农场上,出现了一些奇怪的碎片。第二天,当地一家报纸便推出独家新闻,大胆宣称有一架外星来的飞船已被军方俘获。

军方连忙出来解释,说那些碎片其实是一个气象热气球的残骸。但这种解释不足以挽回局面;更何况,他们的确是想掩盖真相:所谓的气象气球,其实是正在接受秘密测试的间谍气球。这是一个划时代的开端。

继罗斯韦尔之后,出现数千起不明飞行物目击事件,"阴谋论"更是被炒得沸沸扬扬。到处都是飞碟的照片和影像,多得数也数不清;有些并不是很有说服力,还有一些却很真实。

在相关记载中,最突出的一件事发生在墨西哥城——那天中午,黑暗笼罩全城,不只一人,而是几十个人同时拍摄到了来自外太空的神秘物体。

1991年7月11日,随着日全食的发生,墨西哥城渐渐陷入黑暗。上千人把摄像机镜头对准天空,拍摄这一奇观。不明飞行物研究员吉列尔莫·阿雷金永远不会忘记那一幕。吉列尔莫·阿雷金说:"我到屋顶上去拍摄日全食,却看见空中有一个亮点。于是,我把镜头对准了它。我意识到,我正在拍摄的是一个来回摆动着的不明飞行物,不是什么行星或恒星。"

接下来的那几天里,各地都出现了不明飞行物目击报道,真是忙坏了媒体。全国闻名的调查记者贾米·莫桑,主持了一个长达10小时的节目,讨论不明飞行物目击事件。他请观众再回去看看当时用家用摄像机拍到的画面。

贾米·莫桑说:"这段节目播出后,有很多人打电话来,说看到了。可以清楚地看到一个发光物体像是金属的,底下还有黑色的阴影。这是一个银色的碟状物体。我们相信这不是恒星,也不是摄像机的失真问题。这段录像证明,飞碟确实存在。那一天彻底改变了我的人生,因为从那一刻开始,人们只想听我谈论更多有关不明飞行物的事。"

也有人认为,这些证据不至于有那么大的影响力。作家马里奥·门德斯·阿科斯塔曾与莫桑就1991年日食目击事件展开辩论。他认为,公众对不明飞行物的狂热,多半是由莫桑本人、而不是外星人到访引起的。

真相:揭开墨西哥不明飞行物的真相,或许不必去其它星球寻找线索。瑞典天文学家、摄影师汤姆·卡伦认为,墨西哥城的不明飞行物目击者,的确看到了奇异的景象,而且是不属于地球的景象;但并不一定就是外星人制造的。在墨西哥城的录像中,天是暗的,因为发生了日食;可以看到天上飘着几块云，然后，镜头拉近，对准了这个物体。

有一个市场有售的计算机软件，可以描绘出任何一天、世界任何一个地方的天空。有了它，汤姆可以重现墨西哥城上空发生的事情。计算机正在模拟月亮经过太阳前面的那一刻，天空变得漆黑，有几个天体变亮了。就在拍摄到不明飞行物的位置上，一个格外明亮的物体出现了。

汤姆·卡伦说："在这里，我们可以非常清楚地看到金星，我可以肯定地说，这就是人们在墨西哥城拍到的亮点。"

由太阳向外、第二颗就是金星，在天空中的亮度仅次于日月。可是，为什么它看上去很像模糊的外星飞船呢？汤姆认为，这是摄像机自身的问题——镜头在聚焦远处的亮点时，造成了三维立体的效果。画面上的那条黑线、不是什么物体的底盘，而是摄像机造成的假象。这样一来，一个很普通的天体也变得有些神秘了。

1991年7月11日墨西哥城日全食时的不明飞行物。

日常的天体运行，未必能解释墨西哥所有的不明飞行物目击事件。曾有人看到这个模样奇特的物体在波波卡特佩特活火山附近盘旋。这显然不是一颗行星或恒星，从移动方式看，也绝对不像是飞机。这是建筑师马里奥·拉米雷斯拍摄到的物体，他就住在这座火山的山脚下。和当地许多居民一样，他也相信火山活动会吸引不明飞行物造访墨西哥。他说，1988年，他曾看到一个编队的飞船飞进火山口。

马里奥·拉米雷斯说："我看到一艘非常大的飞船，直径大概有300米，上面有很多灯和窗口。它以中心为轴、不停地旋转，然后飞向火山。我曾看到，那些飞船大约30艘结成一群，以非常快的速度从火山口飞出来，然后飞向太空。它们就住在火山里面。"

2000年，拉米雷斯正在研究火山附近的一组岩石，认为这有可能是某种古代天文符号。这时，一样东西吸引了他的注意。

马里奥·拉米雷斯说："我在岩石那里，观察波波卡特佩特火山。我架好了摄像机，就在这时，忽然看见了一道闪光。我很纳闷：山上为什么会出现闪光呢？"拉米雷斯后来发现，他拍摄到的，是一个在远处山上盘旋的物体。它在空中悬浮了近2分钟，然后消失在山峰后面。

真相：让人扫兴的专家汤姆·卡伦对这个神秘物体有什么看法呢？汤

姆·卡伦说："关于火山的那段录像，我觉得很像是近距离特写镜头，不管是出于什么意图，这有可能只是一只大鸟。仔细看看，你会发现这个东西在扇动什么，像是身体的延伸部分。我不认为这是什么外星人的飞船。"

下面我们要看一些被怀疑为不明飞行物留下的痕迹，看看这究竟会是什么造成。

2004年9月，在瓜达拉哈拉附近的一小块偏僻土地上，出现了一系列圆圈。土地的主人请建筑师兼不明飞行物研究员丹尼尔·多明格斯等人，前来调查此事。他们花了几个晚上进行实地调查，亲眼看到，球形亮光出现了。

丹尼尔·多明格斯说："它从我们头顶正上方经过，亮度越来越强，然后又渐渐转弱，继续沿着原来的路线前进。多明格斯说，亮光改变了草地，这不是人造物体所能办得到的。"

一连四周，他们将圆圈绘制成图、监测其变化；同时，他们采集了土壤样本，检验辐射量。多明格斯认为，圆圈就是辐射造成的。

丹尼尔·多明格斯说："从我们掌握的证据判断，我倾向于认为，这些圆圈是某种光能的产物，而制造这种光能的，是来自外星球的物体。"

但劳拉·古斯曼博士认为，答案也许就藏在土壤中。她是瓜达拉哈拉大学的真菌学家，可以说是墨西哥真菌研究领域的女性权威。不过，真菌和不明飞行物有什么关系呢？

劳拉·古斯曼说："这是一块非常大的菌丝体，通常生长在木头或植物根部周围。"

菌丝体会从圆圈的中心点向外生长，因此常被称为"仙人圈"。有些真菌会使一整圈的草枯死，其它真菌则会使草长得更好，使圈内的草长得比周围的更加鲜绿繁茂——在吸取了腐烂的有机物，比如枯死的树根后，尤其如此。

真相：劳拉·古斯曼说："这些木头会刺激真菌的生长，所以，有时地上会长出很多个仙人圈，原因只是土壤底下埋有木头。以科学的观点判断，我认为是真菌造成了仙人圈，除此之外，没有别的解释。"

土壤里有数以千计的真菌种类，已知的只有50种会造成仙人圈。为了证实仙人圈是真菌造成的，古斯曼博士将采集到的样本带回实验室，把它放在显微镜下观察。她必须找到证据——个别真菌细胞上的微小突起证实了她的猜测。

2004年3月的一个下午,一次例行军事飞行任务,竟变成了一场疯狂搜索,寻找似乎正与飞机并列飞行的物体。不论雷达或肉眼,都看不到这个飞行物;只有红外线能够侦测出来。墨西哥军方公开了这次飞行过程中与不明物体相遇的红外记录,立即在媒体引起了轩然大波。

墨西哥不明飞行物研究小组的亚历杭德罗·弗朗茨上尉,决定亲自调查此事。弗朗茨的态度是半信半疑。虽然他也认为,不明飞行物曾造访地球,但总觉得调查人员在排除一切可能之后,才能得出结论。

弗朗茨上尉本人就是飞行员,他要重走那架军用飞机的飞行路线,在飞行员遇到不明物体的地方,调转飞机正对物体出现的位置飞行。因为他认为,那个不明物体可能还在那里。

飞机抵达了与不明飞行物接触的第一个地方。弗朗茨指示飞行员转向西北方向,也就是当时的红外摄像机所指的方向。他以前也在那个方向看到过亮光——这应该就是军方追踪的方向。

亚历杭德罗·弗朗茨上尉说:"我曾经几百次驾驶飞机横越墨西哥湾。一年到头,几乎每个晚上,都能看到墨西哥湾的这些亮光。只要天气状况与能见度不错,任何飞行员都可以看到它们,从140、150英里以外就可以看到了。"

真相:弗朗茨在离海岸约60英里、离上一个接触点近100英里的地方,看到了他要找的目标——巨大的海上钻油设施——坎塔雷尔。从1.5万英尺的高空俯瞰,整座建筑仍显得硕大无比。有的钻井平台有40层楼那么高,喷出的火焰可蹿上几百英尺的高度,这是燃烧多余的气体产生的,目的是减少油井内部的压力。

弗朗茨肯定,这就是不明飞行物的来源。但这里的火焰,真的会影响到100英里以外、军用飞机上的红外监视系统吗?为什么它们看起来像是在飞行呢?

这个问题请吉姆·泽弗林做出了解释。他的工作是培训红外设备技术人员,给他们颁发证书。他本人也用这项技术检查炼油厂和钻油平台。

吉姆·泽弗林说:"首先,我们并不确定这些物体是会飞的。可能有人觉得这些物体正在移动,其实这是一种视错觉。是因为云层相对物体来说正在运动,由此造成了假象。除此之外,再没有其它解释了。很有可能,我们看到的是一个温度异常高的热源,在这个事件中,由于我们是在海上,所以有可能是热源在海面上的反射。它有可能是火焰和烟雾,也有可能只是火焰。我希望不明飞行物是存在的,但我在这里找不到任何证据。"

——供稿/美国《国家地理频道》

新疆5地连续发现UFO亮光似脸盆41秒飞90公里。

2006年6月24日、27日两天,乌市、奎屯、乌苏、塔城、呼图壁5个县市纷纷出现不明飞行物(UFO)。

最先发现不明飞行物的是奎屯市市民徐胜。2006年6月24日23时16分,徐胜在路边聊天时,突然发现西面天空出现一个脸盆大小的发光物体,该物体以很快的速度由东向西划过,非常亮,七八秒钟后发光物体消失。徐胜立即用手机拍下了当时的情景。

几乎同时,23时16分40秒,乌苏市车排子镇以西1公里西北方向的天空,也出现了不明飞行物。目击者称此不明飞行物4角有4个亮点在旋转,距地面高度约3000米至5000米,约一分钟后消失。

1分钟后,距奎屯市上百公里的呼图壁县也发现了不明飞行物。23时18分,出租车司机张国印发现北面天空有一个脸盆大的亮光在运动。起初他以为是月亮,但随即被否定。张国印说,亮光中间最亮,呈白色有碗口大小,四周稍暗,亮光的运动速度很快,十几秒后消失。

紧接着,塔城市阿西尔乡至农九师165团莫湖麓,沿边境线的塔尔巴哈台山脉顶上,也出现一个飞行速度极快的发光物体。目击者称,23时21分32秒发现了该物体,其呈放射性三角形,自西向东平行掠过。

估计该发光飞行体飞过地面的距离达到90多公里。40秒后,该发光飞行体消失。

26日上午11时,乌市市民苏先生乘坐公交车至地质中学时,突然发现天空中有一篮球大小的发光物体由北向南飞行,速度非常快。

两天时间里,新疆四个县市出现了不明飞行物,对此,中国科学院国家天文台乌鲁木齐天文站党办主任薛济安说,对于不明飞行物的表述,只是听目击者诉说,而且由于身处不同位置的目击者存在方向感不准确的问题,他们所描述的情况也有所不同。基于这些原因,他不能判定出不明飞行物到底是何物。

贵州 UFO 事件终有定论:空中怪车非外星人所为。

"空中怪车"事件轰动一时。有人认为它的出现是外星造物,有人认为是自然天象,由其引发的诸多猜测和调查在这几年间一直没有停止过。而 7 月 15 日,中国权威科学家欧阳自远确定地向媒体宣布,"空中怪车"并非外星人所为。排除否定答案,肯定的说法究竟又是什么呢?

中国科学院院士、中国探月工程首席科学家欧阳自远向媒体解释,发生在 1994 年贵阳都溪林场的"空中怪车"事件,其实是一个正常的普通气象灾害,并非外星人所为,并且到目前为止,没有证据表明外星人存在和外星人造访过地球。

这起事件之所以多年来尤为引人关注,是由于人们对这一事件的原因始终争论不休,而各方专家的说法又没能找到一个圆满的答案来解释,于是出现了"空中怪车"事件是由 UFO 造成的,外星人曾经造访都溪林场的说法。此次事件也成为了中国神秘"UFO 事件"之一。本报曾在 2004 年 9 月刊登的《惊世"空中怪车"突袭贵阳北郊》一文中,还原了事件的现场景象。

贵阳都溪林场被拦腰截断的树木遭遇不明物体,400 亩的松树被拦腰截断。

1994 年 12 月 1 日凌晨 3 时许,贵阳市北郊 18 公里处的都溪林场附近的职工、居民被轰隆隆的响声惊醒,风速很急,并有发出红色和绿色强光的不明物体呼啸而过。

几分钟过后都溪林场马家塘林区方圆 400 多亩的松树林被成片拦腰截断,在一条断续长约 3 公里、宽 150 米至 300 米的带状四片区域里,只留下 1.5 米至 4 米高的树桩并且折断的树干与树冠大多都向西倾倒,长 2 公里的 4 个林区的一人高的粗大树干整齐排列在林场上。有的断树之间又有多棵安然无恙,个别几棵被连根拔起,周围一些小树有被擦伤的痕迹。

这些被折断的树木直径大多为 20 厘米至 30 厘米,高度都在 20 米左右。和都溪林场相距 5 公里的都拉营贵州铁道部车辆厂也同时遭到严重破坏,车辆厂区房顶的玻璃钢瓦被吸走,厂区砖砌围墙被推倒,地磅房的钢管柱被切断或压弯。50吨重的火车车厢位移了20余米远,其地势并不是下坡,而是略微有些上坡。除了在车辆厂夜间执行巡逻任务的厂区保卫人员被风卷起数米并在空中移动20多米落下且无任何损伤外,没有任何的人畜伤亡,高压输电线、电话、电缆线等均完好无恙。

各地的专家学者纷纷来都溪林场考察研究,并利用了现代化的先进仪器如卫星定位仪测定了被毁的具体位置及面积。对于贵州车辆厂被破坏的重点地方及物件进行了时频、弱刺及 γ 射线的测试,对都溪林场实地进行监测分析。

是雷雨冰雹引起大风吹倒了林场的树木?

欧阳自远向记者表示,造成这一事件的原因无非是"下击暴流"或"陆龙卷"等自然现象。

欧阳自远关于"下击暴流"的看法与当时贵州省气象学会的调查结果相吻合。"下击暴流"现象是由雷暴引起的一种强烈的下沉运动。这种下沉运动可以在近地面附近形成一个非常大的向外扩散的水平风。雷雨、冰雹是诱发"下击暴流"现象的原因,这是经过当时气象学专家的实地考察得出的结论,也与当时贵州的气象条件相符。

但是,据现场一位勘察者描述,现场的落叶层没有被吹动的迹象。而"下击暴流"产生的辐射风吹到地面,树木倒地的形状应该是向四周辐射倒地的,这与现场情况有所出入。

是龙卷风将树木连根拔起?

对于常理与现场情况有所出入的原因,欧阳自远认为,当时的迹象也与陆龙卷极其相似。根据现场察看,树木和车辆厂区顶棚,甚至火车都出现了不同程度的破坏和位移。中国科学院大气物理所研究员、中国科学探险协会主席高登义教授同样认为,"空中怪车"事件是陆龙卷造成的。

陆龙卷是龙卷风的一种,龙卷风是风力极强而作用范围不大的旋风,气象学上一般根据龙卷风形成的环境,将之分为陆龙卷和水龙卷。高教授说:"但不管是哪种龙卷风,它都呈漏斗状,上大下小,吸引力特别强。当陆龙卷转动来临的时候,把大树吸断,把屋顶掀飞,甚至把人吸离地面都是可能的,它巨大的旋转力量也可能推动火车。从林场树木的断口来看,现场的确有一些树是被一种旋转力就像拧麻花那样给拧断的,这也符合龙卷风的特征。"

对于此观点，UFO研究协会现任理事王焕良却提出了不同的看法。他认为依据当时现场状况，不太可能是龙卷风造成的，更不能用陆龙卷的现象来解释。王焕良说："龙卷风所造成的破坏轨迹应该呈旋转带状，而依据我们现场看到的地面上留下的破坏痕迹，很多是跳跃状的。"

根据当时贵州气象局的资料显示，当时都溪林场并没有观测到龙卷风的记录，在贵州历史上也没有出现过陆龙卷现象，因为贵州地处高原地带，一般的陆龙卷不会出现在这个地区，通常应该出现在比较低的、临海的地方或者是陆地上。

对于王焕良提出的质疑，高登义解释："龙卷风的移动方向是变化的，贵州山区地形起伏，因此龙卷风也会忽高忽低，在地面上留下深浅不一、方向不定的痕迹。目前对龙卷风的研究在我国还几乎是一个空白，山区发生的陆龙卷现象更是很少被观测到。这样的事情在美国等发达国家较多，由于我们了解得很少，因此会对这样的现象比较新奇。"

"空中怪车"事件并非外星人所为，而与气流有关。

虽然最终还有很多难以解释的疑点，但是学术界均表示，此次事件并非外星人所为。王焕良说："我们UFO研究会的多数专家把这个事件看成是目前科学还不能解释的谜，有待于我们进一步的研究，但不能用UFO和外星人来简单的解释。"专家称，从现场观测和现场仪器检测的情况来看，造成这一事件的原因都与气流有关。因为当时树木折断，甚至火车位移都很明显地表现出气流造成的特点。附近的人们曾经听见很大的响声，也是气流流经建筑物时，因流动速度过快而产生的巨响。"但是现在看来这个说法也不能完全解释这一事件，例如我们在厂区的水泥地上看到了很多类似于'龙抓'的痕迹。"王焕良说。

高登义说："龙卷风里面会携带雷电，而雷电诱发球状闪电的可能性也是存在的，这个雷电如果打到地面上也就是我们所说的'滚地雷'，雷电造成地面被烧灼，出现了各种各样的痕迹。至于痕迹像'龙爪'的说法，只是我们的主观想象而已。这种雷电在山丘地区，尤其是比较潮湿的环境是很常见的。'空中怪车'事件虽然还有很多值得研究和争论的焦点，但是我认为这是一种自然现象。"[2]

昆明出现"不明发光体"呈跳跃式高速运动。

民航雷达监测出异常目标,当地天文台尚不能给出结论。

昨天凌晨6点45分左右,昆明上空突然出现了"不明发光体"。多位目击者称,该"不明发光体"发出蓝黄色相混合的耀眼光芒,光芒逐渐扩散,直至天亮才消失,持续时间约20分钟。

据住在昆明西郊农院村的目击者陈先生描述,昨天凌晨6点45分,他发现月亮被一个碗口大小的发光体遮住,"光芒是蓝黄相混合的颜色,像礼花一样耀眼漂亮"。

发光体逐渐扩散成直径一米左右的圆形大小,其中心位置出现了一块深色不规则形状,此时发光体开始收缩直至消失,整个过程约3分钟。

但随后天空中留下了一团椭圆形状的蓝色亮光,一直到7点左右天亮时才消失。

民航昆明空中交通管理中心查看雷达回放记录后发现,正常运行的两套雷达系统中有一套监测到,昨天凌晨6点39分48秒,一个异常的雷达目标出现在离昆明机场8公里处,该目标由西北向东北方向呈跳跃式高速运动,17秒后消失,消失时距离昆明机场75公里。

让工作人员奇怪的是,通常情况下,两套雷达系统的记录应该是一样的,而当时执勤的空中管制员和正在空中飞行的飞行员均未观测到这个异常的雷达目标。不过雷达监测结果无法确定该目标的具体形状与大小,也无法确定其到底是何物。

云南天文台一位工作人员说,昨天向天文台反映或咨询昆明上空"不明发光体"的电话过百起,但由于身处不同位置的目击者存在方向感不准确的问题,他们所描述的情况也有所不同。他表示,因为当时没有任何专家亲眼看到,也没有任何图片资料,所以不能给出结论。

文台专家分析录像:新疆UFO与地外文明有关。

中科院紫金山天文台研究员、国际UFO研究专家王思潮向记者通报,他反复观看了2005年9月15日在新疆上空出现的不明飞物录像,根据对录像进行研究,他认为,不排除是不是UFO是与地外智慧生命有关的飞行器的可能性。

2005年9月8日,张景平一家六口正在新疆喀纳斯湖附近旅游。爱好摄影的张景平,带着三脚架,正在拍摄当地自然风光时,突然发现天上出现神秘发光飞行物,张景平快速把照相机对准天空拍了起来。共拍摄了4张神秘发光物体的照片,高度疑似UFO。照片已经公布,社会各界沸腾了。

11月上旬,经过一番周折,王思潮看到了由某电视台录制的该飞行物的实况录像。

根据这一录像,加上自己30年研究UFO的积累,王思潮得出了上述结论。

据王思潮描述,2005年9月8日晚9时18分,在新疆喀纳斯地区距地面约100千米高度的上空,该飞行物边朝着西北方向飞行,边向5个不同方向喷射物质,喷射物的角度呈80度。一会,该飞行物又停止了喷射,呈现为螺旋状的发光物向正北方向飞行,直至消失夜空。整个过程持续了3分多钟。

"向不同方向喷射物质,之后又呈现为螺旋状发光物,这两个特征同时出现在同一飞行物上,这在以前还是没有过的。"王思潮说。据他介绍,起先,有人以为该飞行物是彗星,但他经过认真观察比较后,排除了这种可能性。原因有三：首先,若是有如此亮的彗星接近地球,天文学者应该很早就会发现;其次,尽管彗星的尾巴很长,但彗星移动的轨迹相对来说要缓慢得多;第三,两者的尾巴形状也有差异,彗星喷射出的每一条尘埃尾巴要更宽一些,且带点弯曲。

王思潮同时否认了该飞行物由人工驾驶的可能。飞机喷射的烟雾通常只有一条,烟雾即使有分叉,角度也很小,因为这样有助于节省燃料,但该飞行物喷射物的张角却有80度,而且是朝着五个不同方向。此外,飞机的飞行高度通常在1万米左右,且喷射出来的烟雾通常要在大气层中停留较长时间。而该飞行物的高度为200千米,喷射物也一会就消失不见了。

根据当时出现的参照物和飞行物表现出来的特点,王思潮认为,基本上可以确定该飞行物不是人类的杰作,可能与地外文明有关。

游客在新疆拍到UFO追着汽车跑闪电般消失。

昨日,家住昆明滇池路的周纪鸿和刘明仪夫妇拿着一盘光碟来到本报,称他们2005年9月30日去新疆旅游时,无意中用DV拍到了不明飞行物,由于无法确定其是不是神秘的飞碟,他们便将录象带刻成了光碟,带到了本报,想通过报社找研究飞碟的有关专家看看,它到底是什么东西?

意外惊喜 UFO 闯进我的镜头里。

虽然已经时隔两月,但刘明仪向记者讲述起那段经历来,仍抑制不住激动的心情:"那是 2005 年 9 月 9 日的 20 时许,我们的车子正行驶在从克拉玛依油田至布尔津星城的途中,当时正是夕阳西下的时候,远处的夕阳,像画一样无比美好,我们就一直这样一面跑着车一面用 DV 拍着美丽的夕阳。

当车子到了布尔津,我们吃完饭,稍作休息后,大家集聚在一起看片子时,大家才意外发现有 UFO 闯进了镜头里,在场旅行团的所有人一阵惊呼跳跃,都不敢相信这是真的,虽然 UFO 出现的时间只有一两分钟,但是,大家对那个出现的发光体看得清清楚楚,特别是那如闪电般消失的一瞬间,更让人惊诧不已。于是,大家又反复看了好几遍,过完眼瘾,才肯罢休。"在后来的旅游途中,人们的话题都离不开飞碟,大家讲得津津有道。

动人一刻:UFO 追着汽车跑。

昨日,通过光碟,我们来回看了几遍刘明仪夫妇所讲述的所见镜头,从镜头里看到,车子正驶在辽阔的大草原上,那情景很像美国西部片中的一些旷野镜头,美丽的晚霞,透过云层的霞光,都显得十分壮观。突然,那个不明飞行物出现了,在屏幕上只有豆粒那么大,却特别明亮,十分显眼,就好像它在追着汽车跑,因为车子在抖动,就好像它也在上下抖动,忽隐忽现,一会大一会小,到后来它好像突然飞得速度很快,遇到一股强光,UFO 突然出现了闪电,紧接着,它就突然消失得无影无踪了。

谜团一:是飞碟光临地球了吗?

针对这一不明飞行物,周纪鸿和刘明仪夫妇首先想到的第一个问题是:是飞碟光临地球了吗?为此,昨日记者采访了云南 UFO 研究会的段立新老师。段立新这样解释,从这短短的录象看,觉得这是一段十分珍贵的资料,一个因为他是在白天拍到的,很好辨别不明飞行物的颜色;还有就是它拍到了参照物,这些参照物有远山、有云层,这都是以前未见到过的。只是因为 UFO 离我们太远,所以,在画面上显得很小,要进一步研究它要切开画面，一个个放大后，才能看清，已经确定是 UFO 无疑。是不是飞碟？我们还不能作出判断，要等我们组织专家讨论团做集体研究后才能确定。

谜团二：不明飞行物是爆炸了吗？

录像的最后，也是最精彩的一刻，飞行中的 UFO 在突然遇到一股强烈的光波照射后，突然之间像闪电一样爆炸后消失了。周纪鸿和刘明仪夫妇就认为是 UFO 爆炸了。为此，段立新在反复看秒度录像后这样解释，其实，它不是爆炸，而是突然消失，但是，我们的直觉好像是爆炸，这有点显得不可思议，而正是这不可思议，才为这段录像创造了研究价值。从录像上看，不明飞行物的光亮特别耀眼，速度也是很快，所以，对于它的突然消失，我们不能用人的正常思维来判断它。因为它离我们很远，肉眼的判断是会出现误差。段老说很遗憾的是他们夫妇没有拍到后面的镜头，也许，这只是突然的变异，后面说不定它又会出现，而且会变成另一种形状的图案。

谜团三：不明飞行物为何屡屡光顾新疆昆明。

在段立新的研究室里，段老通过 20 多年的努力，收集了大量的 UFO 资料，这其中，大部分是声像资料。段老将早已经准备好的录像一一放给记者看，有中央电视台"新闻调查"栏目拍摄的"发现之旅"，重点讲述了 UFO 光临地球的一个又一个故事。有其它电视台拍摄的有关 UFO 的新闻报道，在看这些录像时，记者有个惊人的发现，这些影像资料中，为何绝大部分都是群众在新疆或昆明拍到的录像或照片。"不明飞行物为何屡屡光顾新疆、昆明？"针对记者的这一问题，段老说，UFO 有着很多不确定性，所以研究起来十分艰难。许多科学家都在对这一现象进行研究，也包括和我们取得联系的法国科学家，说这些地方能见度高，但这只是反映了一般现象，并不解释根本的原因，所以，至今科学家都还没有一致的定论，仍是个未解之谜？

不明飞行物频访重庆：外形像伞还"射"出流星。

不明飞行物继 25 日晚光顾磁器口（本报 26 日曾作报道）后，于 29 日晚再次造访山城。昨天，多位市民先后致电本报，称 29 日晚上在市内化龙桥、南滨路等地目击了一长"尾巴"的不明飞行物飞过重庆上空。

对于我市接连目击不明飞行物一事,专家也称不可思议。

飞行物像是张开的一把伞。

杨先生家住平顶山脚的化龙桥,29日晚8点多,他偶然发现江北滨江路方向上空有个很亮的"星星",并缓慢在天空中移动。"快出来看不名飞行物!"因为之前看过本报关于不明飞行物的报道,老杨兴奋地叫上家人,拿出DV欲拍下当时画面,但拍下的画面上却看不到移动的光点。

老杨情急之下,用小孩看球的望远镜对空观察,惊奇发现飞行物如同张开的伞,上半部呈红色,中间呈黄色,"伞把"则呈绿色,不时还发出礼花爆炸的光芒。他称,飞行物最后飞过平顶山向石桥铺方向飞去。令老杨吃惊的是,飞行物在凌晨时分飞出老杨视线前,还突然"射"出一颗流星。

南岸的吴女士昨天也对记者称,她和小孩在南滨路散步时也发现一个形状像椭圆,后面长个"尾巴"的奇怪东西从天空飞过。另外,弹子石的李女士也称看见了不明飞行物。

希望提供音像资料。

陈中安对市民的探索精神表示赞许之余,称市民目击的不明飞行物几乎全是因为气象和人为因素造成,他希望市民能尽量提供关于不明飞行物的音像资料,以利于专家辨别。(来源:重庆晨报)"我们这个月已接到10多位市民电话咨询!"昨天,市天文协会新闻发言人陈中安称,10月不断看到媒体关于不明飞行物的报道,另外一些市民也纷纷致电咨询,其中对所看到不明飞行物的描述五花八门。对于杨先生前晚所说看到的不明飞行物,球状不明飞行物现身新疆喀纳斯近50秒,他因为无当时音像资料,所以无法确定。

30名广东游客在喀纳斯返程途中发现此景。

"飞碟!飞碟!"一名游客兴奋地高喊着。2005年9月8日晚9时20分左右,一队探险摄影旅游团的30名广东游客,在从新疆喀纳斯返程途中有幸目睹了不明飞行物近50秒的空中飞行。

据带团的某国际旅行社的工作人员李涛讲述,当天晚上9点20分左右,当旅游客车离开喀纳斯景区的神仙湾停车场刚刚行驶过草原石人景点时,部分游客提出停车方便一下,车停以后,就听见车上有人喊:"快看!那是什么东西,好亮!"随即有人喊道:"飞碟,飞碟!"于是,有人迅速地拿出照相机和数码摄像机开始拍摄。

第一个看到不明飞行物的曾女士说:"当时我坐在车左侧第一排,打算下车方便一下,因为是男左女右,所以在车刚刚停下后我就从右边车窗向外面望去找寻方便之处。当我抬眼时看到天空中有一个亮点,过了几秒钟,亮点后面拖起了至少5个以上的线状尾巴,我就喊道:"快看!那是什么东西,好亮!"紧接着我冲着带照相机的丈夫喊:"快拍这里!"谁知他却领会错我的意思,把相机对准了天空中一弯上弦月拍照。

那个球状飞行物开始飞行很平稳,后面开始旋转,变成扁形后就突然消失。"据数位游客介绍,不明飞行物是从西北方向朝正北方向飞行的,从发现到消失整个过程不到50秒。

沈阳清晨飘过UFO保安手机拍下动态画面。

发白光、大致呈圆形、有类似引擎的轰鸣声……

昨日凌晨,多人看到UFO(英文"不明飞行物"的缩写)飞在沈城上空。一名保安还用手机拍下了UFO的动态画面。

对此,中科院紫金山天文台研究员王思潮表示,就已掌握资料来判断,还不能判定那是什么东西。

目击者:录下UFO动态画面。

"天空中出现UFO!"昨日凌晨3时56分,本报一名读者在浑河闸附近打来电话。

4时5分,有关电话再次打入。4时6分在浑河闸,4时8分在苏家屯,4时46分在东陵白塔堡……20多个电话都指明一个现象:UFO出现在沈阳浑南附近上空。

此次有关UFO的最后一个电话在7时9分打来,地点是沈阳临近辽阳的十里河。根据电话打来的时间判断,UFO共出现了3个小时左右。

更让人吃惊的是,昨日凌晨4时许,在苏家屯雪松东路,某大厦保安小腾用手机拍摄下了大约3分钟的UFO动态画面:"发光体全身发白光,略微偏蓝,尾部似有红色小灯闪烁,慢慢向南飘移!"

小腾的同事小周也发现了UFO。两人回忆,UFO头大尾小,前端顶部有一个突出的部分。移动过程中,UFO时走时停还频繁地上下移动,上升时头还略扬起。

"这个家伙还能左右转动，我们跑过去的时候，它的头正好转过来，也是圆的。"小周回忆说，不明飞行物移动时会发出类似引擎的轰鸣声，比拖拉机的声音更小、更细。

二人的说法得到了目击者——49岁的李大姐证实。李大姐当时在离二人不远的工地上："一个发光的东西自北向南在我眼前划过……那东西老刺眼了，可吓坏我了！"

凌晨5时，采访车开始向南追寻UFO，但记者最终没看到UFO。在此次事件中，所有电话都从浑南方向打来。

沈阳市天文宫：很像直升机。

昨日，沈阳市天文宫负责人谢绍看到了小腾用手机拍摄的UFO片段。

在详细询问当时情景后，谢绍说，以前报告的UFO都飞得很快，而且停留的时间也不会这么长。以前报告的UFO出现时多半没有声音，但是这回有嗡嗡声，很像涡轮声。

谢绍还补充说："上下浮动，周身发光，可以在空中转头，这些特征与'UFO'很相似。"

谢绍初步判断，这个飞行物是直升机的可能性极大。因为对比参造物，可以看出UFO飞得不是很高，光亮则有可能是直升机开灯造成的。上下浮动、可在空中转头，直升机都可以做到。

UFO迷：不排除是人类飞行物

世界华人UFO联合会副会长金帆昨日也看到了小腾的录像。

金帆看过录像后高兴地说，这是几个月来接到的比较好的案例，遗憾的是图像不清晰。

"图像不够清晰，还不能排除它是人类飞行物的可能，"金帆最后表示，"要看是否有飞机当时飞行，也要排除飞行爱好者驾驶以及其他飞行器。"

金帆指出，观察图像结合目击者的表述，这个UFO有不规则运动的迹象，尤其是掉头的行为值得注意。

中科院紫金山天文台研究员王思潮昨日没能看到影像资料，但他听了记者的描述后表示，已知的90%的UFO目击实例经过调查都排除了与地外生命有关。此次的事件因为材料还不很充足，他还不能判定到底是什么。

记者昨日还几次致电东北空管局,均未取得联系。

对于不明飞行物和外星飞行员,现代人有的喜欢,有的憎恨;这种情况已延续了五十多年。也有人认为,外星人的历史比我们的长得多;它们还会偶尔出点力、把人类引向正确的发展方向。要不是这样,怎么会有埃及金字塔?还有从空中才能看到的秘鲁的那斯卡地画?铁器时代的欧洲人又怎么可能画出穿着太空服的人形生物?

不明飞行物调查员贾米·莫桑说:"这些生物,它们有办法到地球来,说不定比我们还要聪明。"

《怀疑论者》执行主编本·雷德福说:"这种可能性当然存在,可能是外星人来到地球上、帮助古埃及人建造了金字塔。问题是没有相关的证据。这种假设暗指人类没有能力完成这项工程,这是对人类的侮辱。"

所有奇谈怪论均在科学证据前被推翻。

UFO 解释

1. 某种还未被充分认识的自然现象或生命现象。某种未知的天文或大气现象,地震光,大气碟状湍流(一些科学家认为 UFO 观象是由环境污染诱发的),地球放电效应。

2. 对已知物体,现象或生命物质的误认。被误认为 UFO 现象的因素或物体有天体(行星、恒星、流星、彗星、殒星等);大气现象(球状闪电、极光、幻日、幻月、爱尔摩火、海市蜃楼、流云、地光);生物(飞鸟蝴蝶群等);生物学因素(人眼中的残留影像,眼睛的缺陷、对海洋湖泊中飞机倒影的错觉等);光学因素(由照相机的内反射、显影的缺陷所造成的照片假像,窗户和眼镜的反光所引起的重叠影像等);雷达假目标(雷达副波、反常折射、散射、多次拆射,如来自电密层或云层的反射或来自高温、高湿度区域的反射等),人造器械(飞机灯光或反射阳光、重返大气层的人造卫星、点火后正在工作的火箭、气球、军事试验飞行器、云层中反射的探照灯光、照明弹、信号弹、信标灯、降落伞、秘密武器等)。

3. 特定环境下一些社会群体或个人的幻觉,心理现象及弄虚作假。

4. 地外高度文明的产物。

5. 在外星人的操纵下造成的。

6. 人们不能自己制造,不能完全认识的智能飞行物或飞行器。

7. 地球上某些不为人知的智慧生命的产物。

现象

巴西圣保罗上空惊现金字塔

一架青铜色金字塔 UFO 在巴西圣保罗上空市突然出现，让人联想到经典科幻美剧《星际之门》飞碟舰队攻击地球的恐怖场景！

UFO 每日目击网站创始人华林（Scott C. Waring）表示："视频中的 UFO 非常像《星际之门》传说中的飞行器。视频是在摩基达斯克鲁易斯市，距离圣保罗 45 公里的一个市区被拍到。该不明飞行物在 6 月 14 日，8 点 40 分左右被拍到，然后突然消失。使用的相机是尼康 P600，放大倍数为 60。"

华林还补充，"这种形状的 UFO 曾在过去被记录到。在 1996 年的佩洛塔斯（巴西南部港市），一位飞行员就报告了类似的青铜色金字塔型 UFO（母船），甚至有小型 UFO 从其顶部飞出来！"

当时他驾驶飞机在 5000 英尺高空上飞行，此时突然发现前方的巨大不明飞行物。

在他调整飞机高度和方向后，发现该物体在飞快地旋转，随后无数的红色光线从其顶部射向天空，以极快的速度向上移动！

同样的地点（巴西），同种类型的 UFO，接近 20 年的跨度，真是让人浮想联翩啊！

陕西汉中城固县城上空的"不明飞行物"，让不少城固人直呼惊奇。

7 月 18 日，城固人王先生介绍，17 日早 7 时许，他在城固县城东边一条路上，看见上空有个"看起来燃烧起火的飞行物"，从东北向西南方向移动，持续了有十几分钟。他就赶紧用手机拍照，因为太远，看不太清楚。"但肯定不是飞机啥的。另外，飞行物后面也没有烟。"

他提供的照片显示：一栋高楼上，一只扁圆的、像发光的物体浮在空中，令人惊奇。

2021 年 4 月，美国军方意外泄露了一段视频，证实了 2019 年 7 月一架 UFO 曾现身美国海军编队上空。当时画面中的 UFO 正高速飞过四艘美军驱逐舰，UFO 呈金字塔型，速度很快同时不停闪烁。

历史

国外古代目击

在国外，几千年前的古埃及壁画上就有神似外星人和飞碟的图案。梵蒂冈博物馆中，一页古埃及纸草书则记录了3500年前图特摩西斯三世和臣民目击UFO群场面。

据《朝鲜王朝实录》记载：" 江原监司李馨郁驰启曰：' 杆城郡八月二十五日巳时，青天白日，四方无一点云，雷声发作，自北向南之际，人人仰望，则似烟气两处微出于碧空。形如日晕，挠动移时而止，发雷声有若皮皱之声。原州牧，八月二十五日巳时，白日中红色如布长流去，自南向北，天动大作，暂时而止。江陵府，八月二十五日巳时，白日晴明，忽有物在天，微有声，形如大壶，上尖下大，自天中向北方，流下如坠地。流下之时，其形渐长，如三四丈许，其色甚赤，过去处连有白气，良久乃灭之后，仍有天动之声，响振天地。春川府，八月二十五日，天气晴明，而但东南天间，微云暂蔽，午时有火光，状如大盆，起自东南间，向北方流行甚长，其疾如矢，良久火形渐消，青白烟气涨生，屈曲袅袅，久未消散。俄顷如雷皱之声，震动天地而止。襄阳府，八月二十五日未时，品官全文纬家中庭檐下地上，忽有圆光炯如盘，初若着地而便见屈上一丈许，有气浮空，大如一围，长如半匹布，东边则白色，中央则青荧，西边则赤色，望之如虹，宛转缠绕，状如卷旗。及上半空，浑为赤色，上头尖而下本截断，直上天中少北，变为白云，鲜明可爱。而仍似粘着天面飞动，触插若有生气者，忽又中断为二片，而一片向东南丈许，烟灭，一片浮在本处，形如布席。少顷雷动数声，终如擂鼓声，自其中出，良久乃止。'"

中国古代目击

不明飞行物并不是近代才出现的现象。例如在宋朝时，苏轼也可能曾目击过不明飞行物。他在《游金山寺》诗中写下当时的奇特遭遇："二更月落天深黑。江心似有炬火明，飞焰照山栖鸟惊。怅然归卧心莫识，非鬼非人竟何物？" 亦有解释"炬火明"是江中能发光的水生动物。

中国的古书中，包括《资治通鉴》等史书，也都曾记载疑似不明飞行物出没的现象。例如《汉纪 – 汉武帝本纪》记载着："四月戊申，有日夜出"，"有日夜出"即：有看似太阳的物体在夜间出没，科学角度是超新星爆发或海市蜃楼。

宋真宗天禧二年（1018年）五月，河阳三城（在今河南孟州市）节度使张旻向中央政府报告了一件发生在辖区内的蹊跷事，称西京（今洛阳）近日有人盛传看到天空中有一种奇怪的妖物，形状如圆形帽盖，夜间每每飞入人家，顿时变为大狼状，伤及室内居民。满城市民惊恐万分，每到入夜时分便关牢门窗，躲在隐蔽之处。由于这种妖物形如"帽盖"，于是，人们便望"形"生义，为其起了一个相当形象生动的名字——"帽妖"。

近代目击实例

据近代记载，最早出现不明飞行物的时间是1878年1月，一个美国农民在耕种时，突然发现空中出现一个不明圆形物体。许多人也看见了，这则新闻很快就刊载在150家美国报纸上。

1947年6月24日，美国人肯尼士·阿诺德在华盛顿州雷尼尔山上空驾驶着自用飞机，突然发现有九个白色碟状的不明飞行物体，根据他的目测，这些物体以约每小时1600或1900公里高速飞过，并转眼消失。他向地面塔台喊出："I see flying saucer."（我看见了飞舞的碟子），引起美国极大的轰动。由于飞碟这个名词形容得很贴切，于是就在世界各地广泛流传。其后一名记者在报纸上首次使用了UFO这个缩写，即不明飞行物，被人们一直沿用至今。

1947年的美国罗斯威尔，一声巨响划破了暴雨的夜空。第二天，所有的报纸纷纷报道：一艘飞碟坠落在当地，残骸中甚至散布着外星人的尸体！但随即，剧情突然峰回路转：美国政府否认有飞碟坠毁，所有的当事人也突然转变了态度，一场持续半个多世纪的飞碟悬案由此拉开了帷幕外星人真的曾坠落在地球吗？而这其中到底隐藏了多少不为人知的内幕？

就像流星拖着火焰坠落地面，当UFO被大气层的摩擦力拖向地面，人类所面临的震撼要远远超过坠毁事件本身。

对于外星人来说，或许这只是他们在漫长星际航行中一次寻常的事故，人类却由此而感受到了另一种生命体的存在。

外星人离我们并不遥远，但当面对意外地出现在地球上的他们时，不知所措的，是我们自己。

1952年7月19日晚上，美国华盛顿上空多次出现不明飞行物，美军战斗机想击落它们，却以远超过战斗机的速度移动并集体消失，为"华盛顿不明飞行物事件"。

　　1980年12月24日圣诞夜英国苏福克的美国空军基地发生伦道森森林事件，在圣诞夜巡逻的两位空军卫兵发现附近森林出现奇怪亮光，他们前去查看时发现有一架三角形金属物体停在森林里，然后就朝空中飞去，他们回报后指挥部询问雷达站，是否看到发光物体飞过，雷达站人员事后对采访镜头说当地雷达没看到，但他改用英国最强的雷达扫描后就发现了有不明物体在空中，扫描两次后都一样。两天后夜晚卫兵又看到森林里有亮光，这时他们通知基地副指挥官何特中校，中校带二十多人和他们一起去森林里查看，结果看到空中有不明红色光线，靠近后又有黄色和彩色光线，持续数分钟后才消失，对于这是否为海边灯塔光线的质疑，何特中校表示他知道那灯塔的位置，也知道那灯塔下面有个餐厅他还带人去吃过饭，他们看到的光并非来自灯塔方向，对这事何特中校当时带录音机现场录音纪录看到的现象，并提交正式报告给军方。

　　1990年底至1990年间，比利时上空多次出现了不明的三角形飞行物，这是少数拥有超过一千人以上目击者的不明飞行物体事件。当时不止一般民众及警察目击，比利时军方以及北大西洋公约组织的雷达也侦测到这些不明飞行物体的存在，在尝试以无线电联络失败以后，比利时空军多次派出F-16战斗机拦截，其间F-16曾成功以机上雷达描定其中一架不明飞行物体，但是被其以极高速逃脱。在经过一个多小时追逐后，无功而返。事后比利时军方释出事件报告，史称"比利时不明飞行物体事件"，这也是极少数获得国家军方承认的不明飞行物体事件。

　　1997年美国亚历桑那州出现大型V字形幽浮为"凤凰城光点"，飞行了美国几个州，有数千位目击者，并拍下部分影片，美国国家地理频道在几年后曾找大学教授、航管人员、影像专家研究此事件，排除这些光点是军方的照明弹，而且也不是人类现有的科技能制作的飞行器。

　　二十一世纪解密的英国政府档案中也有幽浮档案，其中一份解密档案的飞行员在解密后接受纪录片访问时指出1957年他的战机雷达显示空中有大型物体，体积几乎等于海上的航空母舰，他的长官要他追逐这幽浮，但这幽浮却高速飞离，飞行速度将近音速十倍，十分惊人。

　　UFO的特点

第一，在空中可以盘旋飞行、或瞬间移动、或高速运作过程中突然停止。违背物理。也有一部分的UFO在空中呈现"之"字形摇摆，飞行方式完全毫无规律，在不知不觉中却能凭空消失。（若满足此条件，即可完全排除地球上常见的双翼飞机、鸟类、昆虫、风筝等等随风移动或直线飞行的物体和飞行器等，因为双翼飞机在当下是不可能在空中静止不动的，而鸟类、风筝等等不可能会马上凭空消失）。

第二，绝大多数目击事件拍摄到的UFO均无发动机声音，几乎无声。

第三，无尾气排放。

第四，多人目击（多人目击表示可以排除个人的幻觉，也可以证实拍摄下的影片是完全没有故障的）。

第五，超强的磁场。在国外大多数的UFO目击视频中，UFO出现时，附近一带的猫狗等动物都会表现出异常的行为，例如，狗不停地朝向UFO的方向吠叫、青蛙躲闪、蟑螂飞出窗外等。

081、不明飞行物——幽浮

1952年美国新泽西州所拍摄的不明飞行物

不明飞行物（体）或称未确认飞行物（体）（英文：Unidentified Flying Object，缩写：UFO），是指不明来历、不明性质、漂浮及飞行在天空的物体。意指是只要在观察者眼中看不清或无法辨认的不详物体都称为UFO。

很多人将UFO视为等同于高科技或外星文明的飞碟、飞盘（英语：Flying Saucer），香港称为飞碟、台湾称为幽浮。

一般人相信它是来自其他行星的太空船或者未来的人来今日地球做研究所操控的时光机，一些人则认为是大气现象，还有一些人则认为是来自地球本身的人造军事飞碟，甚至纯粹的恶作剧等。许多不明飞行物照片经过专家鉴定为骗局或者误会，但是始终有部分发现根据现存科学知识无法解释，例如凤凰城光点及华盛顿不明飞行物事件等。

在不明飞行物一词出现以前，英文中只有飞碟一词称呼，但是经常造成误解。20世纪开始,美国上空发现碟状飞行物,当时称为飞碟,以为是苏联新式侦察武器。这是当代对不明飞行物的兴趣的开端,后来人们着眼于世界各地的不明飞行物报告。

历史

1561年德国纽伦堡不明飞行物事件的木刻版画

1942年中国河北目击事件

在巴西拍摄到的不明飞行物

幽浮并非近代才出现的现象。北宋苏轼可能目击过幽浮。他在《游金山寺》诗中写下当时奇遇:"二更月落天深黑。江心似有炬火明,飞焰照山栖鸟惊。怅然归卧心莫识,非鬼非人竟何物?"亦有解释"炬火明"是江中能发光的水生动物。同时期的北宋朝科学家沈括也在《梦溪笔谈》卷21中记载当时天长县陂泽中的不明飞行物:"嘉祐中,扬州有一珠,甚大,天晦多见。初出于天长县陂泽中,后转入甓社湖,又后乃在新开湖中。"南宋洪迈《夷坚志》一书亦有UFO的现象记载,如甲卷第十九〈晦日月光篇〉:"赵清宪赐第在京师府司巷,长女适史氏,以暑月不寐,启户纳凉,见月满中庭如昼,方叹曰:"大好月色。"俄廷,下渐暗,月痕稍稍缩小,斯须光灭,仰视,星斗粲然。而是夕乃晦日,竟不晓为何物光也。"辛卷第八〈星月之异篇〉:"乾道丁亥八月十五夜,天阴月昏,……仰头而视,一轮如半月阔,散而为细星,百千万颗,霄汉间翠碧霞采,光灿逼人,不可形容,……顷之,云复环合,晦昧如初。"

《资治通鉴》是公认的正史,也曾记载疑似幽浮出没的现象。例如《汉纪》记载:"四月戊申,有日夜出","有日夜出"即:有看似太阳的物体在夜间出没,以科学角度来看可能是超新星爆发或海市蜃楼。

近代最早出现不明飞行物的时间是1878年1月,一名美国农民在田里耕种时,突然发现空中出现一个不明圆形物体。许多人也看见,这则新闻很快就刊载150家美国报纸上。

1947年6月24日,美国人肯尼士·阿诺德在华盛顿州雷尼尔山上空驾驶着自用飞机,突然发现有九个白色碟状的不明飞行物体,根据他的目测,这些物体以约每小时1600或1900公里高速飞过,并转眼消失。他向地面塔台喊出:"I see flying saucer."(我看见了飞舞的碟子。)引起美国极大的轰动。由于飞碟这个名词形容得很贴切，于是就在世界各地广泛流传。其后一名记者在报纸上首次使用了 UFO 这个缩写，即不明飞行物，被人们一直沿用至今。

1952 年 7 月 19 日晚上，美国华盛顿上空多次出现不明飞行物，美军战斗机想击落它们，却以远超过战斗机的速度移动并集体消失，为"华盛顿不明飞行物事件"。

1980 年 12 月 24 日圣诞夜英国苏福克的美国空军基地发生伦道森森林事件，在圣诞夜巡逻的两位空军卫兵发现附近森林出现奇怪亮光，他们前去查看时发现有一架三角形金属物体停在森林里，然后就朝空中飞去，他们回报后指挥部询问雷达站，是否看到发光物体飞过，雷达站人员事后对采访镜头说当地雷达没看到，但他改用英国最强的雷达扫描后就发现了有不明物体在空中，扫描两次后都一样。两天后夜晚卫兵又看到森林里有亮光，这时他们通知基地副指挥官何特中校，中校带二十多人和他们一起去森林里查看，结果看到空中有不明红色光线，靠近后又有黄色和彩色光线，持续数分钟后才消失，对于这是否为海边灯塔光线的质疑，何特中校表示他知道那灯塔的位置，也知道那灯塔下面有个餐厅他还带人去吃过饭，他们看到的光并非来自灯塔方向，对这事何特中校当时带录音机现场录音纪录看到的现象，并提交正式报告给军方。

1989 年底至 1990 年间，比利时上空多次出现不明三角形飞行物，是少数拥有超过一千多名目击者的不明飞行物体事件。当时不止一般民众及警察目击，比利时军方以及北大西洋公约组织的雷达也侦测到这些不明飞行物体的存在，在当试以无线电联络失败以后，比利时空军多次派出 F-16 战斗机拦截，其间 F-16 曾成功以机上雷达描定其中一架不明飞行物体，但是被其以极高速逃脱。在经过一个多小时追逐后，无功而返。事后比利时军方释出事件报告，史称"比利时不明飞行物体事件"，这也是极少数获得国家军方承认的不明飞行物体事件。

1997 年美国亚历桑那州出现大型 V 字型幽浮为"凤凰城光点"，飞行了美国几个州，有数千位目击者，并拍下部分影片，美国国家地理频道在几年后曾找大学教授、航管人员、影像专家研究此事件，排除这些光点是军方的照明弹，而且也不是人类现有的科技能制作的飞行器。

二十一世纪解密的英国政府档案中也有幽浮档案,其中一份解密档案的飞行员在解密后接受纪录片访问时指出1957年他的战机雷达显示空中有大型物体,体积几乎等于海上的航空母舰,他的长官要他追逐这幽浮,但这幽浮却高速飞离,飞行速度将近音速十倍,十分惊人。

纳粹飞碟

传言公元1941年至1943年期间,纳粹在布拉格建立了飞行试验基地,并且在特斯拉的帮助下反重力技术方面获得重大突破。当时担任该计划设计师的是德国著名航太工程师奥托·哈本默霍,试飞员则是纳粹王牌飞行员兼工程师鲁道夫·斯利埃弗。有传言称,1944年2月,纳粹德国制造的飞碟首次飞行即达到2000公里/小时的速度。

而在苏俄红军攻入布拉格后,纳粹科学家紧急销毁当时众多的原型、蓝图、样本,根据传言,这些顶尖的科学家在战后被带往美国从事秘密武器的研发。

但也有人认为,以当时的技术造出来的UFO,或许只是一堆没用的垃圾。

传闻型号

目击者描述飞碟的种类很多。其中有许多UFO形状类似一只发光的管子或碟子,飞行速度甚高,不是宁静无息,便是有一种嘶嘶声。它的出现会让动物惊慌,使无线电(收音机等)产生电干扰。有时且会登陆在地面留下痕迹。

由于1947年的罗斯威尔飞碟坠毁事件发生于第二次世界大战发生后两年,有人认为UFO是受到核子武器的放射线影响而坠毁。

近几百年来,人们常报告看到天空中有神秘的物体。二次世界大战期间(1939-45),这类报告大增。许多军方和民间的飞行员声称目击奇怪且会移动的光。他们叫它做"火焰战斗机"(Foo-Fighter)。至于别的报告(其中有的被叫做飞碟)发生在上世纪中期的美国及其他国家。这些报告许多是来自可靠的观察家,有的人曾拍下看到的东西。

对于大多数的UFO报告,科学家已提供了合理的解释。例如,在许多例子中,报告的UFO事后被认明是一颗流星、一颗行星、一个火箭、一颗人造卫星或是一个气球,飞机或其排出之尾迹,在异常照射情况下被人看了，也会当成UFO报告。此外，大气层状态也会产生眼睛上的错觉，被误认为UFO。但仍有5%未能确明是何种物体。

自1966年到1968年，美国空军发起了一项UFO研究工作，由科罗拉多大学的科学家来进行。科学家们无法解释所有的UFO报告，可是证明不出UFO是来自别的行星。空军也调查了发生于1947年到1969年的12610件报告。调查终了，结论是UFO对国家安全没有威胁。

飞碟权威—约瑟夫·艾伦·海尼克（Allen Hynek）博士，曾任白宫委员会幽浮听证会与联合国幽浮相关现象会议的发言人，1948年起为美国空军飞碟研究顾问，审查所有飞碟及相似的第一手报告，他曾说，军方对于任何突发的不明物目击事件，如果很难解释的话，他们立刻封锁消息，不让媒体接近，尽量不要让大众的情绪激动，那是他们的职责所在。他主张必要慎重对待飞碟事件，因此和空军处得并不好。

2007年到2012年间，美国国防部开展了一项名为"先进飞行威胁辨识计划"(Advanced Aerospace Threat Identification Program)的研究计划，研究和评估不明飞行物所构成的威胁，该项目每年预算约2000万美元。项目资金大多流入了毕格罗航空航天公司(Bigelow Aerospace)。

一些网络上的UFO新闻，多数来自恶搞新闻的《世界新闻周刊》被不明就里的中文媒体引用报导，成为网络谣言。

与不明飞行物的接触的说明与举例

第一类

UFO事件列表

本条目搜集全世界各地发生的UFO事件。

说明

第一类接触，目击一个或多个不明飞行物体：

飞碟

奇怪光体

不属于人类科技技术的飞行物体

举例

华盛顿不明飞行物事件

通古斯大爆炸——1908年6月30日上午7时17分（UTC零时17分）

发生在俄罗斯西伯利亚埃文基自治区的一次大规模的爆炸，推测是一颗彗星或者流星体撞击。但有研究 UFO 学的人认为是一次 UFO 爆炸。

尼古拉斯罗瑞克目击事件——尼古拉斯罗瑞克的旅行日记中提到，他们的旅行小队遭遇了一个金属的银色飞碟，从喜马拉雅山的山脉上空掠过。他们通过双筒望远镜观测了一段时间，直到飞碟在山顶消失。

花地玛事件——在葡萄牙法蒂玛，有成千上万的人目击到太阳旋转，下沉。这随后被 Jacques Vallée, Joaquim Fernandes 和 Fina d'Armada 推测为 UFO 事件，但因文化差异被否认。

乔斯-波尼拉观测报告——1883 年 8 月 12 日，天文学家乔斯波尼拉报告称，他在墨西哥的萨卡特卡斯天文台观测太阳黑子的时候，看到了多于 300 个的黑色，无法分辨的物体正在太阳前面穿越。他设法用 1/100 秒的湿板曝光拍摄了一些照片。但后来这些黑点被确认为高空飞行的天鹅。

1974 年 5 月母亲节那天，帕斯卡古拉事件的被绑架者希克森在琼斯县的一场家庭聚会中，他太太看到窗户外有一艘飞碟状的飞行物在他们的汽车上方约 50 米处徘徊盘旋，希克森太太看到后非常害怕并尖叫。随后这盘旋在空中的飞碟状飞行物一会儿就消失了。

外太空 UFO 目击——在 2001 年的一份据称是由 Jeff Challender 记录的关于 STS-102 太空任务的视频资料中，出现了 3 个执行了启动、加速、停止，并且进行了急转弯的闪光点。随后，一位名为 Lan Fleming 的人将其运动时间和其中一个亮点的轨迹改变与飞船推进器的启动时间进行了对比，得出的结论是当时已知的推进器无法做出如此复杂的运动。

2004 墨西哥 UFO 事件——一架在空中执行毒品走私巡逻任务的巡逻机用红外摄像机拍下了一些据称是 UFO 的不明物体。这份资料由 Jaime Maussan 放出，但一些人看了以后说这些闪光点可能是附近油田排放出的烟雾。

在帕斯卡古拉事件的前一天（1973 年 10 月 10 日），有 15 个人，包括两名警察报告说，看到银色飞碟慢慢地飞越在路易斯安那州新奥尔良市 St.Tammany 教区。

2011 年 1 月 28 日圆顶清真寺 UFO 目击事件

第二类

说明

第二类接触，目击一个或多个不明飞行物体，并给目击者及周遭环境带来相关的物理反应，其中包括：

热力或辐射

地形损毁

身体麻痹

使动物受惊吓

干扰引擎或电视及电台的接收

使目击者失去目击不明飞行物那段时间的记忆

磁场强烈或异常

举例

马拉开波事件——在1886年12月18日发行的科普杂志"科学美国人"，第389页描述，美国在委内瑞拉马拉开波当地的领事报告发现UFO，并伴随了嗡嗡的声音，在一场雷雨后，出现在马拉开波的附近的一个农舍。随后，农舍中的人显示出辐射中毒的状况。9天之后，农舍周围的树枯萎并死亡。

巴西柯拉瑞斯岛神秘光束——发生在公元1977年的巴西柯拉瑞斯岛的光束攻击人类事件，许多人被这光束灼伤。根据当事者的描述，光束是从天上照下来的，并且光线曾经令他们无法动弹，似乎在吸吮他们的血液。

第三类

说明

第三类接触，目睹一个有生命的个体，其包括一不明飞行物体目击个案。这是真正意义上的接触、心灵感应，与外星人交谈。

举例

1974年2月有次帕斯卡古拉事件被绑架者希克森称他感受到好像有某种信号传到他大脑，那传来的讯息信号似乎告诉他说：（大意是：我们选择你、不喜欢你有任何伤害，你没有必要担心。你们的世界需要帮助、而我们也需帮助你们……以免为时已晚。）

1994年黑龙江省孟照国事件，其称遇到凤凰山幽浮和外星人并发生一系列事件，后来还与一个外星人进展到第七类接触，且他在2003年通过测谎。

第四类

说明

第四类接触，人类直接与 UFO 或外星生物接触，其方式有被劫持、被检查、被进行实验等。此种类型的外星生物接触是不包括于海尼克原先的分类方法上。

举例

帕斯卡古拉事件 42 岁的希克森和 18 岁的派克在 1973 年 10 月 11 日晚上据称遇到了外星人绑架上 UFO。

UFO 种类

1870 年美国新罕布希尔州所拍摄的雪茄型不明飞行物

依照所搜集的图片、人们所诉的外观来区分，UFO 大致上可分为 15 类：

鸡蛋型

球型

碟型

圆圈型

雪茄型（圆柱型）

茶杯型

飞拐型

土星型

半圆型

陀螺型

圆顶型

椭圆型

铁饼型

三角型

V 字型

回旋镖型

金字塔型

网友将 STS-75 目击影片制成 3D 模型，判断飞碟共有三个缺口，其

中二个缺口可以开合

飞碟近照

1996年2月25日,哥伦比亚号航天飞机拍到大量UFO在太空中飞行的画面,此片也是近代史上少见能近距离观看飞碟外型的影片。哥伦比亚号航天飞机拍到众多圆盘型飞碟,在他们释出的绳子附近徘徊,以不规则的路径方式,在他们释出的绳子附近徘徊或经过。

另外,瑞典Treasure Hunters 在2011年6月18日发现了一个巨大的圆形物在波罗的海芬兰和瑞典之间,其外型也与STS-75目击事件中的飞碟外型有类似之处。网友将此影片制成3D模型,判断飞碟共有三个缺口,其中二个缺口可以开合。

流行文化

电影

乌龙派出所电影版02-UFO来袭 龙卷风大作战(日本电影)

宇宙战争(1953年美国电影)(1953年美国电影)

惑星大战争(1977年日本电影)

独立日(1996年美国电影)

独立日:卷土重来(2016年美国电影)

第三类接触(电影)

世界大战(2005年电影)

钢铁苍穹(2012年电影)

长江七号(2008年香港电影)

戏剧

不明飞行物(电视剧)

来自星星的你

夏米星小王子

动画

这是UFO!飞舞的圆盘(1975年3月21日日本动画电影)

UFO机器人 古连泰沙

UFO战士ダイアポロン(日语:UFO戦士ダイアポロン)

长江七号爱地球

轻小说

伊里野的天空、UFO 的夏天

游戏

东方星莲船 ~ Undefined Fantastic Object.

UFO —生活的一天

UFO 超人ヤキソバン（日语：UFO 仮面ヤキソバン）

UFO CATCHER

超级玛利欧 3D 乐园（日语：スーパーマリオ 3D ランド）

命令与征服 红色警戒 2：尤里的复仇（游戏中尤里一方可以制造被译为"镭射幽浮"的飞碟）

082、不明飞行物袭击村民？UFO印度杀7人成疑案

2002 年 08 月 15 日 南方都市报

印度村民围观 26 岁的桑尼尔 – 萨胡的受伤胳膊，他称伤口是由 UFO 造成的

声称被 UFO 袭击的村民脸部受伤

过去一周内，印度北方邦有 7 名村民莫名其妙地死去，许多人也被神秘灼伤。惊慌的村民称自己遭到不明飞行物的袭击，但医生却斥之为集体癔病。

不明飞行物袭击村民？

居住在这一贫穷村落的村民们称："夜幕降临时，一个飞行的球体散发着红色和蓝色的光，在屋顶盘旋。"死者拉姆齐的邻居说："一个神秘的飞行物夜晚袭击了他，他的腹部被撕裂了，两天后他终于死去。"

其他人也有擦伤或皮肤外伤，他们自称是熟睡时被弄伤的。达拉村 53 岁的一位妇女卡拉瓦蒂说，上周她遭到 UFO 的袭击，她说："它就像一个会闪光的大球，它灼伤了我的皮肤，晚上我疼得睡不着觉。"她还向记者展示了她手臂上的水泡。

村民集体妄想狂？

外星生命

但医生将这些说法斥之为集体癔病。来自该邦首府勒克瑙的乔治国王医学院的医生纳若塔姆说:"通常是受害人无意识地在自己身上留下种种伤痕。"

去年,新德里出现了"猴人"袭击人群的说法,警方也将其归于集体癔病,医生也称其为"精神脆弱的人臆造出来的事"。

UFO 难道是昆虫?

今年的神秘袭击事件,警方承认可能不完全是虚构。不过,警方找来的替罪羊却是昆虫。一个村庄的村民发现了一种从未见过的昆虫,于是警方就推断,可能是这种三英寸半长的昆虫在村民身上留下皮疹或皮外伤。

但这种说法未能让村民信服。在受影响最严重的 Mirzapur 地区(位于新德里东南 710 公里),人们不再睡在室外,村民们也组织起了巡逻队,敲鼓高喊:"大家小心,小心袭击者。"

一些人指责当地的官员无能,没有抓住"外星人"。上周四1万多人聚众示威,要求当局逮捕神秘的袭击者,警方鸣枪驱散人群,造成一人死亡。

阿姆雷特。阿布奇扎特是 Mirzapur 地区的主管官员,他自称自己已将 UFO 拍了下来。他还说:"一有伤亡,人们就会堵塞交通,袭击警察,怪罪他们没有采取任何行动。"

083、不明飞行物造访武汉 持续10分钟速度比战斗机快

2002 年 11 月 28 日武汉晨报

昨日下午,众多市民致电晨报称,武汉西北角上空出现一只拖着"彗尾"的不明飞行物,持续约 10 分钟,"不像飞机,也不像热气球"。

下午 5 时 16 分,市民郭先生站在青年路同成广场上看到,一只呈 V 字形的粉红色亮物正从建设大道往东西湖方向飞,速度很快。约三四分钟后,该物体从空中消失。

蔡先生于下午 5 时 20 分向晨报反映,他当时正坐公汽上长江大桥,在桥上看到西北方向的空中有个椭圆形亮物,中间一圈是黑的,后面有亮

尾，像彗星一样，定在空中。同车的人都看到了，一个3岁小女孩还疑惑地问她妈妈："'飞机'怎么不动了。"当车行到古琴台时，该物体突然一闪后消失。

下午5时24分，海军退役飞行员张建平反映，他在江汉一桥看见一只拖着光尾的物体从武汉的正北方向西北方飞，飞行高度约2万米，速度比战斗机还快，且比正常飞机亮许多。几分钟后就从视线中消失。

街上行人及一些高楼上工作的人员纷纷致电晨报，称看到了这一奇观。

记者随后从民航武汉空管中心了解到，当天下午5时30分有一班从西安至武汉的南方3254航班降落，5时15分许正好飞在武汉西北上空。但没有飞机离汉，也没有热气球等其他飞行物升空。记者熊国志

084、當真 川普與美議員聽UFO機密簡報

2019/06/21 中時新聞網 楊幼蘭

美國國防部承認，曾撥大筆經費祕密搜尋幽浮，圖為五角大廈公布的幽浮影片截圖。（美國國防部）

美國海軍F/A-18「超級大黃蜂」戰機遭遇不明飛行物的畫面

一名美國國會幕僚透露，包括參議院情報委員會（Senate Intelligence Committee）副主席華納（Mark Warner）在內，一群美國參議員19日接受了有關美國海軍連續遭遇幽浮（UFO）的機密報告。

據CNN新聞網與《大眾機械》（Popular Mechanics）網20日報導，華納的發言人蔻恩（Rachel Cohen）說，無論駕駛在什麼地方遭遇危險，也不管是什麼原因，華納都想知道，並認為應該追根究柢。除了19日外，美國海軍官員與議員20日將再見面，做進一步討論。

另一方面，美國總統川普最近也證實，他接受了有關海軍駕駛發現幽浮的簡報。川普在周日播出的美國廣播公司新聞（ABC News）網中說：「大家說他們看到幽浮，我信嗎？不是特別信。」

美國海軍先前在聲明中說，近年來有些報告顯示，有不明飛行物進入

各式軍事控制區與特定空域。為了安全與防衛起見，美國海空軍十分看重這些報告，並調查了每一份報告。而美國海軍所作的部份努力，就是更新流程，並將它制度化，以便這些疑似入侵行動能呈報當局。

事實上，早在 2004 年時，「尼米茲」號（USS Nimitz）航母人員就目睹幽浮。後來美國海軍說，F/A-18「超級大黃蜂」（Super Hornet）機組員指稱，從 2014 年夏天到 2015 年 3 月，他們幾乎天天發現幽浮。而令人納悶的是，為何美國高層最近突然認真關切起來，並探討起這些列為機密的內容。

085、费城实验——真的经历了超时空传送吗？

之乎和者也

费城实验，也称作彩虹实验，是指 1943 年 10 月 28 日美国海军在宾夕法尼亚州费城一个船坞内举行的秘密实验，该实验将美国当时现役护卫驱逐舰埃尔德里奇号（DE-173）护航驱逐舰直接从费城超时空传送至 479 公里以外纽约码头。

关于这个实验的真实性一直存在争议，因为美国军方在这件事情上矢口否认，但也有人执着的向世人宣布这次实验的真实性。这一切得先从一个名叫莫里斯·杰萨普的美国人说起。

莫里斯·杰萨普年轻时曾在密歇根大学攻读天文学，由于学业中途他对外星文明产生了兴趣，还未拿到博士学位就匆匆研究起了不明飞行物及地外文明，同时对神秘学的先驱者海伦娜·布拉瓦茨基产生了浓厚兴趣。

海伦娜·布拉瓦茨基在当时来说可以算的上是一奇人，她在 1849 年就完成了世界环游，同时这姐们在环游过程中搜索整理了世界各地大量的神话传说和文明史料，她根据自己的经历总结出全世界各个宗教都是共通的，认为人类现有文明都是一个更为高等的母文明所传授给地球的。

她将消失的亚特兰蒂斯文明视为人类文明进程的纽带，并且创办了神学会，旨在寻找古智慧文明的证据。神学会的正面作用是促进了印度及南亚国家的解放运动，但同时纳粹的人种学等理论都是沿袭神学会的部分结论，因此难以界定海伦娜·布拉瓦茨基所带给人类的更多是贡献还是灾难。

当然这都是后话。莫里斯·杰萨普通过个人研究非常认同海伦娜·布拉瓦茨基的理论，他在毕业之后根据 UFO 资料编写了大量相关文章发表在报纸，后来将自己的理解进行整理写了本书叫做《不明飞行物案件》，一度成为当时的热销。

紧接着莫里斯又出版了《不明飞行物和圣经》、《不明飞行物纪年》等等书刊，在书中他把许多"神秘现象"（如百慕大魔鬼三角等）都与地外文明相关联，推测外星人的飞碟正采用先进的反引力推进系统，呼吁公众要求美国政府调查飞碟案件，并敦促政府根据爱因斯坦的"统一场"理论从事反引力推进系统的研究。

而有关"费城实验"的曝光，就来源于他的《不明飞行物案件》这一本书。

在《不明飞行物案件》一书出版后，有一名自称卡洛斯·阿兰德的神秘读者给作者莫里斯寄了两封信，第一封信是写于 1956 年 1 月 13 日。在信中，卡洛斯·阿兰德表示认同作者的观点，但同时补充说宇宙中初始有两个种族，其中一族属于类似于蜥蜴的两栖种族，另外一族属于只能在水下生存的种族。两个种族一个喜欢传播繁衍，一个喜欢毁灭破坏，因此在宇宙中进行多年的斗争，而地球文明的起源就与地外的他们有关。

第二封信写于 1956 年 5 月 25 日，信中直指作者完全没必要建议政府进行反引力推进的研究，因为美国军方早在 1943 年就为二战做了一次隐秘的费城实验。该实验是通过在埃尔德里奇号安置大量脉冲器，产生能量磁场，随后将埃尔德里奇号从费城瞬间传送到了纽约码头，后来又重现在费城船坞。

军方在实验后的埃尔德里奇号上发现了令人惊恐的"穿梭"副作用，有部分船员因为高负荷死在船上，还有的船员身体和甲板镶在一起，同时另外诸多船员都在实验后出现了精神问题，该实验因此被叫停。

不久后参与实验的船员都被美国海军判定为"心理健康程度不适合服役"，从而被迫退伍，美国海军随后封锁了消息，这次实验的所有记录也均被列为绝密文件。为证明其真实性，来信者阿兰德声称当时自己在弗鲁赛斯号上目睹了该实验，并提供了自己的海员证号码作为证明。

与此同时，美国海军战术研究局（Office of Naval Research，简称ONR）在 1956 年复活节前夕收到一份神秘包裹，上面写着"复活节快乐"。ONR 特别项目研究组中从包裹中找到了一本书《不明飞行物案件》，书上写着密密麻麻的混乱注释。

ONR 找来一位名为米希尔·安顿的编辑作为主要负责人，将书上杂乱无章的批注整理成可读顺序的文字。发现书中是三个人之间的对话，三人没有名字仅互称吉普赛人，他们对书里内容进行大量点评，夹杂多种数据和物理公式等内容。

编辑最终整理得出结论：这是宇宙中不同种族间的书面交流（根据书中批注内容的说法）这令 ONR 的军方负责人持怀疑态度，只好找来该书的原作者莫里斯·杰萨普。

莫里斯·杰萨普与 ONR 碰面后，也对此表示不敢置信，他向军方公开了阿兰德的两封来信。军方立即组织人手进行排查，发现阿兰德的来信地址是一个海边的空农房，阿兰德的身份也至今都是一个谜团，ONR 关于这件事的调查只好不了了之。

1957 年，莫里斯·杰萨普写了最后一本书《不明飞行物案件扩展》，记录了 1955–1956 年之间有关外星文明的奇闻异事，同时也记录了与阿兰德的来信等相关事宜。此书出版后"费城实验"才得以让公众知晓。

这个实验一下子引起轰动，但是军方立即进行否认。军方的说法是，埃尔德里奇号在 1943 年正在二战服役，并未进行过任何实验（这艘驱逐舰的后续是在 1964 年退役，后来卖给希腊改名为"里昂号"，波黑战争后于 1999 年正式退役）。

有记者为了追随事件真相，也寻找到当时埃尔德里奇号上的船员，令人奇怪的是船员们都否认船只在 1943 年进行过实验，有人猜测船员可能是在威胁之下为政府所保密。

这令原书作者莫里斯非常气愤，要公开对峙 ONR，但 ONR 军方负责人表示他们从来不认识莫里斯，这样的回复直接让这位作者抑郁成疾。

1958 年 8 月，莫里斯突然找到美国生物学家桑德勒，把《不明飞行物案件》所有稿件全都给了生物学家，这个不明原因的突发情况在《启示录：与外星人的联系和欺骗》中有所记录。次年，莫里斯联系了博士瓦伦丁，谈到了费城实验研究有了突破性进展，两人联系好见面详谈，但莫里斯没有赴约，他死在了赴约的途中。

根据事发现场，莫里斯·杰萨普是在车里死去，案发的车里充斥着高浓度的一氧化碳。官方给出的说法是莫里斯·杰萨普因为抑郁症在车中自杀身亡，但无论死因是否真是如此，莫里斯·杰萨普死后关于"费城实验"再无后续，双方各执一词的说法成了永恒的罗生门。

基于现有科学认知，像费城实验这样的超时空运输，主要有以下三种可能性进行完成。

一是降低相对时间至无限慢（本质上不能做到时间停止，参考电影《星际穿越》)，船只以正常速度抵达纽约港，人类正常时间维度上来看即是时空穿梭。

二是外界时间不变慢，提升物体本身速度达到光速以上，按照爱因斯坦相对论此速度下可形成空间扭曲，即纽约和费城之间折叠至点与点联结，可瞬间达到目的地。

三是在费城消解船只分子，在纽约港重新塑造船只分子，两边的动作完成后就形成了超时空的传输。

以目前地球上的科技水平来看，以上情况都不太可能实现。所以如果实验属实，那么这样的技术已远远超出人类现有的知识范畴。

可后续还是有相关学者和作家先后站出来证明"费城实验"的真实性。

如 1963 年文森特·加蒂斯写的《隐形的地平线：海洋中最真实的秘密》一书中，证明费城实验确有其事，并声称 ONR 暗杀了杰斯普。

1978 年，作家乔治·辛普森出版了《稀薄的空气》一书，书中提到美国 ONR 的确做过该实验，非常不人道的实现了物质在空间中的快速传输，同时描述了 ONR 怎么掩盖这个实验。

《百慕大三角洲》作者查利伯里茨和威廉摩尔也出版了《费城实验：隐形计划》一书，书中记录了当时船员看到巨大蓝光、实验中船体扭曲、船身高温高热、部分船员失明等等细节，并证实实验是根据爱因斯坦的统一场理论进行的。

后面的各类说法也层出不穷，如作家保罗的《反重力推进技术的秘密》中声称这是美国已经获取到的技术，也有人认为费城实验是放大电子管弯曲周围光线和无线电波所形成，更有人猜测这是美国军方基于科学家尼古拉·特斯拉反重力推进理论研究出的技术。

到1984年电影人也闲不住了，英国导演斯图尔特·拉斐尔干脆拍了一部同名科幻电影《费城实验》，这部片子前半部分的事件还原度还不错，后半部分船员从二战穿越到1984年，找了个女朋友然后又拯救了世界……总体很俗套，特效也垃圾，但片子最后船员跟船体镶在一起的场面还蛮震撼，感兴趣可以一瞧。

时至今日，"费城实验"依然是超自然爱好者们经常讨论的话题，有关它的真实性虽然再无考证，但它所赋予后辈们的想象空间意义非凡。它可以像宇宙间的万千未知星辰，也可以是地球上电子游戏中的一个武器设计，关于它的真相只能永远成为历史尘埃下的谜团供人类浮想和观瞻了。

086、凤凰山UFO事件

有三个事件：

1、1994年凤凰山UFO事件即孟照国事件，发生在1994年苏梅克－列维九号彗星事件时期。

2、2005年张华拍摄碟形物体。

3、2012年凤凰山UFO事件：7月8日15时42分，正在黑龙江省哈尔滨市五常市凤凰山国家森林公园"空中花园"观景台游览照相的几名游客，突然发现在他们的头顶天空出现犹如"天宫一号"状的不明飞行物体，联想到1994年凤凰山曾降落过不明飞行物事件，当时正在场为游客照相的景区专职照相师吴春燕立即抓起相机，将这一奇观拍照下来。据称，此物体只出现很短时间，并迅速消失。当时目击者除了来自省内绥化、通河等地的几名游客外，还有在观景台值班的景区工人师傅，约十人左右。事发后，来自吉林桦甸的5位游客打电话到景区派出所报案。

凤凰山介绍

凤凰山坐落于黑龙江省东南部山区，张广才岭西坡，位于山河屯林业局施业区内。总面积为50000公顷，海拔1000米以上的山峰89座，主峰海拔 1690 米，是张广才岭之首，凤凰山以其恢宏而高远的气势，被誉为龙江第一大山。2001 年 11 月，凤凰山被国家林业局批准为国家森林公园。1994 年在凤凰山东南麓曾发生震惊中外的"UFO 着陆事件"，给凤凰山带上了一个神秘的光环。中央电视台走进科学栏目也曾专题报道过凤凰山 UFO 事件。此后，又有几次游客声称在这里目睹不明飞行物的情况。

1994 年 6 月，就在东北凤凰山林间发生了一件奇异的事件，有超过上百的人看到了这一奇景，这一事件也让我们陷入了沉思，在中国乃至世界，真的发生过 UFO 事件吗，又有几件 UFO 事件成为了 UFO 之谜呢？后来考察队也为此事远赴凤凰山……

就在凤凰山 UFO 事件的 94 年 6 月，全世界都期待看到"宇宙大碰撞"，也就是"苏梅克—列维"彗星和木星出现亲密接触的时刻，但是另一个惊人的消息点燃了整个神州大地：凤凰山 UFO 事件也就发生在了这一天，而这一次的 UFO 事件因为知道的人、看到的人相当的多，但是始终没得到解决，最终成为了一个千古之谜：UFO 之谜。

这个故事的主人公：孟照国。就在碰到凤凰山 UFO 事件之前，就听到很多人说过在凤凰山的南坡出现了一个不明物体，体型巨大，全身呈现乳白色，这也引起了孟照国的高度好奇心。

就在 94 年 6 月 7 日的那天，孟照国相约友人一同爬上了凤凰山，他们的确看到了这个人们口中传说的乳白色巨型"飞碟"。但是他们尝试靠近的时候，发现自己的全身犹如电击般的难受，最终只有无功而返。

回去之后孟照国跟工会主席谈起了此事，就在第三天也就是 94 年 6 月 9 日的早上，在孟照国和工会主席的带领下上了凤凰山，就在上山前，他们准备好了望远镜、录音机、照相机等专业器材，想收集一些资料供给科研人士研究，但是那白色的 UFO 却没了踪迹，但是孟照国在用望远镜四处寻找的时候，突然大喊一声"来了"，瞬即昏迷，但是众人却没看到相关的物体，众人只好抬着他下山去了。

医生对孟照国进行了多方面的检测，发现其血压，脉搏，呼吸都非常正常，没有任何理由可能导致其昏迷；但是孟照国醒来之后却出现了一系列的反应，例如：怕光，怕铁器，并且反应迟钝等症状，似乎是某些科技导致其出现了这些后遗症。

后来孟照国身体恢复正常之后，他说道当时他用望远镜看着远方，发现一个黑衣人用手指了他一下，并且手指发出一束比电焊还要强的光，然后自己就不省人事了。在他昏迷中隐隐约约感觉到一个女外星人从天而降，而且是开档的。并且与孟照国发生了关系，然后就离开了。但是后来孟照国也分不清是梦还是真实。

就在一个月后的94年7月16日，一个外星人穿墙而入，带着孟照国穿墙而出，并且腾云驾雾飞到了一片白色地带。而且这个外星人手持着一个仪器告诉了他，屏幕上的彗星和木星就要相撞了；而且在六十年后，外星人的星球将有一个属于他们的地球儿子；这次他们前来，一来是为了避难；再者就是选择一个地球种；最后就是对地球进行一个实质阶段的考察；而他们使用的燃料是太阳和雷电，就在最后，外星人还在孟照国的腿部留下了一个不知名的印记，这个印记也为以后的发展产生了影响。

拍摄碟形物体

2006年1月17日，来源于哈尔滨日报的新闻《UFO再临凤凰山 哈尔滨市民拍下现场照片》报道：

2005年11月12日哈尔滨市吉华集团工作人员在考察黑龙江省山河屯林业局凤凰山国家森林公园雪场时，在海拔1704公尺的高山石海处，发现了奇怪的现象：一个巨大、碟形的不明物体悬在石海上空。他们不失时机地拍摄下了照片，并送有关部门鉴定。引起国内外UFO爱好者的极大轰动。

2006年元月13日，应本报之约我国著名UFO研究专家、世界华人UFO联合会学术部负责人、黑龙江省天文学会理事长、哈工大航天学院陈功富教授来本报详细介绍了当时目击拍摄经过。

据陈功富教授介绍，2005年11月12日，山河屯林业局总经济师徐松山和旅游局高栋富陪同哈市吉华集团副总经理周凯等一行7人考察凤凰山。首先到达石海最高处的是雪场专家孙丙玉和吉华集团的张华，旅游局高栋富和吉华集团的车仁才二人在后，徐松山和周凯仅走到了石海的边缘。当时天气阴暗，能见度不很好。

这时张华拿出数码照相机给孙丙玉拍了一张照片，当他观看相机的显示屏时突然喊到："这是什么？"，随后，徐松山在后面也突然喊："看天上是什么？！快照下来！快照下来！"大家向徐总指的方向望去，只见在石海西南方向，有一碟形的不明物体悬在石海上空。

这时，孙丙玉抬头向上看去，并兴奋的伸出双手站在那里，张华又迅速的按下了快门。共拍到两幅照片。正在大家兴奋的同时，飞行物瞬间消失。总共显现时间约10多秒钟。此后，山河屯林业局王礼堂局长和宣传部部长关洪声，将此照片传给哈工大航天学院陈功富教授进行专家鉴定。陈教授立即组织相关人员对图片放大分析，一致认为这是一幅真实比较清楚的实地照片。

陈教授告诉记者，此次成功拍摄到的凤凰山出现的UFO照片，四周有明亮的雾状体，这很可能是飞碟的防护圈，不是云层。这和1994年孟照国在凤凰山南坡遇见的那个UFO也有防护圈类似，但那个UFO的形状（是蝌蚪形）与这次拍到的UFO形状不同。据当事人讲该不明飞行物只停留10秒钟左右就飞走了。所以可以断定它不是云层。当场目击者说此不明飞行物很亮。从目击情况和照片上分析，这是1994年凤凰山UFO事件以来拍摄到的最近最大的UFO照片，这个UFO的形状与吉林省地震局的武成智在长白山天池上空拍到的UFO形状类同。根据图片分析，估计该UFO直径可达几百米之巨，高约70米以上。神奇的凤凰山，再次向世人展示了它的神秘。

新闻《UFO再临凤凰山 哈尔滨市民拍下现场照片》报道了记者与陈教授的很长对话，此略。

拍摄不明飞体

首次新闻报道

2012年7月10日新闻"黑龙江凤凰山现UFO 游客报警正在核实调查中"报道：

东北网（微博）7月10日讯 黑龙江省五常凤凰山惊现不明飞行物！7月8日15时42分，正在我省山河屯林业局境内的凤凰山风景区"空中花园"观景台游览照相的几名游客，突然发现在他们的头顶天空出现犹如"天宫一号（微博）"状的不明飞行物体，联想到1994年凤凰山曾降落过不明飞行物事件，当时正在场为游客照相的景区专职照相师吴春燕立即抓起相机，将这一奇观拍照下来。

据称，此物体只出现很短时间，并迅速消失。当时目击者除了来自省内绥化、通河等地的几名游客外，还有在观景台值班的景区工人师傅，约十人左右。事发后，来自吉林桦甸的5位游客打电话到景区派出所报案。目前，山河屯林业局已将此情况向上级主管部门汇报。具体是何种飞行器，还是某种自然现象暂无法确定，正在进一步调查核实中。

后续报道

"揭秘哈尔滨凤凰山UFO目击全过程"报道：

目击者李慧：我真看到了

李慧是此次"凤凰山UFO事件"中的目击者之一。据她介绍，8日，她与几位吉林朋友到山河屯林业局境内的凤凰山风景区旅游。15时42分，在"空中花园"观景台拍照时，她隐约觉得自己右后方有东西。

"我回头一看，有一个发光、但不太亮的东西，飞机般大小，旋转着前进，好像有螺旋桨在物体中间旋转，速度很快，前后也就几秒钟的时间。"李慧说，这个发光体一闪而过，瞬间就消失了，"我当时也没太在意，但后来看到洗出来的照片时才觉得有些后怕。"李慧说，她对UFO不感兴趣，也不为出名，就是想把看到的东西分享给大家。"不管大家信不信，反正我看到了。"

从凤凰山游玩回来后，李慧10日一天没去上班，"我也不知道是累的还是吓的，浑身没劲儿。"

据山河屯林业局的相关负责人介绍，目击者中，除了绥化、通河等地的游客，还有在观景台值班的工作人员，约十人左右。其中，有目击者形容这个"不明发光体"像子弹头。

摄影师李栋：可在特殊情况下拍到

10日，"凤凰山UFO事件"不明发光体的照片占据了各大网站的头条，在微博上也被不断转发。

哈尔滨锐视摄影机构的资深摄影师李栋看后表示："从照片上看，我第一感觉像是一只从镜头前飞过的蜜蜂，但我把照片的饱和度调到最低，发现照片层次流失的比较严重，那个'发光的物体'不像是小动物，因为从照片上看没有羽毛和肉体的特征，本身的反光太高了，都是高光点。"李栋表示，这样的片子很可能是摄影师在特殊情况下偶然拍到的，也可以通过摄影技巧完成。

当地警方：已上报相关部门

9日，李慧通过114查询到凤凰山派出所的电话，将自己的经历告诉了凤凰山派出所所长王平，并给他发了一条彩信。

据王平回忆，接到李慧的彩信后，他立即向山河屯林业局公安局局长、林业局局长进行了汇报，接到指示后，又依次上报到山河屯林业局公安局国保大队、省森工总局公安局国保总队。目前，该发光物体具体是何种飞行器，还是某种自然现象仍无法确定，正在等待有关部门的进一步调查核实。

其它报道：

"不像飞机"，很快消失：2012年7月8日15时42分，正在黑龙江省山河屯林业局境内的凤凰山风景区"空中花园"观景台游览照相的几名游客，突然发现在他们的头顶天空出现犹如"天宫一号"状的不明飞行物体，联想到1994年凤凰山曾降落过不明飞行物事件，当时正在场为游客照相的景区专职照相师吴春燕立即抓起相机，正好将这一奇观拍照下来。李慧在电话中介绍，"拍照的大姐这时拿着相机说，'这照片上好像有什么东西？'我心想会不会是我刚才看到的。"李慧的几个朋友也看到了相机上的东西，于是请吴春燕赶快将相片洗出来。相片洗出后，能明显看到上面有一个发光物体。

以前不信，这次"吓着了"：凤凰山"盛产"UFO事件，但李慧说，以前认为那些"都不现实，没准是编的故事"。这次亲眼见到后，她介绍，下山时就觉得浑身都不舒服，腿都有点软，"可能是吓着了"。接到李慧报警的凤凰山派出所王所长说，自己是9日早8时左右接到的报警电话，"向我说明了自己看见不明飞行物的情况"。随后她将现场照片翻拍后用彩信传给王所长。为什么报警？李慧说她"觉得应该把这个情况说一下"。

相关评述

曾数十次到凤凰山踏查UFO事件的世界华人UFO联合会学术委员会主任、原黑龙江省天文学会理事长、哈尔滨工业大学航天学院教授陈功富，在仔细辨识了UFO照片并分析了现场目击者的陈述后认定；李慧所说的发光物体不是飞虫，是某种不明飞行物，是否是某种外来飞行器还有待调查。

陈功富在辨识了此次事件的照片后认为，照片上的飞行物是飞虫的可能性不大。他说，这个飞行物有游客在不同角度看到，说明这个飞行物的体积很大，如果是小飞虫经过相机镜头，其他人是看不到的。但陈功富也表示，李慧目击到的柱状物体不是飞虫，也不能确定其就是外来飞行器。

据山河屯林业局有关负责人介绍，当时在观景台的还有几位来自省内的游客和一位在观景台值班的景区工人师傅，约十人左右。李慧告诉记者，只有她目睹了"不明飞行物"。此外记者了解到,拍照时的相机设置了"强制闪光"。山河屯林业局已经将李慧称"发现不明飞行物"的情况向上级主管部门进行了汇报。具体是何种飞行器，还是某种自然现象，或是其他物体，还无法确定，正在等待有关部门的进一步调查核实。

相关环境

中国东北区域的不明飞行物现象，并不罕见。

例如，2012年8月《哈尔滨市民拍下UFO视频 教授排除人造物可能(图)_资讯频道_凤凰网》报道：东北网8月18日讯 继凤凰山UFO事件后，16日，市民张帅在松北区的松花江畔再次用视频拍下了不明飞行物。经哈尔滨工业大学航天学院教授陈功富鉴定，该飞行物系UFO，但与凤凰山中的UFO不是同一组。两名市民分别拍到UFO。专家排除人造物体可能：昨天，哈尔滨工业大学航天学院教授陈功富在对这两组UFO进行鉴定后表示，两组飞行物均系UFO，不排除为同一组的可能，同时也排除了人造物体的可能。陈功富说,气球夜晚不会闪烁发光；孔明灯是顺风"飞行"，而二人拍到的UFO均为逆风快速飞行；这两次拍到UFO的移动范围都很大，在空中飞行时，迅速平移了几千米的距离，因此可以排除是风筝。

2014年3月《哈尔滨市民随手拍惊现UFO 专家将实地调查——新浪黑龙江新闻》报道：9日晚，市民王女士在哈西公交客运站门前随手拍了一张照片。回家后发现，照片中竟出现了一个浮在空中的不明物体。

087、高老汉拍下的真是UFO UFO录像可以重复检验

2003年03月11日北京娱乐信报

《高老汉拍下的真是UFO》一文后,在社会各界引起强烈反响,随之也出现一些争议。对此,北京UFO研究学会秘书长周小强昨日郑重表示:对于不明飞行物的探索研究将永不停止。

周小强首先向记者申明,关于高维宏老人拍摄下的UFO录像带,学会许多专家进行过反复的研究,并且还专门去实地作过认真考察。最后专家们才排除了飞机、探照灯、气球等多种可疑物,慎重地确认高老先生拍摄的就是UFO。换句话说,就是高老先生所见并拍摄的飞行物,相对于人类目前的认知水平是不能明确的,于是就符合了UFO的英文定义(Unidentified Flying Objects)。当然,随着人类的认知水平提高,也许在不久的将来,有更高明的科学家研究高老的录像带,也许能得出别的明确的结论。

对于京城某报提出的质疑,周小强认为,首先标题就不准确,高老先生拍摄下的不是静态的照片而是动态的影像,在《高老汉拍下的真是UFO》一文中,曾明确提到高老所用的是"摄像机"而非"照相机",完全可以重复检验。其次,发言的专家并没有到现场看过,也没有看过录像,所以在没有任何调查的情况下随便公开发表言论不是很符合科学精神。再次,质疑文章中很明显是混同了UFO和飞碟的概念,而在《高老汉拍下的真是UFO》一文中,曾专门辟出一部分阐述两者的不同。

最后,周小强秘书长还告诉记者,由于人类的认知能力有限,在UFO的问题上出现一些争议其实也是正常的。但是,不论在国内还是国外,目前还是有许多科学家愿意投身于UFO事业研究,执著于探索地球之外的神奇宇宙。比如,在北京UFO研究学会中就有中科院教授、航天部研究员、火箭专家等多位权威科学家。最后,周小强秘书长表示,学会欢迎所有心存疑义的人来做客,当然也欢迎有志者能提出更让人信服的结论。

另悉,在本报报道以后,中央电视台、北京电视台、北京广播电台等众多媒体也纷纷与UFO研究学会和高维宏老人联络,表示要采访此事。

本报也将采访各方专家,对UFO进行进一步论证。

088、古今中外滿滿的外星人證據一次看個夠

UFO是否存在、外星人到底是什麼這種話題，上到專業科學家下到街坊小市民，基本上都很感興趣。想必許多人都曾在夏日清涼的夜晚，抬頭望著滿天繁星發出「ufo到底在哪」的感嘆，而本部影片(視頻)將針對外星人和ufo做個探討，在古今中外世界各地有不少的壁畫或歷史文獻中都有疑似對外星人和UFO的記載，今天第一階段就先為大家盤點一下，中國古代有史料記載的外星人與幽浮接觸事件，而第二階段再回到現代針對相關人士與UFO的視頻(影片)做個介紹與討論。

賀蘭山岩畫

中國最早關於外星人形象的記載出現在七千多年前的賀蘭山岩畫中，在那些記載人們日常生活的岩畫中，可以看到頭戴圓形頭盔、身穿密封太空衣的人，與現代太空人的形象極其相似。其中最令人驚嘆的是，在賀蘭山南端的一幅岩畫，畫面左上方有兩個旋轉的飛碟，飛碟開口處，一個身穿「太空衣」的人正飄然而下，地面上的動物和人群在驚恐地跑散。這可能是外星人在賀蘭山一帶出現時的生動寫照。

志怪小說《拾遺記》

在志怪小說《拾遺記》中也有對UFO事件的描述，雖無法確定是否真實，但是其描述的內容跟現代很多朋友看見過的UFO極其相似，裡面記載著。

堯帝時代現船形飛行物

據東晉王嘉志怪小說《拾遺記》記載：距今4000多年前的堯帝時代，一個巨大的船形飛行物飄浮在西海上空；船體亮光閃爍，緩緩飄移；船上的人戴頭冠，全身長滿白色羽毛，無翅而能在高空翱翔。

秦始皇遇宛渠人

據《拾遺記》記載：秦始皇曾見到宛渠之民，他們乘坐螺旋舟，舟的形狀像海螺，而且能沉入水底航行，水浸不入，航速很快，有點類似現代的潛艇。這些宛渠人身長10丈，穿著鳥獸毛做的衣服。雙方談及遠古開天闢地時候的事情，宛渠人描述得非常詳細，就像親眼見到的一樣。晚上，他們用粟米大小的光源照明，而且非常亮堂。秦始皇稱他們為「神人」。

赤焰騰空圖

赤焰騰空圖，可以說是中國歷史上第一次關於外星人和不明飛行物的圖畫記載。這幅圖所描述的是清朝光緒年間，發生在南京城空中的一件怪事，當時在晚上八點鐘，在南京城南的空中有一個火球掠過，當時天色昏暗，火球掠過時吸引了大量普通民眾駐足觀看。而這幅赤焰騰空圖也成為了今人研究 UFO 的一則珍貴歷史資料。

游金山寺 蘇東坡

在所有 UFO 目擊事件中，最知名的當屬大文豪蘇東坡的親身經歷。公元 1070 年，由於反對王安石變法，蘇東坡被貶為杭州通判。在赴任途中路過江蘇鎮江時，他曾在夜晚遊覽鎮江的金山寺。彼時的金山寺月朗星稀，萬籟俱寂。猛然間，蘇東坡發現江中好似亮起一團火焰，這一現象令他驚訝不已，於是他提筆寫下《游金山寺》一詩，記錄他的這一所見所聞。其中有："江心似有炬火明，飛焰照山棲鳥驚。悵然歸臥心莫識，非鬼非人竟何物？"等句。大意為江心上好似看到一團火焰，照耀得山中棲息的鳥兒紛紛驚起。因為不能辨認出這是何物而感到悵然若失，它好像既不是鬼也不是人，那麼到底是什麼東西呢？

試想如果不是親眼所見，蘇東坡又怎能聲情並茂的描寫出來這一奇異景象呢？而且除了不明飛行物能爆發出如此巨大的能量之外，還有什麼東西可以產生如此耀。

089、广州惊现不明飞行物 天文专家认为不是外星人

2002 年 11 月 09 日中国新闻网

(不明飞行物) 昨日下午 5：55 时许出现在五羊新城上空，数十名市民在广州大道的天桥上目睹了这一现象。

据信息时报报道，一位市民表示，昨日下午，当她走在五羊新城天桥上的时候，抬头看见五羊新城方向的上空有一道带状银白色的上弧线 (昨日的月亮为上弦月)，在上弧带不远处的下方，则有一个光点在不断移动。该市民表示，这种现象大约持续了 5 分钟，当时不

少在天桥上的人都目睹了这一景象。

在天桥上值班的保安则表示，不久后，该弧线移到了月亮的下方，变成一道直线，其长度大概有月亮的 5～10 倍。他说，当时天桥上一起观看的市民大约有 30-50 人。保安说，当时在五羊新城的周围，并没有任何飞机经过。

这种现象究竟是否传说中的"外星人"引起的？广东省天文学会会员李建基表示，首先可以排除是天文现象的可能性。其次，至今为止还没有确实的证据表明存在外星人，因此也可以排除外星人的可能。他表示，这种现象很有可能是一种气象现象，也有可能是由飞机、火箭喷出的气体或者残骸引起的。

090、過去談幽浮被當瘋子？如今成美「國安隱憂」

編譯洪毅 2021-05-26

關於不明飛行物或「幽浮」的討論現在日益主流，成為不可忽視的議題之一。

「幽浮」(UFO) 的正式名稱為「不明飛行物」(Unidentified Flying Object)，討論此議題常涉及到一些如外星人等內容,容易成為笑柄;但據「華盛頓郵報」報導，在華盛頓特區，關於不明飛行物的討論，現在愈發主流，成為不可忽視的議題之一。

報導形容，過去在華府，討論幽浮等議題等於是拿到「政治瘋人院」的「住院證明」；對幽浮有興趣的柯林頓時期的白宮幕僚長波德斯塔 (John Podesta) 說，最好別讓別人知道你熱衷於此議題，不然人家可能會覺得你在現實中出演「X 檔案」，足以終結你的政治生命。

來自內華達州，也就是「51 區」(Area 51) 所在地，同樣熱衷於幽浮的前參院民主黨領袖雷德 (Harry Reid) 也說，所有人都向他表示，討論此議題「有害無益」，但是他「並不害怕」，而且相信「時間會證明他是對的」。

2007 年時，雷德就曾與時任參議員史蒂芬 (Ted Stevens)、井上健 (Daniel Inouye) 與國防部秘密會談，討論極機密預算事宜，當時雷德就曾表示，希望國防部能調查不明飛行物；最終，國防部真的撥款2200萬元啟動調查。

在二戰擔任飛行員的史蒂芬表示，曾在飛行時看到有「顯然不是飛機」的物體在模仿他的動作。

關於不明飛行物的討論在近來愈發主流，尤其是最近一段由軍方拍到的影像，顯示一物體以異常的速度移動，且其飛行時還以已知的飛行器都無法辦到的姿態翻滾，讓機師在通訊中驚呼「看看這個！」而國防部也證實，此段影像為真。

前中央情報局(CIA)局長伍爾西(James Woolsey)就曾說，他對此議題的懷疑態度已「不若往年」。

去年夏天，國防部宣布成立「不明空中現象專案小組」(UAPTF)，旨在調查、分析、歸檔可能威脅國家安全的不明飛行物；儘管外界認為，此小組真正的目的是劍指中國。

去年底通過的大規模紓困法案中，參院情報委員會主席華納(Mark Warner)也增加一個條款，要求情報單位公開所有已知的不明飛行物訊息，包括軍機駕駛的目擊事件；此報告預計在6月底前發布。

091、海上惊见UFO 4诡谲光点盘旋10秒突消失

2021-07-06 ETtoday 新闻云

英国德文郡(Devon)传出不明飞行物(Unidentified Flying Object,UFO)目击事件，36岁的伊凡斯(Matthew Evans)偶然从顶楼公寓的窗户往外看，竟目睹4个诡谲光点出现在海岸上空，并且排成"三角阵型"定格、盘旋。他当下立刻拿起手机，将眼前奇景捕捉下来。

根据《镜报》报道，伊凡斯回忆，光点一开始上下飘浮，定格一阵子后开始盘旋，时间长达10秒钟，最后突然飞向远方，消失无踪。

伊凡斯表示，光点的"移动方式不像飞机，动作慢了许多"，而且待在空中的时间非常久，足以让自己来得及拍照。他指出，那些光源"真的很亮"，"我没有失去理智，但仍觉得很难定义那是什么。我想，应该就是UFO吧"。

美国国家情报总监6月25日发布UFO初步报告，证实一些空中不明现象（UAP）很可能是中国、俄罗斯等国或非政府组织的科技，"展现潜在对手在航空科技上的突破"。报告也指出，上述空中不明现象很可能是物理物体造成，"显然构成飞行安全问题，可能对美国国安构成挑战"。

092、湖南山区发现UFO 数万山民鸣炮放铳驱"灾星"

2002年10月06日红网 - 长沙晚报记者周志懿

10日1日晚上，在娄底、邵阳地界接攘处的新化、隆回、新邵边陲，天空中一位"不速之客"打破了山区的平静，一个在空中反复移动的不明光体使山民们以为"灾星"光临，纷纷以各种方式对"灾星"进行驱赶。记者闻讯于10月2日赶到当地采访。

在位于新邵偏远山区的迎光乡，记者赶到那里时正逢当地赶集，但稍稍留意一下，赶集的山民几乎都在议论前天晚上的"灾星"，言语中甚是神秘、好奇，个别人甚至还表现出相当地忧虑。记者随机进行了一番采访。据了解，10月1日晚上8、9时许，在迎光乡的高空突然出现一块相当明显、发出白光的光斑，开始是饭碗大小，约过10分钟以后，光斑迅速扩大，至最强时足有窗户大小。开始人们以为是什么车上发出的探照灯，但很快推翻了这一看法，因为当天晚上星光点点，没有一丝云彩，如果是探照灯，必然有云彩才能反光，再者光体不断运动，时常降落与上升，给人明显的上下感觉。当地山民开始由好奇转为害怕，认为是"灾星"降临。有胆子大的，迅速跑到道边的小商铺里买来鞭炮，有的拿来村里的铜锣，有的拿出家里祖传的鸟铳，于是鞭炮声、铳声、铜锣声、响成一片。不少山民还迅速把自家的孩子叫回家里，迅速在神龛上祝祈福。但折腾了一两个小时，"灾星"还是没有要离去的迹象。直至当天晚上11时前后，不明光体才慢慢从空中隐去。迎光乡一位姓罗的个体老板告诉记者，当时天显得很黑，所以光体就显得格外的亮，天上突然出现这么一个怪东西，也是有蛮吓人的。他还告诉记者，他店里附带经营的鞭炮，10月1日晚上已经全部脱销了。记者随之到其它的店里转了一下，果然已经没有鞭炮出售。

在隆回县高坪镇及新化县的西南边区，许多乡村都看到了同一景象。袁少启是隆回县候田乡文升村12组的村民，今年已有80多岁高龄，据他讲，这辈子也见过许多场面，但这种天象奇观确实也是头一回见到。其女袁兰珊告诉记者，"灾星"有时看起来也像一只蝴蝶，但不具体，就像月亮模糊时的状态一样。

记者向隆回县、新化县、新邵县政府相关部门咨询了此事，他们均表示他们自己也只听到了这样的反映，但什么原因同样不清楚。随后记者又咨询了湖南省航天局的有关人士，他们表示，10月1日当晚，娄邵接壤处并没有航天方面的实验或演习。

093、金字塔形状UFO只是开始，美国海军还有9个UFO视频待公布！

2021-04-24 前瞻网

此前，"金字塔形状"的UFO包围美国海军驱逐舰的爆炸性视频可能只是个开始，据爆料人声称，还有"9"个这样的视频！

2019年7月，杰里米·科贝尔发布了前视红外（FLIR）视频，视频中不明物体在圣地亚哥附近的罗素号航空母舰上空盘旋，震惊世界。

杰里米的网站extraordinarybeliefs.com上还发布了三张照片，显示2019年7月15日，美国奥马哈号航空母舰的船员观察到一艘"球形"飞船"坠入水中"。他还在Instagram上分享了第四张奥马哈号飞船的照片，声称这是视频中的截图。

杰里米说，这些令人难以置信的图像是在2020年5月1日海军情报办公室进行的一场机密UFO简报中拍摄的。但他公布的材料并非简报的机密内容。

五角大楼已经确认视频和图像是真实的，但是在接受《每日星报》的独家采访中，杰里米说这可能只是一个开始。

"总共有10个视频和10-12张照片。"杰里米解释说，这意味着还有另外9个视频尚未发布。"很多都是前视红外（FLIR），就像尼米兹遭遇

UFO尾随一样。

"有些物体可以清晰地看到,我说的物体就是UFO。这就是为什么要把这份报告放在一起,因为他们给你看的所有东西都还没被确认。"

"还有更多的证据。这是在战区的一些录像,通过前视红外摄像机拍摄的战区。""这是他们向我传达的信息,我已经能够通过许多来源核实这些内容。"

杰里米为Netflix制作了许多纪录片,他解释说,在这次简报中讨论UFO的目的是为了教育高级官员。

他在接受《每日星报》采访时表示:"这段视频是国防部、情报机构和武装部队用来教育个人和有关UFO存在的机构的教育材料。"

"我不是说我知道这些视频里有什么,那是国防部的工作。我知道不明飞行物是真实存在的,它们代表着一种先进的技术,人类已经能够证明,它将引领人们进入这个神秘和奇迹的地方。"

现年44岁、居住在美国洛杉矶的杰里米抢先五角大楼两个月发布了这些UFO材料。6月1日,在一份2020年的巨额拨款法案中,美国政府呼吁公布一份关于未知空中现象的非机密、全来源报告。

杰里米希望他不可思议的故事能帮助更广泛的公众与世界各国政府"推动UFO的透明度"。

他继续说道:"现在是全球范围内,每个人都应该推动UFO透明化的时候了,因为我们实际上有机会获得更多的信息来做出改变。"

"这是一个令人震惊的时刻,这也是一个令人激动的时刻,我们都很幸运能成为其中的一部分。"

094、克格勃UFO档案曝光 曾与天狼星系外星人合作

2021-06-25 搜狐

历来被西方世界喻为"铁幕"的俄罗斯,对国内信息外传一贯严格控制,尤其是被定为国家一级机密的境内UFO活动情报,更是三缄其口,滴水不漏。前苏联解体后,接替的俄罗斯政府虽仍承袭其保密传统,然而

由于政体更迭，机构解散，造成文件流失档案曝光，还是使一部分深藏的历史秘密见了天日。据有关人士透露的情况说明俄罗斯不仅早已确知飞碟来自地外行星，而且已与外星人接上了联系。

前段时间，俄罗斯飞碟专家卡诺瓦夫披露了一项震惊世界的新发现：俄罗斯军方、科学院和特工机关（克格勃）早在55年前就已掌握了天狼星系中"仲湟尔"行星上存在地外文明的事实，并已与"仲湟尔"外星人取得了联系。外星人在俄罗斯境内至少建立了三处UFO基地。前苏联和后来的俄罗斯当局将这一秘密隐瞒至今。

1966年6月，在奥姆斯克州北部，一架直径10米的飞碟坠毁，它喷射着红黄白三色火焰，舱门敞开着，浓烟从舱室里滚滚冒出。里面发现几个外星生物，它们长有四肢，而且趾间有蹼。空军用MN－6型军用直升机借助外悬挂装置将其运出，路经科尔帕舍沃飞抵新西伯利亚，然后运抵奥姆斯克。

1968年3月，一架失事飞碟坠落在苏联斯维尔德洛大斯克丛林地区，由克格勃部队负责处置。苏联解体后，克格勃档案资料曝光，反映回收坠碟残骸和解剖外星人尸体实况的档案照片也一并曝光。1970年，一艘来自天狼星系"仲湟尔"行星的飞碟在雅库特地区日甘斯克附近的林场坠毁，其残骸被运往莫斯科郊区，飞碟上的侏儒外星人的尸体被用军用飞机从雅库特运走。1978年，在哈萨克斯坦东部地区，军方逮获了一架外形很像歼击机的UFO。

它因起火燃烧而坠毁，位于它上部那个透明的圆顶盖部分已脱落。该飞碟残骸是用军用直升机外悬挂装置运走的。该飞碟的空气动力学性能如此完美，以至它向上仰飞时差点同直升机相撞。克格勃蓝色档案经历了20年的撰写和研究，囊括了上世纪60年代中期到80年代中期这20年间的各项资料，各国政府或是其他什么机构在飞碟领域从事的正式研究的资料，都不可能比它再详尽了。随着前苏联的解体，一些机密的军方录像资料甚至可以通过官方渠道获得。

在上世纪五六十年代的时候，苏联军方在火箭发射和导弹试射时接连失败，基地也发生了多起重大灾难性事故。这些真的只是普通事故还是飞碟的报复性袭击？而在这之前外星人曾再次造访地球，并与苏联方面取得联系，双方约定进行秘密协商谈判，但唯一要求是不允许录像。整个谈判由克格勃安排，而特工们还是用摄影机偷偷地拍下全部过程。最后外星人发现后当场暴走，人类与地外文明的历史性谈判，就此无疾而终。

095、克格勃档案解密 击落UFO俄士兵瞬间石化

2021-07-02 每日头条

美国中央情报局早先解密的百万份档案文件中，其中有一份报告特别引人注目。1991年自苏联解体后，许多机密文件流向各地，而其中一份流落到美国中情局（CIA）。中情局将其解密，这份苏联克格勃的机密文件显示，曾有25名苏联士兵在西伯利亚地区遭到5个外星人袭击，并且在短暂交战后其中23名士兵不幸死亡。这5个外星人也消失得无影无踪。

美国情报部门获得的这份文件，长达250页，是前苏联国家安全局（KGB）机密文件，其中详述多名士兵大战外星人，但是不幸的是，这些俄国士兵们被外星人打败，并且"瞬间石化"变成石头了。而这份档案收录于1993年3月27日，并于2011年1月被释出，其内容是当年遭到外星人袭击后，有2名苏联幸存士兵的自述证词，当时他们正在西伯利亚地区进行军事训练，然而期间却突然出现了一架神秘UFO在空中盘旋。

于是他们使用地对空导弹将这个UFO击落，当他们找到这个不明飞行器残骸时，发现竟从里面走出5个身穿灰黑色衣服，它们头部巨大、身材矮小的不明外星生物。只见这5个外星生物突然"合体"成一个发出耀眼强光的光球，整个过程还发出刺耳的吱吱声，并在数秒后爆炸，似乎要与所有士兵同归于尽。

爆炸后在场的25名士兵也仅有2人幸存，其他人则化成了僵硬的石头，就像是瞬间被高温碳化一样。同时，那5个外星生物也消失得无影无踪。

（解密的档案）

这份解密档案还指出，事发后被击落的飞行器残骸、和士兵遗体被运往莫斯科郊外的一个秘密研究所进行化验。后来经过研究人员判定，这些死亡士兵的身体组织全都变成了与石灰岩类似的物质。

在报告的结尾，中情局特工写道："如果克格勃档案与实际一致，这会是一个极度险恶的情况。这些外星人拥有的武器和技术，超出我们所有的假设。"

一位有高安全等级许可证、与美国政府签约做为爆破工程师的菲利普．施奈德（Philip Schneider）的人声称，1979 年，他那时正在新墨西哥州建造一座秘密地下基地工作，当时目睹了一场外星人与人类之间的恐怖战争，导致 60 名士兵死亡。以及众多地下基地的外星人也为自己的生命而作战的情形。

从这些信息中可以发现，官方对于 UFO 事件、及外星人与地球人发生冲突的事件是做过收集和调查的，只是关于外星人的种类繁多、技术高超，很多东西还需要进一步的研究和发现。

096、雷達大升級 美F-18見幽浮頻現

2019/05/28 中時新聞網 楊幼蘭

一架 F/A-18F「超級大黃蜂」戰機 5 月 22 日從

尼米茲級（Nimitz-Class）核動力航母「林肯」號（USS Abraham Lincoln, CVN-72）上起飛的畫面。（美國海軍）

拜雷達大幅升級之賜，美國海軍 F/A-18「超級大黃蜂」（Super Hornet）5 名機組員在美國東岸數度遇上幽浮，其中 2 人具名指稱，這些奇特的物體中，有 1 個像陀螺般逆風飛行，而它們從 2014 年夏天到 2015 年 3 月，幾乎天天出現。

據《紐約時報》（The New York Times）與《動力》（The Drive）網 27 日報導，從駕駛的描述看來，機上感測器與雷達技術大升級，使這些不明飛行物較以往難以遁形。

更重要的是,這些事件最近的一次發生在 2015 年,大約是 2004 年「尼米茲」號（USS Nimitz）航母人員目睹幽浮事件後 10 年。

分析認為，在 2000 年代中以前，美國海軍戰術戰鬥機裝備的是機械掃描陣列雷達,而如今裝備的則是先進「主動電子掃瞄陣列雷達」（AESA）.

大幅提升了可靠性,讓戰機能看得更遠,並更能掌握偵察追蹤的目標。

就在今年4月底,美國海軍才公開表示,為了因應一連串目擊先進不明飛行物侵擾海軍航母打擊群,還有其他敏感軍事設施事件,正在起草新準則,讓軍機駕駛和其他人員在遇上不明飛行物時,能加以通報。

「超級大黃蜂」駕駛指出,這些不明飛行物沒有顯見的發動機,或是排氣煙流,但卻能爬升3萬英尺(9144公尺),並以高超音速飛行。在美國海軍服役10年的F/A-18駕駛葛雷夫斯(Ryan Graves)說,這些逆天飛行的幽浮會出現在訓練空域,一待不是幾分鐘,而是好幾小時,甚至一次就是幾天。

「這些玩意會在那兒待上一整天,」已向五角大廈和美國國會通報的葛雷夫斯說,「而飛行器停留在空中需要龐大的能量。」

這些幽浮能在空中久待還不是最奇怪的,除了能在1、2秒內快速向下俯衝數以萬計英尺外,還具備目前已知技術無法發揮的飛行特性。

而另一名駕駛亞考因(Danny Accoin)則說,他與這些幽浮遭遇過兩次。其中一次他在雷達上發現目標後,就飛到它下方1,000英尺(約305公尺)。亞考因說,這時他應該能透過頭盔攝影機看到對方,但卻看不到,可是雷達上明明顯示,它就在那兒。

097、卢比奥称UFO带来威胁 吁国防部认真对待

2021-05-17 评论

美国联邦参议员卢比奥呼吁国防部提交计划,认真对待不明飞行物所带来的威胁。

不明飞行物(UFO)事件在美国越来越受到关注。联邦参议员马可·卢比奥(Marco Rubio)表示,民选官员需要更多地了解UFO,并认真对待它们带来的威胁。他希望国防部拿出一份计划,认真对待UFO事件。

卢比奥在接受CBS的"60分钟"(60 Minutes)节目采访时表示,一些国会议员对UFO这个话题非常感兴趣。

卢比奥补充说,他希望看到国防部拿出一个UFO计划,并认真对待

UFO事件。

"我想要我们有一个程序来分析每次进来的（有关UFO的）数据。"卢比奥说，"要有一个地方将这些数据编入目录并不断进行分析，直到我们得到一些答案。也许会有一个非常简单的答案，也许没有。"

卢比奥还指出，和外太空有关的情报事关国家安全问题。

"任何东西进入了一个其不应该待的空域，都是一种威胁。"卢比奥说。

据报道，美国政府计划在6月向国会发布一份关于UFO目击事件的报告。

前海军上尉赖恩·格雷夫斯（Ryan Graves）在CBS的"60分钟"节目中表示，不明物体，如五角大楼确认的、圣地亚哥附近（拍摄的）海军录像中看到的那些物体，是个安全威胁。

格雷夫斯说，从2019年开始的两年中，UFO几乎每天都在弗吉尼亚海岸的军事管控空域内飞行。

一名前国防部官员路易斯·埃利桑多（Luis Elizondo）花了多年时间研究不明空中现象，他表示，这些飞行器的技术远远超出人类。

098、罗马尼亚上空现UFO神秘光圈 酷似外星人入侵

2013年02月19日 手机看新闻

近日一张照片显示，罗马尼亚议会大楼上空惊现神秘光环，神似UFO，而整个景象竟然酷似美国大片《独立日》中外星人入侵白宫的场景。照片在网络上走红，引发网友热议。

照片中，在罗马尼亚布加勒斯特市，议会大楼灯火通明，大楼上空则惊现神秘光芒。这团光圈似乎由绿色和蓝色两个椭圆形组成，重叠在一起，盘踞在议会大楼上空，乍看上去，的确和电影中的UFO无异。

摄影师科斯明加勒斯提努透露，这张照片拍摄于2月4日。他原本只是想拍摄议会大楼，却发现照片中还有神秘的蓝绿光线，并为此震惊不已。

加勒斯提努回忆说："我下了班，打算出去走走，想拍点照片。那天

是阴天，刮着风，挺冷的。这是我第一次在晚上拍摄议会大楼，结果没有让我失望。我总共照了五六张照片，当我看见最后一张的时候，感觉很奇怪。我反复地看，不敢相信自己的眼睛。我不知道那奇怪的光究竟是什么。我把照片拿给朋友们看，他们说看起来跟《独立日》差不多。真是意外。"

加勒斯提努的朋友们说的不错，这张照片与《独立日》中的场景像极了。电影中，外星人的飞船发出耀眼的白光，出现在白宫上空，并最终把它炸成碎片。

两个场景如此神似，难怪在网络中迅速走红，并引起网友的极大兴趣。网友们纷纷提出自己的理论，试图解答光圈究竟是什么。有人认为照片中的光圈只是光线问题，也有人相信这就是外星人的飞船。

无独有偶，2013年1月，布加勒斯特上空也曾出现过三组光线组成的神奇图案，酷似UFO。有人通过摄像机捕捉到这一幕，做成了视频。目击者称，当时是凌晨2点30分左右，天上好像不断有灯迅速点亮，形成一个椭圆形，很像UFO。不过，一眨眼的功夫，整个画面都消失了。（王琦琛）

099、每年7个：来自太阳系外的"不明飞行物"正在频繁穿越太阳系

2021-03-17 星空天文

2017年奥陌陌来访，2019年鲍里索夫来访。这些来自外星的"不明飞行物"不属于我们这个太阳系，而是来自别处。

2017年造访太阳系的奥陌陌。William Herschel Telescope

星际来客的出现，勾起了天文学家对究竟有多少类似天体在穿越太阳系的好奇。逻辑上讲，这样的天体应该为数众多，只是因为宇宙空间的浩瀚，以及人类有限的搜索能力，大部分我们都没有发现。

而据"星际研究促进会（Initiative for Interstellar Studies）"科学家的最新研究，穿越太阳系——特别是内太阳系，并且能够被人类追踪到的星际来客数量，大约是平均每年7个。这7个星际来客大部分是奥陌陌那样的

星际小行星。像鲍里索夫那样的星际彗星数量较少，穿越内太阳系并被人类发现的概率大约为每 10 到 20 年 1 个。

要知道星际天体穿越内太阳系的概率和速度，首先要知道它们穿越太阳系时的速度大约会是多少。它们的速度受银河系恒星、气体、尘埃和太阳相对运动的影响。鉴于它们离开原生环境后，它们和银河系的动力学特点会保持一致，研究人员动用盖亚探测器的恒星运动参数就行了计算。结果发现大部分星际小天体穿越太阳系时的速度会比奥陌陌的 26 公里/秒高。

研究这样的星际来客对天文学家来说有极大的吸引力。因为它们不属于太阳系，身上带有其他行星系统的特征，研究它们，就相当于通过第一手资料研究其他恒星及其周围的行星系统。

可惜的是人类在发现第一个星际来客奥陌陌时，它已经通过了近日点并神秘地加速远去，很快消失在茫茫宇宙中。第二个星际来客鲍里索夫出现时人们虽然有充足的时间去研究它，但仍然只能通过望远镜观测，而不是像人们已经对太阳系小行星和彗星做过的那样——发射探测器靠近它们，甚至提取样本带回地球。

研究人员认为，尽管全球各地的研究机构提出了一些方案，希望当这样的星际来客来访时，有探测器能够近距离探测，但是无论是哪种方案，想要接近这样的高速天体，环绕它们飞行甚至着陆，仅靠现有的技术仍然可能是不够的。

100、美UFO祕密小組驚爆 發現墜落飛行物非地球製造

2020/07/26 中時新聞網 楊幼蘭

五角大廈有個追蹤並調查幽浮（UFO）的祕密單位，儘管官方宣稱，它已於 2012 年解散，但事實上仍在繼續運作。

據《紐約時報》（The New York Times）與《每日郵報》（Daily Mail）報導，「不明空中現象專案小組」（Unidentified Aerial Phenomenon Task Force）就藏在美國海軍情報局（ONI）內。如今美國聯邦參議院要求，他們每 6 個

月至少要公開一些調查結果。

以往美方只會在機密簡報中討論神祕的不明飛行物,而五角大廈官員至今仍不能任意討論這機密專案。就在各方呼籲,對相關發現採取更透明的態度之際,曾和「不明空中現象專案小組」合作的官員透露,他們在調查中發現的部份物體是「人類做不出來的」,而一些墜落的飛行物「也不是在地球上打造的」。

當初大力推動專案的美國前參院領袖瑞德(Harry Reid)說,來自不明地方的物體可能墜落,應該取回,並加以調查。他說,政府和私人都擁有相關實物。而他認為,公開發現這些實物,或是飛行器的資訊極為重要。而曾擔任專案顧問的天體物理學家戴維斯(Eric W. Davis)說,這是人類做不出來的。他並坦承,3月時曾向國防部做過簡報,說取得的飛行器並非在地球製造。

美國參議院情報委員會6月要求五角大廈高層,發表有關UFO專案,還有觀察到任何現象的報告。情報委員會說,它支持不明空中現象專案小組」的努力,而這似乎證實了幽浮計畫仍在存在。

五角大廈2017年坦承,資助了耗資達數百萬美元的「先進航太威脅辨識專案」(Advanced Aerospace Threat Identification Program),以調查幽浮,不過聲稱專案已在2012年結束。當時五角大廈發言人說,他們認為,還有其他更高的優先要務值得資助,因此國防部做了改變。然而,五角大廈卻沒明確地說,相關幽浮計畫是否繼續潛藏在廣大美國國防機構的某個地方。

而參與相關專案的人透露,五角大廈仍在調查幽浮,只是換了名稱,也換了辦公室。然而,在參院6月提案要求規範下,而曾負責相關機密計畫的軍方前情報官員艾里桑多(Luis Elizondo)說,它已不需要再藏在陰影下。

101、美国公布"UFO报告",NASA局长"汗毛都立起来了"

2021-06-26 外媒报道

当地时间 6 月 25 日，美国国家情报总监办公室发布了一份外界关注的"UFO 报告"。不过，报告使用的措辞是"未知空中现象"（UAP），对这些现象进行了归类，并提供了几种可能的解释。

这是美国政府首次公开承认这些奇怪的空中现象值得官方认真调查。

令 UFO 迷们失望的是，这份公开版的报告并未提供 UFO 存在的"确切证据"，更没有美国政府同地外生命有联系的蛛丝马迹。美国官员也称，对这份报告"失望"。但也有官员称，看过完整版报告后"汗毛都立起来了"。

"UFO 报告"披露了什么

据《参考消息》报道，这份共计 9 页的报告是基于 144 起 UAP 现象完成的，发生时间介于 2004 年 11 月至 2021 年 3 月。这些现象主要由军事飞行员亲眼目睹，并被美国政府认为可靠的系统所记录。

据美媒消息，这 144 起 UAP 现象中，多达 80 起都是被多个传感器捕捉到数据，其中 11 起现象中飞行员同不明物体"差点撞上"。报告也并没有发现这些 UAP 现象是地外生命所为的证据，几乎所有案例都因数据不足，难以确定地说它们到底是什么或不是什么。只有一起最终被确认为是一个正在漏气的大型气球。

2020 年 4 月，美国国防部对外公布了三段美国海军分别拍摄于 2004 年和 2015 年的不明飞行物（UFO）视频。

针对 UAP 现象的原因，报告给出 5 种可能性：机载杂波、大气现象、来自美国的机密项目、外国未知技术以及"其他"可能。报告说，大多数 UAP 现象"可能确实"意味着存在物理目标，因为这些现象是通过雷达、红外、光电、武器系统等多种传感器观测到的，同时也包括肉眼观察。

报告还指出，在 21 份 UAP 现象报告描述的 18 起事件中，观察者报告了不寻常的移动模式或飞行特征。"一些 UAP 似乎在高空保持静止、逆风移动、突然机动，或在没有明显推进装置的情况下以相当快的速度移动。在少数情况下，军用飞机系统感应到 UAP 相关的无线电频率能量。"

报告认为，这些观测结果可能是传感器失灵、信号干扰或观察者的错觉所致，需要额外的严格分析。对于被归类为"其他"的 UAP 现象，报告称，其背后的原因仍是未知，需等待科学进步，以便更好地收集、分析和描述。

UFO迷们失望？NASA局长：汗毛都立起来了

据美媒报道，这份报告分为公开版及完整的保密版。公开版似乎让期待已久的UFO迷们失望了，反倒激起了人们对"完整版"的好奇。但据看过"完整版"的美国国会官员称，他们也失望，因为报告提出的问题比给出的答案还要多。

美国国家航空航天局（NASA）局长比尔·尼尔森称，他在国会就职的时候就看过了保密版的UAP报告，当时"我脖子后面的汗毛都立起来了"。比尔·尼尔森称，他还同一些报告中遭遇过UAP现象的飞行员聊过，"他们知道自己看见了某些东西"。

NASA有一个办公室就是研究地外生命的，尼尔森已经要求NASA的科学家研究报告中的事件及其可能的解释。尼尔森此前还表示，美国海军飞行员拍到的不明飞行物画面，不能证明就是地外生命体访问地球的证据。他也承认，现在排除这种可能性还为时尚早。关于地外生命是否存在的问题，尼尔森的个人观点是"宇宙如此浩瀚，肯定有外星生命存在"。

参议院情报委员会主席马克·华纳最早在三年前就收到UAP现象的简报。据他透露，这些现象的出现频率自那时起就开始增加了。不管那些到底是什么，美国必须理解并解除其威胁。为此，他强调，这份没有结论的报告只标志着理解这些"风险"的开始。

美国五角大楼已经宣布，将拟定一个正式执行这一任务的计划，用AI技术和机器学习等手段来分析这些UAP现象中的相似性及可能存在的模式。同时，美国海军也拟出了收集和报告这些现象的正式程序。

美媒还评论称，这份政府报告的出现本身就已经是一个标志性事件，即承认了这些无法解释的飞行物。据美媒采访的多位官员及查看的文件显示，官方将这些现象从科幻范畴转为实际的安全问题来看待，其实挣扎了很久。

102、美国新墨西哥州现不明飞行物 该州曾发生"UFO坠毁"事件

2021-02-23

据英国《每日邮报》报道,当地时间2月21日下午1点左右,美国航空从辛辛那提飞往凤凰城的2292次航班在新墨西哥州的3.6万英尺高空遇到了一个快速移动的不明飞行物。

▲2292次航班遭遇神秘飞行物,每日邮报

据Deep Black Horizon博主斯蒂夫·道格拉斯称,他截获了一段电波。电波中,该航班飞行员问空管是否看到飞机上方有其他飞行物,"刚刚有什么东西从我们正上方飞过去了","看起来像是一个长的圆柱状物体,就像巡航导弹一样的东西,在我们正上方非常快地移动"。当时,这架空客A320飞机正在以460英里的时速飞行。

据报道称,尽管新墨西哥州有一些军事基地,但该不明飞行物是导弹测试或其他军事行动的可能性很低,因为这种可能危及到飞行安全的行动都会提前通知飞行员。

《每日邮报》正在向美国联邦航空委员会(FAA)核实道格拉斯提供的这个音频片段,同时也在向美国航空寻求回应。

2月21日的这个神秘飞行物也同美国海军战斗机飞行员此前曾遭遇的一系列情况类似。《纽约时报》2019年的报道中,多名海军飞行员首次谈到在他们训练的空域出现了神秘飞行物,那些飞行物违背了已知的空气动力学原理。

新墨西哥州并非首次发生这样的神秘事件。1947年,该州的罗斯威尔市就曾发生过一起震惊世界的疑似"UFO坠毁"事件。

此外,2018年2月24日,两架飞机上各有一名飞行员报称,发现一个神秘物体从他们上方飞过。而这个事发地是在亚利桑那州的南部,靠近新墨西哥州的区域。当时,在3.7万英尺高空,一架凤凰航空(Phoenix Air)的里尔36飞机的飞行员问空管,"30秒前有东西从我们头顶飞过吗?"空管回称没有。这名飞行员还表示,"我不知道飞过的东西是什么,反正那不是一架飞机。"他还笑着称,那个不明飞行物一定是"UFO"。

2018年飞行员格林称其驾驶飞机时也曾遭遇不明飞行物 图据《每日邮报》

发现上述不明飞行的当日,美国航空的1095次航班飞行员也遇到了

这个神秘的飞行物。当时，飞行员布莱努斯·格林向空管报称，"我不知道那是什么。但那个东西至少在我们上方两三千英尺，从我们正上方飞过。"布莱努斯·格林后来还向当地媒体称，"那个东西非常耀眼，没法弄清楚它到底是什么形状。但它看起来一点也不像飞机，因为绝大多数飞机都会有某种机翼、尾翼，不管什么类型的飞机都应该有。"

103、美即將揭UFO秘密證據 神奇科技太震撼

2021/03/22 中時新聞網 楊幼蘭

美國國防部承認，曾撥大筆經費祕密搜尋幽浮（UFO），圖為五角大廈公布的幽浮影片截圖。（美國國防部）

美國握有太多尚未公開的幽浮（UFO）證據，有些科技完全超出人類想像。據國家情報前總監雷克里夫（John Ratcliffe）透露，美方有證據顯示，UFO突破音障，但卻能不產生音爆，同時它們的機動性也超出了已知技術的極限。

據福斯新聞（Fox News）和《每日郵報》（Daily Mail）22日報導，五角大廈和美國情報機構6月1日前必須公布相關情報的細節。隨著解密的日子逼近，各方也日益關切。雷克里夫說，其中許多事件至今仍難以解釋。他強調，目擊事件遠比公開的多，而其中有些已解密。

「我們所說的目擊事件，就是海軍或空軍飛行員所目睹的物體，或是衛星拍攝到，顯然在進行難以解釋活動的影像。」雷克里夫說，它們的行動人類無法以現有的技術模仿。而它們飛行的速度已突破音障，但卻不會產生音爆。

此外，他指出，全世界各地都觀察到這種不明空中現象。川普政府12月限定，相關機構必須在180天內公開UFO的情報。而雷克里夫說，他原本希望，能在1月20日拜登新政府上台前，就能公開他們的調查結果。

Wow. Maria Bartiromo gets former DNI John Ratcliffe to talk about UFOs ahead a deadline for the government to disclose what it knows about them...

"Usually we have multiple sensors that are picking up these things...there is actually quite a few more than have been made public" pic.twitter.com/qu4VlzrZw1

— Daniel Chaitin (@danielchaitin7) March 19, 2021

而相關報告夾帶在高達 2.3 兆美元（約 65 兆台幣）的新冠肺炎紓困方案中，去年 12 月由前總統川普簽署為法律。這份由五角大廈和情報機構提出的報告必須確認，這些空中現象是否會構成任何威脅，還有它們是否可能由敵國所造成。

雷克里夫說，有時他們會很想知道，敵方是不是有比美方所知更高的技術。不過，在某些狀況下，一些現狀就是缺乏良好的解釋。他強調，盡量公布這些資訊是「健康的」。而「不明空中現象專案小組」（UAPTF）2020 年初時曾發布修訂報告說，UFO 能任意在空中與水中穿梭，神不知鬼不覺地在海裡火速行進，並以驚人的速度竄升天際。

104、美军机师亲述：在这个州目击UFO已经习以为常

2021-05-16 每日邮报

奥马哈号拍摄的 UFO。

美国前总统川普去年 12 月底签署抗疫纾困法案时，当中也下令国防部和情报部门在 180 天内向国会提交报告，披露他们对"不明飞行物体"（UFO）所掌握的资料，此后越来越多 UFO 消息曝光。近日有製片人取得美国海军在加州拍到的 UFO 影片，另有海军机师亲身讲述他和同僚在维珍尼亚州海岸多次看到 UFO 的经历。

製片人科贝尔（Jeremy Corbell）在专门报道超自然现象的网站 Mystery Wire 分享影片，摄于 2019 年 7 月，由美国海军驱逐舰奥马哈号（USS Omaha Navy destroyer）的军人在加州圣迭戈拍摄。片中见到，一个球形物体在海面飞行一段时间后，沉入太平洋消失不见，更听到两人兴奋地喊道："哗，它溅起水花。"

短片撷图上月已率先公开，美国国防部确认 2019 年海军军舰在加州海岸拍到 UFO，打算下月公开报告。

机师：忧构成安全问题 不排除中俄科技

预定在周日播出的《六十分钟时事杂志》（60 Minutes）中，前海军上尉格雷夫斯（Ryan Graves）披露在2015年至2017年之间，他和同僚在维珍尼亚州附近受管制领空内无数次发现UFO，亦曾在佛罗里达州杰克逊维尔沿岸有过类似接触。

格雷夫斯忆述当初见到UFO：“坦白说我很担心。你也应该明白，如果这些（UFO）是来自另一个国家的战术攻击机，并出现在那里，将是一个大问题。”他续指，发现UFO看来跟战机有些不同，他们不愿意对此寻根究底，反而选择无视它们，任由对方每天看著，已经习以为常。

国防部前官员：技术超美国 可时速2万公里飞行

他引述其他目击UFO的机师，估计UFO可能是一些美国秘密科技，也有机会是敌对隐形战机，不能排除是某些中国或俄罗斯的科技，但他认为会是一些完全不同的东西。

亮相同一节目的国防部前官员埃利桑多（Luis Elizondo）说得更直白，这些UFO看来拥有一些远远超过美国已知技术的高科技，"想像一下，一项技术可以产生600到700的G-Force、可以时速1.3万英里（逾2万公里）飞行、可以逃避雷达、可以在天空、水中甚至太空之中飞行。而且没有明显的推进迹象、没有机翼、没有飞行控制面（control surface），但仍然可以抵抗地球引力的自然影响。这就是我们所看到。

105、美前國安高官：幽浮耍透美F-18戰機

2017/10/24 中時新聞網 楊幼蘭

在美國前總統柯林頓（Bill Clinton）與小布希（George W Bush）主政時期擔任國安高層職務的麥倫（Chris Mellon）說，美國海軍曾在聖地牙哥外海碰過長達40英尺（12公尺）的幽浮，而它打破一切物理定律，把好幾名F-18戰機駕駛耍得團團轉。

據英國《快報》（Express）23日報導，由於麥倫他曾任職參議院情報委員會（Senate Intelligence Committee）超過10年，也曾擔任美國國防部

副助理情報部長，經手大量美國內華達州51區的機密專案，因此外星迷對他的說法深信不疑。

如今麥倫加入了尋求真相組織「航星學會」（To The Stars Academy），他說，事情發生在大白天，當時「尼米茲」號（USS Nimitz）航母上有好幾千名海軍，一旁還有巡洋艦護航，其中有些人甚至拍下了這持續了好幾小時的奇景。

他說，由於那飛行器上沒有無線電應答器，因此對無線電通話毫無反應。「普林斯頓」號（USS Princeton）巡洋艦要求空中的兩架F-18戰機加以攔截，但是當戰機逼近時，4名駕駛看見它既沒有機翼，也沒有排氣裝置。

麥倫說，那神祕飛行物是白色，呈橢圓形，長12公尺，厚12英尺（近4公尺）。其中一架F-18戰機緊追不捨，另一架戰機則停留在高空。

而令這些駕駛瞠目結舌的是，這飛行物突然回身逼近F-18戰機。它一連串的桶滾動作，似乎打破了一切物理定律。

接著那飛行物直接跟在逼近的F-18戰機後面，這些駕駛在前所未見的技術下只能甘拜下風。後來戰機駕駛飛回「尼米茲」號上，但那飛行物仍盤旋不去，持續了好幾小時。

突然間，那飛行物飆到8萬英尺（約2.4萬公尺）高盤旋，突然以超音速俯衝而下，大約距海面上方50英尺（約15公尺）時突然停住，又盤旋了一陣。麥倫說，雖然美國海軍派出更多F-18戰機，但結果都一樣，那飛行物輕易擺脫了戰機。他指出，那顯然不是美軍的實驗機，究竟屬於何方，沒人能解釋。

106、美前总统卡特称见过UFO "解密计划" 泄露天机

2003年01月06日 华夏经纬网

近日，随着克隆女婴"夏娃"的诞生，邪教"雷立安运动"成为媒体关注的焦点，其中心教义"外星人克隆人类"也成为人们议论的话题。外星人到底是否存在？

卡特承认见过外星人

日前，法国马赛发生了一件令人啼笑皆非的事，一名男子夜间在当地一条高速公路上

疯狂超速行驶，警方出动警车长时间追击之后，以警车追尾相撞告终。当警方询问这名男子超速原因时，这名男子的回答令警方瞠目结舌："我发现有火星人在追我。"

外星人到底存不存在？美国一个由前政府雇员组成的一个团体表示，他们曾亲眼目睹了外星人的证据，该团体名为"解密计划"，由美国史蒂汶 M·格雷尔博士创立于 1993 年，它专门搜集全世界目击过 UFO 的军方和政府官员的第一手资料。据悉，该机构已经搜集到 500 余位有名有姓的美国政府军方前官员们的 1200 余页的书面宣誓证词，此外还有大量第一手经过证实可靠的音像资料、解密的军事文件以及相关的材料。

此外，美国前总统卡特也表示见过 UFO，据悉，卡特在三十多年前任职乔治亚州州长期间，曾向一些研究 UFO 的组织提交过两个正式报告，说他曾看到 UFO。在一九六九年一月廿二日，对身在狮子会饮宴的卡特来说是一个欢乐之夜。不过，突然天空上出现了 UFO 在他眼前闪过，且"有如月亮般明亮"。当它划过乔治亚州西南方的时候，发出红色和绿色的光芒，十分钟后它才消失。卡特是第一位承认曾与 UFO 近距离接触的著名政治人物，事发数年后，他在一次南方州长会议时还强调："我以后不会再嘲笑那些说曾见过 UFO 的人了，因为我自己也见过一次！"

美国政府一直秘密研究？

据"解密计划"组织透露，虽然美国政府再三拒绝承认掌握外星人的迹象，但实际上，近五十年来，美国政府一直在针对不明飞行物和外星人进行观测。他们公开的证人证辞透露，观测外星人的项目由美国空军具体负责，从 1947 年至 1969 年，俄亥俄州帕特森空军基地记录这个项目进行情况的蓝皮书共记载了 12618 次观测报告。

虽然"解密计划"对美国政府研究外星人的指证历历，但美国军方却从未承认过这种说法。近来，UFO 存在之争再出新解：美国中央情报局专家认为，UFO 其实是美国政府制造的骗局。海恩斯是专门研究美国侦察部的历史学家，他在翻阅了 20 世纪 90 年代中情局所有关于 UFO 的秘密内参后称，超过半数所谓的 UFO 实际上是有人驾驶的侦察飞机"。当时，

美国最机密的两样情报收集"宝贝"——A-12和SR-71，在飞临敌方上空时时刻受到致命的威胁，于是中情局想出释放UFO这枚"烟雾弹"来为其护航。

这一说法的可信性在于，这场针对公众的欺骗开始于20世纪50年代的早期，与"解密计划"所指的美国开始研究外星人计划时间相近；此外，记录显示，UFO在美国西南部的来去行踪与秘密侦察飞机的活动惊人地"巧合"。

但这一理由并不能对所有指证外星人存在的证据作出解释，例如，数十年来，世界各国不断有人宣称被外星人劫持过，巴西著名考古学家乔治·狄詹路博士更在巴西深山中发现了奇怪的遗骸和一批原子粒似的仪器和通讯工具。据悉，这些只有4英尺高的骷髅头颅很大，双眼距离较一般人近得多，每只手只有两个手指，脚上也只有3只脚趾，显然并非人类。此外，从南美的原始森林中传来的消息则更据有爆炸性：科学家发现，这里有7600多名几十年来被外星人劫持的地球人！据悉，科学家在亚马逊河附近的原始森林中发现这些人。他们过着群居生活，年龄最大的80多岁，最小的才几岁，他们都曾被外星人劫持过。这些人现已被转移到一个秘密的地方，以便进一步调查。

"解密计划"提供的惊人证辞

美国政府到底掌握了多少有关外星人的证据？这个问题始终是一个迷。但我们可从"解密计划"提供的几份证辞中一窥一二。

美国陆军国民警卫队退役准将"Y"在他提交的书面证词中表示：我是1958年参军，1959年调入白宫陆军通讯局，直接为艾森豪威尔工作，持有最高绝密级工作许可证。我对美国政府专门进行不明飞行物研究的"蓝本计划"非常熟悉，接触到许多绝对可靠的UFO文件，并且看到美国空军拍下的许多照片，包括美国海军陆战队飞行员、外国飞行员和雷达操纵员捕捉到的奇怪信号，我还亲眼看到神秘的罗斯韦尔事件中保存的奇异的金属残片。因为直接为总统服务，所以我发现艾森豪威尔总统本人对UFO非常感兴趣。

美国波音公司现任高级科学家"O"在2000年9月提供的书面证词中表露说：我在美国国家安全局、中情局、美国航空航天局、喷气推进实验室、空军第 51 号地区、诺思罗普公司、波音公司内有许多好朋友，而我本人一直是波音公司飞机表面材料专家。我有一次奉命到科蒂斯·拉梅伊四星上将的家里，上将告诉我说，当年确实有一艘外星飞船坠落在罗斯韦尔。我在美国国家安全局的朋友也告诉我说，基辛格博士、老布什总统、里根总统和戈尔巴乔夫全都了解 UFO 的秘密计划；我在中情局的朋友则透露说，美国空军曾经成功击落一些 UFO；我在波音公司的一位朋友曾经亲身来到 UFO 坠毁现场，甚至还抬过外星人的尸体！

美国空军退役中校"Q在"2000 年 9 月递交的书面证词中证实说：我在美国空军服役了 26 年，持有绝密级"特别部门 TK 工作许可证"，曾是波音公司计算机系统分析专家和美国空军怀特·彼得森空军基地后勤处长。我发誓，我在德国拉姆斯泰因空军基地服役期间，我曾亲手接到过一份绝密电报，这份绝密电报声称：一 UFO 在挪威斯卑次皮尔根岛坠毁，请求美国空军采取行动；在调回蒙大拿州马拉姆斯托姆空军基地后，我再次看到一份绝密电报，这份电报称，一个金属圆形的 UFO 屡次出现在美国导弹基地发射井上空，所有的导弹都奇怪地失控，根本无法发射！

107、美情报局解密200多万份UFO文件，揭开"天外来客"的神秘面纱

2021-04-13 科普中国

制作：李会超

监制：中国科学院计算机网络信息中心

近期，美国的一位档案解密爱好者从美国中央情报局（CIA）购买了存有解密的不明飞行物档案的光盘，并将文件整理之后上传到了 The Black Vault 网站中供大众浏览下载。

2700 页的档案让一些飞碟爱好者感到兴奋，但这些文件真的能帮助科学家找到外星人吗？

2012 年，美国肯塔基州警察收到了大量的不明飞行物（Unidentified Flying Objects，简称 UFO）目击报告。

人们发现，一个闪亮的神秘白色物体出现在了天空之中。

当地政府部门给不出确切的解释，于是当地纷纷传言："外星人"到达了肯塔基州。

实际上，这个白色神秘物体并非来自某个遥远的星球，而是互联网公司谷歌正在进行的试验项目。

他们释放了若干个大型气球，试图在空中搭建起一个高速无线互联网络，为偏远地区架起信息高速公路，以解决手机信号和网速不佳的问题。

UFO一直是"未解之谜"类的地摊图书中经常提起的话题，也偶尔成为见诸报端的新闻。

人们在空中发现了无法用之前的经验解释的物体，就会将它们当作UFO，有时还会发挥自己的想象力将UFO与地球以外可能存在的生命联系在一起。

然而，对于大部分的UFO事件报告，目击者看到的实际是已知的物体或现象，只是由于视觉误差的原因，或是现象本身超出了观察者的知识范围，才形成了UFO的误判。

除了肯塔基州上空的谷歌气球外，五花八门的物体和现象都曾经被误判为UFO。

1995年，在英国曼彻斯特上空，两名波音737的驾驶员发现一些闪亮的物体从他们上方快速滑过。

机长形容，这个物体由诸多闪光点组成，像是快速飞行的圣诞树。而副驾驶则声称他看到了一个黑色的楔形物体。

当时，航空管制员并没有在雷达能探测到的范围内发现任何飞行物，因此此次事件被列为一次UFO事件。

不过，通过对比1990年的一次类似的目击事件，分析人员认为两位驾驶员观察到的实际上是一颗正在坠入地球的报废卫星，亮光来自于卫星与大气相互作用产生。

1989年，夜间巡逻的比利时警察发现天空中出现了一个由亮点构成的三角形物体，正在天空中移动。

同时，比利时空军的F16机载雷达也发现了无法识别的神秘目标，不断传来的消息引发了一场"比利时UFO浪潮"。

然而，事后的分析表明，警察们看到的物体，很有可能就是行星和亮度较高的恒星组成的图案，而物体的"移动"则来自于警察们的错觉。

F-16探测到的回波信号，则最有可能是由高空大气的湍动形成的假回波。

无独有偶，1976年，英国德文郡的两名警察也曾把金星当作是不明飞行物并拉响警笛试图追逐逮捕"外星人"。

一对美国夫妇也曾报告他们被一个UFO追逐，还声称能够用望远镜望到UFO上的窗户。

不过，他们所说的UFO位置，实际上却是木星所在的位置，而木星之所以追逐他们，大概是"月亮走我也走"的视觉效果给他们造成了错觉。

每当天上出现奇异的景象，最兴奋的恐怕就是科学家们了。

天上出现的未知情况，可能和大气、空间、天文等多个学科存在联系。无论是出于探寻未知的好奇心，还是做研究、发论文的现实需求，科学家们都不会放过任何发现新事物的机会。

不过，早在上世纪六十年代，科学界就已经形成了共识——研究UFO不会带来科学上的突破。

上世纪五六十年代，美国隔三差五就会出现UFO的大新闻。

美国空军发起了蓝皮书计划，对各种UFO报告进行了系统梳理研究，试图寻找可能的解释与原因。

然而，由于组织上出现了偏差，这个计划招致了政客、记者和学者等社会各界的批评，认为计划开展的研究质量低劣，看起来还有一些掩盖信息的行为。

出力不讨好的美国空军本来想将计划一停了之，但担心这样会招致更多关于掩盖信息的指责，因此决定将相关的研究工作交给大学学者组成的委员会来进行。

经过几番筛选，最终确定卡罗拉多大学的爱德华·康登教授为委员会的负责人，因而人们也习惯将这个委员会称之为"康登委员会"。

委员会在研究大量材料后，形成了篇幅约千页、题为《UFO的科学研究》的报告，也叫《康登报告》。

报告分析了117例UFO事件及其成因，并得出结论：进一步的UFO

研究可能不会带来科学上的进展。

不过,《康登报告》并没有完全否定UFO研究,还指出大气科学和无线电传播等学科,如果对一些UFO现象的进一步探讨,可能会因此受益。

但这并不是说外星人来到地球,制造了大气和无线电传播中的新现象,而是发生在大气层和影响电波传播的电离层中的一些现象,可能被人们误认成了UFO。

例如,中高层大气中存在一种被称为"红色精灵"的闪电现象,规模比较大的"红色精灵"可以从距离地面30公里一直延伸到距离地面95公里的高度,还可以在水平方向上延伸30公里左右,看起来就像是空中的一只巨大"水母"或是飞碟。

这种有可能被当作UFO的现象,直到1989年才首次获得摄影记录,也成为科学家们十分感兴趣的一种现象。我国台湾地区研制的"福卫二号"卫星,还从太空中开展了对这种现象的观测。

对于UFO究竟是不是外星人的飞船,《康登报告》报告则认为"这是最不可能的解释"。

否定UFO和外星人之间的联系,并不意味着科学家们对在茫茫星空中寻找生命不感兴趣。像我们国家的射电望远镜FAST,就将寻找地外文明设定为科学目标之一。

当无线电传播信号开始使用之后,人们自然而然地联想到,既然无线电信号可以跨越大洋,将信息送到遥远的地方,那么外星人也有可能利用无线电信号将文明的信息传播到宇宙的其他位置。

1924年,当火星与地球的距离变得相对接近时,美国在8月21日到8月23日开展了"全国广播静默日"活动,所有广播电台每小时静默5分钟,为收听火星人的信号提供一个"安静"的环境。

与此同时,美国海军天文台利用飞艇将无线电天线送到三千米左右的高度,在那里进行了信号监听。

当然,通过探测,我们现在已经知道火星人只存在于我们的想象中,因此这次大张旗鼓的探测也以一无所获告终。

当射电天文学在上世纪初诞生后,射电天文学家们很快意识到,这些射电望远镜不但可以听到捕捉到来自天体物理过程的自然信号,也有可能捕捉到地外文明发射的人工信号。

1960年，康奈尔大学的天文学家德雷克提出了"水洞"的概念。他认为，如果其他文明与我们具有相同的生命体构成方式，自然会对"水"这种物质情有独钟。水是由氢元素和氧元素构成的。

在1.4GHz附近，有一个位于氢元素和氢氧元素构成的无线电谱线之间的区域，刚好可以用来叠加上人工信号。

虽然在当时德雷克自己对几颗恒星附近的搜索一无所获，但"水洞"的概念深刻地影响了后来的地外文明搜索，水洞频率目前仍是搜索首选的频段之一。

FAST望远镜就计划利用自身灵敏度高的优势，在水洞频率附近对仙女座（M31）星系进行监听。

如果在M31星座的一万亿颗恒星中真的存在地外文明发出的信号，那么FAST一定能捕捉到它。

如果在射电望远镜的后端安装发射设备，那么射电望远镜的天线也可以成为一个增益强大的信号发射器。

一些射电望远镜兼具接收和发射能力，曾经主动向宇宙中发射信号，试图与外星人取得联系。

1974年，当时世界最大的射电望远镜"阿雷西博"向球状星团M13发射了一束信号。

这束信号编码所构成的图像上，标示了数字、构成DNA的元素及基本单位，人类DNA的双螺旋结构，人身体的外形，行星的位置和望远镜的外观等。

自此之后，又有数十次这样的尝试，发射的信号内容也五花八门。这其中，既有利用政府公共资金资助开展的，也有私人赞助或民间自发筹措资金开展的。

但迄今为止，人们还未收到过来自地外文明的回音。

不少人担心主动发射信号的行为会把地球暴露在宇宙中的"黑暗森林"中。

为了对这一行为进行风险评估，学者们提出了"圣马力诺标度"的概念。

圣马力诺标度以信号强度值和信号特征值之和进行计算。在信号特征中,评级最低(评级为1)的是不带有特定信息的雷达信号,而评级最高(评级为5)的则是接收到地外文明的信号后,对它们进行有目的回应。

像阿雷西博望远镜对一颗或多颗行星发射的专门信号,风险评级则为3。

虽然诸多科学家认为和地外文明主动取得联系也许是一件危险的事情,但目前并没有强制性的规章制度,禁止圣马力诺标度较高的信号发射行为,科学的寻找仍在继续……

108、美一电视台称找到证据将揭罗斯韦尔UFO事件真相

2002年11月18日华商报

50多年来,美国新墨西哥州的罗斯韦尔似乎就是飞碟和外星人的同义词。50年后的今天,美国SCIFI有线电视台在考古学家获得了惊人的物证后声称,它将于11月22日大曝罗斯韦尔UFO事件惊天大秘密!

1947年7月3日早晨,农场主布雷泽尔发现,在一个放羊的牧场上,散落着一些样子奇特的金属碎片。据他说,碎片用刀切不开,用火点不着。布雷泽尔把碎片交给了郡警察局长,局长又转交给罗斯韦尔陆军航空基地的官员。第二天,布雷泽尔带领两名情报官员来到碎片散落的农场,他们用了整整一天的时间捡拾这些碎片,然后带回罗斯韦尔。碎片交给基地司令威廉·H·布兰查德上校后,上校立即召见了基地的对外联络官——直接参与这次事件的有限几个人员之一的沃尔特·G·豪特中尉,并让其发一个新闻稿。

然而,仅仅数小时后,美国军方就改变了说法,声称罗斯韦尔坠毁的不过是美国军方的一个实验气球,与外星人或者飞碟无关。从那之后,罗斯韦尔就被蒙上了一层又一层的传奇:有人说美国政府掩盖了事实真相,就连好莱坞也接二连三地拍了有关罗斯韦尔的大片。然而美国政府却否认有UFO坠毁的事,更不承认其隐瞒了真相。

这个消息吊足了全世界UFO迷们和普通美国民众的胃口。不管22日

公开的到底是什么内容，相信也好，不相信也罢，到时候一定会有不少人围聚在电视机前，看看这家有线电视台到底能捣出个什么名堂来。

109、孟照国事件

孟照国事件，又称凤凰山 UFO 事件，是指 1994 年中国黑龙江省的居民孟照国，疑似与外星人发生了第七类接触的事件。这起事件与各国其他 UFO 事件一样，社会对事件中诸多细节的真实性存疑，但特殊点在于此事件参与者村民众多，事后调查亦包含公安、新华社记者、大学教授、国家科研高干，而孟照国在 2003 年时通过了测谎仪测试，使事件更加扑朔迷离。[1] 中国大陆诸多官方媒体直到事发后十多年间仍持续播放关于此事的纪录片。

事件经过

孟照国和很多山河屯当地村民都表示在 1994 年 6 月期间，在他们工作的黑龙江省五常市红旗林场附近，看到凤凰山有奇怪的发光体降落。

第一次接触

村民最初以为那里有直升机坠毁，一群人约十几人前往探险，据这些人讲他们全体都目击到远方南坡上有一个巨大圆形反光体闪闪发亮，孟照国也在其中之一，而众人心生害怕所以无人再靠近，原路折返。

第二次接触

飞行物出现第十天后，孟照国及其侄女婿李洪海在好奇心驱使下前往事发地，并目击飞碟。他事后向记者绘图描述是一大圆形物体但不全是正圆盘状，头为圆后面有一曲折尾部，整体像一个怪异的勾玉、问号状，差别在问号前方是勾而飞碟前端当然是封闭的；成一圆盘，也似一怪蝌蚪状但尾端较蝌蚪粗，机体乳白带黄色，圆盘中间另有一圆物则材质不同有金属反光，众人在远处看到的反光就是该物，圆盘一侧还有两小方形突出物似乎某种仪器。而此时飞碟似乎是不正常降落状，圆盘一端插入山坡中，拱起一排石堆 (当地地质为石头较多的山体)。

李洪海也讲出与孟照国同样说法，并画出几乎一样的蝌蚪型飞碟图。

孟表示在继续接近飞碟时机体突然发出一种吱吱声，随即被一股力量电击且在眼睛剧痛下被推离，两人吓得慌忙离开。

第三次接触

孟照国两人随后返回林场将情况汇报给林场工会主席，主席于三天后带领一行30多人前往查看。孟照国在查看过程中拿出望远镜，大叫了一声看到了便昏倒在地，浑身抽搐。事后他回忆他当时看到了一个外星生物举起一个火柴盒大小的物体，并发出一道类似电焊的强光击中了他的眉心，随后就不省人事并在地上发疯般大力抽动。一行人见此就中断探索，急忙抬着他下山。孟之后陷入长期昏迷与半疯梦游状态一个多月后才清醒。

另一方面，当日到第二天凌晨时，处于夏初的凤凰山附近突然气温急降，村中比严冬还冷，村民表示当时冷到切菜手都拿不住刀，约一周后某日全体林场工人看到半个凤凰山被一巨大龙卷风罩住，高度近一公里，不少村民形容如同末日场景，但龙卷风似乎又有点怪异，呈下大上小状，风中还有模糊的红蓝闪光透出，龙卷风不久后消失而飞碟也消失。

昏迷中的梦

孟照国在长期昏迷中处于半梦半醒状态，能接受喂食和照料，有时突然瞪大眼睛叫喊并双手乱挥；有人给他纸笔时，他会写下些不明所以的字母拼音。

清醒后，孟照国接受山河屯林业局新闻干事关洪声详细询问，他回忆，昏迷期间看到一个雌性女外星人，大约3米高，有6只手指，身体器官与人类相似，但头大眼大类似牛眼，全身穿得严密只露出头和下体。整个昏迷期间，该名外星女人都在孟照国家中，但只有他看得到，别人都看不见。而孟照国几次双手乱挥喊叫是女外星人要强行与他发生性关系的反抗动作，但有一天晚上他还是与她发生了关系。孟照国表示当时老婆和孩子静静的躺在床上，他自己漂浮在上方，与那位女性进行了40分钟左右的性交。在家期间，外星人曾用一枪形物体往他大腿注射，当时无痛但感觉皮下有数个火柴头大小的颗粒物。

隔几天，孟照国第二次与该名女性外星人性交，结束后外星女人离开，从此未再出现。之后，他看到另外两名男性外星人直接穿墙进入家中，在迷濛中把他穿墙带走,不知怎地高速移动到一外星基地,他看到机库中停着数十艘与之前相同的飞碟。随后两名男外星人再把孟照国带到其中一艘飞碟中,见到一个类似首领的外星人,该名外星人叫别人取来一个方形物体,之后他便听得懂该外星人的话语并在眼前看到一些画面。该名疑似首领的外星人表示此次他们来地球有三个目的:一是了解研究地球;二是躲避彗星撞击木星;三是告诉人类不要再浪费力气进行战争,应该关注保护环境。孟照国问起自己是否能再见到之前那名外星女性,得到的回答是否定的。不过外星人表示,60年之内一个中国农民的后代将诞生在其他星球上。他们同时表示孟照国有机会去看自己的孩子。

之后他亲眼看见了彗星撞击木星的场景(苏梅克—列维9号彗星事件),然后外星人取走皮下植入物体,取出时较痛,后被送回家,他清晰记得回家后看了手表是7月17日约凌晨3点40分。

此时孟照国依然处于昏迷阶段后期,精神较好但依然半梦半醒。第二天早上,他的伤口完全无痛,只剩下痒感,那几天内他觉得痒时就会用手抓伤口。孟照国声称,自己当时突然抓下一层覆盖于皮肤的不明胶状物质,该物体能拉长到一米左右;他表示自己原本将不明物体放在小桌上,但几天后要找时,已经被妻子当成垃圾清掉,唯一的物证就此遗失。之后随着时间过去他完全清醒,并开始讲述经历。

官方调查

山河屯林业局在不久后派出山河屯公安局国家安全保卫大队长珏朝君(在当地公安局分管国安相关事务)和山河屯林业局新闻干事关洪声调查,两人采取一明一暗方式走访,关洪声以记者公开采访名义活动,珏朝君则变装潜入村中用私下好事者套交情的方式聊天,看村民在两种情境下说的话是否一致。但隔日两人接头后比对发现问到的说法吻合。之后关洪声判断不论真假都有新闻价值,将稿发给新华社。

此稿件却引起了国家科委主任、中国科学院院士宋健的关注,下令黑龙江科委调查凤凰山事件,并且新华社将整件事作为报导后成为全中国大陆著名的年度焦点和中外记者采访题材,不久后黑龙江科委组成的学者调查队前往当地,在南坡村民称飞碟处发现周边许多树枝有烧焦痕迹,地上有长带状的岩石破裂翻动痕迹。但也有学者指出高处山边缘树枝容易受到太阳高温和风雪交替伤害，也会有焦痕，而岩石破裂可能是人为，另一派则认为焦痕状态很不自然，岩石破裂状态总体观感也很不像人为，两派意见不一而未有结论。

后续发展

数月后另一起中国幽浮悬案贵州空中快车事件就在贵州发生，当地居民也称目击发现强风和风中疑似红绿光闪烁的飞行物，从此两案常在幽浮圈中被一起讨论。后来孟照国离开了农村，至今在哈尔滨一所食堂担任管理员。

2003年9月，孟照国在被催眠的情况下接受了机器测谎，以获知他是否在该事件中说谎。组织此测谎的UFO研究者张靖平表示，测谎结果显示孟照国在该事件中并未说谎。张靖平同时表示，医生在检查孟照国大腿处疤痕后表示此疤痕"不是由于正常的受伤或手术造成的"。然而有人提出在幻听、幻视、幻触等感觉错误或精神障碍下，当事人不认为自己说谎，也能通过测谎，对此类当事人实施测谎的意义不大。

支持与争议

外界对于此事件的讨论包括几点常见于外星人事件的争议：

没有发现外星人留下的任何物品，孟照国所称的大腿覆盖体也没能提供。

有人认为孟照国可能有臆想症，幻想严重者也能过测谎。

孟照国在事件后曾变更描述中的一些数字。

支持论者则认为：

如此多村民都看见并参与，在1994年的时代要全村低教育农民串通虚构此一事件，集体对公安和许多专家说谎不露馅，虽不说不可能但似乎很高难度。

孟照国通过测谎。

他与侄女婿描述的飞碟型态独特，是否是一农民能创意发想出来，而若要虚构事件使人相信直接讲成是传统圆形飞碟是否更易使人快速相信。

国家科委高层与新华社等为何关注，天下之大这些单位每天收到的各种真假奇闻来信多不胜数，若背后没有一些东西经过研判，不会理睬。

哈尔滨工业大学教授陈功富是此事件最大支持者，同时他也是飞碟爱好者。陈功富认为所有过程都为真,孟的伤口型态无法用医学解释,他皮肤抓下的的胶状物质其实就是一种外星绷带,能加速伤口愈合,而凤凰山当地出现的极冷天气是太空船维修完毕后引擎启动,开始吸收周边热量当成能源,是一种熵热相关原理的机械。

而其他世界华人UFO联合会等爱好者团体也偏向支持,但也有认为事件半真半假的声音,认为有些部分是村民或孟本人想出名而添油加醋,但凤凰山飞碟是确实存在等。

110、破解中国UFO三大悬案 第3类接触多是骗局

2006-10-07

"世界UFO大会"在大连召开。UFO尚未被主流科学界认同,与会的大约200人绝大多数没有相关专业领域的知识背景。

把"UFO大会"看作是一次民间UFO业余爱好者的聚会无可厚非。值得注意的是,一批声称曾经遭遇过外星人,有过"第三类接触",及具有"特异功能"的人士,在这个聚会上亮相,给民间UFO研究蒙上一层神秘的面纱。专家对这些UFO经典案例一一批驳,并指出,所谓外星人与"第三类接触"迄今尚未被科学证实,因而是不科学的,如果民间UFO研究仍然要靠神秘哲学和迷信惑众,难免重蹈沦为伪科学的覆辙。

外星人背他飞行?

专家:当事人可能中度偏执。

黄延秋,河北省肥乡县北高村农民。1977年,黄延秋连续三次神秘地失踪,自称不乘任何人间交通工具,由两个不明飞行人携带,一夜之间腾空飞越到一千多公里以外的南京、上海,第三次失踪居然跨越了19个省市,飞遍了大半个中国。这件离奇的飞人事件被称为中国UFO三大悬案之一。

不借助任何交通工具怎么可能累计飞行1万多公里?作为摆脱不了地球引力的人类又怎么会飞?这究竟是真实故事还是一个谎言?

49岁的黄延秋看起来比他的实际年龄要年轻几岁。这个正在为二儿

子筹盖婚房的河北农民走在大连的街道上时,常常下意识地朝天空某个不确定的远方眺望,似乎在等待着什么出现。

"你真的确信见过外星人吗?"记者问。

"其实我当时也不知道是怎么回事,我也不知道我是怎么到了南京和上海。"这个堪称中国 UFO 经典案例第一人的农民回想起自己 21 岁的那段"离奇"经历时陷入了苦恼。

1977 年 7 月 27 日晚上,出工回家的黄延秋在吃完晚饭后就躺下睡觉了,然而"一觉醒来"居然发现身在南京。按黄延秋自己的描述,他是从头一天晚上 10 点到第二天早上 7 点就到了南京,这中间相差仅仅只有 9 个小时,在这 9 个小时里,黄延秋便从河北他的家乡北高村一下子到了江苏的南京。

邯郸和南京两地相距至少 1000 公里,而且从黄延秋的家里到邯郸还有 45 公里的路程,在交通不发达的上世纪 70 年代,黄延秋怎么可能在 9 个小时内从河北农村到达江苏的省会城市南京呢?这当然轰动一时。

接下来的事情更离奇,"两个民警又买车票把我送到了上海遣送站"。并且,在 1977 年 7 月 28 日,也就是黄延秋失踪后的第二天,一封电报就从千里之外的上海发到了肥乡县,要求乡里来上海领人。"

1977 年 9 月初的一天晚上,已经回到家乡的黄延秋再次"遭遇神秘劫持":当天晚上十点多钟回的家睡觉,然而"一觉醒来,我发现自己又在上海了"。这次是在上海的老乡把他送回了老家。

1977 年 9 月,黄延秋第三次神秘失踪了,而且这次出去的时间最长,去的地方最多。按他的描述,9 天之内他被两个能飞行的人背着飞越了 19 个省市,抵达了兰州、北京、天津、哈尔滨、长春、沈阳、福州、西安八个城市,累计飞行一万多公里,而且每到一个城市几乎都只花了一两个小时,据推算,平均每分钟至少飞行 20 公里,飞行速度接近音速。

就是这起典型的外星人劫持地球人事件,除了当事人的口述,至今并没有直接的证据能够证明这三次离奇的飞行。而事隔 10 年之后的 1987 年,有国内一些 UFO 调查者才写了第一篇报道认为,此事与外星人和 UFO 有关。

"其实当时我并不知道这事是外星人干的,是 1987 年他们采访我时,他们告诉我说可能是外星人干的。"事情过去了 28 年,埋在黄延秋心头的疙瘩并没有减轻,相反越来越重。

中国科学院心理研究所脑高级功能研究室博士后李春波认为:这是比较典型的"梦游症",人一旦睡着,醒来之后,到了另外一个地方,他中间不能回忆,回忆不起来。"我也不理解,专家说我是梦游,我不承认,但是我也不知道中间发生了什么。"黄延秋说。

去年 12 月,黄延秋在北京市一家测谎中心进行了一次全面的测试。两个星期后,测试结果出来:黄延秋没有通过测谎。

北京市安定医院精神卫生科的专家说,正常人不可能会飞行,这种思维已经超过正常人的生理耐受性。但是黄延秋觉得很自然,还坚信自己,跟正常的思维逻辑就有偏差。医生怀疑黄延秋是"中度偏执"。

东北农场林工被外星人电击?

专家斥为"谎言"

在"UFO 大会"上,主办单位称将邀请另一个和外星人及飞碟有过离奇遭遇的地球人来大连,但是直到结束,此人并没有出现。

据了解,这个当年自称被飞碟击伤的黑龙江林场职工叫孟照国。现在东北一家大学的食堂工作。

1994 年,在黑龙江省红旗林场工作的孟照国自称在凤凰山上被外星人击倒,并被外星人带上了飞碟。此事被列为另一个重要的中国 UFO 悬案。

当年 6 月 7 日,孟照国自称在凤凰山南坡看见了会叫的大怪物,几次试图靠近它,都被一堵无形的电墙打了回来。消息很快传遍了整个林场。第三天,也就是 1994 年 6 月 9 日,孟照国带着林场的干部职工,直奔怪物停留的地方。人们准备了望远镜、照相机、录音机,希望留下怪物的证据。但是大约走了五公里,一直没有看到孟照国发现怪物的地方。

即便是拿望远镜,人们还是一无所获。奇迹就在这时发生。孟照国拿过望远镜,却大呼"看见了",然后就倒在地上浑身抽搐。一副被"外星人击伤"的样子。此后,"林场职工被飞碟外星人击伤"的消息迅速传遍大江南北,并上了报纸。

和黄延秋的故事极为相似的是,孟照国"遭遇外星人"同样只是一个人的叙述,至今没有直接的证据加以佐证,有的不过都是人们的推断、猜测和想象，自然，此事又成为一桩UFO悬案。调查者认为，可以肯定的是，既然UFO的定义是不明飞行物，那么可以首先肯定的是，当年孟照国在山上"看见"的静止白色物体并不能称为UFO，因为"没有证据证明它以前飞过"。

UFO研究者张茜黄觉得这个故事听起来像弥天大谎，缺乏可信度。因为当时正好出现有关彗木相撞的新闻，所以有可能让这样的谎话有了一个圆满的疑似UFO的结局。心理专家杨宜音则认为：很多人都非常容易受到他人暗示，会不知不觉根据和别人的关系来形成自己的想法和判断。

专家认为，当一些人面对自己和面对他人的期望的时候，会对自己的经历做一个塑造，这并非是有意欺骗人，而是在潜意识里有要把经历做圆满的这样一个动力。"临床上是一种记忆障碍，术语叫虚构，这个情况在很多精神障碍当中出现。"

据介绍，公安部原测谎专题组组长、组织研制中国第一台测谎仪的专家杨承勋认为，孟照国的故事，"是刻意编造的，根本就没有这回事，我们可以判断他在说谎，但是还有另外一种情况，比如产生的一种幻觉，一些精神上的状态，我脑子里就有这个记忆，那么这种你要通过测谎就很难判断出。"

他认为，孟照国遭遇外星人"可能是一段很特殊的心理经历，而不是一个真实的经历"。

飞棍来自何方？

专家揭开谜底，原来是摄像镜头的光学机关作祟。

近几年，很多人声称见到了一种神秘的"飞棍"。

最早的飞棍是在1994年美国人拍摄到的。这是人类第一次将它记录下来。美国独立电视制片人朱斯在自己所拍的录像带上，发现有些不同寻常的东西飞过天空。

从外观上看，朱斯发现的是一个圆柱形物体，飞行的速度非常快。由于这种飞行物的形状像一条棍子，朱斯就将它命名为飞棍。朱斯将自己的发现公布出去，引起了人们广泛的关注。很快，世界各地的人们开始不断地拍摄到飞棍的画面。对它的描述是：身体细长像一根棍子，大到上百米，小到几厘米，在空中急速飞行。更有人把这当成外星人和地球人交流的信息。

有意思的是，几乎所有的"飞棍"都是当事人用摄像机或者照相机拍下的，在真实的空间，人们用肉眼并没有亲自见过这种来去无踪的"飞棍"。

就在今年 5 月，东北一家药厂声称自己拍到了"飞棍"。北京 UFO 研究者张靖平和中央电视台记者亲赴吉林，不仅拍到了"飞棍"，而且有幸解开了飞棍的奥秘。

张靖平对记者介绍：最早发现"飞棍"的是这个药厂的录像监控设备。5 月 21 日晚，振国药厂的监控员突然发现显示器上一道白光迅速闪过。回放录像资料时，发现监视器拍摄到了一个长条形的飞行物迅速飞过厂房上空，大概三米长，飞行时速达到了 200 公里以上。从外形上看，显然不是人造。

不久，气象部门也排除了是闪电的可能，一个星期之后的某天夜晚，神秘飞行物又在药厂上空出现，而且这次是晴天。

起初张靖平他们认为可能是昆虫之类的东西，但是连续拍摄多日后，仍然没有发现飞棍的踪迹。就在准备放弃寻找时，由于脚底一滑，张靖平手里的摄像机剧烈地晃动了一下，就在摄像机晃动的过程中，他发现镜头里有些异样的东西。

张靖平开始怀疑飞棍的出现可能和摄像机的某些性能有关。因为此前所有的飞棍消息都是只在摄像机里出现。张靖平了解到药厂摄像头的拍摄快门速度是十六分之一秒，于是就把自己摄像机快门速度调整成接近的十二分之一秒。

当他路过一个地灯附近时，神奇的一幕出现了，原来正常飞行的各种小飞虫霎时间变成了无数个大大小小的飞棍，这些飞棍的形状与姿态和人们以前拍摄到的飞棍一模一样。

真相大白，原来飞棍的出现不过是摄像机的假相而已。比如拍摄行驶的车辆，用 1/8 秒的低速快门来拍摄时，由于车是运动的，用 1/8 秒的快门不能有效地"固定"汽车，车就显得略为模糊，但背景是静止的，所以是清晰的。这样就形成了动与静的对比。

张靖平拍到的飞棍是一种夜间活动的飞蛾。由于摄像头红外线的吸引，加上飞蛾的快速飞翔，再有摄像头十六分之一秒的快门，最终造就了飞棍。

"如果我们把摄像机的快门调整到这种速度,就会发现,飞棍无处不在。"张靖平说。

如何识破"第三类接触"骗局

关于UFO及外星人第三类接触,几乎没有一件被科学试验手段得到证实。人们的以讹传讹,加重了对UFO神话的误读和迷信。

北京天文台馆长朱进认为,地球上的生命肯定不是惟一的。地球只是很普通的绕着太阳的一个行星,太阳本身是很普通的一个恒星,在银河系里边像太阳这样的恒星,有2000亿颗左右。每一个恒星都可能像太阳一样,有它自己的行星系统,所以说在所有的这些星球里,如果只有地球上有生命,可以说是不可想象的。

同时他认为,即便地球的能力再发达,到目前为止人类绝对没有能力在有生之年飞到太阳系边上,如果说外星人再从其它的星球通过宇宙旅行到地球上来,从人类的角度考虑,也是非常非常不可能的。

紫金山天文台的王思潮研究员介绍说:很多声称和UFO亲密接触的案例都是不可信的。判断到底是否曾有发生过第三类接触,要有几个条件:首先要有证据,不能用排除法。比如,既然声称和外星人接触过,一定要拿到外星人的东西,不能空口无凭。而且拿到的这个东西必须是地球上的人类造不出来的,才可信。而且必须经过专家的鉴定,不能当事人自己说这是外太空和外星人的东西,而且必须是地球上没有的材料做的。这个条件并不苛刻,但是遗憾的是,目前所有的UFO和外星人接触案例,没有一个达到这个要求。

其次,声称见过外星人和飞碟,必须同时有非相关群体作证,比如,一个地方几个人看到一个飞碟是不作数的,必须要有好几个地方同时看到。

最后,外星人的DNA也肯定和地球人不一样,这同样要拿到科学证据,才能证明是真正的外星人。

他认为,以目前的科技水平推断,不排除存在地外文明的可能,但是这一切要依靠严谨的科学实验加以证实。

链接

不明飞行物，就是我们通常说所的 UFO，是英文 U-nidentified Flying Object 的缩写，世界上第一次大规模关于 UFO 的报道是 1878 年，美国农民马丁在空中看到了一个圆形物体。1947 年 6 月，美国人阿诺德在驾驶飞机时，看到了有 9 个白色碟状神秘物体在天空中飞过，他将它们称为飞碟，被新闻媒介广泛报道后，人们就习惯用飞碟这样一个形象的名称来称呼不明飞行物，我国近年来也有这类目击报告出现。

111、青海山洞发现大量铁管，距今有2300万年，难道是外星人的信号塔

2021-04-24 币圈解读

我国是一个地大物博的国家，在我国的青海省有一座山叫做白公山，中国西部地区地势本身就比较高，而且还有很多的高原和山脉，然而这样一座山也并没有什么大不了的特别之处，就是这个山上有很多参次不齐的牙洞，并且有人在这些洞穴里发现了铁质的管状物。

青海山洞发现大量铁管，距今有 2300 万年，难道是外星人的信号塔？

当地人发现了这个山洞的时候，很快就向有关部门汇报了情况，专家到此地研究发现这些铁管的存在年代非常久远了，具体能够追溯到距今 2,300 万年之前，但是这个说法也是解释不通啊，因为人类在地球上生存了也不过有几百万年。

这么久远的造铁技术，肯定不是出自人类之手，那又是谁留下的呢？是想 2000 多万年之前的地球，人类还属于灵长类的生物，他们过着衣不蔽体食不果腹的生活，为了逃避凶猛野生动物的追捕，白天栖息在树上，只有等到晚上才敢下地觅食。

然而铁制品也是在春秋战国时期才被发现的，所以有人认为这很有可能是外星人路过地球的时候留下的，甚至还有人觉得曾经外星人想要把地球设置成自己的根据地，所以在这里建了一个信号塔，然而这些铁制的管状仪器就是他们的信号塔。

虽然这些铁制品的出现，至今都没有找到原因，但是外星人的痕迹却

被宣传的沸沸扬扬，每年都有无数人会来这里一睹外星人留下的信号。

可疑的是这个建筑物周围人迹罕至，而且山上寸草不生，除了这些铁制品之外，还有非常奇怪的一点，这里还有一个巨大的怪圈，而且圈里有奇异的图案。

也有人认为或许地球的文明是不断循环的，在人类出现之前，地球上早已经出现过类似于人类的文明，他们创造了高度发达的文明社会，只是后来灭绝了。

然而这种说法也并不是毫无依据的，因为曾经在一块三叶虫的化石上发现了类似人类的脚印，这些未解之谜，现如今仍然让人们感觉非常的疑惑，要知道在庞大的宇宙当中，地球可能并不是唯一存在生命的星球。

若其他星球也拥有生命，或真的存在外星人，并且他们的文明完全高于人类的话，这些难以解释的现象或许真的可以归结为外星人所为。

112、全球第7根金属柱出现，难道外星人要来地球？科学分析神秘的现象

2021-04-27 生活续航员

近日，在西班牙的一座教堂废墟里面，出现了一根神秘金属柱。算上之前在美国，英国，罗马尼亚，荷兰，哥伦比亚的出现金属柱，这次是第7根了。

令人感到诧异的是，从第1根出现到现在的第7根，时间上相隔不到一个月！

第一根出现于2020年11月18日的美国犹他州，现在扩展到全球多个国家，目前关于这样的现象，有科学家称之为金属碑，也有人称为金属柱。

由于对这种金属物质的用途，来源以及未来是否还会出现新的种类，大家还不清楚，因此也引起了大家的热议，一时间外星人进入地球的消息众说纷纭，也有人认为是外星人送给地球的礼物。

如果从科学的角度来看，人为创造出这样的金属柱，有多大可能性？

若是外星人送给地球当礼物，是不是太明显了？

7根金属柱的境遇是不一样的，有消失有出现

首先是发现的位置区域没有共性，最近发现的是在西班牙教堂，而且是一座废墟上面，但英国是在小海岛发现，美国犹他州是在沙漠，罗马尼亚是在一座考古保护区的山上发现。

其次是金属柱的物理特性也不一样，比如英国怀特岛上的柱子表面，如同明镜一样可以反射光照；荷兰和哥伦比亚柱子的颜色是金黄色的，而美国加州和犹他州的金属柱，是没有任何纹理和颜色，但是能反光；罗马尼亚柱子表面却很粗糙，还有肉眼可见的纹理，令人不解。

第三点是，7根柱子的出现时间是没有规律的，最早出现的犹他州金属柱消失当天，罗马尼亚就有了第2根，而罗马尼亚金属柱消失的时候，加利福尼亚州又出现了第3根柱子。后来出现的几根金属柱都还在，有一根倒下了，不知道下次是怎么样的变化？

2根美国境内的金属柱有人认领，是炒作还是另有隐情？

除了一个来自美国的团体声称，犹他州和加利福尼亚州的金属柱，是他们研发创作的，其余5根柱子无人认领。虽然该团体公布了金属制作的3D打印视频，但由于是美国的艺术家团体身份，很多人并不相信他们所说的话，认为是故意炒作的可能性更大。

如果金属柱之间有联系的话，应该会有人站出来，本身现在引起了很多科学界的议论和探索，但打着外星人的旗号，是否能给大众更多的神秘感呢？

科学分析，人为的可能性比较大，外星人还是靠想象

我们从科学的角度来看，外星人用这样的方法显得太落后了，即使想占领地球也应该悄悄地，或者是直接发出强烈的信号，所以说外星人送给地球的礼物纯靠想象。

现在全球的形势这样严峻，有些人或许是压抑不住自己的天性，就联想到这样的方式，虽然很新颖有创新，但看上去不科学。

发现金属柱的当地也很有意思，有点像配合的样子，要求民众避免参观，不要靠近。本来很多人不知道，或者是不好奇的，这样一宣传，会吸引更多的人，这样人为创造金属柱的人无疑是高兴的。

最后我想说的是，西方人对于外星人的向往和研究，真的是乐此不疲，若是未来有一天看到了真的，不知道是好还是坏呢？大家觉得下一根金属柱可能出现在哪里呢？

113、社会各界热评UFO事件 民众科技兴趣空前提高

2003年03月12日 北京娱乐信报记者张薇

　　昨日，航天部、国家天文台、中国航天学会、中国社科院专家以及央视主持人等权威人士联合通过本报点评近日引起强烈反响的UFO事件。他们一致认为：事件背后折射出民众对科技空前的关注才是真正应当引起注意的。

　　昨日下午，航天部高级工程师王焕良告诉记者，74岁的高维宏拍摄了UFO以后，还怀着"打破沙锅问到底"的信念走访好多专家，并且把拍摄成果毫无保留地提供给有关研究单位，很难能可贵。他告诉记者，关于UFO出现争论其实是有积极意义的，在一次次的争论中，UFO本身的概念和它与飞碟的不同最终将深入人心。

　　中国航空学会会员、《航空知识》杂志社主编谢础先生告诉记者：民众对于科技的关注度逐年提高，是与我国航空事业的飞速发展分不开的。

　　中国社科院博士后倪鹏飞在对本事件点评时提到了他自己的一项研究。他告诉记者，去年他们对全国200个城市研究发现，在市民对社会领域关注度的调查中，科教的排名已经仅次于赚钱。倪先生认为，一个城市生产力最基本的组成部分就是市民和企业，而市民对科技关注的提高必将促进一个城市的发展。

　　昨天晚上9时许，记者还与央视著名主持人崔永元取得联系。他告诉记者，以前他们曾经在《新闻调查》做过一期关于UFO的节目，当时也搜集了很多资料，采访了一些热心观众。采访中，发现有许多UFO现象被确认为一些别的东西，而另一些最后也只能是认为"不明"。所以对待UFO一定要落实到底，要采用科学的方法来论证。

　　另外，昨晚本报执行总编辑孙瑜还通过长途电话与正在外地出差的司

马南先生进行了沟通，双方共同认为此事的关注点应落在民众科技意识的提高上。

114、神秘发光体变幻姿态掠过陕川 大半个中国看到UFO

2002年07月07日 华商报

7月1日，本报刊登了"不明飞行物经过陕西"的新闻，而当天全国各地许多媒体都不约而同地报道了类似的消息：6月30日晚10点半左右，一个神秘的发光体变幻着各种姿态掠过江苏、河南、陕西、四川、重庆等地的天空。

《天府早报》的报道中说，"一些读者打进电话称天空中出现一发光物体，光芒呈白间橙色，从东向西缓缓飞行，持续了约3分钟。发光物体大小如一张办公桌，并且在飞行过程中，物体不断地变着形状，由月牙形变成扇形。"

河南《城市早报》报道了当地目击者的描述："10时30分，夜空中北斗七星勺把处突然出现一火箭状不明飞行物，接着"火箭"后面的尾巴呈扇状打开，发着亮光，再往后发亮处弯成月牙状，且弯月上面有一颗明亮的圆球，发出耀眼的光芒，5分钟后，不明飞行物消失在夜空中。"

《兰州晨报》报道说，临洮一位叫陈世文的摄影师当天晚上正在给人家拍摄葬礼，突然人们指着天空惊呼："飞碟"，陈急忙将镜头对准天空，"只见夜空中从正东方平行向西缓缓飞来一亮物，身后拖着一条明亮的尾巴，大约2分钟后飞行物停在空中，亮尾先消失，随后飞行物也变暗、消失。又过了大约一分钟，不明飞行物再次闪亮，亮度更强，并朝偏东南方向螺旋式上升，旋转约十几秒后飞行物呈现为一元宝状，后渐渐消失在夜空中。整个过程大约持续了5分钟。"由于丧主家人笃信佛教，有人认为佛光呈现，也有人说是飞碟。

《扬子晚报》还发表了一张此物的照片，据当地读者反映，西北天空有一状如初升太阳的物体，像射灯一样发出扇形光亮，光线如波浪一样涌动。十多分钟后，光亮逐渐消失，空中只剩一团云雾。

四川一媒体报道驻地空军训练时与之同飞，竟以为是敌机！亲眼目击此"发光物"的重庆市天文台台长助理田香远指出了它的准确位置：大熊星座与小熊星座之间。

同时，湖北荆州、内蒙古包头以及黑龙江大庆等地的网友也在网上表示，他们也看到了同样的东西。

从各地媒体的报道可以看出，目击者所描述的发光体外形、大小、持续时间、飞行方式非常相似：它很高，比一般的飞机飞得高得多；它很大，"有三个满月那么大"（一网友描述）；它很亮，颜色从橙色转成白色；它出现在西北方向，从东向西移动，速度并不快；它呈扇形，光波向外波动；它持续的时间从两三分钟到十几分钟。由此可以推定，6月30日晚10点半左右，一个"不明飞行物"光临了从东到西的大半个中国，人们所看到的是同一个"不明飞行物"。

不明飞行物现身陕西

就在甘肃、四川、重庆、河南、江苏等地出现了这一奇异现象的同时，我省许多地方也有目击者声称看到了不明飞行物。

6月30日晚上，眉县第一水泥厂的职工陈根喜正和6位同事在矿山上工作，当时天气晴朗，深蓝色的天幕上繁星闪烁。突然有人喊："快看！快看———那是啥东西？"陈根喜抬头一看，只见西北方向的高空中有一团耀眼的亮光。一个圆球形和半圆形的物体结合在一起，圆球发出红光，几秒钟后变成耀眼的白色光团，然后中间的亮点逐渐消失，整个东西的外形像个"元宝"，似云似雾，但并未被风吹散，始终保持原状，一两分钟后，光线逐渐变淡，并快速直线上升，转眼消失得无影无踪。陈根喜记下了它出现时的时间：晚上10点29分。并画下了自己所见到的东西的外形。

与此同时，合阳县文化馆的史耀增也看到了不明飞行物。当时他正在院子里和几位朋友闲聊，突然大家发现天空中出现了一个奇怪的东西，他在给报社的信中这样形容这个东西："虽然没有月亮亮，但比其它的星星要亮得多。更为稀罕的是，这颗星像喷气式飞机喷尾气一样，身后开成一个扇面状的光晕，而且是一波一波的，非常好看……慢慢地这个发光体被自身发出的雾状物遮盖，而且不断扩大，形成一个'白太阳'，而身后的扇面则变成了一个和发光体颜色一样的硕大的白月牙，月牙抱着太阳，日月同辉……"史耀增当时叫妻子进屋看时间,是晚上 10 点 35 分。史耀增也画下了自己所见到的东西的外形,与陈根喜所画的图几乎完全一样。

虢镇的王小兵先生非常详细地记录下了这一过程:晚 10:18,该发光体出现一条较亮的梯形尾巴;10:21,发光体的尾巴消失;10:23,该发光体出现 3 道不等宽的弧形发光带,位置是其北侧,弧度大约为 160 度;10:25,光带亮度达到极盛,随后逐渐变暗;10:31 彻底消失。王小兵给报社发来的电子邮件中还附有自己画的示意图。

当天晚上,上百个兴奋的电话打进本报热线,向本报提供"发现不明飞行物 (UFO)"的新闻线索,这些电话分别来自宝鸡、眉县、泾阳、咸阳、西安、长安县、铜川、渭南、澄城、合阳、汉中等地,几乎全省都能看到。而读者对看到的东西大都描述为"扇形"、"行走的星星"、"月芽"、"船形"、"光柱"、"光波像波浪似的一波一波向外涌动"等。由于当晚天气晴好,许多人在户外乘凉,因此看到这一天空奇景的人非常多。

这是近年来中国范围最大的和记录最完全的一次"不明飞行物"目击。它究竟是什么东西呢?

专家:可能是"空间飞行器"

对于 6 月 30 日晚出现在天空的神秘物,各种猜测随之而至。

一位汉中的朋友说,他认为这可能是"超新星"爆炸,也可能是一次高空爆炸。内蒙包头一天文爱好者在网上发表文章认为,可能是一次超新星爆发———年老的恒星爆炸,"这颗恒星一开始由暗到亮并且放出巨大的喷射状的环状气体云,最后慢慢消失在一团烟雾后,仿佛一盏天灯,这种天象极为罕见,千年才得一遇。"

对于"超新星"说,记者在国家天文台没有得到确认,一位女同志告诉记者,超新星爆发是天文界的大事,可据他们掌握的消息,并没有一家国内外天文台观测到有超新星爆发。陕西省天文台观测站站长张勇告诉记者,他们十几年前也是在这个季节观测到类似的天象,并详细记录了有关情况和数据,当时大家觉得可能是一种气象现象,或者与大气的折射有关。

这到底是什么东西?南京紫金山天文台研究员王思潮的解释到目前为止也许是最令人信服的。王思潮是我国著名的天文学家,小行星专家,也是热心研究不明飞行物的专家以及天文科普作者。《扬子晚报》7 月 1

日发表的消息中就采访了王思潮,王思潮认为,它可能是一个"空间飞行器"。可是仅有简单的一两句话,并没有明确的解释,为什么是呢?昨天记者打通了王思潮先生的电话。王思潮自己并没有亲眼看到这一现象,他的分析来自于目击者的描述。

记者:它为什么不是大气现象?

王思潮:从目击的范围来看,整个中国中北部都能看到,而且几乎是在同一时间,可见这个东西的位置相当高,应该在500公里以外。而大气现象的高度不可能超过只有十几公里的大气层。

记者:可能是飞机吗?

王思潮:从它的高度来看,远比飞机的高度高,而且以飞机的飞行速度而言,在那么短的时间内让这么大范围的人看到是不可能的。

记者:有可能是慧星或是流星吗?王思潮:有人说可能是陨石被地球磁力线俘获,旋转发光,但地球磁力线是南北向的,这个东西的运动却是东西向的,所以不可能。对于慧星来说,显得离地球的距离不对,而且亮度也没有那么高。

记者:"空间飞行器"说怎么解释呢?

王思潮:从它的外形看,很像一只向外喷射物质的空间飞行器,中间的亮点就是喷口,外面的扇形是喷出的物质。它就好像一只人造卫星上为了调整姿态向外喷气。虽然地球上这一地区处于黑夜,但在外太空太阳光仍能照到这个物体上,所以它的颜色呈现出阳光的颜色(和月亮被太阳照亮的原理完全一样)。

记者:它是地球同步卫星吗?

王思潮:地球同步卫星的高度在36000公里以上,显然比这个东西高得多。

记者:空间飞行器喷出的物质怎么能在这么远的地面都能看到呢?

王思潮:在外太空由于没有空气阻力,其喷出物质距离可达几十公里,地面应该能看得到。

类似现象已出现多次

王思潮先生说,这种类似的现象已不是第一次出现,他和南京紫金山天文台的几位同事从1971年它第一次出现起就一直在观察记录,搜集资料,一共出现十几次,几乎可以断定是同类的东西,也曾经和航天部门联系过,虽然现在仍没有确认它到底是什么东西,但是轮廓却是越来越清晰了。

王思潮还希望全国的读者能提供自己的目击报告,也可以用画画描下该物体的形状,还应该记录下观测的仰角,以利于对飞行物的定位。有条件的用照相机照下来最好———当然,傻瓜机不行,因为夜空光线太暗,根本无法曝光,应该用相机上的"B门"连续曝光。

在结束电话采访的最后,记者问王思潮先生,这次不明飞行物可能是"外星人"吗?得到的回答是"无法断定"。王思潮认为它是一个空间飞行器,就否定了自然天象的说法,从而肯定是智慧生命的行为。那么在它里面或者在遥远的地方控制着它的究竟是人类还是别的什么生命?目前仍然是一个谜,也许这个谜要过很多年才能揭开,寻找外星智慧生命也和探索人类自身奥秘一样令人神往,随着科技的进步,人类探索自然和自身的手段越来越有力,然而人类的好奇心却永远不会让自己探索的脚步停止。

1%的 UFO 现象无法解释

据有关资料表明,每年全世界有数万件 UFO(不明飞行物)的报告。经过专家的分析和检查,其中有 99% 得到合理的解释,这些合理的解释包括:高空飞机及其尾气、高空气球、坠落的火箭和人造卫星的残片、流星、高空鸟群甚至——成团的飞虫。但是,仍有 1% 的 UFO 现象无法解释,按目击者提供的资料,这些 UFO 主要的表现是,时快时慢、飘忽不定、形状多变、颜色多样等等。以地球人对物体运动的经验,实在无法理解这种形如鬼魅的运动是如何产生的,困扰人们的是:它的动力在哪和它如何摆脱惯性的束缚?

115、时隔多年,"中国UFO三大悬案"如何从科学上解释?

2020-06-08 火星一号

自从进入 20 世纪以来,人类科技快速发展,我们不但发明飞机飞上天空，而且还发明火箭飞到宇宙中。我们发射无人太空飞船探测了太阳系中的各大行星，甚至还把宇航员送到了地球之外的星球——月球。

与此同时，有关不明飞行物（UFO）的事件也随之此起彼伏，世界各地的人都有过目击报道，甚至声称还有更进一步的接触。我国也出现了不少的 UFO 事件，其中有三起事件十分离奇，它们都曾上过《走近科学》，并称为"中国三大 UFO 悬案"。

（1）黄延秋事件

1977 年的一天，河北省邯郸市的黄延秋被同村人发现失踪了 10 天。消息传开之后，邻村的人送来了一封数天前来自上海的加急电报。电报上的内容让人诧异不已，其中正是有关黄延秋被遣送的消息，而且这个电报是在他失踪 10 小时候后就已发出来。短短的几个小时，身在闭塞村子中的黄延秋如何去往 1100 公里外的上海，着实令人匪夷所思。

黄延秋自称，他当晚睡着后不久，睁开眼就到了繁华的南京。在他还在一头雾水之时，两位神秘男子找到了他，并给他一张火车票，让他去上海的遣送站。

一个多月之后，黄延秋再次失踪，并且又一次突然出现在上海，又遇到了两个神秘人。回去后，他发现自家的墙上刻了一行字"山东省高登民、高延津，放心"，这或许就是那两位神秘人的名字。后来，《走近科学》的调查组专门去山东找这两个人，结果都没有找到。

第二次失踪过后一周多的时间，黄延秋第三次失踪，这次他出现在了兰州，两位神秘的人又出现了。这次更加离奇，两位神秘的人背着黄延秋到处飞，他们一夜之间飞到了宁夏、陕西、山西等地，最后达到北京。

不可以思议的是，两百多年前的纪晓岚在他所著的《阅微草堂笔记》中有过类似的描述：

对于如此离奇的事件，很多人并不相信黄延秋所说的，也不认为这与外星人有关。事实上，通过催眠、测谎以及其他分析手段的综合结果来看，黄延秋可能有臆想症，他在睡觉时或许会出现癫痫类梦游，他的奇遇记很有可能是他自己编造出来的。

（2）凤凰山 UFO 事件

1994 年 6 月，黑龙江省五常市的孟照国以及其他人都看到了一个巨大的发光体降落到凤凰山,由于担心有危险的东西,人们并没有前去查看。不过,孟照国按捺不住了,他在几天后前往事发地,结果看到了UFO还在那里。不过,UFO似乎在向外发射能量,他赶紧跑掉。

第三次,孟照国与另外几十人一同山上查看。但他遭遇到不测,昏迷了一个月的时间。孟照国醒来后声称,他在昏迷时看到了外星人,他们穿墙进入房间,并与孟照国发生了接触。

在凤凰山UFO事件发生之后不久,苏梅克-列维九号彗星猛烈撞击了木星,人类首次在地球之外观测到了天体撞击事件,有些人把这两起事件联系在一起。不过,这并不能说明孟照国真的接触到了外星人。虽然当年人们看到了UFO,但那有可能是人造飞行器或者火箭残骸,而非什么外星飞船。至于孟照国所说的离奇经历,很有可能是他在昏迷期间所做的梦。

(3)贵州空中怪车事件

凤凰山UFO事件发生后半年的一天凌晨,贵州都溪林场上空传出轰隆隆的巨响。随后,林场中的大量树木被拦腰截断,受到破坏的范围长约200米、宽约3千米。另外,事发地数公里外的火车厂房也受到破坏,50吨的车厢被推开了20米。

对此,有人认为这是外星飞船坠毁。然而,人们并没有在现场发现相关残骸。

科学家认为,这有可能像当年的通古斯爆炸一样,由彗星或者小行星在空中爆炸所致。另外,当时有可能出现了极端天气,例如,龙卷风,或者雷暴天出现的下击暴流,这些自然现象都会造成巨大的破坏。

总之,目前并没有可靠的证据表明外星人来到地球上了,UFO事件基本都是自然天气现象或者人造物体。当然,宇宙这么大,地球之外完全有可能存在外星文明,只是他们还没有与人类进行过正式接触。

116、史海钩沉:英国空军追杀飞碟 美军方高度重视

2003年07月07日 人民网-江南时报

英国皇家空军曾受过飞碟事件的困扰，并且还驾驶战斗机在英国上空展开紧张的追踪和"激战"！这起发生在英国的飞碟事件引起了美国军方的高度重视，并将其详细记录在案。日前，这份被列为"绝密文件"的飞碟档案终于在美国信息自由法的名义下被解密。英国《观察家报》6日对此进行了披露。

这起"飞碟"事件发生在冷战时期的1956年8月13日，地点是英国东部的莱肯尼斯。当日，英国皇家空军和当地警方接到无数个居民打来的电话，称在莱肯尼斯的天空中到处飞满了发着亮光的不明飞行物。莱肯尼斯的英国皇家空军立即派出十多架战斗机冲上天空，在军事雷达屏幕上，英国战斗机飞行员成功捕捉到了这些不明飞行物的痕迹，并花了至少7个小时试图追踪并击落这些不明飞行物。

据美军解密文件显示，当时在英国空军雷达屏幕上显示的不明飞行物大约有"12个到15个左右"，为了追上这些不明飞行物，英军战斗机飞越了至少50英里。其中一个不明飞行物被记载为"飞行时速超过4000英里"。

文件披露，英国空军飞行员在雷达屏幕上注意到，发出白光的不明飞行物以令人难以相信的速度穿越天空。有时候，这些物体会组成奇怪的编队飞行，有时候，这些物体会来一个急转弯，以目前科学所知的动力学观点来看，这种高速飞行下的急转弯是人类的水平根本无法达到的。

事实上，大多数所谓的"飞碟现象"都可以归结于云彩现象、气象气球和不同寻常的大气现象等。对于英国莱肯尼斯"飞碟事件"，一些研究者也认为是出于同样的自然原因。而专门研究不明飞行物现象的作家戴夫·克拉克接受记者采访时称，莱肯尼斯飞碟现象不仅能够从雷达屏幕上看到，更重要的是还能通过地面上的肉眼看到，因此很难将这种奇特变幻的不明飞行物简单地归结于陨星落地或气候现象。

117、外星人降临地球？ 新疆伊宁市观测到飞行UFO

2002年11月08日 中国新闻网

11月1日凌晨2时30分至6时许,一个UFO(不明飞行物)"悬挂"在新疆伊宁市的东部夜空,4名记者在伊宁市不同方位进行了观测和拍摄。

据记者观测,在伊宁市正东方仰角约15度的天空中,一颗明亮的米粒般大小的物体在不停地发出黄、蓝、紫等奇异的光芒。凌晨4时10分,不明飞行物突然变大,呈暗红色圆球状,约有当晚月亮的四分之一大,表面似有细圈同心圆图案,位置略向南移,数秒钟后又缩小成米粒大。凌晨6时05分,不明飞行物再次变大,数十秒钟后消失。

中国科学院南京紫金山天文台研究员王思潮在观看了传送的27幅"UFO"图片和文字材料后认为,这一不明飞行物可能不是自然天象。

王教授在接受电话采访时说,经过仔细观看图片,可以肯定地排除是星体、探空气球、飞机、云彩、导弹发射以及高层建筑警示灯的可能,也不可能是地球同步卫星,因为地球同步卫星在赤道上空,新疆只可能在南部天空发现,不会出现在西北部和东部天空。另外还可以初步判定,这个飞行器一边旋转,一边喷射出细小的颗粒,估计高度在1万米以上。这个空间飞行器可能是"外星人"的吗? 得到的回答是"无法判定"。

118、外星人是个骗局? 美专家示范造假UFO图片

2003年01月28日南方都市报

本报综合报道 负责管理太阳观测卫星SOHO的天文学家于上周五发表了一份不同寻常的声明,以驳斥太阳观测卫星捕捉到UFO(不明飞行物)图像的报道。一个叫Euroseti的组织宣称美国航空航天局的卫星拍摄到数百张UFO照片。该声明在过去两周被英国和澳大利亚的报章广泛报道。牵涉其中的就有SOHO太阳观测卫星。为进一步嘲笑Euroseti的声明,天文学家还示范了如何把SOHO卫星拍摄图像变成UFO照片的步骤。

原始图像从SOHO公共档案中截取的拍摄于2001年1月18日的一张图像,方框内部高光部分是宇宙射线。

第一步单独将宇宙射线高光部分剪切下,稍微调整色彩。

第二步对高光部分做去除锯齿处理(interpolation)。

第三步瞧！经过色板润色，我们现在看到的是像模像样的UFO。

119、唯一承认的不明飞行物事件：UFO跑得非常快！

2021-01-21 感装的大空间

比利时不明飞行物体事件是一次多人目击ufo事件，在1989年11月29日至1990年4月期间，在比利时发生了多次的不明飞行物目击事件，在事件中不明飞行物呈三角形，比利时不明飞行物体事件是极少数被国家军方承认的不明飞行物事件。

对于比利时不明飞行物体事件，网友也提出了各项质疑，他们并不怀疑此次事件的真实性，他们只是在猜测，这三角形的不明飞行物到底是外星人还是地心人？

在1989年至1990年期间发生过几次不明飞行物体事件，下面我们来讲解1989年某次ufo事件的发生经过：1989年3月30日这些飞行物甚至缓缓地低空飘过城市。不止一般民众及警察目击，比利时军方以及北大西洋公约组织的雷达也侦测到这些不明飞行物体的存在。

在尝试以无线电联络失败以后，比利时空军派出F-16战斗机尝试拦截了九次，其中三次F-16战斗机曾成功以机上雷达标定其中一架不明飞行物体，其在雷达的形状显示为菱形，但是雷达锁定后均被其以极高速脱逃。

在飞行物第一次轻易地在十秒内以高速甩脱雷达锁定，飞行员当时便直觉自己所驾驶的战斗机绝对无法跟得上该飞行物。在追逐期间，不明飞行物体展现了在当时人类科技不可能达到飞行行为：其飞行移动速度在150节（约时速270公里）至1010节（约时速1870公里）之间，可以做滞空停留，并一度在五秒内从一万英尺快速下降至500英尺，而其高速行进期间已经超过音速，却完全没有音爆现象，更让当时军方费解。

军方在联合陆空雷达及地面目击者历经一个多小时追逐后，战斗机决定返航放弃，而不明飞行物体也在二十分钟后消失。事后比利时军方发布出详细事件报告，包括完整的追逐记录并提出推断结论，史称"比利时不明飞行物体事件"。

在此期间，比利时不明飞行物体事件有将近十三万多的目击者，这些目击者中的一部分还向政府提出来正式书面记录作为当时的目击记载。这几次的目击事件由于有这么多目击者，被当时社会称之为最真实的ufo事件证据。

当时有许多人尝试照下飞行物，但是拍出的照片均显示出一团亮光，事后经物理学家Auguste Meesen证实，底片因为该物体发出的强烈红外线而失效。直到1990年4月才有人成功拍下那些不明飞行物体，并成为目前最出名的不明飞行物体照片之一。然而这幅照片的真伪受到质疑，更有一位比利时的质疑者，Wim van Utrecht，成功制造了一幅一模一样的复制品出来。2011年7月26日，拍摄者承认伪造了这张照片。

由此可见，如果不是外星人，那么为什么地球的科技会跟不上他们的节奏？如果这真的是外星人造访地球，那么外星人的科技程度到底是有多么超前呢？

比利时不明飞行物体事件军方报告

比利时空军发布了一卷录像带说明了追逐不明飞行物的经过，并排除以下可能：

高空气球（移动速度变动过快、经过雷达及目视确认），超轻型飞机（理由同上，且有滞空停留能力），无人飞行载具（理由同上），飞机（理由同上，且无声），雷射投影或是幻影（经过雷达确认，且天空无反射物，牵涉范围过广）。

虽然军方承认了此次比利时不明飞行物体事件的真实性，但是人类始终还是无法扑捉到真实的不明飞行物体证据。

事件发生之后甚至还有网友认为，此次比利时不明飞行物体事件其实就是生活在地心的亚特兰蒂斯生物制造的，地心人是否真的存在呢？此次事件难道真的是地心人的杰作？地球人何时能够发现和证实地心人的存在？

120、五角大楼前官员：UFO属实 有三种起源理论

五角大楼前 UFO 计划负责人路易斯·伊里桑多（Luis Elizondo）表示，UFO 是真实的，他还详细介绍了 UFO 起源的三种主要理论，以及 UFO 的五种定义特征，这些特征打破了美国目前对物理定律的理解。

五角大楼前 UFO 计划负责人路易斯·伊里桑多（Luis Elizondo）表示，UFO 是真实的，他还详细介绍了 UFO 起源的三种主要理论，以及 UFO 的五种定义特征，这些特征打破了美国目前对物理定律的理解。

福克斯新闻 3 月 23 日报导，ATTIP（先进航空航天威胁识别计划，Advanced Aerospace Threat Identification Program）的前任主管伊里桑多在"福克斯与朋友"节目上说，美国政府对 UFO 使用了与恐怖主义情报行动相同的调查方法，发现 UFO 现象不仅是"真实的"，且围绕它们的信息也是"有说服力的"。报导说，五角大楼提出了关于不明飞行物（UFO）起源的三种潜在理论。

伊里桑多介绍说，第一个"极不可能"的理论声称，不明飞行物是美国的秘密技术，由于政府机构之间缺乏沟通，因此低调神秘。他表示，第二种理论推测，不明飞行物是在美国政府没有获得情报下创建的"外国敌对"技术。伊里桑多说："这将是（美国）在情报方面的巨大失败，因为我们在技术上已跨越式发展。"

伊里桑多在讨论第三个也是最后一个理论时，差一点就断言 UFO 可能是外星人技术。

"如果不是我们的，也不是（另一个国家的），那么它（UFO）就来源于其它人或事物。"

伊里桑多还概述了 UFO 五个"独特的可观察"特征，这些特征有助于将 UFO 与其它可识别航空技术区分开来。他说，这些特征包括：瞬时加速，高超音速，低可观察性，跨介质行驶（在各种环境中飞行的能力），以及正升力，在这种情况下，飞行器可以在不需要操作面、机翼甚至发动机的情况下飞行。

伊里桑多说："我们正在看到这些（如果可以的话，我们称它们为飞行器），它们进入了受控的美国领空，其显示的性能特征显然是我们无法复制的，甚至在某些情况下无法理解的。"

1月，根据《信息自由法》，成千上万记录UFO或政府称之的不明空中现象（unidentified aerial phenomena，UAP）的中央情报局文件，可从Black Vault下载，该站点由作家和播客John Greenwald Jr.运营。

中央情报局表示，现在已经提供了他们拥有的UAP所有信息，但没有办法知道是否是真的。

美国前国家情报总监约翰·拉特克利夫（John Ratcliffe）此前透露，另一份将于6月初发布的报告，将详细介绍"从未见过"和"难以解释"不明飞行物（UFO）的发现。

3月19日，前国家情报总监约翰·拉特克利夫（John Ratcliffe）对福克斯新闻主持人玛丽亚·巴蒂罗姆（Maria Bartiromo）表示："UFO目击事件比已公开的要多得多。"他补充说，他曾希望在离任前将这些信息解密并公之于众，但这在这么短的时间内是不可能的。他说："其中一些已经被解密。当我们谈论目击事件时，我们谈论的是那些被海军或空军飞行员看到的物体，或者是被卫星地图捕捉到的物体。这些物体的运动，坦率地说，都是令人难以解释的。"他还补充说："那些运动难以被复制，我们没有相应的技术，或者在没有音爆的情况下以超过音障的速度飞行。"

巴蒂罗姆在采访中告诉听众，国防部将在6月1日之前公布已解密的有关不明飞行物的报告。

121、星际天体奥陌陌或是UFO探测器

2021-06-24 希声

五角大楼将于6月25日为国会提交其首个关于飞碟（不明飞行物，UFO）的报告，此报告将考察在过去20年中美国发生的120个UFO目击事件，并再度引发了国际天文学家对UFO的热烈讨论。

哈佛－史密松天体物理中心理论与计算研究所所长、以色列裔美国理论物理学家勒布（Avi Loeb）于周二（6月22日）在Scientific American网站撰文探讨，如果美国国防部目前关注的不明太空现象（UAP）是外星科技，那么于2017年被发现的奥陌陌（Oumuamua）这种星际天体可不可

能是外星人用来监控地球和地球大气层的探测器呢？他认为这种猜想是可能的。

神秘的星际天体奥陌陌是收集地球信号的探测器？

根据科学界公开的资讯，奥陌陌是一个以夏威夷语命名的星际天体（ISO），意为"从遥远的过去派来的信使"，这个星际天体于国际标准时间（UT）2017年10月18日在距离地球约3千万公里、距离太阳约1.9千万英里处被发现。其长度超过400米，宽度只有40米，呈长条雪茄状，形状很像一只飞船。

奥陌陌是人类发现的首个星际天体，人类最初以为它是一颗彗星，但是其接近太阳时并未形成彗星标志性的彗发和彗尾，它也不是一颗小行星，而且奥陌陌的飞行轨道非常特别，其轨道偏心率极高，达到1.2，这说明它并非太阳系的原住民，而是来源于太阳系外的星际天体。

最令科学界难以理解的是，奥陌陌似乎从垂直黄道面的角度，以25.5千米/秒的速度扎进了太阳系，在快速穿过近日点后以44千米/秒的速度离开，离开太阳的速度竟然略快于其靠近太阳的速度，这意味著其有克服太阳引力的能力，也说明有引力之外的作用力在为奥陌陌提供加速度。因此欧洲航天局一个研究团队指出，除了太阳和行星外，可能还有其他力量在影响奥陌陌的运行。

美国NASA的团队则认为，奥陌陌的高速运行、离开太阳系的动力在本质上是非引力造成的，他们估计那可能是受到奥陌陌自身释放的气体的驱动。而勒布则估计，奥陌陌可能与太阳帆（Solar sail）一样，是一种为太阳光压所驱动的飞行器。由于太空中没有大气阻力，因此即使太阳光光压对航天器对推动力很小，也足以驱动飞行器的运行。

天文学家们还发现奥陌陌的表面异常明亮，对太阳光的反射率至少是我们已知的常规小行星或彗星的10倍以上，他们认为这说明奥陌陌表面的反射率极高，也说明奥陌陌的组成物质与彗星和小行星不同，比较特殊。

天文学家目前在太空中只发现了奥陌陌和于2019年发现的鲍里索夫彗星（Comet 2I/Borisov）两颗星际天体，勒布觉得这非常奇怪，他在文章中写道："如果奥陌陌是天然出现的、从类似行星系统中喷射出的、围绕著其他恒星运转的星际岩石，那么太阳系中应该有400亿颗这种星际天体，而且应该随处可见。"

"然而如果奥陌陌是某种针对太阳执行任务的、外星生命发射的飞行物，目的是收集近地球可居住区域的数据，那么只有这两颗星系天体的现象就变得合理了，而且如果是这样，奥陌陌狭窄扁平的外型可能就是因其是用于接收来自于地球信号的接收器，而奥陌陌每7.3小时的翻转是为了收集各个方向的信息。"

勒布因此认为奥陌陌可能是一个尚未被人类意识到的、受到太阳压力推动的、用于探测地球大气层及收集来自于地球信息的飞行器。

勒布：五角大楼公布报告后对于飞碟的研究将成为科学家的工作

对于五角大楼将于6月25日公布的报告，有媒体估计，五角大楼在报告中会承认飞碟是一种真实存在，也是一种人类目前无法确认的科技，甚至估计这是来自于中共或俄罗斯的科技。

对此勒布分析到，如果五角大楼真正相信飞碟是俄罗斯或中共的技术，并对美国构成国家威胁，就不会告知民众这一消息。他写道："因此有理由相信美国政府认为，其中的某些不明飞行物并非人类的技术。"

那就只有两种可能性：或者这些不明飞行物或者是地球上的某种天然现象；或者是外星技术。

勒布继而表示，哪怕大多数的不明飞行物是天然现象，但是如果其中有外星技术，例如奥陌陌这种类似于飞碟的、用光帆技术推进的、用于收集地球信息的探测器，那么这就需要科学家来进行研究。

勒布因此得出的结论是：如果说五角大楼的报告公布之前，对于这些飞碟（不明飞行物）的研究是国家安全官员的和政客的工作的话；五角大楼的报告公布之后，就应该由科学家来进行调查。他写道："人类将不应该只是怀疑这些不明太空现象，学术界应该更好地收集与这些不明现象相关的数据，并澄清这些不明飞行物及不明太空现象的性质。"

122、意大利考古学家：文艺复兴时期画家作品上有UFO

2002年12月14日东方网–上海青年报沈志真

据英国《泰晤士报》报道，一名意大利考古学家日前宣称，他通过对一系列意大利文艺复兴时期绘画的研究，惊奇地发现在一些艺术大师作品内的天空中，存在着一些圆盘状不明物体。他认为这是古代大师给后人留下的一个记录，也就是早在15世纪，外星飞碟就曾光临过地球。这证明，外星人一直在关注着人类的地球。

考古学家热衷"飞碟"研究

现年56岁的西格那·沃尔特里是罗马的一名专业考古学家，他擅长于古代金属物体的分析与鉴定，也是一名飞碟现象的热衷者和研究者。"在我还是个孩子时，我就对一切无法说明的东西感到兴趣。现代科学家们常常将一些无法解释的现象归结于人类幻想，譬如外星人。但我认为科学工作正是要解答一切神秘问题，而不是将它排斥在外。"沃尔特里称，通过对一些文艺复兴时期绘画的研究，他认为外星人现象其实早在几百年前就已存在，人类的老祖宗早就怀疑在地球之外是否还存在着其他生命。

文艺复兴时期名画描述飞碟

在他的近作《古代编年史》中，沃尔特里列举了一系列例子，证明外星人早在15世纪就光临过地球。"最著名的一幅画是15世纪意大利画家菲利皮诺·利皮的《圣母和圣约翰》，画里面一只牵狗的男人显然正在凝视圣母玛丽亚肩膀附近一个飞碟状的物体。有人称那是画家作画时不小心犯下的污点错误，但是既然如此，画家又为什么画上一个男人和一只狗正在对天上的这个不明物体专注地凝视呢？这幅画现藏在佛罗伦萨帕拉佐博物馆，每个意大利人都能亲自去看一下。"

此外，据沃尔特里称，在另一位文艺复兴时期画家玛索里诺·达帕尼凯尔作于1429年的画作《雪中奇迹》里，也有神秘的云状不明物体。"这幅画现藏于那不勒斯的卡波迪蒙蒂瓷博物馆，该画内容描写的是公元4世纪的一个真实历史事件。然而让人奇怪的是，画中天空那些奇怪、黑暗、拉长的云状物体太像如今人们描绘的UFO了。"沃尔特里称他曾将这幅画上的飞碟状物体和1955年有人于比利时那玛市拍下的所谓不明飞行物照片相比较，发现两者惊人地相似。"此外，在15世纪佛罗伦萨学派画家保罗·乌旦罗的画作《耶稣受难》里，天空中有些东西跟美国人在1950年到1960年拍下的所谓UFO照片一模一样。"

沃尔特里还称，在16世纪意大利画家萨里蒙贝尼的名画《圣餐颂》里，"有一些东西看起来就像俄罗斯的人造卫星斯普特尼克号，在画中上帝和基督中间，有一个金属球体，该球体的突出部分极像一个电视摄像机镜头，该球体还伸出两根触须，仿佛现在的雷达天线。这幅画现藏在意大利中部城市锡耶纳附近城市蒙塔西那的一间教堂里。"

沃尔特里对记者道："我相信早在15世纪，就有外星人光临过地球。尽管当时的人们不明白那些神秘的天象，然而这些画家仍然有意地将其表现在绘画里，留给后人一个信息和记录。"

英国学者提出异议

对于沃尔特里的文艺复兴时期"飞碟论"，其他一些欧洲学者有着不同的看法。英国牛津大学艺术史系的马丁·肯普教授就认为，文艺复兴时期绘画中的UFO现象完全可以有个合理的解释："许多艺术家用他们自己的想象表现神的力量。譬如圣经中没有出现天使，但是画家却通过自己的想象将她们描绘成人的模样，她们也可以被称做'飞行物'。况且在玛索里诺·达帕尼凯尔画中的那些物体，根本不是UFO，仅仅只是画家通过透视画法画的一些云朵而已。"

123、英公开30年UFO档案：飞碟着陆走出人形生物

2012年07月16日腾讯科技手机看新闻

据国外媒体报道，近日英国政府解密了一份关于不明飞行物目击事件的详细文件，记录了在过去三十年内所报告的UFO事件。其中，在1999年一位警察报告称英格兰足总杯四分之一决赛上出现了一个黄色的不明飞行物；在威尔士西部发现了不明飞行物着陆并有一个穿着银色宇航服的外星人走出；以及前不久UFO专家认为伦敦奥运会期间是不明飞行物目击事件的高发期。

UFO专家认为过去数十年的无线电信号已经被外星人探测到

前英国首相托尼 布莱尔（Tony Blair）曾收到过一份来自英国国防部的不明飞行物报告，担心关于外星生命形式的信息遭到泄露。但随着信息

外星生命

自由法的颁布施行,英国公民用权要求得到关于外星人不明飞行物未解之谜的信息。因此,在布莱尔的这份可能掩盖英国历史上不明飞行物调查事件的报告受到公众关注之后,被要求公开期报告内容和其他有用的信息。托尼 布莱尔曾被英国国防部工作人员告知关于不明飞行物的记录文件只能限制性阅览,详细的信息在近日发布的解密文件中查阅。

该文件记录了英国政府在过去30多年的时间内报告的不明飞行物接触事件,共6700多页。其中有一系列不明飞行物目击事件是在英格兰足总杯切尔西和曼联比赛中出现,当地警察发现天空中出现了一群神秘的亮光。同时,在另一份解密文件中提到,在1993年3月份,斯坦福桥上空出现了不明飞行物低空掠过并悬停的事件,持续了将近15秒钟,该不明飞行物还曾变换了形状发出明亮的亮光。

英国国防部不明飞行物档案文件中还存在另一系列的目击报告,被称为是"可信目击者的报告",这些曾被列为最高机密的国防部文件在2009年由英国国家档案局解密。图中显示的是曼彻斯特曼联队的安迪 科尔(Andy Cole)与切尔西队的弗兰克 勒伯夫(Frank Leboeuf)在进行激烈的拼抢,似乎他们根本没有时间去顾及天空中出现的不明飞行物。在一份1995年的国防部机密文件中,提到了外星智慧生物可能存在的说法,虽然没有直接证据显示它们已经来到地球上。

此外,该报告还推测了外星智慧生物为什么要造访地球,可能性如侦查人类的军事力量、科学研究情况或者只是为了看看地球上的风景。在斯坦福桥上空出现的不明飞行物接触事件中,当地警察声称自己从来没见到过这样的物体,而英格兰足总杯曼彻斯特曼联队最终也以两球的优势击败了切尔西队。根据一位不明飞行物专家尼克 波普(Nick Pope)介绍:"有着如此多的目击事件记录,英国政府相关部门也正在关注不明飞行物。比如,此前曾发生过一个杏仁形状的方形不明飞行物闪烁着四处黄色光线悬停在他所骑的马上方。"

在威尔士西部发生的不明飞行物接触事件中,目击者报告了飞碟型的飞行器降落在田野中,更意外的是从不明飞行物中走出了两个穿着银色宇航服、戴着防护面罩的人形生物,并进行测量。尼克 波普作为一名英国不明飞行物顶级专家,他在英国国防部工作了近二十年时间,在1991年至1994年间负责调查英国上空出现的不明飞行物,他认为自己在开始着手调查不明飞行物时还是一位怀疑论者,鉴于调查过许多不明飞行物的接触事件,使得其对英国国家安全和航空安全问题的重要性有了较深刻的认识。

尼克 波普还提出,在伦敦奥运会来临之际,不明飞行物的目击事件可能将上升,这对外星智慧生物而言是一个"黄金时期",可以在全世界人类目光聚焦的地方出现。在一份英国国防部的文件中提到,外星智慧生物已经探测到我们在数十年前发出的无线电信号,其中包括了电视信号或者广播。

这一切曾看似是科幻小说题材的内容目前已经被英国国防部解密,从这点出发,这些内容很可能是真实的。如果外星智慧生物研究过人类的心理,那么他们可以选择一个重要的日期出现,比如在奥林匹克运动会的闭幕式上,这是一个广为流传的外星人可能出现的全世界人们眼前的日期。

(Everett/ 编译)

124、英国UFO目击档案曝光 美军士兵曾近距离接触UFO

2002 年 12 月 04 日 新闻晨报

提到 UFO(不明飞行物),人们头脑里可能会立即浮现出电影、电视里光怪陆离的飞碟、外星人,没有多少人会拿这事当真。事实上,世界上确有不少目击 UFO 的记载和传闻。英国境内最著名的 UFO 目击事件就发生在 20 世纪 80 年代。不过,20 多年来,这一事件的档案文件一直处于"绝密"状态。直到最近,英国政府才根据《信息自由法》将其解密。

这份解密的档案文件长达数十页,其中一份报告题为《神秘之光》,详细记载了驻英国东部皇家空军伍德布里奇基地的两名美军士兵1980年12月27日目击UFO的经过。据该基地副总指挥查尔斯·哈尔特中校报告,起初,执行任务的两名美国安全巡警发现基地后门外有"不寻常的光"。经上级批准,这两名巡警和另一名美军士兵开始对这一不明物体进行调查。

结果,"去调查的3人看到基地附近的树林里有一个奇怪的发光体,看上去是金属质地,呈三角形,边长2至3米,高2米。不明物体发出强烈的白色光芒,照亮了整个树林。它的顶部有规律地放射神秘的红光,底部则发出一片蓝光。但当3位士兵企图靠近时,不明物体突然转向,飞过树林后消失。当时,附近农场里的动物都狂躁不安。"但事情没有就此结束。一小时后,那个神秘飞行物再次回到了基地的后门处。更多的美军士兵目睹了这一奇异的场面。"树林上空又出现了太阳一般的红光,四处照射,然后静止。一时间,不明物体向四周发射出夺目的小光粒,接着分裂成5个白色物体,最后消失了。"

"刹那间,天空中出现3个星状物体,两个飞向北方,一个飞向南方,各在地平线上10度高处。这些物体都做快速的"锐角运动",还发出红光、绿光和蓝光。通过电子透镜观察,这些物体均呈椭圆形,后来它们又变成圆形。飞向北方的物体在空中停留了一个小时左右,而飞往南方的物体在两三小时内一直清晰可见。"

当时,美国空军士兵曾试图用照相机将这一奇景拍摄下来,但后来发现胶卷似乎出了问题,都无法成像。而且,基地的雷达竟然没有任何反应。

第二天早上,官兵们在不明飞行物出没的地带发现了3个圆形凹陷痕迹,显然是飞行物降落时造成的。经测量后发现,凹陷处的辐射量为0.1毫伦琴,比当地正常值高出10倍。

虽然美国媒体曾经有所报道这一被称为英国境内最著名的UFO目击事件,但是整个详细的目击档案一直存放在英国国防部,外界知者廖廖。到此次解密以前,只有大约20人看见过。

其实,对不明飞行物事件进行冷处理是英国政府特别是国防部的既定政策。在国防部看来,这些所谓的UFO,要么是附近活动的军机和雷达干扰设施造成雷达误判,要么就是人类自己的飞机,所谓的眩目光束不过是飞机机身对地面活动或太阳光的反射光。

英国政府一直将UFO的目击报告列为最高机密,国防部更是对UFO光临英国领空事件进行新闻封锁,并规定有关信息在30年后才能解密向公众公布。多年来,有关UFO的机密档案都存放在英国国防部一个鲜为人知的部门———2a秘书处。这是直属英国政府白厅下的一个秘密部门,其主要职责是收集所有不明飞行物飞越英国领空的报告,并将相关报告进行比较甄别,以从中找出不明飞行物的出没规律,并最终查出事件真相。

2000 年,英国政府通过了新的《信息自由法》,对政府各机构公开政府信息作出了规定。英国政府开始对 1980 年 UFO 目击事件的绝密档案进行解密,并将信息在网上公布。可能还会有更多的 UFO 目击事件档案将在世人面前揭开其神秘面纱。欧叶(中国日报特稿)

125、美軍認了 5年砸近33億秘密搜尋幽浮

2017/12/17 中時新聞網 楊幼蘭

美國國防部承認,曾撥大筆經費祕密搜尋幽浮,圖為五角大廈公布的幽浮影片截圖。(美國國防部)

在五角大廈「先進航太威脅辨識專案」(Advanced Aerospace Threat Identification Program)公佈的影片中,美國海軍 F/A –18「超級大黃蜂」(Super Hornet)戰機遭遇不明飛行物,駕駛當場驚呼:「瞧那玩意兒!」

五角大廈的幽浮專案文件顯示,這些不明飛行物在沒有明顯推進力的狀況下,似乎能以超高速來去自如,並在上空盤旋。

據《紐約時報》(The New York Times)16 日報導,五角大廈承認,從 2007 到 2012 年間,每年砸下 2,200 萬美元(約 6.6 億台幣)的預算,動用專案人員,祕密調查幽浮(UFO)。而這筆祕密預算夾帶在 6,000 億美元(18 兆台幣)的美國國防部年度預算中過關,根本無從察覺。

五角大廈先前從未承認它存在,並對外宣稱,已在 2012 年結束了專案。不過,支持者透露,儘管當時五角大廈停止提供資金,但還是保留了專案。負責這項專案的是軍方情報官員艾里桑多(Luis Elizondo),而他就身在五角大廈 5 樓的 C 區。

這些支持者說,過去 5 年來,專案官員在執行其他國防部任務時,仍繼續調查提報的幽浮事件,而至今有部份專案仍是機密。

最初五角大廈能獲得相關專案資金,主要是美國前參院領袖瑞德(Harry Reid)大力要求所致。長久以來,這位民主黨籍參議員始終以熱中

太空現象聞名。

今年從美國國會退休的瑞德說，他為推動相關專案感到驕傲，絲毫不覺得尷尬或羞愧。他甚至表示，在個人問政生涯中，做了別人從未做過的事，算是可圈可點的政績之一。

事實上，多數相關資金都流入瑞德億萬富翁老友畢格羅（Robert Bigelow）經營的航太研究公司帳戶。

如今畢格羅正與美國國家航太總署（NASA）合作，以研製人類能在太空使用的可擴展式太空船。他5月接受美國哥倫比亞廣播公司（CBS）「60分鐘」（60 Minutes）節目專訪時說，自己深信有外星人存在，並認為幽浮曾造訪地球。

126、真的有幽浮？美国防部首度坦承1年花7亿元"研究UFO"

2017-12-18

关于美国国防部有在研究通称"幽浮"的不明飞行物的传言一直存在，但美国国防部从未承认此事，但《纽约时报》16日揭露，五角大厦每年花费2200万美元（约新台币7亿元）执行"先进航太威胁辨识计划"，而领导该计划的军事情报人员艾里松多称，国防部2012年停止拨款经费后，他的团队改与海军部门及中央情报局合作，而他在2016年10月离职，但有人接手相关业务。

过去数10年来，美国官方陆续进行幽浮（UFO，不明飞行物体）相关研究，像是空军在1947年开始一系列研究，分析超过1万2000起宣称发现幽浮的目击事件，该研究在1969年结束。此外，代号"蓝皮书计划"（Project Blue Book）的研究在1952年展开，之后称多数目击到的幽浮，只是星云、普通飞机或间谍机，但仍有701件无法获得解释。

研究幽浮很丢脸？美国比中俄落后

《纽约时报》指出，先进航太威胁辨识计划（Advanced Aerospace Threat Identification Program）自2007年开始执行，由民主党籍的内华达州前联邦参议员瑞德（Harry Reid）提出，而国防部把研究经费转给他的富豪友人毕格罗（Robert Bigelow）创办的太空科技公司"毕格罗航太"（Bigelow Aerospace）进行研究。毕格罗航太公司目前正与美国航空暨太空总署（NASA）合作，研发可伸缩太空船。

今年5月，毕格罗在CBS节目《60分钟》（60 Minutes）直言，确信幽浮的存在，并称幽浮曾造访地球。先进航太威胁辨识计划的研究人员与毕格罗航太公司合作发布的档案指出，被目击的不明飞行物体以无法辨识的动力高速飞行，且盘旋于空中的模式，显然不符合"升空"（lift）的定义。

先进航太威胁辨识计划搜集各类幽浮目击事件资料，并进行分析。毕格罗则说，美国是对此议题研究相当落后的国家，"我们的科学家怕被排挤，媒体则怕被耻笑，但中国与俄罗斯对此议题相对开放，不少大型机构与国家合作；小一点的国家像是比利时、法国、英国及南美的智利也比美国开放，他们积极又愿意探讨幽浮，而不是当成不可碰触的禁忌话题"。

《纽约时报》称，根据取得的档案显示，国会在2008至2011年间，国防部每年6000亿美元预算中，有2200万美元用于先进航太威胁辨识计划，而国防部把费用交给毕格罗航太公司，由该公司聘雇专家进行研究。瑞德表示，他对研究幽浮的兴趣来自毕格罗，而毕格罗在2007年透露，国防情报局的官员想进行幽浮研究计划。

国防机密计划名义 每年拨款7亿元

瑞德近期接受访问称："我认为这是国会议员生涯中，所做的好事之一，我做了从未有人做的事。"瑞德当时提出此研究计划时，还获得共和党籍的阿拉斯加州联邦参议员史蒂文斯（Ted Stevens）及民主党籍的夏威夷州联邦参议员井上建（Daniel Inouye）支持，2人当时都是参院拨款委员会国防开支小组委员会成员。不过现在只剩瑞德仍健在，史蒂文斯和井上建分别于2010年及2012年过世。

瑞德还说，美国史上首位绕行地球轨道飞行的太空人葛伦（John Glenn）数年前曾告诉他，联邦政府应该启动研究幽浮的计划，且必须把相关研究通知国防部，特别是飞行员。不过军方鲜少回报幽浮目击事件，主要原因就是怕被耻笑或贴标签，但当瑞德找史蒂文斯和井上建讨论计划预算时，"这是最容易的会谈之一"，曾在空军服役的史蒂文斯更表示，老早就想执行幽浮研究计划。

瑞德转述史蒂文斯说法称,史蒂文斯在空军担任飞行员时,曾有过遭不明飞行物体尾随数英里的经历;不过瑞德、史蒂文斯和井上建3人都不想在参院提案,最后以国防部机密计划的名义编列预算,瑞德说:"这就是所谓的黑钱,史蒂文斯知道,井上建知道,但就是这样,也是我们想做的事。"

不是所有现象都能被科学解释

美国麻省理工学院的天体物理学家席格(Sara Seager)不愿评论研究计划的价值,但谨慎表示,不知道1个物体的来源,不代表该物体就来自其他星球或银河系,"当人们说要找出不明现象的真相时,有时确实很值得研究,可惜人们没意识到,我们经常科学都无法解释的现象"。

经常拆穿幽浮假象的NASA前工程师欧伯格(James E. Oberg)则说:"许多人在航太活动,只是不想被辨识出来,他们很高兴被当成不明物体,甚至让这种伪装掀起话题。"不过欧伯格对先进航太威胁辨识计划表示欢迎,"或许会有什么重大发现也说不定"。

国防部2012年中止拨款 研究改与CIA合作

美国国防部发言人克劳森(Thomas Crosson)先前坦言研究计划的存在,但强调已在2012年停摆,"有其他更优先的议题需要经费,而国防部也想要更改计划"。艾里松多(Luis Elizondo)则说,国防部只是在2012年中止拨款经费,但任务仍持续进行,改与海军部门和中央情报局(CIA)合作至今。

艾里松多在今年10月4日请辞,他对于计划中的诸多限制感到沮丧,并在辞呈中告诉国防部长马提斯(Jim Mattis),"为何我们不多花时间和精力在幽浮议题?为了美军和国家利益,有迫切需要查出这些现象的原因及目的。"

艾里松多离职后,与专门研究超感官知觉的CIA雇员蒲霍夫(Harold E. Puthoff)及专责情报业务的国防部前副助理部长梅隆(Christopher K. Mellon),继续在"星际学院"(To the Stars Academy of Arts and Science)研究幽浮。另外,艾里松多在原计划的职务有人接手,但他拒绝透露身分。(相关报导:这颗行星体积质量接近地球,而且有大气层!

127、正式公布UFO影片 五角大廈想說啥

2020/04/28 中時新聞網 楊幼蘭

五角大廈正式公布 3 段 UFO 影片

五角大廈正式解密，公佈了 3 段短片，顯示所謂的「不明空中現象」，而這些由美國海軍駕駛拍攝的影片先前已外流。

綜合外電報導，儘管五角大廈強調，這是「不明空中現象」，但不少人認為，它們是來自外太空的「不明飛行物」(UFO)。美國國防部發言人高芙（Sue Gough）說，他們會公佈影片，是要釐清大眾有關這些影片是真是假，還有是否有更多影片的誤解。

「經過徹底審查後，國防部認為，授權公開這些解密影片不會洩漏任何敏感戰力或系統，也不會影響因不明空中現象入侵軍事空域，而進行的任何後續調查。」事實上，早在 2007 年和 2017 年時，這些影片在未經授權的狀況下，便已在外流傳。五角大廈說，這些出現在影片中的空中現象至今還是「不明」。

而這 3 段片顯示，美國海軍駕駛 2004 和 2015 年在進行訓練時，目睹不明現象的反應。其中有 2 段影片由《紐約時報》(The New York Times)在 2017 年披露，而另一段影片則是由私人媒體和科學研究機構「星際藝術與科學院」(To The Stars Academy of Arts & Science) 公佈。

隨著五角大廈公佈這些影片，不但證實了它的真實性，也將促使更多人推斷，人類已和外星人互動過。而美國海軍對目睹 UFO 通報，也已公佈相關準則。

而負責相關機密計畫的軍方前情報官員艾里桑多（Luis Elizondo）說，他個人認為，有十分令人信服的證據顯示，人類可能並不孤單。他說，這些飛行物所展現的特性，是目前美國和任何外國飛行器都不具備的。

另一方面，美國前參院領袖瑞德（Harry Reid）27 日推文說，他很「高興」五角大廈正式公開了錄影，不過也表示，那只碰觸到相關研究和現有資料的皮毛。瑞德強調，美國需要認真地以科學角度來看相關事件，並探

討這對國家安全是否有任何潛在關聯。

然而，五角大廈在聲明中提到「後續調查」，意味他們還在調查。而分析認為，紙包不住火，與其拖拖拉拉，遮遮掩掩，倒不如採取公開透明的態度。其中部份原因在於，美軍太龐大，要彼此協調，徹底保密不太可能。此外，有太多美軍親眼目睹 UFO，也願意說出個人經驗。

不過，分析認為，事實顯示，美軍不想承認，其實自己所知道的，遠不如大眾以為他們所知道的多，以避免引發驚慌。此外，他們也想避免中俄可能得知美方對 UFO 分析的任何風險。

128、正視外星人！通報幽浮 美明訂規則

2019/04/26 中時新聞網 楊幼蘭

美國海軍 F/A –18「超級大黃蜂」（Super Hornet）戰機遭遇不明飛行物的畫面

美國海軍正起草新準則，讓軍機駕駛和其他人員在遇上不明飛行物時，能加以通報，而這是針對無法解釋的目擊事件，正式建立收集與分析流程上很重要的新步驟。

據《政治》（Politico）新聞網與《海軍時報》（NavyTimes）報導，美國海軍說，這是因應一連串目擊先進不明飛行物侵擾海軍航艦打擊群，還有其他敏感軍事設施事件所採取的因應措施。

美國海軍在聲明中說，近年來有些報告顯示，有不明飛行物進入各式軍事控制區與特定空域。為了安全與防衛起見，美國海空軍十分看重這些報告，並調查了每一份報告。而美國海軍所作的部份努力，就是更新流程，並將它制度化，以便這些疑似入侵行動能呈報當局。

不過美國海軍也明白表示，他們不是在為所謂目擊外星太空船的說法背書。但他們坦承，可信而訓練有素的軍事人員的確看到了夠多異象，需要加以正式記錄並深入研究，而不是斥之為科幻小說中的奇異現象。

在美國前總統柯林頓（Bill Clinton）與小布希（George W Bush）主政時期擔任國安高層職務的麥倫（Chris Mellon）說，為軍方如今為稱作「無

法解釋的空中現象」，而非「不明飛行物」建立較正式的通報措施，將是驚人的重大轉變。

自 2017 年《紐約時報》（The New York Times）報導，五角大廈承認，從 2007 到 2012 年間，每年砸下 2,200 萬美元（約 6.6 億台幣）的預算，動用專案人員，祕密調查幽浮（UFO）後，就引起國會與日俱增的興趣。

五角大廈先前從未承認它存在，並對外宣稱，已在 2012 年結束了專案。不過，支持者透露，儘管當時五角大廈停止提供資金，但還是保留了專案。

129、中国古代有据可查的UFO目击事件？你看过吗？

2021-02-01

我们经常会看到世界各地关于出现 UFO（不明飞行物）的新闻报道。但到底有没有外星人，有没有外星人乘坐的 UFO，谁也说不准。

不过，世人发现 UFO 的历史却是可查的，中国古籍中就有对不明飞行物的多次记载。

"火鸟"助武王伐纣

时间：公元前 11 世纪，地点：河南孟津，目击人：周武王

据《史记·周本纪》记载，公元前 11 世纪，周武王即位几年后，开始准备讨伐暴虐的商纣王。为了迅速打败商纣王，周武王到河南孟津县境的黄河渡口盟誓，在那里与反抗商王朝的诸侯不期而遇。周武王在此期间，曾渡过黄河，结果在黄河北岸的军营中发生了下面的怪事。

《史记》记载，武王渡过黄河后，"有火自上覆于下，至于王屋，流为乌，其色赤，其声魄"。从天上飞来一个火红色物体，停留在周武王营帐的上方，后来又飞走了，远看像是一只鸟，并伴有声响。实际上，这应该是一次不明飞行物事件。周人当然不明白是怎么回事，以为它预示了周武王讨伐商纣王的胜利，于是信心大增，一举灭掉了商朝。

战国 UFO 被誉为不祥之兆

在公元前 354 年，也就是在战国时代，张祚就目击过 UFO 的出现，据他在《晋书·张祚传》记载，在当晚天空相当的明亮，并且彻夜的声音

十分的巨大，而且出现了一个类似圆形的飞碟，人们把它定义为不详的征兆，果然张祚才做了三年的皇帝就被家族中的人给谋害了。

秦始皇时代的外星人

据《拾遗记》记载早在秦始皇的时候就出现过外星人，其中一文被后人解释为，具有高度文明的外星人很早就来到了地球上，选择了合适的地区居住，并且在很多地点都留下了和他们相关的信息。不过这种说法和事件一直都没有合理的解释，所以秦始皇时代是否出现过外星人也成为了一个学术界无法解释的谜底。

让苏东坡蒙圈的 UFO

时间：公元 1070 年 11 月 3 日，地点：江苏镇江金山寺，目击人：苏东坡

北宋文学家苏轼也曾是不明飞行物的目击者，他还因此写了一首诗，描述当时所见的情况。

公元 1070 年，苏东坡因反对即将任宰相的王安石进行改革，受到排挤，他自己请求到外地去做官，结果被任命为杭州通判。苏东坡在往杭州赴任途中，路过江苏镇江，游览了辉煌壮观的佛教禅宗名寺金山寺。承老僧诚心挽留，于公元 1070 年 11 月 3 日夜留宿金山寺。当夜二更时分，兴致正高的苏东坡登上金山，想欣赏一回夜里的山水景色，领略一遍从佛寺飘出的悠悠晚钟，抒发自己的思乡之情。

此时太阳早已落山，连细细的新月也不在天空中了，遍地漆黑。忽然从不远的长江江面上亮起一团火炬，明亮的光焰照到了金山寺，山上夜栖的鸟群都惊飞起来。苏东坡深感迷惑，不知江面上是什么发出了如此强烈的光焰。他想这绝不是鬼所为，更不是人所为。这偶然的奇遇搅得他心绪不宁，久久不得入眠，于是诗兴大发，赋诗《游金山寺》一首，记下了此景此情。其中几句为："是时江月初生魄，二更月落天深黑。江中似有炬火明，飞焰照山栖鸟惊。怅然归卧心莫识，非鬼非人竟何物？江山如此不归山，江神见怪警我顽。"

苏东坡所见的情形，据《飞碟探索》所载文章解释，可能就是停在江面上的飞碟。除了这个解释，也许找不着更好的答案了。

明代奇怪的飞行器

外星生命

在明朝时期就出现了关于疑是飞行器的记载,而根据画家吴有如的作品《赤焰腾空》中描绘,某日南京的朱雀桥上有众多的民众在围观一团火焰,对于此团火焰人们也是猜测纷纷,虽然画家本人为意识到这件事,但是,它早已成为了当今在研究 UFO 问题上不可或缺的珍贵文献。

"飞屋"畅游丝绸古道

时间:公元 1595 年 10 月 26 日,地点:甘肃四县,目击人:不详

《明史·五行志》记载:"万历二十三年九月癸巳夜,永宁有火光,形如屋,陨于西北。永昌、镇番、宁远所见同。"

万历二十三年九月癸巳日,即公元 1595 年 10 月 26 日。这次发生在甘肃境内的大范围的不明飞行物活动事件中,不明飞行物基本是沿丝绸古道上空自东南向西北飞行的,跨越了几乎整个河西走廊地区。永宁即今甘肃山丹县,镇番即今甘肃民勤县,它们与永昌县都位于长城一带。宁远即今甘肃武山县,在天水市以西约 80 公里。这次所见不明飞行物形体庞大,大到像一幢房屋的规模。这几个地点几乎同时都观察到了它,估计它最先在武山县上空出现,然后快速向西北方向飞行,飞行距离不少于 700 公里。

武威天光震动全城

时间:公元 354 年,地点:甘肃武威,目击人:张祚

据《晋书·张祚传》记载,张祚家族世代称王于西北凉州。公元 354 年,张祚篡位,自立为皇帝,都城在姑臧,即今河西走廊的武威。

史书记载了张祚称帝当晚的奇异景象:"当夜,天有光如车盖,声若雷霆,震动城邑,车盖形状如大伞,横视上锐下平。"

按照《晋书》的描写,这与圆形飞碟非常相似。由于张祚是篡位称帝,古人把这件事视为不祥之兆。果然,张祚当了三年皇帝,就被家族中的其他人杀死了。

时隐时现几十年

时间:宋嘉祐年间,约 1056 年,地点:江苏扬州,目击人:沈括

沈括是我国历史上一位于天文、地质、物理、医学等多方面皆有成就的科学家,后出任宋王朝"司天监"之职。

沈括在《梦溪笔谈》中记录了"扬州明珠"一事,其中有一段文字颇耐人寻味:"嘉祐中,扬州有一珠甚大,天晦多见。初出于天长县陂泽中,

后转入霩社湖中，又后乃在新开湖中，几十余年，居民行人常常见之。"

不难看出，沈括记述的是一起真实的 UFO 案例，跟现代人的目击报告十分相似。其所叙之事很像是一个外星球的飞行器莅临我国江南水乡的生动记录，毫无梦境幻觉的妄言或神鬼迷信的色彩。

在中国古代的历史文献中有不少记载着 UFO 事件的文字或者图片，有的只言片语有的图文并茂，有的荒诞离奇有的描述详尽，无论是哪一种记载都对我们重新认识 UFO 有着非常好的指导作用！

130、中国击落ufo外星人震惊世界，美国傻眼要与中国合作

探索未解之谜 2020-08-11

对于外星人是否真的存在，相信各个国家对此都有秘而不宣的默契存在。之前有传闻说中国击落 ufo 外星人，并对外星人进行秘密研究，而作为世界霸主的美国对此傻眼，没想到中国竟然如此强大，并立即下达和中国进行合作的指令。

中国击落 ufo 外星人震惊世界

近日，国内一军事论坛有军迷称，在中国光 96、97 两年内，我国西北华北地区就发生了不下百起不明飞行物事件，而其中中国重庆发生的一起不明飞行物事件震惊世界，曾击落不明飞行物杀光外星人，于是中国击落 ufo 外星人的事情就此传开。

打开搜狗搜索 APP，查看更多精彩资讯

1993 年的一个夏天，广西的田阳机场异常沉闷。飞行员们大多都睡了，只留下几个人值班。凌晨 3 点半左右，哨兵忽然发现天空中有 3 架落罗盘似的东西，很慢而且很低地飞着，他立即报告了正在值班的正在值班的飞行大队长罗祥盛，还没来得及向上级请示，3 架飞碟就先向机场上的飞机发射了一道道光，飞机一架架的爆炸了。

大队长命令提高到一等战斗级别，飞行员乘上苏 -27，随着一枚信号弹的升起，飞机陆 陆续续起飞了，不知道是发现了我们要还击，还是攻击完毕，飞碟开始撤离。我们的飞行员紧跟了上去，对他们进行了攻击，

可是，飞碟依然无动于衷。10分钟后 人们才发现飞碟是在带着飞机绕圈子，这时，飞碟开始还击了。一架苏-27被打了下来，飞行员跳伞成功逃离飞机了。我军与外星人ufo激战，经过十多分钟的激战，一架飞碟被击中，不再闪光，冒着青烟向东南方向坠落，2架飞碟紧跟了上去。飞行员为了安全起见，撤离了。第二天，人们找到了部分飞碟碎片。证实了这一切并非杜撰。无独有偶，中国击落ufo事件并非这一起，虽然这次事件中国军方成功击落了一架飞碟，可是并没有在这架飞碟上得到太多有用信息。

我空军和地面防空部队都对之进行了严密的监控，设防在各地的雷达站一经发现，立即锁定目标，跟踪监测，将活动轨迹记录存案，并及时报告了最高军事当局。为防不测，也曾多次出动歼击机、高空侦察机紧急起飞，进行追踪观察。

军迷还称，依据飞行特征和航拍照片判断，此类不明飞行物均属"实体"飞行器，但决不是目前已知的常规飞行器，空中遭遇也均因无法确认而难以处置，因而给国防安全造成了隐患。美军傻眼要和中国合作

据美媒报道，驻那霸美军的探测器经常会感测到来自于中国大陆的非正常电磁信号，根据电磁信号来源，追踪到了中国重庆市附近的一个地区，通过高分辨率卫星在那儿发现了一个被帆布覆盖大半的直径60英尺的圆形金属物。

目前当局极力对外封锁消息，据推测不排除是外星人飞船被中国迫降，飞行器上估计无生物生还。美方对此事件感到担忧和沮丧，毫无疑问UFO的外壳合金工艺以及推进装置原理必然被中国收回研究消化，军方代表已向国会通报此事件的严重性，以及进一步催促国会同意向日本出口F-22的进程。

作为该报告的安全顾问，布鲁斯·麦克唐纳德认为，中美加强在太空领域的合作已十分必要，他说，"目前我们同中国存在太空冲突的危险，防止太空冲突是保证美国国家安全的首要任务。"

美媒称，如今诸多证据证明外星科技已对中国解密，他们的军工科技未来将飞跃性的进步，各项科技空白将不再阻碍中国在全球的称霸图谋，我们还在犹豫什么呢？麦克唐纳德建议："在提高太空防御能力的同时，美国宇宙应加强与中国的沟通与合作，以避免发生不必要的摩擦。"

131、中国最著名UFO事件：女外星人怀了27岁黑龙江小伙的孩子？

2019 年 03 月 19 日 历史九点半

外星人和 UFO 总能引起人们的巨大兴趣，全世界每年也都会发生众多 UFO 目击事件，不过大都不能让人信服。在遥远的外太空，外星人真的存在吗？无人可知。

科幻电影中的外星人形象

中国也曾发生过多起引起轰动的外星人 UFO 事件，其中最为著名的就是 25 年前的孟照国事件，相信很多 80 前的人都有印象，当时不但轰动全国，在全世界都引发巨大争议。

1994 年 7 月 17 日，太阳系发生了人类首次能直接观测到的天体撞击事件，一颗苏梅克－列维九号彗星以每小时 21 万公里的速度撞向木星。此次撞击威力相当于 6 万亿吨 TNT 炸药当量，在木星表面形成一条比地球直径还长的撞击坑。

彗星撞击木星事件

撞击木星与孟照国有什么关系呢？因为在这之前，出现了孟照国与外星人事件，外星人告诉孟照国，他们来自木星，因木星即将被撞击，暂时逃到地球来避难的。

听起来很荒谬吧，估计所有人听到都不会当真，认为孟照国有臆想症或是脑子出了问题，但这件事之所以一石激起千层浪，就在于他看似荒谬，却又有很多让人解释不清的情况发生。

1994 年 5 月末，苏梅克－列维九号彗星撞击木星前 2 个月，在黑龙江哈尔滨五常境内的凤凰山，发生了一件怪事。当地村民发现凤凰山南坡有发光的不明飞行物出现，传的沸沸扬扬。1994 年 6 月 6 日，27 岁的林场工人孟照国和一名亲戚也忍不住好奇，跑去一探究竟。

孟照国和亲戚爬到山坡后，果然发现了山谷里停着不明飞行物，当他们想凑近一探究竟时，突然感觉身体被强烈的电流击过一般，吓得两人赶紧跑回林场,并把事情告诉了林场同事。听说有不明飞行物出现,林场30多名工人立即组织起来,在孟照国的带领下赶到出事地点。

但是,工人们上山后拿着望远镜朝着孟照国指的地方看,并没有发现UFO踪迹,一切没有异样,大家觉得要么是孟照国骗人的,要么UFO早飞走了。孟照国不信,他接过望远镜一瞧,又瞧见了那个发光的不明物体,而且这一次UFO前面还站着一个外星人,外星人手里拿着火柴盒一样的东西,射出的强光,打到了孟照国的眉心上,孟照国倒地不起,精神错乱。

工人们随即把这件事上报到了林业部门,至此,孟照国和UFO事件火遍大江南北。一时间,全世界各地媒体记者、大学教授、专家、UFO研究人员纷纷涌往凤凰山,上面也派了调查组前来调查。

孟照国接受采访

调查后,出现两方对立观点。一方以黑龙江科委为代表,认为孟照国纯属胡说八道,UFO事件也是假的;另一方则以哈尔滨工业大学教授陈功富为代表,认为孟照国和UFO事件是真的。双方各执一词,互相都有论据。

黑龙江科委等认为孟照国事件纯属子虚乌有,因为自始至终,孟照国所宣称的看到UFO,还有后来和女外星人发生的事,没有任何物证,全凭孟照国一张嘴。虽然孟照国有各种奇怪举动,身上也有说不清的伤口,但无法证明孟照国所说的是真的。

另外,很多人不相信孟照国所说,还有几个比较可笑的原因。比如孟照国说外星人会说汉语,女外星人怀了他的孩子,而且还告诉他60年后,另个星球上会有一个地球人血统的孩子出生。这一切听起来都像是写科幻小说。

外星人

而支持孟照国的陈功富教授等人的观点,也确实让人无法解释。孟照国号称眉心被外星人不明强光所刺伤,事实上他的眉心确实出现明显印记,另外孟照国昏迷期间作出的举动工人们都看到了,孟照国在林场工棚里时而倒立,时而疯言疯语,精神错乱。

孟照国声称,在被不明物体灼伤调养期间,女外星人曾多次来看过他,并且还和她有过关系。孟照国大腿内侧和身体多处都留下了伤口,医生检查伤口，发现伤口形状确实很怪异，不是手术或是正常受伤造成的。后来UFO离开地球时，曾派人将孟照国带到UFO内部，还和几位外星人见面聊天。其中一个细节比较详细，孟照国当时和妻子在房间睡觉，外星人带着他直接穿过墙壁出去的，孟照国被送回家时，房间里门栓还是插上的，他让妻子从里面开了门才进来。

假设孟照国事件都是假的，那么孟照国和他的妻子、亲戚、弟弟，以及部分林场工人都说谎了，而且编的天衣无缝，这也是一项浩大工程。因此陈功富教授一方认为孟照国不可能作假，而且孟照国只有小学学历，但他对于外星人的一些描述和技能，以及外星人跟他说的关于宇宙等事情，说的头头是道。

孟照国和外星人，是当年争议最大的UFO事件之一，有人相信，但更多人认为是假的。因为这一事件，孟照国成了家喻户晓的名人，生活也确实得到很大改善，因此很多人认为他就是为了出名，胡乱编造的，同样也有人认为孟照国是得了臆想症。

2003年，孟照国在被催眠的情况下接受测谎仪测试，测试结果显示他并未说谎，又让此事变得更加扑朔迷离。而且凤凰山在孟照国事件之后的2005年、2012年又发现了UFO踪迹，特别是2012年，很多游客当时都看到了，而且还拍下了照片，一度众说纷纭。

2012年游客在凤凰山拍到的不明发光物

笔者认为，在浩瀚无垠的宇宙中，外星生物或者说外星人一定是存在的，宇宙中星球数不胜数，有适合孕育生命的星球并不奇怪。但孟照国事件和大多数所谓的UFO目击事件，笔者则坚信是假的。

132、最不能错过的宇宙终极探索《UFO幽浮关键报告》！解密终极档案！

2020-11-10 谷哥谈娱乐

《幽浮关键报告》1-2集

一、节目简介：《幽浮关键报告》是全新的探索神秘系列节目，本片将深入探究一度被列为最高机密而封藏数十年的秘密档案，调查人类至今仍未解开的终极谜团之一：幽浮真的存在吗？

二、UFO幽浮来源：20世纪40年代开始，美国上空发现会发光的椭圆盘飞行器，当时的报纸把它称为"椭圆形的发光体"，这是当代对不明飞行物的兴趣的开端，后来人们着眼于世界各地的不明飞行物报告。UFO全称Unidentified Flying Object，中文意思是不明飞行物、飞碟，UFO一词源于美国空军的"蓝皮书计划"，该计划的第一任负责人是爱德华·鲁佩尔特上尉，他正式发明"UFO"一词。UFO在欧洲古代的以西结书中有记载，在中国古代，UFO又叫作星槎。引起UFO现象大体分为四类：已知现象的误认，未知自然现象，未知自然生物，第四类是指有明显智能飞行能力、而非地球人所制造的飞行器，即外星文明的飞碟（FlyingSaucer）。

三、幽浮调查：全世界约有三分之一的国家在开展对不明飞行物的研究、已出版的关于不明飞行物的专著约350余种、各种期刊近百种，对不明飞行物已有不少官方和民间研究机构在进行研究，世界上较大的研究机构都拥有一批专家参加这项工作，包括天文学家、植物学家、生物学家、医生和精神病学家、化学家和物理学家、还有航空、土木、电气、机械和冶金等方面的工程师，以及语言学家、历史学家等。在美国，一些理工大学甚至已把不明飞行物问题正式列入博士论文的选题，一些大学和空军院校还开设了不明飞行物课程。中国也建立了以科技工作者为主体的民间学术研究团体一中国UFO研究会，在中国台湾省和港、澳地区均建有类似的UFO研究组织，中国关于不明飞行物的科普刊物《飞碟探索》于1981年创刊。UFO可以由很多原因引起，根据不同的原因，所观察到的现象也各种各样，但是人们更多关注的是可能由地外高度文明引发的UFO现象（即飞碟）。人们对UFO作出种种解释和分类，其中有：1、各种还未被充分认识的自然现象；2、对已知物体或现象的误认；3、心理现象及弄虚作假；4、地外高度文明的产物。

四、目击报告飞碟热首次出现在1878年1月，美国得克萨斯州的农民J·马丁看到空中有一个圆形物体。美国150家报纸登载这则新闻，把这种物体称作"飞碟"，1947年6月，美国爱达荷州的一个企业家K·阿诺德驾驶私人飞机，途经华盛顿的雷尼尔山附近，发现9个圆盘高速掠过空中，跳跃前进，这一事件在美国所有报纸上得到报道，又一次引起了世界性的飞碟热，以后有关发现飞碟的报告纷至杳来，各国政府和民间机构也纷纷组织调查研究。20世纪以前较完整的不明飞行物目击报告有300件以上。锯状、球状和雪茄状，20世纪40年代末起，不明飞行物目击事件急剧增多，引起了科学界的争论。持否定态度的科学家认为很多目击报告不可信，不明飞行物并不存在，只不过是人们的幻觉或是目击者对自然现象的一种曲解，肯定者认为不明飞行物是一种真实现象，正在被越来越多的事实所证实，到80年代为止，全世界共有目击报告约10万件。不明飞行物目击事件与目击报告可分为4类：白天目击事件；夜晚目击事件；雷达显像；近距离接触和有关物证，部分目击事件还被拍成照片。美宇航员发现并拍摄到出现在太空中的不明飞行物，经过了解，这名宇航员在执行任务时，发现太空中突然出现几个闪着光的不明物体，且这些不明物体在高速移动，其中一个发光物距离大部队较远，但很快赶上来，经过仔细观察后，这名宇航员确定数量，总共有7个这样的不明发光物，但是很快其中两个消失不见。全世界许多国家开展对UFO的研究，关于UFO的专著约350余种，各种期刊近百种，世界各国有一批专家参加此项工作，中国也建立以科技工作者为主的民间学术研究团体——中国UFO研究会，到80年代初为止，全世界共有目击报告约10万件，每年平均还要增加3千余件。

五、四类接触专门从事这类研究的人，称自己为不明飞行物学家；他们将人与天外来客的近距离接触分成了四类：第一类接触，是指近距离目击不明飞行物，但没有留下任何具体的物证，一天下午发生在墨西哥上空的一场惊人邂逅，就属于这一类。第二类接触，是除目击不明飞行物之外，还有外星人来访的具体有形痕迹，引发诸多争议的麦田怪圈可以被归为这类接触，前不久出现在墨西哥一片草地上的古怪圆形图案，就被认为与不明飞行物有关。当然，还有著名的第三类接触，这是真正意义上的接触——往往是通过心灵感应，与外星人交谈。最后的一种是第四类近距离接触，也就是遭遇外星人绑架。

六、国外古代目击在国外，几千年前的古埃及壁画上就有神似外星人和飞碟的图案，梵蒂冈博物馆中，一页古埃及纸草书则记录了3500年前图特摩西斯三世和臣民目击UFO群场面。据《朝鲜王朝实录》记载："江原监司李馨郁驰启曰：'杆城郡八月二十五日巳时，青天白日，四方无一点云，雷声发作，自北向南之际，人人仰望，则似烟气两处微出于碧空，形如日晕，挠动移时而止，发雷声有若皮皷之声，原州牧，八月二十五日巳时，白日中红色如布长流去，自南向北，天动大作，暂时而止，江陵府，八月二十五日巳时，白日晴明，忽有物在天，微有声，形如大壶，上尖下大，自天中向北方，流下如坠地，流下之时，其形渐长，如三四丈许，其色甚赤，过去处连有白气，良久乃灭之后，仍有天动之声，响振天地，春川府，八月二十五日，天气晴明，而但东南天间，微云暂蔽，午时有火光，状如大盆，起自东南间，向北方流行甚长，其疾如矢，良久火形渐消，青白烟气涨生，屈曲裊裊，久未消散。俄顷如雷皷之声，震动天地而止，襄阳府，八月二十五日未时，品官全文纬家中庭檐下地上，忽有圆光炯如盘，初若着地而便见屈上一丈许，有气浮空，大如一围，长如半匹布，东边则白色，中央则青荧，西边则赤色，望之如虹，宛转缠绕，状如卷旗，及上半空，浑为赤色，上头尖而下本截断，直上天中少北，变为白云，鲜明可爱。而仍似粘着天面飞动，触插若有生气者，忽又中断为二片，而一片向东南丈许，烟灭，一片浮在本处，形如布席。少顷雷动数声，终如擂鼓声，自其中出，良久乃止。'"七、中国古代目击不明飞行物并不是近代才出现的现象，例如在宋朝时，苏轼也可能曾目击过不明飞行物。他在《游金山寺》诗中写下当时的奇特遭遇："二更月落天深黑。江心似有炬火明，飞焰照山栖鸟惊。怅然归卧心莫识，非鬼非人竟何物？"亦有解释"炬火明"是江中能发光的水生动物。中国的古书中，包括《资治通鉴》等史书，也都曾记载疑似不明飞行物出没的现象，例如《汉纪－汉武帝本纪》记载着："四月戊申，有日夜出"，"有日夜出"即：有看似太阳的物体在夜间出没，科学角度是超新星爆发或海市蜃楼。宋真宗天禧二年（1018年）五月，河阳三城（在今河南孟州市）节度使张旻向中央政府报告了一件发生在辖区内的蹊跷事，称西京（今洛阳）近日有人盛传看到天空中有一种奇怪的妖物，形状如圆形帽盖，夜间每每飞入人家，顿时变为大狼状，伤及室内居民，满城市民惊恐万分，每到入夜时分便关牢门窗，躲在隐蔽之处，由于这种妖物形如"帽盖"，于是，人们便望"形"生义，为其起了一个相当形象生动的名字——"帽妖"。八、近代目击实例据近代记载,最早出现不明飞行物的时间是1878年1月,一个美国农民在耕种时,突然发现空中出现一个不明圆形物体,许多人也看见了,这则新闻很快就刊载在150家美国报纸上。1947年6月24日,美国人肯尼士·阿诺德在华盛顿州雷尼尔山上空驾驶着自用飞机,突然发现有九个白色碟状的不明飞行物体,根据他的目测,这些物体以约每小时1600或1900公里高速飞过,并转眼消失,他向地面塔台喊出:I see flyingsaucer.(我看见了飞舞的碟子),引起美国极大的轰动。由于飞碟这个名词形容得很贴切,于是就在世界各地广泛流传,其后一名记者在报纸上首次使用了UFO这个缩写,即不明飞行物,被人们一直沿用至今。1947年的美国罗斯威尔,一声巨响划破了暴雨的夜空,第二天,所有的报纸纷纷报道:一艘飞碟坠落在当地,残骸中甚至散布着外星人的尸体!但随即,剧情突然峰回路转:美国政府否认有飞碟坠毁,所有的当事人也突然转变了态度,一场持续半个多世纪的飞碟悬案由此拉开了帷幕外星人真的曾坠落在地球吗?而这其中到底隐藏了多少不为人知的内幕?就像流星拖着火焰坠落地面,当UFO被大气层的摩擦力拖向地面,人类所面临的震撼要远远超过坠毁事件本身。对于外星人来说,或许这只是他们在漫长星际航行中一次寻常的事故,人类却由此而感受到了另一种生命体的存在,外星人离我们并不遥远,但当面对意外地出现在地球上的他们时,不知所措的,是我们自己。1952年7月19日晚上,美国华盛顿上空多次出现不明飞行物,美军战斗机想击落它们,却以远超过战斗机的速度移动并集体消失,为"华盛顿不明飞行物事件"。1980年12月24日圣诞夜英国苏福克的美国空军基地发生伦道森森林事件,在圣诞夜巡逻的两位空军卫兵发现附近森林出现奇怪亮光,他们前去查看时发现有一架三角形金属物体停在森林里,然后就朝空中飞去,他们回报后指挥部询问雷达站,是否看到发光物体飞过,雷达站人员事后对采访镜头说当地雷达没看到,但他改用英国最强的雷达扫描后就发现了有不明物体在空中,扫描两次后都一样,两天后夜晚卫兵又看到森林里有亮光,这时他们通知基地副指挥官何特中校,中校带二十多人和他们一起去森林里查看,结果看到空中有不明红色光线,靠近后又有黄色和彩色光线,持续数分钟后才消失,对于这是否为海边灯塔光线的质疑,何特中校表示他知道那灯塔的位置，也知道那灯塔下面有个餐厅他还带人去吃过饭，他们看到的光并非来自灯塔方向，对这事何特中校当时带录音机现场录音纪录看到的现象，并提交正式报告给军方。1990年底至1990年间，比利时上空多次出现了不明的三角形飞行物，这是少数拥有超过一千多人以上目击者的不明飞行物体事件，当时不止一般民众及警察目击，比利时军方以及北大西洋公约组织的雷达也侦测到这些不明飞行物体的存在，在尝试以无线电联络失败以后，比利时空军多次派出F-16战斗机拦截，其间F-16曾成功以机上雷达描定其中一架不明飞行物体，但是被其以极高速逃脱，在经过一个多小时追逐后，无功而返，事后比利时军方释出事件报告，史称"比利时不明飞行物体事件"，这也是极少数获得国家军方承认的不明飞行物体事件。1997年美国亚历桑那州出现大型V字形幽浮为"凤凰城光点"，飞行了美国几个州，有数千位目击者，并拍下部分影片，美国国家地理频道在几年后曾找大学教授、航管人员、影像专家研究此事件，排除这些光点是军方的照明弹，而且也不是人类现有的科技能制作的飞行器。九、21世纪的任务：二十一世纪解密的英国政府档案中也有幽浮档案，其中一份解密档案的飞行员在解密后接受纪录片访问时指出1957年他的战机雷达显示空中有大型物体，体积几乎等于海上的航空母舰，他的长官要他追逐这幽浮，但这幽浮却高速飞离，飞行速度将近音速十倍，十分惊人。而随着二十一世纪人类的宇宙探索迈入新的阶段，对于空间探索和多元宇宙的了解也会更加深入，同时脑机接口会大大提升人类的智慧，并且随着Ai技术的大爆发，人类与下一代智能生物的边际变得模糊，此刻UFO幽浮是否会认为已经到了接触人类的时候呢？

延伸思考

133、2024年人类再登月球？NASA确定三家合作科技公司

2020年5月4日 BBC

美国国家航空太空总署（NASA）公布3家合作科技公司的名单，希

望帮助他们在 2020 年代将太空人再次送到月球表面。

白宫希望在 2024 年，将下一个男性和首位女太空人（宇航员）送上月球，然后执行其他任务。

贝索斯（Jeff Bezos）的"蓝源"（Blue Origin），马斯克（Elon Musk）的"SpaceX"和总部位于阿拉巴马州的达尼提斯（Dynetics）被选为 NASA 阿提米斯（Artemis）计划的着陆器研究伙伴。

若 2024 年的计划成功，这会将是自 1972 年以来，再次有太空人能在月球表面行走。

与这 3 家公司签订合约总价值为 9.67 亿美元（7.63 亿英镑），有效期为 10 个月。

NASA 署长布莱登斯汀（Jim Bridenstine）说："有了这些合同，美国正在朝着让太空人在 2024 年前登上月球迈出下一步，包括让第一位女性踏上月球表面。"

"这是自阿波罗计划以来，NASA 首次为人类登陆系统提供直接资金，而且有这些公司协助阿提米斯计划。"他补充说。

拿到合约的 3 家公司对于如何让宇航员在月球表面着陆有不同的构想。

由亚马逊总裁贝索斯创办的"蓝源"正与洛克希德·马丁（Lockheed Martin），诺斯罗普·格鲁曼（Northrop Grumman）和德雷珀（Draper）三家公司合作创建着陆器。贝索斯的公司是合伙企业的主要承包商，被称为"国家队"。

其登陆步骤分为 3 个部分：首先是通过运输工具能将太空人从较高的环月轨道带到较低的轨道；之后是下降阶段，会将他们从低环月轨道带到月球表面；最后是上升阶段，在任务结束时将机组人员送离月球表面。

NASA 位于据位于阿拉巴马州"马歇尔太空飞行中心"的"人类着陆系统"主任沃森·摩根（Lisa Watson-Morgan）称，达尼提斯（Dynetics）的登陆概念特点是"独特的低空飞行机组模块，使机组人员非常靠近登月表面以进行运输和登陆。"

最后，SpaceX 公司的登陆舰叫做"星舰"（Starship）。它将使用该公司的超级哈维（Super Heavy）火箭进行发射。登陆舰的原型已在该公司位于德州南部的博卡兹克（Boca Chica）测试场进行测试。

未来四年耗资350亿美元

NASA的"月球计划"中的其他关键项目也在不断发展。

登陆月球的太空员将乘坐"猎户座"太空船前往月球，这是一个强大的火箭，被称为太空发射系统（SLS）。NASA还计划在环月轨道上建造一个小型空间站，称为Gateway，"猎户座"可以在那里停靠，在登月之前，可以组装不同的着陆器。

但是，有报道称上个月Gateway已从2024年任务的"关键路径"中删除。不过在周四（4月30日）的记者会上，布莱恩斯汀重申了该机构对Gateway的支持。Gateway不大可能在4年内被阿提米斯（Artemis-3）任务使用，但其对于该计划的后期阶段将很重要。"我们绝对需要一个Gateway，"他说。

NASA人类探索与行动任务局副局长罗韦洛（Doug Loverro）评论："借着这些获选的合约，我们与行业内最优秀的伙伴开始了令人兴奋的合作，以实现美国的目标。我们在未来的10个月中还有很多工作要做。"

但是，国会内部的支持将决定此计划的命运。而这计划预计在未来4年将耗资350亿美元。

长期计划

在1960年代和1970年代，NASA执行了7次发射任务，以"阿波罗计划"登陆月球。

阿波罗13号没有降落成功，因为氧气舱爆炸。上一次乘载人的飞行任务是阿波罗17号。后者于1972年12月探索了月球的的金牛座－利特罗山谷（Taurus-Littrow valley）。

这次，NASA希望建立长期计划。

"我们这次不会只是留下旗帜和脚印，然后等到50年后在回去。"布莱登斯汀去年曾表示，"我们将持续下去，登陆器，机器人，太空漫游者和人会留下来。"

该机构正在按照美国总统特朗普（Donald Trump）在2017年签署的太空政策指令采取行动。该指令指示NASA将美国太空人送到月球，然后前往"其他目的地"。

月球可以被当作试验场,以帮助人类在火星上着陆。

SpaceX 在向 NASA 提出的计划包括希望在月球上进行无人驾驶测试的计划。达尼提斯则表示,它将在执行登月任务之前进行一次演示飞行,以测试其着陆系统的关键能力。

134、北磁极为什么懂得走路？科学家找出答案了

BBC 科学事务记者 2020 年 5 月 7 日

北磁极（North Magnetic Pole）近年正从加拿大移向西伯利亚,其快速的移动需要不断更新导航系统,包括智能电话中的地图功能。

欧洲科学家认为,他们现在可以自信地去解释,为什么北磁极会"漂移"。英国利兹大学的研究团队说,这个现象是因为地球外核边缘,两个磁性"斑点"之间的双互竞争所致。

行星内部熔融材料流动的变化,改变了上述负磁通量区域的强度。

菲尔·利弗莫尔博士（Phil Livermore）解释说:"这种流动方式的变化削弱了加拿大底下的斑块,略微增加了西伯利亚的斑块的强度。"（地球表面有三个极点：地理极、地磁极和北磁极。）他对 BBC 说:"这就是北极离开加拿大北极地区的历史位置,并越过国际日期变更线的原因。你可以说是俄罗斯北部赢了这场'拔河比赛'。"

地球表面有三个极点。"地理极"是地球旋转轴与地表相交的地方;"地磁极"则是最切合传统偶极子的位置（其位置会有少许变化）。然后就是"北磁极"或称为"磁倾角",这是磁力线垂直于地球表面的地方。正是这第三极一直在移动。

在 1830 年代,探险家詹姆斯·克拉克·罗斯（James Clark Ross）首次发现第三极,它位于加拿大的努纳武特地区。负磁通量区域的不同,造成了这场拔河比赛。

当时,它并没有移动很远、很快,但在 1990 年代开始,它开始快速移动,冲向更高的纬度,并在 2018 年越过了地理极点,双方相距只有几百公里。

利弗莫尔博士和同事利用过去 20 年,测量地球磁场演变形状的卫星

数据，试图对北极的漂移建立模型。

两年前，当他们在华盛顿举行的美国地球物理联盟会议上首次提出自己的想法时，他们表示外地核中的熔融物质向西加速喷射，可能与第三极移动相关，但是这个模型当时很复杂，团队现在修改评估方式，以适应不同的流动方式。

利弗莫尔博士说："熔融物质喷射与其高北纬度有关，而导致极点位置改变的外地核中，那流动的改变，事实上发生在更南的位置。"

"还有一个时间问题。该次喷射加速发生在2000年代，而极加速则发生在1990年代。"团队最新模型显示，北磁极将继续移向俄罗斯，但随着时间会逐渐减慢，最快的速度可以是每年移走50-60公里。利兹的科学家对BBC表示："各人在猜测，将来北磁极是否会移动回来。"

北磁极最近在地球之颠快速移动，促使美国国家地球物理数据中心和英国地质调查局于去年发布了世界地磁场模型的提前更新。

这模型呈现整个地球上的磁场，所有导航设备，包括现代智能手机，都有用到这个系统，以纠正一些当地指南针的错误。

利弗莫尔博士及其同事大量使用了欧洲航天局的Swarm卫星提供的数据。该团队的研究成果发表在《自然地球科学》杂志上。

135、导航不再靠卫星 量子罗盘引领二次技术革命

BBC 2018年11月16日

英国国防部希望在核潜艇内运用新的量子罗盘定位技术，因为核潜艇的航行需要极大的隐蔽性及精确性。

继20世纪初量子理论出现后，现在正发生变革性技术的第二次量子革命。量子罗盘的问世，显示这项技术正在实现新的突破。

全球定位系统（GPS）为人们出行导航提供了便利，并已经成为人们生活中不可缺少的一部分。

但这种卫星导航技术也有它的局限性。比如，在室内或是受到外来信号的干扰等，尤其是在核潜艇和油轮等方面，仅仅依赖卫星导航系统不可

靠。

英国格拉斯哥科技公司 M Squared Lasers 与伦敦帝国理工学院联手共同研发了一种大有潜力的"量子罗盘",它利用量子加速度感应器可以精确定位。

这种过冷铷原子技术（super-cooled rubidium atoms）据说连俄罗斯人都无法对其进行干扰。该"量子罗盘"（quantum compass）模型最近在伦敦的一次大会上亮相。

量子罗盘前途无量

"量子罗盘"用激光使原子处于极低温度下,然后用量子力学来测量和计算这些超低温原子随其载体行进时在速度上出现的细微变化。

将"量子罗盘"安装在车船等交通工具上后,只要有载体的初始位置,它就可以根据测到的速度变化计算出载体当前所处位置,完全不依赖外部信号。

目前这种量子"罗盘"的应用对象主要是大型船只、火车等大型交通工具,但它的工作原理也适用于基础科研项目,比如探测暗能量和引力波等。研究团队希望技术成熟后能将这个系统应用到更多领域中。

英国国防部一直在投资建造一种独立的导航装置。它认为这种装置在其核潜艇上能派上特别的用场,核潜艇需要秘密航行、与外部世界隔绝。

研发该导航装置的资金来自国防部的研究部门防务科技实验所、英国工程学和物理学研究理事会以及英国创新署。

据《金融时报》报道,2013 年,量子研究被英国政府确定为优先领域,研究重点是军事技术。此后,通过英国国家量子技术计划,英国政府在 5 年内对该领域的项目投资了 2.7 亿英镑（约合 3.5 亿美元）。

GPS 工作原理

GPS 最初是由美国国防部研制和维护的中距离圆型轨道卫星导航系统。它可以为地球表面绝大部分地区（98%）提供准确的定位、测速和高精度的标准时间。

该系统包括太空中的 31 颗 GPS 人造卫星；地面上 1 个主控站、3 个数据注入站和 5 个监测站,及作为用户端的 GPS 接收机。最少只需其中 3 颗卫星,就能迅速确定用户端在地球上所处的位置及海拔高度；所能接收到的卫星讯号数越多，译码出来的位置就越精确。

该系统由美国政府于 1970 年代开始进行研制，并于 1994 年全面建成。使用者只需拥有 GPS 接收机，比如智能手机即可使用该服务。

现在，无论军用和民用 GPS 都可以达到精度在 10 米以下的定位服务。

GPS 卫星信号脆弱，容易受到攻击。它使用低频讯号，即使天候不佳仍能保持相当的讯号穿透性。因此快速、省时、高效，并可移动定位。

虽然卫星导航具备以上优点，并被广泛应用在军事以及民用生活中，但 GPS 的弱点也越来越引起军用和民事当局的关注，特别是它的信号容易受到干扰和阻断。

例如，据情报部门获悉，至少有两次由于俄国测试"欺骗性"装置，导致莫斯科以及黑海地区居民的手机 GPS 系统受到干扰，无法正常工作。

格拉斯哥科技公司 M Squared Lasers 的约瑟夫·汤姆认为，这种量子技术就可以避免这样的事情发生。

他称，GPS 信号很容易被阻断。一旦这种情况发生，人们手机中的导航系统就会受到干扰。但新的量子技术就可以避免这样的干扰，因为它不依赖信号来回传递。

据说，该科技公司研制的系统所使用的技术比 GPS 还古老，它使用惯性导航技术（inertial navigation）。该装置利用感应器来确定其速度和方向。

从理论上来讲，只要该系统知道最初起点的位置，它就会计算出之后的一切。

该系统最初所遇到的问题是它可能会出现偏离，需要经常矫正。然而，通过利用过冷铷原子技术就可以几乎避免所有的偏离问题，大大改善了该系统的表现。

M Squared Lasers 负责人马尔科姆表示，该系统还处于初期阶段，仍有许多改善空间。

但至少将来它可以替代 GPS，让人们多一种选择。特别是它不受信号有无的影响，所以在地底、水下也同样可以精确导航，对核潜艇、船舶运输等具有重要用途。但短期内可能还不会普及到手机导航上。

136、科学家计划在太空建新国家Asgardia

BBDC 2016 年 10 月 15 日

科学家建立的网站说，这个名为 Asgardia 的国家"会成为轨道上真正的'无人区'。"

一群科学家说，他们正计划在太空筹建一个新的和平主义民族国家。

科学家建立的网站说，这个名为 Asgardia 的国家"会成为轨道上真正的'无人区'。"

这一新的"国家"也将在明年晚些时候发射第一颗卫星，它的"建国者"们也希望有一天联合国也能够接受它。

不过，一些专家说，这一计划根本不可行，原因是国际法禁止在外太空有国家主权的宣称。

这个项目的一名资深成员维尼（Lena de Winne）说，Asgardia 国的"公民"在被接受前要接受审查。不过审查通过后，他们会获得相关的护照。维尼曾经在欧洲宇航局工作过 15 年。

"很显然，人们很难想象自己可能成为一片自己都没踏上过的土地的公民，"她对 BBC 说。

"但我是荷兰公民，我现在巴黎…成为自己并不居住，或者不涉足的地方的公民十分正常。"

这一项目由总部设在维也纳的国际航空研究中心主导。这是一个由俄罗斯科学家和商人阿什布贝伊利（Igor Ashurbeiyli）博士所资助的机构。

他在巴黎的项目启动仪式上对记者开玩笑说，若媒体将他称为"疯狂的俄罗斯火箭科学家在完全胡扯"，他也不会感到惊讶。

这个项目的网站说，这一新的国家的名字来自于北欧神话，这个国家将不受一般国家法律的限制。

这个国家正式成立前，"建国者"们正在发起一场征集国歌和国旗的竞赛。

这个国家正式成立前，"建国者"们正在发起一场征集国歌和国旗的竞赛。

众筹将启

这个国家正式成立前,"建国者"们正在发起一场征集国歌和国旗的竞赛。

不过,伦敦太空政策与法律中心的教授蒙斯特沙(Sa'id Mosteshar)说,他不认为这个叫 Asgardia 的国家会被国际法所承认。

"被所有人接受的外太空条约说,没有任何国家能够占有外太空的人和部分,"他说,Asgardia 被最终接受的可能性并不大。

目前,只有阿什布贝伊利博士一人在资助这个项目。不过,该组织说,他们很快就将发起众筹。

已经有超过 5 万人在网上申请"加入"这个国家。

但蒙斯特沙教授说,这个团体之所有发起众筹,就说明他们并没有什么真正可靠的商业计划。

在法律方面,阿什布贝伊利博士说,他想要创建一个"太空中的新司法现实"。

137、美国探测器在升空36年后飞离太阳系

2013 年 9 月 12 日

科学家们相信,旅行者一号已经飞离太阳系。

美国 1977 年发射的旅行者一号探测器,成为有史以来第一个离开太阳系的人类制造的飞行器。

科学家说,旅行者一号的仪器显示,它已经穿过太阳风,飞出了太阳系外缘,现在正在恒星之间飞行。

美国航天局 36 年前发射这一太空探测器的目的是为了研究外太空,但这个探测器此后并没有止步,而是不断往太阳系外飞去。

今天,旅行者一号探测器已经在距离地球大约 190 亿公里的外太空。

这是一个如此遥远的距离,就是从旅行者一号向地球发送无线电信号,也需要 17 个小时才能到达。

一段时间以来,旅行者一号上的传感器显示,探测器所在的环境发生

了变化。

去年 10/11 月和今年 4/5 月的来自旅行者一号的等离子体波仪表的数据，终于说服了科学家们，该探测器已经到了星际空间。

当科学家们把来自旅行者一号仪器的新数据集中一起后，得出了该探测器是去年离开太阳系的结论。

科学家说，2012 年 8 月 25 日，旅行者一号在距离地球约 121 个天文单位的位置，相当于地球和太阳之间距离的 121 倍。

英国皇家天文学院教授马丁·里斯爵士说，一个用 1970 年代的技术制成的探测器能飞越如此漫长的距离，实在令人吃惊，是天文史上的一个奇迹。

美航天局发布火星探测器发回的彩图

2012 年 8 月 28 日

美国航天局首次公布了美国火星探测器"好奇号"拍摄的火星的彩色图片。

这些壮观的图片显示了夏普山（Mount Sharp）底坡的表层岩石，科学家计划集中研究这个区域，寻找能够在火星维持生命的条件。

好奇号播出了美国航天局负责人查尔斯·鲍尔登发去的祝辞，把人类的声音从地球传送到另外一个行星然后才传回地球，这是第一次。

美国太空署准备发射两枚围绕月球飞行的卫星，以测定月球的引力分布。

科学家认为，这项计划所获得的数据将揭开月球表面以下的秘密，揭示月球究竟是由什么物质组成，以及其随时间的发展和变化。

即将发射的这两个月球探测器的体积和一台洗衣机的大小差不多，能探测月球岩石构成的不同所引起的微小引力变化。

迄今为止，向月球发射的探测器达一百多个，但有关月球的许多谜团仍未解开。

太空探测器掠过木星加速飞往冥王星

保罗·林孔 BBC 科学事务记者

美国航天局一年多前发射的新视野号（New Horizons）太空船已经掠过木星这颗巨大的行星。

飞过木星旨在测试探测器的设备，之后探测器将被木星的巨大引力抛向遥远的冥王星及其卫星。

这艘以核燃料钚为动力的探测器在周三格林尼治标准时间 5∶43 达到最接近木星的距离。

探测器依靠木星引力每小时加速 14，000 公里，使飞船驶往冥王星的速度达到每小时 84，000 公里。

新视野号太空探测器历时 13 个月从地球接近木星，创下人造太空飞船速度最快的记录。

"和木星相遇"研究项目的第二号负责人约翰·斯宾塞说，木星只是探测器飞往冥王星途中的一站。

飞船经过木星，是在 1995 年伽利略探测器飞临木星之后首次让人类再次近距离观察木星。

重达半吨的探测器在距木星中心 230 万公里处开始远离木星，飞往冥王星，预计在 2015 年 7 月达到冥王星。

这次太空飞船依靠木星引力加速后，可以将飞往冥王星的旅程缩短 3 年。

"洞察号"成功登陆火星：你需要知道的都在这里

2018 年 11 月 27 日

美国宇航局（NASA）无人探测器"洞察号"于美国当地时间 11 月 26 日下午 3 时左右成功登陆火星，成为全球首个致力于探索火星内部的探测器。

138、南太平洋海底"公墓"：空间站和卫星在此长眠

BBC 2017 年 10 月 21 日

中国的天宫一号失控了，恐怕无法葬身太空飞行器公墓——中国的天宫一号太空舱现在失联失控，估计明年陨落地球，但不会落到许多其他太空飞行器寿终正寝的那个偏远地方。

现在地球上最高的山峰已经被登顶，南北两极被踏足，浩瀚的大洋和

无际的沙漠被穿越,探索者和探险家们常常要寻觅新的征服目标。

这些新的目标境域中,有些被称为难抵之极,其中有两个尤其引人入胜。

一个叫大陆难抵之极 – 地球上距离海洋最远的地方。这个地方的精确位置现在仍有争议,但许多人认为它在中国和中亚之间的准噶尔山口(Dzungarian Gate,又称阿拉山口)附近。

海洋的难抵之极 – 离陆地最远的地方 – 在南太平洋皮特凯恩群岛(Pitcairn Islands)以南约2700公里处,那片介乎澳大利亚、新西兰和南美洲的无人之地,或者更准确说是无人之水。

这个海洋难抵之极不仅吸引探索者,操作卫星的人也对它感兴趣。这是因为,送上天的卫星迟早要回落地球,问题是落到哪里。

洛克希德 – 马丁与澳企联手追踪太空垃圾

较小的卫星在穿越大气层向地球坠落的过程中就会焚毁,但较大的卫星烧不完,残骸片块会落到地球。为了避免这些残片撞击人类生活的区域,事先就为它们设定了坠落地点,就在海洋难抵之极。

卫星公墓就在这片约1500平方公里水域的海底。最近一次盘点,那里安息着260多尊卫星遗体,大部分是俄国的。

和平号空间站

前苏联的和平号空间站现在就躺在那里。和平号1986年上天,曾是许多宇航员团队的太空之家,也接待过许多国际访客。

它体积大,重120吨重,不可能在坠落途中焚毁,所以事先就设定了路径,2001年回归地球时就落在那片水域。当时有渔民见证了那一时刻,回归地球的和平号空间站是一团发光的金属残片自天而降,入水为安。

每年都有不少为国际空间站(ISS)输送给养的飞行器在这片海域坠落,焚化空间站的垃圾。

因为这种坠落是有控制的回归,所以对人类不构成危险。那片海域没人捕鱼,因为海潮从它旁边擦过,那里的海水里没有海洋生物所需的养分,所以海产很少。

下一个进这座"公墓"的将是国际空间站。

目前的计划是在下一个十年里让它退役,然后根据缜密的计划把它引到海洋难抵之极安葬。它体重 450 吨,是和平号的四倍,入葬场面将十分壮观。

不过,假如地面控制中心跟卫星或太空飞行器的联络中断,就无法把太空飞行器引到南太平洋卫星公墓。

1991 年体重 36 吨的礼炮 7 号空间站就出现这种情况,结果落到了南美某地。美国天空实验室 1979 年落到澳大利亚,也是这个原因。当时地面没有人受伤。实际上,据我们所知,迄今为止还没有人被卫星残片伤及的事。

明年,我们又将遇到同样的问题。

中国的天宫一号空间站在一月至四月间返回地球。它 2011 年上天,是中国的第一个空间站。第二年,中国第一位女宇航员刘洋进站。

天宫一号重返大气层时轨道在衰减,中国工程师又跟它失联失控,无法点燃推进器,把它送入南太平洋。所以,天宫一号将在北纬 42.8 度和南纬 42.8 度之间陨落。这个纬度区间相当于西班牙北部和澳大利亚南部之间的区域。我们现在无法比这更精确,只能等到它焚烧前几个小时才可能推算出陨落地点。

天空一号可能无法跟它的同伴一起在南太平洋海底长眠了。

139、瑞士科学家推算太阳系第九行星可能状态

2016 年 4 月 10 日 BBC

瑞士科学家在《天文学和天体物理学》杂志上发表文章,描述了可能存在的太阳系第九颗行星的状态。

美国加州理工学院科学家曾在今年 1 月份发表文章说,在太阳系遥远的外部边缘可能存在着第九颗行星。

科学家并没有直接观察到这颗行星,而是根据其他天体运行轨迹的变化得出了这颗行星存在的推断。

在美国科学家提出上述结论之后,世界各地的天文望远镜正在加紧搜寻。

瑞士伯尔尼大学科学家现在用计算机模拟的方式，具体推断了这颗可能存在的行星的尺寸、温度和构成。

伯尔尼大学教授莫达希尼（Christoph Mordasini）领导的研究小组得出结论说，这是一颗冰冻的星球，外层包裹着氢气和氦气。

这个小组使用行星进化模型，计算了46亿年前太阳系形成至今这颗行星的演化过程。

美国加州理工学院科学家曾表示，这个行星的质量是地球的10倍。

瑞士伯尔尼大学科学家现在进而认为，其直径是地球的7.5倍，其温度为零下226摄氏度。

美国科学家说，他们有很强的证据证明，太阳系存在着第九颗行星，围绕太阳运行的距离比太阳系矮行星冥王星还要远。

加州理工学院（Caltech）的这个研究小组说，他们还没有直接的观测结果证明这颗行星的存在。但是这些科学家表示，他们能够通过其他遥远天体的运行得出上述结论。

如果得到证实，这颗推断中的行星应该具有大约是地球10倍的质量。

根据计算，这颗行星到太阳的平均距离是太阳系第八颗行星海王星到太阳距离的20倍。

这颗行星运行的轨道不同于太阳系内行星比较倾向于圆形的轨道，而是以极度拉长的椭圆运行，围绕太阳运行一周需要大约1万到2万地球年。

一些科学家表示，尽管加州理工学院天文学家对这颗行星的具体位置还比较模糊，但是他们的工作可能激起一阵寻星热潮。

一位天文学家说，世界上有很多望远镜，找到这颗行星是可能的。

140、双中子星合并　人类首次观测到爱因斯坦提出过的引力波

BBC 科学事务记者 2017 年 10 月 17 日

科学家观测到了由两颗中子星相撞而产生的空间弯曲现象。

他们确认，两颗中子星的合并产生了在宇宙当中所存在的金和铂。

由这次猛烈撞击事件产生的引力波,是在8月17日由激光干涉引力波天文台(LIGO)与室女座干涉仪(VIRGO)合作监测到的。

这一发现使全世界的天文望远镜得以观测这一次中子星合并的细节。

位于美国加州帕萨迪纳的加利福尼亚理工学院LIGO实验室执行总监大卫·莱兹(David Reitze)说:"这是我们一直在等待的那一次。"

科学家提出探索地心设想

从爱因斯坦的怪癖中你能学到什么

这一次大爆炸发生在一个被称为"NGC4993"的星系,距离长蛇座大约有一万亿亿公里远。

碰撞发生在1.3亿年前——当时恐龙仍然在地球上生活。由于距离太远,光和引力波直到最近才到达我们这里。

两颗中子星的质量比我们的太阳大10－20%——但它们的直径不过30公里。

它们是巨大星体在很久之前作为"超新星"(supernova)发生爆炸后遗留下来的内核。

它们被称作中子星,是因为星体撞击碎裂过程当中,令带电的质子以及星体原子中的带电粒子合并形成一个完全由中子组成的实体。

这些"残留物"的密度之高难以想象——一茶匙的重量就能达到10亿吨。

进行此次观测的其中一个实验室位于一个风景如画的校园里,一个喷泉池向天喷射着水柱,水又在重力的作用下呈弧线重新洒向地面,在清澈的池上溅出波纹。

在路易斯安那州利文斯顿广阔的林地里,LIGO探测仪的存在显得有点格格不入。它的设计是用于监测宇宙当中由猛烈的天体撞击产生的引力波纹。

自从两年前升级以来,它已经四次侦测到黑洞的合并。

由猛烈冲撞产生的引力波在时空当中散播出波纹,所穿过的一切都被轻微地拉伸和压缩——幅度小于一个原子的直径。

利文斯顿的LIGO实验室由两座小型建筑组成,配有两根长2.5英里的管道,以恰当的角度延伸。管道当中是一个强大的镭射装置,准确地测量其长度发生的任何改变。

我和诺尔娜·罗伯森教授（Prof Norna Robertson）一起走进其中一条管道。她是苏格兰人，曾经在格拉斯哥大学工作，之后又曾帮助设计这一套设备当中的监测系统。

罗伯森教授的工作帮助了 LIGO-VIRGO 的科学合作项目成功侦测到由两颗中子星相撞而发射出的引力波。

"我对我们做到的事情实在是感到兴奋。我在 40 年前作为一个学生开始研究引力波，走过了一条很长很长的路：当中有起有落，但现在，一切都成了，"她告诉 BBC 说。

"过去这两年，先是监测到了黑洞的合并，现在又是中子星的合并。我真的感觉到我们正在打开一个新领域，而这就是我一直想做的，现在我们做到了。"

此次监测令 70 个天文望远镜有史以来第一次捕捉到这一现象的细节影像。

这些影像显示，这一次大爆炸比超新星的威力大 1000 倍——它被称为"千倍新星"。

引力波——时空中的波纹

研究人员曾经怀疑，这种释放巨大能力的天文现象导致了稀有元素的产生，比如金和铂。

英国贝尔法斯特女王大学（Queen's University Belfast）的凯特·马奎尔博士（Dr Kate Maguire）分析过此次碰撞所产生的光。她表示，有关的理论如今已经得到证实。

"利用世界上一些最先进的望远镜，我们已经发现，这一次中子星合并向太空高速散射出了金和铂等重化学元素。"

"这些新的结论极大地有助于解答长久以来被争论的未解之谜，元素周期表当中比铁更重的元素到底来源于哪里。"

华威大学的乔·莱曼博士（Dr Joe Lyman）形容这一次的观测"精巧细致"。

"它告诉我们，像金和铂这些用在珠宝上的重金属元素其实是残渣，是在中子星合并的十亿度高温中锻造的残留物。"

更多的发现仍将到来

此次发现还直接证实了，伽玛射线暴与中子星的相撞有关。

通过将引力波的信息以及由天文望远镜收集到的光信息组合，研究人员也通过新技术测量到了宇宙的膨胀率。相关技术最早在1986年由卡的夫大学的贝纳德·舒茨教授（Prof Bernard Schutz）提出。

剑桥大学的史蒂芬·霍金教授（Prof Stephen Hawking）告诉BBC说，这是"梯子上的第一根杠"，将带来远距离侦测宇宙的新方法。

"对于宇宙的一个新观察窗口通常都会带来不可预见的惊喜。我们仍然在拭目以待，或者洗耳恭听——我们刚刚唤醒了引力波的声响，"他说。

莱斯特大学的尼尔·坦维尔教授（Prof Nial Tanvir）在智利使用VISTA天文望远镜进行观测。

他和他的同僚一听说侦测到引力波，就马上开始寻找中子星撞击的踪迹。

"当我们第一次收到通知说LIGO侦测到了中子星的合并时，真的很兴奋，"他说，"我们彻底不眠，对传送过来的影像进行分析，不简单的是，观察所得与此前的理论推测是如此的吻合。"

LIGO现在正在进行升级。一年之后，它的灵敏度将提升一倍——因此届时所能扫描的太空规模也将是现在的八倍。

研究人员相信，对黑洞和中子星的侦测将会成为常态。而他们希望，人们将能够开始侦测一些他们现在不能想象的实体，从而打开一个天文学的新时代。

141、太空垃圾：俄罗斯，美国，中国和印度谁更该对此负责？

BBC事实核查记者 2019年12月23日

近几十年太空垃圾的数量急速增加。

一位巴基斯坦高级官员指责印度的太空计划产生的太空碎片成为太空污染的主要来源。巴基斯坦科技部长法瓦德·乔杜里（Fawad Chaudhry）

敦促国际社会关注印度"不负责任的"太空任务。但是太空技术强国俄罗斯，美国和中国也许更应该为太空垃圾负责。

太空碎片是成千上万来自旧火箭的零件碎片或散落在太空的主要绕地球轨道运行的卫星。

乔杜里发表上述评论前，美国国家航空航天局（NASA）发现印度9月坠落在月球的航天飞行器碎片。

但数据是否支持这些指控？印度现在是主要的太空污染源吗？

有多少太空垃圾？

据NASA的轨道碎片计划办公室（ODPO）称，现有23,000多件大于10厘米（4英寸）的碎片，美国太空监视网络追踪了其中的大部分碎片。

这些碎片中的大部分与2000多个人造卫星和国际空间站一起，在距地球表面约1250英里的范围内活动。

碎片间发生碰撞的概率很大，并且许多的现有碎片是由这种碰撞产生的。

2007年中国进行过反卫星武器的试验，在865公里高空摧毁了一颗废弃的气象卫星，估计产生3,000枚碎片。

据ODPO称，2009年美国和俄罗斯通信卫星的意外相撞也大大增加了轨道上大块碎片的数量。

印度有多少责任？

根据ODPO的数据，印度产生的太空垃圾仍然比三大污染国俄罗斯，美国和中国少。

然而印度制造的太空碎片数量正在上升：从2018年的117件增加到2019年的163件。

今年3月印度成为第四个进行反卫星导弹试验的国家。

它在近地空间300公里（约186英里）高度的低地球轨道上进行了试验，印度称这样不会将碎片留在地球轨道。

清除地球轨道碎片太空垃圾的难题

今年3月印度成为第四个进行反卫星导弹试验的国家。但美国谴责这项测试，NASA表示，印度的这次发射测试三个多月后已追踪到大约50个碎片。

外星生命

美国世界安全基金会（Secure World Foundation）太空法学顾问克里斯托弗·德·约翰逊（Christopher D Johnson）对BBC表示："十年前中国的行为更糟，还是印度近期制造的碎片对所有人造成的影响更坏，这都不是问题所在。""我们应该从过去吸取教训并明白，制造太空垃圾是不可接受的，因为这会威胁到我们利用外太空的能力。"

有什么应对太空垃圾的措施？

地球轨道变得越来越拥挤：有数千颗正在运行的卫星，还有很多计划准备发射的，这会提高相撞的几率。但目前还没有针对反卫星试验的法规。

多个国家和一些私人公司正在测试比如发射捕捉太空垃圾的"鱼叉"捕捉器、磁铁和大网等移走太空垃圾的办法。

欧洲航天局将在2025年发起首次清除地球轨道碎片垃圾的太空任务。但NASA表示清理太空垃圾仍是"技术和经济上的挑战"。

日本发射货运飞船 将试验清除太空垃圾

发射约15分钟后，"鹳"号货运飞船与火箭成功分离，进入预定轨道，预计将于13日夜间至14日清晨与国际空间站对接。

日本在鹿儿岛县种子岛宇宙中心用H2B火箭成功发射了一艘"鹳"号货运飞船，用于向国际空间站运送各类物资。

本次发射由日本宇宙航空研究开发机构和三菱重工业公司共同负责。

发射约15分钟后，"鹳"号货运飞船与火箭成功分离，进入预定轨道，预计将于13日夜间至14日清晨与国际空间站对接。

"鹳"号货运飞船将为国际空间站带去食品、水、实验器材、大型锂电池以及7个超小型卫星等。

除了运送物资外，"鹳"号飞船此次还肩负着另外一项重任——开展清理太空垃圾的实验。

"鹳"号货运飞船将在距地球380公里的太空进行清除太空垃圾的试验。

研究表明，目前从地面追寻监测的太空垃圾中，大于10厘米的约有2万个，1厘米以上的多达50万个。

这些垃圾在低轨道速度惊人，秒速高达7公里，约90分钟绕地球一圈，与人造卫星和太空站相撞的可能性不可轻视。

届时，"鹳"号货运飞船将释放出一条金属导索，使其吸附到太空垃圾的表面，通过金属导索向其放电，利用物体在磁场中通电后会发生运动的原理，让其减速。在低于围绕地球旋转所需的速度后，坠入大气层，与大气层摩擦烧毁。

142、太空垃圾泛滥成灾 盘点几种潜在清理方案

BBC 2020 年 5 月 26 日

太空垃圾日积月累，近地轨道上拥堵状况严重，10 年前已有科学家疾呼接近极限，安全隐患触目惊心。

清理太空垃圾的努力过去几十年来一直没有间断，但普遍认为这方面仍面临重大的技术和经济挑战。航空航天大国之间围绕谁制造更多太空垃圾的争执还在继续，而相关的国际共识或法规有待制定。

于此同时，有分析指出，到 2035 年太空碎片监控和追踪市场将达到一亿英镑规模。

英国太空署（UKSA）刚刚宣布拨款 100 万英镑，用于资助太空垃圾追踪科技创新，称这一领域（SST）已经发展到需要创新思维的阶段，鼓励私营部门和科技新创企业参与研发。

垃圾泛滥成灾

太空垃圾主要指废弃的卫星残骸和其他没有彻底焚烧的金属碎片。

据估计，目前有大约 90 万片大小介于指甲盖到保龄球的太空碎片，在近地轨道以接近 3 万公里的时速运行。

它们对卫星、火箭、空间站构成极大威胁，平均每年有一颗卫星被太空碎片击毁。这种威胁随着人类太空活动的增多而与日俱增。除了已经在天上的几千颗商用、军用和科研卫星，今后几年还有数千枚将陆续升空。

美国国家航空航天局（又称美国宇航局，NASA）数据显示，目前地球轨道上的人造物质总量超过 7600 吨；美国空间监视网（SSN）正在跟踪 2 万多件体积较大的残骸碎片。

太空碎片相撞并引发连串撞击，导致卫星运行轨道整体污染，即"凯

斯勒效应",也是一大威胁。

2007年,太空碎片数量激增,因为中国在一次反卫星装置试验中有意击毁了"风云–1C"气象卫星。两年之后,美国"铱33"通信卫星与俄罗斯报废的"宇宙2251"卫星发生碰撞。这两次事件都在很长一段时间内产生持续性的后果。

追踪监测

追踪太空碎片的传统方式包括雷达和光学仪器。美国空军的"太空篱笆"项目就是使用雷达来跟踪大约20万件太空垃圾。

2014年8月,美国军工巨头洛克希德–马丁公司和澳大利亚光电技术公司EOS签约,合作追踪太空碎片,用关穴和激光技术搜寻、跟踪并识别太空残骸,合作内容包括在澳大利亚新建追踪站。

2017年12月,国际空间站实验舱外连接了一个工具箱大小的碎片感应器,随空间站围地球轨道运行,探测毫米级碎片,以及碎片撞击所有物质的数据,辨别撞击物是太空陨石还是人造垃圾。

另一个太空大国俄罗斯,与巴西签署设置新的太空碎片追踪望远镜协议。

除了政府层面的项目,私营部门也越来越多参与太空垃圾检测追踪,包括设立或运营地面感应器系统和太空望远镜网络,并向卫星运营机构出售相关数据。

清除垃圾

掌握碎片行踪后就可以通过改变碎片的运行轨迹来避免撞击,但碎片数量巨大,防范难度较高,且难以对付所有的碎片垃圾。

多个国家和一些私人公司正在测试多种移除太空垃圾的方法,其中包括发射捕捉太空垃圾的"鱼叉"捕捉器、磁铁和大网等。

欧洲2018年6月发射卫星,测试太空垃圾清理回收的可能性。测试的关键技术包括:视觉导航系统、捕捉碎片的网和叉、迫使碎片减速后脱离轨道坠入大气层的装置。

这项称为REMOVEdebris任务的协调机构是位于英国南部的萨里太空中心。

"太空鱼叉"可以击碎较大的太空垃圾,尺寸与钢笔相仿。击碎的垃圾通过垃圾搜集网和脱轨装置进入大气层自行焚毁。

如果 REMOVEdebris 装置获得成功，欧洲后续将启动更多的任务，也希望商业机构后续跟进参与。

欧洲航天局选择报废的卫星测试通过 e.deorbit 航天器将不受地面控制的物体安全地清除出绕地运行轨道。

航天器上安装了感应器，以便安全接近卫星，与国际空间站等受控制的物体对接。

2018 年英国太空清理舱上天，清除残骸（RemoveDebris）实验卫星项目由英国萨里太空中心协调。

2012 年 2 月，瑞士科学家启动清理太空垃圾卫星计划，"清洁太空一号"（CleanSpace One）卫星的任务是在环绕地球运行的过程中收集轨道上的太空垃圾，然后携带垃圾返回地球，而返程中这些垃圾会在大气层焚毁。

2016 年，日本发射"鹳"号货运飞船，为国际空间站运送给养的同时，测试清除太空垃圾技术。

飞船在太空飞行途中释放出一条金属导索，使其吸附到太空垃圾的表面，通过金属导索向其放电，利用物体在磁场中通电后会发生运动的原理，让其减速。在低于围绕地球旋转所需的速度后，坠入大气层，与大气层摩擦烧毁。

欧洲航天局计划在 2025 年发起首次清除地球轨道碎片垃圾的太空任务。

英国太空署希望英国企业积极参与太空垃圾追踪市场，目的是吸引更多卫星运营商到英国落户。

143、太空旅行：布兰森、马斯克、贝索斯 谁将搭乘自家火箭进太空

BBC 2018 年 5 月 27 日

理查德布兰森爵士将成为首批搭乘维珍"太空船 2 号"的乘客之一。维珍航空的创始人理查德·布兰森爵士声称，他正在接受宇航员训练，期

望在近期开始他的第一次太空旅行。

布兰森向 BBC 广播 4 台表示:"我们是说在未来几个月成行,而不是几年。所以,很快了,兴奋的时刻就在眼前。""我在接受宇航员训练、健身训练、离心机训练,还有其它各种训练,以让我的身体能很好适应太空环境。"布兰森认为,在商业太空旅行领域,真正的竞争在他和贝索斯之间展开。这位 67 岁的亿万富翁从 2004 年开始就投资商业太空旅行,建立了太空旅行公司维珍银河公司。

布兰森、埃隆·马斯克、亚马逊创始人杰夫·贝索斯,目前都在付费太空旅行领域展开竞争。今年,SpaceX 的火箭发射取得令人瞩目的进展,在猎鹰重型火箭载着红色特斯拉跑车进入太空,让 SpaceX 成为最受推崇的私人航空航天企业。

去年初,埃隆·马斯克曾宣布将在 2018 年把两名私人乘客送往月球轨道航行,并表示,公司已经和私人乘客接触过。这是一个为付费顾客服务的项目,他们已支付高额的定金。

马斯克还对这一项目的盈利能力表示乐观。他估计,未来 SpaceX 在太空旅行市场每年至少会有一、两单生意,而这个生意将会给公司贡献 10% ~ 20% 的收入。

但这一项目在今年没有更多进展。

马斯克称 2018 年将送两位私人太空游客环月观光一周。

不过,布兰森表示:"埃隆·马斯克在太空货物运输方面成绩显著,他造的火箭也越来越大。"但他认为,在需要载人飞行的商业太空旅行领域,真正的竞争是在维珍和贝索斯的蓝色起源公司(Blue Origin)之间展开。"我们的竞争齐头并进,就看谁最先把人送入太空。"布兰森表示。

"最终,我们要保证安全。这点上,更像我们与自己赛跑,看能不能造出足够安全的载人航天器。"

贝索斯的太空项目研发保密,马斯克则声称希望自己能"在火星上退休",已经 67 岁的布兰森步子迈得更大胆一些,他希望自己成为第一批进入太空的旅客。

贝索斯的"蓝色起源"公司完成了新谢泼德(New Shepard)亚轨道系统的不载人测试。

布兰森说,自己的宇航员训练目前进展顺利,现在他每天打四次网球以提升体能。"以前我每天早晚各打一场,我现在早晚各打两场,还骑单车,总之什么锻炼身体做什么,尽可能地把身体练好。"

布兰森还在接受痛苦的离心机训练,这种训练可以重现载人航天器中的失重环境。所有宇航员都要忍受重力训练的痛苦,训练将模拟飞行器在起飞和穿越大气层时的重力。

他补充说,"如果你真想享受进入太空的过程,身体越健康越好。"

今年早些时候,维珍银河对其载人航天器"太空船2号",完成了一次超音速飞行测试。

这是继2014年加利福尼亚州莫哈韦沙漠上空的飞行测试失败爆炸后,该公司首次进行的飞行。

那次事故导致一名飞行员死亡,另一名飞行员重伤。

霍金生前曾希望有生之年可以乘维珍银河的"太空船2号"遨游太空,并在推特上发文,"我们进入了一个新的太空时代,如果能够乘坐这艘太空船飞行,我将感到非常荣幸。"

不过……

144、天宫一号不日重归地球 残骸落葬何方仍属未知

2018年3月27日

失联的中国空间站天宫一号的残骸最早可能于本周五(3月30日)坠落地球。

从去年开始,天宫一号残骸将坠落何方成为全球关注焦点。

天宫一号2011年上天,是中国第一个空间站,服役5年,预计今年1月至4月重返地球。但在回归途中,它与地面失联,预定将它送入南太平洋海域的助推器无法被点燃。

它的残骸坠地时间和地点因此变得难以预测。可以肯定的是,天空一号不会跟其他寿终正寝的空间站残骸一起长眠南太平洋海底。

欧洲宇航局(ESA)最新估计它陨落地球的时间在3月30日至4月2

日之间。

中国新华社报道则引述北京航天飞控中心和专业机构预计,天宫一号重归大气层的时间在 2018 年 3 月 31 日至 4 月 4 日之间。后续,中国载人航天工程官方网站将每日发布有关监测预报信息。

到那时,天宫一号将烧得差不多,只剩下少部分残骸。

天宫一号重 8.5 吨,躯体大部分将在穿越大气层时燃烧解体,残骸仍会坠地。

天宫一号残骸可能坠落的区域

天宫一号残骸可能坠落的区域,占了赤道南北两侧各一大片水域。

落葬何方?

去年,欧洲宇航局(ESA)预计这些残骸落地的范围在北纬 42.8 度和南纬 42.8 度之间,相当于西班牙北部和澳大利亚南部之间的区域。

天宫一号重归地球是一个渐进过程,穿越大气层时逐渐加速;到距离地球 100 公里处高空时,开始升温、燃烧。

澳大利亚航天工程研究中心副主任阿博塔尼奥斯(Elias Aboutanios)告诉 BBC,天宫一号燃烧时,地球上处于夜晚的地区人们可以看到像陨石或流星一样的发光物体在夜空划过。

不过,地面上的人被天宫一号残骸击中的可能性微乎其微。

天宫一号重 8.5 吨,除了少数高密度的部件,比如燃料箱或火箭引擎,其他部件应该都已经在大气层里解体。

剩下没有烧尽的残片会坠落地球。欧洲宇航局太空垃圾部门负责人克雷格(Holger Krag)说,这种体积的物体通过大气层时,落到地面的残骸占原来体积的大约 20%-40%。

他认为,被天宫一号残骸击中的几率"大致相当于一年里两次被雷电击中"。

卫星、空间站等结束使命后坠落地球,大部分都会燃尽,残骸大部分会落入海洋。

通常,它们寿终正寝前仍跟地面控制中心保持通讯联络,它们的坠落轨道、地点、速度仍受地面控制。

残骸被引到"海洋难抵极",又叫尼莫点,是海洋上距离陆地最远的点,位于南太平洋，介于澳大利亚、新西兰和南美大陆之间。

这片水域面积大约1500平方公里，被称为太空飞行器和人造卫星的国际公墓。

已经安葬于此的有大约260个完成使命的空间站和卫星。

2011年，天宫一号成功升空，标志着中国载人航天工程的一个里程碑。

天宫一号

中国的载人航天工程起步较晚。2001年发射了运载着实验动物的宇宙飞船，2003年第一次把宇航员送上太空，成为前苏联和美国之后第三个具备这项技术和能力的国家。

2011年9月29日，天宫一号升空，成为中国载人航天工程项目的一个重要里程碑。

天宫一号能够承载宇航员工作数日。中国首名女宇航员刘洋2012年登上天宫一号。

2016年3月16日，天宫一号在与神舟八号、九号、十号飞船进行6次交会对接，完成各项既定任务后，完成使命，正式终止数据服务，进入轨道衰减期。这比预定服务延长了2年。

天宫二号空间站已经升空服役。

中国计划到2022年把天宫三号载人空间站送入太空运行轨道。

145、宇宙奥秘：中英科学家观测到超级黑洞的"心跳"

BBC 2020年6月13日

2007年和2018年观察到的黑洞心跳示意图。

中国和英国的科学家称，他们再次监测到距离地球6亿光年远的一个超级黑洞的"心跳"。据中英科学家证实，10数年后这一黑洞的心跳仍然存在，并依然强健有力。

科学家首次发现这一黑洞的心跳是在2007年。这一黑洞位于距地球约6亿光年的一个名叫RE J1034+396星系的中心。

科学家十几年前第一次观测到这一黑洞"心跳"时，每隔一小时进行一次记录。2011年,由于观测卫星的视线受到太阳的遮挡,不得不放弃监测。

天文学家说,这是他们在黑洞中所观测到的历时最久的心跳。

何为黑洞"心跳"?

所谓黑洞"心跳",指的是当物质落入黑洞,或者说当黑洞在吸入这些物质时会释放出巨大能量,同时伴有节奏性及周期性震荡信号,就仿佛是心跳一样。

当然,黑洞的心跳跟我们所理解的人的心跳完全不同。

黑洞心跳有助于科学家了解关于其体积大小,以及其周围空间的更多信息。

同时,通过研究黑洞每次跳动之间的间隔,科学家也可以掌握更多有关黑洞附近物质的信息,例如,它的大小等。

黑洞心跳的意义

2018年,中国科学院国家天文台高能天体物理团组和英国杜伦大学的科学家们,利用欧洲空间局XMM-牛顿卫星(X射线天文卫星)重新找到了这颗黑洞的心跳。

经过详细的数据分析,这一跨国团队最终确认,RE J1034+396的X射线震荡信号仍然存在,并且比10年前更强了。

他们认为,这是目前观测到的超大质量黑洞心跳信号的最长持续时间。

中国方面的主要研究作者金驰川表示,最新发现证明,由超大质量黑洞产生的此类信号不仅强并且持久。

金驰川还表示,这为科学家提供了进一步研究这一心跳信号性质和起源的最佳机会。

据目前的科学理论认为,黑洞的引力非常强,以至于一切物质,包括光在内,一旦陷入其中就无法逃脱。

黑洞是具有无法想象的可怕力量的宇宙真空,仅银河系中就有大约1亿个黑洞。

科学家下一步要对他们的发现进行更深入的研究,并希望能够把它同我们星系的黑洞进行比较。

2019年4月11日科学家首次拍摄到一个位于遥远星系的黑洞,向全球公开照片。这张照片由分布全球的"事件视界望远镜"网络拍摄,单是拍摄就花了五天时间,科学家之后用两年分析得到数据。黑洞不会反射光线,因此拍摄它们并非一件易事。

146、中国北斗全球化与"太空丝绸之路"的疑虑

BBC 2018年9月21日

中国星期三(9月19日)晚发射两颗北斗导航卫星,与此前发射的北斗三号导航卫星进行组网。2020年,北斗将拥有35颗卫星,覆盖全球。仅在今年,中国就发射超过10个北斗卫星,中国媒体称之为"前所未有的密集发射期"。

中国也因此雄心勃勃地希望,这套迅速发展的卫星导航系统能够冲出亚洲并走向世界,甚至与美国的成熟系统GPS相媲美。

随着北斗导航系统的快速发展,其在中国的应用已非常广泛:在宁夏,农民用它为播种农用机械导航,实现无人驾驶;在内蒙古,牧民在偏远地区也能通过北斗发送短信,远程控制为牲畜供水。

不过,苹果公司本月发布的iPhone依然不支持北斗系统,中国官媒称,这一选择背后"不排除有政治原因"。

"太空丝绸之路"

北斗卫星导航系统最初是为中国军方设计,以减少对美国主导的GPS的依赖。然而随着北斗覆盖范围的扩大,商业机会也逐渐展现。

以北京为例,33500辆出租车、21000辆公交车已安装北斗芯片,实现北斗定位全覆盖。根据中国政府的目标,到2020年所有新车都将安装北斗芯片。

中国越来越热衷于向世界其它地区提升其技术实力。北斗卫星导航系统总设计师杨长风向中国媒体表示,到2020年左右完成全球组网后,北斗系统将达到世界一流水平,将与美国GPS系统的水平比肩,甚至更好,将向全球用户提供"好用、管用、实用"的导航定位服务。

北斗的扩张野心与中国的对外政策相互结合。到 2018 年底,北斗将覆盖"一带一路"沿线国家,打造"太空丝绸之路",目前北斗已经覆盖沿线 30 个国家,包括巴基斯坦、老挝和印度尼西亚等。美国媒体担忧,这些国家若加入"太空丝绸之路",会变得依赖中国所提供的太空服务,将令北京对其政策具有更多影响力。

英国皇家国防安全联合服务研究所亚历山德拉·斯蒂辛斯(Alexandra Stickings)向 BBC 表示,中国这么做当然是为了扩大影响力,但部分原因也可能以为了保障其经济安全。

斯蒂辛斯说,中国取得太空领导权的很大一部分是拥有一个可以与 GPS 抗衡的全球导航系统。美国可能会拒绝 GPS 用户访问某些区域,比如在战争状态,因此拥有自己卫星系统的主要优势是不依赖其他国家提供卫星服务。

目前,还有另外三种卫星导航系统——俄罗斯的格洛纳斯(Glonass)、欧洲的伽利略和美国的 GPS。由于英国脱欧后可能无法使用欧洲的伽利略系统,英国也在考虑建立自己的卫星导航系统。

迟迟不装北斗的 iPhone

在中国北斗导航系统的芯片已经广泛应用在中国公司出品的手机中,比如小米、华为和一加等。但苹果占据着五分之一左右的市场份额,却在 9 月 12 日发布的最新款 iPhone 中依然未兼容北斗。

中国官媒《环球时报》随即称,苹果公司不支持北斗系统"可能是出于商业考虑,但也不排除有政治原因",认为此举是对中国消费者的"不友好"行为。

然而分析人士称,苹果很在意中国市场,不太可能因政治原因而违背中国政府的要求。比如,为了遵守中国于 2017 年 6 月开始实施的《网络安全法》规定,苹果将中国内地用户的 iCloud 全部交由贵州的中国数据服务企业服务。

虽然苹果承诺保护用户的隐私权,但 iCloud 的备份数据是否会受到中国官方监视和窥探的批评和质疑一直未消退。

总部位于香港的轨道门户咨询有限责任公司(Orbital Gateway Consulting)创始人布莱恩·柯西奥(Blaine Curcio)称,我们可能会看到世界在这个领域逐渐分成"亲中"和"亲美"两个阵营。那些"亲中"者可能更不信任美国和欧盟的卫星导航服务，因而选择北斗。

147、中国的"墨子"卫星赋予间谍卫星新含意

BBC 2017 年 6 月 16 日

搭载墨子号的长征二号丁火箭去年 8 月在酒泉发射基地升空——中国最近发射的新型太空飞船赋予了"间谍卫星"新含义。在理论上这种利用量子科学原理的新型卫星能够提供无法被破解的保密通讯频道。

这个名为"墨子"的卫星去年 8 月从中国西北的戈壁滩上发射，是第一个量子通讯卫星。

这是建设新型互联网努力的一部分，这种新互联网将来比现在的互联网更加安全。

试验卫星"墨子"携带精密的光学设备，继续绕地球运行，并且向两个距离 1200 公里的、建立在山顶的地面站发射信号。

卫星上的光学设备的用途是向地面站发送光的粒子或光子，其中加入"密匙"传送加密信息。

在安徽合肥的这个项目的主要研究人员潘建伟说，中国已经开启了世界量子太空竞赛。

应用前景广阔

量子保密技术在很多方面应该类似于现有的加密的网络金融数据技术。

在客户和网店分享敏感信息前，双方要交换复杂的数字，以此把随后发送的信息字码打乱。信息里面还包含了能够安全破解信息的密匙。

但是数字本身的弱点是它能够被截获，在拥有足够计算能力的情况下，这些数字能够被破译。但是量子加密十分超前，因为它能够利用量子科学隐藏密匙。

量子力学的奠基人之一维尔纳·海森堡 90 年前就认识到这点，测量或侦测量子系统，诸如测量光的一个原子或光子，都会出现不可控制和不

可预测的结果,即改变整个系统。

试验卫星"墨子"向两个距离1200公里的、建立在山顶的地面站发射信号。

量子的不确定性让进行秘密通讯的人知道他们是否受到了监视:监听者的努力会扰乱整个通讯连接。

人们在上世纪80年代最初了解到了这个概念,后来这个概念又得到进一步发展。

在典型状态下,光子是一对对被创造诞生的,像孪生量子一样,无论他们被分开多长时间,发送了多远,他们的量子特性保持不变。网店和顾客解读光子就能得到用来加密的数字密匙。在监听者侦测导致干扰的情况下,网店和顾客就得不到数字密匙和加密信息。

2008年在维也纳建立的实验室成功地使用电讯光缆穿越整个城市发送所谓的"纠缠光子"。但是即使最清晰透明的光纤,如果很长的话,相对光来说它们都是混浊的。去年中国建造了连接北京和上海的长达2000公里的光纤,其间每100公里就需要一个中继站,但这些中继站也成了未来量子黑客攻击的薄弱环节。

蔡林格(Anton Zeilinger)解释说,这也就是通过卫星进行量子通讯的原因。蔡林格在量子通讯领域进行了开创性研究,他也是维也纳网络的创立者。

他说"在地面,通过空气,通过玻璃纤维,传送超不过200公里。因此如果想远距离传送信号,就只能选择在外层空间的卫星。"

在太空真空中,因为没有原子,至少原子数量微乎其微,因此量子信号受到的干扰很少。

这就是为什么中国的"墨子"卫星测试具有重要意义的原因。这种测试已经证明了在太空建立的网络是可行的,这个结果发表在最近一期的科学杂志上。

技术的杰作

但实际操作上实现上述构想并不容易。卫星每天,或每晚,只有在不到5分钟时间里穿越中国上空的500公里距离,因为太阳强光会轻易淹没量子信号。"墨子"号卫星的精密光学设备产生至关重要的光子对,并向建在中国高山上的望远镜发射。

潘建伟在中国科技大学自己的办公室对BBC记者说，他在2003年的时候有了上述设想，当时许多人认为那是个疯狂的想法。他说，因为在实验室里做复杂的量子光纤实验当时的挑战性就很大，你怎么能在几千公里的距离作同样的试验，而且光学设备是被安装在以每秒8公里速度飞行的卫星上面？

当卫星飞越中国上空的时候，用激光束指引卫星的光学设备，让他们瞄准地面基站。不过由于云雾，尘埃和大气波动干扰，卫星上发出的大部分光子不能到达目标，每秒产生的1000多万对光子中只有一对能够成功抵达。

潘建伟将同他从前的博士研究导师，维也纳大学的蔡林格合作进行量子通讯研究

但是这就足以完成使命，使测试获得成功。测试显示到达地面的光子保留了加密通讯所需的量子特性。

数学家阿图尔·埃克特也被中国的试验触动，他在发给BBC的电邮中说，"中国的试验是很了不起的科技成就。"埃克特上世纪90年代在牛津大学学习量子信息的时候就建议用配对光子加密的方法。他解嘲地说："当时我建议过这种计划，但我没有想到这个计划被提到如此的高度。"

新加坡国立大学的物理学者Alex Ling也在同一领域做研究，但他的首颗小型量子卫星在2014年发射后不久发生爆炸。他对"墨子"卫星大加赞扬："试验毫无疑问是技术上的神来之笔。"

按照中国研究的下一步计划，潘建伟将同他从前的博士研究导师，维也纳大学的蔡林格合作。他们要通过"墨子"卫星证明，在一个国家之内能够实现的试验目标也能在这个欧亚大陆实现。

潘建伟说他的研究团队很快就去维也纳开始做实验。

与此同时蔡林格正在从事连接欧洲国家首都，维也纳和布拉迪斯拉发的量子网络建设工作，该网络被称作Qapital。该网络利用了现有在数据网络中的光纤，这些光纤成为该网络的主要基础。

他说，将来的量子互联网将包括地面的光纤网络，太空中的卫星将不同的光纤网络连接起来。他认为这个构想将来会成为现实。

目前潘建伟已经开始准备卫星布局的细节以完成上述实验。

谁需要这个技术？间谍机构的工作就是保密，他们有的是预算。但是国际间每天进行万亿计交易的金融机构也需要保护他们的珍贵资源。虽然一些观察员对于是否有人愿意为量子互联网投资有保留，但是潘建伟和蔡林格以及其他科技人员认为一旦量子网络问世，无人能抵御其诱惑。

148、中国卫星技术猛进 发射"慧眼"意味着什么？

BBC 2017 年 6 月 15 日

中国发射首颗 X 射线调制望远镜卫星"慧眼"——中国新华社报道称，周四（6 月 15 日）11 点，中国在酒泉卫星发射中心用长征四号乙运载火箭成功发射硬 X 射线调制望远镜卫星"慧眼"（Insight）。

中国中央电视台称，"慧眼"全称"硬 X 射线调制望远镜卫星"（Hard X-ray Modulation Telescope，简称"HXMT"），是中国第一颗 X 射线天文科学卫星。卫星设计寿命 4 年，呈立方体构型，总质量约 2.5 吨，在距离地面 550 公里的轨道上运行。

这颗卫星装载了高能、中能、低能 X 射线望远镜和空间环境监测器，可观测宇宙中的 X 射线和伽玛射线。其观测数据可以帮助科学家进行黑洞演变研究，其研究对象范围包括黑洞、脉冲星以及伽玛射线。

中国正在斥资数十亿美元开展太空科研项目。

中国发射天舟一号货运飞船 "快递小哥"有多牛？

181 枚中国卫星目前正在太空中运作、11 名中国航天员曾经上过太空、2003 年是中国第一次成功完成载人航天任务、2022 年是中国空间站计划建成时间——今年 4 月，中国成功发射首艘货运飞船"天舟一号"，这是一艘面向空间站建造和运营任务全新研制的货运飞船，全长１０.６米，最大装载状态下重达１３.５吨，最大上行货物运载量达６.５吨。

2016 年 9 月，中国首艘真正意义上的空间实验室"天宫二号"发射成功。今年发射的"天舟一号"在距地面 393 公里的轨道上与"天宫二号"进行了对接。

中国计划在2022年建成自己的载人空间站,主体是核心舱和两个实验舱,载人飞船和货运飞船会定期往空间站运送人员和物资。

149、章鱼:地球上的异形大脑

BBC 2016年3月29日

当心,如果章鱼不喜欢你,它会记住你很久。

与我们一样,这些外星人都有大脑,但主要在胳膊里,而且每条胳膊似乎都有自己的思维。

当然,我说的是章鱼。这种有触手的动物——以及它的头足纲近亲,包括鱿鱼和墨鱼——是地球上最古怪、最像外星人的物种。

就连与人类关系最近的物种(猿和猴子),科学家都没能搞清楚它们的大脑结构,更不用说海豚和大象这些关系更远的哺乳动物了。至于章鱼?干脆忘了它吧。我们与章鱼最近的共同祖先大约生活在8亿年前。所以,虽然我们知道它们能从1英寸的小洞钻过去,能打开广口瓶,甚至能自我伪装,但却至今仍对章鱼何以进化出如此与众不同的大脑感到困惑——这种大脑几乎与任何一种聪明的生物都截然不同。

甚至连章鱼的大脑容量都存在争议:根据章鱼的种类和你询问的对象不同,其脑细胞据估计在1亿至5亿个。但所有人都认同一个观点:其中过半脑细胞都分布在章鱼的8个触手上。相比而言,人类拥有850亿个神经元,多数都位于颅骨内。

一只章鱼全身约有4000万个受体,多数都位于吸盘边缘,章鱼不仅会利用这种独特的器官触摸周围的物体,还能以类似于人类味觉和嗅觉的方式探测周围的化学物质。可以想象你身体的多数部位都由舌头组成,能够通过触觉和味觉感受整个世界,这样一来,你或许就能够更好地理解章鱼的生活。

除此之外,章鱼的皮肤还布满了色素体,因此可以改变自己的外观。亚里士多德早在几千年前就注意到这种现象,他写道:"它捕食时会改变颜色,让自己与周围的石头融为一体。"但亚里士多德还写道,"章鱼是一种愚蠢的生物,"所以,他只说对了一半。

章鱼的每一条触手似乎都有自己的思维和意识。在实验室中对一条触手进行截肢(章鱼的触手可以重生,所以这一过程远不像你想象得那么可怕),这条触手在接下来的一个小时内仍然能对外界刺激作出反应。如果愿意,它甚至可以爬走。它还可以利用吸盘抓住自己喜欢的东西,或者推开不喜欢的东西。然而,尽管8条触手各行其是,但章鱼似乎不会因此而把自己打成结。这种能力最近引发了希伯来大学神经生物学家尼尔·内舍尔(Nir Nesher)及其同事的兴趣。

章鱼吸盘里有化学受体,因而可以"品尝"它所触摸的物体。

他们发现,吸盘可以自动避开章鱼的触手,这也可以解释它们为什么不会乱成一团。尽管如此,章鱼有的时候还是会捕食同类,也就是说,它们并不会随时避开章鱼触手。这是如何做到的呢?内舍尔发现,章鱼可以区分被截肢的触手来自自己还是其他章鱼。所以,虽然章鱼触手通常都能够避开其他的章鱼触手,但当它们想要享受美味时,也可以忽略这条规则。另外,这至少也表明章鱼具备基本的自我意识:只要不是自己的,它们也可以食用章鱼触手。

内舍尔还发现,虽然章鱼的触手可以各行其是,但这种动物仍然能在需要的时候忽略其触手发出的较为简单的条件反射。通过这种方式,章鱼便可"两全其美":每条触手多数时候都可以自行其是,只有在必要的时候,才会动用这种动物的高级决策流程。这是一种效率极高的方案。

从某种意义上讲,人类的神经系统也遵循了类似的模式。当我们感觉痛苦时(例如手指感到尖锐的刺痛和火烧时),我们便会本能地抽回手指。这种条件反射来自脊髓,通过这种方式,我们便可在大脑尚未记录这种痛苦前避开危险。不过,章鱼触手自行制定的决策(例如自我认知和复杂的伪装)似乎比简单的疼痛规避更加复杂。

谁会忘记章鱼保罗及其在2010年世界杯期间的比赛预测能力?

除了触手具备的惊人感应能力外,头足类动物还拥有一流的视觉,能够产生和存储短期及长期记忆,而且可以轻松学会新的任务。有些头足类动物甚至能够使用工具。多次有人看到野生章鱼用石头堵住自己巢穴的入口,甚至还有人见过章鱼使用空椰子壳作为临时避难所。在水族馆里,章鱼以好玩而著称。它们拥有基本的个性，在攻击性和互动性方面表现出个体差异。它们甚至能够通过观察其他章鱼学会解决问题的方法，即使好几年不练习仍然可以记住这些方法。

它们有时还会把大量的注意力转移到人类身上，形成自己的喜好。惹恼章鱼可不明智：它们心中的积怨持续的时间之久远超你的想象。作家赛伊·蒙哥马利(Sy Montgomery)曾经在《猎户座杂志》(Orion Magazine)上讲过一个名叫杜鲁门(Truman)的水族馆章鱼的轶事："只要一有机会，杜鲁门就会用自己的漏斗（也就是头部旁边用于穿过海水的虹管）向这位年轻女士喷射一股盐水。后来，那位女士考上大学，不再担任志愿者。但当她几个月后回来参观时，这段时间再也没有喷射过任何人的杜鲁门看到了她，就立刻向她喷出水柱。"

实验表明，章鱼拥有极好的记忆力，可以识别出色彩和形状，还能思考谜语。

由于这种动物的寿命只有短短几年，所以这一切都令人格外惊奇。灵长类动物、海豚、大象、鹦鹉和其他所谓的"最聪明的动物"都能生存好几十年。这也可以解释它们为何进化出了长期记忆能力，以及塑造和保留他人形象的能力，因为能够记住朋友和敌人对于生存而言至关重要。但头足类动物却并非如此，除了交配外，它们没有社交生活，而且寿命非常短暂。

那么，这种黏糊糊的海洋无脊椎动物是如何进化出如此高的智商，甚至足以匹敌最聪明的脊椎动物的呢？爱丁堡大学生理学家安德鲁·帕卡德(ANdrew Packard)认为，这是因为无脊椎头足类动物生活的环境必须要与鱼类争夺食物，而且还要避开与鱼类相同的捕食者。由于鱼类和章鱼的祖先都要面对相同的捕食者，主要是鱼龙（帕卡德说，这是"中生代海洋中的海豚"），所以从很多方面来看，它们也要受制于相同的选择压力。化石记录也表明，章鱼跟鱼类有着相似的迁徙状态。它们最早出现在浅滩和沿海水域，随后进入大洋和深海，最后又回到海岸居住。

如果帕卡德所言属实，那么像外形人一样的章鱼之所以具备与脊椎动物相似的智商，是因为它们生活在一个脊椎动物主导的世界中。从某种意义上讲，我们人类祖先的行为在无意间促使章鱼按照我们的想象塑造了它们自己。或者,按照帕卡德所说,"'如果战胜不了它们,那就加入它们。'自然选择似乎很偏爱那些遵循这一原则的物种。"

150、章鱼可能不是地球生物而来自外星?科学家发现它的机制很奇特

奇物使者 2020-04-28

章鱼,也叫八爪鱼。相信大多数人都在餐桌上看见过它们的身影,也在很多科幻片中看到过它们变形后的样子。因为它们奇特的外形,在科幻片中它们的角色大多是外星生物。而如今,真的就有科学家提出,它有可能就是外星来的生物。这一说法到底可不可靠,我们一起来看一看吧。

章鱼是一种海洋软体动物,全身上下没有什么骨头,除了喙以外没有什么坚硬的地方,但它们仍然十分很强悍。除了它们的软体身躯以外,它们的构造、配置和身体机制与其它生物的也不一样,而这也是科学家们说它们可能是外星生物的原因。

首先,章鱼的身体配置要比地球上现存资料上的生物要厉害一些。通常的生物只有一颗心脏,哪怕是人类这种高级生物也不例外,但是章鱼它们却有着3个心脏。这三个心脏都具有供血功能,其中两颗是专门供血给鳃的,剩下的那一颗则负责全身血液循环。

除了这心脏,章鱼还有9个大脑和接近5亿个的神经元。9个大脑这个数据就很吓人了,更何况是接近5亿个的神经元。大家可能不清楚5亿个神经元是什么概念,这么说吧,小老鼠够机灵够滑头了吧,但老鼠却只有0.8亿个神经元。有了这个对比,我们就不难了解拥有5亿个神经元的章鱼到底有多可怕了吧。

此外,章鱼的九个大脑也不是摆设的,它们各有其功能。章鱼有一个主要大脑,位于它的头上,这个主要大脑掌管着40%的神经元。那剩下的8个大脑在哪里呢,大家也不难猜到,它们就散布在那8条触须里。这8个大脑都能脱离"主要指挥官",拥有独立行动的能力,而且它们也掌控着剩下的60%的神经元,能感知外界环境,也能自主地做出反应。

当然,以上的奇特配置只能说明章鱼是一种奇特的生物,拥有异乎寻

常的高级配置。但这也并不能充分地说明章鱼不是地球上衍生的生物，因此科学家们拿出了更加有力且深入的证据和说法。

根据长时间对章鱼的研究，科学家们发现章鱼体内的有一种机制是人类迄今为止都没有见过的。章鱼自我发展的机制十分复杂，但我们可以简单地理解为章鱼的体内有一种 RNA 编辑。这种 RNA 编辑比较任性，不像寻常的 RNA 那样遵循着既定法则来制造出固定的蛋白质。RNA 编辑会根据环境来随性发挥，制作出适合的蛋白质。

但这些 RNA 编辑所制作的蛋白质也不是随便创造出来的，它们会根据对实际环境的感受而制造出能让章鱼适应环境的蛋白质。这种机制对章鱼的生存非常有利，但也导致了它们的进化变得特别慢。照常来说，章鱼的基因应该比其它生物要简单，但它们的基因却比人类还要复杂。

这种现象是很奇怪的，与我们的认知是相矛盾的。因此，科学家们给这个矛盾给出了一个推测，那就是章鱼可能来自外星，不是地球生物，所以才会出现与我们对生物的认知相矛盾的情况。再加上有科学家声称，在寒武纪时期，地球上曾降落了一颗带有大量地外细胞的星体。因此，章鱼的祖先可能就是借助这颗彗星来带地球。

章鱼是外星生物的这种说法，虽然在被不断地推测下显得有理有据的，但也还没有充分的证据证实它是真的。不过，这个话题也确实引起了大家的关注，希望有朝一日能被解密吧。

附录

UFO 档案

博物馆目前还并没有陈列外星人的展品,"我们地球是唯一有高智慧生命居住的星球"这一答案似乎还算正确。然而,一旦面对着我们耗资数千上万亿美元的最新颖的外星生命探索结果,一连串的疑问就会接踵而至。

古代大空难

在中国青海省巴颜喀拉山的洞穴里,考古学家发现了一些形如唱片的石盘。这些石盘上刻有地球人迄今无法解读的图案、符号和文字。石盘中央有孔,从中孔出发,两条水纹线辐射开来,直到边缘为止。根据当地人的传说,在遥远的上古时代,这些洞穴里曾经生活着一种特罗巴人。特罗巴人体形矮小,脑袋奇大,身高 1.3 米左右。人种学家至今也不知道应该把他们归为哪一种人。

中国学者徐鸿儒及其合作者破译了石盘上的文字,译文是:"特罗巴人来自云端,他们乘坐的是古老的滑动船。当地男女老幼躺在洞里不敢出来,直到东方升起太阳。这样的事共发生了 10 次。可是,最后一次他们终于明白,特罗巴人来此不怀恶意"。人们在汉文古籍中也找到有关记载,翻译成白话的意思是:

"距今 12000 年以前,一群外星球上的人来到了我们地球上。他们的'飞机'——这是这些密码的正确翻译,——已没有足够的能量飞离这个世界。

他们罹祸的地点是在荒凉不毛而人迹罕至的山区。那里没有工具和材料供给他们制造一架新的'飞机'。"

"这群罹祸在地球上的人,想和山区的居民混熟而交成朋友。但他们都因为始终不能得到当地居民的理解而遭到追逐和杀害。男女和小孩就藏身在岩穴中间。……当他们作了很大的努力,最后,他们已经看到山地居民的和平表示。……"

中国的考古学家后来在巴颜喀拉山的洞穴中发现了 1 万 2 千年前的墓穴和遗骸，证实了以上的描述。遗骸告诉我们，当时的特罗巴人有硕大的头颅和不发达的四肢。更为神秘的是，洞穴内壁的好几处覆盖着不少图画，在月亮和星际间布满黑点（飞行器？）的巨幅图画……。

考古学家还吃惊地发现，特罗巴人留下的这些石盘含有极高的钴和另一种金属，它们的振荡频率也是罕见的，仿佛石盘曾经带过电。

最大宗的 UFO 目击事件——100 万人看见了 UFO

1981 年 7 月 24 日，发生了世界史上最大宗的 UFO 目击事件。横跨西藏自治区、四川、青海、甘肃、贵州、湖北、河南、广西、云南、陕西、山西等 10 省的广大区域，出现了 UFO，目击人数据说超过 100 万人，目击者除了包括一般的民众，还包括了各省，各自治区的气象学家和天文学家。

UFO 出现的时间约在 7 月 24 日的晚上 10 点 30 分到 11 点 30 分，约 1 小时，在各地域大约出现了 1 分钟之后，然后消失地移往他处。这个谜样的物体，最初只是像一颗星星般地出现在天际。它闪耀着银白色的光辉，但没多久，它开始慢慢地旋转起来，且在旋转的同时，从中心部位发射出一道尾光，这个尾光配合着旋转慢慢地伸展出来，最后，终于描绘出一个美丽的螺旋形状出来。

不久，这个尾光的光圈变成了有 56 层之多，闪着青白色的光芒，外围被淡淡的紫红色光芒包围着，给看的人一种莫名的悸动和感动。

根据四川省的目击者说，这个螺旋状光环的中心部位，是以逆时针方向在旋转，为了要描绘出这个螺旋状的光体的圆弧，所以它迅速连续地旋转。

中心部位有着极强刺眼的光，到了外面，光的强度则较中心减弱，四川的民众都说此一神秘的光景只应天上才有。

四川省西昌市就有 300 人看到这个东西，在晚上 10 点 35 分左右，在看露天电影的他们，看到这个物体从西北方的天空，慢慢地横渡到西南方的天空，大家刹时目瞪口呆，也不管电影在上演什么，纷纷闹哄哄地骚动起来，物体在 1 分钟之后，就消失了。

虽然此一事件有众多的目击者，但是用照相机将这奇观拍下来的人仍旧是少之又少。四川省灌县的吴志宏是其中之一。他所拍的两张照片，被刊在中国唯一的 UFO 专门杂志"飞碟探索"上。这两张照片虽然清楚地将夜空中椭圆形的光拍下来，但很可惜的是螺旋状的尾光，在照片上却没被拍下来。

吴志宏描述当时的情况。

"物体的螺旋状部位，是以每分钟转 5 圈的速度旋转，同时还一边旋转一边向西方前进。我马上跑回家拿照相机，将镜头对着那物体，曝光时间约 7 秒至 10 秒。然后将照片洗出一看，只照出椭圆形的光而已，螺旋状的尾光全没拍出来。我想，尾光是雾状的物质、密度不够大，所以照相机无法拍到。"

除了吴志宏的照片之外，还有其他颇令人注目的照片，青海省，在 10 点 40 分左右所拍摄到的是，斜躺在黑空中一个会移动的棒状的光。这是一张很清楚的，移动中的发光体的照片。螺旋状的发光体，为什么会变成棒状的发光体呢？中国某个 UFO 研究者作了以下的说明："因为他拍到的是发光体的侧面，所以才变成棒状的东西。"这又增加了这件事的可信度了。

螺旋状的 UFO

这个 UFO 目击事件，在中国各地引起了极大的风潮，到了 9 月份时，新华社便向全世界发电。而且新华社不仅仅是报导事件而已，华盛顿还传来惊人的消息"在中国出现的 UFO，在美国的圣地牙哥亦被人目击"，这则新闻的记述如下：

"住在美国加州圣地牙哥市的一名建筑师，在 7 月 24 日的晚上，看到了 UFO。这和中国西藏省发现 UFO 是同一天。

据这名建筑师说，他透过私宅的玻璃窗，看到明亮的发光飞行物体，跑出去一看，发现那个物体就只在离家不到 50 公尺的地方，停在离地约 25 公尺之处。发光体的中心部位是圆形的，其周围有像土星的光轮的东西。靠近中心的光圈的颜是青白色，外围那一圈，则看得见有粉红色轮廓……。"

而且新华社在这则报导之后，还附上了加州的 UFO 教育中心的负责人柯曼特所说的话："中国大陆内陆和加州在同一天出现了有相同特征的

UFO之事，确实令人瞠目结舌！"

  姑且不论在加州出现的 UFO，是否和中国出现的 UFO 是同一个，很多人亲眼目睹 UFO，的确是不争的事实。如前述的事件，在横跨某一广大地区，许多人看见 UFO 的事，在 1977 年 7 月 26 日，又发生了一桩令人称奇的事。

  云南省昆明市的云南天文台研究员张周生，在北京发行的"航空知识"的 1980 年 5 月号上，发表了一篇很详细的论文，于是就揭开这一事件的序幕，在此给诸位看官作一介绍。

  张周生于 7 月 26 日晚上，在四川省成都的户外观测星象。这时，在北方突然有一个螺旋状的、不可思议的物体，紧紧攫住了他的视线，此时时间是 10 点 5 分。他马上叫来同伴，于是大家就一起仔细观察张周生所发现的奇怪现象。

  这个物体的中心部位，有如黄色的星星一般，光度大约是负三等星的光度。

  从中心部位，延伸出阿基米德螺旋状的光，且形成了好几圈。颜色是浅绿色带点蓝光，螺旋状物体的中心好像喷射出东西。再仔细地看，可发现该部分由三、四层所组成，整体看起来是椭圆形的。该物体由北向西笔直前进，中心虽然在移动，但整体的形状、大小、明度都没有变化，而且在空中亦不留下飞过的痕迹，在 22 点 14 分的方位上，好像被云吸进去似地消失了。

  后来才知道，当时，在附近看露天电影的人，全部看到了这个物体。

  张周生更进一步地向北京和南京的天文台和气象台探听，结果得到了许多关于这夜的不可思议怪现象的资料，而更加了解详情。

  看到 UFO 的地域，南北长达 180 公里，亦有某位天文学者说达 900 公里。而且据说目击的人高达 1000 人以上。

  目击的时间，虽然各地都不同，但是大致上都和张周生观测的时间差不多，前后相差不超过 10 分钟。更令人骇异的是，在南北相差 180 公里的两个地点的目击报告里，它的出现、移动和消失的方向，居然是一模一样，令人啧啧称奇。

  张周生自小就喜好观察星象，在来到云南天文台之前，也是从事和天文有关系的工作。他说拜工作之赐，至目前为止已看过流星群、彗星、人造卫星等所有的天体、空中现象。

"我看到的东西，绝不是幻觉或者误认了什么东西，是确确实实发生的事。可是，即使是以我的天体观测的经验，也无法说明那夜的现象。"他如此说。

1. 特征

这个具有特殊特征的螺旋状物体或现象，除了上述地点之外，在中国其他各地，亦有不少人看到。以下就介绍几个事例。

中国的《光明日报》在1979年9月21日，以《为什么有UFO的存在？》的标题，刊出一则科学新闻。这则新闻得到极大的回响，从全国各地寄到编辑部的UFO目击报告，如雪片一般飞来。这些寄来的报告中，几乎是典型的UFO目击事件，但是看到螺旋状物体的报告也不少。以下是两个最典型的例子。

① 1971年9月18日晚上，河南省汲县的北京外国语干部学校，缅甸语科的王不安走出宿舍，要出去办点事时，看到了离地面2000至3000公尺的地方，有一个巨大的光圈，在空中打转行走。他大声地叫，于是有十几个学生跑出来，一齐抬头看天空。光圈像是气体状，很像是螺旋状的星云，发出黄白色的光。中心部位的密度很高，而到了外侧密度就转薄了。以顺时针方向旋转，旋转的速度很慢。但是它的前进速度很快，一分钟之后，就往西北方向消失了。时间是7点多。

② 1977年8月的某夜，甘肃省师范大学学生王震，出门要去看甘肃省武威地区放映的电影。他和两名朋友一同前往，一边散步，一边抬头仰望美丽的星空。他从小就喜欢看星星，且对天文学抱着浓厚的兴趣。

突然，有一个物体，出现在夜空的北边。它发出强得眩目的乳白色光芒，有如一分钱硬币一样大小。这物体旋转移动。

1979年6月16日早上，在甘肃省出现了螺旋状的飞行物体，很多人都看到了。中心部位比金星的亮度稍暗一点，螺旋形的光带，看起来就像银河。

滞留空中的时间约12分左右。

1979年9月9日晚上9点40分，在湖南省的一个工厂空地上，放映露天电影时,天空中出现了一个椭圆形螺旋状飞行物体。这物体发出红色的光芒,且由北往南飞,看电影的许多观众都目睹该景象。

预言

究竟这些形状奇怪的飞行物体是 UFO 呢？还是,只不过是大气现象而已？

事实上,在中国的 UFO 调查研究活动,现今才刚开始萌芽而已,至今仍无较有理的解释和说法,来给这事件一个合理的定论。

60 年代至 70 年代中期,在中国 UFO 的研究探讨,被视为是资本主义的毒素。到了 70 年代后期以后,随着社会的安定,有关 UFO 之事才被"解冻"平反,变成可以在公开正式的报纸刊物上刊出。结果,大量的 UFO 报告有如决堤的洪水般汹涌而至,连天文台也快被这些投书信件淹没了。据估计,这些投书和案例的数字,已高达 10 万,甚至数 10 万了。

1980 年,中国最早的民间 UFO 研究组织"中国 UFO 研究协会"成立了。协会拥有科学家技术人员等 250 名的会员,全国的 28 省、市、自治区都设立分会,积极地展开活动。且在 1981 年,发行了先前介绍过的《飞碟探索》杂志,点燃了中国对 UFO 的狂热之火和热潮。

值得玩味的是,本身是中国 UFO 研究协会的会员张周生,早在一个月之前,就预测了"1981 年 7 月 24 日事件"会出现 UFO。

《飞碟探索》刊载了这则预测如下：

"1981 年 7 月 10 日至 30 日之间,UFO 出现的频率加强,特别是 7 月 24 日到 29 日这段时间,UFO 出现的可能性最大,在中国各地都可看见。

这个 UFO 小的时候和月亮一样,大的时候,可达月亮直径的 10 倍。小的呈皿状,大的则成规则的螺旋状。慢慢地旋转,方向是顺时针方向,亮度则如月亮照射的云一般,中心部位亮度则较强。白天的时候是银白色的,夜晚时则略带色彩,而中心部位的颜色则更深。在白天的方向向东,夜晚则由北向南移动。出现让人看见的时间约 10 分钟左右。"

对这个说法,某个中国的 UFO 研究专家说,那个物体一定是 UFO 没错。

侵犯白宫上空谜样的飞行物体的目击者,不只是机场的指挥官和基地的官员而已。在这附近飞行的客机上的服务员和乘客,也都亲眼目睹这群飞行物。其中一架飞行物，还追在一架欲降落的客机后面，好像在威吓客机似地从后追逐。这些不明飞行物体，除了在整个华盛顿的雷达上作怪以外，还在除了紧急时刻以外，飞机不得在其上飞行的白宫和国会的上空，大摇大摆地侵入，任意地来去。

时针已指到 12 点了，紧盯着雷达荧幕的华盛顿指挥官，不敢松懈或稍事休息，仍全神贯注地注意飞行物体的动向。这些东西的动向简直令人捉摸不定，只能随机而遇。仍然一直注意雷达荧幕的庞兹发现，这些迅速移动的不明飞行物，似乎是在意图挑衅。

在雷达扫射领域内任意地出现，和故意侵犯白宫的领空，这些都说明了对我们人类的挑战行动，但是，他们的目的何在呢？这时，和庞兹一起监视雷达荧幕的指挥官发现，飞行物体又开始向飞行中的首府航空机追逐。因此庞兹便和首府航空机的机长以无线电联络，请皮尔曼机长看清追在后面的飞行体的全貌。

接到通知后的皮尔曼便变更航线，往庞兹指示的方向飞去。接着他看到了"装备着好几个明灯的飞行物体"，以极猛的速度作水平飞行。但是在下一秒钟，这些飞行物体突然紧急煞住，然后以令人喘息的速度垂直上升，就在这一瞬间从空中消失。就在这个时候，所有的飞行物体，都一齐从华盛顿所有管制塔的雷达中消失。

可曼少尉与 UFO 之战

1948 年，相继发生了曼特鲁事件以及查伊鲁兹等与 UFO 有关的事。而这一年的 10 月北达科塔州的乔治可曼少尉（当时 25 岁）与小型 UFO 发生了将近 20 分钟的近距离空战。这件耸人听闻的事件就是 UFO 史上的"可曼事件"。

10 月 1 日下午 9 时北达科塔州伐可基地的上空已被黑夜所笼罩。当天与同事结束 P—51 战斗机的训练飞行的可曼少尉，正要返回基地。对控制塔请

求着陆许可的可曼少尉，忽然看到飞机下面有奇怪的光芒正在一明一灭地闪着。

控制塔联络说有架小型飞机由南方飞近，可能就是那架飞机的灯光。当那架飞机接近之后，可曼少尉确定没错。但在 300 公尺高度的地方，仍

然可看到先前看到的亮光。控制塔副控制官接受可曼少尉再确认的请求后，抬头看着天空，只见在小型飞机的上方有白色的光清晰地映入眼帘，那个物体以极高的速度向西北移动。

观察那物体二、三分钟之后，可曼少尉与控制塔取得联络马上就追上去。

当时高度约300公尺，光体以极高的速度移动着。可是，可曼少尉一接近，光体就向左旋转，可曼少尉紧追不舍，但光体又快速转向且向上爬升，可曼少尉也追了上去。

此时高度在1500至2100公尺之间。光体的速度越来越快，可曼少尉判断他的P—51已经追不上了，便先发制人的表明要发动攻击。当光体左转时，他便以最快的速度从右边展开攻击，以为这次大概免不了要发生冲突了，但光体却从他的飞机上方约150公尺的地方飞过去。在交错的那一瞬间，他看到光体直径约20公尺，有白色光芒。

上升之后再次看到那个光体。但这一次光体却向着可曼少尉直逼过来，此时光体已不再一闪一灭，而是呈现出雪白的光芒。在发动攻势之前，光体再度急速上升，可曼少尉连忙追了上去。

到达了4300公尺的高度，但光体在大约6000公尺处轻松自在地飘浮着，似乎在看着已经喘不过气的P—51。可曼少尉一展开攻击，光体便后退，然后迅速地反击。可曼少尉闪过之后，左转回身反击。就在两机空战的情况下，可曼少尉和光体已经来到代可东南约40公里的地方。这时P—51的高度约4300公尺。而光体位于飞机下方约3300公尺的高度。

可曼飞机急速下降；光体立即上升。但是光体途中更改方向继续上升，不久消失踪影。午后9时27分，经过20分钟如恶梦般的空中战争终于结束了。对回到基地的可曼而言，飞行物体的行动，不容置疑是由具智慧的控制者支配的。

UFO事件相继发生，使得神经紧张的ATIC（航空宇宙技术情报中心）在24小时内开始展开调查。但是一点线索都没有。当时，附近没有其他飞机存在，仅仅在东北部有观测极光的活动。检验出可曼的P—51飞机比同型飞机的放射能高出许多，只不过被认为是长时间在高空的结果。可曼的证言也含糊不清，无法掌握正确的状况。

外星生命

可曼所见的发光物体难道是 10 分钟前在华哥气象台目击的气球事件吗？气球当时确实飘浮在基地的上空。随风摇曳的气球闪闪发光。巨大的尺寸和可曼以及控制塔的目击证人描绘的一致。在正式记录上，将可曼的"迷你 UFO"说成是气球，也有可疑之处。虽然基地上空的光芒声称是气球的说法也无可厚非，但是 UFO 在上空激烈交战的动向，仍无法确切的说明。

最近提出新说法，就是可曼看到的物体，最初以为是气球，但是当他急速上升，一时失神之际，所见到的实际上是木星。根据无线电探空仪的观测记录，事件发生的当夜，温度恶化，据说大气很适合透镜反光效果的气象。

"木星说"充分说明可曼认为 UFO 是白色发光物体的证言。毕竟，对因曼特鲁上尉事件而动摇的可曼而言，继追踪气球之后，这次在神经错乱的状态之下，和木星演出一场"空中战争"。情报中心确实能够提出确切的说明。

但是这种说明必须成为大家都能接受的事实。对首要的目击者可曼而言，是否应该冷静分析在同样条件下所看到的气球和木星呢？

罗兹威尔事件

在新墨西哥州罗兹威尔，发生了一件引人注目的重大事件。

在这之前，早已是"公开秘密"的美国空军 UFO 收回和调查行动中，军方当局却只有一次承认这些事实，就是在 1947 年发生的罗兹威尔事件。

7 月 8 日，罗兹威尔空军基地的宣传部瓦特华特中尉，发表了下列内容的报导："驻扎罗兹威尔的第八空军联队第五〇九轰炸大队情报部，因得当地牧场主人和查别斯郡警局的协助，而成功地取回 UFO。"

这则消息当然会在当地流传开来，而且还通过通信社送往全世界。可是，在这个消息发布的数小时后，又马上发表了一则更正启事"此次飞碟收回事件纯属误导，事实上，这是观测气象用的气球。"可想而知，这件事就此打上休止符。

可是 UFO 研究者威利安姆亚，仍锲而不舍地追查，结果再次使这件事真相大白。事情发生的第一现场，是在罗兹威尔的北方，约 48 公里的欧德乔甫雷斯牧场。牧场的主人威利安布雷谢尔，在 7 月 2 日的晚上，听

外星生命

到混合着雷鸣的爆炸声。那个时候还不怎么在意,径直上床睡觉。

次日的早晨,他到牧场草地上去,发现了一些奇怪的东西,散落在方圆一公里的地面上。那是一些前所未见、极为坚硬的物质。他再仔细地观看四周,只有一小片草地有烧焦的痕迹。

布雷谢尔向郡警察局报案时,已是7月7日了。由此可知,他并不知道这件事的重要性。不用说,军方当然在获报之后,马上派员将那些碎片收回。

距离布雷耐尔牧场200公里远的桑艾格斯河平原,又发生了一次坠落事件。在联邦政府的土壤管理部门工作的土木工程师巴尼巴涅特,在7月3日,坐车到测量作业现场时,远远地看到一个发光的东西。

他在好奇心的驱使之下,就将车开入了平原。在那里,他看到了一个脏污的不锈钢圆盘,直径约8到9公尺。周围倒着几个像是圆盘乘员的东西。

美军将校和士兵们,马上就赶到这第二事件的现场。

从这两件事情推测,圆盘是在布雷谢尔牧场上空因某种原因而爆炸,在奋力飞了200公里之后,终于力竭而坠落在桑艾格斯汀平原。相信当局也同时知道了这两个地点所发生的事,圆盘的回收作业是秘密进行的,故有必要将大众传播的注意力转向布雷谢尔牧场,因此布雷谢尔牧场才得以被公开。

莱特皮森基地是疑云的焦点!

在UFO坠落,及被美军保存的一连串事情里,使得莱特皮森基地的重要性受到注目:在史特林菲尔德的报告里,出现了这个空军基地的名字。莱特皮森基地到底扮演着什么样的角色呢?难道真像大家说的,在基地内的某处,存放有外星人的尸体?

首先,在此列举除了前面所说的以外,有关莱特皮森基地的一些证言。

1953年,一位负责莱特皮森基地安全工作的男子,看见两架UFO。一架完好无缺,另一架则已毁损,并在一个箱子里,看到4具外星人的尸体。

1955年,在莱特皮森基地外来物质研究部担任极机密工作的G夫人,拍摄了所有搬入基地有关UFO物质的照片,并被指示将它编号列档。G

夫人大约处理了 1000 件的未知物质。而且，她还看到两具用手推车搬进来的外星人尸体。

1956 年，空军情报局里的工作人员 K 先生，在莱特皮森基地里，看到用很厚的箱子，装着 9 具外星人的尸体放在冰柜里保存。自 1948 年来，有关美军所获得的 UFO 秘密情报，只在基地内的电脑上显示，并不和外部连线，且不对外公开。

如果能将这份资料弄到手的话，那么美国空军所隐瞒的秘密就全部真相大白了。因此，如果这些证言全部属实的话……。

巴普岛上的骚动向村人招手

"那里真的有 4 个人哦！我向他们挥手，他们也向我招手！"新几内亚岛巴普地区波亚那全圣者传道本部部长威廉布斯吉尔神父如是写道。这里所说的"人"是在空中飞的 UFO 甲板上出现的。

这件事发生在 1957 年 6 月 27 日，地点是新几内亚岛东端附近，面向古特伊那福湾的一个小村庄波亚那。时间大约是傍晚 6 点左右，太阳沉下山的那一边，但整个天空仍是明亮如昼。

一个巴普人护士亚妮洛莉波娃，在传道本部前的空中，看见一架大型 UFO。波娃马上叫神父吉尔过来看。当和神父住得很近的老师亚那尼斯出来一看，看见一架大型的 UFO，附近还有二架小型的 UFO。这个圆盘形的大型 UFO 的顶端有人影，而且是 4 个。因为它停在高度 150 公尺静止不动，所以在地上可以清楚看见他们的动静。

吉尔神父便试着向他们招手看看。于是，有一个透过扶手的栏杆往下看的人，也同样向他们招手回应。亚那尼斯老师也试着挥舞双手向他们打招呼，结果，有两个人有同样的回应。吉尔神父和亚那尼斯一起挥手，这次他们 4 个人一起挥手。几分钟后，UFO 上青色的前灯亮了两次，三架 UFO 一起消失了。晚上 10 点 40 分村子全都进入静静的睡眠状态中吉尔神父因飞碟事件和傍晚的作礼拜疲累不堪，也躺在床上睡了。这个时候，听到"嘭"的一声，很近的爆炸声，神父马上从床上跳起来，他想该不会是 UFO 着陆了吧！于是马上到外面去察看。可是外面似乎一点动静都没有。本部的职员们都出来看看这大声响是怎么回事，可是睡得很熟的巴普人没有一个人探出头来。

飞碟盘旋

事实上，UFO 的出现是从 6 天前就开始的。6 月 21 日，巴普人牧师史蒂夫吉尔摩伊，在传道本部附近的家里，看到一个"像倒盖的咖啡杯碟"的飞行物体接近传道本部。

而且，在 6 月 26 日，在同样的地方又出现了数架飞碟，晚上 6 点 52 分开始，一直到 11 点 4 分下雨为止，它们共在空中续飞了 4 小时，而且在隔天，27 日也出现。这次有吉尔神父等 38 人亲眼目睹。以下是目击者的描叙所得的 UFO 的样子。

其中一架飞碟是大型的，大概是其他数架小型飞碟的母船，远远看是白色的，但靠近一点时则可以看到闪着淡橘色的光，其表面似乎是由金属制成，在底座的上半部，有一个很大的甲板，从机身的主体部位伸出很像着陆脚般的东西。甲板上，有 4 个像是人的身影，好像正在工作，不停地进进出出。

他们如果是人类的话，大概就是白人了。若有穿着衣服，那必定是非常紧身的。

"假设他们的身高为 180 公分的话，那么飞碟的基部的直径为 11 公尺，甲板的直径约 6 公尺左右。"吉尔神父说。

整个飞碟和乘员，都被光芒所笼罩，从甲板以 45 度角的方向对着天空射照出一道青色的光线。也有人看到 UFO 有 4 个窗户。

可是这些描述说词却未给人一种神秘恐怖之感，这真是 UFO 吗？

有不少人认为巴普人没知识水准、很迷信，且为了讨好白人而乱吹牛，所以并不相信他们说的话，可是，吉尔神父并非巴普人，而是白人，并且是个传教士，老师亚那尼斯和史蒂夫牧师虽说是巴普人，但却受过教育是有相当程度的知识分子。所以他们看见的飞碟，而且向他们招手的"人"绝非幻觉，亦不是胡吹乱侃，而是千真万确地存在，是个事实。

或者飞碟是美国或者是前苏联的秘密武器之类的东西，那么在挥手的乘员，如吉尔神父他们说的"人"，就是白人啰！

但是，如果是秘密武器的话，没有理由盘旋 4 个钟头在众人的面前。而且乘员还跑到甲板上挥手，这不啻是一种示威，不是吗？

另一方面，美国空军在调查了这次的波亚那事件之后，发表了下列的结论。

"吉尔神父等38人所看到的飞行物体,不是载人的航天飞机。分析了它的方位和角度后,我们认为那些光体其中的3个分别是木星、土星和火星。"

而且,这木星、土星、火星看起来好像可以自由飞行移动的原因是,光线的折射和热带特有的气象现象所致。但是,对于母船和乘员之事,却是一个字也不提。

绿色的光体

6月26日,在波亚那村,数架UFO于空中狂舞的同时,在对岸基窟的海上,亦有人看见UFO。此人就是贸易商阿涅斯特伊布涅。他在自己船的甲板上,发现了一个往东北方向飞的绿色光体。在离地面150公尺高的地方停下来,同时光芒也消失了,而浮现出一个像橄榄球的样子出来。可以看到有4、5个半圆形的窗户。机身的长度大约是18至24公尺吧!大约静止了4分钟,然后发出"嗯——噗!嗯——噗!"的声音,飞往波亚那西方的山脉中消失了。

可是,这个UFO的目击报告于6月、7月、8月在吉特伊那福海湾沿岸各地相继获报,具体多少没一个统计,但至少有40件以上。有人看到在光体的后面接着一个青铜色的飞碟,有的人是看到以逆时针方向在翻筋斗的飞碟,有的是看到黑点的银色的皿状飞碟,有的人看到的则是雪茄型的UFO。

虽然各有不同的样式和不同的飞法,但他们都有共同点。那就是他们的飞行技术很高超,能够不发出任何声音静止不动,也能以各种速度前进、后退,重力和空气阻力都对它发生不了作用,简直像没有重量的幽魂似的。

这些是同一架飞机呢,还是大规模飞行部队的其中一部分呢?不管是什么,都和地球上现有的飞行物体相去甚远。飞碟甲板上的人挥手,这样奇特的事真是意味着外星人友好的态度吗?

西伯利亚空中大爆炸 1908年6月30日早上7点左右,在西伯利亚通古斯森林地带,出现了一个发出强烈光芒且高速飞行的物体,引起一场大爆炸。

巨大的蘑菇云直往上窜,爆炸声在几百公里外都听得到,各地地震测量器的指针一直在晃动。甚至在远方的巴黎、伦敦不用电灯都可以看报纸。西伯利亚黄绿色的阴云有时也会变成粉红色。

而在爆炸范围2000平方公里以内的树木也被扫平了。

当时以为是陨石坠落所引起的爆炸。但既没有陨石坑等落下的痕迹，更找不到陨石的踪影。

之后，为数众多的调查团发表了他们各式各样的调查报告。气压计的纪录显示，这次爆炸是因为"陨石在空中爆炸"所致。1年后，根据荣托金博士所做的十万分之一比例的森林模型的树木倒地实验，知道"爆炸是在离地约10公里高的空中发生的。"

另外，以研究此一事件知名的菲生可夫教授也发表声明："这一次的爆炸使地磁气发生极巨大的变化，而由光度判断，是彗星在通古斯上空爆炸所致。"

但事后证实通古斯一带当时并没有彗星爆炸。

1966年调查团的普雷卡诺夫和古雪诺夫两位博士发表了令人震惊的调查报告。爆炸之后，落叶松和桦木都出现了异常的生长状况。年轻的宽度在爆炸前约0.4至2厘米，爆炸后却变成5至10厘米，而且从烧焦的树片中检查出有放射性同位元素铯137。

另外，苏俄物理学家索若托夫等人也表示，这次的爆炸是由拥有广岛型原子弹的2000倍以上威力的核子爆炸所引起的。

另一方面，飞机设计师莫那兹可夫也计算出在爆炸瞬间物体的秒速是0.7至1公里左右。如果说某个天体以这种速度下坠的话，那速度就太慢了。

此外，根据目击者的证词和地震器的记录，以及森林的破坏程度来看，这个爆炸物体在进入大气层后曾数次改变行进路线。

能够一边改变速度和行进方向，又能一边飞行，而且引起1000万吨级原子核分裂的不明飞行物体，绝不可能是陨石或彗星。难道真的是某种高等生物所建造的大型太空船在西伯利亚上空爆炸？

失去记忆40分钟的小戴维 14岁的戴维·西沃尔特家住加拿大阿尔伯塔省的加尔加里。1967年11月19日下午17时45分，小戴维从他的同学家出来，再走几分钟他就可以到家了。他在田野上慢慢走着，欣赏着深秋时节的田园美景。

突然，小戴维听到一声刺耳的声音，他不由自主地转过身来，立即看到一个银灰色的物体在空中飞行，四周放射出时闪时灭的五颜六色的光芒。

小戴维惊恐万分，撒腿就跑，他觉得那东西一直在他上方飞行，他冲进家门，飞快地跑上楼。

他的姐姐安吉拉也跟着上了楼，发现小戴维正战战兢兢地蹲在床后面。

安吉拉连忙拉住他问："戴维，你到底是怎么回事？为什么这么晚了才回到家里？"

戴维睁大了双眼，目光恐惧不安，终于结结巴巴地对姐姐说："我……被一个飞碟跟上了！"说罢，他开始向姐姐讲述飞碟出现的情况，他觉得前后只不过经历了一两分钟罢了。小戴维回到家已是18时30分了，也就是说，离开他同学家已经过去了45分钟。平时走完这段路也只需几分钟，今天发现飞碟后是飞跑着回家的，怎么用了这么多的时间？

还有40分钟的时间在干什么？

小戴维糊涂了，对这40分钟他完全失去了记忆。

自从出了这事之后，戴维一直心绪不宁。他的父母对此深感忧虑，于是请求当时正在为加尔加里电台主持不明飞行物节目的不明飞行物专家威廉·K·阿伦帮助戴维，但阿伦先生并未能使小戴维回忆起那40分钟的事。

几个月过去了，到了1968年4月的一天夜里，戴维一连做了两个恶梦，醒来后忽然记起5个月前曾被带到不明飞行物上，接受了各种各样的医学检查，他觉得飞行器上的乘员像魔鬼一样。他激动得再也无法入睡。戴维的父母又去请阿伦先生给予帮助。阿伦先生意识到这事的严重性，于是请来一位口腔外科医生K为戴维进行催眠。这位K大夫精通催眠术，平时就是用催眠术来对病人进行麻醉处理的。

K大夫与他的助手，心理学家M大夫一起对小戴维进行催眠。

在K大夫的提示下，处于催眠状态的小戴维终于回忆出了他的奇异经历。

K：戴维，我希望你的思路回到去年11月19日那一天去。回去了吗？……很好。请告诉我，当时发生了什么事情？

戴维：那个物体向我射来一束光。

K：什么颜色的？

戴维：橙色的光。

K：这束光抓住了你的胳膊，还是抓住了你整个身躯？

戴维：它把我抓进了飞碟里。

K：你害怕吗？

戴维：我感到恐惧。因为我看到了一个魔鬼。

M：请你讲一讲这个魔鬼。

戴维：他有着栗色的鱼鳞状皮肤（像鳄鱼皮），鼻子和耳朵的部位都是洞，嘴是一道缝。

戴维：他们把我抬到了一张小床上面。他们俯下身来，仔细地看着我的身体。

M：一共几个人？

戴维。4个人。

K：他们对你干了些什么？

戴维：他们发出了声音。（戴维发出了一种声音，很像蜂房里一群蜜蜂发出的声音，或是高压电流发出的声响）

戴维：他们打量着我，把我的身体整个检查了一遍。现在，他们把我抬到了另一张小床上。

K：很好，戴维，现在又发生了什么？

戴维：他们抬着我，穿过一个走廊，来到另一个房间里。

M：这个房间什么样？

戴维：里面有各式各样闪闪发光的灯。

M：……

戴维：那里有一张桌子，他们把我放在上面。

M：好，你现在躺在这张桌子上，现在发生了什么？

（戴维犹豫起来，他的呼吸声很响，好像对回忆这段经历感到恐惧，M大夫安慰了很长一段时间，戴维才又讲起来。）

戴维：他们把另一样东西扔到我身上。

M：什么东西？它像什么东西？

戴维：它是个灰色的东西，他们把它扔到我身上，然后用一个巨大的橙色灯照射着我。后来，这两个东西中的一个显出针形。

M：这根针什么样？

戴维：它不大，是灰色的。他把针扎进我的胳膊。M：你在这间房子里一直很清醒吗？

戴维：是的。

M：他们有没有给你吃的或喝的东西？

戴维：没有。我战战兢兢，全身麻木。

K：现在怎么样了？

戴维：我们穿过一间放有计算机的房间，来到一个走廊里，橙色光再一次照射在我身上。现在我躺在地上。听到了宇宙飞船刺耳的声音。

K：刺耳？你可以听到吗？

戴维：可以。

K：即然你听到，大概也能模仿吧？

（戴维发出了一声极刺耳的声音，很像号或草做的哨子发出的声音）

K：会这么响？

戴维：是的。

M：现在你在做什么？

戴维：我向家里跑去。他们好像在后面尾随着我，于是我跑得更快了。我跑进家时，那个飞碟蓦然升起，转瞬即逝。我冲进门槛，快步跑上楼梯，从床上跳了过去。姐姐跑上来，问我到底发生了什么事。我对她说有个东西追我，接着我向她讲了我的遭遇。

很难想象，一个14岁的学生会无缘无故编造出这么复杂的科幻故事来，而且这对他丝毫好处也没有。如果不是亲身经历，这是很难做到的。

中国河北停电事故

1982年2月16日凌晨，大地被黑暗笼罩着。位于河北省张家口市东南方向的市区边缘，座落着该市的一个小型工厂——张家口市电机厂。它依山而建，旁边是地区建筑公司的工地。由于这里的气候较冷，只在白天施工，夜间只有担任保卫工作的工人李宏志和刘奇峰两人。

当时钟指向凌晨 4 点 40 分时,李宏志拿起手电,走出了值班室。他在工地上巡视了一遍,没有发现什么异常情况。尔后,他回到值班室正准备休息,忽然,他发现从窗外射入一束发蓝色的白光,把屋内照得很亮。他惊异地打开屋门,顿时发现在东南方向的一个小山包的上空,有一个像烧饼大小的发着黄色光的圆形东西,它正沿着西北方向朝李宏志的头顶上空缓缓移动。此时的时间大约是 4 点 45 分左右。随着该发光物的移动,其体积也在渐渐变大,光也在渐渐地增强至深蓝色,并且发出了嗡嗡的声音。它的速度像是慢慢移动的卫星。当它行至李的头顶上空时,已有脸盆般大小了。李宏志发现,在它发着强烈的黄色光的外围,似乎有一层红色的光圈,该发光物很像一个圆形飞行物。此刻,李宏志在惊恐之中一直把半个身子探出门外在观看。突然,发光体停住了,它稳稳地悬在空中,其高度大约为 1000 至 2000 米。此时,嗡嗡声更大了。数秒钟之后,该物体发出哗哗的声响,伴之以极强的电弧光。

顿时,大地如同白昼,整个市区顷刻被这极强的光照得通明。这样的光闪了 4、5 次。在此期间,靠它较近的电机厂的水银照明灯和市区街道的水银灯都自动熄灭。邻近 251 医院的病区的灯光也全部熄灭了。这所医院前面的建国大街的电压为 10 千伏的高压线也起了火。第 71 号线杆至 74 号线杆之间截面积为 80mm2 的 585 号线被烧毁了 198 米。当时,高压线放电持续的时间竟达 2 至 3 分钟。按照供电部门的技术数据,高压线放电时间一般只为 0.5 秒,显然,这样的放电是不可理解的。据李宏志讲,当时发出的强光极其刺眼,当这个发光物发出最强一次光后,它似乎完成了预定的任务,垂直地向上升去。

其后,它的光与大小都在逐渐减弱和变小,直到它与在小山包上出现时的大小相同时,于须臾之间便隐没了。从该物出现到消失,共持续了 2、3 分钟时间。当那个发光物飞走后,李宏志赶紧找刘奇峰,但刘当时正在睡觉,并没有看到这个现象。大约在发光物消失 10 分钟后,所有的灯又都自动亮了。据了解,高压电线是在天亮后被修复的。

军事要地停电事故

1976 年 12 月 29 日凌晨 1 点 50 分至 2 点 10 分,人们分别在葡萄牙的里斯本和西班牙的巴伦西亚、木尔西亚、阿尔梅里亚、格拉纳达、马拉加和加的斯省以及梅利利亚城的上空看到了一个运动着的飞碟。它的外形很像两个重叠在一起的碟子，顶部有一个圆盖，呈现出一道黄色光线。据不同身分的目击者证实，此物发射着绿光和浅蓝色的光，似乎在无声无息地运动着，并能变速和悬停在空中。

据塔拉维拉地区目击者的观察，飞碟先是由北向南飞去，然后径直飞向位于塔拉维拉3公里处的一军事要地上空。

在军事要地内，营房位于公路的一侧，后面群山环抱，中间的一条峡谷一直延伸到东面的弹药库。此外，还有一条一公里多长的军用跑道。

军营的哨兵沿着跑道日夜巡逻，守卫着所有通道和隧道。此外，德国种的警犬也在跑道和周围山岗固定的位置上担任警戒工作。军事要地内的用电是通过一根从山上架设下来，沿着公路引进那里的高压线供应的。变压器安置在弹药库的安全地带。万一变压器发生故障，还有一个备用的发电机。

主要的照明设备都安装在隧道口，照亮着这些隧道口的道路。另外，照明设备中的一根光电管，在用电量超负荷时，便会使警报器发出警报。

除了这些安全措施外，在隧道口还装有摄影机，警报器一响，它们就自动开始拍摄。

1976年12月29日，天气寒冷，天空群星闪烁。凌晨1点55分至2点，一阵警报突然把酣睡中的士兵惊醒。

开始，除了警犬狂吠外，还看不出有什么异常情况。不一会，警报声停止了。同时，军营内的灯光也熄灭了，只有摄影机自动系统上的红灯还亮着。

这时，备用发电机自动开始工作。但它随即又停止了运转。军营重新笼罩在黑暗之中。

此刻，靠近5号隧道口的一名巡逻兵看到一道强光。部队迅速成立了由一名中士、一名下士和两名炮手组成的巡逻队，全副武装，提着一盏风雨灯，径直奔赴出现奇异强光的出事地点。

狗继续狂吠着，黑暗中的人们还听到了一种类似飞机发动时的轰鸣声。

巡逻队看到了焰火一般的亮光。他们沿着跑道继续向东走去，到达了

4号哨位。4号岗哨的哨兵说，他们发现在4号隧道出口和水塔之间，飞进了一个闪光的飞行物体。此物是从东面两山之间的峡谷底处飞来的。这个物体先是沿着谷底北侧的防线飞入军事重地，然后，约以10米的高度，笔直地从跑道左侧上空穿过，进入了两条跑道之间的地带，在小河边的杨树上空飞翔，随后从5号哨位前面飞过。物体继续向前飞去，最后悬停在一片谷地上空，这个物体发出了强烈的光芒。

4号岗哨的哨兵看到这个飞行物贴近地面飞过5号岗哨时，想通过内线电话与5号岗哨的哨兵取得联系，但线路不通。

他以为5号岗哨的电话坏了，便大声呼唤5号岗哨的哨兵，可是并没有得到回答。接着，他打电话同部队联系，但是巡逻队已经出发了。巡逻队到达后，他告诉他们，"可能会遇到意想不到的情况。"

为了不暴露目标，巡逻队熄灭了手提灯，只靠着红色信号灯的微光在黑暗中继续向前，来到了位于跑道拐弯处中间5号岗哨附近。5号岗哨是整个军营中最远的一个哨所，它不仅控制着跑道的拐弯处，而且还控制着位于跑道左侧地段4号隧道的出口和位于右侧地段的5号隧道的入口。这时，巡逻队发现5号岗哨里没人命令他们停止前进，便分两路接近哨所。当到达哨兵跟前时，看到5号岗哨里哨兵手执武器，以稍息的姿势站着，那副样子真像一尊塑像。他精神紧张，两眼呆滞，直愣愣地凝视着一个方向，呼吸急促。

为了使这个哨兵从惊愕中摆脱出来，巡逻队打了他几下耳光，他却毫无反应。接着，他们用钢盔取来冰冷的水浇在他身上，哨兵这才有所反应。

这个士兵对他们说，一股光射到他右侧，从他面前飞过。接着他就什么也记不得了。此时，哨兵安静下来了，但行走还有些困难，且仍有恐惧的神色。巡逻队听到飞行物发出连续不断的巨大轰鸣声，这个飞行物在离哨兵25米远的地方，距地面约10米。它从5号岗哨的哨兵面前飞过之后，就悬停在5号隧道入口的上空。过了片刻，它从北往南飞进了军事要地，沿着一条防线飞行，穿过宽阔的营区，在另外一条防线的起点停了下来。这样，飞行物就位于目击者们的南边，离5号岗哨约150米。事后，一名目击者向飞碟调查人员说："我们全副武装来到了5号岗哨，子弹顶上了膛，准备随时战斗。但我们没有看到任何异常情况，只有一个物体悬停在那儿。在我们看来,如果这个物体要向我们发动进攻,它是不会飞走的。由于看不出它有任何异常的情况,我们便未采取任何行动,只是目不转睛地看着它。这是一个巨大的白色物体,上面有一个圆盖……如同一个倒置的盘子,或像个翻转过来有圆顶的汤盘。它约4米长,像一辆普通的道奇牌小轿车。它的各个部位都发着光。

圆顶底下的内侧发着一种墨绿色的光。飞行物发出的光不仅能照亮自己的周围,还能照射得很远。"

"从5号隧道入口(飞行器就在它上面)到出口,约100米,它只照亮了一大半。"

"它的光相当强烈,但不稳定,时强时弱,不过从没熄灭。光度增强时,它就像个模糊不清的物体。但当光度减弱时,它的形状就清晰地显露出来。"

"它运动时,像水上的船一样摆动着,它先是白光增强,亮度增大,然后开始升高,样子如同一个人在爬坡。它沿着坡面向高处飞去。"

飞碟以每小时约30至40公里的速度,沿着防线的陡坡飞行,最后消失在山顶后面。

飞碟消失后,军事要地内的电灯突然亮了,发电机也重新开始运转,狗也平静下来。飞碟在军营内停留了大约15至20分钟。一些专门用于夜间警戒的军犬,也惊恐不安,难以忍受。从飞行物出现直到消失,军犬都很神经质,来回转圈,安静不下来。它们不停地大声狂吠着,试图让人们抱起它们,或呆在它们旁边。

次日早晨,人们在防线的地面上,发现了一些不知是石英还是其他物质的晶体。营区内的土壤是粘土质,要想在粘土中找到石英是相当困难的。

遭遇飞碟

飞碟,原称"不明飞行物"。在英文中缩写成UFO,它最早出现在人类新闻媒体上还是1878年1月的事情。那一年1月的一天,美国得克萨斯州一个名叫马丁的农民正在田间劳动。忙碌了大半天后,他在田头坐下小憩一会儿。当他慢悠悠地一边抽着雪茄,一边不经意地抬眼瞭望天空时,突然发现有个圆盘状的物体,在天空中闪烁着神秘的光泽,飘忽不定地移来移去。马丁从来没有见过这奇异的景观,他立刻把这一情况报告给有关当局。消息立刻像长了翅膀的小鸟，飞向美国150多家报纸，成了新闻媒体上一个广为流传的"热点"。从这以后的22年中，世界各地有关发现"不明飞行物"的各种各样的报告，前后多达300余起。

这些飘忽不定、稀奇古怪的飞行物频频的来地球探亲访友，给地球人类增添了一种恐惧和迷惑。

放射光芒的太空船

这件事发生在1975年11月5日，地点在美国亚利桑那州的阿帕拉契亚山脉中的一片国有林。

这片国有林位于亚利桑那州的东北部，一处辽阔的大高原正中央，其西北300公里处就是大峡谷。距离位于西南方的威尼克斯约有200公里。

这天傍晚，森林中的7个伐木工人，在整理好工作现场后，就坐着小卡车踏上归途。

他们是麦凯罗杰斯（28岁）、邱比斯伍敦（22岁）、肯皮达生（25岁）、艾伦达利斯（21岁）、强格利德（21岁）、德恩史密斯（19岁）、史蒂夫皮尔斯（17岁）——林务局请来的工人，他们是从早上就开始一直工作到现在的。

罗杰斯开着那辆破旧的老爷车，摇摇晃晃地跑在山路上。在不到100公尺的时候，艾伦达利斯发现了右边的树林间，有东西发亮，并且飘浮在空中。

"赶快停车！"有人大叫。

罗杰斯紧急煞车。可是在车子完全停住之前，邱比斯就从卡车中飞向空地。

"到底怎么回事？"下了车的罗杰斯，大口地喘着气。离山路不到30公尺处，成堆的原木上方4、5公尺处，飘浮着一个像是太空船的东西。

这个东西的直径大概有4、5公尺，像两个盘子合起来的样子，晕黄色的光很柔和地照着四周。

这个物体发出哗——哗——单调的声音，时高时低地持续着。

邱比斯向那个物体靠近。突然这个物体剧烈地晃动起来。这时站在卡车旁的大伙儿，察觉到事态的严重性，就大叫"邱比斯，快回来！"邱比斯很快地藏在原木的后面，就在这一瞬间，这个物体放射出青绿色的光线，直射在邱比斯的身上。邱比斯就好像表演特技一样,很快地飘离地面。

目击这可怕一幕的同事们,都吓呆了,好像被冻僵了似地一个个立在地上不动。

许久,才清醒过来。

"赶快逃离这里!"麦凯罗杰斯赶紧驾驶卡车,落荒而逃。

UFO 的挑逗

1956 年 2 月 17 日至 18 日深夜。法国巴黎郊外的奥利机场,灯光通明,一派井然有序、繁忙紧张的气氛。23 点整,奥利机场雷达站的屏幕上出现了一个回波,它的大小比当时人们使用的最大客机还大两倍。这时,调度室并没有接到任何起降信号,机场周围的空域也没有飞机。这个飞行物的动作使在场人员惊诧不已,它时而悬停不动,时而以每小时 2500 公里的速度飞行,时而又直角转弯。

不一会儿,来自伦敦的一架 DC—3 客机飞入机场空域,在奥利机场的雷达荧光屏上显现出来。此刻,正处于悬停状态的不明物体便迅雷不及掩耳地径直朝 DC—3 客机冲了过去。指挥塔值班员见此情景,立即向 DC—3 客机喊话,问机组人员是否看见了那个怪物。

"我看见一个刺眼的红光高速向我飞来。"驾驶员声音颤抖地回答说。

"这个发光体的位置在哪儿?"

"它在雷米罗镇上方。"

机场雷达显示的也是这个位置。

DC—3 飞机的驾驶员眼看就要同发光体相撞了,他手急眼快,紧压操纵杆,紧忙改变了飞机的航向。那个发光体便从他的视野中消失了。

"我看不见它了。你们还有它的回波吗?"

"没有了。"塔台人员回答说。"那飞行物似乎飞到布尔歇一侧去了。"

当驾驶员径朝布尔歇方向看去时,果然看到了刺眼的红光。这一次,他还看清了那个发红光的物体本身。它是一个庞然大物。

据调查人员说,那个飞行物在机场上空停留了 3 个小时。当晚,在奥利机场降落的许多架飞机的驾驶员都看到了它。它以惊人的速度在飞机前后掠过,驾驶员们事后谈起此事时还心有余悸,感到很恐惧。调查的结果是:1. 不明飞行物似乎很"了解"机场无线电信标及其方位,它常常以

3600公里的时速从一个信标移动到另一个信标。

2. 它也"知道"机场上有雷达,并"知道"雷达的监测范围。当没有飞机飞入雷达监测范围内时,不明飞行物就垂直地飞离雷达监测范围。可是,当有飞机进场时,它就冲向飞机。

3. 最令人吃惊的是这样一件事:为了弄清事实,在塔台人员向布尔歇雷达站喊话后,他们尚未收到对方的回答,机场的雷达就被一种陌生而又强大的信号所干扰。为了排除干扰,机场的雷达操纵员改变了频率。几秒钟后,干扰消失,不明飞行物在荧光屏上的图像也变得清晰起来。可是过不多久,新的频率又被干扰。看来,那飞行物能够截获和理解机场同布尔歇的对话。

这种情况一直延续了3个小时。

飞碟治病

1957年,霍阿奥·马丁斯在《克鲁赛罗》周刊上发表了一系列文章,介绍当年巴西出现的UFO大浪潮,这使得他在巴西享有盛名。

1958年4月17日,他接到一个女人于4月14日写于里约热内卢的信,这封信事实上是一份飞碟目击报告。这信,后来公开发表了,只不过应发信女人的要求,她的真名被换掉了。现将此信全文抄录如下:

亲爱的霍阿奥·马西斯先生:

我拜读了你发表的名篇大作,在此我谨向你表示祝贺。

我相信这地球上存在着外星人与飞碟,因为我本人就亲自目睹了一次同外星人和飞碟有关的案件,我不知道你是否会相信我,但我仍愿担保,下面我要说的全是事实,我虽是个穷人,但为人诚实。

我不想用真实姓名,这你是会谅解的。

我今年37岁,眼下生活在里约热内卢。我在X先生(我先前的老板)那里一直工作到1957年12月。这位先生是我们那个市的富豪。请原谅我没有把他的真名告诉你。

老板的女儿得了胃癌。他十分痛苦。我在他家充当女管家,主要工作是照料有病的小姐。她四处求医,但医生们都说她没有希望了。1957年8月间,老板领着全家人到了佩特罗利斯附近的小农庄里,希望小姐在乡间的新鲜空气中会好过些。可是,日子一天天地过去了,而小姐的病情仍无好转，她连饭都不能吃了。她痛苦难忍，医生不断地给她注射吗啡。

10月25日夜里，小姐病痛极其剧烈。我记得十分清楚，打针已不管用了，大家认为她快要死了。我的老板躲在一个角落里失声痛哭。突然一道强光照亮了房屋的右侧。我们都聚集在小姐的房里，那里的窗正好就在屋子的右侧。房里只点着一盏床头灯。可是，小姐的卧室顿时像被一个手电筒的光柱照亮了似的。

老板的儿子率先跑到窗口，他说看到了一个圆盘形物体。该物体规模不大。我没有仔细询问，因此说不上它的直径和宽度究竟有多大。我只知道它并不庞大，上部被一层淡红夹黄的光晕包围着。突然，一个自动活门打开了，走出了两个矮人。他们朝我们的房子走来，另一个矮人留在活门里边。当时天色很黑，透过开着的活门，可以看到物体里边有一个微弱的淡绿色光，好像夜总会里常见的那种光。

进来的两个人默默地注视了我一阵，在小姐床前停下，把手里的东西放在床上，向X先生做了个手势，其中一位把一只手放在先生的额头，X先生便一五一十地详细介绍了小姐的病情。这种介绍是通过心灵感应进行的。病房沉浸在一片寂静之中。两个矮人开始用一种淡蓝色的白光照射小姐的肚子，这种光可以透过肚皮，我们十分清楚地看到了小姐的全部内脏。他们手中还有一个仪器在咯咯作响，他们用仪器对准了小姐的胃，我们看到了胃里的溃疡。这个动作持续了半个小时。小姐安静地入睡了，他们走出了屋子；但在离开屋子之前，他们通过心灵感应告诉X先生，他应该让小姐服一个水药；然后他们给了我们个空心钢球，我们打开一看，里面有30颗白色药丸，这些药每天服一颗，小姐的病就会痊愈。

小姐的病果真治好了。X先生实践了自己的诺言，他为此事保守了秘密。

在12月间，我还没有离开X家，莱伊斯小姐回到她的医生那儿去检查，结果说她胃里的癌细胞不见了。我离开这家人家时，答应主人绝对保密。可是，我还是向你谈了这一切，我要求你保持缄默。如果在你的文章里要提到此事，那也无妨，因为我没有说出他们的真名实姓来。然而我可以发誓，所有这一切都真的:我亲爱的小姐当时得了胃癌，已经到了晚期，但她被外星人像手电筒一样的东西挽救了，这东西放射的光"剥离"了癌块,小姐的病治好了。也许这些外星人为地球人做了很多好事,向我们表明我们无需害怕他们。他们救了小姐的命,当天夜里他们就回到飞碟,一去之后就再也没有来过。

外星人还说,他们真的来自火星,到地球上来寻找镁,带回火星提炼。

他们用镁盖房子和建造飞碟:他们不想同地球人打架。这一切,我都是从 X 先生那里听来的,他曾向他的一家人讲了这些话。请你不要叫我难堪,如果

你在写文章时要引述这一案例,千万别说是安娜西亚·玛丽亚告诉你的。我不愿被人认为我是一个敲诈勒索者,我也不愿意因此使我同从前的老板之间的关系遭到破坏。我之所以告诉你这一切,仅仅是为了帮助你搞好这个方面

的研究。

请原谅我没有附上我的地址。目前,我生活在里约热内卢郊区的一个县里。我是真诚的、老实的。考虑到我从前的老板,我不愿意接受报界采访。

谢谢你的好意。

安娜西亚·玛丽亚

安娜西亚·玛丽亚的这封信,并非说是无懈可击的。在别的关于外星人和飞碟目击报告中,除了报告的提供者之外,至少总有一个以上的同时目击者可资证明,唯独这里提供的外星人为地球人"治癌"这件事,无法找到别的证明者。只要找不到用这种奇怪方法治愈胃癌的所谓莱伊斯小姐和她的医疗档案,人们就有权怀疑它的真实性。

但是,正如英国著名的哲学家克拉克的第三定律所说:"一切相当先进的技术同魔力是很难区分的,如果我们永远只满足于对明摆着的事实的认定,那么世界就没有进步可言了。"

《飞碟评论》是英国"不明飞行物研究基金组织"的会刊,是世界上享有盛名的优秀刊物。在这个双月刊的第十五卷第五期上,刊登了数起"飞碟治病"的案例,简述如下:

1948 年 5 月 25 日,一位名叫汉斯·克洛茨巴赫的青年人要到卢森堡去,但是他没有护照,于是偷偷爬上一列开往卢森堡的运煤车。半夜时分,火车行至边境检查站沃塞比利火车站前,他从煤车跳落在铁轨的道碴上,

把两条腿跌伤了。他流血过多,步履艰难,痛得昏死了过去。他说他醒来时已在一个"飞碟"的舱室里,里面充满着浅蓝色的乳白光线。一个声音用法语告诉他说,他们是外星人,是偶尔从他失去知觉的躯体上空经过时,他们才救了他的;后来,他又重新晕了过去。

4天之后,这位年轻的德国人才醒过来。这时,他坐在一张长满苔藓的木凳上,那已是卢森堡境内,离边境有6公里之远,离他跳车的地方有10公里。他发现自己的裤子满是血迹,鞋里也有凝固的血块。但是,令他惊异不已的是,他跌坏了的腿已经痊愈,伤口也完全愈合了。那些外星人不但治好了这个德国年青人的腿伤,而且还把他送到了他想去的卢森堡。

1954年7月30日,家住农村的美国人巴克·纳尔逊说,他曾遇见过从"飞碟"上走下来的外星人,并把他们领到自己家里。他叙述中最有趣的部分是他第一次遇见外星人和飞碟时的情况(他不止一次遇到外星人和飞碟):"这次来访中最奇妙最惊人的事是我用手电向飞行物打信号时,飞行物里面射来一道比太阳光更亮更热的光束,猛烈地击中了我,把我打得倒在地上,由于我腰酸背疼,还有肾炎,因此我不敢多动,我担心站起来后,会再受到光束的打击。我监视着'飞碟',直到它消失为止。可是当我爬起来时我大吃一惊,我发现我的腰不痛了。从此以后,我再也没有腰痛过,肾炎也不治而愈了。"

1965年9月3日~4日,美国德克萨斯州的警察班长比利·麦克·科伊和警察罗伯特·古德正在第三十六号国家公路上夜间值勤。3日上午,古德曾经被动物园中的钝吻鳄咬伤了左手,晚上巡逻时伤口还不时流血。子夜刚过,他们发现天空中有一个巨大的不明飞行物体,长约60米,厚的15米;他们加大警车的油门企图逃走,但一道耀眼的强光射到了古德倚在车门上的左手,使他产生了灼热的感觉。一会儿,古德感到伤口不痛了,血不流了,伤口竟奇迹般地愈合了,这实在出人意料。

1868年12月9日清晨3时,秘鲁一个要求不要透露姓名的海关职员,在他家门前的场地上看到,一个不明飞行物在大约3公里外的空中飞行。突然,飞行物向他射来一道光束,其颜色在深红和紫之间变化着。这道光束照到了他的脸上,本来是深度近视的他,突然感到自己的视力恢复到了正常程度，从此他就不戴眼镜了，而且他的风湿病也再未犯过。

1988年12月，土耳其曼尼沙尼市上空出现了一个圆盘状的飞行物，它全身闪耀着绿色的光芒。这个飞行物在该市上空盘旋了近1个小时，1名士兵拍下了其照片，几百人目睹了当时的情景。

飞碟终于离去了。曼尼沙市同时竟然有22名患有痼疾的病者霍然痊愈了，他们异口同声地说：这是飞碟的功劳！

一个聋子瞬间恢复了听觉，一个失明的妇女重见光明，一个靠氧气袋维持生命、死神已在向她频频招手的小女孩也活过来了……

尼迪医生走访了这些人。老病号伊尼沙的丈夫中风瘫痪了多年，那天飞行物的绿光透过窗口照到他腿上，他居然不自觉地站了起来。另一个病人卡马尔也霍然痊愈，当他神采奕奕地站在尼迪医生面前时，也无法解释。唯一的结论是：那神奇的绿光使他们消除了痼疾！

一个法国博士也有类似的经历。

1958年，一个法国博士在阿尔及利亚的一次车祸中幸存了下来，自此行动十分困难。以后他又在自家的庭院中修剪植物时不慎摔断了腿，下肢从此瘫痪。

1968年11月12日夜，他被儿子的哭声吵醒了，就架着双拐到厨房为他儿子寻水喝。突然，他看到外面光芒四射，于是走到阳台去观看。他看到一个飞行物向他屋子飞来，刺眼的光照在他身上。后来，就象电视机关闭后所有的影像消失了一样，飞行物不见了。他赶紧去告诉他妻子，匆忙中他猛然意识到自己在跑——用自己的下肢而不是双拐。他的瘫痪不治而愈了！

安尼欧与外星人奇遇

在巴西的一处田舍，一个年轻的农夫被带进UFO里，和一个外星美女发生了性关系，时值1957年。

在巴西明那斯乔莱斯州的农村，有一个叫圣法斯柯地田里斯的小村落。

这个村子里有个名叫安尼欧布斯保斯的青年。怎么说呢？这个年轻人竟被外星人盯上而惹祸上身。

安尼欧身旁开始出现一些奇怪的事是在1957年10月初，此时南半球的巴西正值盛暑,天气潮湿而闷热。不管是人群的聚集或是农田的工作,都是在日落以后才开始的。

10月5日晚上11点左右,安尼欧和弟弟一起从舞会归来,正要上床睡觉时,透过窗户,看到空中有会发光的东西,而且就在一瞬间,它逐渐靠近并通过屋顶的上空,在通过的那一刹那,从屋顶缝隙中投下强烈的光芒,然后又恢复原先的黑暗。

过了9天,即10月14日,他终于看清这个发光物的真面目了,大约在晚上9点半左右,他和弟弟正驾驶着耕耘机在耕田,冷不防这个东西又出现了。四周围突然变亮了起来,他们看到了一个直径90公尺,"刺眼且巨大的圆形物体",好像故意戏弄他们似地,在田里四处游移,不久,就消失了踪影。

带进UFO

隔天夜里,安尼欧独自在田里干活。这次,有一个很大的红色星星落到田里来。这是一个圆形的的UFO,有3根着陆支柱。UFO的光芒将四周照射得有如白天一样明亮,在离耕耘机约15公尺的地方降落。

这个装着巨大的头灯的庞然大物,上部会旋转,并从其下部一个个窗子中,射出紫色的光,安尼欧吓得就要开耕耘机逃跑,可是,不知为什么引擎都发不动。然后他跳下耕耘机要逃跑时,又因这犁过的土太过松软,一脚深陷下去,难以拔出而走不动了。这时,有人攫住了他的肩膀,他奋力将对方用力掷出,可是此时又出现3个人来抓他,他只好束手就擒。

抓到安尼欧的3个外星人都很矮,大概只到安尼欧的肩膀高而已,他们说的话像是狗在叫,一点都不像人。似乎安尼欧的声音是极其珍贵罕有似地,每当他一发出抗议的叫嚷,他们就停下脚步,很仔细地专注倾听。

就这样被带往UFO内部的安尼欧,在一个四周都是金属壁的小房间里被放下来。他一回头看,看到了5个外星人,其中两个人将安尼欧紧紧地捉住,他们身上全部穿着紧紧绷绷的灰色连身工作服,且戴着手套。头上罩着一个很大的头盔,只有中间一部分是透明。

安尼欧被带到隔壁,一个更大的圆形的房间,全身的衣服都被剥掉,接着一种黏稠的液体涂遍他的全身,奇怪的是,外星人在做这些事时十分温柔,一点都不凶恶。后来又被带到另一个房间,这个房间的门上写着不知其意的红色文字。然后安尼欧好像在这里被他们抽取了大量的血。他们用一种类似注射针筒的东西刺进安尼欧的下巴，使他眼睁睁地看着自己的血液不停地流到针筒中。

与外星美女

不久，全身赤裸裸的他，又被带往另一个房间，此时安尼欧以为这回的遭遇大概又要更惨了吧。结果他却坐在一张柔软无比的椅子上，然后突然闻到一股奇怪的恶心的味道，这气体充满了整个房间，这味道难闻得使安尼欧呕吐了。之后他想这可能就是使他动情的春药之类的东西。

门打开了，进来了一个全裸的、身高约130公分的外星美女，她是前所未见，姿色绝佳，具有东方味道的美人，优美的体态，眼尾娇媚地往上斜，一双萠水的绿色大眼睛，闪烁着透明的光泽的秀发，十足秀色可餐。和普通的人类女性不同的是，她的体毛是深红色的，嘴巴像条细缝似地，樱唇薄薄地两片。

这个外星美女，依偎在安尼欧的身上，此时安尼欧再也按捺不住，迷乱而热情地和她享受鱼水之欢。在一番翻云覆雨之后，这个女人目不转睛地盯着安尼欧看，然后手指自己的肚子，接着这根指着肚子的指头又指了指上面。

这个外星女人离去之后，他们让安尼欧穿上衣服，带他到UFO底层。途中，他看到一个小小的器具想要把它偷出来，但是被他们发现了而将那个器具拿走了。让安尼欧降落到地面上之后，UFO就将着陆脚收回，以极快的速度旋转回转塔，看起来就快要倒下来似的，却在一瞬间像子弹般往前飞走了。

当他再度回神过来时，已是隔天早上5点30分了。

因此事实在是太不可思议了，所以有好几年的时间，安尼欧并未向外公开这事件。另一方面，在好些医生陆军调查官仔细的审问下，安尼欧所说的话完全没有一点矛盾的地方。附近认识他的人，都说安尼欧是个正直老实的年轻农人，不可能说谎的。而且根据医生的诊察结果，在安尼欧的身体上，的确残留有放射能照射过的痕迹。

外星人为求和自己十分相似的地球人的血缘关系，而不惜千里迢迢地跑来，如果真的是这样的话，那么在宇宙的某个地方出生的孩子，终有一日，会来和父亲安尼欧相会也说不定。

巴黎青年佛提奴被带走了

巴黎的近郊塞其庞特威兹的一栋公寓里，3个年轻人一起共度周日的夜晚。

他们要在隔天早上3点半起床，到60公里外的G村去。因为隔天起得要早，所以他们决定其他两人就一起留在最年长、居领导地位的普雷布的公寓里过夜，明天要出门时较方便。

他们并没有固定的职业，靠在跳蚤市场卖牛仔裤为生。隔天G村的跳蚤市场在早上9点才开市，但他们为了要占个好位置故提早出门。再加上他们的车子车龄很大了，性能特别差，既没有作过车体检查维修，亦没有保险，可能随时会抛描，所以他们必须在3点30分就出门了。

大概睡了4小时，依照预定时间起来的3人，把要卖的牛仔裤拿出来放在车上。这时其中一人去发动引擎，但是却发不动。他一边咒骂着一边发动着，好不容易终于引擎发动了，为了不让车子熄火，所以就叫年纪最小的佛提奴留在车上看住车子。剩下的2个就再度回到公寓拿货，在等他们的时候，佛提奴就转头看着车外。此时是11月下旬左右的时候，夜长昼短，离太阳升起还有很长一段时间。

这个时候，佛提奴突然看到，在天空的一角有东西在发光。然后这东西迅速变大。"喂！快来看这个呀！"

他对着搬东西过来的两人大喊，而且这个发光体眼见就快要接近了。

"那是什么呀！"

那东西是圆柱形的，但实际的样子是什么并不清楚。叫路地耶的年轻人拔腿狂奔跑回公寓，然后又抱着照相机冲出来。他要把照片拍下来卖到报社去。他就住在普雷布的隔壁而已。3个人当中的头头普雷布亦察觉到了这件事，但他还是回到公寓去拿最后一袋货物。佛提奴想从别的角度看这个发光物体，所以就发动了车子，开上路。

这个发光的飞行物体所发出的声音，现在听得见了。普雷布和路地耶分别打开窗户探出头来，仔细观察外面所发生的一切。

路上，佛提奴所开的车停下来了，连引擎也熄火了。这个时候，一个很大的光球，就将车子紧紧地包住了。

"没有底片呀!"路地耶懊恼地叫。

"不要照相呀!那可是飞碟哟!"普雷布高声提醒路地耶。

两人赶紧跑下楼,往路上车子的方向看去,看不到 UFO 的影子了,但是在车子的后部,紧紧地贴着一个发光体,形状像球又像雾,而且周围还有很多小光珠不停地流动着。他们两人不由得停下了脚步,屏息凝神地紧盯着它看。

这个时候,大的发光珠体就将那些小光珠吞噬掉,然后又出现了一道强烈的光束状的光芒,这道光芒慢慢地变粗加大,然后变成一个圆柱体,最后将这个光球吸入纳成一体。就在一瞬间,便消失在黑暗的天空中了。

他们两人赶紧跑到停货车的地方,可是不知为什么,佛提奴竟不见了。

追踪 UFO 的证据

在法国瓦尔省唐昂普罗旺斯的一条公路附近,有一幢相当宽畅舒适的别墅,周围有铺着水泥的小块场地和平台。这里环境幽雅、风景秀丽。这幢别墅座落在橡树和松树林中的一个高地上,房子侧面附近有一块长 60 米,宽 15 至 20 米的空地,那里的泥土干燥坚硬,因为 1980 年 11 月以来,瓦尔省一直闹旱灾。

别墅的主人 M·尼古拉已有 60 开外。1981 年 1 月 8 日下午 5 时许,尼古拉先生在屋旁平地上盖一间小屋,他急着要在天黑前盖完。突然,在这块平地的一端,尼古拉发现一个外表呈灰色的圆形物体从树梢飘落下来,由于没有听到一点声音,他感到十分纳闷,便停下手中的活儿仔细观察起来,他同那个物体间相距约 80 米。物体停落处恰好有一道用石块和泥浆垒起的 2 米高的矮墙。

尼古拉看到那个物体像一只反扣着的碗,深灰色,没有光泽。出于好奇,尼古拉向那个物体走去,离物体的着陆点约 4.5 米。这时他看清了那个物体是椭圆形的,两个大小不等的半球体合在一起,衔接处有一条明显的扁平的宽带,凸出平面约 15 厘米,形成了一条饰带,带子上半部比带子下半部显得更鼓。它的高度超过矮墙,因此其高度约在 2 米到 2.5 米之间。他没有看到天线,也没有看到舷窗或其它门一类的出口。它外部平整,无任何装置,是一个密封的金属物体。他认为不明物体的宽比高大。没等他细看,金属物体就开始上升,扬起一股尘土,同时发出一种轻微的嘘嘘声。升到半空后,那个物体略有倾斜,尼古拉看清了它的下半部。转眼间它以惊人的速度飞入高空消失。

尼古拉指出,圆盘物体着陆和飞走的路线是不同的。当它离开地面左右摇晃的时候,他看见了飞行物上有4个附加装置。他用两个大灰桶来同飞行物的宽度和高度作比较。他说他的描绘是不全面的,因为那物体停留的时间很短,飞走的速度极快,几乎是瞬息即逝的,所以来不及细细观察。在乡间的一片宁静中,他没有听见马达的隆隆声。他既未感到热浪,也没有发现空气振荡。观察的时间及事后他都没有不适之感。不过,尼古拉对这个怪物很感吃惊。这起案件震动了法国 UFO 界,甚至连国家空中研究中心也派人到现场进行实地调查。

法国 72 岁的 UFO 研究者 F·拉加尔德对此案作了如下说明:我接到朱利安先生的报告后,曾立即通知了法国国家空间研究中心的不明宇宙现象研究组。该组的领导人阿兰·埃斯泰尔派人到了着陆现场,采集了泥土、石块、草木等样品,送给实验室进行化验,并部署了研究方案。

地面痕迹

主要的痕迹是地面上有一个近乎圆形的凹面,凹面内还有一圈,两者直径分明,压痕清晰完整。

其实,地面的压痕直径达 2.4 米,深 15 厘米并非是一个标准的圆圈,倒像是一个有缺口的马蹄铁形状。压痕内地面坚实,围内的石块都陷进了泥土,有些石块表面灰黑,好像有人在上面磨过金属物似的。

地面压痕整齐规则,有顺时针方向的细线条。在这马蹄铁形状内,杂草都已枯死,而附近的植被却未见受损。马蹄铁形状旁边的草没有被折断现象,那里一个金属鞋底的压痕依稀可辨。压痕四周的尘土和植被似乎有一定的走向,好像受到风吹过似的。这一点证明目占者听到的嘘嘘声和看到的一股尘土是真实的。

植物分析

德拉吉尼安宪兵大队在着陆点中央 1 至 1.5 米范围内以及离中央的 20 米远的地方采集了植物样品,不明宇宙现象研究组(GEPAN)也在出事地各个范围内采集了植物样品,实验室分析的样品,就来自宪兵队和不明宇宙现象研究组。

实验室的分析报告指出：压印外圈上的植物的色素明显消退，叶子中的叶绿素 A 减少了 33%，叶绿素 B 减少了 28%。Pheophytinc 减少了 31%。在类胡罗卜素中，受影响最重的是胡罗卜素 B，它减少了 50% 至 70%。

出事地周围植物内的结构变化相当明显。离着陆点越远，植物中的叶绿素含量就越多。随着离着陆点的距离的增加，植物的光合作用也越来越好。

着陆点周围植物所含有蔗糖量也有减少，老的叶子中减少了 15%，新的叶子中减少了 25%。

这家实验室得出的结论是：1. 在两包样品中，叶子的上述特点是一致的，甚至在出事 40 天后采来的植物样品也同样具有上述特点；2. 在分析各包样品的过程中，发现植物受到的影响跟着陆点的距离有关；3. 出事地点的植物没有显示核辐射的影响，不过植物样品中叶绿素的严重变化表明，这些植物受到了一个强电磁场的影响。

GEPAN 的结论：从土壤学角度看，确有一个几吨重的物体降落在那里，留下了压痕和摩擦生热的残迹。

从生物学角度看，整个光合作用的诸因素表明，离着陆点中心区近和远的几个地方的样品所含的成份是不同的。大多数变化与离中心区的距离有关。

UFO 的报告书

1948 年 1 月，俄亥俄州莱德巴塔森基地内设置："projec-tion"，象征性的 projection 其名称长久不为人知，一般仅知道飞碟。

以 projeltion 分析内外发生的事例和阿诺鲁特事件。同年 8 月非正式的"状况判断报告书"中，举出"飞碟是从其他星球来的宇宙船。"将最高机密的报告书送至空军参谋长弗依德·S·广登巴戈上将，却因"证据不足"而遭驳回，留下一册子以烧毁。事后提出确切的结论报告书。12 月空军发表 UFO 否定声明。同时，projection 也解体了。

然后新设置 project grudg, 这无非是否定 UFO 的 PR 机关。当时发表最有力的 UFO 否定论学者是俄亥俄州立大学天文学教授兼麦克米伦天文台长 J·亚连·海瑞克博士参与计划。1949 年 8 月，海瑞克博士亲手完成大部分的报告书。

在这份报告书中,海瑞克博士分析1947至1949年收集的目击事件244件,其中48件形体不明。根据心理学上的论述而下结论。认为"这种物体不能保证是外国科学技术进步的产物,因此不致直接威胁国家安全的保障。"

只是"计划性宣传异常的空中物体,会引起歇斯底里状态的话题征兆……。

这种手段对敌我都产生同样的结果。"因此"关心心理战略的政府各机关应该详知结果。""UFO研究机关的存在令国民动摇。"由于报告书上的见解深得民心,所以grudg于1949年12月解体。

依据海瑞克博士见解,AMC技术情报部和其后的航空技术中心接获UFO目击报告,但没有人完全看到报告。期间,发生朝鲜战争,UFO等问题也大吹大擂地搬到严厉的现实战争面前。

报告原形

在这7年后的1976年,已实施3年的情报公开法的施行结果,就是将布尔布克时期开始,所收集的一些调查分析资料,放在华盛顿的国立公文图书馆供大家阅览,如果将UFO资料和这些比照看看,便可使评论分析的全貌清楚呈现出来。

根据资料,从1947年到1969年的23年间,所调查收集到的案件有12618件。年平均约高达500件,1952年、1957年、1969年更突破1000件。这其中未确认物体即UFO的有701件,约占5.6%。

两年后,1978年,美国的UFO研究团体GSW和CAUS(反对UFO秘密政策市民组织)以"情报自由化法"条例,和CIA对簿公堂,希望争取被CIA所隐藏的UFO情报公开,结果因国防上的理由不能公开的57件除外,有304件达935页的CIA资料被公开。

而且连带的相关单位,如空军、海军、国防部、国务部、国际情报局、国家安全局、陆海空统合参谋长会议、FBI、和原子委员会等机构的UFO资料,也都一并公开,结果厚达3000页的UFO文件重见天日,由此可知,以上的单位皆对UFO抱着极大的兴趣。

那么,目前美国经由正式的机构,调查UFO的状况又是如何呢?

CIA 虽然言明"并不积极去收集 UFO 情报",但是仍保持高度兴趣却是不容否定的。

空军现在虽仍然有不理会有关 UFO 报告的命令,但他们所抱持的兴趣却不只这么一点。另一方面,前美国总统卡特(他自己亦曾看过两次 UFO)任期内,在白宫亦透过科学顾问而发表"在刊登的报告之后,若有任何一点重要的新发现的话,NASA 便要负起进一步调查的责任。"的言论。之后,NASA 虽然也表明若有确实科学证据的话,便会展开调查。可是一直到最近,却没有任何调查 UFO 的动静。

巨大 UFO

1948 年 1 月 8 日,美国的报纸以《空军飞行员在追踪飞碟时不幸坠毁》为题,大肆报导在 7 日下午发生于肯德基州的这个事件。事情是发生于同州北部郊外的可特曼空军基地。坠机丧生的驾驶员是 25 岁的曼特鲁上尉。

这个消息给全美国带来强烈的冲击。自从半年前所发生的凯尼斯阿诺鲁特事件后,美国境内就不断发生飞碟目击事件,造成了空前的 UFO 热潮。在一连串的事件中,这是第一次有人因 UFO 而牺牲! 这事件告诉人们,UFO 未必全是友善的。

现在我们就来了解事情的经过。

1 月 7 日下午,布拉克威鲁技术中士在可特曼空军基地担任主任控制官的任务。

1 时 15 分左右控制塔接到在基地司令官西库斯上校办公室执行勤务的科克中士打来的电话。表示他收到侦察队的报告,在基地东北约 180 公里的地方有几个平民看到奇怪的飞行物体,希望能确认一下那是什么。据报告奇怪物体是直径 80 至 90 公尺的巨大圆盘形,在美因斯上空以高速度向西飞去。

布拉克威鲁中士知道,那时美因斯上空没有民航飞机或空军飞机在飞行。但在美因斯北部有莱多巴达生空军基地。中士认为可能是他们在那个地区做特异机型的飞机试验飞行。

但莱多巴达生基地的回答是:"没有飞机试飞,只有作摄影飞行的 A—26 和 B—29 两架飞机在执行任务。"

但人们看到的那些奇怪的飞行物体远比这两架飞机大的多。何况,如果是看到这两架平常的飞机，人们应该不会觉得讶异，更不会说是个"巨大的圆盘形"的东西。午后 1 时 35 分，侦察队再次以电话与可特曼基地联络。表示在基地以西约 130 公里的欧威兹波罗和阿宾特两个城镇，有人看到向西飞去的奇怪物体。

可特曼基地刚好位于不明飞行物航线稍南的地方，如果这些飞行物体再从相同的路径折回的话，控制塔应该可以看到它们。所以，布拉克威鲁中士就站在控制塔南边的窗户前，拿着望远镜看着空中。

一大追踪

开始追踪

10 分钟后，即 1 时 45 分左右，中士终于看到那些物体了。物体高高地飘在基地上空，似乎是静止不动的。还有另一个控制官看到它们，两人马上向上级报告，不久就来了好几位军官，用 8 倍的望远镜来观察。UFO 在日光的笼罩下，闪着琢磨过的银器一般耀眼的光辉。

2 时 20 分，基地司令官西库斯上校也来了。后来上校对那些物体的外观这样描述着："那是像伞一样的东西，大概有月亮一半大，全白色的外表上有一圈红色的光带，这光带好像会旋转的样子。"

综合控制塔上看到 UFO 的众人的言词，UFO 是由两个圆锥体组成，像冰淇淋一样，顶上有红光闪动。直径至少有 150 至 180 公尺，因当时在 UFO 附近没有可供比照的物体，所以也不能确定到底有多大。

正当西库斯上校等人在商议如何处理时，在南方出现了 4 架由可特曼基地飞出的 P—51 战斗机。这 4 架飞机属于肯塔基州的空军所有，正结束在乔治亚州马利亚塔空军基地的飞行训练，要飞回斯坦狄奥的驻地去。

飞行队的指挥官曼特鲁上尉虽然只有 25 岁，然而在第二次世界大战时，于欧洲各地作战，十分英勇，曾获得了空军最高殊荣的空军十字勋章。战后退役，他开始经营位于卢伊比鲁的航空学校，有时也会指导一下晚辈，就像今天一样。

2 时 30 分，西库斯上校知道曼特鲁等 4 架飞机接近可特曼基地，马上命令布拉克威鲁中士联络曼特鲁，对他说明情况，如果燃料够的话希望他去确认一下到底是什么东西。很快地就听到强而有力的回答："知道了，现在去确认那到底是什么东西，请指示物体的位置和其行进方向。"

曼特鲁上尉照控制塔的指示向右回转，往西南方向逐渐爬升。但其中一架飞机因燃料不足先行飞回卢伊比鲁机场。

2时45分，曼特鲁上尉首次与控制塔联络："不明物体在正面上方，要上升了。"此后有一段时间联络中断，控制塔的人在接收机前焦急地等候着。

3时5分，曼特鲁的声音传来打破了紧张的气氛，"物体在本机的正上方，速度大约是本机的一半，时速约290公里，正在上升中。"

控制塔问他那些物体是什么样子。

他说："好像是金属性的东西，出乎意料的大。本机还要再爬升上去。"

事实上，那天曼特鲁上尉的队伍只预定做低空飞行，所以并没有准备氧气。跟在上尉后面的两架飞机与塔台联络说"没有氧气面罩无法继续爬升，要放弃追踪UFO。"然而曼特鲁上尉却仍继续飞上去。

3时15分，曼特鲁上尉报告："现在高度约4500公尺。"

他的声音冷静地继续说道："物体依然在正面上方，与本机似乎是同速度上升，时速约470公里。如果本机上升到6000公尺处，仍无法追上时就放弃追踪。"

这是最后的通话，以后控制塔一直呼叫曼特鲁上尉，但终究得不到他的回答。

搜索队马上出动，4时15分，在距离基地150公里的地方看到了曼特鲁上尉座机残骸。曼特鲁上尉遗体上的手表指着3时18分。

飞碟中有人类

随后在空军的新闻稿中表示，曼特鲁上尉身上没有着弹的痕迹，机体没有燃烧，也没有放射能。曼特鲁上尉的座机残骸散布在1平方公里的地面。

据判断在到达地面前就已经分解了。

这位作战经验丰富的战争英雄，为什么会做那种足以令人丧命的6000公尺俯冲呢？而一向沉着冷静的曼特鲁上尉居然连发出紧急信号的时间都没有，当时到底发生了什么状况？

空军当局在事件后立刻发表如下的见解。

"事件发生当天，将目击的物体误认为金星。曼特鲁上尉随后追踪，全力冲至高空,然而因为氧气不足,失去意识,坠机身亡。"

金星即使在白昼,也可以用肉眼观察出来。但是判断当天金星的位置和光度,金星应该难以看到。物体出现在哥德曼基地之前,很多人早已发现"物体高速移动。"他们证实物体西向欧威兹罗波,然后呈 V 字形旋转折回东方。当时在控制塔观测物体的西库斯上校等专家指出"那些物体像冰淇淋蛋卷的形状"、"是骇人听闻的巨大金属性物体"。大家产生错觉误以为是金星。

金星误认说是明显摆脱窘困的借口。尽管 UFO 研究学者强烈要求,空军并没有发表曼特鲁上尉的调查报告书。甚至对事件的细微部分予以保留,结果使人们的疑惑更加强烈。空军尚未公布控制塔和曼特鲁上尉的通信内容,难道是曼特鲁驾驶的飞机太接近 UFO 而遭攻击坠落?——为了证实这些臆测,一年后,空军亲自撤回金星说。

之外,出现另一种误认说,认为曼特鲁上尉看到机体的天盖反射光,或是追踪幻日(类似太阳圆光的气象)的踪影。并否定曼特鲁长时间未发现光影。

1956 年,空军 UFO 调查机构 "project 布尔布克"负责人鲁佩特打出热气球说。

——事件发生于 1948 年俄亥俄州南部的克林顿空军基地,利用气球进行海军的机密实验。当热气球冉冉上升,它的姿态与目击者叙述的"冰淇淋蛋卷"和"降落伞"像极了。气球升上 3 万公尺的高度,便成为一个巨大的飞碟。这个实验因为仅仅只有一部分的关系者知道。因此,曼特鲁上尉抱着审慎的态度质疑。——鲁佩特上尉叙述。

气球说具有说服力,立刻引起大众的支持。但是凑巧在同年,从控制塔人员口中透露惊人的事实,说明为什么曼特鲁上尉的最后通信没有公布的原因。他清楚听到曼特鲁上尉以激动的声音喊叫着:"到底怎么回事?里面有好几个人!"

数年后,哥德曼基地的空军情报员证实"曼特鲁上尉的尸体被晒成蒙古烤肉般的高热状态。"

曼特鲁上尉一接近 UFO,看见可怕的光景。巨大的 UFO 内部,确实有几个人影。之后不久便发生曼特鲁坠机事件。难道是曼特鲁上尉撞击

UFO 的高热光束时发出的惨叫声后，不久当场死亡的吗？

到目前为止，美国空军尚未公开本事件关键性的调查报告书。当局置之不理的情报只有这件吗？何时能够揭开随机散落高空的曼特鲁上尉的死因，以解除被误认为死于事故的污名？

飞行队伍

空中飞碟

1947 年 6 月 24 日午后两点，企业家阿诺鲁特正驾驶私人飞机从华盛顿州的吉哈里斯要回到同州的雅其马镇的家中。当时万里无云，视野非常良好。

出发后不久他就收到空军传来的无线电，要求他帮忙搜索，日前在美国西海岸的雷伊尼亚山上空失去联络的海军运输机。阿诺鲁特接受请求后便改变方向朝着雷伊尼亚山飞去。午后 3 点左右，阿诺鲁特飞到了雷伊尼亚山上空 2900 公尺的地方。此时天空碧蓝如洗，俯视着绵延的雷伊尼亚山，阿诺鲁特逐渐进入忘我的境界。

而就在此时，机身突然出现一阵令人目眩的反光，阿诺鲁特连忙往四周看去，一看之下，只见左上方有 9 架飞机编队飞行，正以极快的速度飞向雷伊尼亚山。他以为那是空军的战斗机，但接下来他却看到了不可思议的景象：那些飞机正在做大角度的急速上升和下降。而且，可以确信的一点是，那种速度当时没有任何飞机办得到。于是，阿诺鲁特又想可能是新开发出来的机种吧。因为太阳光反射的关系，看不清楚那些飞机的轮廓，也无法目测大约有多大。

阿诺鲁特用手边工具测了那些"喷气机"的大小和速度。结果使他吓了一大跳，因为这些飞行物体的编队长达 8 公里，每一架飞行物体的长度约 15 公尺，更令他吃惊的是，它们的速度竟然达到时速 2700 公里。以当时的航空技术来说，这是无论如何也做不到的。而且能在空中任意变换方向和升降，再怎么看都不像是飞机能做出来的技术。此时，也没有喷气引擎那种刺耳的噪音。

正在这疑惑不定之际，飞行编队的最后一架飞机已经越过了雷伊厄亚山北侧。

阿诺鲁特

外星生命

阿诺鲁特在雅其马机场降落，马上就跟朋友说他看到了不可思议的飞行物体。到了次日晚上，他的奇妙经历已经传遍了美国各地，不到两周，空军就给了他一个勋章。

在记者会上，阿诺鲁特说："我看到的物体总数有 9 架，它们像在水上滑行一样地飞着。形状就像两个咖啡杯盘合起来一样。"

自从阿诺鲁特用"空中飞的碟子"来称呼这些不明飞行体后，飞碟一词便成了 UFO 的代名词。当然，现在的飞碟并不一定是碟型的，有些是雪茄型的，有些又跟甜甜圈差不多。

美国空军对阿诺鲁特事件非常感兴趣，但也只是将飞行体视为海市蜃楼罢了。特别是当时对 UFO 的说法持否定论的杰·阿朗海内的克博士，他更指阿诺鲁特所说的飞行物的大小和编队的距离互相矛盾，因此强烈主张那只是错觉而已。

由于海内克博士这个论点，使得社会大众开始怀疑阿诺鲁特的说法。针对这一点，阿诺鲁特表示自己只是将他所看到的原原本地说出来，并没有胡说八道，也不是错觉，信不信由你。

可是，既然没有可以证明 UFO 存在的相片或胶卷，真相也就不得而知了，而这个原本是值得纪念的最早的 UFO 事件，至今却仍然像谜一样。

黑色物质

在阿诺鲁特的 UFO 目击事件热潮尚未冷却时，1947 年 7 月末，阿诺鲁特接到一封陌生男子所寄来的信。信中表示他曾看过飞碟，对于这一次事情的真相也许可以提供一些情报。

对方名叫达鲁，他们在华盛顿州的达可马见面，阿诺鲁特从他口中听到了非常有意思的事。

那是发生于阿诺鲁特事件前 3 天的事，即 6 月 21 日。那一天，达鲁在太平洋沿岸一带的海域巡逻。船上除了他之外还有他的儿子以及他所养的狗。

当时云层很低，像会下雨的样子。

忽然在云层中出现了 6 个甜甜圈状的物体，向着船只飞过来。起先他以为是气球，但这"气球"的速度实在太快了，定睛一看，只见 6 架飞行物体中的一架，好像出故障了似的，飞得很不平稳，几乎快要坠海，其他

5架就在它的周围来回地飞着。这群飞行物体是银色的,从外观上看来只有窗子,似乎并没有喷气引擎,飞行时完全无声,就像是在空气中滑行一般。一直注视着眼前这奇异情景的达鲁,接下来又看到了更奇妙的景象。在故障机体周围飞来飞去的飞碟中,有一架忽然靠近那故障机体,几乎就要碰在一起了,接着,在发生爆炸声的同时,由故障机体的中心部位丢出了一些闪着光芒的白色金属片,接着又丢出一些像熔岩般的黑色物质。这些物体一落到海上,就发出了咻咻的声音,把海水蒸发了。

UFO与地质奇象

怪声

位于比法边境的比利时杜尔(Dour)地区的瓦洛尼(Wal-lonic)镇上,盖着许多现代化的住宅,克里斯蒂娜·勒格朗(Christina Legrand)和雷吉纳尔·勒格朗(ReginaldLegrand)是一对年轻夫妇,他们有个14个月的婴儿吉尧姆,他们到这个镇上住了已经有一年多了。

1983年7月左右,居住在勒格朗家两旁的邻居抱怨说他们在夜里怎么也睡不着:一种他们认为来自勒格朗家中的低沉而又有规律的噪声吵得他们无法入睡。于是,这些住户联合起来,打算去找勒格朗夫妇谈谈,请他们夜里别再发出嘣嘣嘣的噪音,吵得他们闭不上眼睛。

可是,克里斯蒂娜见到他们后,感到很委屈,她对找上门来的邻居们说:"你们说我们晚上乱折腾,发出吵人的声响是冤枉我们,我丈夫同我在夜里从来也不会发出什么吵人的声响。我们的小宝宝就睡在我们隔壁的房间里,我们怎么会无端发出噪声去把他吵醒呢?不过,我可以告诉你们。我们同隔壁邻居隔开的墙是透声的,在我们的房间里就可以听到隔壁房间的走动声。"

然而在同勒格朗夫妇打了招呼后。这些来历不明的噪声仍然常常干扰他们,于是,这些邻居干脆向警方报了案,警方于是开始着手调查此事。

有一天凌晨3点,警察分局托马局长被一阵急促的电话铃吵醒,这是勒格朗夫妇的邻居们打来的报警电话。

"请你们赶紧派人来!那个声音又开始了,而且比以往的都响!你们派人来一听就知道了。"

托马局长穿上警服,带上值班的警长维兰和莫罗马上赶到现场。

据这位局长说:"我们来到勒格朗夫妇邻居的家中,他们马上把我们领上了楼。在那里,我果然十分清楚地听到了那种嘣嘣的声音——它们的确很烦人,它们有规律地响动着,就像一个拿着裹着碎布的大木槌的人没完没了地敲打着墙壁一样。我的同伴和我一起在房间里搜寻,打算弄清楚这声音到底是从哪儿发出来的。但遗憾的是,没有找到。这件事简直太怪了——声音听得清清楚楚,站在楼上或站在地下室都能听到,可就是搞不清声音从哪里发出来的。"

这些邻居对托马局长说,大概这是小吉尧姆发出来的声响。托马局长的头脑很清醒,他可不相信这一点。但他还是决定惊动一下勒格朗夫妇,请他们协助将这件事搞清楚。

他们一同走进小宝宝的房间时,小吉尧姆睡得正香,房间里的其它东西也都没有发出任何声响。

据警长莫罗讲:"我们上了楼,走进吉尧姆的房间,用粉笔把他小床4条腿的位置画在地板上。这张小床至少有20公斤重。然后,我们把门关上,下了楼梯。这样,楼上除熟睡的婴儿外,什么人也没有。过了10分钟,我们忽然听到从楼上传来了低沉的声响,我们赶紧跑上楼。上了楼,我们看到门微微开着,那张床也挪动了30厘米。"

托马局长说:"当时我在想,也许这张床会自己挪位?我们没有惊醒孩子,就把这张床搬离墙面25至30厘米,然后离开房间,把房门关上。我们耐心地在楼下等了一刻钟。在这段时间里,没有任何人走进小孩的房间,这一点我可以绝对肯定。但是,当我们再一次走进房间时,这张床竟然重又回到了原来的位置上。吉尧姆仍然在床上睡得很香,而那扇我们离开时关上的门也重又微微开着。难道是风把门吹开的?也许是吧。可风怎么能使一张长1.5米,重20公斤的床挪动位置呢?"

然后,托马局长一言不发,因为他无法解释这个奇怪的现象,吉尧姆是个发育正常的婴儿,他同与他同龄的婴儿之间没有任何生理上的差别。

据莫罗警长讲,有一天,他们果然看到吉尧姆的床竖起来,像一根交通标杆似的,而床上的枕头则放在床板的上方。

对这一奇怪现象,科学家们进行了认真的研究,认为呈现在众人眼前的这桩怪事,是一起当今人们尚无法想象的既看不见又摸不着的能量在发生作用的现象。那么,何以在这里而不在旁的地方发生呢?

有人推测,也许勒格朗他们住的那排房子盖在一座老矿的上面,所以才有这种怪现象。为此,他们查看了当地的一张地质图,发现杜尔地区的确靠近一条重要的地质断裂带。难道这就是小吉尧姆的床自动挪位的原因?

但是由于现在的科学家对地质断裂与地球上的许多谜之间到底存在着什么关系未能掌握,因此这仍然是个谜中之谜。

值得我们注意的是,为什么断裂带上的物体可摆脱地球引力,而UFO又喜欢在地质断裂带活动,从这里能否找到UFO摆脱地球引力制约的奥秘呢?

佛灯与鬼火

千百年来,我国的庐山、峨眉山、青城山寺名山,一直流传着佛灯(大名圣灯、神灯)之说。历代文人和学者也屡有记载。在青城山主峰高台山顶的上清宫旁有神灯亭,可观看对面大面山出现的神灯;峨眉山看佛灯的地方在金顶睹光台;庐山看佛灯的地方在大天池的文殊台。这些地方偶遇月隐之夜,山下黑沉沉的幽岩间,会突然涌现出十到数百点荧火光。火光时大时小,时聚时散,忽明忽灭,忽东忽西,或近或远,高者大半,低者掠地。古人把它们看成是过路的神灵或仙佛手提灯笼穿行在天地之间、这便是所谓的佛灯。据记载,"灯"的颜色有白、青、蓝绿色等。

佛灯之谜吸引了古往今来的许多文人、学者。1961 秋天,我国著名的地理学家竺可桢,曾特地将佛灯作为庐山大自然的三大谜题之一,向庐山有关研究所提出来,希望科学工作者能认真予以研究。

在对佛灯的研究中,有人认为这是山下灯光的折射,有的说是星光在水里的反射,有的说是一种大荧火虫在飞舞,还有的说山中蕴藏着能发出荧光的矿石……而最普遍的解释是磷火说,认为佛灯即民间所说的"鬼火",系山中千百年来死去的动物骨骼或含磷地层中所含的磷质,与空气中的水分发生作用,产生磷化氢和四氧化二磷气体,它们在空气中极易自燃,因为空气轻而随风飘动,故有闪烁离合的景象。由于磷化氢燃烧时光不强,所以,必须是在没有月光的夜晚才能看到。

但研究者认为,磷火说的漏洞也很多:一是磷火多贴着地面缓缓游动,不可能飘得很高，更不会"高者天半"或"有从云出者"；二是磷火的光很弱，庐山文殊台和青城山神灯亭的海拔皆在 1000 米以上，峨眉金顶海拔超过 3000 米，不可能看得那么清楚。1981 年 12 月 14 日，庐山云雾所收到海军航空兵老飞行员郭宪玉的来信，他对佛灯的来源提出了一个全新的看法，认为它是"天上的星星反射在云上的一种现象"。郭说，夜间无月亮时在云上飞

行，飞机下面铺天盖地的云层就像一面镜子。从上往下看，不易看到云影，只能看到云反射的无数星星。飞地员在这种情况下易产生"倒飞错觉"，就会感到天地不分，甚至会觉得是在头朝下飞行，从而联想到天黑的夜晚，若有云层飘浮在大天池文殊台下，把天上的群星反射下来，就有可能出现佛灯现象，由于半空中的云层高低不一，运移不定，所以它反射的荧荧星光也不是固定的，也许在这个角度反射这一片，在那个角度就反射另外一片，从而映出闪烁离合，变幻无穷的现象。

然而，这种云反射星光的现象应该是相当普遍的，而佛灯却并非每处高山都能见到。就是在庐山、峨眉山和青城山上，也只有特定地点才会出现，可见这尚不足以定论。

必须指出的是：竺可桢当年在庐山提出的另外两个自然之谜，一是庐山云雾为何有声音，二是庐山雨为何自下向上跑。这里我们不禁要问，这种声响和雨往上跑及特定地点出现的佛光，是否也是与庐山所处的地理位置有关系呢？

无独有偶，美国新泽西州毗邻长谷镇的一条铁路线，每到夜晚往往会发现低空中突然出现一团团神秘的光球，随风摇曳，到处飘游。起先，人们不明它的成因，便疑为"鬼火"。

1976 年"鬼火"的传说引起了一些科学家的注意，他们便成立了一个名叫"迹象"的研究机构，对"鬼火"的成因进行了探索。起初，他们怀疑，可能是铁路线上的钢轨在起作用，可是钢轨拆除后，"鬼火"仍然不断出现，这就证明这与钢轨无关。后来，研究者们又把所有出现"鬼火"的地方全都标绘在地图上。这时，他们发现"鬼火都出现在石英矿的断层带附近，显然这与石英的压电效应有一定联系。为了验证这一设想，他们使用了多种仪器来记录人工地震时可能产生的种种效应。

果然，当地震发生时，仪器记下了石英因受压而产生激变电压并伴随出现无线电波辐射。与此同时，红外摄象仪上则拍下了"鬼火"的真迹，从而证实了"鬼火"的产生确实与石英的压电效应有关。据此，他们认为，由于长谷镇附近的断层是一种活动断层，当断层发生错动时，地下的石英受到压力，产生压电电荷。电荷聚集到一定数量便会放电。若放电足够的强烈，就会使近地面的空气大量电离，温度骤升，放出熠熠的群光，出现一团团直径为5—100厘米的大小的光球。

这里，我们联想到"佛灯"与"鬼火"产生的机制很可能是相似的，那么，雨往上跑和断裂带上的位移是否也与这种放电有关呢？UFO无视地球的引力作用，也许因为这些外星人已掌握了放电，辐射与引力之间的关系。接下来，我们联系地光的成因来进一步弄清UFO的运动机制。

地光

有人将地光看作UFO或将UFO视为地光现象。UFO和地光两者容易混同并非偶然，也许弄清地光的成因，不但能将前面奇异的位移和"佛灯"现象得以澄清，更重要的是可将UFO与地光现象严格区别开来，并为最终弄清UFO运动机制提供线索。

地光是一种强地震前后常见的一种自然现象。1975年2月4日傍晚六时许，辽宁南部海城与营口一带，虽然天色还未完全黑下来，但能见度已很低了，马路上已不能骑自行车，汽车也只有打黄灯才勉强行驶。突然，暗淡的天空豁然开朗，人们重新看清了道路，甚至能看清室内的物品。在海城招待所，人们甚至看到了满天的红光，后来又变为白光，这就是一种强烈地震的伴生现象——地光。

地光闪耀的同时，往往伴随着轰隆隆的地声。在海城地震前，在辽河职工医院，有人看见像电弧光似的一片白光，持续约一分钟，并伴有腥臭味；北镇赵屯公社，人们看到的是东南方的天空有两道很亮的白光，像拖拉机的灯光在晃动，也持续了一分钟左右，不久就听到了轰隆隆的地声。地光也有许多不同的表现形式。在锦州铁路局，人们看到的却是火灾似的粉红色光亮持续了四分钟；在海城，营口和盘锦一带的许多地区，还有许多人看到从喷沙冒水孔和地裂缝中喷出火球状光亮，就像信号弹一样，不带尾巴，有的呈红色，少数呈绿色——五光十色，不一而足。

地光形形色色的形态,归结起来可分为闪电状,朦胧弥漫状(片状)、条带状、柱状、探照灯状、散射状和火球状等等。就光的颜色来说,有红、橙、黄、绿、蓝等,但以蓝白色和红色较多,黄色次之。一般地说,片状光、带状光,以蓝色光居多;而火球、火团、火焰、火柱多为红色、红黄色和白色。不过,这不是绝对的,有时地光的颜色还随时间变化。

这些形态中与UFO最为近似的是火球现象。在1969年,美国加利福尼亚州圣罗萨镇连续遭到两次强地震的袭击。和其他地区的强地震一样,当地居民看到了多种地光现象,其中有许多是一种球形的闪光。例如,有人报告说:"发震时,头顶上方,向空中升起几道直直的光条";"镇西方看到像火流星一样的光";"看到了3米左右的火球,拖着红的尾巴,3秒钟移动了几米":"看到火球从前右侧跑到左侧,在很短的时间内,由蓝色发绿,散乱地变成红色"……

1976年,我国松潘地震时也有大量火球出现。仅8月16日晚发震前后,江油的一个社员就看到四百多个火球。有人这样描述道:"我们先看见几处冒出零星的火球,以后越冒越多,难以计数。球刚冒出时有碗口大,当升高到10多米后,就变至簸箕般大;先是白色,后变为乌黑,还伴有响声。在白色的火光中,还有一股黑色烟雾在翻滚,同时闻到一种火药味。出现火球的范围估计约有三千到四千平方米,持续约15分钟。在火球发生的时候,收音机、罗盘、广播等均未出现任何干扰,也未发现物质的放射性增高。"

我国黄录基,邓汉增在研究火球时认为应区分两种类型:A型火球,通常在地震前不久和震时发生。它们主要出现在震中区,没有明显的分布规律,也看不到来自地下的通道,总是突然出现在空中,球体大小不等,一般直径二、三十厘米,红色居多,间有蓝色、白色,移动迅速,有时带有响声,同时可见到其它形态的地光。B型火球,是信号弹式或流星式的球状光体,发震前后都有,出现的范围也较广,但与一定的地质构造及地理条件有关,常直接从地面裂缝、冒水孔、河沟等处升起。上升高度一般为一、二十米。球体大小较悬殊,小如鸡蛋,大如脸盆。颜色以红色居多,绿色次之,再次是白色或蓝白色。它们的移动速度较A型为快,有时随风飘忽不定,也常伴有响声,并往往带有一股难闻的气味,如硫磺味等。

严重时，可灼伤人畜。

可见，火球具有随风摇曳和只能上升，无磁场干扰的特征，说明它与 UFO 有本质上的区别，但是，它的发光现象及有硫磺味产生等一些特征又与人们遭遇的 UFO 有相同之处，它们之间究竟有什么联系呢？

地光现象已引起人们的广泛注意，特别是近代，它更是地震工作者苦心研究的对象。人们试图用不同原理来解释它。

1966 年，苏联塔什干大地震前几小时，塔什干上空突然发生了一次电子暴。天空中耀眼的白光像镁光灯一样，使人目眩。更令人奇怪的是，地震前后都有人发现，室内的日光灯"无缘无故"地自动闪烁。科学工作者也测到了电离层中电子密集度达到顶峰。

早在 1961 年，日本学者安井丰等在研究地光时，就注意到了大气电场的问题，后来他陆续研究了日本、美国等地的地震发光现象。于 1972 年提出了"地光现象是地震时剧烈的低层大气振荡"的看法。他认为：在地震区常会有以氧为主要成份的放射性物质，被从地里"抖"到大气中。特别在含有较多放射物质当中，酸性岩石分布区和断层附近，大气中的氧含量将有显著提高（这一点已为实测结果证明），这也将使大气离子化增强，导电率增加。

如果这时地面存在一个天然电场（这个电场可以由压电效应产生），那末就会发生向空中的大规模放电，使地光闪烁起来。大面积放电和氡蜕变时放出的射线都有可能激发荧光，使日光灯管闪亮。

另外也有用压电效应理论来解释地光。物理学的实验发现，许多晶体在受到挤压拉伸时，会在两个平面上产生相反的电荷，称为"压电效应"压电石英就是一种具有压电效应的晶体。如果沿着石英晶体的垂直轴切制一个薄片。并沿薄片厚度的方向施加一定压力，这时薄片的两个受压面将产生不同的电荷，且电荷的密度与压力成正比。

美国的科学工作者为揭开地光之谜作了大量的研究工作，已迈出了重要的一步。据报道，他们在实验室里对圆柱的花岗岩、玄武岩、煤，大理石等多种样品进行压缩破裂实验时发现，当压力足够大时这些样品会爆炸性地碎裂，并在几毫秒内释放出一股电子流。正是这股电子流，激发周围的气体分子，使它们发出微弱的光亮。芬克尔斯坦和波威尔认为，当石英在地壳岩层中作有规律排列时,如果沿长轴排列的石英晶体的总长度,相当于地震波的波长时,就会产生地震等压电效应。若地震压力的压强为 30—300 帕,就有可能产生 500～50000 伏/厘米 3 的平均电场,这个电场足以引起闪电那样的低空放电现象,产生地光。

众所周知,石英是地壳中分布最广的矿物之一。这些地光乃至"佛灯"和"鬼火"是否都与石英释放的电子流有关,以及这些地光是石英受压后释放的电子流,还是其他原因使其抛射电子流的,还有待于进一步探索。

十种假说

对于 UFO,最大的问题是它的真面目到底如何?欧美的一些具代表性的 UFO 研究者聚集一堂,研读罗纳德史特利(生于 1946 年)编著的《UFO 大百科全书》(1980 年),负责《UFO》理论部分的是英国 UFO 研究家理查格林威尔(生于 1942 年)为了解 UFO 而列出两大假设来。

一是 UFO 为一般误认、且熟知的确认飞行物体(IFO),或是未知的自然现象的误认,非持有意图、智慧性的、具有一定形态的物体。而另一假设是,UFO 为具有意图、智慧型、非定式之物。

格林威尔还将后者的假设,分成 8 个主要的说法,且将各个说法的破绽和立论点加以清楚的解说。在此,将格林威尔所列的 8 项说法,再加上最近倍受瞩目的两个学说,总共 10 个"非定式"的假设加以介绍,并试着研究判断其可信度。

第一种假说

UFO 是由美、苏和其他科技先进国家所制造的特殊飞行器的这种说法,谓之"秘密武器说"。

这个说法在 50 年代,广为大家接受。1950 年由美国一位名叫亨利 J 提拉的著名广播节目主持人发表出来,认为是美军的一种秘密武器。但是,在不久之后,很快地就证实这种说法完全错误。

对于秘密武器说,格林威尔提出下列 3 点看法。

①在第二次世界大战之后,马上就发生了众多目击到飞碟的事件,而且也开始进入军用喷气机实用化的时代。在当时,美国和前苏联都极想拥有、制作传说中高性能的 UFO 的科技,如果是这样的话,就没有必要投下大量资金,去开发那效率极差的军事系统,必定将资金放在 UFO 开发上。

②假如UFO这样的飞机真的存在的话，不管它是实验飞行之用或是实用之物，都如目击者报告的一样，它们都出现在私人的机场或是都市的中心。

③像这样的飞机的开发和实际利用，必定历时长久，且须投下大批的人力。因此，不可能在经过了这么长的时间，到今日仍未有丝毫的消息外泄，时间长，参与者多，就必然保密不住。UFO是由秘密逃到南美的纳粹余党，为了再度征服世界以圆希特勒之梦而建造的说法，也同样有上面3点疑虑存在。

记者落合信彦所著的《20世纪最后的真相》（1980年出版）里提到，他和纳粹余党的人有诸多的接触，所以知道了他们正致力制造UFO。但是他所写的东西却有相当多的矛盾，假设他所写的并非捏造秘密武器，美国政府以这个来左右舆论。

而且，美国的UFO研究团体GSW的会长威廉史波汀（生于1941年）也主张，一部分的UFO是美军秘密武器的机密实验，为了隐藏这项实验，所以美国政府就利用UFO的新闻来制造骚动，避人耳目。

的确，对深知在核子大战爆发之际，他们无法保护国民的50年代至60年代的美国政府而言，塑造出一个更大的具威协性的敌人存在，来蒙骗国民，可以减轻沉重的政治压力。

虽然这个说法，可以解释其中一部分的UFO，但是，从很久以前开始就不断有人看过飞碟了，而且目击地点甚至也包括了共产圈的国家，这又作何解释呢？

第二种假说

这个说法是认为地球有像地球仪一样的轴心所形成的空洞，而UFO就是从南北极的开口部分出来的，也是住在地球内部人的交通工具。地球内部有空洞的说法本身，最早是来自1692年发现哈雷彗星，著名的英国天文学者艾德曼哈雷（1656年至1742年），为了说明地球地磁气的变化而提出来的，进入了19世纪之后，许多人都引用哈雷的主张来证明自己的学说。将地球空洞说和UFO扯在一起的是《地球的空洞》（1963年出版）的作者雷蒙德·T·巴纳德博士。博士最初在写这本书的时候，就是从巴西的神秘哲学研究团体"巴西神智学协会"的会长安利凯荷西地苏华教授把两者结合在一起的想法得到灵感的。

而且,这个说法,由教授的学生,也是该协会理事的波瓦休斯提诺史特莱斯中校更进一步地加以发展补充,并由教授另一个学生O·C·休南将之收编在《由地下到天上的飞碟》一书中而公开发表的。

根据他们的说法,这些住在地底世界的人,大部分都存活在受天神处罚而沉于大西洋底的亚特兰提斯上,或是一些消失的陆地上。

美国最早提倡这个说法的是杂志编辑雷蒙·A·帕马(1910至1977年),他在自己创办的杂志,1949年12月号的《Flying Saucers》上,以《飞碟来自地球——向神秘主义挑战》为题的一篇文章中,揭露了这种说法。而且,直到他去世之前,也都不断地发表有关的看法和主张。

帕马之所以倾向于这种说法,是因为在他以前编过的一本科幻小说杂志上,于1945年至1947年间连载了理查·S·谢华的"体验记",而他便受了这些作品的影响,而成了来自地球空洞说的拥护者。

美国的UFO研究家格雷·R·巴卡(生于1925年)很快地便赞成此种说法,而且还在自己创办的杂志,1960年1月15日发行的《飞碟人合报》公开表示支持帕马的论点,并加以补充。

在同一年的1960年里,美国的UFO研究家麦克·X·巴顿的著作《彩虹之都和地球内部的人们》出版,他在书中亦是主张,UFO是从地球内部来的。

前面提到巴纳德博士的著作也影响到其他人,如美国的UFO研究专家西欧德非奇也著书《地球内部之乐园》声称,接触过"外星人"的人所看到的"外星人",实际上是地底人。

巴纳德博士,后来也不断地继续研究,并于1967年出版了《地球内部来的飞碟》一书。

但是,地球空洞说却有一个极大的致命缺陷和破绽,使之站不住脚。

支持地球空洞说的人,他们异口同声的主张说,住在地球内部的人,在太阳的中心光芒下,附着在地球表皮的内侧里生存,可是这样的事,是不可能的。

根据牛顿(1642年至1727年)的计算,即使把球自转的离心力也计算进去的话,对空洞内部的物体而言,引力也不会刚好抵消(草下英明、大宫信光合编的《宇宙事典》),所以说在地球表皮内侧生存是不可能的事。假如地球空洞说是正确的话,那么内部的居民,不就生活在无重力的状态之下了。

是要否定地球空洞说呢,还是要否定万有引力说呢?英国的上议员,也是有名的 UFO 研究专家布林兹利鲁波特连吉(克朗康提伯爵,生于 1911 年),在他的书中《千古的秘密》(1974 年,译名《地球内部来的飞碟》)里暗示,现在的问题,根本就是在重力理论上。

一张号称是人造卫星所拍摄到的极地开口部分的照片,虽被报刊杂志刊登出来,但是再仔细地去想想看,便可知道这张照片是真是假。从地球上空拍摄地球的时候,因季节的变化,拍出来地球会呈阴历初三月亮的样子。而照片上的"洞",应该是初三月亮形状时所拍的照片,再加以合成的(也许是将该部挖空)。这个洞,其实是由夜景所作成的。

第三种假说

UFO 是"不明潜水物体"的缩写,也就是所谓的水中 UFO,在水中出没,航行于水里的不明物体。因这种东西在海中出现而被人看到,所以因此衍生出 UFO 的基地在海里的说法。

如果 UFO 是在水中行驶的话,那么就比在空中飞行更不容易为人发现,所以它更能轻易地接近任何一个大陆,并能利用河川而深入大陆内部。而且,既然它能在太空中飞行的话,必定也能耐住海底强大的压力,而在深海中来去自如。

在海底建造基地的外星人,或是像东宝电影公司出品的"海底军舰"一样,是由沉落海底的陆地上的居民所为,不管是何者,都只不过是其他说法的延长而已,不容置疑地,这种武断的说法,有其缺陷存在。

著名的奇异现象研究专家,也是享誉甚高的动物学家艾班·T·桑德生(1911 年至 1973 年),在 1970 年出版的著述《看不见的居民》一书里,作了以下这样的说法。

"利用占地球表面三分之二的海洋,不仅是地球外的文明而已,在比陆地的生命历史更长的海洋里,不就有着比人类更进化的水中文明吗?"

当然,有水中文明和地球外文明存在的这两种说法,的确是充满了致命的吸引力的假设,可惜的是,除了前述的 UFO 目击事件以外,至今仍无一个具体的证据,来证明此种说法。

第四种假说

UFO本身就是某种生物的说法,便叫做"空间动物说"。在非定式的说法内,此种假设是最不被人接受的。可是,出乎意料地也有很多人,不断地主张提倡此种说法,而且它也是最早提出来的假设之一。

这个说法最早引人注目的时候是1940年末,正在进行太空船计划的美国空军。

当时的计划称之"索撒"(在那时尚是军事机密,索撒为计划的暗号化名)。在1949年4月27日的报纸上,这样写着:"暂且不考虑它为某种奇异的,大气层外的生物。它的许多行径,都非常接近动物的习性。可是,那只是获报得来的消息,至今仍无有关大气层外动物的说法的任何证据。"

这种说法在1949年2月(机密解除则在1961年)的太空船计划的最终技术报告书里,亦举了高曼的空中事件作例子。

但最早提倡这个说法的人是,住在美国宾夕法尼亚州圣特马斯的强菲利蒲贝撒。

他说他提出这个主张,是在比阿诺德事件更早的1946年。1947年7月,他将此一理论整理了之后,向美国空军提出,而且负责报道机构的一名军官也说:"在我们得到的情报中,这个是最具说服力的说法之一。"

"我强烈主张,是空中飞的生物的一种。其构造非常稀薄,具有物质化或非物质化的能力,推进的方式是由一种心电感应所产生的能源来进行。地面上的海洋里,充斥着各式各样、大大小小的生物,在那里是没有空气的,而同样也没有空气的太空,也就可以看成是一个"海洋",里面也充斥着不同种类、大大小小,适合在天空生存的生物,其中,有肉眼完全看不到的,有半透明的,有我们不明了的,甚至有像变色蜥蜴一样,会随环境变换颜色和形状的,甚至能变成透明的东西!"

1955年,澳洲的柔依华丝克雪基伯爵夫人,也在瑞士发行的"未知"杂志上,提倡这个说法。

她注意到了UFO的行径类似动物或生物,而且她详细地研考各种生态,发现了一件饶富趣味的事,那就是作各种变化的UFO和显微镜下观察到的那些水中微生物十分相似。

很意外地是，最早提出"飞碟"这个名词的美国商人肯涅斯·A·诺德（生于 1915 年）也支持这个说法，他说"我们从海中发现了动物，同样地，在地球的大气层或空间领域中也发现了生物群。"生物群就是 UFO 宇宙波鲁达或飞碟。注：波鲁达为西方传说的精灵，见《Flying Saucers》1962 年 11 月号。）

前面所提到的动物学家艾班·T·桑德生，在 1967 年出版的著述《受邀的访问者——一生物学者所见的 UFO》中，对 UFO 的起源，作了诸多的探讨。

其中，对空间动物说，他作了这样的结论："空间动物说绝非是非理论性、不合理、不确实。如果考虑"UAO（不明空中物体等于 UFO）是什么？"这个问题的话，该说法的确具有第一答案的确实性。"

美国奇异现象研究家温森·H·葛地斯也在他的作品里《怪火和怪光》（1967 年出版）中，另辟一个章节来讨论这个说法。在这里面，他介绍了强·P·贝撒、华丝克雪基伯爵夫人、T·桑德生，甚至包括了在 1960 年初期主张此一说法的美国新泽西州蒙特克雷的发明家强·M·凯吉。葛地斯还说"这些生物被捕获、被调查、公诸于世人面前的时日，即将到来。"

在空间动物说的提倡者中，最为知名的是纽西兰的航空作家，特雷柏詹姆斯康斯布（笔名特里华詹姆斯，生于 1925 年）。

他于 1958 年出版的《太空中的栖息者》一书中提出这个说法。到 1976 年出版的《宇宙的生命脉动》，和 78 年出版的《太空中的生物——活 UFO》两书当中，又作了进一步的详细说明，来支持他的论点。

而且他认为，被他称之看不见的家畜的 UFO，也就是空间动物，是等离子体状、阿米巴原虫般的生物形态。非固体、液体、气体，是物理状态上的热存在物质的第四种状态，也就是等离子体的状态。而且家畜是低智能的，而他们停留在普通肉眼看不见的红外线领域的电磁光谱里，所以扰乱了我们的 UFO 研究，致使我们摸不着正确的方向。

出乎意料之外，有这么多人支持的空间动物说，因有着无法合理解释 UFO 上的搭乘者一大弊点，再加上空间动物说本身有许多分歧的支派，所以，好像未得到太多的回响和支持。

但是，在所有看到 UFO 的案例当中，我们也不能武断地说没有空间动物存在。

第五种假说

一个较人类进步的地球外生命（ET），有计划地在作观测人类活动的，就称为"起源地球之外说"，也称之"UFO宇宙飞来说"。

这个说法大受世人瞩目的是，杜纳德·E·基贺中校在美国的《托尔》杂志一月号里，叙述他目击的经过之后，就发表这个说法。他自己写了一本叫《飞碟存在论》的书来详加补述。

可是，仔细回想最早提这个说法的并不是他。美国的研究家强·A·基尔（生于1930年）说，二次大战时，太平洋方面盟军的统帅麦克阿瑟上将，和盟军士兵、欧洲战线、日本上空都看到过UFO，当时称之"火焰战斗机"，经搜集、研讨这些怪飞行物体的资料后，也有了同样的结论。

"世界各国，在无可奈何之下，都要被统一……。下次的大战就不是国际间的战争了，而是星际间的战争了。在将来地球上的各国终将会被其他星球来的外侵者所攻击，所以我们必须联合迎敌。"这是1955年记者会中，强·A·基尔有名的一句话。

研究奇异现象的鼻祖，美国的查尔斯·H·福特（1874至1932年）当然也是该说法的支持者。在他1919年出版的《被诅咒之物》一书中的人类家畜说（WAP），可视为后来的古代宇宙飞行员说（所谓宇宙考古学说）的前身。

最早提倡ET说的人物，是著名的"火箭之父"德国的火箭工程学者，海曼欧贝特博士（1894年生）。

1952年发生了一大群人看见了UFO的事，这件知名的事件之后，在德国等欧洲地区，在该年夏天亦发生大批人集中目击UFO的事件。因此，西德政府设立了"宇宙飞行研究"的机构来研究此事。而且欧贝特博士被命为该机关的负责人。

博士仔细研究了国内外高达7万件的UFO目击报告发现，当中约有50%是误以为其他物体为UFO，39%的则是报告资料不全、难以相信，只有11%，约8千件是真的。

1954年，在记者招待会上，博士说了下列的一段话。"根据我研究，这些物体是某种星际间的飞机。而且它非起源于太阳系，而是利用中途的火星等天体，作为加油休息的基地，这是极有可能……。这些物体是以改变重力场，或使之变质而产生推动力前进的。以上就是我们的结论。"

博士的这个说法，是根据 UFO 的颜色变化、形状、飞行路线等。并表示被他们当作中途基地的星球是："离地球较近且类似太阳的鲸鱼座特华星（离地球 12.2 光年），和波江星座的依普席降星（离地球 10.8 光年）。他亦主张乘坐 UFO 的是"天空人"。

1955 年 6 月，这个研究工作结束之际，博士亦发表了和上述一样的意见，且以后每当有发表机会，他亦坚持此种说法不改。可是到了 60 年代中期，许多人在这一瞬间，却突然转向和某种灵媒交流而得的宗教性心灵感应的说法，颇令人惊讶。

德国的瓦特利地尔博士和日本的系川英夫博士等火箭学者，也都支持 ET 假设说。

1948 年夏天，当时美国空军 UFO 研究部的撒因计划专案，亦变成此种说法，于是将之整理成《状况判断书》。可是，空军的参谋长赫特·S·瓦汀柏格将军认为证据不足，拒绝接受，且将报告书烧毁。据说撒因计划专案就此改组（事实上则是解体）。

加拿大交通部（DOT）的 UFO 调查机构，马格列特计划专案（1950 至 1954 年）的主持人，也是国防研究会议（DRB）的 UFO 调查机构——一秒钟计划的成员之一，电波技术者韦伯特·B·史密斯（1910 至 1962 年）亦是该说法的支持者。

因为这样，所以在这个说法发表了之后，在一般人心中，这个简直就成了定论，甚至也有人将这个以外的说法，都统称为"其他的说法"。而且，在科幻电影和大众传播媒体的影响之下，几乎无人不晓。否定 UFO 论者，事实上就是 ET 假设说的否定者。

ET 假设说法，当然不是绝对的"定论"。此种说法仍有许多待解的谜题存在。

它最常被攻击的破绽是，在太阳系内没有其他高等生物存在是很明显的事，而且，就算某个星球上真的有智慧型生物的存在，但是到地球来的路途，未免也太过遥远了吧！

但是，很困难的事和不可能的事是不一样的。

我们所不知的某种新的飞行技术被他们开发出来的可能性，是不容否定的。真正的问题和反驳此说法的理由并不在此，而在其他点上。

很多 ET 假设说法的拥戴者，举出相当多指证的目击事件，来支持这个说法，可是，这样反而得到了反效果。

因此主持《宇宙》这个电视节目，而声名大噪的科尼尔大学的天体物理学者，卡尔谢刚博士（生于 1934 年），就举了一个圣诞老人的例子。

如果真有圣诞老人存在的话，那么要在一天晚上之内，到各个家庭去分送圣诞礼物，可能办得到吗？即使驯鹿有着瞬间转移远地的神奇能力也不可能。所以，我们不得不认为，在圣诞节将礼物塞进袜子里的不是圣诞老人，而是另有其人。

总而言之，要从距离几十光年的其他星球来到地球的话，未免太不可思议了（摘自 1973 年出版的《宇宙及其附近一带》）。

很多天文学家的确认为有地球外文明存在的可能。例如前面所说的谢刚博士，把 1961 年科尼尔大学的法兰克·D·杜雷克博士所导出的"宇宙文明方程"加以利用。谢刚博士把文明发生必要条件组合的定值，代入方程式内求银河系内的文明社会数，结果，他发现在银河系内，大约有 100 万个文明的星球，数量之多颇为惊人。

但是反对的人亦不在少数。

举一个例子吧！京都大学的生物学者，日高敏隆教授说："在全宇宙里，生物只在地球上出现，而且只发生过那么一回而已。"（摘自《宇宙事典》）。

他之所以这么说是因为，某种特定的蛋白质是由氨基酸所形成的，而且还要产生某种特定的 DNA 成份，再加上正确的组合，才能形成一个完整的生命系统。可是要形成蛋白质、要形成 DNA、要组合成一个生命的可能性都是非常低的，更何况还要三者齐具才可能发生，其可能性更是微乎其微了。就算这些可能性都达到了，但自从宇宙诞生以来，孕育生命所必备的时间，仍尚未到达。地球上从开始出现生命，然后进化成人类的过程，简直是一种极其幸运的奇迹。

"科幻小说迷读书会"的会员草场纯氏基于同样的理论来计算，假设情况相当乐观，在最近（因核子大战或其他原因）地球上的生命全部被毁灭，那么"下一次智慧生命的形成，至少还要等到一万年以后了。"（摘自宝岛别州《科学读本》）。

很多的个人或研究团体，如以美国为首的几个国家政府，近40年来不断地在研究，但很可惜的是，至今仍无任何关于ET假设说法的证据出现。

再将这个说法扩张发展，不少人提倡在很远的古代，外星人就来到地球了，和人类的文化发展，甚至人类的起源都有莫大关系。如果这些属实的话，那么，不就可以一并证明ET说也是正确的。

可是，如果仔细地研究检查他们所提出的"证据"，会发现那些东西，实际仍不超过单纯的证物解释范围（被认为是外星人的特殊风格的人物像，在神话的传统民间故事里出现的诸神或超人），一看就知道不过是一些知名的异像（大金字塔的建造、中国晋朝的铝合金、印度不锈的铁柱、复活岛的巨石像等），甚至是一些捏造的（摩西的圣柜的电气实验、南美厄瓜多尔的黄金隧道）也拿来作假充数。

而且对这些未知的东西是什么，和外星人有什么关联的解说都太过于幼稚，是非理论性的说法。假设古代宇宙飞行员的说法真的正确，要去证明它，亦需要相当长的时间才能真相大白！

第六种假说

这个"时间旅行说"，就是说UFO是来到我们这时代的未来的人。

最早提到这个说法的是法国军事航空局研究委员会的格连于昂上尉。

1950年初期，在该委员会的正式刊物里，上尉发表了以下的看法："飞碟不是飞越空间而来的，而是超越时间而来的。我们自己不是也寻访过去人类的足迹吗？而现在那些几世纪后的未来人类，也是在探寻自己的过去，看看自己以前的祖先。"

他不但强烈主张该项说法，而且他也强调在思索UFO之际，必须考虑到各方面的可能性。

下面这个说法的推行者是法国的UFO研究机械GEPAN的创始人之一，路涅菲尔（生于1904年）。他在GEPAN的杂志《宇宙之现象》（1966年6月号）上发表了一篇论述，文中他说很多的UFO搭乘者都会避免和我们作一般的接触，至少不会和目击者作非正式的交流，这说法引起了相当多的注意。

他指出这个"非干涉性政策",不就表示了这些从地球以外的地方来的外星人们,是来探视追寻自己的过去的未来人类。可是依他所说的来看,他似乎只有考虑到一个可能性而已,现在,似乎也没有很多人支持这个说法了。笔名"伊安德比达"的科幻小说作家兼科学评论家欧特·O·比达(1911 至 1975),在他 1967 年出版的《真相大白的飞碟》著作中,用这个说法提到了其他的说法。

除前面所提的 UFO 搭乘者的行动企图之外,他亦注意搭乘者的外形特征。

在生物学上有一种现象是,在成年的个体仍留有胎儿的诸多特征。这种倾向,在灵长类的身上特别明显。因为在幼年期获得很多知识,在其他方面非常有助益,所以这种倾向就一直演变,到后来,未来的人类的成年个体,便和现在的小孩很像,在 UFO 目击报告中,有不少说 UFO 搭乘者身高很矮、头的比率很大,这些特征就像小孩子的外形,所以这点理由,便证明他们是未来的人类。

比达还指出,有时 UFO 会突然出现在空中,然后又突然消失,或者往往在历史上的重大场合和重要事情发生的年代里出现,都是因为他们是穿越时间,从未来倒退以前,才会发生这种情形。

如果以后人类的科学更进步的话,说不定可借助某种方法,作时间旅行,而且根据最近的研究,至少在理论上是可行的。但是现在,只能说"不是不可能"的程度而已。

第七种假说

尽管 ET 假设说,长期以来被许多人主张和研究,到底仍无决定性的证据。会不会是我们研究的方向本身根本就错了呢?

1960 年末期,抱着这样想法的研究者终于出现了。结果,繁衍出更复杂的假说(借用格林威尔所言"异端"的假设)加入各家说法的争论当中,而这些研究者也鼎力支持,乐此不疲。

这就是所谓的"超地球生命说"(也可译作起地球人说),在日本和周边一些相似的假说合并称为"异次元说"。

据他们说,UFO 就是住在"平行宇宙"(ParallelUniverse)的"超地球生命"（简称 UT）。这些生命和我们一样存在着，只不过是"存在的波动水平"不一样而已，对他们而言，时间是不存在，不具任何意义的，故和我们处于不同的时态。

提倡这个说法的代表性人物是美国的记者强·A·基尔（本名亚华强基尔，生于 1930 年）。在他写的《UFO—特洛伊的木马之后》（1970 年出版，名为《UFO 超地球人说》）一书当中提到，UFO 是"超越我们的理解能力范围，且能够自行合成 100 种以上不同的样子的东西"，而超地球生命则是"操纵人类心灵的电子回路板者"。

法籍美裔的天文学家兼电脑专家杰克·F·巴雷博士（生于 1939 年）也提过，某种具有智慧的生物体，长久以来，操纵着世界的宗教运动和奇迹、天使和亡灵、妖精和波鲁达盖丝特（骚动的灵异现象，能轻易地移动家具并破坏它，并发出不明的声响等，不断地发生的一种灵异现象）。UFO 就是这些东西的现代版。

但是，博士说这样的事业不像宗教一样是为众人的目的而产生的，而是为了"具有解开人类恶梦等历史的真相的超高能力的少数人"（摘自 1981 年出版的《到秘境的护照——民间传说里的飞碟》）。

这一看就明了的"地球生命说"，有许多不同的细节解释，不管是何者，都欠缺作为一个科学性的假说的条件。

也许这个说法能说明 UFO 现象，但如果问这个说法是否正确时，谁都会迟疑的。足以说明一切，但却不能被承认是一科学性的假设。

"这是神迹使然！"是可以这么说，虽然这解释了一切，但事实上也等于什么都没有解释。这个说法，不也有同样的缺陷吗？

第八种假说

分析心理学派的创始者，瑞士的精神病理学家卡尔高斯特福杨达博士（1875 至 1961 年）认为，各家说法的研究结果显示，在每个人无意识的最深层，是人类共通的部分，即"普遍性无意识"。因此，在他 1956 年出版的《现代神话》著作里提到，许多 UFO 目击报告里，都有很多例子显示出这种普遍性无意识的典型。

而"精神投影说"是由美国的两个研究家杰罗·E·克拉克（生于 1946 年），和罗连克尔曼依据杨达博士的学说而发展出来的，并合著《未确认存在——UFO秘谈——解明笔记》(1975年出版)来提倡此种说法。他们两人认为,UFO和妖精、乘坐飞碟而来的外星人、大脚印(在世界各地有许多人看到的类似人猿型怪物)、出现在圣地的圣母玛利亚一样,都是由普遍性无意识(有时是一般的个人性无意识)的"精神能源"所引起的"泛行星杨达普遍性无意识"再次活跃的前兆。精神投影说和超地球生命说一样,都只拥有一部分的资料作为支持的证据,有时甚至连要采取哪本书、哪个说法,都会令该说法的支持者不知如何是好,未能充分取舍。"

如我们上述所说,这个说法的基础是杨达的理论,和引发UFO现象的精神能源,也就是所谓的超能力所引起的。杨达博士说普遍性无意识,虽因动物行动学的发展,而随之受世人的瞩目,但非常可惜的是,实验性的或经验性的"证据",至今仍无一个以兹证明,故仅是一种假设性的说法。

"超能力"虽然是超乎我们的理解范围,但是这个世纪以来,有关超心理学的研究,光是它的存在,就已有"实验性的证明"来肯定他。可是,究竟这个超能力的威力能达到什么样的地步,仍是未解之谜。它能改变、操纵正在转动的骰子吗?能折弯汤匙吗?真的有将UFO这样的物质实体化(也就是投影出实体)的能力吗⋯⋯?

最近,已有少数渐渐增加的人,在支持这个说法,也就是有愈来愈多的人相信。

例如,《超自然》、《生命潮流》等书的知名作者,英国的生物学家莱艾华尔特生,在他的著述《罗密欧之死》中曾说到:

"我们对这样的事情(前面所提UFO等一连串现象)的存在和照片、雷达上出现的可能,知觉性之物的理解能力不弱,我现在已深深察觉到,这种能力的存在的效能。"

UFO学中的佼佼者,前美国空军UFO研究机构顾问、天文学者J·艾连海涅克博士(生于1910年),在1976年8号的《UFO报告》的一篇访问中说:"最近我已愈来愈不相信,UFO是从其他星球来的,外形像是用'螺丝和螺丝帽'作成的太空船的说法。"他并指出,UFO的故事里,有部分和某种心灵现象(超心理现象)极为相似。美国的科幻小说作家艾依艾恩华特生(生于1943年)也在1979年举行的UFO论文比赛的得奖作品《科学无法解释的UFO之事》一文当中,表示出与这相近的立场和看法。在文章当中，他提及了法国的研究家贝特朗慕悠的《科幻小说和飞碟》，摘录部分于下：由过去一百年间的'纸浆小说'（读过即丢的杂志上刊载的小说）不停地探索该类题材的现象里，可得到证明，在 UFO 现象的详细资料记载里，以及和 UFO 有较多的接触经验之前，便有不知名的科幻小说作家假想过这种情况了。而且，对这些亲身经历过 UFO 的人来说，对这些被人遗忘已久的作家的作品，他们是连碰的机会都没有，就完全照书上写的情节，在真实的生活里发生了。可是，这些科幻作家到底是从哪里构想到这些的呢？"

日本的研究家大田原治男，对阿诺德事件（1947 年 6 月 24 日），和校柯罗事件（1964 年 4 月 24 日）上看到著名的 UFO 事件都发生在 24 号这天，感到十分有兴趣，便又着手去调查其他更多的 UFO 事件，他发现，他们也都同样集中在某月的同一天。而且，和他一起研究的大谷淳一，又试着去分析全世界高达两万件的资料，于是，他也发现了同样的特性。

而且依据这个方法，海涅博士著"UFO 体验"里所挑出的可信度较高的事例，和可能是人为编造的接触事件的发生日期，都有着同样的特性。

不只这样，连地震、火山爆发等天灾，也是同样集中在某几个月的几号。

阳历的月份日期和天体的运行毫无关系，是人类所订出来的。对于和他

有连带关系的 UFO 现象，我们不也可以将之视为和"精神投影说"所说的一

样，是人类的精神力量，以某种形式方法，而影射出来的一种现象！

第九种假说

阴谋说就是前面提到的杰克巴雷博士，他所著的《欺瞒之使者》（1979 年出版）所提的主张，就是某个发现了"以心灵来操作，使影像投射出来的方法"即"投影出别的地方的景像，控制对方的意志力，并制造出对方的影像的方法。"的地球人集团，欲使一般人信仰 ET 的一种非合理性、宗教性的活动，持这种想法的就称之为"阴谋说"。

当然，也就是在上一项的精神投影说的自然发生说法里，再加上一些人为因素。

因为这个说法欠缺具体的证据,所以在发表的当时,受到很多的批评责难,都说这种主张是错误的,而且没有具体的证据。但现在,这个说法仍应被纳为可能性的说法之一吧!

第十种假说

被 UFO 搭乘者绑架至 UFO 内部接受身体检查的绑架事件,也就是 CEIV(第四种接触)事件,最近激增不少。特别是在催眠之下,往往能得到许多详细的、当时的记忆。

这个说法认为这种催眠所得到的记忆,事实上是人类与生俱来的,由痛苦的体验中所产生的心灵创痛(出生外伤、生产外伤),在催眠的作用之下而凭空捏造,幻想出 UFO 现象。

这个说法由加州州立大学教授阿尔宾罗森博士(生于 1929 年),在 1970 年后半期开始宣扬的。

他和加州阿拉巴马的催眠治疗专家威廉·C·马寇博士。及 UFO 研究家强·德雷拉,一起对 8 个没见过 UFO 或对 UFO 知道得很少的被实验者施行催眠,结果他们因催眠而产生了假的 UFO 接触事件。而且据说这个实验所得到的催眠结果,和实际的 UFO 接触事件内容,非常相似。

而且博士还发现在第四种接触出现的人的诸多特征,和人类胎儿期的许多特征十分相似。

出生外伤说的提倡者,澳洲精神分析学者欧特朗克(1884 至 1939 年)的弟子史特尼斯拉夫葛罗夫也说,由 ISD 幻觉实验显示出,出生外伤所伴随的情况,和第四种接触中出现的情况十分地符合。

1931 年 8 月,博士来到东京反五田的"UFO 图书馆"演讲,他说到目前为止的第四种接触的例子,没有一件不具有出生外伤的诸多特征,几乎都留有其阴影。

主张这种因催眠而产生的第四种接触的幻觉的人,至今仍有不少。罗森博士的这个说法,和以前的许多种说法比较起来,具有极具体的特征。

这种说法,仅仅关系到 UFO 现象中的第四种接触,而且只在专门的 UFO 杂志上刊载发表,所以除了少数研究者知道以外,并没有受到大家的广泛注意,可是认为至少凭"催眠之下不会说谎"这点,就可轻易地相信的话,实在有待商榷。

以上几种说法，对 UFO 的真相有很多的主张被提出来。可是，如果这个假说，没有十分有力、足以驳倒其他假说的证据的话，那么这个假说的本身，就有很多地方有待重新整理。因为这个假说用怎样的证据才是最有力的证明这点，显然欠缺考虑。至少避免荒唐无稽的假设，并避免哗众取宠的说法，必能比其他的假说能略胜一筹吧！

可是，如果说因为不知 UFO 的真面目为何物，便推说没有 UFO 存在，也未免过于武断。正如生物学上无法清楚解释为什么候鸟会作季节性的迁移一样，UFO 也不断地出现，并向我们的智慧挑战。

后记、幽浮学不懂天使的存在

网文《幽浮学》报道：

幽浮学（Ufology），又称飞碟学、UFO 研究，是指对不明飞行物体（UFO）报告、目击事件、物理现象与相关奇异现象的各种研究。尽管多年来，幽浮出没的报告都一直受到政府、独立团队及科学家等所调查，但，现今学界一般都认为幽浮学部分或全部是伪科学。

背景

虽然有许多飞碟学家努力争取科学界的认同，但是即使有一些具有名望的学者，例如约瑟夫·艾伦·海尼克、詹姆斯·麦当劳、雅克·瓦莱（Jacques Vallee）、彼得·斯迪罗克（Peter Sturrock）等，参与研究，飞碟学仍然不被主流科学界认为是一门科学。

重要事件

罗斯威尔事件（1947 年）

曼特尔幽浮事件（1948 年）

高曼缠斗（1948 年）

华盛顿不明飞行物事件（1952 年）

希尔夫妇被外星人绑架事件（1961 年）

1973 年帕斯卡古拉事件（1973 年）

丘比斯·瓦顿被外星人绑架事件（1975 年）

蓝道申森林事件（1980年）

日本航空1628号班机事件（1986年）

凤凰城光点（1997年）

人与外星生物接触

外星生物接触在幽浮学上是指人类与外星生物或不明飞行物体所发生的不同程度接触。

第一类接触

第一类接触，目击一个或多个不明飞行物体：飞碟、奇怪光体、不属于人类科技技术的飞行物体

第二类接触

第二类接触，目击一个或多个不明飞行物体，并给目击者及周遭环境带来相关的物理反应，其中包括：

热力或辐射

地形损毁

身体麻痹

使动物受惊吓

干扰引擎或电视及电台的接收

使目击者失去目击不明飞行物那段时间的记忆。

第三类接触

第三类接触，清楚辨识出UFO，特别是辨识出外星生命。

第四类接触

第四类接触，人类直接与UFO或外星生物接触，其方式有被劫持、被检查、被进行实验等。此种类型的外星生物接触是不包括于海尼克原先的分类方法上。

第五类接触

第五类接触，由史蒂芬·格里尔的CSETI小组命名，意义上是指透过人类自发或双方合作，以一种有意识、自愿性和积极主动的方式与外星文明沟通。此种类型的外星生物接触是不包括于海尼克原先的分类方法上。

就是从地球上发射飞行器或电磁波，访问可能存在生命的星球。

第六类接触

第六类接触为被外星人所伤甚至造成死亡。

第七类接触

第七类接触是指人类与外星人一起交配，并孕育出下一代。

研究

符号计划

美国空军第一次对不明飞行物进行的官方调查是符号计划（1947年–1949年）及怨恨计划（1949年）。符号计划检查几百次目击记录，其中大多数有明确的解释。有些目击事件被归类为可信但无法解释，在这种情况下，不能排除先进的未知飞行物存在的可能性。符号计划最初备忘录非常重视UFO问题，在对16个早期报告进行调查之后，乔治·D·加勒特中校估计这些目击事件并非想像或自然现象。特文宁中将在给布里格的信中表达同样的看法，并敦促空军和其他政府机构进行协调调查。特文宁的备忘录导致符号计划在1947年底成立。1948年夏天，符号计划的第一次报告认为一些不明飞行物报告是来自外星生命。美国空军总参谋长霍伊特·范登堡否定该结论，导致符号计划结束，怨恨计划成立。

蓝皮书计划

蓝皮书计划成立于1952年，于1969年12月终止，但持续活动到1970年1月。蓝皮书计划收集了12618件UFO报告，最后总结：大部分报告都只是误认了自然现象（例如云、星星等）或是普通飞行物，少数几件是谎报。有701件（约6%）被归类为原因不明。蓝皮书计划因为资讯公开法而目前已公开，但其中提到的人名和所有证人的人事资料已经被涂去。

蓝皮书计划的第一任负责人是爱德华·鲁佩尔特上尉。在他的命令下，研发出一套不明飞行物的标准报告格式。他也是正式发明"UFO"一词的人，取代了当时所用不准确而且有暗示性的"飞碟"一词。他在退役之后，写了《The Report on Unidentified Flying Objects》一书，描述美国空军1947年到1955年对不明飞行物的调查。

蓝皮书计划的科学顾问是天文学家约瑟夫·艾伦·海尼克。他一直为该计划工作直到计划结束，并且创始了一套分类系统。这套分类系统后来被延伸为今日所知的近距离接触分类。他一开始持怀疑论，但后来自称有些犹豫。由于他的履历，在1970年代他或多或少算是这方面的权威。他在联合国大会上对此议题发言过，并且是电影《第三类接触》的技术顾问。

罗伯森调查小组

1952年，美国中央情报局决定成立一个调查小组来为UFO提出科学解释。1953年1月，美国官员H. Marshall Chadwell和物理学家霍华德·珀西·罗伯森（Howard Percy Robertson）成立了这个由非军方学者组成的调查小组。

罗伯森调查小组调查之后，提出著名罗伯森报告，认为没有发现足以证明UFO会威胁国家安全或者是来自地球以外的证据，然而对于UFO报告的持续关注却有可能造成通讯管道阻碍以及大众的非理性行为，进而妨碍政府运作。小组也担心美国的潜在敌人会利用UFO现象阻碍美国空防。

罗伯森调查小组建议为解决这些问题，国家安全局要拆穿UFO报告，并且研究出公共教育政策来向大众保证关于UFO的证据不足。小组建议利用大众媒体、广告、工商联谊会、学校、甚至迪士尼企业来促进传播。在当时麦卡锡主义的气氛之下，小组还建议要监视私人UFO团体，防范其颠覆活动。

康顿委员会

在罗伯森调查小组结束之后，美国空军想要结束对不明飞行物的研究，并将蓝皮书计划移交给另一个机构。1966年10月，美国空军在物理学家爱德华·康顿的领导下与科罗拉多大学签订合同，花费32.5万美元对选定的不明飞行物目击事件进行更科学化的调查，并就该项目的未来提出建议。康顿委员会研究91个不明飞行物目击纪录，其中30%无法识别。康顿委员会报告认为，不存在"直接证据"证明不明飞行物是外星人，过去二十一年的UFO研究没有对科学知识做出任何贡献，并且进一步的研究并不合理。康顿委员会结论导致蓝皮书计划于1969年12月结束。然而，许多幽浮学家对康登报告并不满意，并认为这份报告掩盖事实。

肯丁计划

英国国防部于2006年出版《英国防空区域未知空中现象》，揭露英国对于不明飞行物体的研究，被称为肯丁计划。

肯丁计划研究 1959 年至 1997 年期间发生在英国的不明飞行物体。报告确认不明飞行物是一种现存的现象，认为它们对国防不构成威胁，没有证据表明 UFO 是由外星人引起的，UFO 也不具有可能与飞机相撞的实体。尽管肯丁计划承认无法确切解释所有分析过的不明飞行物体，但它建议国防情报部科技情报局停止监测不明飞行物体，因为它们对国防没有影响。该报告得出的结论是，一小部分难以解释的目击事件是由类似于球状闪电的大气等离子体现象引起的。

谢选骏指出：关于幽浮，上文说了许多，什么"外星生物说"、"秘密武器说"、"大气生物说"、"未来航空器说"、"动物园假说"、"心理社会假说"，甚至"超自然假说"，也许是说了太多，但唯独没有说到关键的一点——耶稣所说的天使是完全可能的！完全不懂"于是魔鬼离了耶稣，有天使来伺候他。"（Mat 4:11）的道理。幽浮学既然不懂天使的存在，它怎么可能成为一门科学呢？

161卷

宇宙朝圣导论
Cosmic Pilgrimage Introduction

《宇宙朝圣》第一卷
"Cosmic Pilgrimage" Volume One

2021年7月第一版
July 2021 First Edition

谢选骏全集第161卷
Complete Works of Xie Xuanjun Volume 161

内容提要

如果我们不能用一种朝圣的态度和方式去从事宇宙探险、宇宙旅行和宇宙殖民,那么其结果一定是极为悲剧的。

Synopsis

If we cannot use a pilgrimage attitude and method to engage in space exploration, space travel, and space colonization, then the result must be extremely tragic.

162卷

无垠宇宙
Boundless Universe

《宇宙朝圣》第二卷
Cosmic Pilgrimage Volume Two

2021 年 7 月第一版
July 2021 First Edition

谢选骏全集第 162 卷
Complete Works of Xie Xuanjun Volume 162

内容提要
宇宙像一个万花筒，随着人类的观测能力而不断延伸……

Synopsis
The universe is like a kaleidoscope, continuously extending with the observation ability of human beings...

163卷

外星生命
Alien Life

《宇宙朝圣》第三卷
Cosmic Pilgrimage Volume Three

2021 年 7 月第一版
July 2021 First Edition

谢选骏全集第 163 卷
Complete Works of Xie Xuanjun Volume 163

内容提要

外星生命

能够抵达地球的外星人,比地球人类更善良还是更凶残?

Synopsis

Aliens who can reach the earth are kinder or more cruel than human beings on earth?

164卷

地球母亲
Mother Earth

《宇宙朝圣》第四卷
Cosmic Pilgrimage Volume Four

2021 年 7 月第一版
July 2021 First Edition

谢选骏全集第 164 卷
Complete Works of Xie Xuanjun Volume 164

内容提要
以往关于"天堂"的思想,体现的恰恰是类似地球般的温柔的蓝色;而宇宙空间的多数色彩,反而是类似"地狱"般的黑暗的,或是类似"炼狱"般的炽热的。

Synopsis

In the past, the thought of "heaven" reflected the gentle blue like the earth; but most of the colors in the universe were dark like "hell" or hot like "purgatory".

165卷

走向太空
Go To Space

《宇宙朝圣》第五卷
Cosmic Pilgrimage Volume Five

2021 年 7 月第一版
July 2021 First Edition

谢选骏全集第 165 卷
Complete Works of Xie Xuanjun Volume 165

内容提要

走向太空是划时代的一步，与此同时，互联网整合了地球——这不能说是一个简单的巧合。

Synopsis

Going to space is an epoch-making step. At the same time, the Internet has integrated the earth-this cannot be said to be a simple coincidence.

166卷

登陆外星
Alien Landing

《宇宙朝圣》第六卷
Cosmic Pilgrimage Volume Six

外星生命

2021 年 7 月第一版
July 2021 First Edition

谢选骏全集第 166 卷
Complete Works of Xie Xuanjun Volume 16

内容提要
人类可以登陆月球，人造物体可以登录火星，而不仅仅是一次性地坠毁勘探。

Synopsis
Humans can land on the moon, and man-made objects can land on Mars, not just crashing and exploring all at once.

167卷

太阳系
Solar System

《宇宙朝圣》第七卷
"Cosmic Pilgrimage" Volume Seven

内容提要
太阳系是人类和人造物体目前可以到达的极限，就像宇宙为人类预先划定的一个鱼缸——你们可以看到外面的世界，但是你们到达不了外面的世界。

Synopsis
The solar system is the current limit that humans and man-made objects can

reach, just like a fish tank pre-delineated by the universe for humans-you can see the outside world, but you cannot reach the outside world.

168卷

拟人天象
Anthropomorphic Astrology

《宇宙朝圣》第八卷
"Cosmic Pilgrimage" Volume Eight

2021年7月第一版
July 2021 First Edition

谢选骏全集第168卷
Complete Works of Xie Xuanjun Volume 168

内容提要

宇宙物质的分布，从太阳系、银河系、星系团（群）到超星系团，仿佛构成一个又一个"阶梯"。……当天文学家测量出相对于宇宙微波背景辐射（CMB）的运动时，莱登－贝尔等人（1988年）猜测有个"巨引源"，但是他的本质为何仍然难以理解。……在我看来，上述宇宙的结构好像进行着觐见礼。这是宇宙规模的朝圣历程。我把这叫做上帝的奇迹。上帝让我们到这世界上来，就是为了让我们能够见证这样的业绩。

Synopsis

The distribution of cosmic matter, from the solar system, the Milky Way, galaxy clusters (groups) to super galaxy clusters, seems to form one "staircase" after another. …When astronomers measured the motion relative to the cosmic

外星生命

microwave background radiation (CMB), Leiden-Bell et al. (1988) speculated that there was a "giant attractor", but its nature is still difficult to understand. ...In my opinion, the structure of the above-mentioned universe seems to be undergoing an audience meeting. This is a pilgrimage on a cosmic scale. I call this a miracle of God. God asked us to come to this world so that we can witness such achievements.

169卷

黑洞内外
Inside and Outside the Black Hole

《宇宙朝圣》第九卷
"Cosmic Pilgrimage" Volume Nine

2021年7月第一版
July 2021 First Edition

谢选骏全集第169卷
Complete Works of Xie Xuanjun Volume 169

内容提要

"暗能量掌握了宇宙的终极命运"——这也许不是一个疑问，而是一个答案。因为"看不见摸不到的暗能量"，似乎更能接近圣经所说的"有眼却不能看，有耳却不能听"的上帝真理。于是在我看来，并非看不见摸不到的暗能量掌握了宇宙的终极命运，而是看不见摸不到的暗能量更加接近掌握了宇宙的终极命运的上帝旨意。

Synopsis

"Dark energy has mastered the ultimate destiny of the universe"–this may not be a question, but an answer. Because "the dark energy that cannot be seen or touched" seems to be closer to God's truth that the Bible says that "have eyes but cannot see, and ears but cannot hear". So in my opinion, it is not the invisible dark energy that controls the ultimate destiny of the universe, but the invisible dark energy is closer to the will of God that controls the ultimate destiny of the universe.

170卷

新的地心说出现了
A New Geocentric Theory Appears

《宇宙朝圣》第十卷
"Cosmic Pilgrimage" Volume Ten

2021年7月第一版
July 2021 First Edition

谢选骏全集第170卷
Complete Works of Xie Xuanjun Volume 170

内容提要
新的地心说出现了——地球是宇宙观测的中心。对于人类来说,事情只能如此。因为人类不可能到太阳上观测宇宙,也不可能前往银河中心进行活动,所以,日心说和银心说,都是臆测甚至是妄想。宇宙或许没有中心,但地球显然是宇宙观测的中心。

Synopsis
A new geocentric theory appeared–the earth is the center of cosmic

observation. For humans, things can only be so. Because it is impossible for human beings to observe the universe from the sun, nor to go to the center of the galaxy to carry out activities, the heliocentric theory and the galactic center theory are all speculations or even delusions. The universe may not have a center, but the earth is clearly the center of cosmic observation.

书名
外星生命
Alien Life

《宇宙朝圣》第三卷
"Cosmic Pilgrimage" Volume Three

作者
谢选骏
Xie Xuanjun

出版发行者
Lulu Press, Inc.
地址
3101 Hillsborough St.Raleigh, NC 27607—5436 USA

免费电话1—888—265—2129
国际统一书号
ISBN: 978-1-304-87550-1

2021年7月第一版
July 2021 First Edition

谢选骏全集第163卷
Complete Works of Xie Xuanjun Volume 163

外星生命·谢选骏全集第163卷

定价：US$ 27.32

www.ingramcontent.com/pod-product-compliance
Lightning Source LLC
Chambersburg PA
CBHW060817170526
45158CB00001B/5